世界システムと地域社会

西ジャワが得たもの失ったもの　1700-1830

大橋厚子 著

京都大学学術出版会

目　次

序　論　グローバルに考えローカルに研究する　　vii

第 1 編　「地域社会と世界」をどう捉えるか —研究の方法—

第 1 章　ジャワ島輸出農業に関する研究の成果と課題
　　　　　— 先行研究の検討 — ──────────── 3

　1 ── 世界システム論の提起したもの　3
　2 ── ジャワ島経済史・社会経済史研究　7
　3 ──「地域に埋め込まれる近代国家」：東南アジア国家と植民地国家論　12

第 2 章　歴史学は社会問題の形成メカニズムを明らかにできるか？
　　　　　— 問題意識と分析枠組 — ──────────── 17

　1 ──「途上国の前近代性」とは本来的なものなのか？：社会変化分析枠
　　　組みに関する問題意識　17
　2 ──「普通の人々のグローバルヒストリー」は可能か？　20
　3 ──「組み込み」の背景：グローバルな状況，そして重層的な 3 つの地域　22

第 3 章　社会変化の起点と管理運営機能分析の方法 ─────── 31

　1 ── 本章の構成　31
　2 ──「プリアンガン地方」という空間の形成　31
　3 ── オランダ東インド会社の領土拡大と行政地区区分　33

4 ── パトロン-クライアント関係が前面に出る社会：社会変化の起点　36
5 ── 第2編～第5編における社会変化の分析方法　40

第2編　コーヒー生産管理の進展と現地人首長層の変質

第4章　コーヒー生産管理システムの形成
―― 18世紀初め-1811年 ――　53

1 ── 生産管理の必要性　53
2 ── 引渡量調節の試み　54
3 ── 生産者管理の展開　59
4 ── おわりに　66

第5章　現地人首長（レヘント）の変質　71

1 ── はじめに　71
2 ── 世襲終身制から「政庁」による任免へ：レヘント職の継承方式　72
3 ── 財政における依存の深化　76
4 ── 統治権限の削減　81
5 ── まとめ：コーヒー収奪効率化のための官吏的性格の付与　83

第6章　在地の首長から政庁官吏へ
―― 下級首長の変質 ――　87

1 ── はじめに　87
2 ── オランダ政庁によるコーヒー生産システム再編と対下級首長政策　88
3 ── 1810-20年代の下級首長達　96
4 ── 下級首長の出自　104
5 ── オランダ政庁が提供した給与・手数料　108
6 ── おわりに：コーヒー生産に対する下級首長の協力　111

第7章 補　論
　　　―プリアンガン地方における理事官制度の定着とその役割― 119

1 ── はじめに　119
2 ── 17世紀半ばから19世紀初めに至るプリアンガン地方の統治制度　120
3 ── 1819年の地方統治に関する法規　122
4 ── 理事官による地方統治の開始（1819-1821年）　125
5 ── おわりに　138

第3編　オランダ植民地権力による利益・サービスの提供とその独占
　　　― コーヒー輸送をめぐって ―

第8章　17世紀末から18世紀初めの内陸交通 149

1 ── はじめに　149
2 ── 輸出用産物輸送ルートと港市　149
3 ── 内陸輸送ルートの復元　153
4 ── 旅行の施設と形態　160
5 ── おわりに　164

第9章　コーヒー輸送の変遷
　　　― 1720年-1811年 ― 169

1 ── はじめに　169
2 ── レヘント主導のコーヒー輸送：1720年代初め-40年代初め　170
3 ── バタビア後背地開発の開始とコーヒー輸送：1740年代半ば-70年代半ば　175
4 ── レヘントの役割の縮小：1770年代末-1790年代末　181
5 ── 東部地域におけるレヘントの役割の縮小：1800年-1810年代初め　187
6 ── おわりに　195

目次　iii

第10章　1820年代のコーヒー輸送システムと下級首長 ── 201

　1 ── はじめに　201
　2 ── 統治のための交通システムとコーヒー輸送　202
　3 ── 下級首長とコーヒー生産・輸送　208
　4 ── ティンバンガンテン郡の下級首長　211
　5 ── おわりに　223

第4編　オランダ植民地権力による利益・サービスの提供とその独占
── 食糧生産と生活必需品 ──

第11章　灌漑田耕作の普及と夫役貢納システム ── 231

　1 ── はじめに　231
　2 ── 1810年代までの水田開拓　231
　3 ── 1820年代の水田開拓　236
　4 ── 水田開拓の組織形態　238
　5 ── 水田の所有形態　241
　6 ── 夫役貢納制　244
　7 ── 水田耕作者と夫役労働　248
　8 ── おわりに　253

第12章　農作業暦からみたコーヒー栽培と水田耕作 ── 257

　1 ── はじめに　257
　2 ── 1820年代プリアンガン地方のコーヒー栽培作業暦復元　257
　3 ── 稲作の作業暦　264
　4 ── おわりに　272

第13章　男をお上に差し出す条件 ── 277

　1 ── はじめに　277

2 ── オランダ語文書から推測される世帯と夫役貢納単位　278
3 ── 夫役労働の引出しと「女・子供」の労働　282
4 ── 生活必需品・贅沢品と交易　287
5 ── おわりに　291

第5編　チアンジュール－レヘント統治地域の開拓
― 面的数量的検討と地域差 ―

第14章　1820年代プリアンガン理事州の郡編成
── チアンジュールおよびバンドン－レヘント統治地域の統計から ──　301

1 ── はじめに　301
2 ── チアンジュール－レヘント統治地域の郡編成：植民地支配拠点の周囲　303
3 ── バンドン－レヘント統治地域の郡編成：開拓が進行中の地域　311
4 ── むすびにかえて：近世的郡編成？　319

第15章　チアンジュール盆地8郡の開拓
── 地域の多様性を組み込む夫役貢納システム ──　327

1 ── はじめに　327
2 ── 使用する史料および分析方法　328
3 ── コーヒー生産拠点8郡の開拓状況　332
4 ── 考　察　346
5 ── おわりに　352

第16章　グデ山南麓4郡の開拓
── 様々な農業開発の組み込み ──　359

1 ── はじめに　359
2 ── グデ山南麓4郡の開発史　360
3 ── 1820年代グデ山南麓4郡の概況　364
4 ── グヌンパラン郡　367

5 ── チマヒ郡　374
　　　6 ── チフラン郡　378
　　　7 ── チチュルク郡　382
　　　8 ── おわりに　387

第17章　米穀生産と輸送を担う8郡の水田開拓 ──────── 397
　　　1 ── はじめに　397
　　　2 ── 米穀生産を期待される郡　398
　　　3 ── 輸送郡　412
　　　4 ── おわりに　423

結論　「地方」は，なにゆえに地方になったか？
　　　── あるいは「普通の人々」のグローバルヒストリーのために ── 431
　　　1 ──「豊かさ」と引替えに決定権を失った地方社会　431
　　　2 ── 自律的な社会から従属した「地方」へ：歴史学的俯瞰　437
　　　3 ── 市場経済が未発達の社会が「組み込」まれた事例を分析する方法：
　　　　　　本書の経験　440
　　　4 ── 普通の人々のグローバルヒストリー：現在の問題解決に資する歴史
　　　　　　研究をめざして　446

用語説明　451

文献目録・史料　453

謝辞および初出一覧　463

図表索引　465

項目・人名索引　467

序論

グローバルに考えローカルに研究する

　インドネシアではスハルト政権が崩壊して10年以上が経った．ジャカルタの後背地である西ジャワ州では，この間に奥地の村まで携帯電話が浸透し，人々の生活必需品となった．村人が携帯電話でビジネスチャンスを捉えようとしている姿は，この国の経済成長と，人々の創意工夫の象徴に見える．しかしその同じ奥地の村で，郡長など役人の命令で村人が道路工事に強制的に駆り出される慣行が未だに続いている．一方，ジャカルタ近郊では古いダムに亀裂のあることを知りながら行政も地域社会も修復に動くことができず，2009年3月ダムが決壊して100人以上の死者が出た．

　このような西ジャワ州における開発の光と陰は筆者の心に疑問を呼び起こす．上からの近代化，つまり中央政府が主導する近代諸制度および資本主義の導入は，市民社会の形成とどのような関係にあるのだろうか．輸出用作物を栽培する植民地における近代諸制度や資本主義の導入は，在地社会の管理経営権を奪って，在地社会を労働力動員装置付きの檻に変形させる側面があったことが指摘されるが，そうだとすれば，社会はどのようにして変形され，現代にどのような影響を残しているのだろうか．

　本書はこのような，これまで東南アジア史において本格的考察の対象とならなかった素朴な疑問を出発点とし，植民地支配下の社会が変形されるメカニズムを，インドネシア・ジャワ島西部の事例から抽出するものである．考察の焦点は，オランダ植民地政庁が輸出用作物栽培の拡大にあわせて実施した輸出作物生産システムおよび地方統治制度の規格化と，在地社会の人々が保持していた【生産と生活にかかわる決定力の喪失】に当てる．つまり政庁による中央集

権化の過程を追跡する．考察対象期は，産業資本の本格的導入以前である．この時期を選んだ理由は，社会を変形させた諸要因のうち，国家の権力行使や暴力以外の要因を明らかにすることにあり，本書では特に，植民地政庁による在地社会に対する便宜供与，およびその独占に注目する．言うならば政庁によるアメの使い方に注目するわけであるが，これは，人口の増加と科学技術の発達によって国家権力の行使が前提となった19世紀末から現在にかけての時代には見えにくくなる要因である．

　ジャワ社会の変形を考察するにあたり問題をこのように設定したのは，本書が次の2つの研究史上の貢献を目指していることによる．第1は，近年盛んになりつつある東南アジア型発展径路の研究に，産業資本導入の初期条件を分析した事例を提供することである．その中で，輸出用作物栽培が，貨幣経済と分業とが発達した社会に導入された場合と，貨幣は使用しても貨幣経済や分業が発達しているとは言えない社会に導入された場合とでは，中央政府の果たす役割，および栽培が住民に与える影響が異なっていること，そして後者の場合，開始期における政府の便宜供与は必須であること，を示したい．

　第2は，同じく近年盛んになりつつあるグローバルヒストリー研究の中で，普通の人々の役に立つ，あるいは彼らの立場に立った研究の可能性を探ることにある．この試みは，植民地政庁の政策とこれに対する人々の日々の対処が社会変化を生み出すという認識枠組のもとに行なわれる．

　以上の考察の課題に対して，本書が対象とする，17世紀末から1830年までのジャワ島西部プリアンガン地方は，極めて適合的な条件を備えている．

　プリアンガン地方は東南アジアでは最も早期の栽培植民地のひとつであり，17世紀末にオランダ東インド会社に領有されたのち，18世紀初めにヨーロッパ市場向けコーヒーの栽培が導入された．東インド会社はこの地でコーヒーの大量生産に成功したが，栽培は在地社会の権力関係を利用して自給農民の夫役労働によって行なわれた．このプリアンガン地方の事例は，東南アジア史研究の中では，1830年にジャワ島で開始された強制栽培制度の前期的形態として位置付けられてきたが，18世紀という展開の時期については長らく例外的早期の事例とされ，他地域の事例との比較はなされなかった．その後1994年にM. ホードレーが，18世紀のプリアンガン地方社会について，同世紀後半に現地人支配層が広大な水田およびコーヒー園を所有し，これを住民に経済外強制によって耕作させて地代を得る形の，封建的生産様式が成立したと主張した

[Hoadley 1994].

　しかし東南アジア島嶼部は，18世紀初めにおいても依然として人口稀少かつ人口の流動性の高い地域であり，プリアンガン地方も例外ではなかった．この地方では当初焼畑稲作が卓越していたが，18世紀半ばより水田耕作が普及した．ただ，ほとんどの水田は耕作民によって個別に所有されていたうえ，1820年代においても無視し得ない割合の焼畑耕作民が存在した．このように本書が対象とする時期のプリアンガン地方は全時期を通して，開拓が進んで労働力が不足し，他地域から人口が流入するフロンティアだったのである．

　このような土地への輸出用作物栽培の導入，そして植民地政庁にとって成功と言い得る，コーヒーの安価かつ安定的な獲得はいかにして可能となったのだろうか．その一方で，地区によっては，住民が水田耕作によって物質的に富裕化したものの過重な夫役労働に耐えかね，水田をはじめとする全財産を投げ打って逃亡する場合もあった．植民地政庁は水田耕作民に何を提供してコーヒー栽培につなぎ止めていたのか，彼らはどのような条件ならばコーヒー栽培に耐えたのか．あるいは水田耕作民も焼畑耕作民も，政庁に弱みを握られコーヒー栽培を止めることができなかったのか．さらに，このようにコーヒー栽培の拡大とともに焼畑移動耕作から水田耕作へと食糧生産の重心が移りながら開拓が進む土地での社会変化は，総体としてどのようなものであり，住民に如何なる影響を与えたであろうか．

　プリアンガン地方でこの事態が進行した時代は，I. ウォーラーステインによって「広大な新地域の『世界経済』への組み込み」が議論された時代と同時代である．さらに社会変化の内容も，輸出用作物栽培における「大規模意思決定体の出現」など「組み込み」論で示されたクライテリアが使用可能な部分がある．そこで本書では，ウォーラーステインの「組み込み」論を批判的に応用して社会変化の分析に利用する．すなわち，グローバルな動向を世界各地の普通の人々に伝える媒介項として，地域社会の形成・変質を考察の中心に据える．組み込む側と組み込まれる側の相互作用を前提とし，さらに東南アジア島嶼部に特有の生態・社会組織および貿易環境が政庁や在地の人々の活動に与えた影響に注目する．加えて植民地政庁による中央集権の進行および地域性の変質を鮮明に示すために，植民地政庁に始まり，政庁に直属する現地人首長，下級首長，集落の長，男性住民，そして一般の主婦に至る社会関係の連鎖に焦点を当てたい．

なお，本書で扱う課題は，ジャワ島社会経済史研究に対しても，オランダ植民地支配の遺産について，住民の保持する「生産と生活にかかわる決定力」の度合を問うという新たな側面から議論を起こすものである．ジャワ島では18世紀以降1940年代までオランダ植民地支配下で世界市場向け農産物の栽培が継続されたが，その栽培のためには農民の自給農業以外の時間が主に使用され，しかも夫役労働が残存した期間が長かった．18世紀および19世紀前半はオランダ人が夫役（deinst）と呼んだ不自由労働が圧倒的であった．これ以降は賃金が支払われる労働の比重が増大したが，夫役労働は一部の地域で1910年代まで徴発された．さらに植民地末期まで，賃金労働と呼ばれる場合でも，自給農民が労働を自由に販売する権利を充分に持っていたとは言い難いケースが多かった．そしてこの問題は，住民が経済的に富裕化したか貧困化したかという変化は必ずしも連動していなかった．このように，中央政府が主導する近代諸制度および資本主義の導入がそのままでは市民社会の形成をもたらさないのであれば，この側面における植民地支配の事例は考察され，経済の活性化・人々の富裕化の陰で進行する構造的従属，およびそのインドネシア社会における遺産を明るみに出す必要があろう．本書はその嚆矢となることを目指す．

　以上，本書が目指す地点を述べたところで，続く第1編第1章では本書の事例に直接関係する先行研究の議論を検討し，第2章では，本書を支える問題意識および採用した分析枠組について，歴史学一般の動向の中に位置付けて説明する．そして第3章では本事例の社会変化の起点である18世紀初め頃のプリアンガン地方社会を略述する．

世界システムと地域社会

西ジャワが得たもの失ったもの 1700-1830

大橋厚子著

第1編

「地域社会と世界」をどう捉えるか
── 研究の方法 ──

第 1 章

ジャワ島輸出農業に関する研究の成果と課題
—— 先行研究の検討 ——

　本章では，ジャワ島の人々を輸出農業に動員するシステムの形成に関して，先行研究がこれまで何を議論してきたかを検討し，本書の作業を明確にする．以下，世界システムに関連する議論，ジャワ島全体の経済史・社会経済史における議論，プリアンガン地方史に関する議論，インドネシア国家論に関する議論の順で検討する．

1 —— 世界システム論の提起したもの

1-1　ウォーラーステインの「組み込み」論

　序論で触れたように，この時期のプリアンガン地方におけるコーヒー栽培，特にその生産管理の進展は，ウォーラーステインが『近代世界システム 1730-1840s—大西洋革命の時代』[Wallerstein 1989; ウォーラーステイン 1997]の第3章「広大な新地域の『世界経済』への組み込み—1750年から1850年」で示す「組み込み」論に類似している．

　ウォーラーステインは，アジア・アフリカ地域の近代世界システムへの組み込みについて，生産過程で起きる変化として，換金作物生産における「大規模な意思決定体」の出現，労働管理における強制的性格の強化，その強制の手段としての前貸の存在を指摘する．インドでは，「商館というものは船荷を売買する場所から，特別注文を発する場所となり，さらに，こうした注文に応じて

生産を促進するために資金を前貸する機能を果たし，ついには，前貸制度を通じて生産を組織し，作業場を形成する事になった」［ウォーラーステイン 1997: 176］と言う．

　本書が対象とする時期，ジャワ島では，バタビアの後背地に位置していたプリアンガン地方において，植民地権力が 18 世紀初めにコーヒー生産を導入し，18 世紀半ばからの生産管理の推進によって，19 世紀初め頃までには一定の程度ではあるが生産量を調節し得るようになった．すなわち，コーヒー生産者を現地人支配層配下の夫役負担者としたうえ，18 世紀末から 19 世紀初めにかけて，植民地権力の主導によって大規模農園を開設し，園内での生産管理を実施したのである．その実態は第 2 編で詳述するが，オランダ植民地権力は，あたかもウォーラーステインの忠実な僕であるかのごとくに，「大規模な意思決定体」として強制的労働を組織し，生産を支配したのである．

　しかしそれとともに次のような違いも指摘できる．

　第 1 に，ウォーラーステインは組み込み現象として，「『輸出品』と『輸入品』の新たな構成」，「換金作物栽培の創出」，「工業の削減・一掃」，そして「『輸出用』換金作物・食糧用作物・移民労働の産出という地域間分業」を挙げているが，この地域間分業はプリアンガン地方ではほとんど起こらなかった．ウォーラーステインの描くインドでは，農民にはほとんど選択の余地がなく，権力的強制によって自給農業から切離されて換金作物生産に従事させられた．そして自給農業から切離されることによって農民は貧困化したと言う．これに対してオランダ植民地権力は，プリアンガン地方において，灌漑田耕作によって自給農業を安定させた住民世帯からの夫役の徴発を理想として，灌漑施設などを積極的に整備した．住民（流動性が高く農民とは言い難い）側から見るならば，住民は，灌漑田の獲得による生活向上と引替に，コーヒー栽培夫役に従事したと言うことができる．さらにその後植民地支配末期まで，オランダ植民地権力は，ジャワ島において，耕地を占有して自給農業を行なう農民の労働力を，世界市場向け作物の栽培に利用する搾取形態をとったのである［Geertz 1963; 大橋 2009］．ちなみに，当時のプリアンガン地方に工業は存在しなかった．

　第 2 に，換金作物生産への住民の参入の仕方が異なった．インドの例では，農民は強制され選択の余地がなかったが，プリアンガン地方では，住民はコーヒー栽培への参入撤退の自由をある程度保持しており，多くの住民はコーヒー栽培への参入を経済的安定，または上昇のチャンスと捉えていたのである．こ

れは当時の人口の希少性および住民の行動パターンと関わりがあろう．

　第3に，オランダ植民地権力の弱体化が挙げられる．18世紀半ばにイギリスが対インド交易の覇権を握るとともに，オランダの東洋支配の拠点であるバタビアは東西交易の結節点としての地位を急速に低下させ，オランダ東インド会社は貿易以外の活動から利益を得るべく変身を迫られていた．こうしてオランダ政庁は自らの財政危機の克服のためにジャワ島西部の「組み込み」を開始したのであり，その弱さゆえに現地のシステムやインセンティブを徹底的に利用せざるを得なかった．加えてイギリスの経済力の優越が主な理由となって，オランダのジャワ島支配は1830年頃まで常に危機にさらされていたのである．

　第4に，東洋外国人の存在が挙げられる．中国人はオランダのジャワ島来航以前より，イスラム港市国家に居住して貿易に携わっており，オランダはその商業ネットワークを無視したり破壊したりすることはできなかった．

　以上のような相違点があり，かつウォーラーステインの世界システム論自体が，既に多くの研究者によって批判されているにもかかわらず[1]，次のことを前提とするならば，1730年から1840年代までの「組み込み」論は，他地域の類似現象との比較の指標として有効であると筆者は考える．第1に，「組み込み」現象を出現させる特定の地域の状況に由来する要因の考察において，組み込まれる側の国家・社会の活動を能動的に捉えて分析の対象とすること，第2に，組み込む側である欧米勢力内部の経済政治関係の重層性を考慮すること，そして第3に，第1・第2の点を踏まえて，「組み込み」を多数のアクターの相互作用の結果と見なすこと，である．このような前提のもとに，本書では，プリアンガン地方の住民を輸出農業に動員するシステムの形成過程を明らかにするために「組み込み」論を援用する．

1-2 世界システム論と不払い労働

　ウォーラーステインの世界システム論の中には，本書の論点にかかわる重要な議論がもうひとつある．それは，資本主義的世界システムの中に無償労働が包摂されていること，およびこの無償労働は前近代の残滓ではなく，市場経済の再生産にとって必須の要件であることをシステム内に明確に位置付けた点である[Wallerstein 1983]．この資本主義世界システムにおける無償労働の存在については，輸出農業を前提とはしないものの，C. V. ヴェールホフが，「継

続的本源的蓄積」という概念を用いて本書の課題により近い形で議論している［ヴェールホフ 1995］．彼女は，マルクスの概念である「本源的蓄積」を，国家や資本が自らに都合の良い社会関係を創出する過程としてより広い範囲に適用し，さらにこの過程が現在に至るまで継続すると主張する．

　彼女は国家や資本が，「プロレタリアでも資本家でもない，あまり大きくない規模の生産手段と一定の意志決定権とを持つ無賃商品生産者を創出」することを問題視し，これを「継続的本源的蓄積」と名付けた．彼女によればこれらの無賃商品生産者の典型例は，農地改革などによって一定の土地の再配分を受けた近代的農民，そして近代的主婦であった．この農民と主婦は，一面では農地改革や近代家族制度によって古いくびきから解放され，近代制度の恩恵を享受しているように見える．しかし彼女によれば，無賃商品生産者たちは「従属からただ単純に（そしてポジティブな意味で）解放されたのではなく，まるで正反対に新たな従属へ陥った」とする［ヴェールホフ 1995: 41, 42］．彼女はこの従属のバリエーションを4つ示すが，本書の対象とする時期のジャワ島西部では次の2つが見られる．

- 「再び」生産手段からも自由ではなくなり，また自らの労働力に対する意志決定権についても自由ではなくなった
- 生産手段からは確かに自由ではあるが，しかし彼らの労働力の販売については自由ではない［ヴェールホフ 1995: 42］

　本書では，このヴェールホフの，国家や資本が自らに都合の良い社会関係を創出する過程が継続するという視角を採用し，植民地政庁による自給農民の創出とその支配をこの角度より捉える．なお彼女は，「継続的本源的蓄積」を分析するにあたり，政治的側面，経済的側面を結合させて論じる必要を説くが［ヴェールホフ 1995: 48］，本書では当該期オランダ植民地勢力が政経未分化の政体であったために，偶発的にこの主張を支持することになった．ただし次の点には新たな説明が必要であると考える．ヴェールホフは農民および主婦に「継続的本源的蓄積」を強いるものを暴力と呼んでいる．この「暴力」の内容には，まず強奪，戦争と略奪，抑圧と殺人，詐欺，横領を主な構成要素とする「直接的な政治的および人格的暴力」が含まれ，さらに剝き出しの暴力ではなくても何らかの国家的強制・権力行使が想定されている［ヴェールホフ 1995: 47］．しかし人口が稀少でかつ流動性が高く，さらに可耕地が広大で統治機構が不備である地域では，住民をつなぎ止めるのに暴力・権力行使は有効でない場合が多

い．そこで本書では「継続的本源的蓄積」を強いるもののうち暴力の範疇に入らない要因に注目して考察する．

2 ── ジャワ島経済史・社会経済史研究

2-1　前近代と近代のシステム的衝突：ブーケとギアツ

　ジャワ島における農民の輸出農業への動員に関する文献としては，1920-40年代と推測される時期の現状分析である J. H. ブーケ著『二重経済論』が，未だに最も包括的，理論的な著作である [Boeke 1953; ブーケ 1979]．先述のヴェールホフも自書の中でブーケの書を「プロレタリアでも資本家でもない無賃生産者」を特徴付ける試みとして紹介している．ブーケはまず，ジャワ島には前資本主義的社会体系と資本主義的社会体系の 2 つの体系が存在すること，この状況を説明するにあたって，前資本主義社会の経済理論，資本主義社会の経済理論，および 2 つの社会制度の相互作用を取扱う経済理論が必要であることを説く．ついで東洋社会の最も重要な単位が村落共同体であることを示し，村落共同体がゲマインシャフトとしての本質を保ちつつも植民地政庁や私企業によって著しく弱体化されていること，および村落共同体内部の経済は，未だに資本主義経済の一部ではなく共同体の価値観に従った前資本主義的経済であることを述べる．第 3 にブーケは，前資本主義社会と資本主義社会の接触を経済的な衝突として捉えつつ，先進的な西洋勢力の主導的な働きかけという視角から次のような諸特徴を描く．はじめに農民と村落共同体の現状が述べられる．すなわち，2 つの経済が接触した結果，村落共同体に対する貨幣経済の浸透，および資本主義的な市場の形成が起こる．しかし資本主義的な市場は農民にとって地理的社会的にアクセスが困難である．一方，農民に身近な市場は分散的であり農民間の自由な競争が欠如している．また農民は賃金および価格水準に資本主義的な反応をしない．次に資本制大農園企業と農民の接触が検討され，農民への影響が間接的なものと直接的なものに分類される．間接的影響は巨大企業が建設する道路，交通手段，銀行，衛生施設，灌漑施設などによって村の孤立性が破壊されることである．また直接的影響は農民が企業と土地賃貸や労働契約を直接結ぶことで生じるが，独占的な巨大企業との，相手を選ぶのでき

ない契約は，農民を企業の支配下に置くものであった．さらに農民と輸出農産物市場との間には，資本制の農産物輸送会社，加工会社，輸出商社が介在した．最後にブーケは植民地政庁の政策を概観し，対農園企業政策を検討する中で，オランダ東インド会社時代から植民地末期に至る農民動員の過程を極めて簡単に述べている．初期は植民地政庁が農民に輸出作物の栽培を強制したが，強制による労働強化の志向は政庁がその役割を農園企業に譲ったのちも継続した．農園企業は利潤追求のために生産過程へ介入するようになり，農民は独占的な巨大企業と競争できずに，現金や信用供与と引替に介入に屈した．ブーケはこの過程を「東インド諸島」における典型としている．さらに産物輸送や工業の分野でも同様のことが起こり，経済発展における土着の住民の役割は減少し，西洋資本に対する経済的依存度が高まったとする．

以上，農民の輸出農業への動員について，ブーケは大企業による独占と生産過程への介入，そのもとで起きる自由な競争の欠如が農民の経済的弱体化を促進していると主張し，弱体化のメカニズムを素描している．ブーケは20世紀前半のジャワ島の経済の中に，ウォーラーステインの「組み込み」論，ヴェールホフの「継続的本源的蓄積」論と同様傾向を見いだしていたと言えよう．ただしブーケは，ジャワ島の社会組織の中で村落共同体を最も重要かつ本質的と見なす一方で，共同体あるいは農民と植民地権力との関係，特にその歴史的変遷については，本格的な考察を行なわなかった．

その後1963年に出版されたC. ギアツの『農業インボリューション』[Geertz 1963] は，このブーケの議論を批判的に継承したものである．ギアツは文化生態学の立場から，ジャワ農民が階層分解を起こさずに皆貧しくなっているという1950年代の状況に至る歴史的過程を考察した．彼はジャワ島に存在する水田稲作エコシステムには，単位面積あたりの労働投入量の増大によって人口増加を吸収しようとするダイナミクスが働くとする．このエコシステムに，植民地政庁がサトウキビ栽培を巧妙に重ね置きして農民に輪作させた結果，水田稲作の人口増加吸収のパターンが凝固して，ジャワ経済の離陸は阻止された．ギアツによればオランダ植民地期は，東インド会社期（17-18世紀），強制栽培制度期（1830-70年），法人プランテーション期（1870-1941年）の3期に分けられるが，強制栽培制度期がこのパターン凝固の確立期，すなわちインボリューションの開始期であり，最後の時代はインボリューションの満開期であった．なお彼の議論はサトウキビ栽培を議論の中心に据えたことにより，砂糖生産地

帯を中心に展開された．

　ギアツは以上の歴史的過程の決定的な要因を，「伝統的な労働集約的・小規模・家族経営・水田二毛作というタイプの生態系（エコシステム—引用者註）が，植民地政庁によって近代経済制度に関連づけられていくやり方」［ギアツ2001: 176］にあると主張したが，指摘に留まり展開はできなかった．本書は，このギアツの問題意識を継承するものである．

2-2　農民の主体化と金融による農民支配の考察：第二次世界大戦後のジャワ島社会経済史研究

　1970-80年代はインドネシア社会経済史研究においてジャワ島地方史研究が盛んとなった時期であり，議論の中心は19世紀半ば以降から植民地末期までの，輸出農業に動員された農民の階層分解，および農民経済の動向であった．これらの研究の多くはギアツの農業インボリューション論を中心とした東洋社会停滞論を批判するものであった．以下に代表的研究をいくつか挙げる．エルソン R. E. Elsonは，1830年から1940年に至るジャワ島東部の砂糖栽培地帯であるパスルアンのダイナミックな農民階層分化を実証してギアツを批判した［Elson 1984］．さらに彼は1994年に，強制栽培制度下ジャワ島全域の村落の社会変化について，村落内の村長・村役と農民の社会関係に焦点をあてて考察し，農民が村役から自由になりつつあることを指摘した［Elson 1994］．日本では植村が，1997年に『世界恐慌とジャワ農村社会』においてスラバヤのサトウキビ栽培とブスキのタバコ栽培において，大恐慌下で農民が負債を増大させ，土地を失う姿を描いた［植村1997］．また加納啓良を提唱者とし1990年から開始された「チョマル・プロジェクト」は，1903-1905年に調査が実施された砂糖地帯であったチョマル郡の農村経済調査報告書（1914年刊行）を分析する一方で，1990-92年に同じ地域で同様の現地調査を行なって100年ほどの経済状況の推移を解明し，農民層分解の進行，農外労働の増大などを実証した［Kano 1996, 2001］．このほかにも19世紀半ば以降を対象とする多数の社会経済史研究が発表されたが，その多くの論調は，農民層分解の開始時期には諸説あるものの，総じて緩やかな分解過程が進行していたことを議論するものであった[2]．これらの研究において，農民の生産活動が考察の中心におかれ，主体を持つ者として描かれたこと，および金融による農民支配の存在が具体的に明らかにさ

れたことは 1970 年代から 90 年代に至るこの分野の研究の大きな成果である．しかし農民層分解が緩やかであった理由は，一部で政庁の影響が指摘される他は，ほとんど議論されなかった．本書は，これらの研究の成果を継承しつつ，議論の空白部分を埋めるものとなる．

なお，1990 年代以降では，18 世紀半ばから 19 世紀初めに至るジャワ島北岸を対象とした現地人支配層の政治経済的動向中心の諸研究 [Kwee 2006; Ota 2006; Koh 2007] と，強制栽培制度期 [Bosma 2007 a, b] における砂糖企業の資本主義的展開に焦点を当てた研究が活発となった．ただしいずれも，自給農民にかかわる議論をはじめ本書で検討すべき新しい議論は含んでいないため，本書で大きく取上げることはしなかった．これらの実証研究を利用して本書の課題をジャワ島他地域および強制栽培制度期に敷衍することは次の課題である．

2-3　封建的生産様式成立論への批判：18・19 世紀プリアンガン地方に関する社会経済史研究

植民地期プリアンガン地方を対象とした社会経済史研究は，ジャワ島中東部の場合とは異なり研究が少ない．輸出農業への農民動員に関する研究については，次の 4 文献をあげれば充分であろう．

デ＝ハーン F. de Haan 著『プリアンガン―オランダ統治下のプレアンゲル・レヘント統治地域，1811 年まで』は 1910 年から 12 年にかけて出版された大部 4 巻本の研究書である [Haan 1910-1912]．ハーンはバタビアの文書館の館員であり，文書を存分に渉猟して本書を執筆した．ハーンがこのテーマを選んだ理由は，18 世紀のインドネシア地域についてバタビアの文書館が史料的に最も充実しており，オランダ本国の文書を使用しなくても一級の研究が可能であったことにあると思われる．叙述から推測するならば，ハーンは現地社会は基本的に変化しなかったと認識しているようである．現地社会については社会変化を考慮しないトピック別の枠組のなかに史料を年代順に羅列するに留まる．また彼はアカデミックな方法や概念を使用せず，その意味での論旨は一貫していない[3]．本書はこの書物を基本的に史料集として扱い，ハーンの見解で検討が必要なものは個別の章の中で取上げる．

インドネシア独立後，1970 年代半ばよりジャワ島社会経済史研究が盛んとなると，以下の 2 つの問題提起的雑誌論文が公刊された．1978 年に J. ブレマ

ンは，20世紀前半のジャワ島に見いだされた高度に自給自足的な村落共同体は，植民地支配の産物であると主張した．ブレマンは主に19世紀プリアンガン地方に関する既存の研究に依拠して植民地初期の社会像を描き，この時期にはパトロン-クライアント関係を基軸とする階層化した地域社会が存在したとした [Breman 1978, 1982]．

1980年に J. ドールンと W. J. ヘンドリクス [Doorn and Hendrix 1980] は，19世紀後半におけるヨーロッパ農園企業の進出によるプリアンガン地方社会の変化を，公刊史料を使用して概観した．そしてオランダ支配下で18世紀以来続くコーヒー義務供出制度によって，この地方の権力機構が「純粋に伝統的とも純粋に西欧的とも言えない」[Doorn and Hendrix 1980: 36] ものに変質しているため，19世紀後半の農園企業進出期の考察のみでは，変容について如何なる明確な結論をも提供し得ないと結んだ．

これに対して1994年に出版された M. C. ホードレーのチルボンおよびプリアンガン地方を対象とする社会経済史研究は，プリアンガン地方の社会変化に関する初の本格的研究であり，「組み込み」の時代を含む1680年から1800年までを対象としている．しかし上述2論文の問題提起は継承されなかった．ホードレーの主眼は18世紀中の社会変化を，「植民地支配下における封建的生産様式の成立」として把握することにあり，その指標である地代が，現地人支配層によるコーヒー栽培および水田耕作の導入によって成立したことを主張する．また支配層が主体的に植民地権力に協力したとして，この現象をセルフコロナイゼーションと呼んだ．ホードレーによれば，オランダ植民地権力がチルボンおよびプリアンガン地方の領有を開始する17世紀末から18世紀初めの時期には，これらの地方の主要な食糧生産の方法は焼畑移動耕作による稲作であり，支配層は配下の住民に人頭税を賦課していた．18世紀初めオランダ植民地権力が現地人支配層にコーヒー栽培を奨励すると，支配層はコーヒー農園を開設し所有した．そして経済外強制によって配下の住民をコーヒー園付近に集住させ，コーヒー栽培に従事させた．さらにこれらの住民の食糧を調達するために，支配層は水田を開拓し所有したうえで，住民に耕作させた．こうして1725年頃から18世紀末までにチルボンおよびプリアンガン地方では，現地人支配層がコーヒー農園と水田を所有し，耕作者から封建地代としてコーヒーと米を収取するようになり，現地人支配層の主体的・選択的行動によって封建的生産様式が成立したと言う．その一方でコーヒー栽培を導入し水田耕作を奨励した植

民地権力について，ホードレーは，積極的な地方支配を実施しなかったと判断し，統治制度の変遷のみを描いた [Hoadley 1994: 90-93, 146-150, 184-185, 194-198][4]．

以上のような展開を示すプリアンガン地方史研究における本書の目的は，J. ドールンと W. J. ヘンドリクスの問題意識を継承し，ブレマンの社会像を批判的に採用しつつ，ホードレーの研究とは異なる全体像を提出してこれを全面批判することにある．

ところで，前節で繰返し述べたように，経済史および社会経済史にかかわる研究は，輸出農業の展開過程における植民地政庁の役割および政庁と住民の政治・統治行政的関係については，正面から取上げて議論して来なかった．おそらく学問的守備範囲への配慮からであろう．しかしブーケ，ギアツとも農民が輸出農業に動員される過程における政府の役割の大きさを指摘し，特にギアツは，19世紀半ば以降のジャワ島が日本とは対照的な発展径路へと至る決定的な要因を，伝統的な労働集約的・小規模・家族経営・水田二毛作の形態が，中央政府によって近代経済制度に関連づけられるやり方の差異に求めている．そこで次節では，オランダ植民地政庁によるジャワ島農民支配に言及する東南アジア国家論の議論を検討したい．

3 ──「地域に埋め込まれる近代国家」：東南アジア国家と植民地国家論

東南アジア国家論のなかでは，白石隆によるインドネシア国家形成過程の素描が，オランダ植民地政庁によるジャワ島農民支配について最良の枠組を提供している．はじめに白石は，植民地化以前の東南アジア国家の原理をウォルタースのマンダラ国家論を援用して整理する．本書にかかわる論点を挙げると，第1に，国家は王の居住する中心によって定義された．第2に，国家を支える支配服従関係は，親族・婚姻関係などの社会組織に埋込まれていた．第3に，支配の対象は人（人的支配）であったが，「支配の深度」は浅く，住民の日々の生活に大きな影響を及ぼすものではなかった [白石 1999: 265-266]．

白石はまた，オランダ植民地国家の性格を次のように考える．オランダ領東インドは官僚制国家（beambtenstaat）と呼ばれたが，その特徴は①官僚機構による一元的統治，②政治における官の圧倒的優位，③機構内の官吏が入替え可能

であること，にある．このような国家の形成は，東南アジアにおいてイギリスのインフォーマルな帝国秩序が形成される中で始まり，オランダ領東インドは1820年代以降に近代国家の体裁を取り始めた．ただし近代国家移植の背景には，オランダ本国の財政危機を救うためにジャワ島を保護主義で囲い込んで農場化し，農民に輸出用作物を生産させる政策が選択されたことがあった．当初はこの政策を実施する国家機構が存在しなかったため，植民地政庁が官僚機構を作り，白人が機構の頂点を占めた．そしてジャワ人貴族を下位の官吏として登用したうえ，歩合制を敷いて輸出作物生産に協力させた．また植民地政府は中国人による徴税およびアヘン販売請負制を導入したが，これを支えたのはジャワ人官僚・中国人間のインフォーマルなネットワークであった［白石 1996, 1999, 2000］．

　さらに白石は，東南アジア近代国家のマクロ比較のためには，東南アジア社会にとって異物でありかつ支配のための機構・装置である近代国家が，社会的文化的にこの地域に埋込まれた方法，別の言葉で言えば，近代官僚制とインフォーマルなネットワークという二重性をもつ国家の運転原理の成立と変貌，を考察する必要があると述べる［白石 1999: 277］．

　本書は，以上の白石の素描と問題提起を継承しつつ，次の考察から得られる議論を新たに加えるものとなる．第1に，白石が描写した前近代と1820年代以降の間の移行期について，主に社会経済史的視点をとって考察する．第2に，近代国家が「地域に埋め込まれる」と表現された過程について，現地人支配層から集落の長を経て住民に至る関係の変化を具体的に示す．第3に白石が考察の中心とする，相対的に人口稠密で王国の存在したジャワ族居住地域ではなく，この過程が最初に進行した人口希薄なスンダ族の居住地域で考察する．そして1830年以降の展開を考察する手がかりを得る．

　なお本書は，現在のインドネシア共和国の領内でも17世紀末-18世紀初めの人口稀少な地域を考察の起点とするので，中央地方関係の考察にあたり白石の近代国家論に加えて，弘末雅士が歴史学の立場からブロンソンの理論を応用して提出した，15-18世紀の港市モデルを援用する．この港市モデルによれば，東南アジア島嶼部では王の居住する都市は交易の要衝すなわち交通の要衝に存在した．港湾都市に居住する王が多かったが，内陸では河川の合流地点など後背地と外界との結節点の都市に居住した．王は交易と儀礼のうえで外界との仲介役を果たした．この都市国家と後背地はギブアンドテイクの関係にあ

り，都市国家は後背地の生産過程や産物輸送に一時的に干渉はし得ても，恒常的・組織的に管理することはできなかった．17世紀末のオランダ東インド会社のバタビアもまたこのような特徴を有していた［弘末2004: 第1章］．

次章では，本論に入る前に，本書の作業を支える問題意識および分析枠組について，歴史学一般の動向の中に位置付けて説明したい．

註 [第1章]

1) 世界像としての世界システムについては，山下範久が，ウォーラーステインの世界システム論を批判しつつ，「近世帝国」という概念を使用した新たな枠組を提出している［山下 2003］．ユーラシア大陸全体を視野におさめ，中国，ロシア，インド，中東，そしてヨーロッパのそれぞれの動向を並列させる山下の議論は，21世紀初頭のグローバルな状況を理解する枠組としてより有効であると判断される．

2) 詳しくは宮本謙介の手になる諸文献の研究史整理部分［宮本 1989, 1992, 1993, 2000］，および大橋［1994c, 1997b］を参照．

3) ハーンの著書では，オランダ植民地権力による勢力扶植の歴史は制度史および政策史として叙述され，現地社会に対して常に圧倒的力を持つものとして描かれる．その一方で，様々な項目の中に社会変化を予想させる重要な変化現象がばらばらに示されている．植民地支配下の諸悪は個人的資質や欲得から語られる．彼は原住民の怠惰を指摘しつつ，コーヒーの労働の過酷さや首長達の収奪を非難し，植民地政庁の失政についても官吏の個人的な器や性格に帰す傾向にある．また本文と註部分は対応関係にあるが，註の内容は，豊富な逸話の採録・引用とでも言うべきもので，註部分における史料の分析結果が本文に示されているわけではない．史料が豊富に引用されている項目として，コーヒーの栽培地，栽培者および栽培方法の変遷，現地人首長の負債の増大とその返済方法，現地人首長のオランダ政庁への従属，輸送方法の変遷，食糧栽培法の焼畑稲作から灌漑田稲作への移行などが挙げられる．

4) この後ホードレーはこの研究を利用して，1996年および1998年に18世紀ジャワ島全体に関する村落の変質を概観する論文を発表した．論文の主な主張点は村落の形成過程に移動し，1978年のブレマンの問題提起に答える形となった．96年の論文はホードレー本人が編集し，ブレマンの上述の論文を巻頭論文とする論文集に収録される．ホードレーの論文はブレマンの議論のチルボンに関する事例研究として位置付けられ，チルボンでは村落は植民地体制が必要とした人工的創造物であることを主張する．ただし村落は，植民地勢力の強制ではなく，植民地国家の存在に依存しつつも地方のレスポンスによって形成されたとする［Hoadley 1996: vii-viii］．またファン＝ルール没後50年を記念した論文集『アジア史のカテゴリーとしての18世紀』（1998年出版）に採録された論文では，18世紀にジャワ島西部と中部のジョクジャカルタ社会で法制度，社会経済制度の変化があったこと，変化は植民地勢力の物理的強制ではなく新しい条件に在地の有力者がレスポンスしたためであることを主張した．ジャワ島西部の部分およびレスポンスのメカニズムについては1993年の研究が使用されている［Hoadley 1998］．

以上のホードレーの封建成立説を，ここでは植民地期ジャワ島社会経済史の研究史に位置づける形で批判を加える．ホードレーの研究は，史料の使用法および使用概念・論理構成において先行研究の歩みを継承しておらず，その結果，議論の精度・史料の扱いともにジャワ島中東部を中心とした植民地期社会経済史が到達した水準に遙かに及ばない．第1に，1980-90年代の欧米の研究者が使用しているレベルの史料を使いこなしていない．オリジナルな文書の使用は封建制成立以前の17世紀末から1725年ごろまでの社会の叙述に限られる．1725年以降の社会変化の議論における使用史料はほぼ法制史および統計レベルに限られ，社会の様子を記した文書史料の使用は数えるほどである．しかも封建制地代の収取を明示する史料は引かれていない．その結果，コーヒー生産過程（本書第4章），土地所有形態・夫役貢納制度（本書第11章）などの側面で，事実レベルの誤認がある．第2に，生態および歴史的社会形態が決して同じでないチルボン地方とプリアンガン地方の事象を混同している．例えばバックグラウンドの社会としてチルボンのスルタン支配下の社会を検討し，オランダ植民地権力の政策についてはコーヒーの主要生産地でありかつスルタン支配下にないプリアンガン地方西部に対して出された政策が引かれる．一方で，ホードレーが付録として載せる統計からはチルボン地方，およびチルボン支配下にあるプリアンガン地方東部ではコーヒーはほとんど生産されていないことが明白である．第3に，論理構成および編別構成に問題がある．従来の植民地期ジャワ島の社会経済史研究で行なわれたオランダ植民地支配の影響に関する議論と自論をどうかみ合わせるのか言及がなく，植民地支配の現実を組み込む議論がない．さらに当時コーヒーの主要生産地であったプリアンガン地方西部の社会を考察対象としない理由も明示されない．加えて議論のバックグラウンドにあたる17世紀末から1725年までの社会の叙述に61頁が費やされる一方で，本論たる1725年から18世紀末までの「封建制の成立期」の社会については47頁が割かれるのみである．

第2章

歴史学は社会問題の形成メカニズムを明らかにできるか？
―― 問題意識と分析枠組 ――

1 ――「途上国の前近代性」とは本来的なものなのか？：社会変化分析枠組みに関する問題意識

　本書では，プリアンガン地方における社会関係の変化を捉えるために，オランダ政庁に直属する現地人首長から，下級首長，集落の長，男性住民，そして主婦に至る社会関係の連鎖に注目するが，本章では，この視角を採用した背景をグローバリゼーション下の社会変化，および近年における歴史学研究の動向に関連させて説明したい．

　かつて日本人の生活は，物質的豊かさ，長時間労働による父親の不在，主婦の三重の役割，経済格差の小ささなどの特徴を持つとされてきた．21世紀に入ってからは前3者に加えて，経済格差の拡大，低賃金・不安定就労の拡大とその結果としてのワーキングプアの出現，そしてセーフティネットの機能不全が指摘されている［貧困研究 2008, 2009］．この21世紀に顕著となってきた諸特徴は，開発途上国を対象とする研究者にとって，つい最近まで経済的離陸以前の途上国に特有の現象と考えられてきた．とすれば，なぜ先進国である日本のなかで途上国の貧困層にみられるような形の労働強化や生活破壊が顕著となってくるのであろうか．さらに程度の差はあれ，なぜこの現象が日本以外の先進国にも現れてくるのであろうか．一方，この現象は地域社会における共同性および自治能力の欠落を示しているようにも見える．

　筆者は自らの歴史研究が現在の問題解決の一助となることを願う者である．上述の問題について歴史学が貢献しうる領域は，これらの，問題とされる社会

変化が，どのようなダイナミズムやメカニズムによって生起してきたのかという問いに，100年から300年，あるいは500年と言った長いタイムスパンの中で答えを用意することであろう[1]．

しかしこれまで歴史学が，近現代の社会変化分析に使用してきた主要な枠組の中には，上述のような問題の考察には適合的ではない部分がある．第1に，ヨーロッパの歴史事実から抽出された近代化分析枠組は，社会問題の形成過程を明らかにすることを主な目的として開発されたものではなく，むしろあるべき近代への到達度や逸脱度を測る目的で使用される場合が多かった．第2に，この近代化の枠組を，中央政府主導の近代化や開発を実施した国々に当てはめると，しばしば中央政府およびその周辺部と，地方社会との歴史的性格が不整合となる．よく知られた日本資本主義論争は，この問題に取組んだ論争であったと言えよう．さらにこの日本資本主義論争に比べると洗練度と生産性において遙かに低いレベルではあるが，ジャワ島の社会経済史研究においても，1990年代より英語圏で類似の論争が起こった．論争は，19世紀中葉におけるオランダ植民地政庁と外生的な資本制企業の活動に焦点を当てて資本主義の発展を強調する者と，在地社会の非資本主義的特徴を強調する者との間で行なわれ今世紀に持ち越された[2]．そこでこのような状況を考慮すると，政府主導の近代化や開発のモメントが強い国々における社会変化，および社会問題を生み出すメカニズムの分析には，従来の近代化分析枠組と相互補完的な枠組の開発が必要であると思われる．とくに，明るい未来を展望するより，現状がなぜこうなったのかの分析と認識を徹底するのが先決である21世紀初めには，この枠組の開発は焦眉の急であると考える．

本書は，社会問題が形作られるそのプロセスを明らかにするための，分析枠組と用具を開発する試みである．本書が，考察対象として中央政府と普通の人々の間の具体的関係と，政府が住民を動員するメカニズムとを取上げる第1の理由は，上に述べた中央と地方の歴史的性格の不整合を克服することにある．さらに社会問題の形成過程を明かにするために，とくに次の2つの側面に光を当てる．すなわち(1)中央政府による中央集権・近代化政策の実施が，前近代的地方社会を完全に破壊して近代社会を生み出すのではなく，地方社会に一定の利益を与えつつその管理経営権を奪って，地方社会を労働力動員装置付きの檻に変形させる過程，および(2)このような中央政府の政策に対する住民の対応が，生活必需品をはじめとする，社会や住民の外部依存を生み出す側面

である[3]．これらの側面に注目するならば，本書の対象である18世紀初めから1820年代までのジャワ島西部では，不自由労働による世界市場向け一次産品生産を契機として，工業化を伴わない中央集権化と社会変化が始まっていた．さらに不自由労働による世界市場向け一次産品の生産は，18世紀から19世紀中葉まで，世界の様々な地域で展開していたので，ジャワ島西部のように社会が変化した事例は多く見られたと考えられる．

この(1)および(2)の側面はこれまであまり注目されてこなかったが[4]，以下のような点に鑑みて，正面から取上げて研究するに価すると考える．第1に，これまで18世紀ジャワ島の社会は伝統社会あるいは前近代社会のままであったと考えられてきたが，本書の考察からは，この時代には植民地勢力との直接間接の接触のために地方社会が変化して，住民は能動的に活動しながらも構造的に植民地勢力に従属していたことが明かとなった．第2に，19世紀ジャワ島で活動が顕著となった資本制企業は，このように既に変化した社会の中で操業しており，同じ地域にあっても外部から移植された企業は，政庁の保護のもとで変形した社会を利用する一方で，社会内部に生まれた企業は政庁の保護を期待できなかった．このような経営環境が同島で展開した資本主義の性格を規定する一因となった可能性は高い．第3に，(1)および(2)の側面の研究を開発途上国各地で推進するならば，次の点が明かになる可能性がある．すなわち，現在，インドネシアはもちろんのこと，多くの途上国でガバナンスの問題とされる，親分子分関係に基づく利権争い，法の無視と倫理観の欠如，その結果の腐敗・汚職・取引費用の高額化などは，一般に，地域の文化的特徴あるいは先進国になるために払拭すべき途上国のメンタリティと捉えられている．しかし上述の社会変化を考慮するならば，この事態は土着文化そのものや脱出すべき前近代的状況というよりは，政府や巨大企業が，利益供与と引替に現地の社会関係を労働力動員や製品販売に便利なように再編し，人々がこれに適応してきた結果であると見なせる[5]．第4に，第3で述べた傾向は，中央集権化にかかわる社会変化の研究が進展するならば，不自由労働によって一次産品が生産された地域に限らず，中央政府主導の近代化や開発を経験した国・地域であれば，程度の差はあれどこでも見いだされる可能性が高い[6]．

次節では，以上述べてきた筆者の問題意識を踏まえながら，本書の課題を近年のグローバルヒストリー研究動向の中に位置付けたい．

2——「普通の人々のグローバルヒストリー」は可能か？

　マニング，秋田茂，水島司［Manning 2003; 秋田 2007, 2008a, b; 水島 2008b］などの紹介によれば，グローバルヒストリーとして括られる研究は 1980 年代に開始され，現在大きな潮流となっている．この潮流は，20 世紀末からの急激なグローバリゼーションやアジア諸国の経済的発展といった現状に鑑みて，これらの歴史的な起源，展開，将来的展望を探る歴史学であると言う．研究を特徴づけるキー概念は「比較」と「関係性」である．

　その中でウォーラーステインの世界システム論は，その後の研究に大きなインパクトを与えたためにグローバルヒストリーの嚆矢と位置付けられる．キー概念のうち「比較」の研究領域をみると，世界システム論にはアジアが不在であったために，アジア史から「組み込み」論に批判的な研究が始まった．インドなどを中心に非西欧地域の自律性を主張する事例研究が生まれた．ついでアジアのめざましい経済発展を背景として，ヨーロッパとアジアにおけるそれぞれの中核域の経済発展を比較するカリフォルニア学派の諸研究が公刊され，さらに経済分野における地域間比較の一環として，実質賃金を中心とした労働者の生活水準の比較が行なわれるようになった．もう一つのキー概念の「関係性」の領域には，モノとヒトの動きの歴史，生活史，地域史・地域システム，帝国史，海域史，グローバルな経済史といった多岐に渡る研究が含まれるが，その背後に，一国史の克服あるいは人類は一つという観点から研究を推進するという問題意識を持つと言う．

　以上のカテゴリー分けのなかで，本書は「組み込み」論批判の研究群に属すと言える．ただし筆者は世界システム論の西欧中心的な性格を批判するとはいえ，先に述べた問題意識を持つために「組み込み」論を全面批判するのではなく，それを修正して利用する立場をとる．本書の課題を明確にするために，18 世紀インドの社会変化に関する著名な事例研究[7]と対比するならば，本書の特色は次のようであろう．

　（1）　18 世紀から 19 世紀初めに，次の時代に続く顕著な社会変化が始まっていたという認識はインドの事例研究と類似する．しかし社会変化の初期条件に大きな違いがある．インド亜大陸には人口稠密で分業の進んだ社会が多いのに対し，本書対象地域であるジャワ島西部は人口稀少で分業は進んでおらず，

世界市場向け産物および食糧の採集・耕作のためのマンパワーの掌握が生産手段の掌握より重要であった．商業や輸送を専門とする在地集団は存在せず，外部者あるいは現地人首長層がこれを組織した．そこで本書は，人口稀少かつ社会的分業が不十分であり，労働力の直接的把握が社会システムの根幹であった地域社会の変化を考察し，分析枠組を提示するものとなる[8]．

　（2）　本書は主に社会経済的側面を扱う点，および現地勢力と植民地勢力の共謀の側面を考察する点においてインドの事例研究と同様である．しかし地域社会の自律性および主体性の側面を強調せず，逆に地域社会を取込む植民政庁の能動性と，地域社会や植民地政庁を規定する自然環境などの外部環境に注目する．このため本書の紙幅の大半が，普通の人々そのものではなく，かれらを取巻く地理生態や社会組織の分析に費やされる．まずは敵を知ろうと言うわけである[9]．こうして植民地政庁の中央集権（独占）によって人々の選択肢が巧妙に奪われていくメカニズムを突き止めるとともに，労働力の直接的掌握が強化される過程で自主対強制，夫役労働対賃労働という2項対立が意味を失うこと，少なくとも社会の性格規定に有効性を持たないことを論じる．選択肢を奪われた者達が生活のために劣悪な条件の労働機会を競って求める行動は現在の日本でも見られるので，結論部において賃労働・自由な労働の内容を再定義する手がかりを示したい．

　加えてグローバルヒストリーと本書の研究視角の関連について述べる．筆者は，グローバルヒストリーと呼ばれる一群の研究が，現在起きている社会変化を踏まえた歴史研究である点，そしてそれゆえ一国史を克服し，ヨーロッパとアジアなどをともに人類史の対等な要素として広範囲に考察する傾向を持つ点に，深く共感する．しかし「比較」の研究において，経済や社会の発展の側面（光の部分）に焦点をあてた研究が多いこと，および「関係性」の研究において普通の人々との関連が見えない研究があることについては，さらなる研究の展開が必要であると考える．そしてそのためには新たな領域の研究が必要であると考え，「普通の人々の役に立つ，あるいは彼らの立場に立つグローバルヒストリーは可能か」という問いを立てた．より具体的には，「必ずしも直接外部者と接触しない普通の人々，中でも移動が不可能あるいは許されない人々や，グローバリゼーションの皺寄せを受ける人々の立場に立ったグローバルヒストリー研究とはどのようなものか」「地域社会の中で生業に汗し，家事・育児・介護をし，そして遊ぶ普通の人々をいかにしてグローバルヒストリーに参入させる

か」といった問いとなる．そして本書ではこれらの問いに回答するために，次の3つの試みを行なった．

(1) ジャワ島西部の事例を当時のグローバルな状況に結びつけるために，事例の背景説明を行なうにあたり，グローバルなレベルからジャワ島西部にいたる4つのレベルで地域設定を行なった．

(2) 同様の目的で，植民地政庁から一般の住民とその主婦に至る関係を，ジャワ島西部の内陸に住む普通の人々がグローバルな状況から影響を受ける回路のひとつと位置付け，検討を行なった．

(3) 現在グローバリゼーションから不利益をこうむっている普通の人々が，生活防衛に関する何らかの見通しを得られるよう，考察の視点を工夫した．すなわち「地域全体がグローバリゼーションに巻き込まれる中で，グローバルな組織が末端で何をしたか」，「その組織の行なう独占，条件提示，選別・排除（勝組と負組の選別）はどのように行なわれたか」という問いを立て回答を試みた．また「グローバルな組織の政策に対する，住民のその時々のトレードオフが結果として彼らをどこへ辿り着かせたのか」という問いに回答する際には，人々がとるべきであった戦略を考える立場から，彼らの選択を，結果として不利益を被った対処法として叙述した．

以上の試みのうち，(1)は，次節と第3章でなされる．(2)は第2編以降で展開され，(3)の回答は結論部でなされることになる．なお，グローバルな動向は世界各地の固有な地域社会を介して普通の人々に影響を与えるので，(2)と(3)の課題は，プリアンガン地方において新たな（従属性を埋め込まれた）地域社会が形成される過程のなかで考察される．

3 ──「組み込み」の背景：グローバルな状況，そして重層的な3つの地域

本節では，17世紀末から1830年に至るプリアンガン地方の社会変化の分析に先立ち，この時期のオランダ植民地政庁の政策と社会変化のあり方を規定したプリアンガン地方の自然・人為的環境を略述する．これは同時に，当時のプリアンガン地方の出来事を世界史および東～南アジア史の動向の中に位置付ける作業でもあるが，以下に順次述べていくように，現在のところ，グローバルなレベルに加えて3つのレベルの地域的視点を重ね合わせて説明することが

有効であると考えている．

3-1　グローバルなレベル

　17世紀に世界システムの覇権を握っていたオランダは，18世紀にその地位を失って19世紀初めにはイギリスに従属することになった．オランダは18世紀初め頃より半ばまでに貿易と海運事業，そして毛織物工業における優位をイギリスに譲った．同世紀中葉には依然としてヨーロッパの金融センターとしての地位を保っていたが，その後ロンドンにその座を奪われ，19世紀初めには財政危機に見舞われた[10]．一方，ジャワ島西部のバタビアを拠点とするオランダ東インド会社（以下，VOCと略す）は活動領域をケープ岬以東とし，中東，インド，東南アジア，日本といった広大な地域に商館を有していたが，本社はオランダ本国にあり，会社の基本方針は最終的には本国の株主の利益によって決められた．そして上述の本国の状態がバタビアを拠点とする植民地政庁をしてヨーロッパ市場で高値で売れる産物を安価に調達することを求めさせた．その後第4次英蘭戦争（1780-84年）においてオランダは本国・ジャワ間の輸送路を絶たれ，以後コーヒーを含むジャワの産品をジャワ島に来るヨーロッパ船舶に販売することを余儀なくされた．その一方で，1791年よりコーヒーの国際価格が高騰したため（1823年まで），植民地政庁はコーヒーの増産に努めたが，価格高騰の原因は，中南米において独立運動や反乱のためにコーヒー生産が低迷したことにあった．

　このようにプリアンガン地方に対する政庁の政策は，その背景にヨーロッパの政治的国際関係，金融面における国家間関係，ヨーロッパ市場における貿易品の価格，貴金属の流れを含む世界の貿易構造，長距離輸送システム，これらを支える科学技術などと切り離しては考えられなかった．このレベルにおける諸問題は，本書ではウォーラーステインの「組み込み」論以外は直接検討しないが，本書対象期は，ヨーロッパとアジアの動向の直結およびその相互作用が，アジアの一般の人々を広範囲に巻き込むまでに拡大した時代であり，プリアンガン地方はその一事例として世界史の中に位置付けられよう．

3-2　アジア交易圏

　上述のようなグローバルな貿易動向とリンクしつつ，この時期には南～東アジアにおいても貿易構造の変化があったと考えられる．おおよその見取図を描くならば次のようである．
　VOC は，17 世紀中葉のアジア海域において海上覇権を獲得し，胡椒の独占的貿易に成功して多額の利益を上げていた．しかしそれは日本の鎖国によって南シナ海海域で日本人商人の活動が途絶えたこと，および台湾の鄭成功の乱に伴う清の遷海令によって中国人商人のアジア渡航が大幅に制限されていたことにも恩恵を受けていた．鄭成功の乱が終息して 1684 年に遷海令が解除され，さらに同じ頃にヨーロッパ市場で胡椒が暴落すると，VOC は貿易だけでは利益を上げられなくなった．そこで会社はジャワ島などで領土を獲得してその地における貿易の独占権を得，生産物の独占によって利益を上げようとしたのである．
　その後の 18 世紀半ばから 19 世紀前半にかけて，中国の周辺地域および東南アジアの多くの地域では，中国市場の巨大な需要を背景として，商人，資金，労働者などが流れ込み，中国市場向け産物生産のための開拓ブームが起きた．中国国内での事例としては秦嶺山脈の木材伐採，鉄鉱石の採掘と製鉄，キクラゲ・トウモロコシ栽培，貴州の木材伐採とこれらの産物の都市部への移出がみられる［上田 1994; 武内 1994, 1997］．さらに台湾でも大開発が行なわれた［Meskill 1979］．この時期には東南アジア各地でも換金作物・鉱産物生産，輸出，そのための開発が多くみられる．スマトラ各地およびマレー半島の胡椒栽培，バンカ島やマレー半島の錫採掘，スールーのナマコ採取などが有名であるが，その多くは中国市場向けであり，商人・輸送業者・資金提供者は中国人・イギリス人カントリートレーダー・アメリカ人などであった．彼らの活動は，1710 年代にイギリスが広東に貿易拠点を獲得してのち開始された．またビルマでも銀や綿，ベトナムでも銀・銅が中国人商人の関心を呼んだという［鈴木 1976; Andaya 1993; Kathirithamby-Wells & Villiers 1990; Reid 1997; 桜井・桐山・石澤 1993; 和田 1961; 藤原 1986］．
　この時期の欧米諸勢力と東～東南アジアの諸勢力との関わりには次のような特徴が認められた．欧米勢力の間では，世紀の中頃に東南アジア島嶼部の貿易センターがバタビアからマラッカ海峡付近の，イギリスの影響の及ぶ港に移っ

た．その一方で東・東南アジアにおける換金作物・鉱産物の生産・輸出ブームと，これに伴う中国人・カントリートレーダー・アメリカ人の活動とに圧倒されて，前世紀から続く政経未分化のオランダ，イギリス，スペインの植民地政体は，自らの財源を確保し，かつ守るために，18世紀後半から特定の換金作物の栽培「強制」，生産管理そして販売独占を開始したと考えられる．換金作物の栽培「強制」の著名なものは本書が対象とするプリアンガン地方のコーヒー栽培とスペイン領フィリピンのタバコ栽培であるが，日本（より正確には薩摩藩）の近世植民地である沖縄・奄美の砂糖栽培，さらに中国を主要な市場とするイギリス領インドのアヘン栽培も類似の特徴を示した．加えてこれらは等しく19世紀初めから1830年頃に制度の確立期を迎え，1850年頃からは衰退の兆しを見せるものの，1880年代から20世紀初頭ころまで存続するのである［大橋 1994c: 237-239］．未だ欧米資本主義の影響の及ばない日本においても同様の現象がみられたことは，この地域の植民地収奪のあり方自体が，南〜東アジアで展開していた貿易や商業・集荷における地域的特性にヨーロッパ植民地権力が適応せざるを得なかった結果であると考えられる[11]．

　このうちオランダ政庁によるプリアンガン地方に対する政策に焦点を当てると，従来，植民地権力の圧倒的優位の下で進められたと見なされたコーヒー栽培の導入と収奪の強化が，実は次の3つの事情による，いわば必要に迫られての措置であったと判断される．第1に，当時VOCは，イギリス植民地勢力の活動に押されて国際交易から利益を得られなくなっていたが，資金を持っており投資先が必要であった．この傾向は18世紀半ばより加速した．第2に，政庁は，財源としてのコーヒー生産を，中国人をはじめとするプライベート商人の商業および投資活動から防衛するために，独占することが必要であった．第3に，その一方で，当時のVOCの組織力・資金力では，中国人を利用した内陸輸送・商業支配なくして，プリアンガン地方社会の持つ自立性を骨抜きにし，世界システムへ組み込むことはできなかった．オランダ植民地権力は，中国人商人とその投資活動に厳しい統制を加え，プリアンガン地方におけるコーヒー生産とその輸出から彼らを排除していた．しかしその一方で，18世紀後半には自らの資金・人員不足を補うために，中国人をコーヒー内陸輸送，現地人首長や住民への日用品販売，そして小規模な金融に従事させることによって，植民地権力が首長および住民に支払ったコーヒー代金を回収させざるを得なかった．おそらく，福建人を中心としたジャワ島の中国人達の多くも南シナ海交易におけ

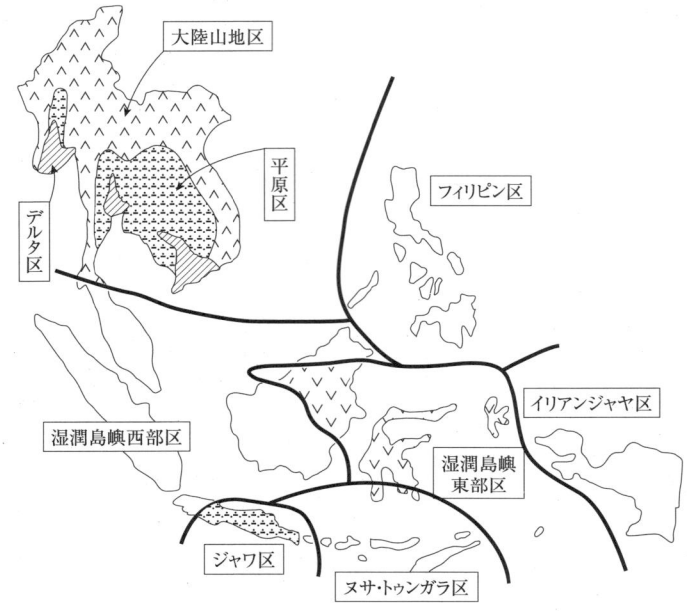

地図 2-1　東南アジアの9つの生態・土地利用区
出所：[高谷 1985: 39]

る劣勢によってオランダ植民地権力に従わざるを得ない状況があったと推測される．このようにアジア海域における中国人商人，欧米のプライベート商人を中心とする各種商業の担い手の動向もまたオランダ政庁の政策を規定する因子であった．

3-3　生態区

以上述べてきたような当時のアジアにおける貿易構造の変化は，VOCの経営を危機に追込み，戦略の方向を転換させた．本項ではこの転換を可能にさせた要因として，この経営危機がプリアンガン地方においてVOCに発見させた，当時の技術レベルにおける開発条件のベストミックスを説明する．

18世紀初めから1830年までのプリアンガン地方のコーヒー生産の展開を規定した生態空間を理解するには，高谷好一が生態と土地利用の観点から東南アジアを9つに分けた区分のうちの，「湿潤島嶼西部区」の適用が有効である（地

図2-1).南シナ海交易圏の南部をなす東南アジア島嶼部は,ジャワ島中部以東のスンダ列島を除いた部分が熱帯雨林気候に属す.この気候区では年間を通じて多雨多湿で乾季はない.そしてその丘陵地帯に広がる熱帯多雨林は,古来,中国やインド以西の人々を魅了する森林産物の宝庫であったと言う.またこの気候区は,人口希薄で政治的まとまりが小規模という社会的特徴を持つ.この熱帯雨林気候下の地域は,高谷によって湿潤島嶼東部区と西部区に分けられたが,両区の違いは東部区ではサゴヤシ栽培が重要な役割を果たしているのに対して,西部区では陸稲焼畑が卓越していることにあると言う.さらに,高谷は明言していないが,この西部区は東・南シナ海交易圏とインド洋交易圏が交わる一帯でもあり,紀元2〜3世紀から現代に至るまで東西交易の中継港が発達した地域とほぼ重なる[高谷 1988, 1990, 1996;坪内 1986: 9-15].

加えて高谷は,人口稀少かつ交易品を多く産出するというこの区の生態的歴史的条件のなかで,青壮年男子は,その時々でもっとも儲かりかつやりがいのある仕事を自らの選択で決めて,多くの場所や仕事を渡り歩くという行動パターンを錬磨していったと推測する[高谷 1996: 153-157].

プリアンガン地方はこの湿潤島嶼部西区の東南端にある.ただし乾燥月が1〜3ヵ月存在することから熱帯モンスーン気候との遷移帯と言える[柳 1996: 6].さらに2連の火山山脈と盆地からなる地形のために,住民の居住地の大部分は高谷の言う熱帯多雨林と山地林の遷移帯(標高300mから700m)に存在する[高谷 1988: 10].またプリアンガン地方は湿潤島嶼部西区の山地の中では北部海岸に比較的近く,かつ熱帯モンスーン気候で相対的に人口稠密な地域(ジャワ島中部)と陸続きである唯一の地域であった.

このように,プリアンガン地方はこの生態区のいわば辺境に位置するわけであるが,それは同時にこの地方が,当時の輸送および灌漑の技術水準におけるオランダのコーヒー生産体制に適した条件の集合体として,他地と比較して抜きんでていたことを意味した.すなわち山腹の山地林の存在は,コーヒー栽培に必要な冷涼な気候と肥沃な土壌を提供し,降雨と山麓の湧水は水田耕作に必要な灌漑用水を豊富に提供し,北海岸に比較的近い盆地部という地理的条件は,密輸の取締りの容易さとコーヒー輸送の容易さとを兼備え,さらに人口稠密な地域との隣接は労働力誘致を容易としたのである.プリアンガン地方におけるオランダのコーヒー収奪の成功は,その底辺で,これらの地理的・生態的要因の組合せに支えられていたといえよう.

以上の生態区に続く第3の地域レベルはプリアンガン地方であり，このレベルでは，自然地理環境と外部の人的環境との間に位置する地方社会が考察の焦点となるが，これについては章を改めて論じたい．

註［第2章］

1）現在の問題の淵源を歴史に探り，問題の解決に役立てようと考えた者は，視野を日本に限っても多数存在する．筆者はかつて上原専録の「課題的認識の方法」に啓発され［上原 1963］，近年では既に第1章で言及した白石隆の歴史的考察に奮起を促された．

2）Gordon ［2000］などにその経過がみえる．

3）類似した考え方をする研究者は多い．たとえば前章で検討したブーケ，ギアツの議論は，明示的にではないが，植民地期の社会変容および 1950 年代のジャワ農民の行動様式を本文と似た状態として捉えている．

4）18・19 世紀の東南アジア史の叙述は，肯定的であれ否定的であれ資本主義拡大の物語を中心に置いているために，不自由労働による一次産品の生産がドミナントであった時代があり，その時代には特有の社会変化があった，という点が強調されることはなかった．さらにこの形態の一次産品生産は 20 世紀初頭には消滅したために，後世への影響はまったく不問（不可視化）とされて今に至っている．

5）前章で検討したギアツの議論は，強調はされていないものの，1950 年代のジャワ農民の行動様式についてこの第3点と類似した形で形成されたと判断している．

6）ジャワ島の場合，中央集権化が工業化に先がけて起こったが，上からの近代化が輸出を前提とする工業化から開始されたところでは工業化とともに進んだ場合もあろう．そしてさらに中央政府主導の近代化や開発を経験しなくても，中央集権的国家機構を持つ国々においては，この傾向が存在する可能性がある．なお，これまでこの側面の研究が注目されなかった理由のひとつに，歴史研究のなかで，統治行政と社会経済を切り離して分析する習慣があったことが挙げられよう．筆者がウォーラーステインの世界システム論の中で，とくに「組み込み」論に注目する理由は，彼がこの2者を結合したことにある．

7）Bayly ［2004］; Marshall ［2003］; 水島 ［2008a］などを念頭に置いている．

8）ウォーラーステインは「組み込み」の事例として西アフリカの国家を取上げているが，当時のジャワ島西部には国家が無く，ヨーロッパの直接支配を受けたという点で，「組み込み」の地域社会への影響がより鮮明に現れると考える．
　グローバルヒストリーにおける経済発展の比較が「人口稠密かつ洗練された経済」が展開している地域同士の比較を出発点としていること［Pomelantz 2000］，現在における人口稀少地域の開発が，人口稠密地域の開発と比較して必ずしもスムーズでないことを考えるならば，人口稀少地域の発展・開発の論理を人口稠密地域の発展・開発の論理と比較しつつ提示するのは，今後重要な作業となると思われる．この研究の先駆者である坪内良博は，東南アジアを念頭に置き，人口稀少な社会を「小人口世界」と名付け，「生物の育生にとって不毛に近い環境での小人口ではなく，多くの種類の生物が競合的に繁殖する環境での小人口である」と定義した［坪内 1998: i-ii］．これに対して筆者は，島嶼社

会や海域をも含む地球上のあらゆる人口稀少地域の社会を，小人口社会と呼びたい．というのは，人口稀少地域は地球の表面を覆う面積では圧倒的に大きいこと，しかしほとんどの小人口社会が相対的に経済・社会開発が途上にあるか問題を抱えていること，さらに（人間の居住限界地域のためか）環境問題を抱えている所も多いことから，人口稠密社会発展に関する研究をグローバルヒストリーのなかに位置づけるために有用であると思われるからである．

市場原理が働く人口稠密社会（ヨーロッパ，日本，中国，インド，米，豪などの核域）と比べた場合，小人口社会は以下の特徴の過半を持つと考えられる．
 (1) 人間集団（例えば村）の規模が大きくなく，集団間の距離が大きい
 (2) 生産に比較して交通・輸送に大きなエネルギーを割かざるを得ない
 (3) 政治権力は交通・輸送の要衝に発生し，これらの仲介機能を担う傾向にあった
 (4) 一地域の中に多民族が混在する
 (5) 現在，辺境（中央政権に対して遠い）と呼ばれる地域に存在する
 (6) 人口過密社会より商人が入り込み，商業を牛耳る傾向がある
 (7) 歴史的に人口稠密社会の文明を受容し続けた
 (8) 土地・生産財はさほど希少価値を持たず，その支配・管理が社会システムの根幹となっていない．社会システムの根幹はマンパワーを直接掌握にあり，パトロン・クライアント関係が発達しやすい．
 (9) 貨幣経済が発達し市場のあるところも多い．しかし市場経済・資本主義経済が発達しているとは言いがたい（ex. 分業）．
 (10) 村落（集落）以上の政治・行政システムが強固でない．
 (11) 男女の分業はあるが，労働における男女のタブーは少ない．フロンティア社会の様相を持つ．
 (12) 小人口社会にとっては外来の中央政府が，企業や市場の機能を代行する．

以上の諸特徴を考慮するならば，小人口社会には，市場経済が発達した人口稠密社会とは異なる発展の論理や経路があるのではないかと推測される．また現在の問題として，距離と規模から派生する不平等，「不経済・非効率」をいかに克服するか，あるいはこれらの要因を利用するかを考える必要がある．

本書は，小人口社会が上から開発されたときに発生する問題を，社会的側面を中心に歴史的に分析した．東南アジアには18世紀から20世紀の間に小人口社会から人口稠密社会への移行を果たした地域が複数あり，今後，開発下に小人口社会から人口稠密社会への移行が予想される地域に対して，その経験を提供できよう．またこれらと18世紀末には既に人口稠密社会であった地域の発展とを比較することによって，これまで論じられてこなかった新たな論点が双方の発展において浮かび上がることが期待される．

9) 大橋 [2001a] は本書の内容を背景とし，普通の人々を主人公として叙述した習作である．
10) Wallerstain [1989]; 玉木 [2009] ほか，秋田 [2008] に簡潔な記述がある．
11) その背景のひとつに19世紀初頭に始まるラテンアメリカ諸国の独立運動によって銀輸出が減少し，世界的に銀不足となったことが挙げられる．この世界的銀不足については異論があるが，いずれにしてもこの時期に中国および東インド海域に流入する銀は減少した．マニラ・アカプルコを結ぶガレオン貿易が廃止されて東南アジアにおけるスペイ

ン勢力および福建系商人が打撃を受ける一方で，インドで地代としての銀と商品としてのアヘンを確保したイギリスとこれと手を組んだ広東系商人が優勢となった［城山 2008；籠谷 2008；Irigoin 2009］．なお，旧来の政治経済未分化の政体，中国人，およびアメリカ人を含むカントリートレーダーの活動，なかでも金融・投資活動の解明は，より鮮明な時代像を提供するものと思われるが，本書ではアジア間交易論にかかわる議論は扱わなかった．本書対象期にプリアンガン地方で活動した中国人商人とジャワ島を越えた中国人ネットワークとの関わりの考察も今後の検討課題である．

第3章

社会変化の起点と管理運営機能分析の方法

1 ── 本章の構成

　本章の課題はふたつある．ひとつは本研究の背景として，前章に続き，第3の地域設定レベルでありかつ最小単位である，プリアンガン地方社会を略述することである．本章第1節から第3節では「プリアンガン地方」の歴史的空間形成の過程，および1830年に至る変化の起点としての社会の性格が概観される．もうひとつの課題は，18世紀初めから1830年に至るプリアンガン地方における社会変化の過程を明かにするために，本書で採用した分析方法をやや詳しく示すことであり，第4節で説明される．

2 ──「プリアンガン地方」という空間の形成

　地図3-1で示されたプリアンガン地方とは，実は1820年代のオランダのプリアンガン理事州の行政区画を参考にしており，植民地支配の産物と言える．18世紀以前にプリアンガンという言葉がいつ頃からどの範囲に用いられてきたのかは，現在のところ明かではない．VOCがこの地方の現地人首長と接触を開始した17世紀末のオランダ語史料の中で，チルボンの後背高地がプリアンガンと呼ばれていたことが確認できるので，この地名がジャワ島西部の現地社会において使用されていたことが推測されるのみである［Jonge 1862–1888: vol.

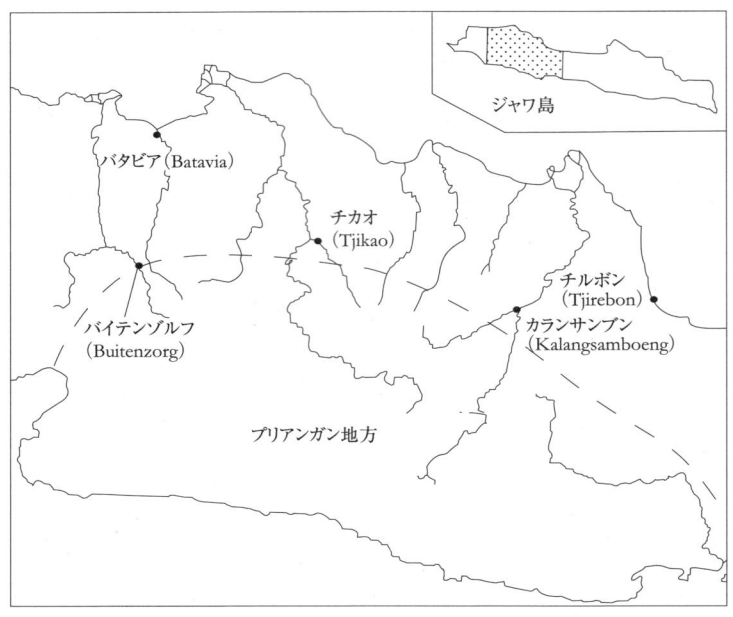

出所：筆者作成

地図 3-1　ジャワ島プリアンガン地方

8 21].

　ただし，プリアンガン地方とその周辺には，17 世紀末までに次のような歴史的共通性が形成されていた．ジャワ島西部はスンダ語を使用する人々の居住地域として，ジャワ島中東部とは区別されていた．11 世紀にスンダ（Sunda）王を名乗る政権が存在し，また 13 世紀頃より碑文にスンダ語が使用されていたことが確認されている．さらに 13 世紀初めまでに胡椒の大量輸出が始まり，14 世紀にはヒンドゥ王国パジャジャラン（Pajajaran）の下で胡椒が栽培され輸出されていた．この王国の首都は地図 3-1 のバイテンゾルフ付近に存在したが，ジャワ島西部の諸港はこの王国の支配下に入っていたので，プリアンガン地方の多くの部分もまたその影響下に入っていたと推測される．主要な食糧生産方式は焼畑稲作であった．その後 16 世紀半ばからはバンテン（Banten）・チルボン（地図 3-2 参照）などイスラム化した港湾都市の支配層が，内陸の現地人首長に影響力を行使して内陸で栽培される胡椒の輸出の独占に努め，それとともにプリアンガン地方にもイスラム教が広まった［クロム 1985: 265-268, 325-328,

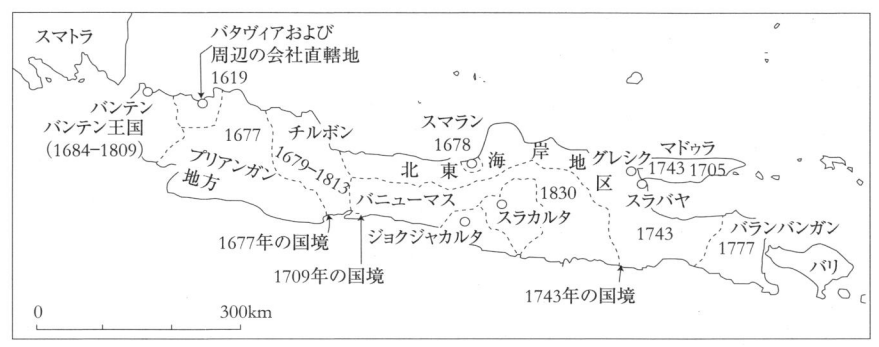

地図 3-2　オランダの領土拡大

493-501; Kathirithamby-Wells & Villiers 1990: 107-142; Ekajati 1975].

　1570年代にパジャジャラン王国が滅亡したのち，プリアンガン地方は1620年代よりジャワ島中部のマタラム王国の勢力下に入り，30年代初めには同国の武力侵攻を受けて荒廃した．その後この地方でバンテン王国による植民が始まったため，マタラムも支配強化のために1641年から植民を開始した[1]．のちに VOC に直属してレヘントと呼ばれたプリアンガン地方の首長達のうち，スメダン，バンドン，パラカンムンチャンの3レヘントは，この時にマタラムによってそれぞれの地域の統治者として任命された者たちの子孫であったと言われる．一方チアンジュール，チブラゴン，チカロンの3レヘントは，17世紀半ばにチルボン王国より派遣された植民団の首領の子孫であったと言われる[2]．

　プリアンガン地方という歴史的空間の形成には，以上述べてきた，スンダ語，胡椒栽培，周囲のイスラム教国への服属という現地側の要素に加えて，次節で述べるように，1670年代に入ると，VOC の領土拡大が大きな影響を与えるようになる．

3 ── オランダ東インド会社の領土拡大と行政地区区分

　VOC は1619年にバタビアとその周辺を領土としたが，これは貿易拠点の獲得を目的としており，その後長い間領土は拡大されなかった．領土の拡大が

図られたのは 1670 年代からだった．会社は 1674 年にマタラム王国内で勃発したトゥルノージョヨの反乱に援軍を出す条件として，1677 年にパマヌーカン（Pamanoekan: 現 Cilutung）川以西のプリアンガン地方の割譲を得た．さらに VOC は 1681 年にチルボン王国との条約によってこの国を保護国とし[3]，1684 年のバンテン王国との条約でこの王国と会社領との境界をチサダネ（Tjisadane）川とした．ついで VOC は 1705 年に，スラパティの反乱を鎮圧した代償に，マタラム王国よりプリアンガン地方ほぼ全域の割譲を受けた[4]［Ricklefs 1993; 永積 1971: 53-86, 113-140］（地図 3-2）．

このジャワ島西部の VOC 領は，在バタビア東インド総督を最高責任者とする政庁（Regeering: 以下，政庁またはオランダ政庁と記す）の統治下に置かれた．政庁は 18 世紀初め頃よりこの領土を 3 つの行政地区に分割して統治した．すなわちバタビア周辺地域（Ommelanden），現地行政委員（de Gecommiteerde tot en over Zaken der Inlander, バタビア在住の VOC 職員）管轄地域，およびチルボン駐在員（Regident van Cheribon）管轄地域である．バタビア周辺地域では政庁の直轄支配が行なわれたが，この地域にある私領地（particuliere landen）ではその所有者によって司法徴税が行なわれていた．これに対して後 2 者では，政庁がレヘント（regent）と呼んだ現地人首長による自治が認められていた[5]．

このほか政庁は，産物の輸送ルートに基づく地域区分も使用した．これは積出港の別によって領土を二分するものであり，上述のバタビア周辺地域と現地行政委員管轄地域は「バタビア管轄下」（onder Batavia sorteerende）の地域（以下，バタビア地区と呼ぶ）と呼ばれ，チルボンを積出港とするチルボン駐在員管轄地域（以下，チルボン地区と呼ぶ）と区別された．バタビア地区の内部は，さらに，産物輸送路の別に基づいて，バタビア低地（Bataviasche Benedenlanden），バタビア高地（Bataviasche Bovenlanden, 以下，西部地域と記す），および東部レヘント統治地域（Oostersche Regentshappen, 以下，東部地域と記す）に分けられた．バタビア低地はバタビア周辺地域にほぼ相当し，バタビア市街地，その周辺，私領地，および大小 20 あまりの小さなレヘント統治地域が含まれた．西部地域にはチアンジュール（Tjianjoer），チカロン（Tjikalong），チブラゴン（Tjiblagoeng），カンプンバル（Kampoeng Baroe）の各レヘント統治地域，東部地域にはバンドン（Bandoeng），スメダン（Soemedang），パラカンムンチャン（Parakanmontjang）の各レヘント統治地域が含まれた（地図 3-3 参照）．ただしカンプンバルについては，その他のレヘント統治地域との地理的差異が大きいこと，および 1740 年

①〜⑦レヘントの居住集落

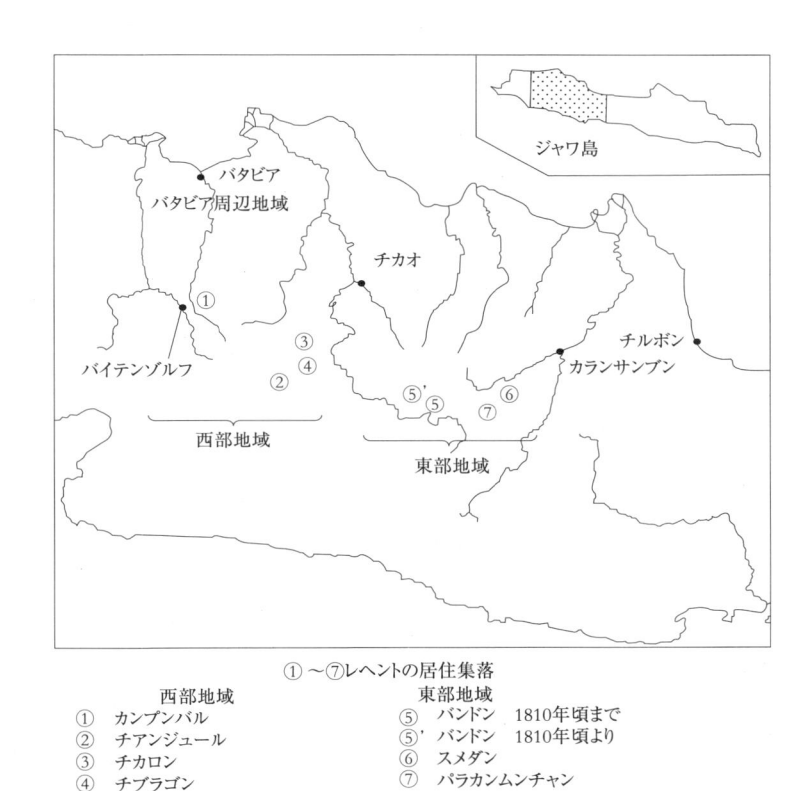

西部地域
① カンプンバル
② チアンジュール
③ チカロン
④ チブラゴン

東部地域
⑤ バンドン　1810年頃まで
⑤' バンドン　1810年頃より
⑥ スメダン
⑦ パラカンムンチャン

出所：[田中 1960: 130] をもとに筆者作成

地図 3-3　ジャワ島プリアンガン地方行政区分図

代以降オランダ政庁が別個の政策を実施したことから，本書では1811年まで参考地域として扱い，それ以降は分析の対象としない[6]．

　以上の政庁の統治の枠組は，1799年のVOC解散以降1808年に着任した総督ダーンデルスによる改革まで存続した．またオランダ植民地権力がレヘント統治地域の統廃合を試みるようになったのは18世紀末からであった．そこで以下，本書の主な考察対象地域は西部地域および東部地域とし，原則としてこの2地域をプリアンガン地方と呼ぶこととする．

第3章　社会変化の起点と管理運営機能分析の方法　35

4 ── パトロン–クライアント関係が前面に出る社会：社会変化の起点[7]

　1680年代のプリアンガン地方は，戦争が終結したばかりで混乱状態にあった．オランダ植民地政庁が，のちの西部地域，東部地域，そしてチルボン駐在員管轄地域に勢力扶植を開始したのは，バンテン王国の武力的脅威を排除し得た1684年からであった．同年から後背地の探検が開始され，その直後に現在のボゴールの南にカンプンバルが建設された．カンプンバルのレヘントは政庁が入植させた植民団の首領で，スメダン出身であったと言われる［Haan 1910-1912: Vol. 3 133］．また同年に政庁は東部地域とチルボン駐在員管轄地域の首長達に予備的な自治特許状を与えてレヘントとし，1705年には西部地域のレヘント達にも同様の特許状を与えた．VOCはこのレヘント達にVOC以外の者と直接の外交関係を結ぶことを禁止し，胡椒などのヨーロッパ向け農産物の独占的な売渡を要求したうえで，レヘント達の統治慣行をほぼそのまま承認した［Klein 1932: 10-13, 16-21］．

　当時のプリアンガン地方は，首長達の小政権が分立し，互いに対立しつつも緩やかな連合体を形成する，多中心の世界であった．1684年から1705年にかけて特許状を得てレヘントと呼ばれた者達は，首長達のなかでもバタビアの政庁あるいはチルボン王国に直属する首長であった［Jonge 1862-1888: vol. 8 166-171; Chijs 1885-1900: vol. 4 196; Haan 1910-1912: vol. 4 333］．レヘントは在地勢力の世襲の長であり，ジャワ島中部起源の称号を有していた．レヘント配下の下級首長は，政庁からパティ（Pateij: レヘント補佐），ウンボル（oembol）と呼ばれレヘント居住集落（hoofdnegoreji: オランダ語）に集住していた［Haan 1910-1912: vol. 2 502］．パティはレヘントを補佐する役目を持ち，当時はオランダによって第1のウンボルとも呼ばれ，ウンボルの中の第1の有力者と見なされていた［Jonge 1862-1888: vol. 8 277］．住民は，レヘント，パティ，そしてウンボルのいずれかの配下にあった．レヘントも下級首長と同様に配下に住民を有し，その住民はレヘント居住集落とその周辺に居住していたと言われる．レヘントの統治地域全体，およびレヘント統治地域の下位単位であるウンボルなどの管轄地域には明瞭な境界線はないものの，その範囲は大体定められていた．そしてレヘントおよび下級首長の配下の住民は，大体において彼らが従う首長の管轄地域に居住していた［Haan 1910-1912: vol. 3 86-146］．レヘント配下の住民数は明らか

ではないが，当時のVOC職員はバンドン，スメダン，パラカンムンチャンのレヘントがそれぞれおよそ1,000世帯（huishezin）を従えていたと記録している[Haan 1910-1912: vol. 2 258]．

この首長層と住民は，戦乱終結から1710年代にかけて，一面の森であったと言われるプリアンガン地方に再入植し，東部地域では5世帯（huisgezin）から30世帯ほどで集落を形成していた[8]．一方，西部地域における集落の世帯数については，18世紀初頭のVOC職員の旅行記中に数ヵ所記述があり，その数は5から15であった．そこで当時のプリアンガン地方の集落は最小が5世帯ほど，標準的な規模は10世帯内外であったと推定される．集落には長がいてヨーロッパ人にマンドール（mandoor）またはルラー（loerah）と呼ばれていた[Haan 1910-1912: vol. 2 7-8, 134, 135, 156-157, 161, 162, 163, 164, 169; 173, 283, 502]．また当時の世帯の人数は数人であり，構成員は核家族であったと考えるのが妥当である[9]．

彼らの主要な食糧は米穀であり，彼らはヨーロッパ人がガガ（gaga ジャワ語）と呼ぶ焼畑稲作を行なっていた[10]．いくつかの史料からスメダンその他のレヘント居住集落付近で水田稲作が行なわれていたことがわかるが，本書の対象地域ではごく一部に限られた（第11章第2節参照）．1703年から1712年にかけてのVOC職員による西部地域の旅行記に見られる11ヵ所の耕地の記述はすべて焼畑であった．この史料では小さな集落の周辺に焼畑耕地1筆が存在する記述が多く見られ，集落は，焼畑用地を共同で伐採する単位でもあったと思われる[Haan 1910-1912: vol. 2 282, 283, 289, 297, 302, 313, 314, 315, 316, 318]．

当時のこの地域は，平和が訪れて間もないこともあって社会が流動的であり，公刊史料中には住民の移動，逃亡の記述，および政庁がこれを快く思わない表現が散見される．移動・逃亡は個人，世帯，集落，さらには下級首長を移動の頭とした数集落に至る各レベルで起きた[Haan 1910-1912: vol. 2 169, 173, 175, 178-179, vol. 4 571; Chijs 1885-1900: vol. 4 173]．

移動，逃亡の理由は次のものに大別される．(1)焼畑耕作の過程で次の耕地を求めて住居も一緒に移動させた[Haan 1910-1912: vol. 4 506]．(2)焼畑の面積あたりの低生産性と不安定性のために食糧を食べ尽くしたり，凶作にあうと居住地を離れて狩猟採集を行なったり離散したりした[Jonge 1862-1888: vol. 8 277, 280, 283, vol. 9 151]．(3)首長層の要求する夫役貢納が負担に感じられると逃亡した[Haan 1910-1912: vol. 2 497, vol. 3 626]．(4)首長層の保護を受けないで移動

する住民が無視できない規模で存在した［Chijs 1885-1900 vol. 3 177-178, 616, vol. 4 64-65, 323, 491］．(5)首長層にとって住民の増加は軍事・経済力の増加を意味したため，保護を求める新参者を積極的に配下に加えた［Chijs 1885-1900: vol. 4 65］．以上のような理由のため，政庁がたびたび出した移住禁止令はほとんど効力がなかった［Realia 1882-1886: vol. 3 83; Chijs 1885-1900: vol. 4 65, 323, 491］．

当時の首長層の経済力は従える住民の数に左右され，貨幣・財や土地よりも動員できる労働力がはるかに重要であった．戦争時の略奪の対象は人間であり，また首長層が負債を負うと配下の住民を貸出したり，譲渡したりした．この場合人間1人が10レイクスダールデルス（以下R．と略す）弱と換算された例がある[11]．また一般の住民も負債を返済するために自らの労働を貸出した［Haan 1910-1912: vol. 2 210, vol. 3 441-442; Jonge 1862-1888: vol. 9 32］．これをプリアンガン地方に住む者の視点から見るならば，この地方では首長層から普通の住民に至るまで，保護を依頼する相手として多くの選択肢を持っていたと言える．

現地人首長の権限および役割を検討すると，オランダの宗主権を受入れる前の第1の役割として，戦争時の指揮と，隣接する大国との関係の維持があげられる．17世紀後半の首長は，戦争の時はその指揮者となり，ウンボルはこれに従った．ウンボルは配下の住民を引連れて従軍し，将校の役割を果たしたと推測される．首長の後継者の選定はプリアンガン地方社会の内部で行なわれたが，新首長がマタラム，チルボン，あるいはバンテンのスルタンに認証を受けることは必須であった[12]［Rees 1867: 13-58］．隣接する大国との関係維持が必要であったのは，おそらく胡椒，藍，綿などの産物の売渡が首長の任務であったためと判断される．すなわち，これらの産物の輸送についてはウンボルが行なう例が存在するが，代金の受取や引渡に関する交渉などは，VOCに関係する史料からみるかぎりレヘントのみが行なっているのである［Haan 1910-1912: vol. 2 183, vol. 3 386-388, 393, vol. 4 365］．なお胡椒の引渡については，おそらく1690年代までに中国人がチルボンなどの港湾都市で現地人首長層への前貸と引渡独占を開始していたと考えられる［Jonge 1862-1888: vol. 7 367, vol. 8 21; Kathirithamby-Wells & Villiers 1990: 107-125］．

オランダ政庁に服属したのちの現地人首長は，バタビアへ出向いて政庁が命じた産物を引渡し，代金の支払を受けた[13]．レヘントのバタビア滞在はしばしば数ヵ月に及んだが，レヘントの留守中の統治地域での執務はパティが代行した．またレヘントは，頻発するレヘント間紛争の調停をレヘント同士で行なう

か，チルボンのスルタンや VOC に依頼した．このレヘント間紛争の原因のほとんどが，住民の移動によって起きた住民帰属の問題とそれに関係する領土問題であった [Jonge 1862-1888: vol. 7 327, vol. 10 396; Chijs 1885-1900: vol. 3 177-178, 427-428; Haan 1910-1912: vol. 2 173, 177, 470]．ウンボルはこのレヘント間紛争の調停において証言する役割を担った [Haan 1910-1912: vol. 2 173, 424, 426]．そこでレヘントは，ウンボル，パティとともに合議によってことを決め，後2者が前者を規制する力は大きかったと考えられる[14]．

統治地域内におけるレヘントの具体的な役割は不明な点が多いが，史料からは，紛争・係争仲裁の事例が認められる．レヘント支配下の住民同士の紛争は，レヘントと下級首長がこれを裁定した．レヘント支配下の住民と外部者の紛争では，レヘントは配下の住民を弁護したと推測され，敗訴の場合には，その住民とともにレヘント，パティ，ウンボルもそれぞれ罰金を科された [Chijs 1885-1900: vol. 3 177, 184, 616, 617, vol. 4 21; Jonge 1862-1888: vol. 10 265, 266, 269; Haan 1910-1912: vol. 2 428-429]．おそらく首長層の大きな役割は配下の住民の保護であり，それは新たな生活手段の提供，紛争・係争の仲裁，そして戦時などの緊急の際の防衛であったと考えられる．なお18世紀半ばの史料から推測するならば，住民が困窮した際の食糧・金品の提供なども含まれていたと考えられる [Jonge 1862-1888: vol. 10 242]．

このような役割を果たした現地人首長層が配下の住民に課した夫役貢納は，人頭税のほかは，マタラムに対する貢納の史料および1740-50年代の史料から推測するのみであるが，米穀その他の食糧，布類を中心とした貢納と軍役を含む夫役があったようである [Haan 1910-1912: vol. 3 175-182; Jonge: vol. 10 241-242]．

以上，VOC 文書から描き得るプリアンガン地方社会は，16世紀後半のタガログ社会から抽出された東南アジアの基層社会[15]の特徴と類似性が多いが，歴史的経緯を強調するならば，政治・経済的フロンティアにおいて植民間もない開拓団組織が散在する社会であった．そして多中心で外部に対して開かれ，生業や服属すべき外部政権について選択肢に富んでいたと考えられる．その社会関係の特徴を，弘末の国家論をも参照して要約すると，次のようであろう．

1700年前後のプリアンガン地方では，村落部に対して法や制度を維持する強制力を持つ上級権力が存在せず，かつ植民間もない開拓団が散在したため，社会関係は保護を加える者と保護される者の関係の連鎖が中心となった．保護者は被保護者に新しい生活の構築手段を供与するが，紛争仲裁や緊急時の保護

なども保護者の役割であった．被保護者はこれらの恩恵の見返りとして，労働あるいは労働の成果を保護者に提供する．被保護者は保護者に従うことにメリットを感じなければ新しい保護者を探したが，人口の稀少性がこの流動性の高さを後押しした．保護者の中のリーダーはこのほか外界との仲介者としての役割も担っていた．交通の要衝の町に居住する支配層は，基本的に村落部に対して権力行使の手段を持たず，リーダーは，紛争仲裁，利権の認証，生活必需品獲得，前貸金の入手などのメリットを期待して町の支配層を訪問した．対価は労働成果である産物あるいは兵力などの労働力であった．そして支配層，リーダーとも，住民の動員や管理の手段として権力的抑圧・武力的威嚇を使用できず，むしろ労働力提供の反対給付として様々な保護を与える必要があった[16]．

　レヘントを頂点とした以上の関係は，第2編以下では「プリアンガン地方社会」，「社会組織」と呼ばれる．「パトロン・クライアント（保護・被保護）関係」，あるいはこれに類似した関係と呼ばれることもある．さらにこれは第1，2章で筆者が，「オランダ政庁に直属する現地人首長から，下級首長，集落の長，男性住民，そして主婦にいたる社会関係の連鎖」と呼んできた関係の具体的内容でもある．

　なお17世紀末にプリアンガン地方を領有したVOCは，当初，このような在地社会の性格に依存して港市国家の統治スタイルを踏襲したのち，18世紀初めに，胡椒と栽培法の似通うコーヒーの導入に成功したものと考えられる［Tarling 1992: 345-504; 本書第4章］．

5 ── 第2編〜第5編における社会変化の分析方法

　前節で述べた，バタビア所在の植民地政庁とプリアンガン地方社会の関係，およびプリアンガン地方内部の社会関係は，その後の約120年で大きく変化する．18世紀初めにオランダ政庁がコーヒー栽培を導入すると，首長は配下の住民にこれを栽培させて政庁に引渡し，莫大な利益を得るようになった．このコーヒー栽培の進展の中でプリアンガン地方社会は，官僚制とパトロン・クライアント関係とが結合した上意下達の意志決定システムに統御され，水田耕作とコーヒー栽培を主要な生産活動とする社会へと変化した．さらに内陸の定着

農業社会として物質的生活が向上する一方で中央集権が進み，地方社会は生産と生活の重要な部分で管理経営能力を削減されて行ったのである．本節では，この変化の考察のために，本書が採用する分析方法について，基本方針と行論の順序を略述する．まず5つの基本方針を示す．

第1に，グローバルな動向を普通の人々に伝える回路が再編される過程，すなわちウォーラーステインの言う「大規模な経済的決定体」に類似した住民動員システムの出現を考察するにあたり，社会の諸側面の中でも組織としての側面に注目し，考察の焦点を中央集権化，すなわち管理運営権移動の分析に置く．さらに，住民動員システムの出現は，市場経済が未発達な地域に世界市場向け産物の生産を導入した場合に，導入初期において中央政府が担う実務，なかでも価格決定，労働力・資源配分など市場機能の肩代わりによって創出されるという視角から考察される．考察の順は，史料の存在状況に拘束されて，植民地政庁・植民地官僚の施策に始まり，男性住民とその主婦の対応を最後とする，いわばトップダウンの順とならざるを得なかった．

第2に，住民動員システムの出現について18世紀初めから1830年までの長期の趨勢を示すこと，およびこのシステム出現のメカニズムについて仮説を提出することを第2編以下の主な課題とする．その目的は，現地社会は変化しなかったという前提のもとに19世紀初めの社会状況を18世紀初めにも適用したハーンらの研究結果，および欧米の前近代社会像を適用した研究の残滓を一掃することにある．ただし，約120年を概観して見いだされる変化の方向性は，政庁の冷静な長期計画とその着実な実行を意味しないことをはじめに強調しておく．政庁は120年の間に試行錯誤的に様々な施策を行なったが，以下の行論の各所で触れるように，植民地の生残りという目的に有効でなかった施策，あるいは完全に失敗した施策も数多くあった．オランダ政庁の戦略・政策も現地社会の動きも，当初から変化の方向性が定まっていたわけではなく，多様な要素が混在する中での様々なアクターによる意志決定の繰返しによって方向性が生まれたものである．以下の分析と論述の中に現れる方向性は，それらの活動の中でオランダにとっての成功例が蓄積されていった結果であると言えよう[17]．なお，本書では長期的趨勢と仮説の提出に主眼を置くために，約120年のコーヒー生産の動向および現地人首長層の持つ権限の削減過程などを分析するにあたり，公刊文書および先行研究が収集した史料が充実している場合にはこれを再整理した．

第3に，上に述べた視角と重み付けに従って社会変化を考察するにあたり，次の3種の分析を組合わせる．(1)生産活動などにおける実際の管理運営権の所在とその移動過程を跡付ける．その際に誰の意志が通ったのか，誰の計画が実行に移され，実現したのか，誰に利益をもたらしたのかを検討する．(2)管理運営権の移動を可能とした因子の長期的趨勢を跡付ける．(3)(2)で特定または推定した諸要因の結合関係を議論して，管理運営権の移動をもたらした社会的メカニズムを仮説として提出する．

　第4に，仮説の蓋然性を高めるために，オランダ語・英語文書・文献の記述を，農学的知識，5万分の1の地図，1820年代までに書かれた地図・絵画・挿絵，さらに景観観察などから得られた情報を組合わせて「方法論的複眼」(triangulation)により実証を行なった[18]．

　第5に，社会経済史の分析用語については，これまでインドネシア社会経済史研究で1830年以降の時代に使用されてきた「夫役」，「土地所有」，「社会変化」などを使用する．ただし人口が可耕地より稀少な焼畑移動耕作地帯に適用するため，定義は従来使用されてきたものとは異なる．本章から第5編まででは，原則として史料の用語法に従った．すなわち夫役は当該期のオランダ語文書で政庁官吏がdienstの語を使用している場合に夫役の訳をあてた．夫役は，夫役労働遂行者として登録された者が割当てられた労働およびその労働の遂行を意味するが，その内容は，極端な場合には住民の逃亡を誘発する無償かつ重労働の苦役から，有償ボランティアのような多少の見返りのある場合，さらには明かに利益を伴う場合も含んだ．土地所有については，オランダ植民地文書にあらわれる単語bezitを「所有」，ラッフルズの著作に現れるpossession, propertyを「所有」，「所有物」と訳す．これらの用語をこのように使用する理由については最終章である結論で論じる．

　以上の基本方針に従った行論と具体的分析方法は，次のようである．ただし，これらの分析方法の研究史上の位置付けについては，各編の冒頭で明かにする．

　第2編では，プリアンガン地方の普通の人々をグローバルな動向に接続する人的組織として，ウォーラーステインの議論する「大規模な経済的決定体」に類似した体制が出現した過程を辿る．具体的にはコーヒー生産および統治にかかわる組織において進展した中央集権化，規格化を検討する．第4章では，18世紀初めから1811年までの植民地政庁によるコーヒーの独占と，レヘントが植民地政庁に引渡すコーヒー量（引渡量）の管理が実現していく過程，および

これとコーヒー生産過程の管理がパラレルに進んでいく過程を辿る．コーヒー引渡量統御に関する検討項目は，引渡時期および価格の決定者，引渡量に影響を与えた政策の性格である．さらに生産管理に関する検討項目は管理政策の効力，生産者の性格，生産の場所，生産活動の内容と人数，生産管理機構の形成である．続く2章では，このコーヒー生産過程管理の進展が可能となった直接の背景として，現地人支配層に対して官吏的性格が付与されていく過程を，1811年まで追跡する．第5章では，植民地政庁直属の現地人首長であるレヘント，第6章ではレヘント配下の下級首長について検討する．補論である第7章では，これらの検討の背景となる，17世紀末から1820年代に至るヨーロッパ人官僚制の変遷を跡付ける．検討項目は3章とも，任免権，職務権限，財政・給与手数料，コーヒー生産・輸送における役割，出自，居住地の変化である．

　第3編は，第2編で論じた社会変化を，植民地政庁が現地人首長層および住民に受入れさせた要因として，プリアンガン地方の人々をグローバルな市場に物理的に接続する回路であり，かつコーヒー生産・貿易のボトルネックであった内陸輸送における組織変化を検討する．この組織変化は，プリアンガン地方社会が海港に至るコーヒー内陸輸送を植民地勢力に独占されて行く過程でもあった．第8章ではコーヒー生産導入以前の現地人首長主導の内陸輸送システムを描く．第9章では，1720年から1811年までの内陸輸送システムの変化を，レヘントの役割の縮小を中心に考察し，第10章では1820年代の輸送システムのあり方と下級首長が輸送において果たすようになった役割とを考察する．本編3章の検討項目は，輸送ルート，道路・水路の状態，集荷場・買上げ所の位置，輸送の季節，輸送期間，輸送を請負・組織する者，肉体労働によって輸送する者，輸送者の調達・組織の方法，輸送方法（水牛，水牛と車，人の背，舟など），資金の流れなどである．

　第4編では，コーヒー栽培・輸送の強化を住民に受入れさせた要因のうち，政庁が「大規模な意志決定体」と官吏化した首長層とを介して実施した，住民の生活基盤に対する政庁からの便宜供与を考察する．第11章では，はじめに主要な食糧生産方法の焼畑耕作から灌漑田耕作への移行，および植民地政庁と現地人首長が奨励した水田開拓を検討し，ついで住民がコーヒー栽培に大量動員された要因が，封建的生産関係の成立にあったのではなく，焼畑が卓越していた時代と同質の夫役貢納制下における，農業信用供与および灌漑田耕作の機会提供にあったことを論じる．検討項目は，開拓の計画者・資金提供者・指揮

者・労働者，開拓事業の組織形態，夫役賦課の原理，水田所有権と夫役貢納の関係，住民に対する農業信用である．また時代毎に水田の記述と地図の照合を行なった．第12章では，灌漑田耕作民がコーヒー栽培を受入れた理由の一つとして，灌漑田耕作の持つ無季節性がコーヒー栽培と食糧生産の両立を可能としたこと，しかしこれによって住民は時間の自由を失ったことを指摘する．検討項目は，コーヒー栽培，灌漑田稲作，および焼畑稲作の農作業暦である．第13章では，住民がコーヒー栽培を受入れた生活サイドの要因として，核家族3～4世帯が生活と夫役貢納賦課の単位となっていたこと，塩・鉄などの生活必需品の入手をオランダ政庁や配下の中国人に依存していたことを指摘する．検討項目は，夫役貢納の賦課単位と生活維持の単位，生活用具・生活必需品，必需品購入の方法，政庁による必需品の提供方法，その輸送方法，そして購入者である．

　第5編では，第2～4編で得られたプリアンガン地方全体に関する社会変化の仮説を，1820年代のチアンジュール－レヘント統治地域に例をとって，数量的・面的に検証し，さらに統治地域内の地域差を示した．第14章では，チアンジュールおよびバンドン－レヘント統治地域の郡別統計を比較して，1820年代に存在した諸郡に，主にコーヒーを生産する郡，主に米穀を生産する郡，輸送拠点の郡といった機能的な性格付けがなされていたことを明かにする．第15章では，チアンジュール盆地に存在するコーヒー生産を期待された8郡の開拓について，第16章では，グデ山南麓の4郡の開拓について，そして第17章では，コーヒー生産を担わない9郡の開拓について検討する．これらの考察は第2～4編で提出された仮説を補強するとともに，諸郡の性格と機能，複合社会の萌芽的状態の存在など新たな仮説を提示するものである．検討作業として集落毎の統計数値および具体的地名の入った記述史料を，旧日本軍が出版した5万分の1の地図［参謀本部陸地測量部 1943］と照合し，郡の範囲を特定して地形・灌漑水路を確認した．検討項目は，灌漑施設・水田・地形・貢納などを表す集落名，集落規模（人口・世帯数），男女の比率，夫役可能男女数の差，集落分布パターンなどである．

　以上から明かなように，本書で行なう分析のひとつひとつは実証が充分とは言えない．しかしこれらの分析結果のいくつもが同じ傾向性を示す場合には，提出した仮説の蓋然性は高まると考える．個々の分析のより確かな実証は今後の課題である．

なお原語のアルファベット表記については，人名・官職・集落名は原則として本書対象期の史料の中で使用頻度の高いオランダ語の綴りを採用するが，山・川のなどの自然の名称はできる限り現在使用されているインドネシア語の綴りを使用する．カタカナ表記については，原則として現在の発音に従った表記を用いるが，歴史用語として慣例の存在するものは慣例に従う[19]．原語および用語のうち頻出する語については，用語説明（455-456 頁）を利用いただきたい．

註 [第 3 章]

1）マタラムはそれまでスメダンの首長が統治していた地域をスメダン・バンドン・パラカンムンチャン・スカプラ (Soekapoera) に分割し，またガルー (Galoeh) 地方についてはバニュマス (Banjoemas) に編入した [Haan 1910-1912: vol. 3 118-119; Hoadley 1975: 45-46; Jonge 1862-1888: vol. 10 245-246; Klein 1932: 10-14; Rees 1867]．

2）プリアンガン地方の入口であるサガラヘラン (Sagalaherang) からチタルム (Citarum) 川の渓谷にかけて派遣された．彼らが派遣された理由は対バンテン防衛のためとも，バタビアとプリアンガン地方との直接の交易を阻止するためとも言われている．

3）VOC はチルボンの町に要塞を築いてヨーロッパ人駐在員を派遣した．

4）以後プリアンガン地方は，1811 年から 1816 年の英領期を除き，オランダ領となった．

5）Jonge 編の資料集に採録される 1680 年代以降の年次報告中の地区区分参照 [Jonge 1862-1888: vol. 8-12, vol. 10 236-274]．本文の次の段落の出典も同様である．

6）カンプンバルはグデ山の北側の山裾にあり，標高が 200m 台である上，バタビアまで平坦な地形が続く．さらにオランダ政庁はカンプンバルに対し，1740 年まではその他のバタビア高地と同様の政策を採っていたものの，1740 年代半ば以降は，バタビアの食糧基地として農業開発を行なった一方で，コーヒー引渡割当量をチアンジュール - レヘント統治地域の 4 分の 1 とした．実際の引渡量も 4 分の 1 程度であった [Haan 1910-1912: vol. 3 926-927]．おそらくコーヒー栽培に適している土地が少なかったと考えられる．1808 年に理事州制度が導入されたのち，1815 年にバイテンゾルフ（カンプンバル）は独立の理事州となり，プリアンガン理事州から分離された．

7）本節ではハーンの収集した史料を初めとする当該期の社会状況を記述した公刊史料を利用して，社会の性格の素描を試みる．先行研究ではハーンの研究書が「第 3 章 マタラム支配下のプリアンガン地方」（全 19 頁）の最後の数頁で言及しているのみである．しかも彼は，レヘントとその配下の首長達，夫役貢納，人口，住民の隷属状態，および住民の生業などについて現象を記述するのみで，総体的な社会の性格を示す意図を持たなかった [Haan 1910-1912: vol. 1 28*-33*]．

8）1 集落における世帯数についてハーンは表 3-1 を作成している．

9）当時のオランダ植民地文書のなかで世帯 (huisgezin) はオランダ語の単語で書かれ，住民を把握するための最小の社会的単位であった．現地の言葉ではチャチャ (Tjatja) と呼ばれていたと考えられる．この世帯の人数および構成員についての具体的な同時代史料

表 3-1　プリアンガン地方の村落数

レヘント統治地域 （Regentschap）	10世帯以下 の村落の数	11世帯〜 20世帯 の村落の数	20世帯以上 の村落の数	合　計	備　考
ガバン（Gabang）	25	10	7	42	
カワッセン（Kawassen）	38	4	1	43	
スカプラ（Succapura）	61	28	5	108	14の村落が記載から洩れているので付加した
バンドン	43	20	14	77	
パランカンムンチャン	8	6	21	35	
スメダン	168	8	5	181	
インドラマユ（Indramaju）	10	9	3	21	
合　　計	353	85	56	508	

インバナガラ（Imbanagara）
ボジョン・ロパン（Bodjonglopang）　の三地区がこの表の記載から洩れている．
チアンジュール
出所：[Haan 1910–1912: vol. 3 203]

は現在までのところ見つかっていない．しかし当時の世帯の人数は数人であり，構成員は核家族であったと考えるのが妥当と思われる．これは，(1) 1777年の統計における世帯が男1人，女1人，子供2人の計4人と考えられていたこと [Jonge 1862–1888: vol. 11 366]，(2) 19世紀初めにおいても世帯の人数は数人であり，かつ焼畑地帯や新開地の集落規模の平均が5〜10あったこと（第15-17章参照），さらに (3) 世帯を今少し大きな単位，例えば構成員10人と考えると，焼畑社会としては集落の規模が大きくなりすぎることによる．

10) プリアンガン地方では18世紀初めに未だ焼畑稲作が卓越していたが，この状態はジャワ島中東部は言うに及ばず，スマトラ島高地のミナンカバウ族，バタック族の居住地域と比較しても水田開発が遅れていたことを示す．その理由は，現在のところ，米を大量に必要とし，また水田を造成し得る規模の政治権力が存在しなかったためと考えるのが最も合理的である．前近代のジャワ島では水田化の契機として中東部ジャワの王朝のような一定規模の政治権力が必要であったとされる．これは灌漑田の造成は初期投資の額が大きいことによる [大木 1986]．プリアンガン地方（カンプンバルを除く）を根拠地とする王朝は歴史上存在せず，それぞれの盆地が北流する川伝いに，北部の平地や港町を根拠地とする王朝に従属していた．13世紀頃からは胡椒の生産地となり，北海岸の港町から胡椒を輸出していたと考えられるが，胡椒栽培は焼畑耕作に重ね置きが可能であったうえ，港町の王朝は食糧の米をジャワ島中東部から購入することが可能であった．その一方でこの地方の各盆地の底部は開析が進んでいたり，水はけが悪いために，開拓が難しかった．プリアンガン地方で水田開発が顕著となった時期が，VOCがバタビアの食

糧を後背地に求めた時期と一致することも，この仮説を補強しよう．
11) 1 Rijksdaalder=48 重スタイフェル（Stuiver）=60 軽スタイフェル．当時の 10R. の価値を比較できる史料には次のようなものがある．当時 VOC は，竹 100 本を 5R.，胡椒 1 ピコル（約 60kg）を 3R. で買い上げていた．引渡す者にとって前者はよい値であり，後者は安値であった［Haan 1910-1912: vol. 3 377, 382］．
12) 隣接する大国との関係維持については，17 世紀半ばにスメダン，スカプラの首長がマタラム宮廷へ参内して称号を授けられ，その土地と住民の支配を認められたほか，バンテン，チルボンのスルタン宮廷へ伺候した首長の事例が存在する．
13) レヘント居住集落からバタビアまでの道中には野獣や盗賊が徘徊していたので，移動は槍や刀で武装した集団で行なわれた［Jonge 1862-1888: vol. 9 105］．
14) このほかにも VOC がこの時期のレヘントに送った書簡の宛名には，通常「レヘントとそのウンボル達」と記されている事例，バタビア滞在が長引くレヘントに対して，ウンボル達が共同でレヘントに帰還を要請している事例，さらにレヘントが幼少な場合や継承時にはウンボル達が直接 VOC と交渉した例がある［Jonge 1862-1888: vol. 8 276, vol. 9 152; Haan 1910-1912: vol. 2 183, 265-266, 433, vol. 3 62, 164, 386-388, 416, vol. 4 346, 365, 442; Rees 1867: 87, 91］．
15) 池端［1971］を参照．
16) 本文で述べた社会組織の分析は 1982 年提出の修士論文で行なったが，その後，東南アジア地域研究の成果である「対人主義」との類似性が極めて高いことが認識された．「対人主義」における主要な社会関係は，2 人の人間の関係であり，非人格的な構成体，例えば「家」や国家などへ義務と責任の転嫁をすることはしない．また特定の個人は，相手一人一人に対して異なった関係を結ぶため，同じ条件でも対する相手によって対応が変わる．社会集団としては，この二者関係の累積体としての世帯が最も重要であり，あとは親族関係を擬した二者関係が限りなく連鎖していく［前田 1989: 92-98］．この類似性は，社会の組織原理である「対人主義」概念が，マレー人社会即ち空間的には人口稀少で可耕地や就業機会が豊富に存在する地域の社会を抽出母体としたこと，さらに「フロンティア空間」「フロンティア社会」概念と共に鋳られたこと，および本節が考察の対象とした社会が開拓前線への移住間もない移民団の集合体であったことによると考えられる．より厳密な実証は今後の課題であるが，本節で考察した社会も，生活に必要な政治・経済・社会的要素すべてが保護者と被保護者の二者関係の中にビルトインされている状態にあったと推測される．
17) 本書は，社会変化はいくつもの変化因子のミックスによってもたらされ，化学反応式で表される物質のように，主要な因子の結合のありかたがその土地や時代の変化の固有な特徴をつくるとの仮定の上に立っている．さらに制度やシステムについては，様々な規定要因を背景に持つ主要アクター達の相互作用によって，パターンが平衡点に達した状態と見なしている．そこで一部の要因が無くなったり変化したりすれば平衡は崩れ，新たな平衡へ向けて変化していくと考える．
18) 農学知識および地図の使用については大木昌，植村泰夫，加納啓良［大木 2006; 植村 1978; 加納 1990, 1992, 1994］各氏の方法を参考とした．またジャワ島西部の生態や農業に関する知識，景観観察の手法，「フロンティア社会」概念などは，京都大学東南アジア研究センター（現京都大学東南アジア研究所）における各種成果を応用した［五十嵐

    1984a, 1987; 高谷 1985, 1988, 1990a, b, 1996; 桜井 1980a, b; 田中 1990 など].
19) 本章のプリアンガン地方社会概説部分についても，この方法に従った．

第2編

コーヒー生産管理の進展と現地人首長層の変質

第3章で述べたように，1700年頃のプリアンガン地方社会は，政治的に統一されていたとは言い難く，かつ外部に対して開かれた社会であった．本編では，この地方の普通の人々をグローバルな動向に接続する人的組織として，1820年代までに，ウォーラーステインの議論する「大規模な経済的決定体」に類似した体制がこの地方に出現していたことを論じる[1]．

　18世紀初めにオランダ植民地政庁が，プリアンガン地方のレヘントにコーヒー栽培を奨励すると，レヘントは，配下の住民にこれを栽培させて政庁に引渡した．政庁はレヘントが引渡すコーヒーを独占し，支払価格も設定した．この引渡方式は，20世紀の研究者によって制度史の視点から「コーヒー義務供出制度」と呼ばれ，1720年代の導入期から1799年のVOC解散まで，その性格はほとんど変化しなかったと考えられてきた[2]．しかし第4章で試みるように，コーヒー生産管理の進展という視角のもとに，「大規模な経済的決定体」の出現に注意を払って既知の史料を再整理するならば，プリアンガン地方社会には19世紀初めまでに，在地の首長層で構成されたコーヒー生産管理ラインと，コーヒーの大農園群とが出現していたのである．

　そこで第5章，第6章では，このコーヒー生産管理ラインを成立させた直接的要因である現地人首長層の性格変化を，植民地政庁が首長層に官吏的性格を付与していく過程として跡付けた．レヘントについては既にハーンによって制度史の視点から官吏化が指摘されていた［Haan 1910-1912: vol. 1 338*-357*］．これに対して第5章では，官吏的性格の付与の実態を検討すべく史料を再整理し，レヘントの変質の時期と内容とを明かとした．第6章では，下級首長（mindere hoofden）に対する，官吏的性格の付与を検討した．下級首長は，従来漠然と，18世紀初めよりレヘントの官吏であると見なされ，本格的研究の対象とならなかったが，ウンボルから集落の長に至る首長達の性格の変化は，グローバルな影響が普通の人々へ如何に伝わったかを考える時，重要である．本章では政庁による官吏的性格付与の経過を辿り，ついで19世紀初めの下級首長の存在形態を初めて明らかにした．

　補論の第7章では，ヨーロッパ人地方官僚制度の整備を跡付けた．ヨーロッパ人官吏は，これまで活動の実態が検討されることはなかったが，本章の考察によって，首長層の官吏化に重要な役割を果たしていたこと，官僚制度がコーヒー生産管理・輸送独占に直接関与することで生みだされた統治スタイルには，後世の統治スタイルに類似する要素のあることを指摘し得た．

　このように本編は，植民地史観のもとで制度史的理解に留まっていた「コーヒー義務供出制度」と首長層の性格について，実態としての変化の時期と内容を明かにする研究の手はじめとして位置付けられる．

註

1）筆者がこの変化を初めて論じたのは，ウォーラーステインがオスマン帝国の「組み込み」に関する論文を公刊したのと同じ 1983 年の 1 月提出の修士論文においてであり，分析の際にウォーラーステインの枠組を前提としてはいなかった．
2）Haan [1910-1912: vol. 1 358*-360*] Klein [1932: 14-41] などの見解が踏襲された．

第4章

コーヒー生産管理システムの形成
―― 18世紀初め-1811年 ――

1 ―― 生産管理の必要性

　本章は，プリアンガン地方において，ウォーラーステインの議論する「大規模な経済的決定体」に類似した体制が出現したことを論じる．具体的には，オランダ植民地権力によるコーヒー生産管理の展開を，コーヒー栽培が導入された18世紀初めからジャワ島がイギリスに占領される1811年まで考察する[1]．

　オランダ政庁が，バタビア周辺地域とプリアンガン地方にコーヒー栽培を導入したのは1707年である．そして収穫の始まった1711年より，指定価格によるコーヒーの買付および本国への輸出を開始した［Haan 1910-1912: vol. 3 493-494］[2]．その後政庁は，この地域で生産されるコーヒーを独占するために，次のような体制を整えた．

　第1に，政庁はジャワ島西部VOC領におけるコーヒー買付独占の方針を明確にした．収穫されたコーヒーの全量買付は1711年の買付開始時より実施されていたと考えられるが，政庁は1723年に，VOC以外の者によるコーヒーの輸出，および輸出を目的としたコーヒーの買付を，東インド参事会決議（de resolutien der Rade van Indie）をもって禁止した［Chijs 1885-1900: vol. 4 159-161］．このうち輸出禁止は1780年代半ばに事実上解除された．しかしコーヒー買付の禁止は1811年まで継続され，政庁は生産地からの買付独占の維持に努力した［Haan 1910-1912: vol. 3 523-24, 542-43, 561］[3]．

　第2に，政庁はコーヒーの引渡を在地の有力者に独占的に請負わせた．政庁

はコーヒーの買付をバタビアおよびチルボンの2港において実施し，この2港でコーヒーを引渡す者達を供出者（leverancier）と呼んだ．この供出者として政庁が認めた者は，レヘント統治地域においてはレヘントであり，私領地ではその所有者であった．彼らはその支配地域内の生産者からのコーヒー集荷，および生産者へのコーヒー代金支払を独占的に遂行した[4]．供出者の中にはこのほか現地人小首長（capitain）・中国人・解放奴隷（mardijker）などが存在したが，彼等は私領地を除くバタビア周辺地域で生産されたコーヒーを集荷する小規模な供出者であった［Jonge 1862-88: vol. 9 102-105, 158; Haan 1910-1912: vol. 2 474-479, vol. 3 634-676, 699-723］．

第3に，政庁はこのコーヒーの独占を維持しつつヨーロッパにおけるコーヒー価格の高値を維持するために，コーヒーの生産量調節を試みた．ジャワ島西部VOC領におけるコーヒー生産量が増大した結果，オランダ本国のVOC 17人会（VOC最高幹部会）は，供給過剰によるヨーロッパ市場のコーヒー価格の暴落を懸念した．そして1726年に，本国へのコーヒー輸出量を32,000ピコル（Picol）[5]に制限するよう政庁に命令した．しかし政庁は，コーヒー買付制限の実施が招く密輸の増大，さらには生産者の生産意欲減退を避けるために，1726年以降も，「供出者」が引渡を希望するコーヒーを従来通り全量買付けた[6]［Haan 1910-1912: vol. 3 499-500, 516, 524, 530, 531］．代わりに政庁は，26年より買付価格の操作・生産過程への干渉などの手段を用いて，コーヒー生産量の調節を試みたのである．

本章では，1720年代から1811年までの政庁によるコーヒー生産量調節の進展を，バタビア地区を対象として検討する．以下第2節では，コーヒー引渡量（「供出者」が1年間に政庁に引渡すコーヒーの量）の推移，およびこの引渡量を調節するために政庁が実施した政策の効力の検討を通じて跡付ける．また第3節では生産量統御を可能とした生産者管理システムの形成を跡付ける．

2 ── 引渡量調節の試み

1720年代前半から1760年代前半までの引渡量の推移を検討すると，この時期の引渡量は，グラフ4-1に見えるように，1,515ピコルから45,096ピコルと比較的大きな変動を示した．引渡量は，1720年代前半の増加とその後の減少

を経て[7]，1730年代半ばに45,096ピコルまでに増加したのち，1740年代半ばに急減して4,224ピコルとなり，以降漸増して1750年代には15,000ピコルを上回るようになった．その後1758年から65年にかけて引渡量はふたたび減少したが，その原因は，スメダンおよびパラカンムンチャン－レヘント統治地域の引渡量がバタビア地区の引渡量合計から除外されたこと，およびその他の地域の引渡量もまた減少傾向を示したことにあった．

以上のような引渡量の変動は，政庁の希望とは大きく異なるものであった．政庁は20年代前半の引渡量の増加に対し，これを抑制する目的で26年に価格の引下を行なったが，この引下は，政庁の予測を大きく越える引渡量の減退を引起した［Jonge 1862-1888: Vol. 9 111-112, 137; Haan 1910-1912: vol. 2 469-472］．その後1730年代後半には，バタビア地区の引渡量が，同地区のみでジャワ島から本国への輸出制限量を超過するまでに過剰となった．ところが，政庁がバタビア地区に対して引渡割当量を設定した1740年以降（後述），引渡量は一転して不足を続けたのである．

この引渡量の変動を制御すべく実施された調整政策（表4-1）の効力を検討するために，政策を引渡量の変動に与えた影響の有無に従って整理し，次のような結果を得た[8]．

第1に，引渡量の変動に大きな影響を与えた政策は，コーヒー買付価格の変更であった．1726年に実施されたコーヒー価格の大幅引下[9]は引渡量の予想外の減退を誘発し，引渡量は1730年まで減少し続けた［Haan 1910-1912: vol. 3 504-505; Jonge 1862-1888: vol. 9 111-112, 137］．しかし同年にコーヒー価格が引上げられると［Chijs 1885-1900: vol. 4 246］，引渡量は翌年より増大を開始したのである［Jonge 1862-1888: vol. 9 254］．なお1735年の価格の引下は［Chijs 1885-1900: vol. 4 384］引渡量に影響を与えなかったが，この理由については次節で触れることにする．また価格変更の他に，1740年代初めから数年間にわたり例外的に実施されたコーヒーの買付制限も，引渡量の変動に影響を与えた．すなわち，政庁は1740年に「供出者」各人に対して引渡量の上限を設定し，翌年よりこの量を越えたコーヒーの買付を停止したが［Chijs 1885-1900: vol. 4 503; Haan 1910-1912: vol. 2 474-479］，この買付制限は1740年代半ばの政庁の期待を大きく越えた引渡量減退の一因となったのである．ただし以上の政策は，引渡量変動の引金となりはしたが，政庁の期待する効力を持たなかった．表4-1から読みとれるように，これらの政策の直後に見られた引渡量の増減は，いずれもその

表 4-1　バタビア地区に対する引渡量調整政策

1711 年　4 月	価格決定 50R./ ピコル	
20 年　1 月	価格引下：レヘント 5R./ ピコル，私領地所有者[(1)] 6R./ ピコル	
26 年　3 月	コーヒー樹伐採禁止を命令	
30 年　1 月	価格引上：レヘント 6R./ ピコル，私領地所有者 7R./ ピコル	
35 年　8 月	価格引下：私領地所有者 6R./ ピコル	
35 年　8 月	コーヒー樹伐採を命令	
38 年 12 月	コーヒー樹伐採を命令	
39 年　3 月	コーヒー樹伐採続行を決定	
40 年　1 月	引渡割当量の呈示を決定：20,000 ピコル / 年	
46 年　 −	〃　の変更を決定：10,613 ピコル / 年	
47 年　2 月	〃　　　〃　　　：24,000 ピコル / 年	
52 年　2 月	〃　　　〃　　　：23,500 ピコル / 年	
54 年 10 月	〃　　　〃　　　：23,000 (19,700)[(2)] ピコル / 年	
63 年　2 月	〃　　　〃　　　：21,450 (17,150) ピコル / 年	
63 年　2 月	引渡量が割当に満たなかった場合，その不足分 1 ピコルにつき 12Rd の罰金を供出者に課す．	
63〜66 年	コーヒー樹植付の実施	
66 年　6 月	価格引下：スメダン・パラカンムンチャン 4$\frac{1}{2}$R./ ピコル	
71 年　8 月	価格引上：スメダン・パラカンムンチャン 5$\frac{1}{2}$R./ ピコル	
85 年　9 月	各世帯 200 本のコーヒー樹植付が現地行政委員より提案される．	
88 年 12 月	上記の提案が政庁決定となる．	
89 年　5 月	各世帯 1,000 本のコーヒー樹維持を命令	
91 年　5 月	価格引上：スメダン・パラカンムンチャン 6R./ ピコル	
1801 年 12 月	引渡量の呈示：101,200 ピコル / 年	
1811 年　−	各世帯成木 1,000 本の維持および毎年若木 200 本の植付を命令	

(1) バタビア周辺地域の小生産者に対しては，私領地所有者と同様の価格が適用されたと推測される．
(2) スメダン・パラカンムンチャンを除いた場合．
[政策の出所については本文の註参照]

次の調整政策の対象となったのである．

　第 2 に，引渡量の増減に見るべき影響を与え得なかった政策は，コーヒー生産過程に対する干渉政策であった．VOC 職員の報告によれば，1726 年に発令されたコーヒー樹伐採禁止命令は，生産縮小の防止に何ら効果をあげ得ず [Chijs 1885-1900: vol. 4 190; Jonge 1862-1888: vol. 9 111-112, 136-138]，1735 年，38 年，および 39 年に決定されたコーヒー樹の伐採もまた，充分な実現をみなかった [Chijs 1885-1900: vol. 4 384, 449; Haan 1910-1912: vol. 3 514-515]．さらにこのほかに引渡量の変動に影響を与え得なかった政策として，1746 年より新たな役割を付与されて再設定された引渡割当量の呈示があげられる．この引渡割当量は，1747 年以降，設定年から数年後に達成されるべき引渡目標量として呈示され

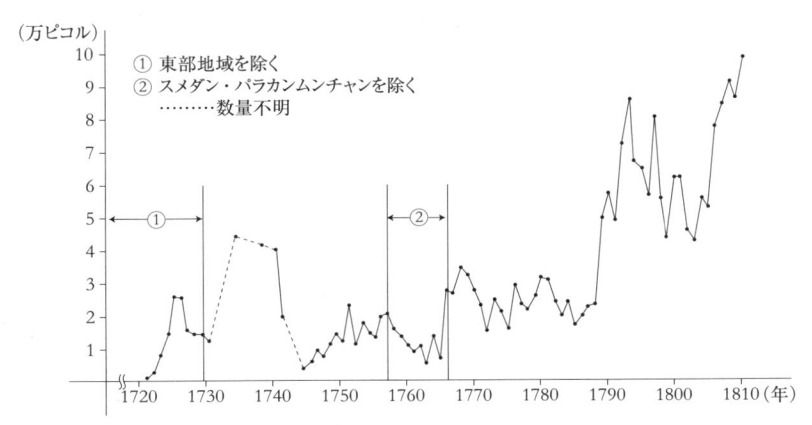

(万ピコル)
① 東部地域を除く
② スメダン・パラカンムンチャンを除く
……… 数量不明

グラフ 4-1 バタビア地区におけるコーヒー引渡量の推移
出所：[Haan 1910-12: vol. 4 920-922] より作成

た [Haan 1910-1912: vol. 3 519, 524; Haan 1910-1912: vol. 3 Staten en Tabelen II]．しかし割当量が漸時減じられたにもかかわらず，1766年に至るまで，引渡量がこの目標を満たすことはなかったのである[10]．

以上の整理から，1720年代から1760年代前半に至る時期には，コーヒー買付条件の変更が政庁の希望をはるかに越えた引渡量の増減を引起す一方で，コーヒー生産の拡大または縮小を命じる政策は，引渡量を変化させる程には効力を持たず，政庁はコーヒー生産量をほとんど統御し得なかったと言える．

しかし，引渡量の推移および引渡量調整政策の効力におけるこのような状態は，1760年代後半以降変化する．

1760年代後半から1784年に至る時期の引渡量の変動は，それ以前に比べてやや安定した．グラフ4-1にみるように，変動は15,000ピコルから35,000ピコルの間に留まった．そしてこの引渡量の変動は，政庁の希望をある程度満たすものであった．政庁は1763年にバタビア地区の引渡割当量を21,450ピコルに改訂し，加えて引渡量が割当に満たない「供出者」に対して罰金を課すことを決定した [Chijs 1885-1900: vol. 7 605-606]．これに対してバタビア地区の引渡量はその3年後の1766年より割当を上回るようになった．同年以降で引渡量が割当に満たなかった年は5ヵ年のみであり，引渡量が1,000ピコルを大きく越えて割当を下回ったのは，1772年，75年，83年の僅か3ヵ年であった．

一方，引渡量調整政策の追加変更はこの時期にはほとんど行なわれず，1763

年から66年にかけてバタビア高地で約4,600,000本のコーヒー樹の植付が実施された，という報告が存在するのみであった［Chijs 1885-1900: vol. 8 123-124］．また表4-1に示したように，1766年および71年にはスメダンおよびパラカンムンチャン-レヘント統治地域から引渡されるコーヒーの買付価格が変更された［Chijs 1885-1900: vol. 8 135-134, 697-698］．しかしこの変更は引渡量の調整とは別の理由から実施され，また引渡量の変動に影響を与えることもなかった[11]．

続いて1785年から1811年までの時期についてみると，グラフ4-1から明らかなように，引渡量はこの時期に飛躍的に増大した．そしてこの増大は，新大陸におけるコーヒー生産の減退による国際価格の上昇に対応して，政庁がコーヒー増産計画を実施したために起こったと言える．引渡量は，VOC 17人会が本国向輸出分として年間80,000ピコルを要求した1789年より［Haan 1910-1912: vol. 3 537］，前年の2倍を越える50,000ピコルへと増大し，1796年に80,000ピコルを突破した．その後引渡量は減少したが，1806年より再び増大し，1810年には98,695ピコルに達した．これは1801年に政庁が設定した引渡割当量101,200ピコルに，2,505ピコル及ばない数値であった［Haan 1910-1912: vol. 3 Staten en Tabelen II］[12]．

一方この時期に実施された引渡量調整政策は，表4-1に見るように，コーヒー樹の植付および維持本数の拡大を主な内容としており[13]，上述の引渡量の増大は，これらの政策が大規模に実施されたことが主な原因であったと考えられる．1786年の現地行政委員の報告によれば，西部地域および東部地域では，既にこの年に5,600,000本のコーヒー樹が植付けられていた．さらに政庁官吏の諸報告によれば，1800年以降のバタビア地区では，毎年2,000,000本から4,000,000本のコーヒー樹が植付けられていた［Haan 1910-1912: vol. 3 535, 554, 555, 559］．コーヒー樹は苗木の植付から初収穫まで約4年を要するので[14]，1789年および1806年以降に見られた引渡量の増大は，上述の植付の実施と直接的な関連を持っていたと考えられる．なお，1791年にスメダンおよびパラカンムンチャンのコーヒー価格が引上げられたが［Chijs 1885-1900: vol. 11 273; Haan 1910-1912: vol. 3 537, 625］，価格引上はこの2地域の引渡量の増加率を他地域のそれより増大させる効果を持たなかった[15]．

以上述べてきたことから，1760年代後半から1811年までの時期については，引渡量調整政策が効力を持つようになり，特に1785年以降に，政庁は部分的

にではあれコーヒー生産量を調節し得るようになったと考えられる.

そこで次節では，このような生産量の調節を実現させたであろう，政庁による生産者管理の展開を跡付ける.

3 ── 生産者管理の展開

3-1　1750年代初期までのコーヒー生産地と生産者

　本項では1750年代初めまでのコーヒー生産者の動向を，私領地住民，および「外部生産者」（在地の権力関係の外部にあり自らの利害に基づいてコーヒー生産を行なった者達）に焦点を当てて整理する．彼らは従来コーヒー生産者として注目されることの少なかった者達である．

　まず1720年代から40年代初めまでの時期を検討すると，この時期のコーヒー生産の中心地は，バタビア周辺地域および西部地域であった．1720年代から40年代初めまで，この2地域の「供出者」は，バタビア地区全体の引渡量の90％ほどを政庁に引渡したのである[16]．このバタビア周辺地域の生産者についてみると，私領地では，政庁にヨーロッパ向け農産物の供出を義務付けられた土地所有者が，その支配下の夫役負担者にコーヒーを生産させていた［Jonge 1862-1888: vol. 10 143-144］[17]．私領地所有者は供出品目および数量に関して細かい規制を受けなかったので，供出品目とその数量を自らの経済的利害に従って随時変更し得たと考えられる．また私領地以外の地域では，「外部生産者」の範疇に入る小生産者（中国人ほか）によるコーヒー生産が行なわれていたと推測される［Haan 1910-1912: vol. 3 499-500; Chijs 1885-1900: vol. 4 160］.

　この期間中のバタビア周辺地域の引渡量の変動は，上述の生産者達が自らの利害に基づいて生産を拡大あるいは縮小した結果と判断される．この地域からの引渡量は1724年には僅かに125ピコルであったが，1725年に1,739ピコル，26年には4,919ピコルと急増した[18]．その後1730年まで引渡量は2,000ピコル台に留まったのち，1730年代に再び増大し，34年に7,864ピコル，そして38年には11,984.5ピコルに達した．この1738年の引渡量は，同年のバタビア地区全体の引渡量の約30％を占めるものであった．しかし1740年以降，この地域からのコーヒーの引渡はほぼ途絶えたのである［Haan 1910-1912: vol. 3 525］.

なお，1735年のコーヒー価格の引下は，1726年と同様に1ピコルあたり6R.への引下であるにもかかわらず（表4-1），この地域における引渡量増大の趨勢を変化させるには至らなかった．その直接的理由を示す史料は現在のところ発見できていない．しかし1722年以降，政庁の誘致政策によってこの地域に多数の中国人が渡来したこと，1730年代に糖業の経営環境がやや悪化するなど中国人の就業機会が減少したことから［Blusse 1986: 90-95; 長岡 1960: 148, 153］，中国人の一部が生き延びるためにコーヒー栽培を続行したのではないかと推測される．

　次にレヘント統治地域についてみると，この地域の生産者に関しては，従来，夫役負担者の動向のみが注目される傾向にあった［Haan 1910-1912: vol. 1 361*-363*; 田中 1960: 121-123］．しかしこの時期の生産者の中には，夫役負担者の他に，経済的利益の追求のみを目的としてコーヒー生産を行なったジャワ島中部方面出身者が，多数存在したと考えられる．

　レヘント統治地域の引渡量は1720年代前半に急増したのち，1725年から30年にかけて25,228ピコルから9,138ピコルにまで減退したが，この引渡量減退の原因について，1730年9月のVOC職員による視察記録の中には，次のような記述がある．

　　ステイル（Stier: 職員の名―引用者註）が［カンプンバルの―引用者］主要集落の首長達に，［コーヒー園が荒廃したままで放置されていることについて―引用者］厳しい言葉で不満を伝えた時，首長達は一様に次のように答えた．コーヒー価格が引下げられてから，これらの農園からは何も引渡されなくなった．彼ら（首長達―引用者註）とその治統下の住民が早い時期に栽培を開始したコーヒー樹は，彼らによって栽培が続けられている．しかし彼らにそれ以上のことはできない．放棄されたコーヒー園は以前ブジャン[19]や，マタラムおよびチルボン王国領出身者によって開設されたものである．しかし，これらはコーヒー価格が引下げられるとすぐに再び放棄された．これらの者達はその故郷へむけて出発したのである［Leupe 1875: 9］．

また，1727年6月の総督の報告には，

今年のコーヒー引渡量は前年の半分に留まったが，この原因は，最近降った雨と現地人被雇用者の逃亡にあった．現地人被雇用者は首長から充分な支払を受けなかったために，多くの者が（と人は言うが―原註）その居住地へと引返したのである [Jonge 1862-1888: vol. 9 95].

とある[20]．バタビア地区には，コーヒー生産が拡大する1720年代以前よりジャワ島中部方面出身の労働者が多数渡来していたので [Chijs 1885-1900: vol. 4 65; Jonge 1862-1888: vol. 8 136-137; Haan 1910-1912: vol. 4 555][21]，上掲2史料中にみられるコーヒー生産からの離脱者達は，これらの労働者のうちコーヒー生産拡大期にその生産に参加した者達であったと考えられる．

　続く1730年代に，このレヘント統治地域から引渡されるコーヒー量は再び増大し，1730年代後半には1720年代半ばの水準に回復した．この回復の原因を明示する史料はいまだ発見できていない．しかしその要因を，上述のジャワ島中部方面出身者がかつて放棄したコーヒー園に戻り，生産を再開したことに求めることが可能である．バタビア地区の引渡量の増大がコーヒー価格の引上げられた翌年より始まったことは，既設のコーヒー園における摘果の再開を推測させる．さらに引渡量の減退が再度発生した1740年代半ばにおけるVOC職員の報告の中には，レヘント統治地域を離れて東の方へ引返す者達の存在が再び認められたのである [Haan 1910-1912: vol. 2 486].

　続く1740年代半ばから1760年代前半にかけて，西部地域およびバタビア周辺地域ではコーヒー生産の大幅な後退が起こった．この2地域の引渡量は，1745年に5,531ピコルに減少したのち，1755年まで，その引渡割当量の3割から6割を満たすに留まった[22]．更に1757年から65年までのバタビア地区（上述2地域およびバンドン-レヘント統治地域）の引渡量もまた，その割当の3割から8割を満たすのみであった．加えて1763年の現地行政委員の報告によれば，この年までに，バイテンゾルフ（カンプンバルの南隣）より北では，コーヒー栽培がほとんど行なわれなくなっていたのである [Haan 1910-1912: vol. 3 523].このコーヒー生産の後退は，様々な要因の複合によって，多数のコーヒー生産者が生産より離脱したことに由来したが，その主な要因として次の3点を挙げることができる．

　第1の要因は，1740年10月にバタビアで起きた中国人虐殺事件に端を発し1743年6月に及ぶ中国人の反乱が発生したこと，およびその鎮圧のために，

政庁がバタビア地区の各地で軍事行動をとったことである［Haan 1910-1912: vol. 3 476-478, 518］．この結果，中国人供出者によるコーヒーの引渡は途絶したが[23]，これには中国人生産者多数の栽培放棄が伴なったと判断される．さらに上述の武力衝突が，バタビア低地およびカンプンバル-レヘント統治地域住民の移住・逃亡を引起こした［Haan 1910-1912: vol. 2 486, 493-494］．第2の要因は，1740年代半ばから60年代にかけて，米および砂糖がコーヒーに比べて有利な生産環境におかれたことである．1730年代後半に試みられたコーヒー樹伐採，および1741年より実施されたコーヒー買付制限は，コーヒー生産者の生産意欲を減退させていた［Haan 1910-1912: vol. 3 520, 521-522］[24]．その一方で政庁は，バタビアへの食糧供給を目的として，カンプンバル以北の地域に対して，1740年代半ばより米穀義務供出制度を導入し，さらに水路開削などの稲作奨励政策を実施した［Haan 1910-1912: vol. 3 Staten en Tabelen II, vol. 4 445］[25]．稲作には，レヘント統治下の夫役負担者のほかに，ジャワ島中部方面出身者が多数従事したと判断される[26]．またジャワ島北岸一帯の糖業は18世紀半ばに最盛期を迎えたが［Haan 1910-1912: vol. 3 521; Furnivall 1944: 41］，中部方面出身者の一部はこの糖業に従事したと推測される［長岡 1960: 149-152］．そして第3の要因は，1757年から61年にかけて西部地域において地震・伝染病・旱魃等の天災が続き，住民が多数死亡したことである［Chijs 1885-1900: vol. 7 290, 363; Jonge 1862-1888: vol. 10 318-319, 384］[27]．

以上，この時期のコーヒー生産者の中には，経済的利益を求めてコーヒー栽培に参入し利益が得られなくなると撤退する，私領地住民および「外部生産者」が多数存在したと考えられる．

3-2 生産管理ラインの創出

コーヒー生産者に対する管理政策は，上に先に述べた1740年代のコーヒー生産の衰退を背景として，1750年代初めより開始された．政庁は，西部地域および東部地域のレヘント統治下の夫役負担者を主要コーヒー生産者と見なし，この地方に対して以下に述べるような政策を実施していった．そしてこれに並行して，1750年代から1811年までプリアンガン地方は，バタビア地区の引渡量の90%以上を引渡すコーヒー産地となったのである．

1750年代初めから1784年に至る時期に実施された主な政策は，ヨーロッ

パ人監督官（Opziender）[28]の派遣，およびこの監督官とレヘントに対する訓令（instructie）の通達であった．政庁は，プリアンガン地方のレヘント居住集落に，コーヒー生産監督を主な任務とするヨーロッパ人監督官を派遣した．監督官はまず1750年代初め頃にバンドンに1名派遣され，54年には総督によってプリアンガン地方全域に対する派遣が提案された[29]．そして1778年までに，監督官はチアンジュール，バンドン，パラカンムンチャンに常駐するようになった［Jonge 1862-1888: vol. 10 262; Haan 1910-1912: vol. 4 286］．この監督官およびレヘントには，政庁よりコーヒー生産に関する訓令が通達された．最初の訓令は1766年に西部地域のレヘントに対して出されたものであり，コーヒーほかの農産物生産に対する監督強化の指示が，その具体的な監督方法とともに伝達された［Chijs 1885-1900: vol. 8 123-124］．その後1778年には，プリアンガン地方のレヘントおよび監督官に10項目からなる訓令が通達された［Haan 1910-1912: vol. 2 593-594］．この訓令によって監督官には，①レヘントがその統治地域内部で行なうコーヒー代金支払の監視，②引渡量に関する報告書の作成，③コーヒーをはじめとしたヨーロッパ向け農産物生産の監督，④人口・農園数等の統計の作成，そして⑤住民の逃亡に対する監視等が義務付けられた．またレヘントには監督官に対する助力，および他のレヘント統治地域からの逃亡者を留めおかないことが要求された．

　以上に加えて政庁は，コーヒー生産量の安定化を目的として，個々の夫役負担者（通常は，家族数人よりなる世帯 huisgezin の長である男子）に一定本数のコーヒー樹の栽培を義務付けた．1780年のVOC職員の書簡によれば，チアンジュールでは新規移住者に対して1人につき400本のコーヒー樹の栽培が義務付けられており，更に他のレヘント統治地域においても，これに類した措置がとられていたと言う［Haan 1910-1912: vol. 4 417］．

　この時期の西部地域におけるコーヒー園の形態は，上述のコーヒー栽培義務の賦課方法が広範に実施された結果であると考えることができる．すなわち西部地域のコーヒー園は，小規模な農園が住民の居住集落の周辺に散在する形態をとっていたが［Haan 1910-1912: vol. 3 608, 609］，これは，レヘント居住集落などの主要集落の近隣に少数の農園が存在したコーヒー栽培初期における形態とは異なるものであった[30]．1778年の統計によれば，政庁が把握し得た西部地域住民の世帯数に対するコーヒー園数は，カンプンバルの1,923世帯に対して741園，チアンジュール7,143世帯に対して6,945園，チカロン345世帯に対

して 96 園，チブラゴン 345 世帯に対して 77 園に上っていた［Jonge 1862-1888: vol. 11 364-368］．この農園 1 園あたりのコーヒー樹の本数は，1,000 本程度かそれ以下であったと考えられる[31]．

続く 1785 年から 1811 年までの時期に政庁は，計画的なコーヒー増産を実現するために生産者管理政策を強化した．政庁は，1785 年にプリアンガン地方の全世帯に対して各世帯 200 本のコーヒー樹の植付を義務付け，以後その本数を拡大していった［Haan 1910-1912: vol. 3 533, 536, vol. 4 785］．そしてそれとともに，コーヒー生産管理ラインの整備および生産者の活動に対する直接的管理を，以下のように進めて行った．

生産管理ラインは，ヨーロッパ人監督官の増員および現地人首長層に対するコーヒー生産監督任務の付加によって整備された．監督官は，1805 年までにプリアンガン地方全域で 13 名に増員されたのち，1808 年に 7 名に制限された［Haan 1910-1912: vol. 4 287-288］．彼らは，チアンジュールおよびバンドン-レヘント統治地域に各 2 名，その他のレヘント統治地域に各 1 名配置された[32]．監督官およびレヘントには，数次にわたる訓令の通達によって，コーヒー栽培およびコーヒー代金の支払に関する詳細な指示，監督官および現地人首長層の職務に関する規定等が伝達されていった[33]．

加えて現地人首長層に対する監督任務の付加が 1790 年に開始された．政庁は同年，チュタック（Tjoetak: 後の「郡」）長に最低年 2 回（コーヒーの植付時と収穫時）の管轄地域巡察を義務付け，さらに現地人コーヒー委員の任命を開始した［Chijs 1885-1900: vol. 11 245; Haan 1910-1912: vol. 4 397, 790］．このコーヒー委員はレヘントの管轄下にありながらヨーロッパ人監督官の命令を実行し，各チュタックにおけるコーヒー園の維持管理を任務とした．その後コーヒー委員は増員され，1790 年代には各レヘント統治地域に 5 名ほどであったものが，1804 年以降はチュタック毎に 1〜2 名配置されるようになった［Haan 1910-1912: vol. 3 623-625］．加えて政庁は，1804 年よりチュタック長の下に，コーヒー生産者を直接指揮する現地人監督者マンドール（mandoor）を配置した［Haan 1910-1912: vol. 3 615］．

以上の生産管理ラインの整備と並行して，コーヒー生産者の活動に対する管理も進められた．まず 1780 年代後半から 90 年代にかけて，コーヒー園の集中が実施された．既に述べたように，1784 年以前の西部地区のコーヒー園は，小規模な農園が現地住民の居住集落の周辺に散在する形態をとっていた

が，この農園のあり方は，監督官が生産を監視する際の大きな障害となっていた［Haan 1910-1912: vol. 3 608］．このため政庁は，生産量の把握および規則的な栽培の実施を目的として，プリアンガン地方の各レヘント統治地域に 100,000 本から 200,000 本のコーヒー樹を有する大農園を開設させた．カンプンバル－レヘント統治地域の事例によれば，政庁は，ひとつの集落の住民を集団で徴発して農園の開設に充たらせたのち，その周辺の一定地域に住む住民全員にこの農園でコーヒー栽培を行なわせるよう，レヘントに命令した［Haan 1910-1912: vol. 3 609］．チュタック長およびコーヒー委員の主な任務は，この大農園における生産の監視にあった．しかし農園内の生産者の活動に対する管理は 18 世紀中には試みられず，生産は，従来通り各世帯毎に行なわれる状態が続いていた［Haan 1910-1912: vol. 3 613, 628］．

政庁がコーヒー生産量の安定化を目的として，農園内の生産者の活動の規制を試みたのは，サラク（Sarak），グデ（Gede），パトア（Patoea），タンクバンプラフ（Tangkuoebanprahoe），マラバール（Malabar）山などの山腹に大コーヒー園が開設された 19 世紀初めであった［Haan 1910-1912: vol. 3 582-583］．山腹の大農園によるコーヒー栽培開始直後の 1804 年および 1805 年に，プリアンガン地方では飢饉と住民の逃亡が発生し，コーヒー引渡量が急減した．政庁はその原因が，大農園の開設のために住民が稲作を行なう時間を確保できなかったことにあったと判断し[34]，ただちに以下の施策を実施した．

1804 年に政庁はコーヒー生産の集団化を目指してバンドンとバイテンゾルフにトループ（troep）制度を導入し，翌年にはその他のレヘント統治地域にも普及させた．この制度は，それまで各世帯に賦課されていた栽培義務を互いに近接した集落の集合体であるトループに賦課して，コーヒー生産を安定させるものであり，その統率者が先に述べたマンドール（以下，コーヒー・マンドールと呼ぶ）と呼ばれた．1808 年のスメダンの例では，コーヒー委員の下で彼らがトループを率いていたことがわかる［Haan 1910-1912: vol. 3 615, 624］．1808 年の政庁官吏の報告によれば，このトループには，一定の土地に対するコーヒー樹の植付および維持が課せられるとともに，収穫はそのトループ内で平等に分配されることになっていた．こうしてコーヒー生産者は一定の集団毎に直接監督者の下に置かれ，各世帯の生産活動は，集団全体の栽培義務の遂行のために調整を受けることになった．また，生産活動の調整には次のような方法もとられた．スメダンでは，山腹のコーヒー園の開設に従事した全集落から集落毎に各

1世帯が山腹の農園内に居住し，コーヒー園の管理を行なった．そしてこれらの集落の残りの住民は，すべての夫役を免除される代わりに，農園内に居住する世帯への食料のほか，農園維持に必要な財貨と労力の供給を義務付けられたのである［Haan 1910-1912: vol. 3 615, 613］[35]．

表4-1に見えるように，1811年のコーヒー樹の植付・維持に関する命令は依然として世帯を夫役賦課の単位としていたが，この時までには，その栽培義務は多くの場合，集団全体の栽培義務の完遂のために活動を規制された生産者達によって遂行されていたと考えることができよう．

4 —— おわりに

以上，述べてきたように「コーヒー義務供出制度」は，18世紀の初めから19世紀初めまでの100年間で，独占貿易を維持するのみの制度から，常設の管理ラインによって生産管理を実施する制度へと，変貌を遂げていた．この制度の変化については次のような時期区分が可能であろう．

(1) 1720年代から40年代初め：オランダ政庁は，自らが定めた「供出者」から引渡されるコーヒーの量をコントロールできず，輸出の独占を維持するのみであった．コーヒー生産者の中には，経済的環境の変化に従ってコーヒー生産を拡大・縮小した中国人，私領地住民およびジャワ島中部方面出身の労働者が多数存在したと考えられる．

(2) 50年代以降1785年まで：政庁は，一定の度合ではあるが，自らの希望に近い引渡量を得ることになった．政庁は，プリアンガン地方の現地人首長支配下の夫役負担者をコーヒーの主力生産者と位置付け，1750年代以降，各夫役負担者にコーヒー栽培を義務付けた．また政庁はこの頃よりヨーロッパ人監督官をレヘント居住集落へ派遣したうえ，監督官およびレヘント達に，コーヒー生産監督に関する訓令を通達するようになった．

(3) 80年代後半以降：政庁は，1790年からコーヒー園の集中を開始したほか，レヘント支配下の首長層に対してコーヒー生産監督任務を付加し，19世紀初めまでには，ヨーロッパ人監督官—レヘント／コーヒー委員—チュタック長—コーヒー・マンドール—夫役負担者というコーヒー生産管理ラインを創出した．さらに1804年からは，従来世帯単位で行なわれていたコーヒー生産に

対する，労働の組織化を開始した．こうして政庁は，一定の度合ではあれ生産過程を管理して生産量を調節することになった．これをプリアンガン地方の住民から見るならば，彼らは政庁によって働く場所を限定され，労働の内容にも干渉を受けることになったのである．

最後に，1811 年以降 1830 年までの，カンプンバルを除くプリアンガン地方のコーヒー引渡量の推移について述べると，1811 年から 1814 年までは 5 万ピコルに満たなかったが，その後は 1820 年を除いて 6 万ピコル以上を引渡し，そのうち 6 年間は 8 万 5 千ピコルを越えた[36]．引渡量はイギリス占領期の最後から 19 世紀最初の 10 年の水準に回復したと言える．

以下本書では，このようなコーヒー生産管理システムの形成とその作動を可能とした社会的背景を考察するが，次章では，生産管理ラインの一部として機能するようになったレヘントの変質を辿る．

註 [第 4 章]

1) 本章ではハーンの明らかにした諸事実を生産管理の進展という視角から再整理することを主な目的とし，史料は VOC 関係公刊史料，およびハーンの研究書に収録される各種文書を主に使用する [Haan 1910-1912; Chijs 1885-1900; Jonge 1862-1888]．本章の考察時期を 1811 年までとした理由は次のようである．第 1 に，1811 年より 5 年ほどに及ぶイギリス占領期は，プリアンガン地方のコーヒー栽培にとっては混乱期であり，考察を継続できる史料に乏しいこと（これはオランダ再占領最初期の 2〜3 年についても同様である），第 2 に 1820 年代については史料が豊富となるが，生産管理機構については本書の第 6，7，10 章で別の形で詳しく分析していることによる．
2) ジャワ島西部 VOC 直轄領で実施されたコーヒー以外の義務供出制度，およびコーヒー義務供出制度の初期の展開については Haan [1910-1912: vol. 1 72*-105*] を参照のこと．
3) VOC は第 4 次英蘭戦争（1780-84 年）中に本国への産物の輸送力を失い，バタビアで中立国の船舶に産物を販売した．その後のコーヒーの高騰および輸送力の低下によって，1790 年よりバタビアでの産物の販売を常態化したと言う．生産地からバタビアなど輸出港までの密輸については，第 9 章第 4 節第 1 項および第 10 章第 2 節で略述する．
4) 政庁は 1727 年にレヘント統治地域の生産者に対してコーヒーを直接政庁に引渡すよう命じたが [Jonge 1862-1888: vol. 9 137]，この命令は実施されなかった．
5) 政庁の決定によれば，18 世紀初めから 1811 年までのバタビアでは，1 ピコルは 125 重量ポンドに換算された．
6) ただし 1740 年代前半には例外的に買付制限が実施された（第 2 節にて略述）．またハーンの史料調査によれば，1729 年 [Haan 1910-1912: vol. 3 505]，1751 年 [Haan 1910-1912: vol. 3 521]，1762 年 [Haan 1910-1912: vol. 3 522-23] 等の文書中にみられる輸出制限は，年間 32,000 ピコルであった．この輸出制限量は 1789 年に 80,000 ピコルへと拡大された

[Haan 1910-1912: vol. 3 537].

7）グラフ 4-1 の註①に示すように，1726 年以前のバタビア地区の引渡量中に東部地域の引渡量は含まれていない．しかし東部地域では 1720 年代の初めにコーヒー栽培が開始されたばかりであり [Haan 1910-1912: vol. 3 499]，1730 年においてもその引渡量は 1,321 ピコルであったので，グラフ 1 における 1720 年代の引渡量の変動を，そのままバタビア地区の引渡量の変動と見なすことができよう．

8）各政策が引渡量に与えた影響の判定には，グラフ 4-1 および VOC 職員のコーヒー生産に関する報告を使用した．なお当該期間中のコーヒー引渡量調整政策の展開過程については，すでにハーンが詳しく調べている [Haan 1910-1912: vol. 1 117*-148*, vol. 3 488-580]．

9）コーヒー価格の変更は 1724 年にその初例が見られるが，本章では 1726 年の価格変更をもってコーヒー生産量管理を目的とする政策の開始とみなす．VOC は 1724 年に，現地人首長に支払うコーヒー代金のうち 4 分の 1 を布類で支払うこととし，この布類の価格に 100％の利益を加算した [Chijs 1885-1900: vol. 4 180]．この措置がとられた理由は不明である．これに対して 1726 年のコーヒー価格引下は，当時貨幣不足にみまわれていた政庁が，コーヒー生産量の抑制によって VOC 17 人会の決定した輸出制限を守り，かつ貨幣不足をも解消するために選択した政策であった [Jonge 1862-1888: vol. 9 100-102]．

10）1766 年に至るまで実際の引渡量が引渡割当量を満たさなかったとの判断は，1758 年から 1765 年に至る期間については，引渡量・引渡割当量ともスメダンおよびパラカンムンチャンを除外して行なった．もしこの 2 地域をバタビア地区に含めて考えた場合には，この 2 地域から引渡されたコーヒー量が，1751 年から 55 年まで 4,000～5,000 ピコル台であったのに対し，1766 年から 70 年にかけて 6,000～8,000 ピコル台に増加していることから [Haan 1910-1912: vol. 3 Staten en Tabelen IV; Jonge 1862-1888: vol. 11 203]，バタビア地区の引渡量がその割当を満たす時期はやや早まる可能性がある．

11）1766 年のコーヒー価格の引下は，チルボン地区におけるコーヒー価格の引下がスメダンおよびパラカンムンチャンにも適用されたことによる．また 1771 年の価格の引上は，この 2 地域のヘレントの引上要求が容れられたことによった．しかしこの地域から引渡されるコーヒー量は，それぞれの価格変更の後も目立った変動を示さなかった [Haan 1910-1912: vol. 3 Staten en Ttabelen IV; Jonge 1862-1888: vol. 11 203]．

12）1807 年から 1810 年に至るバタビア地区の引渡量からは，1800 年以降 2,000～3,000 ピコルのコーヒーを引渡していた Tanggeran および Krawang 両レヘント統治地域（バタビア周辺地域）の引渡量が除外されている．それゆえこれらの地域の引渡量が加算されるならば，1810 年のバタビア地区の引渡量はその割当を満たしていた可能性もある．ただし 1806 年以降の引渡量の増大は，従来コーヒー 146 重量ポンドをもって 1 ピコルとした習慣が，1 ピコル＝ 125 ポンドに是正されたことによって割増されている [Haan 1910-1912: vol. 3 923]．

13）表 4-1 中のコーヒー樹植付命令の典拠は，1785 年は [Haan 1910-1912: vol. 3 533, vol. 4 417]，1788 年および 1789 年は [Haan 1910-1912: vol. 3 536]，1811 年は [Haan 1910-1912: vol. 4 785-786] である．

14）ただしハーンの典拠は 1890 年刊行の *Indishe Gids* II 号，1959 ページの Heijting の記述である．

15) この時期の西部地域および東部地域において引渡量の増加率が最も低かったのは，パラカンムンチャンおよびスメダンであった［Haan 1910-1912: vol. 3 Staten en Tabelen IV］.
16) 本項におけるコーヒー引渡量に関する数値は，註記のない限り次の3表より算出したものである．Staten en Tabelen III, IV［Haan 1910-1912: vol. 3］，Specificatie van geleverde koffie 1738 e. v.［Haan 1910-1912: vol. 2 474-479］.
17) 私領地所有者が更に「外部生産者」を雇用する場合もあったと推測される．
18) 1726年の引渡量急増の一因として，コーヒー価格引下決定の公表後一定期間，旧価格による駆込の引渡を認めたことが考えられよう［Realia 1882-1886: vol. 1 298］.
19) boedjang. ハーンの調査によれば，この時期のブジャンは，他地域から来た未婚の男子労働者を意味した［Haan 1910-1912: vol. 4 409-410］.
20) その他にもジャワ人農業労働者のコーヒー生産からの離脱の記事がみえる［Jonge 1862-1888: vol. 9 137, 158］.
21) 彼らの多くは糖業に従事していたと考えられる．
22) ただし1751年の引渡量は例外的に引渡割当量の99.8％を満たしている．しかしハーンの調査によるならば，基礎史料として利用した1752年末の東インド参事会決議録以外の史料には，19,088ピコル，20,270ピコルといったより低い数値が見いだされるので，1752年末の決議録の引渡量集計には誤りのあった可能性がある［Haan 1910-1912: vol. 3 922-923］.
23) 1738年から41年に至る「供出者」別引渡量一覧表［Haan 1910-1912: vol. 2 474-479］によれば，1741年には，中国人「供出者」全員がコーヒー引渡を停止している．
24) このほか1752年より，レヘント統治地域における胡椒の引渡量がその引渡割当量を下回った場合，コーヒー代金が減額されることになった［Haan 1910-1912: vol. 3 521］.
25) 第9章第3節第1項で略述．
26) 1746年の現地行政委員の報告によれば，この頃のカンプンバルの主要水田耕作者はブジャンであった［Haan 1910-1912: vol. 4 443］．また当時この地方への水田耕作技術の導入はジャワ島中郡の農民を入植させることによって行なわれたので［Saleh 1975: 43; 第11章第2節］，上述の水田耕作技術を持つブジャンもジャワ島中部方面出身者であった可能性が高い．
27) チアンジュールがその主要な被災地であったと推測される．チアンジュールからの引渡量は，1750年代後半に7,000ピコル台であったが，1760年代初めに4,000ピコル台へと減少した［Haan 1910-1912: vol. 2 493; Haan 1910-1912: vol. 3 523; Haan 1910-1912: vol. 4 Staten en Tabelen IV］.
28) 18世紀初めから1811年までの表記には，Opzichter, Opziender, Opzienerの3種があるが，ハーンの調査からは，これらがすべて同一種の職員を指すものと判断される［Haan 1910-1912: vol. 4 283-324］.
29) レヘント居住集落に常駐するヨーロッパ人職員の例はこれ以前にも見られた．しかし彼らの呼称は一定せず，また彼等はコーヒー栽培の監視を主要な任務としてはいなかった［Haan 1910-1912: vol. 4 283-285］.
30) 最初期の農園形態については［Haan 1910-1912: vol. 2 309, 324-325］を参照．ハーンによれば，コーヒー生産開始期には，レヘント居住集落など主要集落付近の少数の農園で夫役負担者を使用して栽培を行なうという，在来の輸出用作物である藍および綿と類似

の栽培方式が採られた［Haan 1910-1912: vol. 3 608］．
31) ハーンの計算によれば，1園あたりのコーヒーの木の平均本数は，1,385本であった．しかしコーヒー園の中には，少数ながらも数千から数万本のコーヒー樹を有する農園も存在したので［Haan 1910-1912: vol. 3 608; Anonymous 1856: 167］，小規模コーヒー園の平均本数は，ハーン算出の数値より少なかったと考えられる．
32) 当時，チブラゴンおよびチカロンは，チアンジュール-レヘント統治地域の下位行政地区（チュタック）となっていた．
33) 当該期に発令された訓令については以下を参照．1785年［Chijs 1885-1900: vol. 10 813］，1789年［Haan 1910-1912: vol. 2 635-643］，1807年［Haan 1910-1912: vol. 2 651-656］，1808年［Haan 1910-1912: vol. 2 657-670］，1809年および1810年［Haan 1910-1912: vol. 4 789-790］．
34) ただしこの飢饉は当時全ジャワ規模で起きた凶作を遠因とする可能性がある［Carey 1986: 113］．
35) ただしこの方式はスメダンのレヘントの発案である．
36) 1811年19,820ピコル，1812年44,919ピコル，1813年48,995ピコル，1814年39,319ピコル，1815年61,990ピコル，1816年62,563ピコル，1817年68,578ピコル，1818年88,788ピコル，1819年65,303ピコル，1820年53,139ピコル，1821年98,910ピコル，1822年86,577ピコル，1823年66,707ピコル，1824年66,677ピコル，1825年105,998ピコル，1826年77,835ピコル，1827年121,903ピコル，1828年94,788ピコル，1829年64,466ピコル，1830年62,174ピコル［大橋 1987b: 197］．

第5章

現地人首長（レヘント）の変質

1 ── はじめに

　レヘント（regent）とはオランダ本国では都市貴族門閥を指す言葉であったが，17世紀末のジャワ島に関するVOC文書の中では，VOCに直属する現地人首長の中で自治特許状を持つ者を指した．第3章で述べたように，彼らは焼畑が卓越した地域の有力首長であった．

　プリアンガン地方でコーヒー栽培が拡大した1726年に，VOC職員はレヘントについて次のように報告した．

> ジャワ人達は反乱を起こしやすい性格なので，多くのジャワ人首長（レヘント─引用者註）が，［コーヒー栽培の拡大によって─引用者］富を増大させつつあるのは懸念されるべきことである．［中略］このジャワ人首長の富と贅沢は，植民地の安寧と福祉のために大変危険である［Jonge 1862-1888: vol. 9 101-102］．

レヘントは武力攻撃の可能性を持つ侮りがたい他者として認識されている．しかし70年後の1790年代後半の報告書には，不利益を強いるVOCの政策に従わざるを得ないレヘントの姿が描かれている．

　コーヒー栽培の拡大によってレヘント達は牧畜，漁業，狩猟などの趣味や

楽しみを諦めなければならなかった．彼らの住民達が義務労役（コーヒー栽培・輸送—引用者註）に拘束されたためである [Nederburgh 1855: 228-229]．

また別の報告では，多額の借金を背負ったレヘントが，バタビアへ行って元旦の祝賀会に列席する負担に耐えられないと政庁に訴えたことなどが記されている [Haan 1910-1912: vol. 3 682, 708-709, vol. 4 356-357, 359-360]．

17世紀末から1811年までのレヘントの変質に関しては，従来，レヘントは首長か官吏かという問題が法制史の観点から論じられてきた．そのなかで彼らの統治権限が徐々に制限され，官吏として扱われるようになったこと，および政庁への負債の増大により経済的にも従属したことが指摘されてきた [Haan 1910-1912: vol. 1 341*-342*; Schrieke 1928: 62-66]．これに対して本章では，レヘントの従属を段階的に捉え，あわせて前章で明かにしたコーヒー生産管理システムの創出との関連を示したい．そのねらいは，レヘントに官吏的性格を付与する政庁の施策の大部分が，首長の近代官僚化を第1の目標としたというよりは，コーヒーの安価かつ安定的な確保が主眼であったことを示すことにある．

以下本章では，ハーンの研究が明かにした対レヘント政策を，実効性に留意しつつ再整理する[1]．第2節ではレヘント職の継承に対する政庁の干渉について，第3節ではレヘントの財政にかかわる政庁の政策について，そして第4節では財政以外のレヘントの統治権限に対する政策について検討したい．

2 —— 世襲終身制から「政庁」による任免へ：レヘント職の継承方式

オランダ政庁がプリアンガン地方に勢力扶植を開始したのは，バンテン王国の武力的脅威を排除しえた1684年からであった．同年から後背地の探検が開始され，その直後に現在のボゴールの南にカンプンバルが建設された．カンプンバルのレヘントは政庁が入植させた植民団の首領で，スメダン出身であったと言われる [Haan 1910-1912: Vol. 3 133, 307]．また同年に政庁は東部地域の首長達に予備的な自治特許状を与えてレヘントとし，1705年には西部地域のレヘントにも同様の特許状を与えた．政庁はレヘント達に政庁以外の者と直接の外交関係を結ぶことを禁止したうえ，コーヒーをはじめとするヨーロッパ向け農産物の独占的な売渡を要求したが，そのほかは，レヘント達の統治慣行をほ

ぼそのまま認めた [Klein 1932: 10-13, 16-21]．以上のオランダ政庁の統治の枠組は，1799年のVOC解散ののち1808年に着任した総督ダーンデルスによる改革まで存続した．

表5-1は18世紀初めから1811年までに西部地域および東部地域で行なわれたレヘント職継承の記録を年代順に並べたものである．レヘント職継承方式を通覧すると，1705年以降1740年代末までは，レヘントの死亡時に子供の1人がレヘント職を継承する例が続いており，世襲終身制が維持されていた．子供は男子であれば第何子でも問題はなかったようであるが，長子相続が多かった．長子相続でない場合の理由が判明するものは僅か1例であるが，この例ではレヘント側の希望を政庁が受入れている．他方，政庁が長子でない男子の継承を認めなかった事例が存在するので，長子による継承は政庁の方針であった可能性が高い [Haan 1910-1912: vol. 1 152, vol. 3 87]．

この世襲終身の原則と異なる継承が初めて行なわれたのは1749年であった．この年にカンプンバルのレヘントが政庁に解任され，後任にチアンジュールのレヘントの近親者が充てられた．カンプンバルのレヘントは政庁が入植させた現地人開拓団の首領であり，当初より政庁への従属度が高かったので [Haan 1910-1912: vol. 3 133]，例外と考えることもできる．しかし一方で，子供や近親者への世襲制が一部で崩れ始めた嚆矢とも位置付けられる．1759年にはチカロンのレヘントがパティへ降格させられたうえ，後任にチアンジュールのレヘントの近親者が充てられ，73年にはスメダンのレヘントの死後，パラカンムンチャンのレヘントが着任した例が見られる．これらは政庁の命令が実施されたものであった．

政庁がこれらの措置を取った理由は，レヘントに統治能力を求めたことにあったと考えられる．カンプンバルの例における解任理由は，レヘントがコーヒーなどの引渡に怠慢だったことであり，1759年と75年の例では，それぞれレヘントの無能力，レヘント候補者の長子が幼少であることが理由となった [Haan 1910-1912: vol. 1 139, 162, 179]．またこの3例の継承は，チアンジュールとパラカンムンチャンのレヘント家系による勢力拡大に帰結したが，1765年のスメダンでは，前任者の負債を引継ぐことを約束した前任者の弟がレヘントに就任しているので [Haan 1910-1912: vol. 3 787]，この4例における政庁の意図は，有能なレヘントの就任に加えて，家系の結合によるレヘント財政の大規模化，とくに負債返済能力（後述）の強化であったと推測される．

表 5-1　レヘントの交代（1705 年〜1811 年）

年代	地域名	交代の理由	新任の続柄
1705	Tb	死亡	長子
05	Kb	?	?
06	Sm	死亡	長子
06	Kb	〃	1 代前のヘレンとの子と考えられる
07	Ta	〃	長子
09	Sm	〃	長子
18	Kb	〃	子（第何子か不明）
24	Pm	〃	末子（前任者の要望による）
26	Ta	〃	長子
30	Tb	〃	長子
31	Tk	〃	長子
41	Kb	〃	子（第何子か不明）
44	Sm	〃	長女の子（VOC が前任者の子 3 人を不的確と判断）
47	Bd	〃	長子
49	Kb	解任	?（Ta のレヘントのおじ，Ta のパティ兼任）
55	Tk	死亡	長子
58	Kb	〃	長子
59	Tk	パティへ降格	?（Ta のレヘントの弟，Ta のパティ兼任）
61	Ta	死亡	長子
61	Sm	〃	兄（前任者に子なし，養子となる）
63	Bd	〃	長子
65	Sm	〃	弟（前任者の子供が幼少）
66 頃	Kb	〃（推測）	義兄弟（Tk のレヘント，Ta のパティ兼任）
72	Tb	死亡	子（第何子か不明）
73	Sm	〃	?（Pm のレヘント，前任者の子が幼少）
73	Pm	Sm へ転出	長子
75	Sm	死亡	長子（Pm のレヘント）
75	Pm	Sm へ転出	?
76	Ta	死亡	長子
88	Kb	〃	?（Tk のパティ）
88	Tb	病気	?（Ta のレヘントの弟）
88	Tk	死亡	Ta の下位行政地区となる
89	Tb	チュタック長へ降格	〃
89	Sm	解任	?（パティが昇格，前任者の近親でなし）
91	Sm	パティに降格	?（パティが昇格，65 年に死んだレヘントの近親）
94	Bd	死亡	長子
94	Pm	〃	女婿と言われる（パティが昇格）
96	Kb	〃	?（Ta のレヘントの弟）
1801	Kb	解任	?（Sm のパティが転任）
02	Pm	〃	?（パティが昇格，94 年に死んだレヘントの弟）
06	Pm	〃	女婿（Sm レヘントの長子）
11	Kb	〃	以後レヘントをおかず

（注）Bd：バンドン　Pm：パラカンムンチャン　Ta：チアンジュール　Tk：チカロン　Kb：カンプンバル
　　　Sm：スメダン　Tb：チブラグン
出所：[Haan 1910-1912：vol.1 132-180] より作成．

その後レヘント職の継承方式に大きな変化が見られたのは，1788年であった．表5-1に見えるように，レヘントの交代が同年から91年までに集中して見られ，かつこれ以降，レヘントの降格，解任，さらには近親者以外の者の継承が一般的となったのである．レヘント統治地域の統廃合も3例見られる．さらにこれらの任免はコーヒー生産の拡大を目的として実施されたことが明白であった．1787年に現地行政委員はレヘントに対し，同年のコーヒー引渡が遅れた者は，統治地域への帰還を認めず追放することを通告した．さらに88年には，この年の引渡量が前年のそれを越えなかったレヘントをケープ植民地またはセイロンへ追放し，その後任には前任者と血縁関係のない者を任命することが決定されたのである [Haan 1910-1912: vol. 4 222]．これに対して1811年までレヘント職継承を世襲終身で維持したのはチアンジュールとバンドンのみであったが，この2地域はコーヒー引渡量の増加率が他のレヘント統治地域に比べて高く，かつプリアンガン地方で最も多量にコーヒーを引渡した地域であった [Haan 1910-1912: vol. 3 927]．

　なお以上のような政庁の介入が可能となった一因として，ヨーロッパ人コーヒー監督官がオランダ政庁－現地人首長層間のパイプ役として影響力を持ったことが挙げられる．次節で触れるように，彼らは1770年代以降コーヒー代金を管理するとともに，首長層を相手に商行為・融資を行なったうえ，レヘント選任の際にバタビアの政庁職員に候補者について助言したのである．このためレヘント就任を希望する者は監督官に贈物を送るようになっていた [Haan 1910-1912: vol. 4 305, 308, 374]．

　以上，レヘント職継承方式の変化を見ると，40年代半ばまでは世襲終身制が維持され，政庁は長子相続を要求する以外は，継承にほとんど干渉しなかった．その後40年代末からは世襲終身制の侵害が一部で認められるようになり，1788年以降は，政庁がレヘントを解任し後任に血縁でない者を充てることが常態となった．またレヘント職継承に対する干渉の理由は，判明する限りでは1770年代までは統治能力に関するもの，1788年以降はコーヒー引渡量増量に関するものが多かった．

3 ── 財政における依存の深化

　レヘントの財政について1710年代以前の状態は子細不明である．しかし主な収入が住民の貢納と政庁への農産物引渡の代金であったとすれば，1720年代にはレヘントの急速な富裕化が起こったと考えられる [Haan 1910-1912: vol. 2 9, vol. 3 180-182]．1697年にプリアンガン地方のレヘント達が胡椒などの引渡によって政庁から受取った代金は合計8,025.75R. であった [Haan 1910-1912: vol. 3 409]．またパラカンムンチャンのレヘントは1710年にその統治地域の一部を300R. で質入れしていた [Haan 1910-1912: vol. 4 371]．これに対して1726年のVOC職員の報告は，1721年から24年までの4年間でレヘント達がコーヒー代金として合計615,187R. の支払を受けたと述べており，彼らはこれまでにない巨額の富を手中にしたと考えられる．本章冒頭で引用したように，レヘント達がこの金で火器を購入しており，政庁は反乱を憂慮していた [Jonge 1862-1888: vol. 9 101, 105]．このほかチアンジュールのレヘントは28年にコーヒー輸送の設備投資に単独で7,600R. を費やしていた [Haan 1910-1912: vol. 3 656][2]．
　しかしこのコーヒーブームによる富裕化は1740年代初めにコーヒー引渡量の上限が設定されたこと，およびバタビアの華僑虐殺事件とそれに続く争乱によって終止符が打たれた［第4章第3節第1項］．1744年のVOC職員の報告によればレヘント達は顕著に貧しくなり，コーヒー栽培などへ投資ができなくなっていたのである [Haan 1910-1912: vol. 2 494]．これらの報告からは，投機的で不安定なレヘントの財政に対して，政庁がコーヒーなどの引渡に支障のないよう安定を望んでいたことが窺える．しかしこの時期の政庁はレヘントへの融資には消極的であり，コーヒー以外の目的で実施された少額の融資が時折許可されるのみであった [Haan 1910-1912: vol. 3 781]．この消極策が変化するのは1750年代からである．
　政庁は1750年代初めよりプリアンガン地方のレヘントにコーヒー代金の即時支払または前貸を開始した．これは政策の大きな転換と言える [Haan 1910-1912: vol. 3 781-783]．前貸の金額が詳細にわかる1776年の例を見ると，総計は35,000R. であり，代金総額の3分の1に相当した [Haan 1910-1912: vol. 2 588]．またこの時期には政庁側の対レヘント窓口である現地行政委員が個人の財産から随時行なう貸付も増大し，レヘント達は既に1757年にこの委員に対して

22,000R. の債務を負っていた [Haan 1910-1912: vol. 3 784]. レヘント達はこの資金を衣服などの奢侈品の購入 [Haan 1910-1912: vol. 2 589], 現地行政委員に対するレヘント就任の礼金 [Haan 1910-1912: vol. 4 253-255], 政庁の定めた金額による称号の購入 [Chijs 1885-1900: vol. 5 207-208] などに支出して VOC 職員を儲けさせたほか, コーヒー輸送に関わる投資や水田開発に支出したと推測される (第3, 4編で論述). 1750-60年代は支出および返済に対する政庁の監督は行なわれなかったので, レヘント財政は一時的に潤沢かつ安定した状態にあったと言える.

しかしこの状態は政庁財政の逼迫とともに1777年より変化を始める. コーヒー代金の前貸と現地行政委員の融資は, 20余年のうちに, これを利用したレヘントに巨額の負債をもたらした[3]. この年の調査によれば, レヘント職とともに継承されてきた負債総額はチアンジュール123,568R.(チカロン, カンプンバルを含む), チブラゴン7,978R., バンドン71,332R., パラカンムンチャン67,504R., スメダン85,288R. であった [Haan 1910-1912: vol. 3 792-793]. レヘント達は負債の年間利子の完済も困難な状態にあることが判明し [Haan 1910-1912: vol. 3 791], 負債整理が開始された. 同年政庁は現地行政委員に対するレヘントの負債を肩代わりするとともに, レヘントに対して, コーヒー代金の一部から毎年負債を返済するように命じた [Chijs 1885-1900: vol. 10 113-114]. そしてコーヒー代金中の住民取分を西部地域およびバンドンは1ピコルあたり4R., スメダンおよびパラカンムンチャンは3.5R. と定め, 代金の残額を負債の返済に充てることを決定した [Chijs 1885-1900: vol. 10 127-128]. また翌年にはレヘントの住民搾取を防止するため, レヘントが統治地域で行なう支払についてコーヒー監督官に監視を命じたのである [Haan 1910-1912: vol. 2 593][4]. この時期にバイテンゾルフで開始されたVOC職員による住民へのコーヒー代金支払も, レヘントの搾取防止を目的としていた [Haan 1910-1912: vol. 3 723, 754]. こうしてレヘントはコーヒー代金支払の一部を政庁に管理され, 利益を削減されることになった.

レヘントに対するコーヒー代金の前貸は1777年以降も継続され, 90年代には, 毎年予定されるコーヒー引渡量の50%から80%にあたる代金が, レヘントに融資されていた. 負債の返済には, 前貸金と代金総額との差額が充てられることになったが[5], これは従来コーヒー1ピコルの価格から算定されていたコーヒー代金の受取総額が, 年毎に決定される前貸金のみに減少することを意

味した．加えて代金支払の管理も一層強化された．西部地域では，既述のようにバイテンゾルフのVOC職員がコーヒー代金を一部地域の住民に直接支払っていたが，90年代に入るとバタビアでレヘントに渡される前貸金も，一部がコーヒー監督官からチュタック長や住民に直接支払われていた [Haan 1910-1912: vol. 4 360]．東部地域でも監督官はレヘントが代金を支払う時に立会っていたが，1792年からはレヘントの所持する代金用金庫の鍵を管理するようになったのである [Nederburgh 1855: 144-145]．

　これらの施策はレヘント財政の均衡を崩すものであった．VOC職員の報告書に見られる1794年の各レヘントの収入を検討すると，彼らに支払われるべきコーヒー代金総額はそれぞれチアンジュール（チカロン，チブラゴン，カンプンバルを含む）228,900R.，バンドン 83,877R.，スメダン 31,800R.，パラカンムンチャン 42,387R. であった．当年の前貸金は順に 76,617R.[6]，42,270R.（総額の50％），16,000R.（同50％），27,000R.（同63％）である．この前貸金は金額で表示された各レヘントの同年の収入中で桁違いに大きく，2位のアヘン販売の利益は 3,000～4,000R. に過ぎなかった[7]．また金額以外で表示される収入の主なものは米穀の貢納であったが，当時米穀の貢納はコーヒーを栽培しない地方の富裕でないレヘントの収入源と見なされており，プリアンガン地方のレヘント達はその徴収を厳格には実施していなかった [Nederburgh 1855: 211]．一方，この報告中のレヘントの支出項目をみると，金額によって示された支出総額はチアンジュール 190,349.44R.，バンドン 60,642.25R.，スメダン 22,485.42R，パラカンムンチャン 32,335.33R. であり，このうち生産者への代金の支払はそれぞれ順に 104,956.6R.（代金総額の46％），31,475R.（前貸金の74％），12,808.16R.（前貸金の69.5％），18,765.4R.（前貸金の80％）であった．コーヒー代金以外の支出の内訳は，輸送費用（コーヒー袋代・船の賃貸料・倉庫で使用する苦力の賃金など）および首長層や職員への支払（監督官の給料およびコーヒー歩合・チュタック長のコーヒー歩合・現地行政委員への贈物など）であった．これはコーヒー関係の支出がそれぞれ総支出の90％，93％，96％，96％を占めることを意味する．さらにこれらの支出の金額をVOC職員が把握し得ること，また首長層や職員への支払の多くは政庁が命令したものであることから，おそらくこれらの支出もコーヒー代金支払と同様，大部分が監督官によって管理され，レヘントの自由にはならなかったと推測される．加えて前貸の金額が明かなバンドン，スメダン，パラカンムンチャンの例を見ると，支出総額はそれぞれ 18,372.25R.，

6,485.42R., 5,335.33R. で前貸金を超過しており，前貸金以外の収入を考慮しても支出が収入を上回る可能性がある．しかも支出の中にはレヘントの家政費用など，項目として取上げられていない必要経費があるので，生産者へのコーヒー代金支払いが厳格に行なわれた場合，レヘント財政は赤字となることがわかる[8]．

このレヘント財政の破綻は19世紀初頭にオランダ政庁官吏の注目を集めるようになった．1799年に解散したVOCの権限を引継いだオランダ政庁は，レヘント達が現地行政委員個人に対して1777年の負債総額に匹敵する巨額な債務を負っていること，および彼らの財政中のコーヒー輸送・引渡に関わる収支が赤字となっていることを明かにした．同時にレヘントの現金不足も報告された．スメダンのレヘントは「負債の返還のために何年もコーヒー代金を手にしていない」と述べた．またパラカンムンチャンのレヘントはコーヒー代金の支払をアヘンで行なっていた．チアンジュールのレヘントも生産者の手に渡った代金をアヘン販売によって回収したり，住民の飼育した水牛を売ったりして現金を手にしていた．そのほかレヘント達はバタビア滞在における費用負担の重さを政庁に訴えたり，現地行政委員に貸付を受けたりしていたのである［Haan 1910-1912: vol. 3 682, 708-709, vol. 4 356-357, 359-360］．

このような中でオランダ政庁はレヘント財政からコーヒー代金の支払を切離す政策を採った．まず1805年に東部地域においてオランダ政庁官吏による代金の支払が実施された［Haan 1910-1912: vol. 3 726］．そして同年にレヘントは前貸金の利子支払を免除される一方で，1806年には，コーヒー引渡許可証発行手数料（第9章第4節第2項で説明）やその他の輸送に関する税の徴収が禁止された［Chijs 1885-1900: vol. 14 122; Haan 1910-1912: vol. 3 636］．さらに1806年には監督官全員に「簿記係（Boekhouder）」の称号が与えられ，コーヒー代金はすべて政庁官吏が支払うよう命令された［Chijs 1885-1900: vol. 14 339; Haan 1910-1912: vol. 4 295-296］．こうして代金支払から切離されたレヘントは輸送経費の負担に耐え得なかったと推測される．政庁は1808年にレヘントの負債を棒引きにしたうえ[9]，内陸港からバタビアまでの輸送費用を肩代わりし，レヘントに1ピコルあたり1R.の歩合を支払うことを決定した［Chijs 1885-1900: vol. 14 642-643］．この措置は1810年までに実行に移されたことが確認できる［Haan 1910-1912: vol. 2 672-673］．

1806年以降のレヘント財政を1812年におけるバンドンの事例に見ると（表

表 5-2　バンドンのレヘントの収入と支出（1812 年）　　　　　　　（単位：R.）

収　入		支　出	
コーヒー歩合（1R./ピコル）	20,000	コーヒー歩合のうち部下の首長達の所得分	5,000
米穀の貢納（600 チャエン）	2,400	米穀の貢納のうち部下の首長達への分配分	1,600
ザカート（米穀）の 1/3（89 チャエン）	356	ザカートの分配（宗教学校、貧しい者へ）	356
ピトラー（米穀）の 1/3	51	ピトラーの分配（宗教教師、生徒へ）	51
結婚税	14	結婚税の分配（宗教教師、生徒へ）	14
つばめの巣の交易	?	コーヒー倉庫の 2 人の書記の給与 9R./月	
		1 人の計量係の給与 5R./月	1,320
		22 人の労働者の給与 4R./月	
		駅（poststation）の維持（150 チャエンの米）	600
		要人の接待費（200 チャエンの米）	800
		輪番の労役負担者への支給（50 チャエンの米）	200
		合　計	9,941

出所：[Haan 1910-1912：vol.2 702-704] より作成。

5-2），上述の諸政策を反映して規模が大いに縮小していることがわかる．収入におけるコーヒー関係の項目は歩合となり，続くのは米穀の貢納である．米穀はこの時期の政庁文書中にレヘントの収入の必須項目として現れて来る [Haan 1910-1912: vol. 4 363, 840]．1794 年の調査報告で，チアンジュールにおける米穀の貢納が「400 チャエン以下」[Nederburgh 1855: 211] と唯一記されるのみで，その他のレヘントについては概数も記されていなかった状態と比べると，米穀の重要性の増大が見て取れる[10]．また表 5-2 には現れないがアヘン販売の利益も増額の傾向にあり，たとえばバンドンのレヘントは 1807 年に 4,300R.，チアンジュールのレヘントは 1812 年に 6,000R. の利益を挙げていた [Haan 1910-1912: vol. 4 26, 363]．これに対して支出ではコーヒー代金支払・輸送に関する細目が見られず，代わりに首長層への給料，夫役負担者に分配する米穀など，コーヒー生産に労働力を動員するためのいわば人件費に当たる項目が中心となっている．また支出されているはずの家政費用などは計上されていない．加えてレヘントは収入の不足を補うために 1808 年以降も個人資格のヨーロッパ人より融資を受けていたので [Haan 1910-1912: vol. 4: 838-839]，コーヒー歩合もその返済に充てられた可能性が高い．そこでかつてコーヒー引渡によって多額の中間利益を得，その利益を独自に処分していたレヘントの財政は，19 世紀初めにはコーヒー歩合を得る代わりに政府の定めた人件費を負担し，さらに収支のバランスをとるためにヨーロッパ人の融資を不可欠とするという，植民地勢力に依存し利用される状態に陥っていたと言えよう．

以上，政庁はレヘント財政に対して1740年代まで不干渉の政策を取ったが，1750年代から政策を転換し，コーヒー代金の前貸・即時支払を中心に積極的な融資を実施した．その後1770年代末からはレヘント達の負債返済方式を整備するなかで，レヘントのコーヒー代金処分の権限を徐々に削減し，1808年には完全に奪った．この過程でレヘントの財政は政庁に依存的なものとなって行ったのである．

4 ── 統治権限の削減

　レヘントの持つ財政以外の統治権限に対する政庁の規制についてみると，18世紀初めから10年代にかけて多くの政策が出されている．政庁は1706年にチルボン駐在員管轄下のプリアンガン地方のレヘント達に，彼らの事務次官とも言うべきパティを任免する際，事前に政庁の承認を得ることを義務付け [Haan 1910-1912: vol. 2 253][11]，1708年には治安維持を目的として，チアンジュール，チカロン，チブラゴンのレヘントに統治地域内で起きた事件の報告を義務付けた [Chijs 1885-1900: vol. 3 617]．そして1713年からは藍栽培などの監督をするVOC職員を東部地域のレヘント居住集落に駐在させ，1715年には，レヘント間の紛争の種でありかつ農産物減産の原因となる住民の逃亡に対し，禁令を公布した [Haan 1910-1912: vol. 4 284-286; Chijs 1885-1900: vol. 3 65]．住民の逃亡禁止令は1739年にも公布された [Chijs 1885-1900: vol. 4 491]．

　しかしこれらの政策の実施状況を見ると，この時期政庁は，レヘントの統治に対する干渉に消極的であったことがわかる．ハーンの調査によれば1740年以前におけるパティ任免への干渉は，14年にバンドンに対して行なわれたのみであった [Haan 1910-1912: vol. 4 392]．さらに政庁は，1708年にレヘントをはじめとする現地人首長層が司法権を持つことを宣言してVOC職員の干渉を禁じ [Chijs 1885-1900: vol. 3 616-617]，1713年には頻発する首長層同士の係争の訴えについて，1685年以前より続く争いは取上げないことを決定した [Chijs 1885-1900: vol. 4 30]．そしてこれ以降は法令の数も減る．政庁は新レヘントが就任する度に自治特許状を授与したが，1727年以降その内容が画一・簡素化され，(1)レヘントはジャワの習慣と政庁の命令によって配下の住民を統治する権限を持つこと，(2)コーヒーをはじめとする農産物栽培の監督，治安の維

持を義務とすることが明記されるのみとなった [Chijs 1885-1900: vol. 4 196]．なおこの時期におけるVOC職員のレヘント居住集落駐在はレヘントの要請で実現し（1740年代初めに打切），またこの職員派遣と2度の住民逃亡禁止令発令とは主に藍栽培の促進を目的としていた[12]．

そこでレヘントの統治権限に対する干渉は1740年までははとんど行なわれず，わずかに実施された施策も部分的，かつコーヒー栽培の統制を直接の目的としていなかったと言える．

その後1740年代後半から，政庁は，いま一歩踏込んだ政策を実施するようになった．まずパティ任免への干渉がバンドンで1746年，47年，65年に行なわれた [Haan 1910-1912: vol. 4: 392]．また実効力は定かでないが1751年のVOC職員の報告書には，レヘント統治地域で発生した禁固刑以上の罪に当たる犯罪の裁判は政庁によって実施されることが述べられている [Jonge 1862-1888: vol. 10: 239]．さらに78年にはコーヒー監督官の任務に人口・農園数等の統計の作成，住民の逃亡の監視が加わった [第4章第3節第2項; Haan 1910-1912: vol. 2: 593]．

以上に加えて1760年代にはレヘントとその統治地域の名称が統一された．これまで本書では，オランダ政庁あるいはチルボン王国に直属し特許状を得た首長に対し，17世紀末から一貫してレヘントの名称を使用してきた．しかし1750年代までの政庁文書の中でこれらの首長達は，レヘント，フーフェルヌール (gouverneur)，ホーフト (hooft)，または各自の名前と称号など様々な呼ばれ方をしていた．なかでも最もよく使用されたのが首長を意味するホーフトであり，その支配領域をディストリクト (district) と呼ぶものであった．彼らをレヘント，その支配領域をレヘント統治地域 (regentschap)，そしてこの地方全体をプレアンゲル－レヘント統治地域 (Preanger-regentschappen) と呼ぶ，オランダ植民地末期まで使用された行政用語が政庁文書の中で画一的に使用されるようになるのは，1760年代からであった[13]．

このように，1740年代後半から70年代にかけての政庁の施策の中には，画一の行政区画，官僚制，そしてそれを使用した情報収集という近代的地方統治の形式を整えるものが見られた．

その後政庁が，レヘントの統治権限を大幅に削減し始めたのは1790年からであった．これは大コーヒー園の開設が始まる時期と同時である．レヘントの権限はパティ，チュタック長の任免・処罰を中心に大幅に規制・侵害され

た．17世紀末より政庁文書に登場したウンボルは，1790年よりチュタック長と呼ばれるようになり，レヘント統治地域の下位行政地区の長官として位置付けられることとなった．同年政庁は，レヘントがチュタック長を任命するにあたり，現地行政委員への事前の相談と，委員による承諾の署名捺印とを義務付けた．この後政庁はチュタック長の任命に積極的に干渉し，さらに95年にはレヘントがチュタック長を恣意的に解任するのを防止するために，任命状の交付を決定した [Haan 1910-1912: vol. 4 136, 395-397; Chijs 1885-1890: Vol. 9 245]．また政庁は，1800年以降，山麓における大コーヒー園の開設を開始すると同時に，チュタックの増設を実施した [Haan 1910-1912: vol. 4 136, 395-397]．このほか政庁は，パティの任免権もこの期間にほぼ完全に掌握し，頻繁に任免を実施した[14]．加えて1790年代よりVOC職員がレヘント統治地域内部において犯罪者の追跡・処罰を行なうようになり，レヘントの警察権は無崩しに侵害された [Haan 1910-1912: vol. 4: 227, 307-308, 311, 656-658]．なお現地人首長層の司法について，政庁はこの時期に規制を強化してはいないが，上述の警察権の侵害に加えて，チュタック長などの恣意的収奪に対する処罰が現地行政委員やコーヒー監督官の手で行なわれるとともに，1802年よりチュタック長が任地赴任を命じられたことによって（次章で論述），従来のレヘントとウンボルの合議による紛争処理は変質を余儀なくされたと推測される．

以上，レヘントの財政以外の統治権限に対する政庁の干渉もまた，段階的に進んだ．1740年代までは政庁の命令が通達されるのみであり，実際は不干渉の状態にあった．1740年代以降は，近代的官僚制の概容を整える政策がとられ，1790年代からはチュタック長の任免権掌握を中心に無崩しとも言えるレヘント権限の削減が行なわれた．

5 ── まとめ：コーヒー収奪効率化のための官吏的性格の付与

本章ではレヘントの統治権限および財政に対するオランダ政庁の政策を，コーヒー生産の展開との関係に焦点を当てて検討した．その変質はコーヒー生産管理システムの形成とあわせて考えるならば，次のように時期区分することができる．

(1) 1720年代-40年代初め：政庁は，コーヒーに関して独占的買付を行な

うのみだった．政庁はレヘント等から引渡されるコーヒーの量をコントロールする術を持たず，生産・輸送への関与には消極的だった．統治においても政庁は名目的な宗主権を保持するのみであった．一方で，レヘントは世襲終身制を維持して政庁の影響の及ばない内陸を統治し，その財政はコーヒー集荷およびその政庁への引渡を通じて富裕化した．その自律的性格や役割はオランダ支配以前とほとんど変わらなかったと考えられる．

　(2)　1740年代後半-1780年代半ば：政庁は，一定の変動幅のうちではあるものの，提示するコーヒー量の引渡をレヘントから受けるようになった．この時期にはプリアンガン地方の現地人首長支配下の夫役負担者が主力コーヒー生産者とされた．政庁はレヘントをプリアンガン地方統治の画一的な枠組に組入れ，彼らの居住集落にヨーロッパ人監督官を駐在させた．そしてレヘント職継承の際には候補者の統治能力が考慮されるようになった．政庁はレヘントにコーヒー代金の前貸をはじめとするコーヒー栽培・輸送に関する各種の便宜を供与した．このためレヘントの地位は経済的に魅力あるものとなった一方で，政庁の提示する量のコーヒー引渡および融資返済の責任を負うことになった．このうちレヘント職継承への干渉，融資およびコーヒー代金支払の管理はコーヒー集荷・輸送の円滑化をねらいとする施策であったが，融資はレヘントの経済的従属を引起こす大きな契機となった．

　(3)　1780年代半ば-1811年：政庁は，コーヒー栽培場所の大農園への集中と，ヨーロッパ人官吏・現地人首長層を利用した生産管理機構の創出とによって，レヘント配下の住民を指定の場所で労働させ，一定の度合とはいえ生産過程を管理して生産量を調節することになった．

　この時期のレヘントの任免および財政に対する政庁の施策は，その大部分がコーヒー引渡・代金支払に対する管理強化およびコーヒー生産システムの再編を目的として実施された．政庁は，コーヒー引渡量の増大を目的としたレヘントの解任および親族でない後継者の任命を頻繁に行ない，90年からは大農園建設と並行してチュタック長の任免権の掌握を開始した．さらに19世紀初めにはコーヒー代金の支払をレヘントからヨーロッパ人監督官の管掌事項とした結果，レヘント財政は，政庁の命じる多額の人件費の支出に対して少額のコーヒー歩合しか得られなくなり，その差額をヨーロッパ人からの融資でまかなうという植民地権力に依存的なものとなった．

　以上のように，レヘントに対する施策は従来の理解とは異なって，(1)コー

ヒー生産管理システムの形成と時期を同じくして1740年代後半より本格化し，段階的に進んだ．(2)その多くが時々のコーヒー生産の管理強化あるいは生産システムの再編を目的として実施されたと考えられる．(3)その結果レヘントの任免方法，財政，配下の首長の人事権などの側面に，官吏的性格の付与とでも言い得る質的変化がもたらされた．(4)しかしその一方で，コーヒー生産管理強化に有用な夫役労働徴発の権限は残され，さらに政庁の期待に応えたコーヒー量を引渡すレヘント統治地域ではレヘント職継承が世襲終身で維持されるなど官吏化には限界があった．そして以上の状態は1820年代にも引継がれることになる（第6，7章）．

このように，現地人首長の権限の削減や専門的職務の付加が，コーヒー収奪の効率化を主な目的としてなされた状態は，次章で述べるレヘント配下の首長層（下級首長）に対する施策においても顕著であった．

註 [第5章]

1) 本章で使用する史料は，公刊史料およびハーンが著書に採録した史料である．
2) チアンジュールのレヘントはこのほか1724年に8,000R.，28年に22,000R.で土地を購入しているが，用途は不明である [Haan 1910-1912: vol. 4 361]．
3) 年間12〜15%という高率の利子率もその一因であった [Haan 1910-1912: vol. 2 590, vol. 3 782-783]．なお従来レヘントの負債は政庁が彼らを従属させる手段の一つであったと言われてきたが [Haan 1910-1912: vol. 1 344*]，第3節で述べるように，財政自体の従属はむしろその返済の過程を通じて進行した．
4) レヘントが量込みなどを行なったので，実際には住民に規定どおりの代金は支払われなかった．
5) 前貸金は引渡予定量を基準として算定されるので，代金総額に対する比率は変動する．実際の引渡量が予定量に達しない場合は前貸金を返還した [Nederburgh 1855: 144]．
6) 前貸金総額が明記されていないので利子率を6%（東部地域の前貸金の利子率の平均値）として算出した．40,000R.とする史料もある [Haan 1910-1912: vol. 3 758]．VOC職員による生産者への支払が一部実施されていたためレヘントへの前貸率は低い．
7) スメダン，パラカンムンチャンのレヘントはコーヒー代金以外に見るべき収入がない [Nederburgh 1855: 210]．
8) 財政破綻の理由はいくつか考えられるが，コーヒー生産拡大のための投資の増大も大きな原因の一つであろう [Nederburgh 1855: 228]．
9) 政庁に対する負債は当時わずかに57,711R.になっていた [Haan 1910-1912: vol. 3 804]．
10) 政庁は現地人首長層の貢納を米穀のみに制限する政策を取っていた [Haan 1910-1912: vol. 4 438]．なお1811年に開始されたプリアンガン地方に対するイギリスの統治は，1812年の時点でオランダ時代と大きな相違はなかった．

11) 東部地域のレヘントは 1730 年までチルボン駐在員の管轄下にあり，チルボンでコーヒーを引渡したので，この命令の対象となった．
12) 1710 年代にはコーヒー栽培が未だ重要視されておらず，30 年代後半はコーヒー引渡量が政庁の期待に比べて過多であった．
13) Jonge [1862-1888]，Chijs [1885-1890] 所収の文書について 17 世紀末から 18 世紀末まで調査した結果である．なおレヘント統治地域の下位行政地区が政庁文書に登場するのは 1770 年代後半からである．
14) 1795 年にはパティへの任命状の公布が決定された [Haan 1910-1912: vol. 4 396]．この期間の任免は決定が文書に残るもののみでも 12 例を数えた [Haan 1910-1912: vol. 4 392]．

第6章

在地の首長から政庁官吏へ
—— 下級首長の変質 ——

1 —— はじめに

　レヘント配下の首長層（以下，下級首長と呼ぶ）については，これまで，法制史の側面からジャワ島全域について次の点が指摘されてきた．すなわち，1808年から1820年代初めにかけての一連の地方行政制度の改革のなかで，政庁が任命権などを掌握したことによって政庁官吏の性格を帯びることになった［Klein 1932: 50, 84］．ところが既に第5章でみたように，プリアンガン地方においては，それ以前に政庁による任免権の掌握などが始まっていた．

　本章は，プリアンガン地方における下級首長について，18世紀初めから1820年代に至る変質を明かにするものである．従来，この期間の下級首長は研究の主な対象とされたことがなく，彼らは18世紀初め以来レヘントの官吏であったと漠然と考えられていた．しかし第3章で検討したように，18世紀初めに，レヘントは焼畑社会の首長であり，ウンボルと呼ばれた「下級首長」のなかの第一の者であった．加えて，プリアンガン地方の普通の人々をグローバルヒストリーに参加させるためには，普通の人々にグローバルな影響が及ぶ人的回路として，レヘントから集落の長に至る首長層の性格変化を考察することは大変重要である．そこで本章では，下級首長に対するオランダの政策が本格化した1780年代から1820年代に至る時期における，下級首長に関する史実の考証と整理を行ない，彼らの性格変化を明かにする．

　以下，第2節では，この時期のオランダ植民地政庁による対下級首長政策の

展開を，第4章で検討したコーヒー生産システムの再編過程に関連させつつ整理する．第3節ではこれらの政策の定着の有無を検討するために，1810-20年代における下級首長の職務および序列を，史料考証によって可能な限り復元する．ついで第4節で彼らの経済基盤を考察する準備として出身階層を考察したのち，第5節ではオランダ政庁が彼らに与えた給与や手数料を概観して，これらが少額であることを示す．そして最後に，下級首長がオランダに協力した経済的背景を探る必要を述べる．

2 ── オランダ政庁によるコーヒー生産システム再編と対下級首長政策

プリアンガン地方の下級首長に対する政庁の施策が集中する時期は，政庁によってコーヒー生産システムの再編が行なわれた時期にほぼ一致する．すなわちヘイス，ヨンゲの編纂した史料集，およびハーンの著書中の史料［Chijs 1885-1900; Jonge 1862-1888; Haan 1910-1912］などを通覧すると，施策は1780年代半ばから1810年までに集中していることが明かとなる．そこで以下，コーヒー生産の再編過程に従って，政庁の下級首長に対する施策を，効力の有無に注意しつつ整理する．

2-1 コーヒー生産再編の開始（1785-86年）

政庁は1785年にコーヒー栽培の拡大政策を開始し，翌年下級首長に対する施策を開始した．施策は栽培夫役負担者の増員を目的とするものであったと言える．政庁はかねてより，現地人首長層が，栽培夫役を負うべき住民を秘匿することに不満を抱いていた．そこで栽培夫役が貨幣によって代納され，チュタック長やレヘントなどの収入となっている事態を改善するために，コーヒー栽培夫役の貨幣代納を禁止したのである［Nederburgh 1855: 120; Haan 1910-1912: vol. 2 610-630, vol. 3 533, vol. 4 407］[1]．ただし政庁はコーヒー生産には現地人首長層の協力が不可欠であることを認識しており，夫役代納にかえて，レヘントやチュタック長に同額の人頭税の徴収を認めた．しかしそれにもかかわらず，代納禁止を徹底させるには至らず［Haan 1910-1912: vol. 2 610, vol. 3 814, vol. 4 419］，施策の効力は限定的であった．

2-2 大農園の開設（1780年代末-1799年）

　1780年代末より政庁は，栽培および生産量の管理を強化するために，10万本から20万本のコーヒー樹を栽培し得る大農園を，輸送に便利な場所に開設させ，住民にコーヒーを栽培させた [Chijs 1885-1900: vol. 9 865-866; Haan 1910-1912: vol. 3 609]．

　この時期の政庁の施策はチュタック長を主な対象とした．彼らはレヘントに直属し，かつレヘント統治地域内の行政地区であるチュタックを統轄する者達であった．政庁は1790年にレヘントのチュタック長任免権を掌握し，チュタック長には最低年2回（コーヒーの植付時と収穫時）の管轄地域の巡察を義務付けた［第4章第3節第2項］．チュタック長へのコーヒー歩合の支給も90年代前半に本格化したと判断される．支給の実施が確認できるのは，1793年の史料が最初であり，チアンジュールでコーヒー1ピコルにつき4スタイフェル（以下，s.と略す）[2]であった．95年のVOC職員の報告からは，(1)歩合が4s./ピコルに定められていること，(2)しかしコーヒー引渡量の変動や分配の方法の違いによって年度差・地域差があること，そして(3)歩合の支払が十分に実施されていたのはチアンジュールのみであることがわかる [Haan 1910-1912: vol. 3 720; Nederburgh 1855: 130, 241-242][3]．

　さらに現地人コーヒー委員の設置が開始された［第4章第3節第2項］．コーヒー委員が史料に初めて登場するのは，1791年にこの委員がパラカンムンチャンに配置された時であるが，この年までに既にチアンジュール，バンドンに配置されていたことがわかる．1795年までにはスメダンにも配置された．この委員はレヘントの管轄下にありながらもヨーロッパ人コーヒー監督官の命令を実行し，その任務はコーヒー園の維持管理にあった．そして毎年20R., 馬1頭，2チャエン (tjaen)[4] の稲穂が支給されることになっていた [Haan 1910-1912: vol. 3 623-624, vol. 4 391]．

　このように，政庁はチュタック長およびコーヒー委員について専門的な任務の付加および給与や歩合の支払などを開始し，チュタック長については任免権の掌握をも開始した．またこの2種の役職者に付加された任務はコーヒー生産の監督に深くかかわるものであった．

2-3　山腹における農園の開設と輸送システムの再編 (1800-1807年)

　19世紀に入ると政庁は,当時の住民の居住地域より離れた標高800～1,200メートルほどの山腹に大農園を開設した.そしてそれと同時にチュタックを再編し,その内部組織にも干渉を加えた.

　まずチアンジュールとバンドンで,ヨーロッパ人官吏によってチュタックが増設された.1778年のチュタック数はチアンジュール6,バンドン7であり,94年にもそれぞれ6,6と報告されていた [Jonge 1862-1888: vol. 11 366; Nederburgh 1855: 巻末人口統計表].その後1802年にバンドンに新しくチュタックを作ってチュタック長を任命したこと,1804年には複数のレヘント統治地域でチュタックを分割増設したことが,ヨーロッパ人官吏から政庁に報告された.またこの年までにはレヘントによるチュタック長の解任に政庁の同意が必要となっていた [Haan 1910-1912: vol. 4 163, 396, 397].こうしてバンドンのチュタック数は,1803年13,1812年18,一方チアンジュールは19世紀初頭に13,1812年18と増加した.そして1828年にはバンドン18,チアンジュール25となった [Haan 1910-1912: vol. 3 104, 130, 131; Statistiek Handboekje 1828][5].

　このチュタック増設が山腹の大農園の管理を目的としていたことは,「チュタック長は第1に農園の状態悪化に責任を負う」[Haan 1910-1912: vol. 4 398] という,1804年のヨーロッパ人官吏の言葉に示されるが,1778年と1829年の各チュタックの所在が判明するチアンジュールの場合を検討するとより明確となる.すなわち,1778年のチュタックがチアンジュールからバタビアへのコーヒー輸送路沿いに存在したのに対し[6],19世紀初めに増設されたチュタックは,グデ (Gede) 山中腹などの大農園が開設された地点,およびレヘント居住集落から離れた輸送の拠点に集中していた (地図6-1参照).またバンドンについても,1802年に創設された4チュタックが1820年代にはコーヒーの大産地となっていた [Haan 1910-1912: vol. 3 104; Statistiek Handboekje 1828].

　一方チュタック増設の傾向が明確でないスメダンおよびパラカンムンチャンでもチュタック長に対し農園管理を強化させる施策が実施された.1802年にそれまでレヘント居住集落に集住していたチュタック長に対し,コーヒー園監督のために任地への赴任が命じられた.さらに同年,スメダン,パラカンムンチャンでチュタック長に対する歩合の支払が実施されていないことが判明し,5s./ピコルが支払われることになったのである [Haan 1910-1912: vol. 3 721, vol. 4

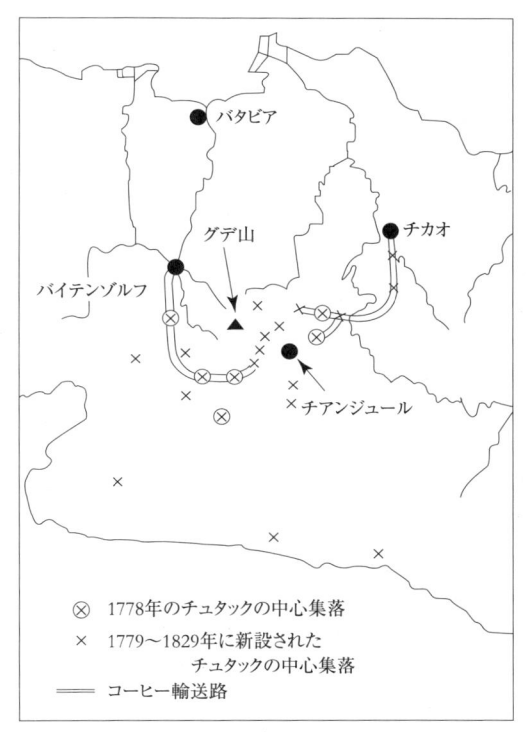

地図6-1　チアンジュールのチュタック中心集落

397].

　以上に加えて，山腹の大農園開園直後である1804年から，政庁は次の一連の施策を実施した．第1に，1804年にコーヒー生産の集団化を目指してバンドン-レヘント統治地域にトループ制度を導入し，翌年にはその他のレヘント統治地域にも普及させた[第4章第3節第2項; Haan 1910-1912: vol. 3 612-613, 615, 624].

　第2にコーヒー委員が増員され，1790年代には各レヘント統治地域に5人ほどであったものが，1804年以降には各チュタックに1〜2人配置されるようになった[Haan 1910-1912: vol. 3 624].

　第3に1806年からは，それまでレヘントが果たしていたコーヒー輸送の監督と代金支払いの任務がチュタック長に付加されることになった．チアンジュールでは，1806年に(1)チュタック長が管轄地区内のコーヒー倉庫で住民

第6章　在地の首長から政庁官吏へ　91

よりコーヒーを受取って代金を支払うこと，(2)そこからバイテンゾルフ（バタビアへのコーヒー輸送基地）までは，輸送余力を持つ住民に請負わせるか，チュタック長の責任で運ぶことが決定された．この輸送方法は翌年より一部で実施され，20年代までにはプリアンガン地方全体に普及することになった［Haan 1910-1912: vol. 3 637-639, 718, vol. 4 796-797］．

　第4に，政庁は下級首長達の貢納収取を削減しようとした．まず1804年にチュタック長に対するチュケ（tjoeke: 米穀の10分の1税，レヘントが収取する）の分配を提案した．そして1805年には首長層への貢納をチュケとザカート（zakat: 米穀の収穫の10分の1）のみに限り，さらにスグー（soegoeh: 首長層が来客を接待する時に収取される貢納），内水魚業の許可料などの廃止を命じた．加えて1805年には，チュタック長を中心とする下級首長の恣意的な収奪に対する取締と処罰を集中的に行なった［Haan 1910-1912: vol. 4 163, 307-308, 432, 438, 440-441, 634, 658, 714］[7]．これらは住民の負担軽減を目指した施策であったが，貢納削減の成果はまったくといってよいほど報告されていないので，政庁がどこまで本腰を入れて実行したかは疑わしい．

　以上，この時期の下級首長に対する施策は，そのほとんどがコーヒー生産の再編と密接に関連していたと言える．政庁は，現地側の新たな生産・輸送システムの要に，レヘントにかわってチュタック長を据え，さらにチュタック内部を組織化するための命令系統の創出を図ったと考えられる．

2-4　新しいシステムの法制化（1808-1811年）

　山腹の大農園におけるコーヒー生産は，1808年までにはほぼそのシステムの再編が終わり，同年1月に総督となったダーンデルスは，期せずして，これを体系的な法令に整備する役を担うことになった．彼は同年5月に，プリアンガン地方に対する17条の訓令を公布した．そしてその中で，(1)住民の貢納義務をコーヒーと，下級首長に対する支給を目的としたチュケとに限定すること，(2)住民の夫役労働は，栽培夫役に加えて道路や橋の補修，政庁の命ずる輸送に限定すること，そして(3)レヘントは下級首長に給与を支給することなどを提案した［Chijs 1885-1900: vol. 14 640-643］．しかしこれらの提案は，チュタック長に対する米穀の分配が19世紀初めの数種の史料で確認できるほかは［Haan 1910-1912: vol. 2 703, vol. 4 434］，実行に移された形跡がない．

その後1810年には，下級首長達に支払うコーヒー歩合が役職別に一律に決定され，さらにコーヒー委員に関わる制度が整備された．コーヒー歩合については以後これが定着したと考えられる[Chijs 1885-1900: vol. 14 133-134; Haan 1910-1912: vol. 2 704-705; Wilde 1830: 176-177]．コーヒー委員については委員長が各レヘント居住集落に1人任命されたほか，この委員の解任はコーヒー監督官より上位のヨーロッパ人官吏が行なうことが定められた．委員の任務は(1)農園の管理，輸送，収穫の見積などコーヒー監督官の命令を配下の首長に伝えること，(2)巡察を行なうこと，(3)2週間に1度の報告書を提出することなどである[Chijs 1885-1900: vol. 14 224-226, 269]．

この1810年の決定の実行は1811年までの史料では確認できないものの，法制の側面から見るならば1810年代初めには，レヘント居住集落にコーヒー委員長，そしてチュタックの中心集落にはチュタック長とコーヒー委員が居住し，農園ではコーヒー・マンドールが夫役負担者を監督するという，コーヒー生産管理を職務とする下級首長のヒエラルキーができあがった．

その一方で，18世紀半ばから1811年までのプリアンガン地方において，コーヒー生産管理を職務としない下級首長に対する政庁の施策は，法令集を見る限り，1808年にダーンデルスが設置した巡回裁判所(ambulant gerecht)の構成員の中に，ヨーロッパ人理事官(resident)およびレヘントに加えてレヘント統治地域内の「高位の聖職者(hogenpriester)」の名が現れるのみである[Chijs 1885-1900: vol. 15 89]．このことから1811年までの下級首長に対する政策が，いかにコーヒー栽培に関わる点に集中していたか，さらに，一般には自由主義的な改革者として知られるダーンデルスも，プリアンガン地方の下級首長については現存のシステムを温存する傾向にあったことがわかる[8]．

2-5　イギリス占領期 (1811-1816年)

イギリスによるジャワ島占領から1830年に至る政庁の対下級首長政策は，それ以前の時期と対照的とも言える傾向を示す．この時期にはジャワ島全体の地方統治制度の整備を目指した法令が多数出される一方で，それ以前の常態だったプリアンガン地方の個別具体的な事態に対応する施策は少なくなる[9]．

ラッフルズによる地方統治機構の整備は1814年の司法に関する法令の中で，治安維持・警察業務の制度化を目的として行なわれた．ジャワ島各地方はヨー

ロッパ人を長官とする理事州（residency）に分けられ，その下にレヘントを長とする郡（district: レヘント統治地域に相当），ディヴィジョン（division: チュタックに相当），村（village）が置かれた．この中でディヴィジョンは，警察業務を主な任務として設定された．ディヴィジョンの長は犯罪者の逮捕のほか，部下と供に週1回会合を持ち，小さな紛争を裁定する義務を負った．レヘントはジャクサ（Jaxa）・プンフル（Panghulu）を顧問として主に民事訴訟を裁定し，理事官はジャクサ長（Head Jaxa）を検事とし，プンフルを顧問として主に刑事訴訟を裁定することになった．そしていずれの裁判においても，ジャクサとプンフルには手数料の取得が認められた［Raffles 1814: 217-249］．ただし一般にラッフルズの立法の多くは机上に留まったと言われるので，この法令がどこまで実施されたかは疑わしい．加えてラッフルズは現地人首長層の諸権限の削減を推進したものの，プリアンガン地方のコーヒー義務供出制度は植民地政庁の財源としてそのまま維持し，何ら変更を加えなかった．しかしこの時期コーヒー生産は積極的な政策を欠いたため急減した［Bastin 1957: 60-65; 第4章第4節］．

2-6　オランダ再占領期（1816-1829年）

　1816年のオランダの再占領から強制栽培制度の開始直前まで，オランダは植民地政庁の再編と，オランダ領東インドのほぼ全土に施行する地方統治制度の制定に力を注いだ．下級首長に関わる法令を列挙すると次のようである．まず1817年に首長達による貢納の賦課が禁止された．19年には彼らに対する給与の支払が決定されるとともに，東インド総督がすべての現地人首長の任免権を掌握することになった［Staatsblad 1817: No. 11, 1819: No. 1, No. 16］．しかしコーヒー生産地として重要なプリアンガン地方に対しては，これらの法令は十分に適用されなかったようであり，例えば1820年代の史料からは未だに様々な貢納が徴収されていたことがわかる［Klein 1932: 82, 89; Haan 1910-1912: vol. 2 694-696; Wilde 1830: 178］．また政庁がこの時期に入念に整備したのは警察司法制度であるが，これはラッフルズの法令をほぼそのまま引継ぐものであった［Staatsblad 1819: No. 20］．司法において，ジャクサとプンフルはラッフルズの統治時代とほぼ同様の任務を付加された．そのほか1819年には村落（デサ）首長の選挙法が制定された．しかしジャワ島のいずれの地方においてもほとんど実施を見なかったと言う［Staatsblad 1919: No. 13; 植村 1990: 75-76, 86-90］．さらに

1820年には，レヘントが統治地域内のすべての下級首長の監督を行なうことが決められたほか，種痘官が下級首長の中から任命され給与を支払われることになった [Staatsblad 1820: No. 17, No. 22]．

一方プリアンガン地方のコーヒー生産については，1829年にコーヒー生産・輸送に関する政庁決定が公布された．内容はヨーロッパ人官吏の配置と職務にかかわるものであったが，下級首長に関してはコーヒー監督官の職務に関する規定の中の次の部分で登場する．(1)コーヒー委員，コーヒー・マンドール以外の現地人首長層に命令する権限を持たないこと，(2)コーヒー生産量を予測する時には自分で視察したのちコーヒー・マンドール，トループ長 (troepshoofd)，郡長（チュタック長），コーヒー委員の順に意見を聞くこと，(3)管轄地区の住民の概況を報告する時には郡長の助力を得ること，以上である [Staatsblad 1829: No. 57]．このトループ長については次節第2項および第4節で補足説明する．

以上，1818年以降オランダ政庁は，プリアンガン地方のみに適用される法規・政策をほとんど策定していなかったと言える．

2-7　小　括

本節で述べた対下級首長政策の特徴をまとめよう．(1)1780年代から1810年までの対下級首長政策は，この地方のコーヒー生産の再編と密接に関わっていた．(2)コーヒー関係の役職の創設，役職者の任免，コーヒー歩合や給与の支給は少なくとも一部で実施され，任務の付加も単なる机上の空論には終わらなかったようである．しかし夫役貢納の削減についてはまったくと言ってよいほど報告されなかった．(3)施策が集中したのはチュタック長であり，彼らには，任免権の掌握，任地への赴任，職務の規定など政庁官吏としての性格が付与された．しかし1810年までの政庁の主要な目的は官僚制度の整備自体にはなく，むしろチュタック長をコーヒー生産・輸送の現地側の要とすることにあったと言える．(4)ダーンデルスに始まる全ジャワ規模での地方統治制度の整備は，それ以前のプリアンガン地方のみを対象とした政策とは目的を異にしたが，プリアンガン地方には厳格に適用されなかった法令も多かった．(5)イギリス占領期以降1830年まで，プリアンガン地方の下級首長のみを対象とする法規・政策はほとんど策定されなかった．

次節では，1810-20年代の首長層の役職および序列を復元し，本節で述べた政庁の政策の定着の様子を考察する．

3 —— 1810-20年代の下級首長達

　1810-20年代のプリアンガン地方の下級首長に関する考察は，これまでクラインが地方制度の研究の中で，代表的な役職名を列記して簡単な説明を加えたに留まる [Klein 1932: 16, 50-51]．そこで本節では，理事州レベルで作成された植民地文書，ヨーロッパ人の旅行記などを利用して，植民地支配側の史料という限界を前題としつつ，下級首長の役職とその任務をできる限り網羅する．主な史料は1812年のバンドンに関するレヘントの報告（以下，バンドン報告と呼ぶ），この時期のプリアンガン地方全域に関するウィルデの地方誌 [Wilde 1830]，チアンジュールを中心としたオリフィールの旅行記 [Olivier 1827]，および1828, 29, 32年のプリアンガン理事州に関する一般報告（Algemeen Verslag, Preanger-regentschappen）の人口統計である[10]．

　ところで，当時のプリアンガン地方の首長層は役職の他に称号を有していた．この称号が役職名同様に使用される場合があるので，ここで称号について簡単に説明する．18世紀半ば以降のこの地方の称号には，出自によるものと政庁から下賜されるものがあった．出自によるものは大別して，レヘントの子孫が冠するラデン（Raden），レヘントの子孫ではないが庶民ではない者の冠するマス（Mas）があった．下賜される称号は政庁によって取得に必要な金額が定められていた．下級首長に下賜されたものは上位から順にインガベイ（Ingabehi），デマン（Demang），ランガ（Rangga）であり，レヘントに下賜されるより安価な称号であった．カンドルアン（Kandoeroean）もまた下賜称号であり，インガベイより上位の称号であったとされるが，政庁は取得に必要な金額を明示していない [Berg 1902: 23-25; Chijs 1885-1900: vol. 5 207-208]．

　表6-1は本節の考察を踏まえて下級首長を役職別に整理したものである．本来結論として本節末尾で示すべきものであるが，以下の説明が複雑であるのでこの表を参照しつつ説明を検討いただきたい．

表 6-1 1810-20 年代の下級首長達

```
レヘント居住集落
├─ レヘント (regent)
│   ↓
│   ⑳ トムンゴン (Tommangong) 1人?
│   ① パティ (patih) 1人
│
│   ┌─────────────┬─────────────┬─────────────┐
│   │  伝達係     │ レヘントの従者│  無官の貴族  │
│   ├─────────────┼─────────────┼─────────────┤
│   │⑥ プリヤイ   │⑬ ウパチャラ  │③ ラデン     │
│   │  (prajaij)  │  (oepatjara)│  (Raden)    │
│   │⑧ 大カバヤン │⑪ グランラン  │④ サンタナ    │
│   │ (kabajan's besar)│(gelang-gelang)│(Santana)│
│   │⑮ パンラク   │⑭ 兵士       │⑫ インガベイ  │
│   │  (panglakoe)│  (soldadoe) │  (Ingabehi) │
│   └─────────────┴─────────────┴─────────────┘
│
│   ② 副パティ (wakil patih) 2人
│   ⑯ 集会場の書記 (schrijver van de balie bandong)
│   ⑤ パンガラン T 1人    ⑲ コーヒー委員長 1人*    ⑦ ジャクサ 2人    ⑨ ブンフル長 1人
│     (pangarang)        (de eerste gecommitteerdens  (djaksa)      (hoofdpenghoeroe)
│                         over dé koffie-culture)
│                                                                   ⑩ クティブ
│   ⑰ プリヤイ                                                       (ketib)
│     (prejey)                                                      モディン
│   ⑱ レンセル                                                       (modin)
│     (lengser)
```

チュタック (郡)
├─ パクタミン
│   ① チュタック長 T 1人   ② 下位のジャクサ T 1人   ⑧ ブンフル T 1人
│   (districtshoofd)   (onder djaksa)   (penghoeroe)
│   ③ チャマット T 1人*   ⑬ コーヒー委員 T 1・2人* ⑨ クティブ
│   (tjamat)   (koffie gecommitteerde) (ketib)
│   ⑦ 書記   ⑩ モディン
│   (schrijver)   (modin)
│   ⑭ トループ長 T 3〜9人
└─ 村落部   (troepshoofd)
    ④ (パティンギ)   パンラク (panglakoe)
      (patinggi)
      カバヤン
      (kabajan)
                                 ⑤ コーヒー・マンドール T 9〜12人
                                   (koffie mandoor)
                                                          ⑪ ラベラベ T 18〜24人
    ⑥ 集落の長 T 25〜39人   (labelabe, amiel)
      (lurah)
      レンセル
      (lengser)

住民

──→ 命令の伝達・報告　　 ◀---- 夫役・貢納　　T: チュタックごと　　*: 兼職の可能性のある役職

出所：筆者作成.

3-1 レヘント居住集落に居住する下級首長

　はじめに，レヘント居住集落に居住する下級首長としてバンドン報告が挙げている役職者を，バンドン報告が列記する順に説明する．報告に掲載される役

第 6 章　在地の首長から政庁官吏へ　97

職者の人数は，役職者のうちチュタック居住民の夫役労働を使用する権利を持つ者の人数であり，必ずしも総数ではないが，高官については総数と等しいので参考として挙げる．また史料原文の和訳および考証は註にまわす．

① パティ（patih: pepatih）　1人．レヘントの任務を総覧する補佐役で，事務次官と言える．配下の役職者への命令はすべて彼によって行なわれた[11]．

② 副パティ（Wakil patih）　2人．1820年代のヨーロッパ人からは，裁判を行う集会場（balie）の管理者であり，①パティや⑦ジャクサより軽い紛争を取扱うと見なされていた[12]．

③ ラデン（raden）　24人．特定の職務を持たないので，無役の貴族であると考えられる[13]．

④ サンタナ（santana）　24人．サンタナは低い身分の貴族の称号でありラデンの姻族であると考えられているので，この者達も無役の貴族であろう[Haan 1910-1912: 688][14]．

⑤ パンガラン（pangarang）　14人．ウィルデは次のように記述する．「それほど地位の高くない首長でレヘント居住集落に詰めている．チュタック長に伝えなければならない命令はすべてパンガランに文書として手渡され，それをプリヤイが運ぶ．（中略）レヘント居住集落の中のチュタックの名を冠した区画に住むが，そこにはチュタック長がレヘント居住集落において居住する屋敷がある」[Wilde 1830: 175-176]．パンガランはレヘント居住集落に居住するチュタック長配下の下級首長で，レヘント居住集落在住の役職者とチュタック長をむすぶ役割を果たしていた[15]．

⑥ プリヤイ（prajaij）　39人．レヘント居住集落で文書の配達を主な任務とする官吏[16]．

⑦ ジャクサ（jaksa）　2人．司法官の長であり，ジャワ語では裁判官を意味する．ラッフルズ統治期以降の司法制度において彼らは検事としての任務を与えられた[17]．

⑧ 大カバヤン（kabajan's besar）　2人．バンドン報告では「レヘント居住集落において貢納を輸送する．オランダ人官吏の住居で働く」とされる．この2人は貢納を監督するカバヤン達の中から特に選ばれた者であろう[Haan 1910-1912: vol. 2 700][18]．

⑨ プンフル長（hoofdpenghoeloe）　1人．イスラム法に基づいた裁判を行な

う．またオリフィールは「彼のみが結婚，離婚，法に従った財産分与などや，これに類する聖職者の権威を行使する権限を持つ．埋葬の儀式も主宰する」[Olivier 1827: 292]と述べている．さらに政庁より種痘係長（Hoofdvaccinateur）の称号を受け，種痘の普及に力を貸したほか，ヨーロッパ人官吏の指示を受けて水稲耕作のための灌漑施設の建設，読み書きを教える「原住民学校」の設立にも携わった．このようにプンフル長は，1820年代には従来の役目に加えて保健・福祉に関する任務を付加されていた．1830年代の一般報告などから種痘の実施人数の増大，灌漑の拡大が確認出来るので，彼らは理事官の指示を実行に移していたと考えられる[Olivier 1827: 302; Register 1820・4・24; 第7章第4節第2項; Algemeen Verslag 1830, 1836: 巻末統計][19]．

⑩ クティブ（ketib）とモディン（modin）　合計39人．クティブは金曜日にモスクで説教をする者であり，モディンは鐘を叩いて礼拝の時間を知らせる者である．アラビア語のハティブとムアッディンにあたる．クティブがレヘントやプンフルの助手として使用され，モディンはプンフルに上納されるザカート（米穀）の徴収に関わった[20]．

⑪ グラングラン（gelang-gelang）70人．レヘント直属の警備係と言える[21]．

以上のような住民の夫役を使用する権利を持つ者達のほかに，バンドン報告からは次のような者がレヘント居住集落に存在したことがわかる．

⑫ インガベイ（ingabehi）　ラデン，サンタナと同様に無役の称号保持者と考えられるが，称号が下賜である点と，内容が不特定ではあれ仕事をしなければならない点が異なる．高級雑用係と言えよう[22]．

⑬ ウパチャラ（oepatjara）　バンドン報告によれば「身分の高い客が来たとき，集まって小さな旗のついた槍を持って出迎えなければならず，レヘントの長旅に槍，傘などを持って従わなければならない」[Haan 1910-1912: vol. 2 700-701]．供奉随行の者と言えよう．

⑭ 兵士（soldadoe）　バンドン報告では「配達先まで文書を護衛しなければならない，家にいるときはレヘント居住集落の巡回をしなければならない．」[Haan 1910-1912: vol. 2 701]とされる．この説明から文書配達が比較的遠距離であることがわかる．加えてソルダードはポルトガル語由来の単語であるので[Haan 1910-1912: vol. 2 701]，彼らはヨーロッパ人官吏の指揮下にあった可能性が高い．

⑮ パンラク（panglakoe）　パンラクはプリヤイと同様に命令の伝達係であっ

たが，文書を運ぶプリヤイとは異なり，住民に口頭で命令を伝えることを主な役割とし，時に警官の役割も果たした．それゆえにプリヤイより下位に位置付けられていたと考えられる[23]．

ところで，ウィルデによればレヘント居住集落にはこの他に次の三者がいた [Wilde 1830: 175-176]．

⑯　集会場の書記 (de schrijver van de balie Bandong)．

⑰　プリヤイ (prejey)　⑤のパンガランの配下にあり，その命令でチュタック長に伝達事項を伝える．

⑱　レンセル (lengser)　⑤のパンガランの配下の下級の書記[24]．

さらに1820年代のヨーロッパ人理事官の執務日誌などに登場する重要な役職者として次の2者が挙げられる．

⑲　コーヒー委員長 (de eerste gecommitteerdens over de koffij-culture)　理事官はこの委員に，コーヒーの摘果と輸送における下級首長達の行動を監視させた[25]．

⑳　トムンゴン (tommangong)　トムンゴンはレヘントとそれに準じる者に与えられた下賜称号である．駅 (post) の維持，犯罪者の逮捕などを理事官から命じられた．トムンゴンは次期レヘントであった可能性が高い[26]．

3-2　チュタックに居住する下級首長

次に1827，28，32年の一般報告の人口統計を主な史料として，レヘント居住集落以外に居住する下級首長を検討する．人口統計には18種の「首長」および「聖職者」の名前が列挙されているが，その中には3-1で挙げた者のほかに次の者達がいた（以下の人数はチュタックあたりの人数である）．

①　チュタック長 (distriktshoofd)　1人．ウィルデは次のように述べる．「チュタックに住みチュタックにおけるレヘントの代理である．自らもまた補佐役を従える」[Wilde 1830: 174-175]．チュタック長はパティの命令を受けたが，具体的な任務としてはコーヒーの受取と代金の支払，夫役負担者リストの作成，シデカー (sidekah: 年3回の米，鶏，野菜等の貢納) の徴収，そしてレヘント居住集落での供宴に必要な食物を集めるようトループ長に指示することなどがあった．チュタック内にある居住集落はスンダ語で監視所を意味するパクミタン

(Pakoemitan）と呼ばれた［Wilde 1830: 188-189; Haan 1910-1912: vol. 2 637, 694-695, 699］[27]．

② 下位のジャクサ（onder djaksa, kleine djaksa）　ほぼ1人．具体的な職務は不明である[28]．

③ チャマット（tjamat）　1人．1820年代後半の時点では，レヘントにおけるパティのようにチュタック長の補佐役を務めたと考えられる[29]．

④ パティンギ（patinggi）　3～9人．1820年代後半の時点で狭義にはトループ長を指す．ウィルデはパティンギとは「トループ長でありパンラク（panglakko）に補佐される．職務はコーヒーにかかわることに限定され，ルラーや長老の助力を得る」［Wilde 1830: 175］と述べる．しかしその一方で，チャマットをも含めたチュタック長配下の下級首長を漠然と指す広義の用法も残っていた［Haan 1910-1912: vol. 2 686-687, 701][30]．

⑤ コーヒー・マンドール（koffie mandoor）　9～21人．ウィルデは次のように述べる．「11～12あるいはそれ以上の世帯（コーヒー栽培夫役を遂行する世帯—引用者註）を監督することである．彼らの義務はコーヒー園で作業が行われている時に管轄世帯がいるかどうか監督すること．ただしこの世帯はその他の仕事には使役されない」［Wilde 1830: 175][31]．

⑥ ルラー（loerah）　25～39人．1～数集落（kampoeng）の長．トループ長への協力，集落内の動静のチュタック長への報告などがその任務とされた．バンドン報告からは住民よりシデカーを集めチュタック長に渡したことがわかる［Wilde 1830: 175; Haan 1910-1912: vol. 2 695][32]．

⑦ 書記（schrijver）　1～3人[33]．

⑧ プンフル　1人．オリフィールによれば，葬儀の場合にチュタックにおけるプンフル長の代理として振舞う［Olivier 1827: 292][34]．

⑨ クティブ　1～3人．⑩のモディンとともにレヘント居住集落の同僚と同様の役割を果たしていたと考えられる[35]．

⑩ モディン　4～8人．

⑪ ラベラベ（labelabe）　18～24人．アミル（Amiel）とも呼ばれる［Wilde 1830: 173］．オリフィールは「アミルは集落に住む聖職者である．彼らは子供達にイスラム教を教える．希にではあるがジャワ文字とアラビア文字，そして様々なヒカヤット（伝説と潤色した歴史——原註）を教える．」［Olivier 1827: 293］と述べる．またバンドン報告によればザカートを徴収しプンフルに報告した［Haan

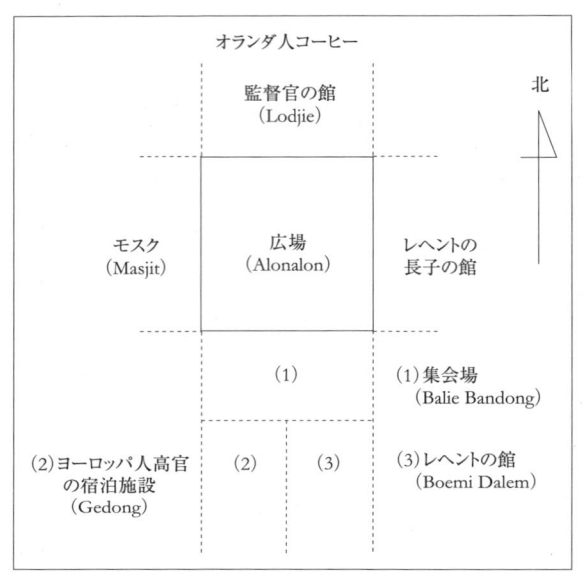

```
                オランダ人コーヒー
         ┌─────────────────────────────┐
         │        監督官の館              │  北
         │        (Lodjie)              │   ↑
         │     ┌──────────┐             │
         │モスク│   広場    │レヘントの    │
         │(Masjit)│ (Alonalon)│長子の館    │
         │     └──────────┘             │
         │          (1)     (1)集会場    │
         │                  (Balie Bandong)│
         │(2)ヨーロッパ人高官            │
         │   の宿泊施設  (2)  (3) (3)レヘントの館│
         │   (Gedong)         (Boemi Dalem)│
         └─────────────────────────────┘
```

出所：Wilde［1830: 38, 123-124］によって筆者作成．

地図 6-2 レヘント居住集落中心部

1910-1912: vol. 2 693]³⁶⁾．

⑫　レンセル　1～2人（ただしチアンジュールは7～8人）．一般報告ではチアンジュールとそれ以外ではレンセルの設定基準が異なっていると考えられる．チアンジュールでは集落の長と兼任であった者も含めたのであろう［Haan 1910-1912: vol. 4 798; 本節註 23］．

また一般報告の統計には記述がないが，理事官の執務日記などにしばしば登場する役職者として，⑬コーヒー委員が挙げられる．この委員は巡察を行うほか，理事官がコーヒー園開設予定地を選定する視察旅行に同行した［Register 1821・11・28 など］．彼らが一般報告の統計に記載されない理由として，「委員」の名称が示すようにチュタック長やトループ長などの兼任であったことが考えられる．

最後に複数の役職に関わる事柄を2つ付加える．第1に，ウィルデはチュタック長の居住するパクミタンはレヘント居住集落のようであったというが，彼によればレヘント居住集落の中心部は地図6-2のように，行政・司法・宗教の施

設が集中していた [Wilde 1830: 38, 123-124][37]. そこで②下位のジャクサ, ③チャマット, ⑦書記, ⑧プンフル, ⑨クティブ, ⑩モディンなどレヘント居住集落の下級首長を模倣した役割を持つ者達は, パクミタンに居住していた可能性が高い. 第2に, ウィルデによれば, チュタック長—トループ長—コーヒー・マンドール—住民という縦の関係が, スグーの徴収やレヘントの宴会に必要な品物の徴収にも活用されていた [Wilde 1830: 188, 189-190][38]. このことはコーヒー生産にかかわるヒエラルキーが, 在地社会のなかで実体のある組織を利用して作られていたことを示していよう.

3-3 小　括

　下級首長達の役職と序列については, 今後新しい史料によって修正される可能性はあるが, 1820年代における植民地勢力の側から見た役職は表6-1のように考えて大過なかろう.

　政庁の政策の影響に関しては次の点が指摘できる. 第1にコーヒー生産に関わる役職者についてみると, 第2節で述べた一群の役職者の存在と活動とが地方レベルの史料からより具体的に明らかになった. ただしその組織は在地社会の既存の組織を利用し, かつチュタック長より下位の役職者達は必ずしも整然とした序列を保ってはいなかったようである. コーヒー委員はウィルデほかの記述に役職として取上げられていないほか, 比較的新しく設けられたトループ長職については, チャマットやパティンギなどの従来の下級首長の名称および役割との間に混乱が起きていた. しかしコーヒー生産・輸送の管理ラインが, 一定の度合で定着し, 政庁を満足させる役割を果たしていたことは間違いないであろう. イギリス占領期に減退したコーヒー生産量はオランダ再占領後, ジャワ戦争の影響も受けずに徐々に回復したうえ [第4章第4節], プリアンガン地方のコーヒー生産システムは, 1830年よりジャワのほぼ全域で実施された強制栽培制度の手本とされたのである.

　第2に, コーヒー生産・輸送の監督に直接携わらない下級首長をみると, 司法・イスラム宗務関係の役職者は, 従来の役割の上に付加された新たな任務のうち, 少なくとも一部を遂行していた. またいずれの系列の役職も, 19世紀初めに政庁が大幅に改変したチュタックをサブ・レベルとして階層化していることから, 政庁は彼らの地位に対しても, 上から画一的かつ階層化した枠をは

めるという形で，統制を加え始めたと言えよう．

では，下級首長達は，なぜこのようなヒエラルキーの再編に応じたのであろうか．これを考える手がかりとして，次にこれらの下級首長達の出自を検討する．

4 ── 下級首長の出自

本節では，下級首長の経済基盤を考える手がかりとして彼らの出身階層を，コーヒー生産管理にかかわった下級首長を中心に検討する．

はじめに，政庁が再編したヒエラルキー（表6-1）におけるレヘント居住集落および郡（チュタック）に居住する主な役職者の出自を，その称号を手がかりに考える．本章第3節冒頭で示したように，1810-20年代のこの地方の称号には，出自によるものと，政庁から下賜されるものとがあった．前者にはレヘントの子孫が冠するラデン，レヘントの子孫ではないが庶民でない者の冠するマスがあった．後者には高貴なものから順に，トムンゴン，アリア，カンドルアン，インガベイ，デマン，ランガなどがあった．

まずレヘント居住集落に居住する役職者を見ると，①パティはラデンの称号を持つ者が大半であったと判断できる．下賜称号としてはトムンゴン，アリアなどレヘントに準ずる者に下賜される称号や，インガベイ，デマンを有する者がいた．②副パティにもラデン保有者がおり，カンドルアンやインガベイを持つ者もいた［Wilde 1830: 172, 174; Olivier 1827: 129; Haan 1910-1912: vol. 1 153, vol. 4 388; Statistiek Handbookje 1829: 10］．

⑨プンフル長はラデン保持者であり，大変高貴な家系の者が就任したという．⑦レヘント居住集落のジャクサと⑲コーヒー委員長もまたラデンを有し，とくに後者にはトムンゴン，デマンの称号を有す者がいた［Olivier 1827: 292; Statistiek Handbookje 1829］．

また⑤パンガラン（郡長の部下でレヘント居住集落在住）の出自の称号は不明であるが，バンドンでは大半の者が下賜称号インガベイを保持していた［Haan 1910-1912: vol. 2 686］．

そこで，レヘント居住集落の役職者のうち要職にある者の大多数はレヘントの血族であり，その他の者達も比較的高位の貴族であったと言える．

表 6-2　郡部の下級首長の出自称号一覧

(単位：人)

	チアンジュール	バンドン	スメダン
郡長			
ラデン	11	12	19
マス	11	4	5
無	2	1	0
チャマット			
ラデン	3	2	5
マス	12	14	16
無	10	2	2
ジャクサ			
ラデン	1	1	2
マス	1	0	0
無	22	16	22
プンフル			
ラデン	3	3	1
マス	0	1	0
無	21	14	21

出所："Statistiek Handboekje voor 1828" より作成.

　次に郡のパクミタン（中心集落）に居住すると考えられる①郡長, ②チャマット, ③下位のジャクサ, ⑧プンフルの 1828 年時点での出自称号を調べると, 表 6-2 のようになる. ①郡長はラデンが 65%, マスが 31%（うちインガベイ保持者 4 人）で, 出自の称号を持たない者は 3 人（うちインガベイ保持者 1 人）にすぎなかった.

　①郡長は 18 世紀後半にはレヘント居住集落に居住し, レヘントが自らの係累を任命する場合があった. さらに 19 世紀初めの郡増設の際に, 政庁がインガベイを郡長に任命する例がある一方で, レヘント居住集落における無役のラデン, インガベイの存在が報告されている [Haan 1910-1912: vol. 4 390, 395-396]. そこで, 出自の称号を持つ郡長はレヘント居住集落在住の貴族が任命・派遣されたものと考えてよいであろう.

　③チャマットはラデンを有する者が 15% で, 彼らはレヘント居住集落およびそれに準ずる由緒をもつ郡[39]に配置された. マス保持者は 64%（うちインガベイ保持者 5 人）であった. そこで, 彼らのうちの多くの者もレヘント居住集落やレヘントと関係の深い集落出身である可能性が高いと考えられる.

　また①郡長と③チャマットは, 称号の高低あるいは有無によって, 派遣され

第 6 章　在地の首長から政庁官吏へ　105

る任地に明確な違いがあった．高位の称号保持者はレヘント居住集落近郊，あるいはコーヒー生産の中心地の郡に任命され，出自の称号が低位かまたは称号のない者は，19世紀初めに新たに分割された郡，レヘント居住集落より遠隔なコーヒー輸送の要衝，あるいは未開発地の郡に任命されていた［Statistiek Handbookje 1828］．

これに対して③下位のジャクサ，⑧プンフルは，出自の称号を持たない者が大多数を占める．とくに，マスは両者各1人にすぎない．ラデンを有する者は，レヘント居住集落のほか由緒ある郡にのみ配置されている．とはいえ，彼らはいずれも専門知識を必要とする職務にあり，貴族でなくとも，レヘント居住集落あるいは他地域の宗教学校などにおいて文字その他の知識を習得した後に派遣されることが多かったであろう［Haan 1910-1912: vol. 4 513; Wilde 1830 166］[40]．

ついで，⑤コーヒー・マンドールおよび⑭トループ長の出自を，彼らが統轄する集落・世帯数の大きさと役職名の由来から検討する．1829年の「プリアンガン理事州一般報告」において，1郡あたりのコーヒー・マンドール数の平均はチアンジュール17.6人，バンドン20.1人，スメダン9.5人であり，コーヒー・マンドール1人あたりの統轄集落数の平均はそれぞれ4.5, 6.9, 5.6であった．また配下のルラー（1〜数集落の長）はそれぞれ1.4, 1.7, 3人，統轄世帯数は42.2, 119.5, 78.2であった［Algemeen Verslag 1829: 巻末付録統計表］．コーヒーの生産量は郡によって著しい差があるので平均値の持つ意義は大きくないが，コーヒー・マンドールが直接住民を指揮する範囲の下級首長であるとの判断は可能であろう．

一方，マンドールという用語はポルトガル語起源と言われ，18世紀中の政庁の使用例では集落の長も含んだ住民を直接率いる者，監督者を意味した．1810-20年代のコーヒー・マンドールもまた，住民を直接統率する者であった．そこで，コーヒー・マンドールの住民統率の正統性やノウハウの由来を考慮するならば，マンドールは集落の長の有力者の中から任命された，と考えるのが最も自然であろう．

これに対してトループ長は，ヨーロッパ人によって配下の住民を直接は統率しない階層と考えられていたようである．ウィルデは，彼らまでがマスを冠し，庶民より上位の階層に属すと述べている［Wilde 1830: 172］．しかし上述のチャマットの検討から判断すると，トループ長の大多数がマスを冠していたとは考えにくい．政庁は1820年代にはトループを郡の下位行政単位と見なしていた

ので［Wilde 1830: 124］，彼らは郡長とマンドールを結ぶ中間的な規模の下級首長として設定されていたと言えよう．1829年におけるトループ長の郡ごとの配置人数は，チアンジュール4.7人，バンドン8.3人（7.7人：1828年）[41]，スメダン3.2人であった．ただしトループ長1人あたりの支配集落数の平均はそれぞれ18.5，10.3（12.9：1828年），12であり，配下のマンドール数はそれぞれ3.7人，2.4（2.7：1828年）人，2.9人と一桁前半であったので，有力なコーヒー・マンドールがトループ長となった可能性もある．

　一方，1820年代後半以降のプリアンガン地方でトループ長と同義語となったパティンギという名詞は，ジャワ島において一般に，さまざまな影響力や権威をもつ下級首長を指した．また19世紀初めのプリアンガン地方における政庁のこの名詞の使用法をみると，チャマットやインガベイ保持者から集落の長までの，さまざまな中間層を指して使用していた［Haan 1910-1912: vol. 2 686-687, vol. 4 311］．そこで，当時広義にパティンギと呼び得た下級首長は，チャマットから有力なコーヒー・マンドールまでの様々な者達であり，トループ長は彼らの中から任命されたと考えられる．

　最後に，史料が少なく不明な点の多い⑬コーヒー委員と⑪ラベラベについて言及する．

　まずコーヒー委員については，1820年代初めおよび1828年にバンドンでコーヒー委員長がトムンゴン（次期レヘントと考えられ，犯罪者の逮捕などの役務をもつ）に任されたことから［Register 1821・11・21; Statistiek Handbookje 1828］，委員長はレヘントに準ずる役職や高位の称号を持つ者に任された可能性が大である．このことは，コーヒー委員一般も「委員」として他に役職をもつ者に任されたことを推測させる．これは「一般報告」の人口統計中にコーヒー委員の項目が存在しないことと符合する．

　各郡に配属されるコーヒー委員の出自を推測すると，各郡に1〜2人配属されたこと，命令が書面でなされること，コーヒー歩合の額が郡長とチャマットの中間であること（表6-4），さらにこの時代の史料にはチャマットとコーヒー委員をあわせて「農園の首長」と呼んでいるものがあることから［Haan 1910-1912: vol. 2 687, vol. 3 624］，この委員はチャマット自身，あるいは有力なトループ長の兼任であった可能性が高い．

　一方，⑪イスラム役人ラベラベは村落部に遍在する．統計上は，住民10世帯から40世帯に1人の割合で存在し，住民を直接教導していた［Algemeen

Verslag 1829 巻末付録統計表]．しかし職務から判断して，彼らの正統性は村落部の外部に由来し，実際に外部から派遣された可能性も高い．彼らの性格に関しての詳しい検討は今後の課題である．

以上の検討をまとめると次のように考えられる．レヘント居住集落における主要な役職者はレヘントや高位の貴族の血縁者であった．郡部では郡長・チャマットの多数に，レヘント居住集落やレヘントに関係の深い貴族が任命された．いわば天下り貴族である．彼らは任地に長期間居住しない場合もあった．郡部のジャクサおよびプンフルは，貴族ではないが専門職であり，やはり郡の外部から赴任したと考えられる．これに対してマンドール，ラベラベは郡の中でも村落部居住で，住民を直接統率し，とくにマンドールは村落部出身の可能性が大である．またトループ長は郡部出身者が多数を占めると推測されるが，住民の直接統率は本来の任務ではなかったと考えられる．

次節では，これらの下級首長に対しオランダが提供した給与・手数料を考察する．

5 ── オランダ政庁が提供した給与・手数料

プリアンガン地方の下級首長がオランダ政庁によるコーヒー生産管理ラインの創出，すなわちヒエラルキーの再編に応じた理由を考察するにあたり，第1に検討しておかなければならないのは，政庁が与えた報酬である．

政庁は下級首長への任務の付加にあたって，処罰など権力的な手段のほかに経済的な利益をも分配した．表6-3，表6-4は，1810–20年代の下級首長の報酬を整理したものである．表6-3中のチュケ（米の10分の1税）の分配は，19世紀初めの政庁の命令が実行されたものと考えられる．

司法に携わる者の手数料も，1820年の司法に関する規程の中に明記されている．プリアンガン理事州におけるイスラム役人の報酬にかかわる政庁規定は，管見の限り種痘を接種する者への給与のみである．しかしチルボン理事州の詳細な給与規定が存在し，プリアンガン理事州もこれに準拠したと思われる [Staatsblad 1820: No. 20]．

またコーヒー生産管理に携わる者には，表6-4に挙げたコーヒー歩合が与えられたうえ，さらに米穀の現物支給があった．米穀の支給はバイテンゾルフ理

表 6-3　下級首長の報酬（1812 年，バンドン）

	レヘント居住集落	チュタック（郡）	
チュケの分配比率	レヘント 2/3	郡長 2/9	パティンギ 1/9
裁判手数料	裁判 1 件につき　12s.	ジャクサとその助手　6s. パティ，副パティ，プリヤイ　6s.	

	プンフル長	クテイブ・モディン	プンフル	クテイブ・モディン	ラベラベ
ザカート（米穀）	4/27：1 人[1]	4/27：39 人[1]	4/27：19 人[1]	2/27：76 人[1]	9/27：278 人[1]
ピトラー（米穀）	〃　：〃	〃　：〃	〃　：〃	〃　：〃	〃　：〃
結婚税	1 件 12s.	1 件 12s.	1 件 12s.	1 件 12s.	なし

（注）　イスラム役人 1 人あたりのザカート，ピトラーの分配比率は，コラム内の分数をさらに役職者の人数で割ったものである。
出所：[Haan 1910-1912: vol.2 702-703, 705, 706-707; Wilde 1830: 179-181] より作成。

表 6-4　下級首長のコーヒー歩合

役職名	1810 年の決定		1812 年のバイドン		ウィルデの記述	
	該当域	歩合	該当域	歩合	該当域	歩合
パティ	全 R[1]	1s./ ピコル	全 R[1]	1s./ ピコル	全 R	2s./ ピコル
副パティ	〃	1 〃	〃	1 〃	—	—
郡長	郡	4 〃	郡	4 〃	?	4 〃
チャマット	〃	1 〃	〃	1 〃	—	—
コーヒー委員	〃	2 〃	—	—	全 R	2 〃 [2]
トループ長	—	—	管轄区	1.5 〃	管轄区	2 〃
コーヒー・マンドール	郡	2 〃	?	2 〃	管轄区	1〜2 〃
カバヤン	—	—	全 R	0.5 〃 [2]	—	—
書記	全 R	0.5 〃 [2]	全 R	1 〃 [2]	郡	1〜2 〃 [3]
ルラー（集落の長）	—	—	—	—	管轄区	1〜2 〃

（注）　1) R：レヘント統治地域。
　　　2) 役職者 1 人あたりの歩合であり，レヘント居住集落に居住する役職者と考えられる。
　　　3) 郡部居住者の歩合と考えられる。
出所：[Chijs 1885-1900: vol. 14 832; Haan 1910-1912: vol. 2 704-705; Wilde 1830: 176-177] より作成。

事州では 1812 年頃にすでに実施されており，チャマット，トループ長，マンドール，書記などが支給を受けていた [Haan 1910-1912: vol. 4 433]。プリアンガン理事州についても，1825 年にヨーロッパ人官吏の定めたチュケの分配方式にトループ長とコーヒー委員の名が見えるが，この米穀の支給は，事実上 19 世紀初めより行なわれていたと考えられる [Klein 1832: 87][42]。

　なおこのほか，1790 年代にレヘントが配下の郡長に巡察用の馬や服を与えている例など，任務遂行に必要な品物の現物支給も存在した [Nederburgh 1855:

第 6 章　在地の首長から政庁官吏へ　109

213］．しかし以上の給与や手数料はいずれも，次に述べるように，レヘント居住集落の一部の高官を除くならば，充分な額ではなかったと言える．

　まず，チュケはコーヒー生産に力を入れるプリアンガン地方ではさほど徹底した徴収は行なわれなかった．1812 年のバンドンの事例（表6-3）では，このレヘント統治地域のチュケの総計が稲穂 600 チャエンであり，2,400R. に換算された．そこで郡長（総数 18 人）を例にとると，1 人あたりの取分は 29.6R.（7.4チャエン）となる．次いで郡のプンフルおよび村落部のラベラベ 1 人あたりの収入を同じく 1812 年のバンドンの例によって金額に換算すると，ピトラー，ザカートおよび結婚税の合計はプンフル 23.5R．，ラベラベ 2.6R. であった．またマンドールについては，バイテンゾルフ理事州の事例であるが，1 人あたり1 チャエンの米を支給されていたことがわかる［Haan 1910-1912: vol. 2 702, 706, 707］．

　一方，コーヒー歩合の配分を受けたレヘント居住集落のパティおよび副パティは，まとまった金額を手にすることができた．1827 年には 20 年代最大量のコーヒー引渡があり，チアンジュールから約 5 万ピコル，バンドンから約 3 万ピコルが引渡された［Algemeen Verslag 1831/1832/1833: 巻末付録統計表］．そこでチアンジュールの引渡量からパティの歩合を算出すると，パティは少なく見積もっても 830R. を得ていた．

　しかし郡部の下級首長では，当時 9,000 ピコルほどの引渡量を誇ったグヌンパラン（Goenoeng Parang）郡の郡長は 600R. 程度の収入となったものの，そのほかの郡の引渡量は，多くても 5,000 ピコルに届かず，したがって郡長の収入は最大でも 350R. 未満となる．さらにトループは郡内に平均して 3 つ以上あったので，トループ長の取分は，引渡量が 1,000〜3,000 ピコル台の平均的なコーヒー生産郡では 40R. より多くなることはなかった．

　下級首長，なかでもトループ長以下のコーヒー収入が彼らにとって家政を左右する金額でなかったことを示すには，次の数値を示せば十分であろう．当時この地方において自給農業を行なう住民がその世帯を 1 年間養うために必要な米穀の収穫量は，稲穂 2.5 チャエン（10R. に換算される）とされていた．また当時，水牛 1 頭の価格は 10〜15R. 程度であったが，1830 年のチアンジュールでは政庁が掌握し得た人口 153,276 人に対し水牛 18,880 頭，人口 8.1 人あたり1 頭の割合で存在した．そして水牛は，プリアンガン社会において自給農業を行なう住民が努力して取得可能な財産だと考えられていた［Haan 1910-1912: vol.

2 492-493; Nederburgh 1855: 211-212; Koffie report 1818: 36; Algemeen verslag 1830 巻末統計表].

そこで，下級首長たちが政庁のヒエラルキー再編に応じたのは，政庁の提供する給与や手数料の獲得のみではなく，これに加えて別の利益の獲得を狙いとしていたと考えることができよう．

6 —— おわりに：コーヒー生産に対する下級首長の協力

18世紀末から1820年代に至るプリアンガン地方において，政庁はチュタック長（後の郡長）を中心とした下級首長達に対し，任免権の掌握，専門化した任務の付加，任地への赴任，給与の給付，夫役貢納の削減などを試みた．そしてその結果，前4者については部分的にではあれ実施を見た．下級首長は，20世紀の植民地内務官吏に連なる変貌の第一歩を促されたのである．これまでジャワ島の下級首長については，政治史・法制史の側面から，1808年から20年代にかけての一連の地方制度改革の中で政庁官吏としての性格が付与されたとされてきたが，プリアンガン地方ではわずかであるが実態が先行していたと言える．

しかしプリアンガン地方において政庁の目指すところは官僚制の整備自体ではなく，少なくとも1811年までは，新しく開設したコーヒー園における生産と輸送の監督に下級首長達を利用することにあった．そして政庁は1820年代に至って，自らの政策によって作り出したヒエラルキーによって，必要とするコーヒーや労働力を調達していたと判断できる．

とはいえ18世紀初めに「コーヒー義務供出制度」がレヘントの協力なくしてこの地方へ導入し得なかったように，上述のヒエラルキーもまた，下級首長の積極的協力をまってはじめて作動した形跡がある．すなわち1820年代においても，政庁が彼らに支払う給与・手数料は一部の首長を除いてわずかであり，またチュタック長より下位の首長の把握も未だ不十分で，政庁は貢納削減など彼らに不利な命令を貫徹させる強制力を持たなかった．加えてコーヒー生産管理ラインが，レヘントや下級首長に対する従来の貢納を収取する組織としても使用されたことは，このラインが在地社会の既存の縦の関係に重ね合わされていたことを窺わせる．

第6章　在地の首長から政庁官吏へ

以上のような，下級首長の協力の背景を考察するためには，レヘントも含めた現地人首長層の社会経済的基盤をより詳しく考察する必要があろう．

　なお，この経済基盤の問題を論じる前に，補論である第7章においてヨーロッパ人官吏とその地方官僚制度の展開について検討する．以上述べてきたレヘントおよび下級首長に官吏としての性格を付与するにあたり，ヨーロッパ人官吏が重要な役割を果たしたためである．ただしこの補論をとばしていただき，第2編のまとめから第3編に読み進まれることも可能である．

註［第6章］

1) 政庁は1730-40年代より，現地人首長層の経済基盤が住民の夫役貢納にあることがコーヒー栽培拡大を阻害していると見なしていた [Haan 1910-1912: vol. 2 503]．
2) stuiver. 1重スタイフェルは1/48R，1軽スタイフェルは1/60R，である．史料中の表記はいずれのスタイフェルであるか不明の場合が多い．
3) コーヒー歩合支給の本格化は，1790年代初めにヨーロッパ人職員がレヘントの財政の管理を開始したことと密接な関係があると考えられる [Nederburgh 1855: 144-145; Haan 1910-1912: vol. 4 360]．
4) 1tjaenは1,250アムステルダム・ポンド（約618kg）である．
5) レヘント居住集落の周囲はバルブール（Baloeboer）と呼ばれるレヘントの直轄地であるが，1820年代の史料ではバルブールを1つのチュタックとして数えているので18世紀についてもこれに従って数えた．また1812年のバンドンのチュタック数は，13年に廃止されたパラカンムンチャン-レヘント統治地域の領土の一部を含むと思われる．
6) チュタックのうちバイテンゾルフ経由の輸送路から外れるチカロンおよびチブラゴンは18世紀末にレヘント統治地域がチュタックに降格されたものであった［第5章第2節］．
7) 収奪に対する下級首長の処罰そのものは1802年頃から始められていた．
8) たとえば，プリアンガン理事州に隣接するチルボン理事州について，ダーンデルスは1808年にチュタックに居住する宗教・司法役人および警護役に至るまでの給与支給額，水田所有面積を定めた．翌年には理事官を頂点とした村落の長に至るまでの統治機構を法制化し，その構成員の任免権を政庁の権限とした [Chijs 1885-1900: vol. 14 831-834, 854-856, vol. 15 629-635]．
9) 地方文書を見ると，理事官は1820年頃から減退していたコーヒー生産を回復するための施策を開始した．しかし18世紀末から19世紀初頭のような行政組織やコーヒー生産システムの改変はなされず，1810年までに輪郭のできたシステムの普及・徹底が行なわれていた．
10) ハーンは，パティとチュタック長以外の下級首長の性格を考察するトピックとしていない [Haan 1910-1912: vol. 1 359*-361*]．1812年にラッフルズが夫役貢納，土地制度，農業などについてバンドンのレヘントに質問し，レヘントがこれに回答した「バンドン報告」（原題 "Priangan; Bandoeng; Antwoorden van den Adipati opvragen van de Regeering overalles, 1812"）を史料集に掲載し，その校註部分に詳細な情報を集めるのみである [Haan 1910-

1912: vol. 2 680-724]. このほか本章で使用するウィルデの地方誌, オリフィールの旅行記, 一般報告の著者紹介あるいは史料紹介は, それぞれ第16章註2, 第12章註23, 第14章第1節に記載されている.

11)「実際の統治と全ての活動の統轄を実行する」[Haan 1910-1912: vol. 2 699].「レヘントの子あるいは有力な首長が就任する. (中略) レヘント統治地域の第2の実力者である. (中略) レヘントが受けた命令 (理事官から—引用者註) はすべて直接パティに手渡され, パティはその実行に責任を持つ. 統治地域のことはいかに小さなことでも知っていなければならない」[Wilde 1830: 174].「ボパティ (bopatti: オリフィールはパティのことをボパティと呼ぶ—引用者註), すなわちレヘントの代理. (中略) 大体においてレヘントの執務の全てを補佐する」[Olivier 1827: 289-290]. 就任する者についてはオリフィールの著書にもウィルデと同様の記述がある [Olivier 1827: 289-290]. なおパティに対する政庁の施策は少なく [第5章第3, 4節; 本章第2節], 1780年代より任免に対する干渉が行なわれたのみである. これは政庁がコーヒー生産について, レヘントとパティを飛越えてチュタック長やコーヒー委員を直接把握するようになったためと考えられる.

12) バンドン報告ではレヘント居住集落在住の役職者が列記される場所と, 各役職者の職務が説明される場所が異なる. この2種の役職名の配列順の第2番目は, 前者では wakil patih (マレー語) とある. 後者ではジェジェネン (djedjeneng) なるスンダ語が書かれ,「全てのもめごとの裁定をする」[Haan 1910-1912: vol. 2 699] との説明がある. 以下この2者が同一の役職を指すことを説明する. ジェジェネンは, ラッフルズの翻訳したジャワ島西部の法律書によれば, ジャクサより下位の司法官であり, ラッフルズはこれをジャクサの次席の下級首長と説明している [Raffles 1988: vol. 2 XXXIII]. またジェジェネンはスンダ語において一般に尊称としても使用されていた [Haan 1910-1912: vol. 2 699]. 一方ジャクサとプンフルのほかに紛争裁定の役目を持つ高官を見ると, オリフィールに「カンドルアン (Kandroewan) はレヘント居住集落のバリ・バンドン (Bali bandong: 集会場) すなわち裁判所の長である. 彼はボパティ (パティー—引用者註) の代わりに重要でない紛争を裁定し, 警察業務に携わり, 輸送手段の管理などのような仕事をする」[Olivier 1827: 290] とある. カンドルアンが各レヘント居住集落にある集会場のバリ・バンドンの長であることは1822年の別の史料にも見られる [Haan 1910-1912: vol. 2 688]. これに対して, 1810年にプリアンガン地方のバリ・バンドンの2人の統轄者に, パティに準じた額のコーヒー歩合を与える布告が出された際, この2人の下賜称号はインガベイと書かれていた [Chijs 1862-1888: vol. 16 133-134]. しかしインガベイはカンドルアンとともに下賜称号であるので, この布告は上述のカンドルアンの説明と矛盾するものではない. 加えて上述の史料に見られるバリ・バンドンの紛争裁定者2人は, バンドン報告においてはジェジェネンおよび副パティ以外に同定し得る役職が存在しないので, この紛争裁定者をジェジェネンすなわち副パティに同定して問題はないであろう. なお1812年のバンドン報告の役職列記の順番からは, ジェジェネンがパティの補佐であり, ジャクサよりレヘントに近いと観念されていたことが窺われる. 使用できる夫役負担者数もパティ35人, ジェジェネン1人あたり21人に対してその他の下級首長は皆1人あたり10人未満であり, 大きな差があった. これはラッフルズ以降の司法制度によって彼らがその重要性をそがれる前の状態であったと考えられる.

13) バンドン報告によれば「レヘント居住集落の全ての仕事の補助をする」[Haan 1910-

1912: vol. 2 700]．役職者のみに言及するウィルデ，オリフィールの著書には記述が見られない．なおハーンは 24 人という人数を少ないと述べているが [Haan 1910-1912: vol. 2 688]，これはチュタックに居住する住民の夫役を使用できるラデンの数であり，他にもラデンはいたと考えられる．次のサンタナ 24 人も同様であろう．
14) バンドン報告によれば「定まった職務を持たないが，やり残しの仕事を手助けしたり，文書の管理をする．彼らの義務はレヘントが出かけるときに随行することにある」[Haan 1910-1912: vol. 2 700]．彼らもウィルデ，オリフィールの記述には現われない．
15) バンドン報告によれば下賜称号はインガベイであり，「レヘント居住集落駐在のチュタック長の代理．レヘント居住集落に駐在する部下に命令を下せる」[Haan 1910-1912: vol. 2 700]とある．なおパンガランはマレー語で「文章を書くもの」を意味する．
16) バンドン報告によれば彼らは「物資輸送の統轄と文書の管理を命じられている．レヘント居住集落で仕事をする」[Haan 1910-1912: vol. 2 700]者であり，水田を所有していた [Haan 1910-1912: vol. 2 696]．レヘント居住集落で仕事をする点で，⑤の配下のプリヤイ（後述）とは行動範囲が異なる．ウィルデには記述がないが，オリフィールは「命令の伝達を命じられているメッセンジャー」[Olivier 1827: 291]とする．バンドン報告によればプリヤイはレヘント居住集落以外にも配置され，文書の配達を職務としていた [Haan 1910-1912: vol. 2 689, 692]．
17) バンドン報告は，「バンドンの集会場 (paseban: balie bandong に同じ―引用者註) へ訴えをした者に対しジャワの法律書に従って裁判を行なう」[Haan 1910-1912: vol. 2 699-700]とし，ウィルデとオリフィールはそれぞれ次のように記述している．「検事．(中略) 月曜と木曜に集会場 (balie bandong) で，パティやその他の首長も交えて会合を開く．全ての刑事事件が扱われ，審理される．しかしそこで判決を下せるのは軽い罰金刑に相当する犯罪のみであり，重いものは理事官に知らせなければならない」[Wilde 1830: 176]．「地方裁判所 (Landraat) の検事の役を果たす」[Olivier 1827: 290]．ウィルデの記述は，政庁が 1819 年に制定した司法制度にほぼ沿ったものである．このような法廷が開かれていたことは，ヨーロッパ人理事官の執務日誌からも窺われる [第 7 章第 4 節第 3 項]．これに対してラッフルズの改革以前の状態をレヘントの目から見たものがバンドン報告の記述であろう．
18) ウィルデはレヘント居住集落在住のカバヤンを「刑務所の看守に等しい」[Wilde 1830: 176]と述べるが，古くは集会場の見張りであったとする見解もある [Haan 1910-1912: vol. 2 688]．カバヤンはレヘント居住集落以外にも存在し，下級首長であるパティンギ（後述）の命令をチュタック内の下級首長に伝達した [Haan 1910-1912: vol. 2 701]．
19) ウィルデは「原住民の聖職者の第一のクラス」[Wilde 1830: 173]と述べる．バンドン報告には「コーランを法典として裁判を行なう．内容はバンドンで判決の下せるものである」とある．この表現をハーンは民事を扱うと解釈する [Haan 1910-1912: vol. 2 700]．
20) バンドン報告では彼らの職務を⑨と同じとしている．ウィルデも彼らが⑨より下位の「イスラム聖職者」で，モディンはクティブの下位の「聖職者」であることを示すのみである [Wilde 1830: 173]．オリフィールは次のように言う．「各レヘント統治地域に 6 人から 12 人のクティブがいる．その中の何人か，たとえば 3～4 人はいつもレヘントのそばに従い，レヘントの視察に同行するか，レヘントの住居に待機している．その他の者はプンフルの配下にあって，特に 10 分の 1 税を集めるのに使われる．モディンは多数い

る．イスラムの礼拝の時，ブトック（betoek: 木製の鐘—引用者註）を鳴らす．（中略）モディンもプンフルの取分であるザカート（10 分の 1 税—原著者註）を集める他にこれといった仕事はない」［Olivier 1827: 292］．その他の断片的史料から，クティブは金曜日にモスクで説教をし，モディンはモスクで鐘を鳴らすことがわかる［Haan 1910-1912: vol. 2 688-689］．後者はイスラムの祈りの時間を伝えるモスクの管理者と言えよう．

21）「住民を逮捕し，またレヘントのそばで見張をし，待機をする」［Haan 1910-1912: vol. 2 701］．ウィルデ，オリフィールとも記述はないが Coolsma ［1913: 204］においても，レヘント直属の警備係とされる．

22）バンドン報告は「レヘント居住集落における全ての仕事を行なわなければならない」［Haan 1910-1912: vol. 2 700］と述べ，オリフィールは「レヘント居住集落ではボパティ（パティ—引用者註）やカンドルアンの命令を実行し，チュタックではチュタック長や副チュタック長の命令を実行する」［Olivier 1827: 291］とする．また 1829 年の Algemeen Verslag の統計ではインガベイが「村落の首長」と言い換えられており，バンドン報告からは彼らが水田を所有することがわかる［Haan 1910-1912: vol. 2 696］．

23）バンドン報告には「交代で貢納を輸送するために巡回する」［Haan 1910-1912: vol. 2 701］とある．おそらくチュタックを巡回するのであろう．オリフィールは次のように言う．「命令を伝達するメッセンジャーである．（中略）さらに司法にかかわる役人としての役割を果たす．犯罪者と容疑者は彼によって追跡，逮捕される」［Olivier 1827: 291］．パンラクはレヘント居住集落以外にも存在した．ウィルデはトループ長がパンラクに補佐されていることを述べており［Wilde 1830: 175］，別の史料ではパンラクが住民に夫役労働の命令をもたらしていることがわかる［Justitie and Politie 1822・5・2］．なおパンラクはジャワ語の palaku（村落におけるメッセンジャー，命令することを任務とする者を意味する）と考えられる．

24）この時期の書記にはレンセル（スンダ語）とスフレイフェル（オランダ語）の区別があり，レンセルは下位の書記を意味した［Haan 1910-1912: vol. 4 798］．おそらく記録する言語や文字に違いがあったのであろう．Algemeen Verslag の統計中のレンセルの数はチアンジュールを除いて各チュタックに 1 人であり，パンガラン配下の書記を指すと考えられる．オリフィールはルラー（集落の長）がレンセルとも呼ばれると述べているが［Olivier 1830: 291］，チアンジュールの例のように，レンセルの役割を果たすものはパンガラン配下以外にも存在したと考えられる．一方オリフィールは「レヘントあるいはチュタック長の書記をジュル・トリス juru toelis) と言う」［Olivier 1827: 219］と述べる．ジュル・トリスはマレー語をマスターした書記であり，スフレイフェルと同義であったのかもしれない．

25）Register 1821・11・20 の記事など．命令がよくいきわたるようにレヘントの次席の者から選ばれるように決められていた［Chijs 1862-1888: vol. 16 225］．

26）理事官の執務日誌によれば 1820 年代初めのバンドンおよびスメダンにみえ，レヘントの次席にあたる地位にそれぞれ 1 人存在した［第 7 章第 4 節第 2 項］．一方，Statistiek Handbookije ［1828］によれば，トムンゴン保持者はチアンジュールのレヘント居住集落のチュタック長，およびバンドンの由緒あるチュタックの長の 2 人であった．1820 年代には次期レヘントを選定しておく慣習が存在し［Wilde 1830: 38］，この史料にみえるチアンジュールのレヘント居住集落を統轄するチュタック長は 1830 年にレヘントに就任して

いる．
27) バンドン報告には「第1にパティの命令を受ける．そして自らの統轄地区の仕事をアレンジし，結果を見届ける．彼らはパティンギに命令を与える」[Haan 1910-1912: vol. 2 701] とある．オリフィールには「チュタック長はボパティ（パティ―引用者註）の命令下にある．彼はレヘントの代わりに自らの統治地域で執務する」[Olivier 1827: 290] とある．
28) チュタック内に下位のジャクサ (onderdjaksa) がいることはオリフィールにもみえるが [Olivier 1827: 290]，その任務は不明である．
29) 1790年代から1810年代までの諸史料間には③チャマットと④パティンギ（トループ長）の役職名および職務内容に異同があるので整理する．オリフィールの記述は「パティンギ，すなわちチャマットはレヘントに対するボパティ（パティ―引用者註）のようにチュタック長を補佐する．彼はチュタック長がいない時その代わりとなる」[Olivier 1827: 290-291] であり，本文①に引用したチュタック長に補佐役が存在するという記述と符合する．チャマットは当時のスンダ地方固有の役職名であるが，チュタックのナンバー・ツーであることは1795年のVOC職員の報告などにもみえる [Haan 1910-1912: vol. 2 687; Nederburgh 1855: 124]．一方ウィルデは「チュタックはトループとよばれる区域に分割され，各区域を1人のパティンギあるいはチャマットが監督する」[Wilde 1830: 175] と述べる．またバンドン報告はコーヒー輸送の監督がチャマットの役割であることを述べ [Haan 1910-1912: vol. 2 686-687]，さらに別の史料ではチャマットを「農園の首長」の中に加えている [Haan 1910-1912: vol. 2 687]．以上の事柄はチャマットがトループ長の1人としての機能も果たしていたことを示すものであろう．
30) ウィルデは別の箇所で「トループ長はチュタック長の命令の下，トループを監督する」[Wilde 1830: 124] とも述べる．
31) 1829年の統計では「コーヒー園のマンドール」，32年の統計では「コーヒーの監督官」と言い換えられている．
32) オリフィールは次のように言う．「レンセル (Lengser) とも呼ばれる．ひとつの集落の在地の長である．彼は集落の秩序と安寧を見張り，必要な場合にはパティンギ（文脈からチャマットと判断される―引用者註）かチュタック長に直接報告する」[Olivier 1827: 291]．ウィルデは「集落 (Lemboer) の長」[Wilde 1827: 175] とする．Algemeen Verslag の統計ではルラーは2～3集落に1人の割合で存在し，そのほかの断片的な史料からも1～数集落の長であることがわかる [Haan 1910-1912: vol. 2 686-687, vol. 4 56, 395]．
33) バンドン報告からは，レヘント居住集落の集会場の書記（スフレイフェル）のほかにコーヒー輸送基地のチュタックに書記が存在することがわかる [Haan 1910-1912: vol. 2 692-693, 705; Wilde 1830: 176; Chijs 1862-1888: vol. 16 134]．
34) バンドン報告でもチュタックのプンフルは1人である [Haan 1910-1912: vol. 2 706]．
35) バンドン報告ではチュタック内のクティブとモディンは両方併せて4人である [Haan 1910-1912: vol. 2 706-707]．Algemeen Verslag の統計ではレヘント居住集落居住のイスラム役人も含まれているのでやや人数が多いと考えられる．
36) バンドン報告では集落のイスラム役人を指し，1チュタックあたり15人存在する [Haan 1910-1912: vol. 2 707]．
37) パクミタンは1827年の村落人口統計でもいくつかのチュタックにおいて存在が確認できる．チュタック中最も大きい集落の1つである [Bevolking van het Regentschap Tjanjor

1827].
38) バンドン報告でもスグーの貢納負担者はコーヒー栽培夫役の負担者であった [Haan 1910-1912: vol. 2 696].
39) 例えばチアンジュールにおけるチカロン，チブラゴンなど，かつて独立のレヘント統治地域であった郡など.
40) レヘント居住集落の宗教学校の原語は不明である．オランダ語史料では「サントリの学校（santrischolen)」とされているので，プサントレン（pesantren）である可能性が高い．1812年のバンドンのレヘント居住集落にもサントリが存在することがわかる [Haan 1910-1912: vol. 2 694]. 1822年の史料によれば，プリアンガン理事州のレヘント居住集落にはイスラム役人になるための学校が1〜2存在した [Haan 1910-1912: vol. 4 513].
41) Algemeen Verslag [1829] の巻末付録統計表におけるバンドン-レヘント統治地域のパティンギの人数は，1828年，32年の巻末統計表の人数を大きく上回っている．しかも下1桁が0であるので，本文に1828年の数値を参考値として示した.
42) 1812年のバンドンの史料にみられる「パティンギ」（表6-3）のなかにトループ長が含まれているとすれば，すでにトループ長がチュケの分配を受けていることになる [Haan 1910-1912: vol. 2 702-703]. さらに1804年以降，コーヒー園で働く者たちに米穀が支給されるようになった．この分配の際にトループ長，コーヒー・マンドールなど直接コーヒー園の管理を行なう下級首長が無崩しに利益を得ていたと推測される [Haan 1910-1912: vol. 3 612-613, 629-630].

第7章

補 論
—— プリアンガン地方における理事官制度の定着とその役割 ——

1 —— はじめに

　本章は，前3章の補論的位置付けを持つ．
　19世紀初めにオランダ植民地政庁がプリアンガン地方に施行したヨーロッパ人官僚制度については，従来法制史の観点から略述されるのみで，その実態についての本格的研究は存在しなかった．しかし，プリアンガン地方の人々をグローバルな状況に接続する人的回路を考えた時，ヨーロッパ人官僚制度もまた欠かせない一部である．そこで本章では，このうちレヘントを直接統括し，かつプリアンガン地方を統治する権限を持つ理事官（Resident）に焦点を当ててオランダ再占領期（1818年から）初めの彼らの役割を考察する．第2節では先行研究を利用して，18世紀初めから1810年代前半にかけて植民地権力が導入した地方統治制度の変遷を整理する．その後第3節では，1819年に公布され，以後ジャワ島における理事官の地方統治の基本的な枠組となった地方行政に関する法規の内容を検討する．ついで第4節では，プリアンガン理事州の理事官が記録した1819年から21年にかけての職務日誌を分析することによって，この地方における理事官の統治の特徴を明らかにし，あわせて理事官による統治と世界市場向け農産物収奪との関係に言及する．
　なお本章で言及されるヨーロッパ人の身分は，17世紀末から1799年まではVOC職員であったが，19世紀にはオランダ本国政府直属の官吏となった．

2 ── 17世紀半ばから19世紀初めに至るプリアンガン地方の統治制度

2-1 現地行政委員（1686年-1808年）

　オランダ政庁は，1680年代よりバタビア，チルボンの2港湾都市に駐在する職員を通じてプリアンガン地方のレヘント達の統括を試みた．そして1720年代より，バタビア在住の現地行政委員（Gecommitteerde tot en over Zaken der Inlander）に西部地域のレヘント達を，またチルボンの駐在員[1]には東部地域のレヘント達をそれぞれ統括させた．

　現地行政委員の起源は1686年にプリアンガン地方における流民調査のために任命された委員に始まる．この委員は常設され，政庁と現地人首長層とのあいだでの書状のやりとりをすべて中継することになった．その後，同委員は総督名で書状を作成し，委員名でレヘントに命令を出すようになった．現地行政委員という名称が使用されたのは1727年からである．しかし当時の職務の中心はバタビア低地のレヘント達との交渉が主な仕事であった［Klein 1932: 21-27］．

　現地行政委員は1750年代より，レヘントからのコーヒーの買付に加えて，レヘントへの融資，レヘントおよびその配下の首長層の任免といった政庁の施策の窓口となった．その一方で同委員はレヘントを相手として金融・商業を行なったほか，レヘントの任命に際しては候補者に多額の金品を要求したが，政庁はこれを規制し得なかった．このためプリアンガン地方のレヘント達は，政庁のみならず現地行政委員に対しても巨額の債務を負うことになった．現地行政委員はその当初より利益の多い職であり，総督の近親者や友人で占められることが多かった．政庁は1777年に現地行政委員の職務を監視する委員を設置したが，後者に現地行政委員の近親者が就任して骨抜きになったという．この委員が最終的に廃止されたのはダーンデルスの統治期であった［Klein 1932: 21-27］．

　レヘントの地方統治に対する現地行政委員の監督は，毎年1回のレヘントのバタビア訪問時，および同委員のプリアンガン地方視察時（不定期）に限られた．また，政庁がこの地方の統治のために常備した軍事力は極めて小さなものであった．プリアンガン地方の治安維持およびコーヒー生産の監視を主な任務

とする政庁の巡邏隊（patrouilles）は，19世紀初めにおいても，200名に満たない現地人兵と数名のヨーロッパ人将校のみで構成されていたうえ，本隊はこの地方より50～150km離れたバタビア周辺地域に駐屯していた [Haan 1910-1912: vol. 4 202-203, 207]．

　以上のバタビア在住の現地行政委員と巡邏隊に加えて，第4章および第5章で述べたように，プリアンガン地方のレヘント居住集落には，18世紀半ばよりヨーロッパ人コーヒー監督官が派遣された．1750年代初めにバンドンに1名が派遣されたのち，1754年にプリアンガン地方のレヘント統治地域のすべてに派遣することが提案された．そして1778年にはチアンジュール，バンドン，パラカンムンチャンに各1名，1805年にはこの地方全体で13名が駐在していたという．彼らの主な任務はコーヒー生産の監督であり，統治・人事権などの権限は持たなかった．しかし彼らは現地行政委員の指示に従ってコーヒー代金を管理したり，次期レヘント候補者について現地行政委員に助言したりするなど，レヘント統治に干渉し，レヘント達を政庁の意志に従う存在として行った．監督官によるレヘントおよび下級首長に対する融資・商行為もまたレヘント達の従属を加速させたと思われる [Haan 1910-1912: vol. 4 283-310]．

　以上，18世紀半ばから19世紀初めにかけての政庁によるプリアンガン地方統治の実態は，世界市場向け産物の買付および人事権を背景としたバタビア在住のヨーロッパ人職員とレヘント居住地域在住の部下とによる，私的かつ経済的な紐帯を活用した支配であったと言うことができる．

2-2　ダーンデルスとラッフルズの改革

　1808年にオランダ東インド総督に就任したダーンデルスは，ジャワ島の地方統治に関して，同島をいくつかの行政地区に区分しこれをヨーロッパ人行政長官に治めさせるという，新しい統治制度を導入した．ダーンデルスは1811年までにジャワ島のオランダ直轄領を9つの県（Prefecture）と1つの特別地区に分け，県にはヨーロッパ人県知事（Prefect）を任命した [Furnivall 1944: 65]．県知事に対して発せられた訓令によれば，県知事は県の第一人者であり文民統治者（de eerste persoon; gouverneur civiel）であるとされていた [Chijs 1885-1900: vol. 15 629; Klein 1932: 57 fn. 2]．続いて1812年からジャワ島を統治したイギリス東インド会社副総督ラッフルズも同様の統治制度を採用した．ラッフルズはバタビ

ア周辺地域を除くジャワ島全土を16の理事州（Residency）に分割し，これをヨーロッパ人理事官（Resident）に統治させた［Furnivall 1944: 71; Norman 1857: 130］．理事官もまた地方統治の第一人者（the chief local authority）として位置付けられていた［Rees 1867: 139］．

このダーンデルスとラッフルズの改革は，ヨーロッパ人行政官が私的な紐帯を利用して現地人首長を支配するというそれまでの地方統治方式に終止符を打ったと言える．だが，以下に見るようにこの時期のプリアンガン地方においては，これらの新しい統治制度は未だ充分に定着していなかったと判断される．

ダーンデルス統治下のプリアンガン地方では1808年7月にまずその西側3分の2が県となり，現地行政委員であったファン＝モトマン（Van Motman）が県知事に任命された．しかしその後この地方では，県域の変更と県知事の交代が相次いだ[2]．これに対してラッフルズの統治下ではプリアンガン理事州の州域変更は1815年10月末に1度行なわれたのみであり［Norman 1857: 130］，また理事官の交代は行なわれなかった．しかしこの理事官による統治も充分な定着をみなかったと考えられる．その理由は，第1に理事官マッコイド（Macquoid）はラッフルズとともにジャワ島に上陸したイギリス人であったこと，第2にこの理事官はマレー語通訳官を兼任しており通訳業に多忙であったこと，そして第3に，彼は1815年にバイテンゾルフがプリアンガン理事州より分離して独立の理事州となった後もバイテンゾルフに居住していたことによる［Haan 1935: 605-607］．

3── 1819年の地方統治に関する法規

ジャワ島におけるオランダの統治は1816年8月に再開されたが，同島の地方統治に関する法規が新たに公布されたのは，1818年末から1819年初めにかけてであった．まず1818年に公布された行政法規（Regeeringsreglement）において，ジャワ島の地方統治は理事官（Resident）によって行なわれること，および理事官は東インド総督によって任命され俸給を受けることが規定された［Staatsblad 1818: No. 87, Art, 21, 61］．そののち統治の細則は1819年1月に公布された「ジャワ島の地方行政および財政に関する法規」[3]（以下，地方行政法規と略

す）全50ヵ条によって規定された［Staatsblad. 1819: No. 16］．そこで以下，地方行政法規中の諸規定を検討することによって，オランダ政庁統治下のジャワ島における地方制度の特徴を明かにしたい．

地方行政法規の条文のうち，まず行政区画に関する条文を見ると，ジャワ島全土は19の理事州（Residentie）に分割されることになった（第1条）．オランダ政庁はラッフルズの16理事州に加えて，ケドゥ（Kadoe）・カラワン（Krawang）・バタビアの3理事州を新たに設置した[4]．また地方行政法規の公布に先立つ1818年6月に，プリアンガンとカラワン理事州の境界を定める法令が公布されていることから［Staatsblad 1818: No. 75］，上述の理事州は明確な境界線を持つ行政区画として設定されたと判断される．

第2に，この理事州を統治する理事官の地位および権限について検討すると，理事官は理事州内で筆頭の官吏（de eersteambtenaar）であり，最高の支配権を有する者であった（第7条）．しかしその権限には次のような制限が加えられていた．すなわち，理事官は立法権，課税権，および理事州内のヨーロッパ人官吏・現地人高級官吏[5]の任免権を持たず（第11, 23, 43, 44条），配下の官吏に発する命令も，総督の決定および命令の範囲内に限定されていた（第45条）．また理事官は総督あるいは財務長官[6]の指示なしに公金を支出すること，総督に無断で公共事業を行なうこと，および商業・金融業・収賄などによって収入を得ることを禁止されていた（第4, 5, 27, 28条）．加えて，理事官は総督に無断で任地を離れることを禁止されたほか，疾病等で執務が不可能な場合には，その職権を副理事官に委譲しなければならなかった（第41, 42条）．このように理事官は，中央政庁の直接の監督下に置かれた地方行政官として性格付けされていたのである．

次に理事官の職務内容を検討すると，理事官の主要な任務は警察業務，財務管理および刑事司法にあった．

まず警察業務に関する規定は，理事官の職務内容を規定する条文群の最初の部分である第8条から第16条に記されている．これによると，理事官の第1の職務は州内のヨーロッパ人および現地人に政庁の制定した法規を遵守させることであり（第8条），理事官は州内の治安と秩序（goede orde en politie）の維持に責任を負った（第9条）．そしてこの任務の遂行のために理事官には，日常の治安維持を目的とした命令を発する権限，および法的手続きを経ずに容疑者に軽い刑罰を課す権限が付与された（第9, 10条）．

ついで財務に関する規定は第18条から第28条にかけて記されており，これらの規定からは，理事官の任務が州内の財務行政全般の管理にあったことがわかる．理事官は，州内の政庁の財貨と収支とを総督および財務長官の指示に従って管理し（第18条），州内で財務に携わる官吏の監督を行なうことになっていた（第19条）．理事官は徴税官のいない場合には徴税業務を行ない（第20条），行政上の必要経費を支払い（第25条），さらに上級官庁の指示に従って物品の購入・政庁の財貨の輸送を部下に命令した（第22条）．加えて理事官は，この物品の購入，政庁の財貨の輸送，および政庁が当事者である賃貸契約などの署名に立会ったほか（第21条），財務長官に対して年次予算報告を提出したのである（第24条）．

　また司法に関する条文は第33条から第36条までであるが，理事官の任務はこの地方行政法規とは別個の法規において規定されており（第33条），1819年に公布された司法行政に関する法規[7]の第77条から第134条まで全58ヵ条がこれに相当した．この法規によると，理事官は犯罪者を起訴する者であり（第89条），理事州法廷（Landraad）[8]で判決を下す者であった（第126条）．理事官は犯罪者の起訴を決定すると理事州法廷を開廷し（第94条），証人を喚問して（第103，104条）判決を下した．理事州法廷の扱う刑事訴訟の範囲は現地住民・中国人とこれに準ずる者の軽犯罪であり，死刑に相当する罪（殺人・放火・反政府行為など）を犯した者は，理事官によって巡回裁判所[9]へ起訴された（第89，99条）．また理事官の下した有罪判決は刑の執行前に，バタビアにある高等法院（次節第2項B②参照）から承認を得る必要があったが（第127条），その刑が禁固3ヵ月以下の軽い刑であった場合には承認を必要としなかった（第128条）．このほか上述の58ヵ条はその大半が刑事裁判に関する規定であり，民事裁判に関する規定は10ヵ条に満たなかったので，司法における理事官の主な任務は刑事裁判の遂行にあったと言えよう．

　地方行政法規には上述の主要任務のほかに，理事官の任務として次のような多様な管理・監督事項が明記されていた．理事官は公共の建物・公共事業を監督すること（第31条），教会などの公共の組織を監督すること（第37条），軍事指揮者のいない場合は州内の幹線道路に設けられた宿駅（post）に指令を与えること（第38条），そして理事州への旅行者および理事州から州外への旅行者を保護すること（第39条）を義務付けられた．このほか農業・商業の振興（第17条），視察旅行（第40条）もその任務であった．さらに理事官は，以上の任

務にかかわる部下の報告書の決裁（第29条），中央官庁への報告書の作成・送付（第30条），および職務日誌への記帳（第46条）を義務づけられたのである．

以上の検討から，地方行政法規の規定する地方統治は次のような特徴を持つと言えよう．第1は，ジャワ島全土を境界の明確な行政区画（理事州）に分割し，これを政庁の直接監督下にあるヨーロッパ人の任地駐在官（理事官）に統治させたことであり，第2は，理事官は警察業務，財務管理，および司法（刑事）を主要任務とし，そのほか州内の統治行政のほぼ全般を管理したことである[10]．

なお理事州内の行政を担当するヨーロッパ人官吏の配置は，1829年に公布されたプリアンガン理事州のコーヒー生産に関する政庁決定の中で法制化された．この決定によればプリアンガン地方には，理事官（Resident）1名，コーヒー視察官（Inspecteur）兼任の副理事官（Assistent-resident）1名，税関官吏3名，そしてチアンジュール，バンドン，スメダン，スカプラ（Soekapoera），リンバンガン（Limbangan）の5つのレヘント統治地域のうち，前3者に各1名の監督官（Controleur）が駐在することになった [Staatsblad 1829: No. 57]．

次節では，この地方行政法規公布直後のプリアンガン地方における理事官の統治の実態を，理事官の職務日誌の分析を通じて検討したい．

4 —— 理事官による地方統治の開始（1819–1821年）

4-1　理事官職務日誌[11]

本節で使用する史料は，インドネシア国立文書館所蔵のプリアンガン理事州理事官の職務日誌である．本節ではこのうち1819年1月中旬から21年12月末までの最初の3年間の部分を使用するが，この期間の日誌は，1819年1月中旬から20年2月末日までの1年2ヵ月が理事官P. W. ファン＝モトマン（以下，Mtと略記する）によって記録され，続く1820年3月1日から21年12月末までの1年10ヵ月は，理事官R. L. J. ファン＝デル＝カペレン（Van der Capellen; 以下Cpと略記する）によって記録された[12]．

以下，この2人の理事官の職務日誌の執務記録を整理することによって，MtおよびCpの執務が地方行政法規に基づくものであったことを明らかにす

る．なお以下の行論で扱うプリアンガン理事州にはチアンジュール，バンドン，スメダン，スカプラ，リンバンガンの5人のレヘントがそれぞれの管轄地域を統治していた．

4-2 中央官庁・同職者・配下との関係

　MtとCpが記録した職務日誌の記述から，彼らが通信を行った官庁・官吏の名称と主な伝達事項とを抜き出して列挙すると次のようである（亀甲パーレン内の数字は職務日誌の日付の西暦年号下2桁および月日を示す）[13]．

(1) 中央官庁（バタビア）
　中央官庁とMtおよびCp（以下この項では両者とも理事官と書く）との通信は，特別な場合を除いて文書で行なわれた．
　　A　政庁
① 　政庁・総督（Gouvernement, Gouverneur Generaal）
　理事官から政庁へは，理事州内部のヨーロッパ人官吏の人事問題〔19・1・15〕，公共事業および産物の買付[14]許可願い〔19・9・13; 19・11・5〕，および私領地[15]に関する問題〔19・10・29〕が伝達された．また理事官は，騒乱〔19・3・1〕，現金の欠乏〔20・7・22〕など理事州内部で緊急事態が発生した場合に，これを総督へ報告した．
　　B　司法関係官庁
② 　高等法院（Hoge Gerechts Hof）
　理事官は高等法院へ理事州法廷の判決文書を送付した〔19・8・27〕．同法院はこの判決文書を裁可して理事官に返送した〔19・10・13〕．
③ 　バタビア司法部検事（Fiskaal bij de Raad van Justitie Batavia）
　理事官は追放刑に処せられた犯罪者を検事の下へ送った〔20・4・24〕．
④ 　バタビア司法長官（Procureur Generaal Batavia）
　司法長官は理事官に，州内で不正を働いたヨーロッパ人官吏を召喚するように命じた〔21・3・28〕．
⑤ 　巡回裁判所（Ommegaande Rechters）[16]
　理事官は死刑に相当する非ヨーロッパ人犯罪者をこの裁判所へ起訴した〔19・4・23〕．裁判所は判決文書を理事官に送付した〔19・8・18〕．

C　財務関係官庁
⑥　財務部・財務長官（Department van Financien, Hoofd Directeur van Financien）

理事官はこの官庁へ，州内で実施された財務行政の報告書〔20・3・20〕，会計報告書〔21・10・13〕，および次期の予算書〔20・9・30〕を送付した．ほかに現金・文房具など州内の行政に必要な財貨の不足について報告した〔21・7・28; 20・6・26〕．

⑦　財務監査長官（Hoofd Inspecteur van Financien）

理事官は財務に関係する問題が発生した時に，例えば米の不作の報告，州域変更に関する意見書などをこの長官に送付した〔21・7・7; 21・8・1〕[17]．

⑧　会計検査局（Algemeene Rekenkamer）

理事官はこの役所に会計報告書〔21・7・10〕，支払証書〔21・8・2〕を送付した．

D　公共事業関係官庁
⑨　駅制監査長官（Hoofd Inspecteur der Posterijen）

理事官はこの長官に，宿駅制度に関するあらゆる問題を報告した〔20・6・30〕．

⑩　印刷局長（Directeur der Landsdrukkerij）

理事官は同局長へ不用となった輸送船売却のための広告の作成を依頼し〔20・7・5〕，また局長からオランダ本国で起きた洪水に関する情報を得た〔20・10・5〕．

⑪　孤児局（Weeskamer Batavia）[18]

理事官は州内にある同局の資産に関する報告書を送付した〔21・7・10〕．

E　その他
⑫　ウェルトフレーデンの軍司令官（Commandant van Weltevreden）

理事官は州内で保護した脱走兵を司令官に送返した〔20・10・1〕．

(2) 同職者（ジャワ島西部）
⑬　他の理事州の理事官

プリアンガン理事州の理事官は，ジャワ島西部の他州（バンテン・バタビア・バイテンゾルフ・カラワン・チルボン）の各理事官と，主として文書で通信を行なった．その内容は犯罪者の逮捕・引渡の要求〔20・5・25〕，証人召喚〔20・6・25〕，文房具・秤量具など各種用具の請求〔21・7・8〕，現金の請求〔21・

9・7〕[19]，密輸防止の協力要請〔21・7・12〕，河川清掃の要請〔20・7・15〕など多岐にわたった．

(3) 配下の官吏（理事州内部）

理事官はその駐在地チアンジュールに居住する諸官吏には口頭で命令を伝え，地方在住のヨーロッパ人官吏およびレヘントには文書で命令を伝えた．また地方で任務についているレヘント以外の現地人官吏に対しては，理事官は通常レヘントを通じて命令を伝えたが，視察旅行の際には直接口頭で指示を与えた．

A　チアンジュールのヨーロッパ人官吏

⑭　副理事官（Assistant-resident）

理事官は理事州を離れる時や疾病時には副理事官に職務を代行させた〔19・8・9; 21・8・16〕．また理事官は職務遂行中も，犯罪者処刑の立会などチアンジュール以外で遂行する必要のある任務を同官に代行させた〔20・5・3; 21・11・31〕．このほか副理事官は逮捕者に対する審問〔20・8・8〕，コレラの拡大状況の監視〔21・6・9〕なども命じられた．

⑮　税関官吏（Commies）

理事官は税関官吏に犯罪者に対する刑の執行などの代行を命じた〔20・10・19; 21・3・20〕．（ただし理事官はこの官吏本来の職務に関する命令を職務日誌に記帳していない）

⑯　コーヒー監督官（Opziener van Koffij）

⑳を参照のこと[20]．

B　チアンジュールの現地人官吏

⑰　レヘント（Regent）

㉔を参照のこと．

⑱　現地人検事（Jaxa）

理事官は現地人検事に刑事事件の証人の召喚を命じた〔20・5・3; 20・12・8〕．

⑲　現地人警察隊（Oppassers, Djayang Secars, Politiedienaren）[21]

理事官は現地人警察隊に，騒擾の鎮圧〔20・4・3〕，犯罪者の追跡〔21・4・26〕，密輸出などの犯罪予防のための監視〔20・8・3〕，犯罪にかかわる調査〔20・4・11〕を命じた．また警察隊は政庁の倉庫の検査，製塩に関する調査

〔20・7・19; 20・3・23〕など一般的な調査も命じられた．

C　地方のヨーロッパ人官吏

⑳　コーヒー監督官

　コーヒー監督官はチアンジュールのほかに，バンドン・スメダン・スカプラ・リンバンガンの各レヘント統治地域に1名ずつ派遣された[22]．理事官は彼らに，コーヒーの生産および出荷の監督〔21・11・16; 21・8・22〕，コーヒー引渡量の見積書の提出〔21・3・13〕を命令したほか，監督官の管轄地域における道路および倉庫建設の監督〔20・5・22; 20・6・17〕，倉庫の所蔵物の調査〔20・3・17〕，コレラの拡大状況の報告〔21・5・9〕，住民の逃亡に関する調査〔20・4・26〕，管轄地区内のヨーロッパ人への政庁からの指示の伝達〔20・4・9〕などを命じた．

㉑　倉庫長 (Pakhuismeester)

　倉庫長はチカオおよびカランサンボン（地図2-1参照）[23]の2つの政庁所有の倉庫に配属された．理事官は彼らに対して州外へのコーヒー出荷の監督〔19・10・8〕，住民へのコーヒー代金の支払〔21・7・12〕，倉庫に運ばれてくる財貨の受取〔21・4・2〕などを命じた．

㉒　輸送船監督官 (Praauwen Opziemer)

　この官はチカオに1人配置され輸送船の管理を任された〔20・5・24; 20・6・16〕．

㉓　スカブミの行政官 (Administrateur van Soekaboemie)

　理事官はこの行政官に，スカブミに存在する私領地の統治行政〔21・3・8〕のほか，管轄地区内で実施される犯罪者に対する刑の執行〔21・3・13〕など，この地域における統治行政の一部を代行させた．

D　地方の現地人官吏

㉔　レヘント

　レヘントはチアンジュールのほかに，バンドン・スメダン・スカプラ・リンバンガンに各1名存在した．理事官はレヘントにその統治地域内部の犯罪者の逮捕〔19・2・18〕，裁判のための証人召喚〔20・11・11〕，コーヒーの生産および輸送の監督〔20・11・29; 20・10・25〕，道路・橋の建設の監督〔21・8・11〕などを命じた．

㉕　パティ (Pattij)

　レヘントの補佐役であり各レヘント統治地域に1名存在した [Haan 1910–

1912: vol. 4 392-396〕．理事官はパティに道路の建設・保全を命じた〔20・11・6；21・9・2〕．

㉖　トムンゴン（Tommangong）[24]

日誌からはバンドン・スメダン・スカプラのレヘントの配下に存在することがわかる．理事官は彼らに幹線道路に設けられた宿駅（Post）の維持〔21・4・25〕，コーヒー輸送の監督〔21・5・1〕，犯罪者の逮捕〔21・2・15〕などを命じた．

㉗　イスラム宗教役人（Panghoeloe）

理事官は彼らに対してコレラの予防〔21・5・9〕，灌漑〔21・10・5〕，現地人学校設立〔20・4・24〕に関する指示を与えた．

㉘　郡長（Districtboofd）

レヘント統治地域内下級行政地区長官．理事官は彼らに視察旅行の際に必要な指示を与えた〔21・11・20〕．

㉙　宿駅および要塞（Station）に配置された者達

理事官は彼らに視察旅行の際に必要な指示を与えた〔21・4・25〕．

以上の整理から次のことが言えよう．理事官は地方行政法規に規定された中央官庁から直接の監督を受けつつ，必要な場合にはその他の中央官庁および理事官とも直接に通信して，その指示および協力を仰いだ．理事官はまた理事州に駐在して，州内部で各職務を担当するヨーロッパ人官吏および現地人官吏に，それぞれの任務について直接に命令および指示を与えていた[25]．

次項では，この理事官の執務の種類とその頻度とを検討する．

4-3　執務の種類とその頻度

表7-1，2，3は，職務日誌中のMtとCpの執務に関する記録を，前節で理事官の職務内容を検討した際に使用したカテゴリーに基づいて分類したものである．はじめに表7-1によってMtの執務の種類と頻度とを検討しよう．

第1に司法関係の執務記録をみると，記録数は77であった．記録の主な内訳は，理事州法廷開廷（裁判は行なわれず）[26]に関する記録35，裁判5，判決文書の受信および送信11，囚人の護送命令9，刑執行の決定7，そして巡回裁判所への起訴3である．理事州法廷および巡回裁判所へ起訴された者達の罪状は

表7-1　ファン＝モトマンの執務記録（1819年1月-20年2月）

司法		警察		財務		人事管理		移出入者管理		その他	
理事州法廷		逮捕・拘留	13	産物の購入と輸送の管理		解雇・離任	4	移入	7	コーヒー生産・出荷の監督	8
⎰開廷のみ	30	捜査・審問				後任の推薦	4	（うち違反者2）			
⎱開廷せず	5	命令	10	コーヒー	6	着任	4	移出		視察	5
⎱開廷・裁判	5	逮捕命令	7	馬	5	権限変更の		（うち違反者2）		公共の建物の	
判決文受信	7	犯罪通報の		その他	4	命令	5	通信・報告	10	建築・補修	
判決文送信	4	受信	6	その他の現金管理	4	給与・年金問題	4			命令	3
囚人の護送命令	9	犯罪者護送の命令	2	予算見積り	2	その他の事務	5			その他の通信・報告	20
刑執行の決定	7	その他の通信	11								
巡回裁判所への起訴	3										
その他											
計	77		49		26		23		23		36

出所：職務日誌より作成

表7-2　ファン＝デル＝カペレンの執務記録（1820年3月-12月）

司法		警察		財務		人事管理		移出入者管理		その他	
理事州法廷		逮捕・拘留	6(4)	産物の購入と輸送の管理		解雇・離任	12(11)	移入	9	コーヒー生産・出荷の監督	38
⎰開廷せず	1	捜査・審問				後任の推薦	2(0)	（うち違反者7）			
⎱開廷・裁判	16	命令	36(5)	コーヒー	8	着任	15(6)	移出	20	視察	36
判決文受信	2	逮捕命令	4(1)	牛馬	14	権限変更の		（うち違反者18）		公共の建物	10
判決文送信	5	犯罪通報の		塩	6	命令	4(2)	通信・報告	15	道路	10
囚人の護送命令	12	受信	14(3)	木材	5	その他				要塞・宿駅	11
刑執行の決定	6	犯罪者護送の命令	4(0)	その他	1					公共事業	40
巡回裁判所への起訴	9	犯罪予防のための監視命令	10(7)	その他の現金管理	18					公共の建物建設	9
その他		その他の通信・報告	8(2)	上記以外の中央官庁への通信・報告	50					道路・橋	10
										現地人に対する福祉	8
		( )内は密輸にかかわる記録				( )内は現地人に関する記録				その他の通信報告	多数
計	78		82(22)		102		36(19)		44		—

出所：職務日誌より作成

表7-3　ファン＝デル＝カペレンの執務記録（1821年1月-12月）

司法		警察		財務		人事管理		移出入者管理		その他	
理事州法廷裁判	8	逮捕・拘留	4(0)	産物の購入と輸送の管理		解雇・離任	16(12)	移入	10	コーヒー生産・出荷の監督	33
判決文受信	0	捜査・審問命令	9(4)	コーヒー	10	後任の推薦	4	（うち違反者4）			
判決文送信	15	逮捕命令	4(0)	牛馬	15	着任	16(8)	移出	23	視察	44
囚人の護送命令	15	犯罪通報の受信	10(4)	塩	12	権限変更の命令	8(1)	（うち違反者21）		公共の建物	4
刑執行の決定	15	犯罪者護送の命令	4(0)	その他の現金管理	13	労働者の配置換え	5(5)	通信・報告	13	道路	10
巡回裁判所への起訴	3	犯罪予防のための監視命令	20(17)	上記以外の中央官庁への通信・報告	39	その他				要塞・宿駅	19
その他										公共事業	68
										公共の建物建設	6
										道路・橋	15
		( )内は密輸にかかわる記録				( )内は現地人に関する記録				現地人に対する福祉	35
										その他の通信報告	多数
計	76		51(22)		89		50(26)		46		—

出所：職務日誌より作成

窃盗・騒乱・殺人であった．これらのことから，Mtの司法関係の実務が刑事事件の裁判およびこれをめぐる司法行政の管理にあったことがわかる．

　第2に警察関係の執務記録をみると，記録数は49であった．記録の主な内訳は，犯罪者の逮捕・拘留に関する記録13，捜査・審問の命令10，逮捕命令7，犯罪通報の受信6，そして犯罪者護送の命令2であり，Mtの実務が警察業務全般の指揮監督にあったことが窺われる．また上述の逮捕者の罪状もまた窃盗・騒乱および殺人であった．

　第3に財務関係の執務記録を見ると，記録数は26であった．その内訳は，コーヒーの買付と輸送6，馬の買付・輸送5，その他の産物の買付・輸送5，現金管理（産物の買付に関するものを除く）4，そして予算見積（産物の買付に関するものを除く）2であった．財務におけるMtの主な執務は，コーヒーをはじめとするこの地方の産物の買付および輸送の管理にあったと言うことができよう．

　第4に，理事州内部の官吏の人事管理（以下人事管理と呼ぶ）と，理事州への旅行者および理事州から他州への旅行者の管理（以下，移出入者管理と呼ぶ）とを検討すると，地方行政法規にはこれらの執務内容に関する明確な規定は存在しない[27]．しかし人事管理および移出入者管理の執務記録数は，いずれも23と財務関係の執務記録に次いで多く，この2者はMtの執務の重要な一部であったと言うことができる．人事管理の執務記録の主な内訳は，解雇・離任の記録4，政庁への後任の推薦4，着任の記録4，官吏に対する権限変更命令4，そして給与・年金問題の処理4であった．Mtは官吏の任免および給与・年金にかかわる問題については政庁の決定に従ったが，その他の問題については自らの判断で処理した．一方移出入者管理の執務記録の内訳は，移入者の記録7，移出者の記録6，および移出入者に関する政庁への報告10であり，記録された移出入者全体の70%が移出入の通行許可証[28]を持つ正規の旅行者であった．またMtの人事管理および移出入者管理の対象は主としてヨーロッパ人に置かれていたと言える．人事管理は年金問題の処理を除いてすべてヨーロッパ人を対象としており，移出入者管理もパレンバンのスルタンの移出入を除いてすべてヨーロッパ人の記録だったのである．

　最後に，以上の5つのカテゴリーに入らない執務をみると，そのなかにはコーヒー生産・出荷の監督，視察[29]，公共土木事業の監督にかかわる執務が存在した．しかしその記録数はそれぞれ8，5，3と小さかった．

　以上，Mtの執務記録の整理から次の点が指摘できよう．まず執務の範囲に

ついて，部分的には地方行政法規に明確な規定のない執務も存在したが，大半はこの法規の規定範囲内にあった．また記録数についてみると，地方行政法規において重視された警察業務，財務管理および刑事司法についての記録が多数を占めた．なかでも多かったのは刑事司法および警察にかかわる記録で，両者で Mt の執務記録数全体の54％を占めた．このことは，プリアンガン地方統治における Mt の実務の中心が治安維持にあったことを示すものであろう．

そこで次にこの Mt の執務記録と比較しつつ，表7-2，表7-3によって Cp の執務記録の種類と頻度を検討しよう．以下，執務記録数は2つの数字で並記する．前者が表7-2（1820年）の数字であり，後者が表7-3（1821年）の数字である．またカテゴリー別の記録数の多寡は両者の数値の合計を比較した．

第1に Cp の刑事司法関係の執務記録をみると，記録数は78，76となっている．主な内訳は，理事州法廷開廷（裁判は行なわれず）に関する記録が1，0，裁判16，8，判決文書の受信および送信10，15，囚人護送の命令12，15，刑執行の決定6，15，そして巡回裁判所への起訴9，3である．理事州法廷に起訴された者の罪状はすべて窃盗であり，巡回裁判所へ起訴された者の罪状は殺人および放火であった．これを Mt の記録と比較すると理事州法廷開廷に関する記録が大幅に減少し，その他が全体的に増加している．しかし理事州法廷開廷の記録は司法行政に関する法規が規定する週1回の理事州法廷の開廷を形式的に遵守したことを示す記録であるので，司法における Cp の実務は Mt 同様，刑事事件の裁判およびこれをめぐる司法行政の管理にあったと言うことができる．

第2に，警察関係の執務記録を見ると，記録数は82，51である．主な執務の内訳は，犯罪者の逮捕・拘留にかかわる記録6，4，審問・捜査の命令36，9，逮捕命令4，4，犯罪通報の受信14，10，犯罪者護送の命令4，4，そして犯罪予防のための調査・監視の命令[30]10，20である．Cp の実務もまた警察業務全般の指揮監督にあったと言えよう．Mt と比較すると，Cp の記録数は全体的に増加しているが，犯罪者の逮捕・拘留の記録および逮捕命令は半減し[31]，その一方で犯罪予防のための調査・監視の命令が急増している．加えて注目されるのは Cp の警察関係の記録のうち27％，43％がコーヒーを中心とする密輸出の摘発記録であることである．密輸出の摘発は Mt の記録には見られないものであった．

第3に財務関係の執務記録をみると，記録数は，102，89となっている．こ

の数値はCpのカテゴリー別の執務記録数のなかでは最も大きいものである．記録数の内訳は，コーヒーの買付・輸送8，10，牛馬の買付・輸送14，15，塩その他の産物の買付・輸送6，12，現金管理（産物の買付に関するものを除く）18，13，そして以上の項目以外の中央官庁への通信・報告50，39である．この内訳から，Cpの財務関係記録数が全体としてMtの3〜4倍となったことのほかに，財務の主要な執務事項として中央官庁への通信・報告が加わったことを指摘することができる[32]．

　第4に人事管理および移出入者管理の執務記録をみると，人事管理の記録数は36，50，移出入者管理の記録数は44，46であった．人事管理の執務記録の主な内訳は，解雇・離任の記録12，16，政庁への後任の推薦2，0，着任の記録15，16，官吏に対する権限変更命令4，8となっている．一方移出入者管理の内訳は，移入者の記録9，10，移出者の記録20，23，およびその他の通信事務15，13であった．この分野に関するCpの執務記録で注目されるのは，記録数が人事管理・移出入者管理ともにMtの場合の約2倍になったことと，それぞれの管理対象が，非ヨーロッパ人にまで拡大されたことである．人事管理では摘出した記録の総数33，40のうち，それぞれ58％，53％が郡長や警察隊員など現地人官吏の任免に関する記録であった．また，移出入者管理では通行許可証不所持者の摘発が移出入者の記録数の86％，72％を占めたが，この通行許可証不所持者の大半は中国人および現地人であった．

　最後に，以上の5つのカテゴリーに入らない執務記録をみると，その記録数はMtの場合の4倍から20倍と目立って増加した．コーヒーの生産および出荷の監督は38，33となり，視察もまた36，44となった．視察の主な内訳は，公共の建物10，4，道路10，10，要塞6，3，宿駅5，16，そして郡部の視察0，8である．公共事業の記録数も40，68と飛躍的に増加した．その主な内訳は，公共の建物の建設・補修9，6，道路建設7，13，橋の建設・補修3，2，馬の飼育5，0，現地人に対する福祉活動8，35である．この福祉活動には現地人労働者に対する食糧の支給，虎の駆逐などが含まれたが，1821年の記録数にはこの年に発生したコレラに関する医療活動の記録22が含まれていた．

　以上のようにCpの執務記録をMtの記録と比較して検討すると以下の点が明かになる．まずCpの執務の範囲は，Mtの場合と同様，大筋において地方行政法規の規定にそったものであったが，つぎの諸点でMtの場合とは異なる特色を示していた．Cpの記録では，カテゴリー別の記録数が全体的に増大し

たうえ，政庁に対する財務関係書類提出の増加，犯罪予防のための調査・監視の増加，密輸出および通行許可証不所持者摘発の強化，現地人官吏に対する人事管理の強化，公共事業の飛躍的増大など，各カテゴリーのなかで執務領域の拡大が認められた．また地方行政法規において重視された警察業務，財務管理および刑事司法についての記録は依然として多数を占めていた．しかし財務関係の記録が表7-2，表7-3に数値を明記したCpの記録数全体の22％，19％を占め，カテゴリー別の執務記録数のなかで最も多くなったのに対し，警察および司法の記録は両者をあわせて35％，28％を占めるに留まった．すなわちCpの場合には現地社会の管理強化に関する執務が増大する一方で，警察および司法にかかわる執務が突出するといった状態は認められなくなったのである．

　以上，本節第2項および第3項では，理事官日誌にみるMtおよびCpのプリアンガン地方統治が，大筋において地方行政法規に従うものであったことを示してきた．日記の記述の量と詳細な具体性から判断するならば，これらの記述の大半が架空のものであったとは考えにくい．次項ではこの理事官の地方統治のうち上述のような特色を示すCpの具体的な施策が，この地方のコーヒー生産に対するオランダ政庁の収奪において果した役割を考察する．

4-4　コーヒー独占と理事官の地方統治

　プリアンガン地方におけるオランダ植民地権力の経済収奪の主眼は，18世紀初めから1811年まで安価なコーヒーの独占的集荷にあり［Haan 1910-1912: vol. 4 920-922: 第3章第2節］，この方針はオランダ再占領期初めの1810年代後半から20年代初めにかけても同様であった．しかしイギリスが中国人の自由な経済活動をジャワ島開発に利用したのに対して，東南アジア海域におけるオランダの貿易の優位が崩壊していた当時にあって［Furnivall 1944: 85, 95］，オランダ政庁は，プリアンガン地方におけるコーヒー集荷の独占を維持するために，18世紀の場合より一層強力な手段が必要であったと推測される．政庁は既に1817年に，この地方のコーヒー園をヨーロッパ人および東洋外国人に貸与することを禁止する法令を公布し，さらに翌年にはプリアンガン地方におけるコーヒーの密輸出を防止するために，この法令をチルボン地方にも適用した［Staatsblad 1817: No. 55; Staatsblad 1818: No. 15］．しかし1819年1月に総督に就任したファン＝デル＝カペレンは，この地方のコーヒーがヨーロッパ人商人およ

び東洋外国人商人の手にわたっているのを発見し，コーヒーの密輸出を防止するために，ヨーロッパ人および東洋外国人に対してこの地方を閉鎖する方針をとった．総督は 1820 年に中国人に対し，政庁の許可なくプリアンガン理事州に立入ることを禁止し，翌年には同様にベンガル人およびアラビア人の立入りを禁止したのである〔Furnivall 1944: 93; Staatsblad 1820: No. 27; Staatsblad 1821: No. 4〕．なおヨーロッパ人に対する立入り禁止を明示した法令は存在しないが，理事官日誌からはヨーロッパ人に対する通行許可証の発行が既に 1820 年以前に実施されていたことがわかるので，これが強化されたと考えられる．

そしてこのプリアンガン理事州閉鎖によるコーヒー集荷の独占を実現するために，Cp は理事官に付与された諸権限を行使して以下のような施策を講じた．

第 1 に Cp は，理事官としての統治権限と移出入者管理制度を積極的に活用し，外部に対してプリアンガン理事州を閉鎖した．Cp は 1820 年 7 月に同理事州在住の中国人の登録を実施し[33]，州内居住希望者に対して許可証を発行したのち，それ以外の中国人を州外に追放した〔20・7・21〕．続いて Cp は通行許可証を持たない移入者を積極的に摘発し，本籍地送還・州外追放としたほか〔21・11・14〕，州内の中国人の州外移出を制限した〔20・9・6〕．さらに Cp は，コーヒーその他の産物の密輸出の基地でありかつ理事官が直接の警察権を持たない私領地に対してその監督を強化し〔20・2・23; 21・10・7〕，1821 年 12 月にはこれを買戻した〔21・12・19〕[34]．このほか Cp は，密輸出防止のために隣接諸州の理事官の協力を求めるとともに〔21・6・11; 21・7・12〕，バイテンゾルフの理事官との間に，密輸出などの容疑者を追跡する警察隊の越境を相互に認める協定を結んだのである〔21・7・25〕．

第 2 に，Cp は警察業務の指揮権を発動して，州内においてコーヒーを中心とした密輸出の監視・摘発を強化した．Cp は政庁の倉庫に警察隊を配置し，倉庫長とともに密輸出の監視に当たらせたほか〔20・5・23〕，州内各地に警察隊を配置した〔21・2・2; 20・5・5〕．また Cp は，密輸出が通報された場合には現地に警察隊を派遣して捜査・監視に当たらせたが〔21・4・4〕，これらの者達はしばしば私服警察として現地へ派遣された〔20・12・9〕．そしてさらに Cp はこの警察隊を使用して，密輸出防止のための一層積極的な情報収集を行なった．Cp は警察隊に，州内の中国人の動静調査〔20・10・7〕，コーヒー出荷の少ない地域の視察〔20・21・28〕，無認可の道路建設を発見するための視察〔21・1・19〕などを命じたのである．

第3にCpは，配下のコーヒー監督官およびレヘントをはじめとする現地人官吏達にも命じて，理事州全域における監視および情報収集を強化した．Cpは自ら頻繁に各レヘント統治地域を視察し〔21・11・11〕，コーヒー監督官にも郡部の視察を命じた〔20・10・23〕．またCpはコーヒー監督官およびレヘントに対して，Cpに報告せずに任地を離れることを禁止したうえ〔20・10・22〕，コーヒーの生産および輸送をはじめとして灌漑設備の工事，コレラの発生など，その管轄地域内部で発生した出来事を逐一報告するように命じた[35]．同様にCpはレヘント配下の現地人官吏に対しても彼らが警察行動，公共事業などを行う際に報告を義務付けた〔20・11・28; 21・11・15〕．そしてこの報告を怠り，あるいは遅延させた者はCpの訓戒を受けたのである〔21・1・25; 20・11・16〕．加えてCpは，道路・橋の建設および宿駅の整備を積極的に推進したが〔20・4・24; 21・2・27〕，これらの施設はコーヒーの輸送を円滑にするとともに，Cpの情報収集をより速やかにする役割を果たしたと考えられる．

　第4にCpは，現地住民に対する福祉政策を展開し，労働力である住民の移動・逃亡を予防した．Cpはコーヒー園あるいは土木工事の現場で働く現地住民に米・肉などを配給し，要塞に対する食糧の供給を監督した〔21・10・1; 20・10・1〕．またCpは，当時この地方で不足しがちであった米についての輸出を禁止したほか〔21・3・17〕，住民が遠隔地に旅行して購入していた塩[36]を政庁の船を使用して輸送し，チアンジュール・スメダンなどに設立した小倉庫において販売した〔21・3・5; 21・12・7〕．そしてさらにCpは，灌漑工事の起工，虎の駆逐，病院の設立を命令し〔21・9・14; 20・4・26; 20・9・18〕，コレラ発生の際には各地方へ薬品を配布したのである〔21・6・8〕．このようなCpの施策は，住民の移動および逃亡の誘因を除去することによってコーヒーの集荷を強化するとともに，プリアンガン理事州の閉鎖を内側から強化する役割を果たしたと考えられよう．

　以上のように，Cpはコーヒー集荷の独占強化のために理事官に付与された諸権限を積極的に行使して，理事州を外部に対して閉鎖し州内に監視の網の目を張りめぐらせたほか，道路建設をはじめとする公共事業を興し，コーヒー集荷の円滑化を図ったと考えられる．またこれに加えて次の点が指摘できる．Cpの場合にも治安と秩序の維持はプリアンガン地方統治における中心的な実務であった．Cpは通常の警察業務および司法のほかに，コーヒー集荷の独占という秩序の維持のために，州内の監視や情報収集などいわば予防的な警察業

務を大規模に展開していたのである．

5 ── おわりに

　プリアンガン地方におけるオランダ政庁の地方統治が法制的に近代官僚制の概容を整え始めたのは，理事州レベルでは19世紀初めのダーンデルスおよびラッフルズの時代からであった．この方式はその後オランダ政庁に引継がれて理事官が実際に理事州に赴任し活動を始めた．本章の検討から，1810年代末から20年代初めにかけてのプリアンガン地方における理事官の地方統治の特徴として，次の3点を指摘することができよう．
　第1は，オランダ政庁の直接の監督下にあるヨーロッパ人行政長官（理事官）が，明確な境界線を持つ行政単位（理事州）となったプリアンガン地方を統治するようになったこと，第2は，理事官は武装集団とともに現地に駐在して，治安と秩序の維持を主要な任務としつつ，理事州内の行政のほぼ全般を直接指揮したことである．そして第3は，理事官はコーヒー集荷の独占を目的として，理事州を外部に対して閉鎖し州内に監視の網の目を張りめぐらせたほか，道路建設をはじめとする公共事業を興してその集荷の円滑化を図ったことである．以上の3点は，M.フーコーの述べる近代的管理の特徴と合致するものである［フーコー 1977］．さらにこの統治は，ウェーバーの近代官僚制の概念に照らすならば，理事官人事にネポティズムの傾向が認められるなど，不十分な点があるものの，ヨーロッパ人官吏が港湾都市バタビアに在住したまま，主に利害関係を通じてプリアンガン地方の現地人首長（レヘント）を支配し，コーヒーを収奪していた19世紀初頭以前のプリアンガン地方統治のあり方とは質的に異なるものであった．しかしその一方で，以上のような理事官の統治は，それ以前のオランダ政庁の統治が首長層に官吏的性格を付与していたことによって可能となった．また理事官制度は，コーヒー生産管理および密輸防止のためにフルに活用される中で，私服警官を多用した理事州内の監視と情報収集，コーヒー生産・輸送の強化を目的とした福祉政策など，20世紀前半のオランダ領東インドの官僚制度および一部スハルト期の官僚制度にも見られる，官僚制度活用の特徴を既に顕現させていた．
　なお，司法制度においても変化が認められるが，司法制度はコーヒー生産・

輸送との直接の関連性が薄いため本書では検討の対象に含めなかった．今後の課題としたい．

　本章で検討した理事官の統治は，プリアンガン地方における植民地官僚制度による直接的な統治の初期形態として位置付けることが可能である．そしてこのことはまたプリアンガン地方が，農業生産を行なう広域の地方としては，オランダ植民地権力の創出したヨーロッパ人官僚制が最も早く実効をもった地域であったことをも意味した．とはいえ，この評価は理事州および理事官制度に対するものであり，レヘントを頂点とする地方社会の中に近代官僚制がそのまま浸透し始めていることを意味しない．以下の各編の考察から明らかになるように，オランダ政庁は現地人首長層に官吏としての外観をまとわせつつも，在地の社会関係を積極的に活用してプリアンガン地方社会を管理したのである．

註 [第7章]

1) 原語は Resident van Cheribon である．このレジデントはチルボン王国の王都に駐在を命じられた VOC 職員であり，19 世紀に設置された理事州長官（Resident）とは性格を異にするので，「駐在員」の訳語を当てた．なお東部地域は 1730 年からバタビア地区に属したが，1758 年から 65 年までチルボン地区に属した後，再度バタビア地区に属することになった．

2) 県域の変更についてみると，1808 年 10 月にチルボン周辺地域を含むプリアンガン地方東部が新たに県となった．しかしこの県は翌年 3 月にチルボン県とプリアンガン東部の県とに分割され，更にプリアンガン東部の県は 1810 年 6 月にプリアンガン西部の県に併合された [Klein 1932: 56-58; Chijs 1885-1900: vol. 15 629]．またプリアンガン西部の県知事は 1809 年 9 月にファン＝モトマンからティッセール（Teisseire）へ，1810 年 11 月にはティッセールからフィーケンス（Veeckens）へと交代した [Haan 1910-1912: vol. 1 114-115, 117-118, 120-121]．加えてこれらの県知事はその任務を充分に遂行することが困難であったと考えられる．その理由として，彼らの任期が短期間であったことのほかに，県知事着任以前に充分な官吏経験を積んでいなかったこと，ダーンデルスの協力者として県知事以外の任務を帯びていた可能性が高いことがあげられる．ファン＝モトマンは 1791 年に任官しており，充分な執務経験を積んでいたと推測されるが，県知事在職中にバンテン王国へ派遣された [Haan 1910-1912: vol. 1 114-115]．ティッセールは 1806 年に任官した [Haan 1910-1912: vol. 1 117-118]．またフィーケソスは 1781 年に生まれ 1803 年に任官したダーンデルス主義者であった [Haan 1935: 654; Haan 1910-1912: vol. 1 120-121]．

3) 法規の正式名称は，Reglement op het binnenlandschebestuur en dat der financien op Java である．

4) ケドゥは王侯領（Vorstenlanden）より分離独立した [Encyclopaedie 1917-1939: vol. 2 294]．またバタビアはバタビア周辺地域を州域として設置され，カラワンはプリアンガ

ンより分離独立した［Encyclopaedie 1917-1939: vol. 2 450］．
5) 原語は Inlandsche regenten en andere hoofden（現地人レヘントとその他の首長達）であるが，同法規第6条ではこの者達は現地人官吏（Inlandsche ambtenaren）と呼ばれている．以下，本節および次節ではレヘント以下の現地人首長を現地人官吏と呼び，特に現地人の下級雇用官吏と区別する必要のある場合には現地人高級官吏と呼ぶ．
6) 中央官庁である財務部の長官．第4節第2項本文⑥を参照のこと．
7) 法規の正式名称は，Reglement op de administratie der Politie en de Criminele en Civiele regtsvordering onder den Inlander in Nederlandsch Inde である．
8) 各理事州に1つ設置された．
9) 原語は Ommegaande Regters（巡回裁判団）である．
10) ただし徴税および軍事についてはオランダ政庁直接監督下の徴税官，軍人がこれらの職務を担当する建前となっていた［Staatsblad 1918: No. 73; Staatsblad 1817: No. 1］．しかし既に見たように徴税官，軍人が州内に配置されていない場合には理事官がこれを代行した．また州内のヨーロッパ人の裁判はバタビアに設置された司法関係官庁が取扱った［Furnivall 1944: 88］．
11) 正式名称は Register der Handelingen en Besluiten van den Resident der Preanger Regentscbappen である．
12) 記帳者である Mt はダーンデルス統治下でのプリアンガン地方西部の県知事の経験者であり，1816年から20年2月末日まで理事官を務めた．一方 Cp は1820年3月1日から26年まで理事官を勤めたが，当時の総督と同姓であること，およびその離任期が両者とも26年中であることから，この理事官は当時の総督の親族であったと推測される．また総督，Cp はともに男爵の爵位を有していた［Klein 1932: 134; Furnivall 1944: 84］．
13) 本項で取り上げる①～㉙の官庁・官吏は，1819年1月から21年12月までの期間に理事官が3回以上通信を行なったことが，職務日誌によって確認できるものに限られる．また主要な通信事項の年月日の掲示については，初出時あるいは代表的な記録のそれを1～2例挙げるに留めた．
14) 品目は馬・塩などであった．これらは年次予算外の購入であったと推測される．
15) 当時プリアンガン理事州には，Soekaboemi, Tjipoetrie, および Oedjong-bron（バンドンの北東）に私領地が存在した（［Rees 1867: 134-135］および職務日誌の各所より）．
16) この裁判所は一定の管轄地区内の各地を巡回しており〔19・4・22〕，厳密な意味での中央官庁（裁判所）ではない．なおこの裁判所で有罪判決を受けた者の処刑は理事州内部で行なわれた．
17) Staatsblad 1817 No. 62 によって規定される歳入監査長官（Inspecteur Generaal over de landelijke incomsten）であると考えられる．
18) ヨーロッパ人孤児の育成に関する事業を取扱う役所である［Encyclopaedie 1917-1939: Vol. 4 735-736］．
19) プリアンガン理事州において現金・文房具等が不足した場合，理事官はその補給許可願いを政庁へ申請し，実際の財貨を近隣の理事官に請求した．
20) 職務日誌には，チアンジュール在住のヨーロッパ人官吏としてこのほか書記（Secretaris）の職名がみえるが，書記に対する命令の記録はない．
21) Oppassers は現地行政委員の私兵であり，Djayang Secars はダーンデルスによって組織

された現地人軍隊であった [Haan 1910-12: vol. 4 201-206, 933-936]．Politiedienaren については，詳細は不明であるが警察業務に携わる現地人下級官吏であったと推測される．職務日誌の記録ではこの3者は理事官に直属し，理事官は3者に等しく警察業務の遂行を命令した．そこで本章ではこの3者を一括して警察隊と呼ぶ．なおこの3者のほかに現地人高級官吏もその管轄地区内の警察業務を担当したが（本項本文㉔, ㉖），現地人高級官吏が主に通常の警察業務を担当したのに対し，警察隊の主要な任務はコーヒーをはじめとする密輸出の阻止および騒乱の鎮圧にあった．

22) 職務日誌各所の記述によった．
23) いずれもプリアンガン地方北部のコーヒー積出港（内陸港）である．
24) 第6章第3節第1項⑳参照．この称号は，この時期にはオランダ政庁によって授与された [Berg 1902: 24-25]．
25) ただし，⑮の税関官吏は中央官庁の直接監督下に職務を遂行していたと考えられる．
26) 1819年に公布された司法行政に関する法規では，週1回の理事州法廷開廷が規定されていた（第94条）．Mtは裁判を行なわない場合にも週1回法廷を開廷したことを，日誌に記録したのである．
27) 第39条において理事州に来訪した旅行者の保護が理事官に義務付けられたのみである．
28) 原語はPasである．当時プリアンガン理事州へのヨーロッパ人の旅行は許可制であった．
29) コーヒーの生産および出荷に関する視察は「コーヒー生産・出荷」の項に分類した．
30) この数値は，密輸出その他の犯罪行為の摘発・予防を直接の目的とした監視のみの記録数であり，本節第2項本文⑲および第4項に述べる，情報収集を直接の目的とした調査は含まれない．
31) ただし，逮捕・拘留の記録については記載漏れが相当数あると思われる．理事州法廷・巡回裁判所に起訴された者の記録数は，逮捕・拘留の記録を大きく上回っている．
32) Cpの任期中に政庁によって財政制度の改革が実施されたと考えられる．例えば1820年9月下旬には，バタビアより派遣された委員によってプリアンガン理事州の簿記の方式が変更されている〔20・9・21-24〕．
33) 中国人の立入りを禁止する法令が公布されたのは7月であった [Staatsblad 1820: No. 27]．なおベンガル人・アラビア人については，この地方に居住する者が少数であったためか，このような組織的な措置はとられなかった．
34) Oedjoengbronの私領地が買戻された．
35) 発生した出来事をすべて報告する義務は倉庫長にも付加された〔20・4・30〕．
なおCpの執務記録では，監視・情報収集に関するヨーロッパ人および現地人高級官吏との通信が急増している（前項表7-2，表7-3においては「その他」のカテゴリーの「その他の通信報告」に分類）．
36) スメダンでは，住民は塩を購入するために12日から14日の旅行をしたという〔21・12・7〕．

第2編のまとめ

　本編で新たに論じられたことは，プリアンガン地方において(1) 19 世紀初めまでにコーヒー生産管理システムが出現を見たこと，(2)レヘントおよび下級首長に官吏的性格を付与する諸政策は長い時間をかけて段階的に進められ，1780 年代以降に本格的に展開して一定の効果を持ったこと，(3)これらの政策はコーヒー収奪の効率化・管理強化を第 1 の目標としていたことである．この点について本編の 4 章の分析結果を年代別に再整理すると次のようになる．

　(1) 1720 年代-40 年代初め：政庁はプリアンガン地方に対して名目的な宗主権を保持し，レヘントより特定の農産物の独占的買付を行なうのみであり，現地社会への干渉には消極的であった．レヘントは世襲制を維持して政庁の影響の及ばない内陸を統括した．バタビア在住の現地行政委員（ヨーロッパ人）がレヘントを統轄し，コーヒーを買付けた．政庁は引渡されるコーヒーの量をコントロールする術を持たない一方で，レヘントはコーヒーの輸送を組織し，政庁への引渡を独占して富裕化を始めた．

　(2) 1740 年代後半-1780 年代半ば：政庁は一定の度合とはいえ，自らが提示する量のコーヒーを安定的に受取ることが可能となった．この時期はプリアンガン地方の現地人首長支配下の夫役負担者が主力コーヒー生産者となった時期でもあった．政庁は，レヘントを地方統治の画一的な枠組に組入れて，彼らの居住集落へヨーロッパ人監督官を駐在させた．レヘント財政に対しては融資をはじめとする各種の経済的便宜を供与した．こうしてレヘントの地位は現地人首長層にとって経済的に魅力あるものとなった一方で，政庁の提示する量のコーヒーを引渡す責任を負った．政庁によるレヘント職継承への干渉，彼らに対する融資，および住民に対するコーヒー代金の直払いはコーヒー集荷・輸送の円滑化を目的としており，なかでも融資は大きな力を持ったと考えられる．バタビア在住の現地行政委員は 1750 年代より，コーヒーの買付以外に，以上の政策の窓口となったほか，レヘント・首長層に対し商行為・金融を行なって影響力を増大させた．

　(3) 1780 年代半ば-1811 年：政庁は，大農園へのコーヒー栽培の集中と，ヨーロッパ人官吏・現地人首長層を利用した生産管理システムの創出とによって，住民を指定の場所で労働させ，一定の度合とはいえ生産過程を管理して生産量を調節するようになった．現地行政委員は 19 世紀初めに廃止されてプリアンガン地方は理事州となり，現地駐在の理事官が置かれた．

　この時期に政庁は，レヘントの解任および親族でない後継者の任命を頻繁に行なったが，解任の理由は，コーヒー引渡の遅延および引渡量の減少であった．さらに 19 世紀初めにはコーヒー代金の支払をレヘントからヨーロッパ人監督官の管掌事項とした結果，レヘント財政は，政庁の命じる多額の人件費の支出に対して少額のコーヒー

歩合しか得られなくなり，その差額をヨーロッパ人からの融資でまかなうという植民地権力に依存的なものとなった．ただしコーヒー生産が夫役労働で行なわれていたため，レヘントの首長としての権限の削減には限界があった．さらに政庁は，下級首長に対しても，1790年以降に急速に官吏的性格を付与していった．そして郡（チュタック）長を中心に部分的にではあるものの任免権の掌握，任地への赴任，コーヒー栽培監督を中心とする専門的任務の付加，給与の給付を開始し，集落の長に至る画一的な地方統治制度を出現させた．この1811年までに展開された現地人首長層に対する政策は，1820年代には定着を見ていた．

ただし以上のような，18世紀初めから19世紀初めにかけて進展した中央集権化・規格化の目的は官僚制の創出自体にはなく，コーヒー生産・輸送の管理が第一の目的であった．そこで，コーヒー生産・輸送の管理に有利な在地の組織や慣行は残される傾向にあり，オランダ植民地権力の主導した中央集権化・規格化はジャワ島に独特の形となって行なった．

このコーヒー生産管理システムの形成および住民の動員と，これを目的とした現地人首長層へ官吏的性格の付与とを可能としたのは，以下の各編で検討するように，首長層の社会経済的基盤たるコーヒー輸送および食糧生産における変化，すなわちこれらを計画・組織する者および金融の担い手の交代であったと考えられる．

第 3 編

オランダ植民地権力による利益・サービスの提供とその独占

―― コーヒー輸送をめぐって ――

本編では，第2編で論じた「大規模な経済的決定体」の形成および首長層への官吏的性格の付与—すなわちコーヒー生産および地方統治にかかわる組織の中央集権化・規格化—を，植民地政庁が現地人首長層および住民に受入れさせたメカニズムについて，コーヒー輸送システムにおける変化の側面から考察する．
　コーヒー輸送は内陸にあるプリアンガン地方の人々をグローバルな市場に物理的に接続する活動であるが，大規模な輸送隊を組織し得る首長層・住民にとっては利益の源泉となる一方で，多くの住民にとっては軽減が望まれる夫役であった．
　このコーヒー輸送に関する変化については，これまで，D. H. ビュルヘルが概説において，オランダの経済的インパクトに反応して内陸の前近代的社会の中に近代的経済活動が誕生した例として，18世紀に小規模ながら輸送業が勃興したと述べたのみである [Burger 1970: vol. 1 54][1]．これに対して本書は次の点を強調する．輸送の組織者，従事者および資金の提供者に着目してコーヒー輸送を検討するならば，プリアンガン地方におけるコーヒー輸送は19世紀初めまでに質的に変化した．しかしこの変化を，18世紀初めにすでに存在した内陸輸送システムの変化過程として1820年代まで跡付けるならば，この時期にコーヒー輸送へ参入したのは，経済的利益追求が目的であったとはいえ，在地社会の条件に拘束された下級首長および自給農民であったことが明かとなる．
　以下，第8章ではコーヒー栽培導入以前のレヘント主導の内陸輸送システムを描く．輸送ルートの特定については，本格的研究が存在しないことから，VOC職員の旅行日誌に出てくる地名を5万分の1の地図で所在確認し特定する作業を行なう．第9章では，前章で明かになったルートや交通システムが，1720年から1811年までに変化する過程を，コーヒー輸送に焦点をあてて考察する．この時期のプリアンガン地方ではコーヒー栽培よりもその輸送が生産量を規定するボトルネックであった．これはコーヒーの好む気候が，熱帯では標高1000mから1500mの山腹にあり，海港までの陸路の輸送に大きな労力が必要となるためであった．そこで第9章では，政庁がコーヒー輸送に対してレヘントを含む首長層や住民に便宜を供与しつつ，コーヒー輸送と代金受取の責任者および実施者を変更して行なったこと，およびこの変更が輸送システムに大な変化をもたらしたことを論じる．第10章では1820年代のコーヒー輸送システムのあり方と，下級首長および住民が輸送において果たした新たな役割を示し，彼らが得たものと失ったものを論じる．
　こうして本編では，政庁の制度整備と便宜供与によって実現した下級首長および住民のコーヒー輸送への参入が，(1)自発的かつ経済的利益を求める活動であったものの村レベルの商品経済の発達の結果ではなかったこと，むしろ(2)政経未分化の商業独占体（オランダ植民地権力）によって構築された内陸社会と海外とを結ぶ輸送システムの中で，レヘントの担っていた役割を小規模化して肩代わりするという，歴史的制約の中にあったことが示される．

註

1) ハーンは著書の1章をコーヒー内陸輸送に割いている．その理由は，輸送はコーヒー義務供出制度が住民にとってかくも重荷となった第1の原因だからだという．彼は1720-30年代の輸送方式が19世紀初めまで基本的に不変であったと考える［Haan 1910-1912: vol. 1 163*-171*］．

第8章

17世紀末から18世紀初めの内陸交通

1 —— はじめに

　本章の課題は，オランダ政庁の統治が本格化した1680年代から1720年頃までのプリアンガン地方における内陸交通・産物輸送システムを考察することにある．この作業は，1720年代以降にコーヒー栽培の展開とともに進行する内陸輸送の変質を，地方史上に位置付けるために重要である．しかしコーヒー輸送の研究は栽培に比べて軽視されてきたために，この作業はいまだ手つかずである．そこで第2節では17世紀末から1710年代に至るこの地方の交易の状況を概観し，第3節では主に公刊史料中のVOC職員旅行記を使用して，地名比定によって交通・輸送ルートを復元する．そして第4節では交通システム上の施設の種類，施設を建設して維持する者，および旅行団の組織者を明かにし，第5節で交通・輸送の側面におけるこの時期のオランダ政庁とプリアンガン地方社会の関係について性格付けを試みたい．

2 —— 輸出用産物輸送ルートと港市

　プリアンガン地方は港湾都市バタビアおよびチルボンの後背山岳地帯である．東西の方向に標高1500m以上の火山山脈2連が走るが，この山脈の間にチアンジュール，バンドン，スメダン，ガルート（Garoet）などの盆地が存在

する．盆地底部の標高は順におよそ 200 〜 400m，660m，460m，700m であり，北側の山脈は盆地部の住人にとって海岸部への交通の大きな障害となっていた．

VOC 領有以前のプリアンガン地方と VOC との交易を概観すると，すでに 1618 年頃よりスメダンの首長がバタビアにチーク材と家畜を直接輸出しており，なかでも家畜は 60 年代まで継続的に輸出されていた[1]．しかし VOC が当時の主力貿易品である胡椒をプリアンガン地方から直接買付けた記録は，1690 年代になるまで現れない．その一方で，1641 年にはチアスム（Ciasem）の後背地の山で胡椒が栽培され，チアスム・パマヌーカン（Pamanoekan: 現 Cilutung）両河口（地図 8-1 参照）から船でジャワ島中部へ輸送されていたこと [Haan 1910-1912: Vol. 2 9]，また VOC が 1644 年以降チルボンから胡椒を買付けていたことが文書に見える [Haan 1910-1912: Vol. 3 382]．このことは，胡椒などこの地方の特産物がチルボン，そしておそらく一部はバンテンによって独占的に集荷され，VOC もこの 2 港で買付けていたことを示すものであろう．

VOC が東部および西部両地域を領有したのは，マタラムにパマヌーカン川以西のプリアンガン地方を割譲させた 1677 年からである[2]．VOC はこの地方の首長達を支配下に組込む第 1 歩として，翌年には同盟を結ぶための使節をスメダンに派遣した．しかし当時のプリアンガン地方は政治と交易の面でチルボンと強く結ばれ，VOC はチルボンを抜きにしてはこの地方の首長達をコントロールすることができなかった．そこで VOC は 1681 年にチルボンと条約を結びこのスルタン国を保護国とした．そしてチルボンの町に要塞を築いてヨーロッパ人駐在員を派遣し，この国の胡椒輸出を独占した．しかしチルボンには，トムンゴン＝ラクサナガラ（Tommagon Raxa Nagara）というジャワ風の名前を持つ中国人高官がおり，もう 1 人の中国人サラ＝パダ（Sara Pada）とともに，内陸で生産される胡椒をほぼ独占的に VOC へ売渡していた[3]．ラクサナガラは，年間 3,000 ピコル以上の生産能力を持つという東部地域とガルー地方（Galoeh: 東部地域の東隣の山岳地帯）の胡椒について VOC への売渡独占を VOC に要求したが，当時の VOC はこれを認めざるを得なかった [Jonge 1862-1888: vol. 7 366-367; vol. 8 21, 48]．その後 1684 年に，VOC は西部地域を除くプリアンガン地方の各首長に予備的な自治特許状を与え，レヘントとした．さらに 86 年には，首長達に対して 2,000 レアル（Real）の貸付とその取消しおよび回収を行なったが，首長達と接触した場所は何れの場合もチルボンであった [Klein 1932: 13;

Jonge 1862–1888: Vol. 8 21–22]．なお当時プリアンガン地方の首長達は相互に紛争を起こした場合，チルボンに出向き，チルボン王国の裁判官（jaksa）に裁定を依頼していた [Hoadley 1975: 382–389; Jonge 1862–1888: Vol. 8 69]．加えてこの時期には，西部地域の首長達も未だにチルボン王国の臣下であり，チルボンに人頭税や綿の貢納を送っていたのである [Haan 1910–1912: Vol. 3 180–181, 120]．

その後 1696 年に VOC は，プリアンガン地方に対して義務供出制度を導入した．この制度は，農産物の品目・数量・価格を VOC が指定してレヘントから買上げるものであった．しかし産物の数量は言うに及ばず，産物引渡と代金支払の場所についても，VOC は自らの都合にレヘントを従わせる力を持たなかった．VOC は 1686 年よりレヘント統轄を任務とする現地行政委員をバタビアに設置しており，産物引渡・代金支払の場所をともにバタビアに定めた．しかしスカプラのレヘントの要求で，チタルム（Tjitaroem）川以東のレヘントについては，産物をチルボンで引渡すこととなり，1698 年にはチルボンでの支払にも応じることになった [Haan 1910–1912: Vol. 3 408–409]．しかもチタルム川以東のレヘント達は，はじめバタビアへ産物を運ばなければならなかったときは配下の首長層を派遣していたが，チルボンでの引渡が許可されるとレヘント自らがチルボンへ出向いたのである [Haan 1910–1912: Vol. 3 416]．こののち 18 世紀に入っても，VOC はチタルム川以東を統治するためにチルボン王家の影響力を必要とし，1706 年にはチルボンの 3 人のスルタンのなかで最も若いパンゲラン＝アリア＝チルボン（Pangeran Aria Cheribon）を「チルボン管轄下のプリアンガン地方（Cheribonsche Preangerlanden）」[4] の監督官（Opzigter: 在位 1706–23 年）に任命した [Ricklefs 1993: 89]．以上のことは，宗主である VOC が保護国チルボンのチタルム川以東に対する影響力を弱めることができず，集荷ルートの変更が不可能だったことを示していよう．

一方これに対して，バンテンとマタラムの勢力争いで荒廃していた西部地域では，VOC はバタビアを起点とする内陸ルートの形成に成功し，レヘントを直接統轄しつつあった．

VOC がバタビア周辺地域の南に広がる後背地に関心を持ち始めたのは 1640 年代であったが，実際に勢力扶植を図ったのは，パマヌーカン川以西を領有した翌年の 1678 年からであった．同年 VOC は，海洋船の接岸可能なタンジョンプラ（Tandjongpoera）要塞を建設するとともに，後背地の探検を開始した．実際の後背地統治は VOC がバンテンの脅威を排除した 1684 年に始まり，その

直後に現在のボゴールの南にカンプンバルが建設された[5]．当時カンプンバルからインド洋へ抜ける道は消滅しており，わずか数 km 南のパジャジャラン王都の廃墟までも，藪を切り払って進むありさまであった［Haan 1910-1912: Vol. 2 157-158］．そこで西部地域において，後にレヘントと呼ばれた首長の居住集落と海岸部とを結ぶルートは，パジャジャラン時代から連綿と続く街道というよりは，17 世紀半ばをあまり遡らない時期に形成，あるいは再編が開始されたものと考えられる．

　VOC は 1705 年ごろより西部地域において支配を強化し［Haan 1910-1912: Vol. 3 345］，その一環としてプリアンガン地方への入口として重要であったバヤバン（Bajabang: チタルム川の渡し場）の監視を強化した．VOC は 1704 年にバヤバンをカラワン領と定め，翌年に渡し場を 1 ヵ所に限定したうえ，渡河施設を監視するヨーロッパ人下仕官（corporal）を派遣した（1729 年まで）[6]．この 1705 年から 1710 年代初めにかけて，バタビアを起点とする西部地域へのルートは一応成立したようである．というのは，VOC 職員リーベーク（1709-13 年総督在任）は 1705 年から 12 年にかけて西部地域のレヘント達の居住集落やプラブハンラトウ（Perabuhanratu）湾などへ調査旅行に出かけたが，この時のリーベークの宿泊地や宿舎が，60 年以上のちの VOC 職員の視察旅行時にもプリアンガン地方を旅行する際のスタンダードとして引合いに出されていた［Anonymous 1856: 172; Haan 1910-1912: Vol. 2 619］．加えてこの地域のレヘント達の居住集落もこの頃より地図 8-1（地図 3-3 も参照）に示した地点に定まり，彼らのバタビアへの往来も頻繁となった［Haan 1910-1912: Vol. 4 353］．こうしてプリアンガン地方の内陸ルートは，18 世紀初めにはバタビアおよびチルボンの 2 都市をターミナルとするようになったのである．

　プリアンガン地方の人々は海岸部への道をかなり頻繁に往来したようである．たとえば 1701 年頃のバヤバンの渡し場で徴収された使用料の年間合計は 200R.[7] ほどであり，人間（1s.）と家畜（2s.）からの徴収金額［Haan 1910-1912: Vol. 4 6］を仮にすべて人間として換算すると少なくとも延べ 9,600 人，すべて家畜とすると少なくとも延べ 4,800 頭が通過したことになる．これらのルートを往来する者としては，まずレヘント達が挙げられる．彼らは義務供出制度に従って胡椒，藍，綿などの産物をそれぞれの居住集落からバタビアやチルボンへと輸送した[8]．供出品は上述のようにレヘントの代理の首長層が VOC に引渡す場合もあったが，多くの場合レヘントによって引渡された［Haan 1910-1912: Vol.

3, 386-387, 416］．これらの都市へ産物が到着する時期は 7 月から翌年 2 月であった．3 月から 5 月の雨期の後半には住民は稲の収穫で，首長層は徴税でともに忙しい時期だったのである．一方，代金の支払はチルボンでは 2 月に行なわれたので，レヘント達は 1 年に 2 度チルボンへ出向く場合もあった［Haan 1910-1912: Vol. 3 643］[9]．VOC の支払に必要な銀・銅は年末年始の頃に中国方面から到着するので［Boxcer 1988: 90］，支払の時期はバタビアでもこの頃であったと推測される．さらにレヘントのほかにその配下の住民も，塩の購入など自らの生活のために海岸部へ出かけた［Jonge 1862-1888: Vol. 10 242］．

3 ── 内陸輸送ルートの復元

本節では，当時の VOC 職員の旅行日誌を利用して，バタビアおよびチルボンからプリアンガン地方のレヘント居住集落に至る交通路の状況を検討する．本節の狙いはコーヒー導入以前のプリアンガン地方における産物輸送ルートを明かにすることにあるが，産物輸送に関するオランダ語史料は，当時の VOC の関心の無さを反映してか極僅かなので，次善の方法を採用する．以下，交通路の長短・緩急に注意を払い，西部地域から順に職員の足取りを辿る．地図 8-1 は本節の考察を踏まえて内陸ルートを地図に書き込んだものである．結論として本節の末尾で示すべきものであるが，以下の説明が複雑であるのでこの地図を参照しつつ以下の説明を検討いただきたい[10]．

(a) バタビア-カンプンバル

カンプンバルはバタビアの南およそ 60km，サラク（Salak）およびパンランゴ（Pangrango）山の麓にあり，標高 260m ほどである．18 世紀初めの 10 年代には，バタビア城よりチリウン（Ciliwung）川の左岸沿いに進むと，2 泊 3 日で到着した．宿泊地は①，②であった．急ぐ場合には 1 泊 2 日でも到着可能であった．カンプンバルへの道は 1740 年代になっても雨期にはしばしば通行不能となる状態であったが［Haan 1910-1912: Vol. 4 578-579］，勾配が緩やかなので，早くから馬車や牛車が使用された．馬車使用の初めての記録は，管見の限り 1703 年に②-③間で使用された事例である［Haan 1910-1912: Vol. 2 278］．一方 1720 年代までにはバタビア-カンプンバル間を水牛の引く荷車が往復していた［Haan

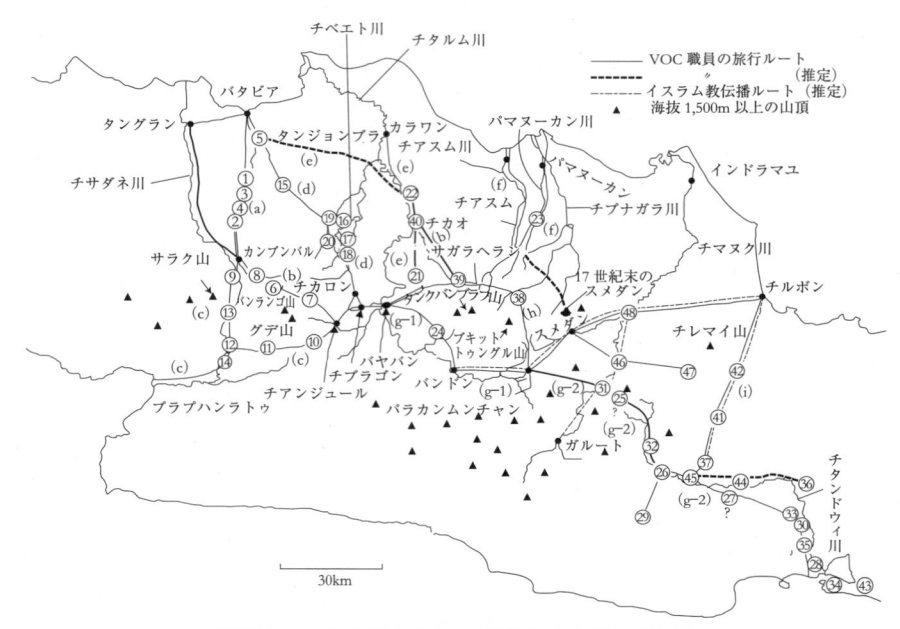

地図 8-1　17 世紀末から 18 世紀初めの内陸交通網

1910-1912: Vol. 3 665］．またカンプンバルから馬で 30 分ほど下流の地点[11]からは，小舟によって水路の利用が可能であり，筏ならばカンプンバルから利用可能であったと言う［Haan 1910-1912: Vol. 3 656］．VOC 職員もバタビアへの帰路にしばしば水路を利用した．そのためか帰路の宿泊地は必ずしも上述 2 集落に限らず，④なども使用された．チサダネ（Cisadane）川沿いのルートもバタビア-カンプンバル間の交通路として使用されることがあったが，遠回りとなった［Haan 1910-1912: Vol. 2 481-485］．ところで，この後バタビア-カンプンバル間の所用時間は著しく短縮された．1740 年代に，急ぎの場合には朝 2 時にバタビアを発ち，実走 10 時間半で同日の午後 7 時にカンプンバルに到着した［Haan 1910-1912: Vol. 2 519］．さらに 1780 年代には午後 4 時 15 分すぎに⑤を発ち，夜の 8 時 15 分にカンプンバルに到着と，4 時間ほどで走破が可能となっていた［Haan 1910-1912: Vol. 2 609][12),13)．

(b) カンプンバル-チパナス-チアンジュール

　チアンジュールはグデ山の東麓，標高 460m ほどの所にある．バタビアから

(a) バタビア-カンプンバル
　① スリンシン (Seringsing)
　② ボジョンマンギス (Bodjongmanggis)
　③ ポンドックチナ (Pondok Tjina)
　④ ポンドックプチュン (Pondok Poetjoeng)
　⑤ ジャテイヌガラ (Jatinagara)
(b) カンプンバル-チパナス-チアンジュール
　⑥ チレンベル (Tjilember)
　⑦ チパナス (Tjipanas)
　⑧ ポンドックグデ (Pondok Gede)
(c) カンプンバル-グデ山南麓-チアンジュール
　⑨ チヘーテン (Tjigeeteng)
　⑩ チパダン (Tjipadang)
　⑪ チグヌングル (Tjigoenoenggoeroe)
　⑫ ヨクヨガン (Jokjogan)
　⑬ スダムクティ (Soedamoektij)
　⑭ ポンドックオポー (Pondok Opoh)
(d) バタビア-チベエト-チカロン
　⑮ チリンシ (Silingsi)
　⑯ テオーム (Theoom)
　⑰ ナンボ (Nambo)
　⑱ トニョン (Tonjong)
　⑲ チパミンキス (Tsipaminkis)
　⑳ チバダック (Tjibadak)
(e) バタビア-ボジョン-チブラゴン
　㉑ ボジョン (Bodjong)
　㉒ ワリンギンビトゥ (Waringinpitoe)
(f) バタビア-パマヌーカン川-スメダン
　㉓ パガディン (Pagadeen)
(g) バタビア-チカロン-ガルー地方

(g-1) パラカンムンチャンまで
　㉔ パラカン (Parakan)
(g-2) パラカンムンチャン-ガルー地方
　㉕ ソレンビタン (Solembietang)
　㉖ インバナガラ (Imbanagara)
　㉗ チルア (Tsiloea)
　㉘ パモタン (Pamotan)
　㉙ スカプラ (Soekapoera)
　㉚ パダヘラン (Padaherang)
　㉛ リンバンガン (Limbangan)
　㉜ ラジャポラ (Radjapola)
　㉝ カワッセン (Kawassen)
　㉞ パスルハン (Pasoeroehan)
　㉟ トンギリス (Tongillis)
　㊱ マドゥラ (Madoera)
　㊲ ウタマ (Oetama)
(h) バタビア-タンジョンブラ-パラカンムンチャン
　㊳ ツプナガラ (Tsoupoenagara)
　㊴ ワニアサ (Waniassa)
　㊵ ティルタヌガラ (Tirtanegara)
(i) チルボンからのルート
　㊶ ダユールフール (Daijloeoer)
　㊷ ダルマ (Darma)
　㊸ マノンジャヤ (Manondjaya)
　㊹ ボジョンロパン (Bodjong Lopan)
　㊺ チアミス (Tjiamis)
　㊻ ダルマラジャ (Darmaradja)
　㊼ タラガ (Talaga)
　㊽ カランサンブン (Karangsamboeng)

チアンジュールへは幾通りかのルートがあるが，このルートはカンプンバル経由で標高1,500mほどの峠を越えるものであり，カンプンバルから2泊3日で到着した．この町からパジャジャラン王都の廃虚を通過して，⑥（現 Cisarua〈標高1,035m〉の北）に宿泊する．そしてチリウン川を右に現在のタラガワルナ(Talagawarna)湖を左にしてプンチャック(Puncak)峠付近を通過する．この日はチアンジュール領内の⑦（標高1,063m）に宿泊して，翌日チアンジュールのレヘント居住集落に到着する．このルートは職員によってバタビアからの往路として使用された．しかし険しい峠越えがあるためか，カンプンバルからチアンジュールまでの旅程は1780年代になっても短縮されなかった．この頃の職員の旅程は，カンプンバル発，⑧泊，⑥の北のチサルア泊，⑦泊，チアンジュー

第8章　17世紀末から18世紀初めの内陸交通　｜　155

ル着と定式化され，18世紀初頭よりもむしろ時間をかけるようになっていた [Anonymous 1856: 163; Haan 1910-1912: Vol. 2 613-617]．なおチアンジュールからチブラゴン，チカロンへは起伏の少ない道が続き，いずれも半日を要さず到着した[14]．

(c) カンプンバル-グデ山南麓-チアンジュール

このルートは復路に利用された．職員日誌によれば，チアンジュールから測量をしつつゆっくり進み，4泊5日でカンプンバルから東南へ6kmの⑨に到着した．宿泊地は⑩，⑪(当時のチアンジュールのレヘントの勢力範囲とカンプンバルの勢力範囲の境界)，⑫，⑬である．1777年には3泊4日でカンプンバルに到着するのが通例であったが，2泊3日でも走破可能であった．このルートは険しい峠がなくだらだらとした下りが続くため，1740年代までには水牛の引く荷車が通っていた [Haan 1910-1912: Vol. 4 584]．さらに⑫からプラブハンラトウ湾へ続くルートの存在が職員に知られていた．⑫から南に馬で2時間半で⑭に到着し，1711年にはここから1日で湾に出ることができた[15]．

(d) バタビア-チベエト-チカロン

このルートは1691年と1700年にバタビアから東部地域へ，1710年には西部地域へ向う往路として利用された．まず⑤に宿泊し，そこから南南東に進んで⑮に宿泊する．そののち山へ登り2，3泊でチカロンに到着する．1691年には，⑮から山裾を東に進みチベエト(Cibeet)峡谷を登ったようである．⑯，⑰そしてチベエト川縁の⑱に宿泊し，バタビアからチカロンに5泊6日で到着している．1700年には，⑮から「3日間集落や家のない」[Haan 1910-1912: Vol. 2 198]地域を通過する予定を立て，⑲とチベエト川縁で野営をし，4泊5日でチカロンに到着した[16]．なおハーンはVOC職員の往来を重視する立場から，このルートは，バタビアからプリアンガン地方への交通路中，険しいにもかかわらず「古い時代」には最も重要な道であったと述べている[17]．

(e) バタビア-㉑-チブラゴン

この道は西部地域からの復路に利用された．チブラゴンからチタルム川沿いに下ると4泊5日でタンジョンプラ要塞付近に至る．チブラゴンからチタルム川を渡ってバヤバンで宿泊する．この渡し場はカラワン地方との境界でもあっ

た．次に南へ下って㉑に宿泊したのち，後のチカオ（Tjikao）付近を通過して㉒に泊まる[18]．ここからタンジョンプラで宿泊したのち水路で1昼夜か，あるいは㉒から陸路を3泊4日かけてバタビアへ到着する．このルートはやや起伏はあるものの険しい峠はなく，前節で触れたように，当時のプリアンガン地方の人々にとって海岸部とこの地方を結ぶ重要な交通路であった[19]．

(f) バタビア–パマヌーカン川–スメダン

バタビアからパマヌーカン川の河口まで船で行くと，乾期にはそこから4泊5日でスメダンに到着した．このルートはパマヌーカン川上流から，ブキットトングル（Bukittunggul）山の北麓を東へ回り込んだと推測される[20]．またチアスム川もスメダンへのルートとして使用されていた[21]．これらのルートは，1678年のVOC職員の旅行では往路・復路ともに使用されたが，1690年以降は次に述べるバンドン経由のスメダンルートに取って代わられた[22]．

(g) バタビア–チカロン–ガルー地方
(g-1) バタビア–パラカンムンチャン

バタビアから東部地域およびガルー地方への比較的長期の旅行が，1691年と1700年に行われている．(d) のルートでチカロンに到着したのち，直接あるいはチブラゴンを経由してチタルム川を渡り，バヤバンで宿泊する．そののち (e) の㉑への道と別れて，㉔で宿泊し，翌日盆地底部を通ってバンドンに到着する．バンドンからパラカンムンチャンまではやはり盆地底部の平坦な道を通って1日の距離にあるが，当時パラカンムンチャンのレヘント居住集落は，スメダンとリンバガン方面の道の分岐点に位置し，さらに山越えでパマヌーカン川にも出ることのできる交通の要衝であった．パラカンムンチャンからスメダンまでは，深い峡谷にそって1日の距離であった．なお1770-80年代の旅程においてもチブラゴンからバンドンまでは2泊3日，バンドンからパラカンムンチャン，スメダンへはそれぞれ1日かけて移動しており，18世紀初頭と比較して旅程の短縮は見られない[23]．

(g-2) パラカンムンチャン–ガルー地方

パラカンムンチャンからインド洋へは1691年の旅行では3泊4日を要し，1700年の旅では，途中スカプラに寄り6泊7日で㉚に到着している[24]．こののちVOC職員はそれぞれ㉘および㉚からヌサカンバンガン（Nusakanbangan）島

の㉞へ，船で渡っている．復路は1691年の場合は㉞からチタンドゥイ（Citanduy）河口へ向かい，㉟に寄港，さらに㊱まで船で遡って当地で宿泊したのち，㉖，㉕に宿泊している．1700年の場合では㉝，ボジョンガルー（Bodjong Galoe: ㊹付近），㊲，㉖へ宿泊したのちチルボン方面へ向かった[25]．

(h) バタビア–タンジョンプラ–パラカンムンチャン

このルートは1691年に東部地域からの復路に使用された．旅行日誌に従うと，パラカンムンチャンから3泊4日でタンジョンプラに到着する．宿泊地の周囲の状況からルートは次のように推定される．パラカンムンチャンより北上し，山を越えて㊳[26]で宿泊，ついでタンクバンプラウ（Tangkubanperahu）山麓を西に進んで㊴（現wanayasaか）に宿泊する．さらに北西に進んで㊵に宿泊して，翌日タンジョンプラに到着する[27]．

(i) チルボンからのルート

チルボンを起点としたVOC職員の旅行日誌は管見の限り公刊されていない．本節で使用した旅行日誌の中でチルボンが含まれるものは1例のみであり，1700年のガルー地方からの復路において，㉖から2泊3日でチルボンへ到着している．宿泊地は㊶，㊷である．このほかVOC関係の史料から次のことがわかる．(1) ヨンゲ編集の史料集の中には1706年にパンゲラン＝アリア＝チルボンがヨーロッパ人職員とともに実施した2回の巡察旅行の報告書（オランダ語訳）が存在する．第1の旅行はヌサカンバンガン島の㊸から，㉕，㉚，㉝，㉗，㊹，㊺，㉖を訪れ，チルボンへ帰還した．第2の旅行はスカプラへ直行したあとリンバンガン，パラカンムンチャン，バンドン，スメダンを訪れた［Jonge 1862–1888: Vol. 8 282–283］．後者はスカプラより (g-2) のルートを逆行してバンドンへ行き，そこからスメダン経由で帰路についたのであろう．(2) 1695年以前にVOCが収集した情報を基にファレンタインが作成したジャワ島西部の地図をみると，チルボンからはプリアンガン地方へ2本の道が通じている［Valentyn 1726: D. Derde bestek］．ひとつは1700年のVOC職員の旅行とほぼ同じ道でチルボンから㉖付近を経由してバンドンに至っている．もうひとつは㊽付近でチマヌック（Cimanuk）川を渡り，現在の幹線道路とほぼ同様にスメダンへ通じるものである．後者はやや急であるが峠のない道である．(3) スメダン–チルボン間については，1682年にVOC職員が，スメダンから㊻および㊼

を経てチルボンへ向かう道が最もよい道であると述べている [Haan 1910-1912: Vol. 4 574][28]．

　このほかチルボンからのルートを推定する材料としてエディ・エカジャティの研究がある．エカジャティは，19世紀半ばに採録されたジャワ島西部の年代記 (babad) および民話の分析から16世紀半ば以降のプリアンガン地方へのイスラム伝播ルートを推定し，次の4つの伝播ルートを明かにした．第1のルートは，チルボンから㊼を経て㊺に至り，第2のルートは㊽および㊻を経由してガルートへ向かう．第3のルートはスメダンを経由してバンドンへ，そして第4のルートは㊼およびサガラヘラン（両地点間の経由地は不明）を経由してチアンジュールに至るものであった [Ekajati 1975: 104]．このうち第1と第3のルートは上に示したオランダ語史料の記述からも辿れるものである．また第4のルートは，西部地域に対するチルボンの植民団派遣の事実と一致し，さらに上述のVOC職員旅行ルートの (e) および (h) と部分的に一致する．そこでイスラム教はチルボンを起点とする交通路づたいに伝播したと考えてよいであろう[29]．

　以上，VOC職員の旅行日誌を主な史料として当時の内陸ルートを検討してきた．このほかにルートがないとは断言できない．しかし山岳地帯のプリアンガン地方では通行が容易なルートは限られてくるので，この地方の起伏を考慮した場合，これまでの考察で東部および西部地域からバタビアおよびチルボンへの重要なルートは網羅し得たものと思う．

　そこでこれらの中から，産物輸送の主要ルートを選び出してみよう．西部および東部地域からバタビアへのルートについては，VOC職員による往路復路の使い分けが手がかりとなる．往路専用の (b), (d), (g-1) は険しい山越えも厭わず最短距離で進むのに対し，復路専用の (c), (e) は，遠回りではあるが緩やかな道である．(h) もまたパラカンムンチャン付近の山越えを迂回して山裾をスメダン側に回り込むならば，総じて緩やかな下り道である．往復ともに使用された (a), (f) については，(a) は全体に平坦で (f) もスメダン付近以外は平坦な道が続く．そこでバタビアへの産物の輸送に牛や水牛，さらに荷車を使うならば，(a), (c), (e), (h) が適合的であり，また水路を利用するならば (a), (e), (f) に絞られてくるであろう．なお東部地域からチルボンへの輸送路については判断できるだけの史料がないが，陸路についてはスメダンからチルボン

第8章　17世紀末から18世紀初めの内陸交通 | 159

への2ルートが使用されたと考えられる.

そして以上の推測は，次に示すこの時期の産物輸送に関するVOC文書中の断片的な記述にも適合する．(1)1650年代にカラワン地方から家畜をバタビアへ輸送するのには水路と陸路の両方が使用可能であった［Haan 1910-1912: vol. 3 351］．(2)1670年代にスメダンはパマヌーカン川，チアスム川，チマヌック川の航行を支配し，チアスム川に徴税官[30]を置いていたので［Haan 1910-1912: vol. 2 61-62］，産物輸送にこれらの河川を使用していたと考えられる．(3)1696年にスカプラのレヘントは産物を牛の背に乗せて陸路チルボンへ運ぶことを希望した［Haan 1910-1912: vol. 3 640］．(4)同年VOCは，カンプンバルの首長に硫黄を小舟に乗せてバタビアへ運ぶよう命令した［Haan 1910-1912: Vol. 3 404, 655］．

次節では，本節と同じVOC職員の旅行日誌を基礎史料として，これらのルート上にある交通設備や旅行方法を検討し，内陸交通がいかなる勢力の手によって担われていたかを考察する．

4 —— 旅行の施設と形態

4-1　道路の整備状況と乗物

道路はバタビア付近でも舗装工事がなされておらず，雨期には多くのルートが通行不能となった［Haan 1910-1912: Vol. 4 585; Schrieke 1957: 111-112, 118］．年間降雨量が多いためバタビア-カンプンバル間では，乾期でもぬかるんでいる箇所が存在した［Haan 1910-1912: Vol. 2 134］．乗物は，ヨーロッパ人以下，主だった者が馬に乗り，あとは徒歩であった[31]．馬車や輿はバタビア-カンプンバル間に限られた．また山麓を巡るルートが多いので，多数の川を渡る必要があったが，小さい川には渡河施設はほとんどなかった．道路が大きな川を横切る場所には渡し場があり，ジャワ語およびスンダ語でササック（sasak）と呼ばれる施設があった．ササックは籐などのロープを両岸に渡し，これに筏や小舟をつないで両岸を往復させる設備である［Haan 1910-1912: Vol. 2 326-327］．ササックはこの時期には在地の首長層の管理下にあり，使用料が徴収されていた［Haan 1910-1912: Vol. 4 6-7］．

4-2　旅行の季節と時間帯

　以上のような道路事情を反映してか，VOC職員の旅行時期は乾期がほとんどであった．調査した旅行日誌20編のうち雨期の旅行は，17世紀中に1678年1月初めから3月初めにかけてのスメダンへの使節派遣，同3月のバタビア後背地の巡察，そして1691年11月末から1692年1月初めにかけての東部地域への旅行が見えるのみである．しかも前2者はバンテンに対する軍事行動の一部であり，季節を選べなかったことがわかる．

　一日のうちの移動時間帯を調べると，発着および休息時間の記述のある日誌では次のような傾向がみられた．出発は「夜明け」，「朝」，「日の出」，そして時刻で示される場合は6時ごろが大半を占めた．例外として①朝4時以前の極端に早いもの，②午後の出発，③夜更けの出発があったが，①は出発がバタビアで出発地付近の道路の安全がある程度確保できる場合，②は次の宿泊地が極めて近い場合，③は船での出発の場合に限られた．宿泊地への到着時刻は，「夕方」，「昼」，時刻で示される場合では午前10〜12時，ついで午後4〜6時が多く，出発時刻に比べてばらつきがある．ただし午後6時以降の到着は7時着と10時着の2例のみであり，しかも後者は水路を使用したものであった[32]．これらの傾向から，陸路では日の出前および日暮れ以降の移動を避けたことがわかる．森に潜むサイ，虎（または豹）[Chijs 1885-1900: Vol. 5 479, 588-589]，大型爬虫類，盗賊や敵軍，さらには日暮れ以降に降る乾期のスコールとの遭遇を回避したためと考えられる．これに対して水路は夜行便として利用される場合も多かった．休憩時間を検討すると，休憩時間まで克明に記されている日誌は移動時間の比較的短い総督の旅行である場合が多いが，次のような傾向が見られた．1日のうち午前中あるいは午後の何れかのみの移動には，途中30分ほどの短い休憩を1回入れる場合があった．また全日移動の場合には午前9時頃から12時頃までに昼食の休憩に入り，午後1時から3時ごろに再び移動を開始した．そして1日の移動時間は，最長10時間半，最短2時間半，通常は4〜5時間であった[33]．以上の移動時間は早朝の涼しいうちに歩を進めておいて，日中の暑さの厳しい時間に休憩し，日がやや傾いた頃に必要ならばまた移動を開始するという，気候に適した時間の使い方であった．それとともに，住民が農作業を行う時間帯とほぼ等しく，またムスリムの祈りの時間にも充分適合的であった[34]．そこで，この移動時間のパターンは在地の旅行法を踏襲したもの

と思われる．1740年代になるとVOC職員は，バタビア付近で移動日数の短縮を重視してこのパターンから外れた旅程を組むことが多くなってゆく．

4-3　旅行集団の規模と不測の事態

　道中で盗賊や敵軍，害獣から身を守る備えが必要なためか，VOCの職員の旅行は比較的大きな集団で行なわれた．公務の場合はヨーロッパ人に現地人の部下，兵士，伝令，それぞれの従者，荷担ぎ人夫などが従った．また1700年頃まではこの地方の事情に詳しい現地人首長層の案内役が必須であった．旅行団の規模は，使節派遣の場合には15〜30人であったと考えられる．例えば1694年に馬の買付のためにヨーロッパ人2人，案内役1人，ジャワ人20人がプリアンガン地方へ出発した [Haan 1910-1912: Vol. 3 385]．1678年のチアスム川沿いのジェンコルからスメダンへの旅行には，ヨーロッパ人おそらく1人，案内人2人，ジャワ人10人であった [Haan 1910-1912: Vol. 2 61]．さらに軍隊が同行すると規模は格段に大きくなった．1678年のバタビア後背地巡察は軍隊が行ない，ヨーロッパ人200人，アンボン人45人，バリ人112人，ジャワ人276人の集団であった [Haan 1910-1912: Vol. 2 70]．1701年にも600人の集団が出発している [Haan 1910-1912: Vol. 2 234]．史料の中で最大の集団は，1711年8月20日から9月3日まで総督がプラブハンラトゥへ調査旅行した時のものであり，全員で938人のうちヨーロッパ人は86人であった [Haan 1910-1912: Vol. 2 346]．

　とはいえ1680年代以降，VOC職員の旅行はいきあたりばったりではなくなり，不測の事態に見舞われることもほとんどなくなったようである．旅行日誌には，日付毎にその日の目的地，通過した集落，宿泊地が記されていた．この記述のあり方を検討するならば，ほとんどの場合，その日のうちに目的地に到着したことが窺われる．目的地に達しなかったことが明白である記録は，1700年に休憩地⑤の首長に引き留められ宿泊した例が見られるのみである [Haan 1910-1912: Vol. 2 197, 212]．加えて1日の移動距離をみると陸路でも山道にも関わらず直線距離で30km以上離れた目的地へ到着することもあった．また1690年以降は旅行途中における次の宿泊地への移動日の延期も数回が記録されるのみである．延期の理由は，バタビア付近では案内人や荷運び人の調達の遅れ [Haan 1910-1912: Vol. 2 168-169]，その他では大雨 [Haan 1910-1912: Vol. 2 216] な

どが記録されているが，天候による延期の事例は，旅行が主に乾期に行なわれたためかさほど多くない．

4-4　宿泊施設と接待

　計画的な旅行が可能であったのは，ササックなど移動をスムーズにする設備のほか，道中で食事や宿を提供する施設が充分に機能していたためと考えられる．これらはレヘントをはじめとする在地の首長層が自らの負担で用意した．VOC 職員の宿舎として，レヘントなど首長層の館，レヘントや有力な首長層の居住集落にあるゲストハウス，そして交通の要衝にある旅行者用宿泊施設パサングラハン (passangrahan) が用意された．前 2 者は上等なものは板作りであったが，たいていは竹製であり竹垣 (pagar) で囲われていた．例えば 1709 年にチアンジュールのレヘントが総督のために建てたチパナスのゲストハウスは，竹製の大きな建物で，入口側の 3 分の 2 の部分の両側にベッドが並んでいた．ベッドのうち右側は兵士用であり，左側は小間使いのボーイ用そして荷物置用であった．その奥には総督用の大きなベッドが一つと椅子と机が設けられていた．このほかにジャワ人の荷担ぎ人夫用の吾妻家や，馬小屋があった [Haan 1910-1912: Vol. 2 307]．VOC 職員の宿泊場所は 17 世紀末にはレヘントや首長の家が多く，西部地域では野宿もあったが，18 世紀に入ると，レヘントや有力首長の用意したゲストハウスやパサングラハンに泊まる記述が多くなる．100 人を越える軍隊の移動の場合は VOC が食糧を補給し野営したが，レヘントや有力首長達が食糧を調達し提供する例も見られた [Haan 1910-1912: Vol. 2 135, 353]．

　プリアンガン地方が VOC の領土となったのち，VOC 職員は現地人首長層の歓待を受けた．総督や高位の VOC 職員がレヘントの統治地域に近づくと，統治地域の境界まで，レヘントかこれに代わる使者が出迎え，そこから一緒にレヘント居住集落へ入った．加えてレヘント同士の居住集落があまり遠くない場合には，最初の宿泊予定地のレヘント居住集落に近隣のレヘント達が集合して職員を出迎えることもあった．バヤバンの渡し場などレヘント居住集落でない宿泊地では出迎えはなかったが，その集落に居住する首長層の歓待を受けた．これらの歓待は，かつてマタラムやチルボンの高官がこの地方を巡察した際の慣習であったと考えられる[35]．

4-5 小　　括

　以上のように，VOC は道路整備などの土木工事によってルートに手を加えることはなく，渡河施設，宿泊施設，食糧の確保についても軍事行動以外はほとんどすべて，レヘントをはじめとする在地の首長層の協力に依存していた．VOC 職員の旅行形態も現地の気候や習慣に適応したものであった．内陸の旅行において VOC は，いまだヨーロッパ流の交通手段を持ち込まず，在地の習慣に依存し，チルボンやマタラム高官の旅行方法を踏襲していたものと推測される．そこで産物の内陸輸送も，おそらくその大部分が在地の交通網を使用して行なわれたと考えて大過なかろう．

5 ── おわりに

　本章の考察から，17 世紀末から 18 世紀初めまでの内陸交通の特色を次のようにまとめることができる．

　(1)　プリアンガン地方と北海岸を結ぶ主要ルートは，17 世紀半ばあるいはそれ以前から存在したと考えられるチルボンを起点とするルートに加えて，バタビアを起点とするルートが 1710 年代までに形成された．

　(2)　道路の整備状況は貧弱であり，道中の安全も十分確保されていなかった．しかしこれらのルートは，常設の渡河施設および 1 日で到着可能な距離に宿泊施設を有し，レヘントやその他の首長層の居住集落を，ターミナルであるバタビア・チルボンに結合する内陸交通網として機能していた．

　(3)　VOC はバタビアを拠点とするルートの形成に成功したが，後背地の交通網をコントロールするまでには至らなかった．VOC が直接管理したのはバタビア周辺とタンジョンプラ要塞であり，そのほかはバヤバンに 1705 年から 1729 年までヨーロッパ人下仕官を配置して監視させたのみであった．内陸交通網は，いまだ現地人首長層が在地の習慣に従って維持・管理していたのである．

　(4)　バタビア・チルボンへの産物の輸送はプリアンガン地方の現地人首長層，なかでもレヘントによって組織された．その輸送ルートは地図 8-1 上の (a) チリウン川沿いと (c) グデ山南麓，(e) チタルム川沿い，(f) パマヌーカン川

およびチアセム川沿い，そして（i）スメダンからチルボンへの陸路の4つのルートが主に使用されていたと考えられる．

（5）17世紀末から18世紀初めにおけるVOCのプリアンガン地方に対する影響力，特に東部地域以東に対する影響力は，その保護国であるチルボンよりもはるかに劣るものであった．内陸交通支配の側面より見るならば，バタビアはターミナルの1つとなることには成功したものの，いまだ内陸交通網や後背生産地の広域支配を目指すことのない大航海時代の港市国家の面影を残していたのである．

以上の状況は，コーヒー生産が本格化した1720年以降，少しずつ変化していくことになる．

註 [第8章]

1）このほか1674年にスメダンが硫黄をバタビアへ搬出し，スカプラもVOCがプリアンガン地方を領有する以前からバタビアと交易していたことが判明する [Haan 1910-1912: Vol. 3 26, 404]．
2）以下，18世紀初めまでのプリアンガン地方の政治史については，Haan [1910-1912]，Hoadley [1975]，Klein [1932]，Rees [1867] によった．
3）ラクサナガラはスルタン＝スプー (Sepoeh) の行政を一手に握っていたと言われる [Jonge 1862-1888: Vol. 8 48]．
4）東部地域と，スカプラを含むガルー地方を範囲とする．
5）カンプンバルのレヘントはVOCが入植させた植民団の首領で，スメダン出身であったと言われる [Haan 1910-1912: Vol. 3 133]．
6）[Haan 1910-1912: vol. 2 326, vol. 4 284, 571-573] バヤバンは，17世紀末よりカラワン，スカプラ，バンドンのレヘントが領有を争っていた [Haan 1910-1912: vol. 3 103, 342; Vol. 4, 571]．
7）当時の人頭税は世帯 (tjatjah) あたり1R. ほどであった [Haan 1910-1912: Vol. 3 180-181]．
8）VOCはレヘントの輸送がレヘント居住集落を起点としていると認識していた [Haan 1910-1912: Vol. 3 634]．当時の供出用の農産物の多くはレヘント居住集落付近で栽培されていたと推測されるので，VOCの認識はほぼ妥当であると考えられる．
9）17世紀のプリアンガン地方の首長層が外交や対外交易に使用した言語はジャワ語であった．パジャジャラン王国はスンダ語の碑文や歴史物語を作成するスンダ人の王国であったが，マタラムの統治以降，プリアンガン地方では統治・外交用語がジャワ語となった．そしてヨーロッパ人は，オランダ語・ジャワ語併記の自治特許状の公布に象徴されるように，19世紀初めまでプリアンガン地方の住人を「ジャワ人」と文書に記し，レヘント達とはジャワ語を使用して意志疎通をはかった [Jonge 1862-1888: Vol. 8 167; Chijs 1885-1900: vol. 4 257, 491; Haan 1910-1912: Vol. 4 382]．17世紀の西部地域の首長などは

その出自から考えて言語・文化的に実際にジャワ人であった可能性もあろう．
10) 1720年代以降の旅行記は，1710年代までの記述が乏しい場合の補助史料，あるいは比較材料として使用した．また地図8-1は，ハーンの考察と旧日本軍出版の5万分の1の地図をはじめとする数種の地図を使用して作成した．ハーンの著書には内陸交通を論じた章があるが［Haan 1910-1912: Vol. 1 389*-404*, vol. 4 545-612］，記述はバタビア周辺の低地部が中心であり，しかも17世紀半ばから19世紀半ばに至る史料を，19世紀初め以降の幹線道路を分類基準として整理しており［Haan 1910-1912: Vol. 4 563-575］，本節が対象とする時期のルートの把握は困難である．
11) 地名はコドンアルン（Kodong Along）である．
12) 1820年代のヨーロッパ人旅行者も，バタビアからカンプンバルへは他所ならば13時間の道程を4時間で到着できると述べている［Olivier 1827: 108］．宿駅制がこれを可能にしたと考えられる．
13) 本項は次の旅行日記を使用．1701年7月［Haan 1910-1912: Vol. 2 226-233］，1703年8月［Haan 1910-1912: Vol. 2 277-285］，1704年5月［Haan 1910-1912: Vol. 2 286-289］，1709年9月［Haan 1910-1912: Vol. 2 301-303］，1744年8月［Haan 1910-1912: Vol. 2 481-485］，1745年8月［Haan 1910-1912: Vol. 2 519］，1776年8月［Anonymous 1856: 162-165］，1777年11月［Anonymous 1856: 165-166］，1786年6月［Haan 1910-1912: Vol. 2 609］．
14) 本項は次の旅行日記を使用．1709年9月［Haan 1910-1912: Vol. 2 303-309］，1744年8月［Haan 1910-1912: Vol. 2 486-492］，1777年11月［Anonymous 1856: 165-170］，1786年6月［Haan 1910-1912: Vol. 2 609-620］．
15) 本項は次の旅行日記を使用．1709年9月［Haan 1910-1912: Vol. 2 310-320］，1711年8月［Haan 1910-1912: Vol. 2 345-366］，1777年11月［Anonymous 1856: 171-174］．
16) 1710年にもほぼ同じルートがとられたが，この時には山裾のチバミンキス，山間部のチカロン領内チバダック（Tjibadak）において，コーヒー園を持つ大きな集落に宿泊することができた．18世紀初頭にはチルボンから西部地域方面に移住するものが多かったので［Haan 1910-1912: Vol. 3 349］，1710年にみえる集落は新設されたものであろう．
17) 本項は次の旅行日記を使用．1691年12月［Haan 1910-1912: Vol. 2 168-172］，1700年8月［Haan 1910-1912: Vol. 2 196-199］，1710年9月［Haan 1910-1912: Vol. 2 325-326］．ルートの重要性については［Haan 1910-1912: Vol. 3 584］を参照．
18) 18世紀半ばよりバンドンのコーヒー輸送の内陸港として重要となるチカオは，1710年の旅行記には登場しない．これはバンドンが産物をチルボンへ輸送しており，未だチカオがルートの拠点となっていなかったためと考えられる．その後44年には宿泊地として利用されていた．
19) 本項は次の旅行日記を使用．1710年9月［Haan 1910-1912: Vol. 2 327-329］，1744年8-9月［Haan 1910-1912: Vol. 2 494-510］．
20) 宿泊地は，パガディン（Pagadeen），パサヤナン（Passajanan），シェグレ（Chegure），シェロンピン（Chelompingh）である．後3者の正確な位置は不明であるが，パサヤナン，シェグレがパマヌーカン川縁にあり，特にシェグレは乾期の水路使用の終点の船着場であった．
21) 1978年1月の旅行ではパマヌーカン川をバンテン勢力が使用していたので，かわりにスメダンのレヘントの弟が支配するチアスム川が使用された．雨期であったため陸路

は通行不能でありチアスムからジェンコル（Jenckol: 所在地不明）を経由し，パサワハン（Pasawahan; 所在地不明）まで小舟で遡った．

22) 本項は次の旅行日記を使用．1678年1月［Haan 1910-1912: Vol. 2 55-66］，1678年8月［Haan 1910-1912: Vol. 2 97-105］．

23) 本項は次の旅行日記を使用．［Anonymous 1865: 163; Haan 1910-1912: Vol. 2 613-617］．

24) 1691年の宿泊地は㉕, ㉖, ㉗, ㉘であった．ハーンは㉕を現パガールアグン（Pagarageng）付近とする［Haan 1910-1912: Vol. 2 180］．しかしそうするとパラカンムンチャンから直線距離にしても40km以上あり，しかも途中いくつか峠があるので，1日ではほとんど不可能な行程となる．また単なる中継点であるのに次の宿泊地の㉖とも不自然に近い．そこで㉕は1700年の宿泊地であるリンバンガン付近にあると考えるのが妥当であろう．例えばリンバンガンの東方12kmの街道の分岐点にスラピナン（Selapinang）と言う名の集落があり，この付近が有力な候補地となろう．1700年の宿泊地は㉛, ㉜, スカプラ, ㉖, アンテバン（Anteban: 位置不明），㉝である．標高350mほどの㉖から先は，なだらかな道である．

25) 1691年12月［Haan 1910-1912: Vol. 2 176-192］，1700年8月［Haan 1910-1912: Vol. 2 202-219］，1986年6月［Haan 1910-1912: Vol. 2, 620-624］．

26) ハーンは現在のチサラク（Cisalak）付近と考えているが，パラカンムンチャンからやや遠すぎる．パラカンムンチャンより北上すると山越えののち，チプナガラ（Cipunagara）川の上流に至るが，地名の音から考えてこの付近ではなかろうか．

27) 本項は次の旅行日記を使用．1691年12月［Haan 1910-1912: Vol. 2 176-192］．

28) このほか1777年にはスメダンからチルボンへは1日の行程であると言われていたが［Anonymous 1856: 165］，直線距離にして60km以上あり，馬などの乗継ぎ施設があるとしてもかなりの強行軍である．一方1780年代に西部地域から東部地域を旅行しインドラマユ（Indramajoe）へ抜けたVOC職員の記録がある．スメダンからインドラマユまで3泊4日で旅行しているが，初めの宿泊地は㊽であった［Haan 1910-1912: Vol. 2 624］．そこでチルボン-スメダン間で1泊するならば，おそらくこの付近であろうと思われる．

29) チルボンを起点とした公刊の旅行記の少ないことは，チルボンを起点とした交通路の未発達を意味するものではない．1700年頃まで西部地域では旅行のために野営したり，道を切開かねばならなかったが，東部地域とガルー地方においては西部地域より1日の移動距離の平均が長く，しかもVOC職員クラスの宿泊が可能な集落が数多く存在していた．またVOCの職員やパンゲラン＝アリア＝チルボンによる，チルボンからプリアンガン地方への巡察がたびたび行なわれており［Haan 1910-1912: Vol. 4 173］，ファレンタイン作成の地図においても西部地域より東部地域およびガルー地方に大集落が多かった．ガルー地方はすでに1595年にマタラムの支配下にあったと言われ［Schrieke 1957: 108］，地理的にもバンテンおよびVOCの植民や戦闘の対象となりにくかったことから，本章の対象期には，チルボンをターミナルとするガルー地方および東部地域の交通のネットワークが，むしろバタビアをターミナルとしたものより充実していたと考えられる．

30) Sabandar. スンダ語では港湾長官のほかに徴税官の意味がある［Rigg 1862: 412］．

31) 例えば1711年のプラブハンラトウ湾への調査旅行に際しては，人員938人（うちヨーロッパ人86人）に対して馬は143頭であった［Haan 1910-1912: Vol. 2 346］．

32) 出発時刻：調査総数123, うち「夜明け」: 29,「朝」: 21,「日の出」: 14, 6時: 15, 6時15分：

第8章　17世紀末から18世紀初めの内陸交通 | 167

8，午前4時以前：6，午後：3，夜：3．朝4時以前の出発は1740年代の旅行日誌に集中している．おそらく40年代には治安の確保が確実となったのであろう．44年バタビアから平地を通ってタンジョンプラへ行く旅行では，毎朝4時に出発し，翌年のカンプンバルへの旅行ではバタビアを2時に出発している．到着時刻：調査総数67，うち「夕方」：8，「昼」：3，午前8時台：3，9時台：1，10時台：5，11時台：5，午後0時台：1，1時台：0，2時台：1，3時台：1，4時台：3，5時台：5，6時台：3，7時台：1，10時：1．

33）休憩：調査総数25，うち休憩開始が9〜12時：14，休憩終了が1時〜3時：11．ただし，より下級の職員はもう少し移動時間の長い旅行をした可能性がある．

34）ウィルデは19世紀初めのプリアンガン地方の農作業の時間帯について次のように言う．午前5時半頃のスブー（soeboh）より開始され，午前9時頃のピチット・サワー（pietjiet sawah: 現代スンダ語の pecat sawed か）に水田で水牛と共に働くのを終える．この時刻は水牛を午後まで自由にする時間である．ただし作業はしばしば延長される［Wilde 1830: 165］．また20世紀初頭以前のジャワの田植は「朝6時半頃から，あいだに30分ほどの休憩をはさみ，せいぜい午前10時頃には終了」した［大木 1990: 70］．五十嵐忠孝助教授（1990年当時）の御教示によれば，1980年代のプリアンガン地方の農民の農作業は，夜明け頃に始まりイスラムの正午の祈りを伝える太鼓（bedug）の鳴る時に終わる．

35）たとえば1706年から開始されたパンゲラン＝アリア＝チルボンの巡察は2年後にVOCによって禁止されたが，その理由は大きな集団で頻繁に視察するために住民に負担がかかることにあった［Haan 1910–1912: Vol. 4 173］．

第9章

コーヒー輸送の変遷
―― 1720年-1811年 ――

1 ── はじめに

　本章では，プリアンガン地方における内陸交通・産物輸送システムが，コーヒー栽培が本格化した1720年代からジャワ島がイギリスに占領される1811年までの間に，除々に変質してゆく過程を跡付ける．ハーンは，1720-30年代のコーヒー輸送方式が19世紀初めまで基本的に不変であったと考える．そして18世紀初めから19世紀初めにかけての輸送路の長さと状態の悪さ，輸送技術の貧弱さ，技術の進歩のなさを語り，輸送が住民にとって過酷な労働であり続けたことを主張する [Haan 1910-1912: vol. 1: 163*-171*]．しかし輸送の組織者・従事者，輸送施設の建設者・維持者，そして輸送資金の提供者の変遷に焦点を当ててハーンの収集した史料を再整理すると，この輸送システムは，1720年代から1811年まで同じ技術レベルにありながら，大きな構造的変化を経験していた．

　以下，この史料整理から導かれた時期区分に従い，コーヒー輸送システムの構造的変化を辿る．第2節では1720年代初めから1740年代初めまで，第3節では1740年代半ばから1770年代半ばまで，第4節では1770年代末から1790年代末まで，そして第5節では1800年から1810年代初めまでを考察する．各節には小括をつけ，第6節においてこれらの小括をまとめて章の結論を述べる．

2 —— レヘント主導のコーヒー輸送：1720 年代初め-40 年代初め

　はじめに 1720 年代のコーヒー引渡の方法を略述する．引渡は政庁が「供出者 (leverancier)」に指定した各レヘントの名で行なわれ，西部地域のコーヒーはバタビアで，東部地域のコーヒーはチルボンで引渡された．1720 年代後半には 7 月から翌年 1，2 月頃までに行なわれた [Jonge 1862–1888: vol. 9 160 向いの表]．政庁は 1724 年に引渡を 7 月と 8 月に行なうよう命令したが，遵守されなかった [Chijs 1885–1900: vol. 4 173–174][1]．コーヒーは胡椒と同様に収穫期が雨期明けの 5 月頃に始まり [Haan 1910–1912: vol. 3 598–599]，そののち豆を乾燥させたうえで輸送したので，おそらく従来の義務供出品である胡椒と一緒に輸送，引渡が行なわれていたと考えられる．

　コーヒーの引渡量は，1710 年代には年間 100 ピコルに満たず，年間 1,000 ピコルほどの胡椒と比較にならなかった [Jonge 1862–1888: vol. 9 59; Haan 1910–1912: vol. 3 496–497]．しかし 1720 年代前半にコーヒー生産が拡大し，20 年代後半から 30 年代にかけて年間 15,000 から 50,000 ピコルが引渡されるようになった．こうしてレヘントたちは 1720 年代よりコーヒーの大量輸送に取組むことになったのである．以下，この様子を西部地域，東部地域の順に検討する．

2-1　西部地域からバタビアへの輸送

　初めにカンプンバルについて検討すると，この地域のコーヒー輸送には，当初，主に水路が使用され，チリウン川を竹の筏で下ってバタビアへ輸送された．しかし 1725 年にカンプンバルのレヘントは，コーヒー輸送を水牛の引く荷車に切替えることを政庁に通知し，さらにバタビア郊外のチリウン川の運河に自費で橋を架ける許可を求めて認められた．レヘントは輸送方法変更の理由として，筏にする竹が不足していることを挙げている．しかしそののち 28 年にレヘントは，船着場を建設するためにジャティヌガラ上流の土地を政庁より購入し，ここからバタビア市南郊にある VOC の倉庫まで，水路を使用することになった．レヘントは荷揚げの場所に砂州がありこの水路の輸送が困難であることを述べたが，これ以降，この区間においてコーヒーは筏で運ばれるようになった [Haan 1910–1912: vol. 3 655–656]．

次にチアンジュール産コーヒーの輸送をみると，当初から陸路が使用されたようである．チアンジュールのレヘントは1722年に，バタビア郊外の街道沿いにコーヒーを貯蔵するための土地を購入し，さらに翌年にその近隣の地所の購入を希望した．その理由は，「彼のバタビア滞在のためと，毎年高地から［中略］運ばれてくるコーヒー豆のより安全な貯蔵のため」，そしてそれに加えて「このコーヒー豆とともに何回も下ってくる，数にして700～800頭の水牛と牛を収容することができる建物［の建設―引用者］のため」[Haan 1910-1912: vol. 3 659]であった．さらに23年レヘントは，バタビア市内に至る道路の一部と2つの橋を自費で修理する許可を求めたが，それは「コーヒー，綿糸，藍などとともに荷駄用の動物と支配下のジャワ人」の便宜のためであった [Haan 1910-1912: vol. 3 661]．しかしその後28年にはチアンジュールのレヘントも，スリンシン付近に船着場を建設するための土地を購入し，ここからVOCの倉庫へは水路を使用するようになった [Haan 1910-1912: vol. 3 656][2]．

なお1720年代におけるチアンジュール産コーヒーは上述のように水牛，牛によって輸送されており，荷車の記述はない．しかし1740年代までには荷車も一般化したようである．1744年の記録によれば，チアンジュールからカンプンバルまでのコーヒー輸送はグデ山の南を回るルートを水牛の引く荷車を使用して8日かけて行なわれていた [Haan 1910-1912: vol. 2, 492; vol. 4, 584-585]．一方プンチャック峠を越えるルートは，45年に荷を担った水牛が通過できないと報告されている [Haan 1910-1912: vol. 4, 584][3]．

チブラゴンおよびチカロンからの輸送ルートの子細は不明であるが，政庁のコーヒー供出者リストの中にはチカロン領内のチバダックを統轄する下級首長ナラ＝タルマ（Nalla Taroema）の名が見える [Haan 1910-1912: vol. 2 325; Jonge 1862-1888: vol. 9 104, 160 向いの表]．このことは山麓のチバダック周辺のコーヒーが北へ進んで直接バタビアへ輸送される一方で，チカロンのレヘント居住集落付近のコーヒーは別の道，すなわちチアンジュールのコーヒーと同じルートを通って輸送されたことを推測させる．ただしチカロンおよびチブラゴンの引渡量は，当時のチアンジュールの引渡量のそれぞれ8分の1から10分の1と少なかった．

このように，西部地域からバタビアまでの主な輸送方法は，生産地から牛や水牛の背，あるいはそれらの引く荷車に載せてレヘント所有のバタビア近郊のコーヒー倉庫まで運び，そこから水路VOCの倉庫へ運ぶものであった．運び

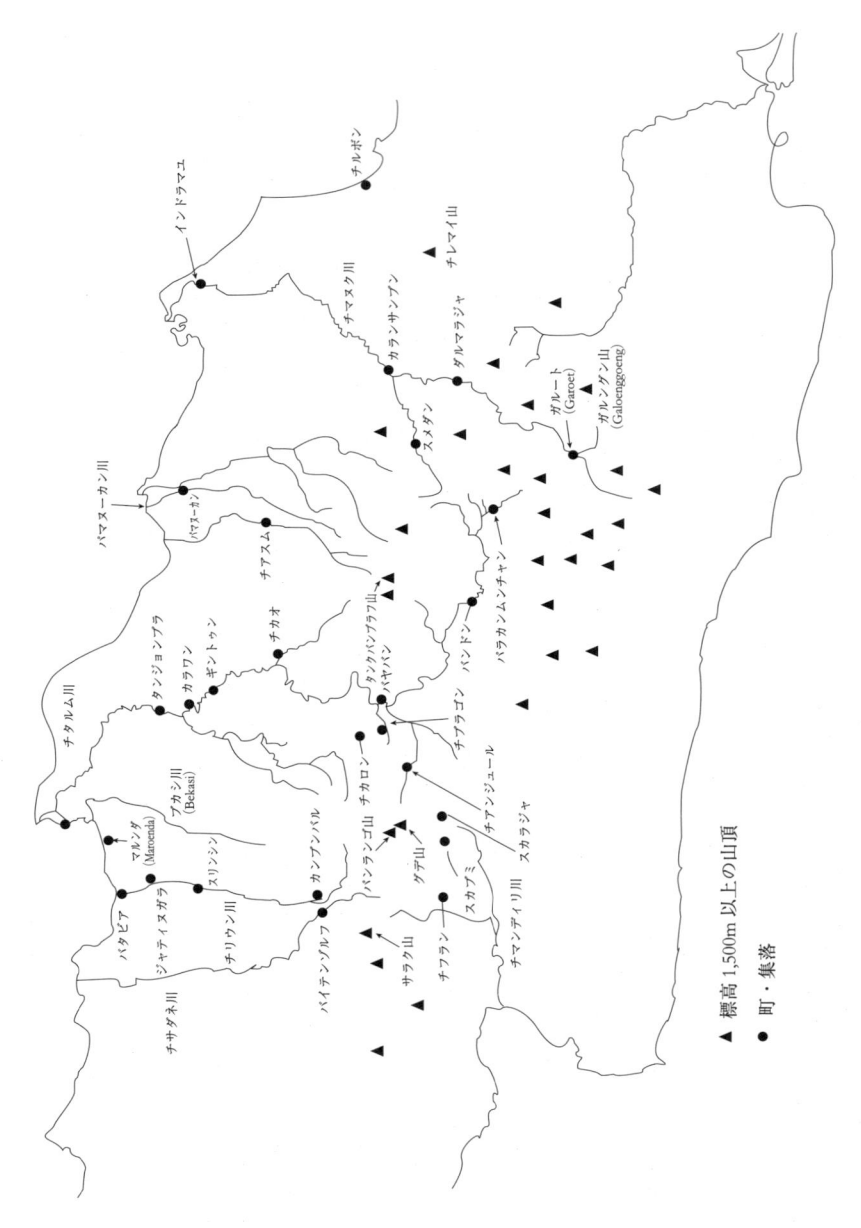

地図 9-1　ジャワ島西部のコーヒー輸送拠点

▲ 標高 1,500m 以上の山頂
● 町・集落

172 | 第 3 編　オランダ植民地権力による利益・サービスの提供とその独占

手は，コーヒーとともに西部地域から下ってくるレヘント支配下の住民が主力であったと考えられる．輸送ルートについては地図 8-1 の (a)，(c) が主に使用されていたと推測される．

2-2　東部地域からバタビアへの長距離輸送

　東部地域では当初コーヒーをチルボンへ輸送しており，水牛と牛の背に乗せて主に陸路が使用された [Haan 1910-1912: vol. 3 645]．ルートは不明であるが，カランサンブンあるいはダルマラジャを経由したルートが使用されたと推測される．ところが 1730 年 1 月に政庁が，コーヒー価格をバタビアで 6R.，チルボンで 5.5R. に改定して，チルボンの価格がバタビアより低くなると [Chijs 1885-1900: vol. 4 246]，東部地域の 3 レヘントはバタビアでコーヒーを引渡す許可を求めた．さらにパラカンムンチャンのレヘントは，陸路産物をバタビアへ運ぶ余力を持たないという理由で，チカオから VOC の船便使用の許可を求めた．政庁はバタビアでの引渡しを認めたが，水路利用については，レヘント達の船を使いチカオ川とパマヌーカン川を使用するように定めた [Haan 1910-1912: vol. 3 645; Chijs 1885-1900: vol. 4 262]．そして同年より東部地域のコーヒーはバタビアで引渡されるようになった．1744 年の史料にはチカオにバンドンの倉庫，ギントゥンにはパラカンムンチャンの「休憩所」があることが見えるので [Haan 1910-1912: vol. 3 645] (地図 9-1 参照)，コーヒーの輸送ルートは，バンドンが地図 8-1 の (e)，パラカンムンチャンが (h) あるいはより海岸よりのルート，スメダンが (f) を使用していたと推測される．こうして東部地域のコーヒー輸送ルートはレヘント達の申し出により大きく変更された[4]．

2-3　レヘントによる輸送と住民

　バタビアおよびチルボンへのコーヒー輸送は，住民が個別に遂行できる仕事ではなく，レヘントが極めて重要な役割を果たしていた．当時，輸送には多額の資金が必要であったらしい．1725 年に政庁は，コーヒー価格を当初の 50R./ピコルから 5R./ピコルへと引下げることを決定した．するとレヘント達はこれを不満とし，翌年にはバタビア管轄下の「首長達」が 1 ピコルのコーヒーを運ぶのに 3R. 必要であることを訴えたほか，チアンジュールのレヘントもコー

ヒー輸送のためにはまとまった資金が必要であることを述べた［Haan 1910-1912: vol. 3 714, 752］．しかし政庁は輸送上の困難を理解していなかった．1727年に住民が，利益の上がらなくなったコーヒー栽培を放棄し始めて引渡量が急減すると，住民に対して政庁は，レヘントなど現地人首長層の手を借りずに政庁に直接コーヒーを引渡すことを命令した［Jonge 1862-1888: vol. 9 137-138］．政庁は首長層が着服しているコーヒー代金をすべて生産者に渡せば栽培放棄は止まると考えたのである．しかしこの命令の効果はまったく現れず，1730年代にも依然としてレヘント達による引渡が行なわれていた．しかも1731年のVOCの調査によれば西部地域のレヘントは 6R./ピコルの代金のうち僅かに 1.2R. から 2R. のみを生産者に支払っていたのである［Haan 1910-1912: vol. 2 471］．その一方で，この年チアンジュール・カンプンバル・ジャティヌガラの3レヘントから政庁へ，コーヒー価格を 8R./ピコルに引上げることを願う陳情書が出された．価格引上げ陳情の理由は，(1) 今のままでは意欲をなくした住民にコーヒー栽培を継続させるために，より手荒な方法を使用しなければならないこと，および(2) 水牛と荷車を使用して山岳地帯から無舗装の道を運ぶために輸送費用がかさむこと，であった［Haan 1910-1912: vol. 3 509; Jonge 1862-1888: vol. 9 158］[5]．

以上のようにレヘントたちはコーヒー集荷と輸送の独占によって，莫大な中間利益を得ていた．しかし彼らは住民をただ収奪していたのではなく，コーヒー輸送に必要な多額の資金を準備して，採算のあう規模の輸送隊を組織し得る，ほとんど唯一の者として，住民がコーヒー栽培から多少とも利益を得るために不可欠な存在であったと判断できる[6]．

2-4 小　括

本節の検討から次のことが議論できる．(1) レヘントはプリアンガン地方からチルボンおよびバタビアへのコーヒー輸送の独占的組織者であった．しかも1720年代から始まったコーヒーの増産および政庁の施策の変更に対し，利益の保持・拡大のために設備投資などの積極的な行動をとった．(2) 政庁は，コーヒー導入以前と同様，輸送問題について机上で決定できる政策のみで対応し，積極的介入を行なわなかった．(3) 一方コーヒー導入以前にVOCよりはるかに強い絆でチルボンと結付いていた東部地域のレヘント達が，より高額のコー

ヒー価格を求めてバタビアの政庁への直接引渡を選択し，1730年より輸送ルートを変更した．(4)レヘントはコーヒー輸送に必要な資金を準備し，その統治地域から輸送隊を組織し得るほとんど唯一の者であった．

3 ── バタビア後背地開発の開始とコーヒー輸送：1740年代半ば-70年代半ば

3-1 政庁によるバタビア後背地開発政策

　VOCは1740年代半ばにマタラム王国を属国とし，ジャワ島東北海岸部を領土に加えた．こうして東方の脅威を除いたVOCは，バタビア後背地の開発に乗出すことになり，プリアンガン地方にも農業開発と内陸輸送について次のような影響が及んだ．

　1744年に西部地域を視察旅行した総督インホフは，農業開発推進のために，翌年カンプンバルの対岸に土地を購入しバイテンゾルフと名付けた[Haan 1910-1912: vol. 2 481-510; Jonge 1862-1888: vol. 10 141-144]．この時よりバイテンゾルフはジャワ島初の内陸植民地都市へと成長を始めた．加えてカンプンバル－レヘント統治地域は，バタビアの食糧供給地として米穀の供出を義務付けられ，以後1790年代まで，コーヒー生産地としてよりは食糧生産地としての役割を与えられることになった[Haan 1910-1912: vol. 3 Staten en Tabelen II; Jonge 1862-1888: vol. 10 155-156, 194]．ついで政庁はコーヒーの主要生産地の移動を試みた．表9-1に見るように，政庁は1743年から63年にかけて，バタビア周辺地域のコーヒー引渡量割当を削減し，かわりに東部地域の割当を増加させたのである．これは，以前にも増して多量のコーヒーが長く険しい道を通過することを意味した．

　この時期には政庁も，後背地の開発に不可欠な内陸輸送に関心を払い，様々な施策を実施した．その施策の第1に，運河の開削を挙げることができる[7]．農産物の輸送力増強を目的として政庁のイニシアチブによって開削された初めての運河は，1749年に着工，51年に完成が宣言された「大運河」(Groote Slokan) であった[Haan 1910-1912: vol. 3 656; vol. 4 445][8]．1751年に総督は次のように運河の利点を強調している．

表 9-1　バタビア地区のコーヒー引渡量割当

(単位：ピコル)

	1740 年	1747 年	1754 年	1763 年
西部地域	9,087 (45.4%)	9,300 (38.7%)	8,900 (38.6%)	127,510 (59.4%)
東部地域	2,341.50 (11.7%)	7,600 (31.6%)	7,000 (30.4%)	7,800 (36.3%)
バタビア 周辺地域	8,571.5 (42.9%)	7,100 (29.5%)	7,100 (31.1%)	900 (4.3%)
合　計	20,000 (100.0%)	24,000 (100.0%)	23,000 (100.0%)	21,450 (100.0%)

出所：[Haan 1910-1912: Vol. 2 477-479; Vol. 3: Staten en Tabelen II] より作成

[カンプンバルやそれ以南の地から運ばれた農産物については —— 引用者]，カンプンバルを突き抜けて開削された運河が大変便利となることであろう．この通路を通って竹の筏か，小舟を使い1昼夜でバタビア市に着くことができるからである．これに対してチリウン川を通れば2昼夜かかるか，さらに水牛の引く荷車で下らなければならないのと同じくらい長くかかることもある．とはいえ，それは筏の不足や乾期に川が航行不能となることによって起こるのである [Jonge 1862-1888: vol. 10 245]．

さらに76年からはチリウン川の西側に西運河（Wester Slokan）の開削が始まった [Haan 1910-1912: vol. 4 445]．

　運河開削はバタビアの東でも行なわれた．政庁は1744年にチタルム川から内水経由でバタビア市内に至るために運河開削を開始した[9]．運河は46年に完成し，以後19世紀初めまで，東部地域からのコーヒー船（koffie prauw）の海上航行はチタルム河口からマルンダまでと短縮された [Haan 1910-1912: vol. 3 652-653]．コーヒー船は海の波に弱かったので [Nederburgh 1855: 134-135]，バタビア東部の運河は船の転覆の予防に役立ったと考えられる．

　内陸輸送に関わる施策の第2は，バタビア周辺において私人の輸送業者による物資輸送を，規制を加えつつ公認したことである．政庁は1742年にカンプンバル-バタビア間の私領地所有者に対して水路・陸路とも通行税の徴収を禁止した [Chijs 1885-1900: vol. 4 587-588]．ついで1754年から60年にかけてバタビア周辺の小舟（prauw）輸送業者の就業規則を整備し，料金も舟の大きさと目

的地別に定められた[10]．その後1778年にはバイテンゾルフやタンジョンプラから出発してバタビアへ向かう「原住民（inlander）」の荷車の賃借料が定められた．水牛が引く荷車のバイテンゾルフからバタビアまでの料金は，チリウン川西岸，同東岸，そしてチサダネ川沿いを通る3ルートとも，バタビアまで1台2R. 24s.，荷車が空でバイテンゾルフへ帰る場合はさらに1R. 12s. を支払う必要があった [Chijs 1885-1900: vol. 10 290-291]．また積荷がコーヒーの場合には1ピコルあたり14s. と定められた [Haan 1910-1912: vol. 3 715]．

第3にコーヒー輸送に焦点をあてた施策をみると，輸送が最も困難であったスメダンおよびパラカンムンチャンについては，安価で合理的なコーヒー輸送ルートの模索が続けられた．コーヒー輸送の負担軽減を理由として，1758年に政庁は，両レヘント統治地域産のコーヒーをチルボンで受取ることを決定した．そののち政庁は1766年より両地域のコーヒー引渡場所を再びバタビアに指定したが，71年にはチルボンでの引渡も認めた [Chijs 1885-1900: vol. 7 263-264, vol. 8 39, 697-698]．

第4に，コーヒー輸送に関連してレヘントに対するコーヒー代金の即時払と前貸が開始された．1744年に総督モッセルは西部地域のレヘントの財政状態について，彼らが困窮し，自己資金による開発が不可能な状態にあると判断した．また1746年には，かつて輸送問題の所在を把握し得なかった政庁が，住民にとって水牛を使用するコーヒー輸送は費用がかさみ，かつ重労働であることを認めた [Haan 1910-1912: vol. 2 494; vol. 3 671-672]．そしてこの年のスメダンのレヘントへの貸付を皮切りとして，以後現地行政委員がレヘントに多額の資金を貸付けるようになった [Haan 1910-1912: vol. 3 783]．1755年に現地行政委員は，自分とその前任者（1750-54年在任）が，コーヒー栽培の促進のためにコーヒー代金の引渡時支払を実施し，政庁の金庫より現金を供出者（レヘント）あるいはその代理人に支払ったこと，この即時払は貸出の形態をとり従来の代金支払時期に清算したこと，そしてこの方法が大変上手くいっていることを報告している [Haan 1910-1912: vol. 3 752]．加えていつの頃からか代金は引渡以前にも支払われるようになった．この即時払と前貸の金額が初めてわかる史料は，チアンジュールおよびカンプンバルのレヘントの負債に対する1777年の調査報告であるが，それによれば76年に両レヘントに対して漸時貸出されたコーヒー代金の合計は35,000R. であり，これは同年引渡されたコーヒー1ピコルにつき2R. の計算となった [Haan 1910-1912: vol. 2 588]．

以上のような開発政策下，1740年代半ばに激減したバタビア地区のコーヒー引渡量は，50年代初めより次第に増大し60年代後半より政庁の提示する引渡量割当を満たすようになった．しかも輸送が困難なために生産の拡大が遅れたと言われる東部地域の引渡量がこの期間に急速に伸びた．そこで以上の政庁の諸施策はコーヒー輸送に対して一定の度合ではあれ効果をあげたと考えられる．そこで次項においてこの時期のコーヒー輸送を検討する．

3-2　コーヒー輸送の円滑化とレヘントの政庁依存

　西部地域では，相変わらず水牛の背と水牛に引かせた荷車が使用され，バイテンゾルフからバタビアまでは主にチリウン川の西側の道路が使用されていた [Anonymous 1856: 172; Haan 1910-1912: vol. 3 658-659, 665]．さらにバタビア周辺ではレヘント達の船積み倉庫がバタビア郊外に移されたため，40年代初めまでよりも陸路使用の部分が長くなった．コーヒー輸送において陸路は，大運河の完成後も依然として主要なルートとして残ったのである[11]．

　東部地域からバタビアへの輸送ルートと方法については，より合理的な輸送の模索が続けられた．バンドンではコーヒーを輸送用動物に担わせてチカオの倉庫まで運び，チカオから船を使用して数日でタンジョンプラに到着した．そしてタンジョンプラで航海用の船に積替え，12月にバタビアへ到着した．スメダンでは陸路ギントゥンまでコーヒーを運び，そこから河川を使用するか，雨期の河川の増水を待ってパマヌーカン川を下り，下流で航海用の船に積替えバタビアへ向かった．パラカンムンチャンもギントゥン経由のルートを使用した [Chijs 1985-1900: vol. 7 263-264]．これに対してスメダンおよびパラカンムンチャンからチルボンへの輸送は牛の背にコーヒーを担わせて運んだこと以外は不明である [Haan 1910-1912: vol. 3 640]．前項で述べたように，政庁はこの時期までにスメダンおよびパラカンムンチャン産のコーヒーの引渡場所を2回変更したが，レヘント達はこの施策に従った．ただし変更は一方的に強いられたものではなく，レヘントも高価格のバタビアと輸送の容易なチルボンを秤りにかけ，行動していたことが窺われる．1758年の変更の際にはレヘント側にもバタビアにおける引渡の不合理が不満として存在していた．これに対して66年に引渡場所が再びバタビアに変更された時には，同時にチルボン引渡分のコーヒー代金が1ピコルあたり5.5R.から4.5R.に引下げられていた [Chijs

1885-1900: vol. 8 135]．1771 年にチルボンでも引渡が認められた時，レヘント達はバタビアの価格である 1 ピコルあたり 6R. かそれに近い価格を要求し，政庁は 5.5R. と譲歩したが [Chijs 1885-1900: vol. 8 697-700]，レヘント達はそののちも大部分のコーヒーをバタビアで引渡したのである．

　加えて東西両地域のレヘントが以上の輸送を組織する過程で，本節第 1 項で述べたコーヒー代金の即時払および前貸が輸送の円滑化に大きな役割を果たしたと考えられる．試みに 1766 年を例にとって輸送費用を考えてみよう．この年の西部地域の引渡量は 15,906 ピコル，東部地域の引渡量は 11,017 ピコルであった．これに対して水牛 1 頭が担うコーヒーの量は 1 ピコルほどであり，水牛 2 頭立の荷車はその大きさに応じて 4 〜 10 ピコルを積んだ [Haan 1910-1912: vol. 3 640-641]．そこで仮にコーヒーをすべて水牛の背で運ぶならば，レヘントと住民は輸送シーズンの間に延べ 27,000 頭ほどの水牛を，またすべてを 10 ピコル用の荷車で運んだとしても延べ 5,400 頭近い水牛とその半数の荷車を調達する必要があった．輸送距離の長い東部地域では最も強壮な水牛でも 2 回の輸送が限度とも言われ，シャトル輸送にも限界があったようである [Haan 1910-1912: vol. 3 672]．水牛と荷車は手持ちで足りなければ購入か賃借する必要があるが，当時水牛の価格は 1 頭 10R. 前後，荷車 1 台はこれより高価であった [Haan 1910-1912: vol. 4 492-493]．このほかコーヒー袋，倉庫の維持費など輸送には多くの費用がかかるが，特に東部地域では水路輸送の費用が必要である．レヘントが配下の者との支配関係を駆使しても手配できない輸送用具や人員については，代金の前貸が調達を容易としたことは疑いがない．

　こうして政庁の諸施策はコーヒー輸送の安定・円滑化に寄与したと考えられる．しかしそれは同時に，レヘントが政庁や輸送を請負う者の提供するサービスに依存することでもあった．東部地域のレヘントは，船によるバタビアまでの輸送を，ある時期から専門の者に肩代りさせたようである．1758 年にはパマヌーカンからバタビアまで VOC の船が使用され，100 ピコルあたり 192R. の費用がかかった．パマヌーカンからバタビアの VOC 倉庫までの費用はレヘントの負担であったが，レヘントは輸送の総費用が 100 ピコルあたり 400R. かかると主張した [Haan 1910-1912: vol. 3 699]．また西部地域においては，この時期の終わりまでに，バイテンゾルフ－バタビア間において輸送を請負う者達がコーヒー輸送にも参入を始めていた可能性が高い (本章第 4 節第 2 項で論述)．

　加えて東西両地域のレヘント達は，政庁のコーヒー代金の前貸に次第に依存

していったと考えられる．やや時代は下るが，1785年に資金の欠乏に見舞われた現地行政委員は，前貸を停止しようとしたが，(1)レヘント達に古い習慣である前貸を要求されたこと，(2)前貸なくしてはコーヒーが引渡されないことを報告している［Haan 1910-1912: vol. 3 754］．その中で西部地域では，レヘント毎に組織されているコーヒー輸送を統合しようとする政庁の動きが認められた．1749年に，政庁がチアンジュールのレヘントの弟をカンプンバルのレヘントに任命すると，その翌年，バタビア市近郊のチアンジュールのコーヒー倉庫の隣にカンプンバルの倉庫が建設された．さらに政庁は1761年から1776年までの間に，両レヘント統治地域およびチカロンのコーヒー代金前貸や即時払とその清算を，帳簿の上で一括して扱うようになったのである［Haan 1910-1912: vol. 2 588; vol. 3 788-789］[12]．これは西部地域のレヘント達の，政庁に対する金銭的責任が集団化されたことを意味する．このような政庁サイドの合理化は，レヘントが，コーヒー輸送全体を独占的に請負っていたがゆえに維持していた自律性が，政庁の貸付を契機として部分的に弱まったことによって可能となったと推測される．

3-3 小　　括

　以上，本節の考察から次のことが指摘できよう．(1)政庁は1740年代初めまでと異なりバタビア後背地の開発に積極的に乗り出した．バタビア周辺において運河の開削，内陸交通に関わる規則の整備を行ない，レヘントにコーヒー代金の前貸を開始した．(2)レヘントは依然として統治地域内のコーヒー集荷を独占し，バタビアおよびチルボンまでのコーヒー輸送を組織していた．しかし資金の前貸を含んだ，政庁および植民地都市において輸送を請負う者の提供するサービスを利用する中で，輸送組織者としての自律性の弱まる兆しが認められた．

4 ── レヘントの役割の縮小：1770年代末-1790年代末

4-1 ジャワ島産のコーヒーをめぐる国際環境と密輸の問題：1770年-1811年

　1770年から1811年に至る期間に，コーヒーをめぐる国際環境は大きく変化する．コーヒーの国際価格は1780年代から高騰し，コーヒーは一躍利益の上がる貿易品となった（1823年まで）．これは中南米でのコーヒー輸出の減退，なかでもサントドミンゴにおける奴隷反乱（1791年）による輸出停止が原因であった．そこで政庁は1780年代半ばからプリアンガン地方においてコーヒー生産拡大政策をとった．その結果，オランダ本国政府が政庁に80,000ピコルを要求した89年より，引渡量はそれまでの約2倍に増大した［第4章第2節］．このためコーヒーの内陸輸送は再び政庁の大きな関心事となったのである．

　他方，VOCはジャワ島周辺の制海権を徐々に喪失し，1770年代にはイギリス商人，およびこれと手を結んだ中国人・ブギス人などの密輸行為に悩まされていた．そののち第4次英蘭戦争（1780-84年）によってバタビアとオランダ本国の間の輸送が途絶えると，財政危機の中にあったオランダ政庁は臨時措置としてアメリカ，デンマークなど中立国の船舶に対してバタビアでジャワ島産物の販売を開始した．この措置はVOCの財政危機緩和などのためその後も続いた［Kwee 2006: 190-191］．

　政庁は最大の収入源であったプリアンガン地方産コーヒーの密輸を警戒していた．密輸は実際に行なわれ，とくに1800年以降報告された［Haan 1910-1912: vol. 3 561-563］[13]．しかし本章説明で明かとなる以下のような理由で，密輸はプリアンガン地方のコーヒー生産・輸送システムを崩壊に導くものとはならなかった．第1に，コーヒー産地が海港より遠い山岳地帯にあり，商業ベースの投資による農園建設・維持は成立しなかった．また輸送で利益が出せる地域およびルートも限られていた．第2に，密輸も，VOCの構築した，夫役を多用する輸送システムに寄生していたうえ，既存のシステムから手数料などの利益を得るヨーロッパ人，現地人首長層が多く存在し，システムに大きな打撃を与えることは誰にとっても利益にならなかった．むしろ，引渡量の増えたコーヒーをいかに輸送するかが政庁の大きな課題であると認識されていた．1800

年以降は，銅貨の価値下落やイギリスとの戦争に備えた輸送ルート変更が，バイテンゾルフ-バタビア間に存在する輸送業者を離散させるなど輸送システムに打撃を与えており，この復旧が政庁の課題とされていた．以下はこのコーヒーブーム下で見られた輸送システムの再編である．

4-2　西部地域における下級首長・住民の輸送参入：1770年代-80年代

　この時期には政庁によるレヘントの負債整理が，西部地域のレヘントのコーヒー輸送独占の解除をもたらした．1777年の政庁の調査によって，プリアンガン地方のレヘント達が政庁および現地行政委員に巨額の負債を負っていることが発覚した．負債は，1750年代から政庁が実施した対レヘント融資から生じたものであった．政庁は翌年，レヘントに対しコーヒー代金の一部を負債の返済に充てることを命じた．そして返済がコーヒーを栽培する住民の負担増加に結果することを防ぐために，VOC職員がバイテンゾルフで，カンプンバルおよびチアンジュールの住民よりコーヒーを受取り，彼らに直接代金を支払う方法が検討された [Haan 1910-1912: vol. 3 723, 754]．このコーヒーの受取と代金の支払がいつから開始されたかは不明である[14]．しかし政庁がコーヒー栽培の拡大政策を開始した1780年代半ばまでには，一部で始まっていたようである．1786年6月の現地行政委員の報告にはレヘントを介さないコーヒー引渡の具体的な方法が示されている．

　　チアンジュールの住人 (inwoonder) で，集荷したコーヒーをバイテンゾルフへ輸送すると決めた者は，ひとつの種類の秤でコーヒーを計量し，そののちチアンジュールのレヘントによって特別に任命された書記から，VOCへ引渡される予定のコーヒーの量がはっきりと書かれている証書を受取ってくる [Haan 1910-1912: vol. 3 635]．

この証書発行の際には，引渡されるコーヒーの量が多くても少なくても証書1通に対し一律の手数料が徴収された．また同年11月には，仲買人の活動が報告されている．

　　チアンジュールのコーヒーは仲買人 (opkoopers) によってバイテンゾルフ

へ運ばれる．彼はただチアンジュール（レヘント居住集落—引用者註）で買ったコーヒーをそこ（レヘント居住集落—引用者註）で申請するだけである．コーヒーは彼らが道すがら自分で集荷してきたものではない [Haan 1910-1912: vol. 3 638]．

このように1780年代半ばには，レヘント以外の者がコーヒーをバイテンゾルフへ輸送する実態が現れて来るのである．史料中の仲買人がどのような者であるかは現在のところ不明であるが，現地人下級首長，有力な住民，および中国人の可能性が高い[15]．

では，なぜレヘント以外の者のコーヒー輸送が可能となったのであろうか．

4-3 西部地域で下級首長・住民の参入を可能としたもの：1790年代

はじめに1790年代半ばの西部地域におけるコーヒー輸送と代金の支払方法を概観しよう[16]．バイテンゾルフでは8月よりVOC職員による支払が始まり [Haan 1910-1912: vol. 3 671]，1山岳ピコル（1.3〜2.4ピコル）[17]あたり4R.が支払われた [Nederburgh 1855: 129-130]．バイテンゾルフでコーヒーを引渡す者として次の者達が挙げられる．第1は仲買人（opkookers）であり，チアンジュールでは仲買人がしばしばコーヒーの青田買いをすることが報告されている．第2は仲買人と同じ役割を果たすレヘントである．コーヒー監督官の報告によれば，1799年にはパダブンハル（Padabeunghar: 現在のスカブミ Sukabumi の西南，チマンディリ Tjimandiri 川沿い）に小倉庫が存在し，そこではコーヒーが1山岳ピコルあたり2R.で住民より買取られた．このコーヒーは積載量3山岳ピコルのレヘントの荷車でバイテンゾルフへ輸送されたが，これは往復15〜16日の旅程となったという [Haan 1910-1912: vol. 3 637]．このほかにバイテンゾルフ近郊の有力な住民も直接コーヒーを引渡したと考えられる [Nederburgh 1855: 129]．なお輸送手段は従来どおり水牛の背と荷車であった [Haan 1910-1912: vol. 3 665]．

バイテンゾルフからバタビアへの輸送について，レヘント達は依然として財政上の責任者であった [Nederburgh 1855: 129]．しかし輸送に関わる実務の多くは既にレヘントの手を離れていたと言える．1790年代半ばには，バイテンゾルフのレヘント（旧カンプンバルのレヘント）がその配下の住民を組織する以外は，バタビア周辺地域の荷車運搬人（karrenvoerders）がこの輸送を行なってい

た．VOC 職員によれば，バイテンゾルフのレヘントはこれらの運搬人が水牛や荷車を調達するために，輸送の何ヵ月か前に彼らに前貸を行なっていた．おそらくレヘントがバタビアで VOC よりコーヒー代金の前貸を受けた直後に実施されたのであろう[18]．バタビアのレヘントの倉庫までの輸送料金は 1777 年の政庁決定と同額のコーヒー 1 ピコルあたり 14s. であったが，この料金を下げることは難しかったという．また荷車 1 台（積載量 10 ピコル）の賃貸料は 2.5R. であり，荷車運搬人は輸送料金と賃借料の差額を利益とした．大部分のコーヒーはこうして調達された荷車を一度に何百と連ねることによってバタビア郊外のレヘントの倉庫へ運ばれた [Haan 1910-1912: vol. 3 665, 657; Nederburgh 1855: 129-130, 240]．そしてこれにともない西部地域，とくにチアンジュール，チカロン，チブラゴンでコーヒーを栽培する住民は，バタビアまでの輸送に携わらなくなったと考えられる．またバタビア郊外にあるチアンジュールとバイテンゾルフ（旧カンプンバル）のコーヒー倉庫は，18 世紀半ばと同様に隣合わせに立ち，レヘント達の費用支出とその配下の人員によって維持されていた．しかしこの 2 倉庫はカンドルアン（Kandoeroewan）の称号をもつ 1 人の下級首長によって管理されていた [Haan 1910-1912: vol. 3 660; vol. 4 78; Nederburgh 1855: 214]．このことはバイテンゾルフーバタビア間の輸送において西部地域のコーヒーをレヘントごとに区別する必然性がなくなったことを意味しよう[19]．さらにかつてレヘント各自が行なっていたバタビア周辺の道路や橋の維持についても，政庁が実務を担うようになり，レヘントは費用のみを負担するようになったのである [Haan 1910-1912: vol. 3 718-719; Nederburgh 1855: 218-219]．

　以上の輸送状況をレヘントに焦点を当てて述べると，西部地域のレヘント達は 90 年代半ばまでには，統治地域内の集荷の独占を解除され長距離輸送の独立した組織者であることをやめていた．バイテンゾルフを除いて，レヘントが実際に組織するのは統治地域の一部からバイテンゾルフへの輸送のみとなった．レヘント達は依然としてバタビアまでの輸送費用を支出していたが，これもコーヒー監督官の監視を受けるようになっていたと判断される [Haan 1910-1912: vol. 4 360; Nederburgh 1855: 196-198, 213-214]．その一方でレヘントは，コーヒー引渡証書の発行手数料を徴収したほか，配下の者の持つ水牛に課税するなど [Nederburgh 1855: 208]，既得権限を利用してコーヒー輸送に寄生し利益を引出すようになっていた．

　では，以上のような輸送システムの変更が定着した要因は何であったろう

か．最も大きな要因として，バイテンゾルフにおける市場の発展を指摘することができる．バイテンゾルフは1740年代半ばからVOCの行政拠点として発展するとともに，西部地域の商業拠点ともなった．早くも1751年には，火曜と土曜に開かれるパサール（pasar: 市場）が史料に登場する．パサールからの市場税徴収は中国人が請負ったが，税収を見ると，1761年に2,500R.，65年に4,000R.，99年には10,000R.と増加している [Haan 1910-1912: vol.4 597]．このパサールの発達は，バイテンゾルフ－バタビア間の物資輸送を盛んにして荷車運搬人の存立を可能にするとともに，西部地域の首長や住民がこの町で生活必需品を購入することをも可能とした．西部地域の住民の生活必需品である塩，織物，各種道具などは，1750年代には未だコーヒーをバタビアに運んだ際の帰り荷として，バタビアよりこの地域にもたらされていた [Jonge 1862-1888: vol. 10 242]．ところが1790年代後半には，塩をはじめ，布，陶器，鉄器などの必需品を，バイテンゾルフで購入するチアンジュール住民が現れる．チアンジュール－レヘント統治地域内部には90年代においてもパサールがなく，これらの品物は領内ではレヘントや下級首長から高い値で購入しなければならなかった．しかも品物はしばしばコーヒー代金支払の代わりとされた．そこでバイテンゾルフへのコーヒー輸送は，コーヒー代金でこれらの品物を購入して帰り荷とできるならば，輸送能力を持つ者にとって十分魅力的であったと推測される．なおチアンジュールのレヘントは，このほか，統治地域内での塩の専売や椰子砂糖の独占的集荷をパサールを根拠地とする中国人に請負わせており，政庁はこれらの商業的独占を解除しようとしていた [Nederburgh 1855: 146; Haan 1910-1912: vol. 4 592-593, 597-598; Jonge 1862-1888: Vol. 11 364-365]．

つぎにこの時期の東部地域におけるコーヒー輸送を概観する．

4-4　東部地域におけるレヘント主導の輸送継続

東部地域でも1780年代半ばにコーヒー栽培の拡大が始まったが，政庁は輸送方法・代金支払とも大きな改変を行なわなかった[20]．コーヒー輸送と代金の支払方式を見ると，東部地域のレヘントもまた，コーヒー輸送の財政的責任者であった．レヘントは毎年1月にバタビアから統治地域に帰る前に現地行政委員よりコーヒー代金の前貸を受けた．金額は予想される収穫のおよそ1/2～1/3であった．レヘントが統治地域に帰ると，下位行政地域であるチュタック

毎に，収穫予想の調査がなされ，4月までにバタビアへ報告された．そしてバタビアよりさらに前貸に必要な追加の資金が送られた．予想がさらに多くなるとまたバタビアに報告するのである．これに対して前貸の金額より引渡したコーヒーが少ない場合には，すべての引渡が終わった後で代金を返還する．前貸の合計額はコーヒー代金総額の50～80％ほどとなった．前貸金はバタビアからレヘント居住集落までコーヒー監督官の管理下にあり，レヘントの自由にはならなかった．居住集落に到着するとレヘントは下級首長を集め，コーヒー監督官の面前で，下級首長達が報告した引渡予想量に従って，代金を分配した．その後下級首長達は自らの統轄地域の中で住民に代金を分配した [Haan 1910-1912: vol. 3 802; Nederburgh 1855: 199-202, 144-145]．

代金の分配を受けた住民は収穫期になると下級首長にコーヒーを引渡した．もし住民に輸送能力がある場合は，レヘント居住集落かチカオあるいはギントゥンにあるレヘントの倉庫に運んで行くが，輸送力のない場合にはレヘントや下級首長が輸送料を徴収してこれを代行した．チカオおよびギントゥンでは4R./山岳ピコルがレヘントの部下によって支払われた [Nederburgh 1855: 131]．とはいえ大部分の住民が内陸集荷基地までの長距離輸送を組織する力を持たないため，レヘントはほとんどのコーヒーをその居住集落で受取っていた．レヘントは五月雨的に行なわれる引渡を受けるために，その期間住居集落を離れることができなかった．そして住民に支払うコーヒー代金から1R.36s.～1R.12s./山岳ピコルを輸送費用として差引いた．レヘントはコーヒー輸送のためだけにレヘント居住集落に輸送用動物を飼育し，自らの事業としてコーヒーをチカオあるいはギントゥンへ輸送した [Nederburgh 1855: 135]．その一方でバンドンのレヘントはチカオまでコーヒーを運んだ住民にはコーヒーを輸送する水牛1頭につき1s.の通行税を徴収していた [Haan 1910-1912: vol. 4 8]．

チカオからバタビアまでの輸送費は24s./ピコルであり，レヘントの財政から支出されたが，チカオには様々な種類のコーヒー船を所有する何人かの船主がいた [Haan 1910-1912: vol. 3 654; Nederburgh 1855: 130-131]．船主はVOC職員，中国人，現地人首長層などであったと推測される．これらの小船は川でのみ安全に航行できるので，おそらくコーヒーの一部はタンジョンプラで大船に積替えられたと思われる[21]．またパラカンムンチャンおよびスメダンのレヘントはギントゥンに倉庫を持ち，前者はバタビア近郊にも倉庫を所有していたようである．ギントゥンからバタビアまでの輸送ルートはバンドンの場合と同様であ

り，輸送料は 18s./ ピコルであった [Haan 1910-1912: vol. 3 686-687; Nederburgh 1855: 131]．この東部地域からの輸送にはしばしば 2 ヵ月かそれ以上を要し，川で転覆の危険もあった．東部地域の引渡量はこの輸送がボトルネックとなって不安定であったと言う [Nederburgh 1855: 134-135, 145]．

このように東部地域でもレヘントは，内陸集荷基地からバタビアまでの輸送を請負人に委ねていた．しかし彼らはレヘント統治地域内部の集荷を独占し，かつ内陸集荷基地までは他に並ぶもののない巨大な輸送組織者として，依然として不可欠な存在であったと言える．これは東部地域ではチカオやギントゥンなどの内陸集荷基地から生産地までの距離が長く，かつ内陸に政治および経済の中心となる植民地都市が存在しなかったためと推測される．

4-5 小　　括

以上から，この時期にはコーヒー輸送は次のように変化したと判断できる．(1) 西部地域のレヘントは，統治地域内のコーヒー集荷独占を解かれ輸送組織者としての役割を大きく減じた．バイテンゾルフのレヘントはバタビア周辺地域の荷車運搬人と並んで，いまだバタビアへの輸送の一部を組織していた．しかしチアンジュールのレヘントは統治地域内部の限られた地区からバイテンゾルフへの輸送を組織するのみとなり，むしろコーヒー輸送に寄生して利益を引出す性格を帯びるようになった．(2) この変化の発端は政庁の施策にある．しかし政庁は，権力をもって施策を実施させたというよりは，バイテンゾルフの市場の発展など経済的環境の変化に対する植民地都市勢力や在地社会の対応を巧妙に利用したと考えられる．(3) 一方，東部地域におけるレヘントは，内陸集荷基地からバタビアまでの輸送を請負人に委ねたが，生産地から内陸集荷基地までの輸送については依然として他に並ぶもののない巨大な輸送組織者であった．

5 ── 東部地域におけるレヘントの役割の縮小：
　　　1800 年-1810 年代初め

VOC は 1799 年に解散し，VOC 領はオランダ本国政府によって引継がれた．その翌年より政庁は，コーヒー生産の一層の拡大を目指して，レヘント居住集

落や住民の居住集落より離れた火山の中腹に大コーヒー園の開設を命じた．そしてそれとともに主に東部地域において，輸送増強政策を実施した．本節では東部地域に対する輸送政策を辿る．

5-1 レヘントによる集荷独占の解除と統治地域内輸送システムの再編

　政庁は，まず輸送の最も困難なスメダンおよびパラカンムンチャン-レヘント統治地域の輸送について，統治地域内に小倉庫を建設する方式を採用し，試行錯誤の結果，これを定着させて一定程度の成功をおさめた．はじめに政庁は，コーヒーをパマヌーカンの倉庫に輸送する計画を立て，1801年および翌年にはこの地域のレヘントに，コーヒー船と輸送用動物を準備する資金を貸付けた [Haan 1910-1912: vol. 3 713-714]．またスメダンのレヘントの発案によって各チュタック内に小倉庫が設立されたが，これは小倉庫から直接パマヌーカンの倉庫へとコーヒーを輸送するためであった [Haan 1910-1912: vol. 3 637, 718]．しかしこれらの計画には無理があったらしい．1802年にスメダンで300人，パラカンムンチャンで700人が逃亡したことが報告されている [Haan 1910-1912: vol. 4 311]．この2地域の輸送ルートは1803年に変更され，コーヒーはチマヌク川を経由してインドラマユの倉庫へ輸送されることとなった[22]．同年政庁はスメダンおよびパラカンムンチャンのレヘントにカランサンブンに倉庫を建設させ [Haan 1910-1912: vol. 3 563, 639, 713]，翌年には新ルートによる輸送が開始されたようである．1804年にはカランサンブン-インドラマユ間の輸送料が15s./山岳ピコルであったことが報告されている [Haan 1910-1912: vol. 3 717]．同じ1803年にはチカオからバタビアへの輸送について，タンジョンプラからバタビアまではタンジョンプラの軍指令官のサンパンを利用するように定められ [Haan 1910-1912: vol. 3 654]，この区間の輸送は植民地勢力の直接管理下に置かれることになった．ところがこの時期はおりしも東部地域における大農園の開設が本格化し，多くの住民が居住地から離れた農園で長期間拘束されていた時期であった．1804年から東部地域では食糧不足，住民の逃亡が発生し，翌年にはパラカンムンチャンで飢饉が報告された [Haan 1910-1912: vol. 3 582-583, 612-613, 629-633]．

　政庁はこの危機への対処の一環として，東部地域においても，ヨーロッパ人官吏が内陸集荷基地で住民から直接コーヒーを受取って代金を支払う方法を

導入した．政庁は，1805年2月にチカオとカランサンブンのコーヒー倉庫にヨーロッパ人官吏を配置して，この方法を実施させ，レヘントに対するコーヒー代金の前貸を停止した［Chijs 1985-1900: vol. 14 122］．配置された官吏は，同年から翌年にかけて簿記係（Boekhouder）の肩書を得，レヘントに代わって統治地域のコーヒーに関する財務を管理するようになった［Haan 1910-1912: vol. 4 296］．ただし住民には，1R./山岳ピコルの輸送料の差引を条件として，コーヒーをレヘント居住集落でレヘントに引渡すことも認められており，レヘント居住集落からチカオまでは従来どおりレヘントによる輸送が期待された［Haan 1910-1912: vol. 3, 639, 717-718］．その一方で政庁はコーヒー輸送に対するレヘントの課税を禁止した．まず1804年末に，バンドンのレヘントがチカオで行なっていた通行税の徴収と塩の販売の独占を廃止した［Haan 1910-1912: vol. 4 8, 11］．そして1806年8月にはレヘントが住民より徴収する橋，道路の通行税をプリアンガン地方全域で廃止し［Haan 1910-1912: vol. 4 7-8］，さらにレヘント居住集落の書記によって発行されるコーヒー引渡のための証書をも廃止した［Haan 1910-1912: vol. 3 636］．しかしこのレヘントの既得利権の削減がどこまで徹底したか疑わしい[23]．加えて以上の措置は，必ずしもすぐには輸送力の増強に結付かず，スメダンとパラカンムンチャンのなかでも，レヘントによる内陸集荷基地までの輸送が行なわれなかった地域では，輸送が住民にとって重圧となったようである[24]．

　そこで政庁は，1807年2月にカランサンブンでのコーヒー引渡を再開し，チカオおよびカランサンブンの何れでの引渡も許可したうえで［Haan 1910-1912: vol. 3 648］，いま一歩踏み込んで，これまで手をつけることのなかったレヘント統治地域内の輸送システムの改革を開始した．同年11月にはレヘント統治地域の内部に小倉庫を建設することがヨーロッパ人官吏によって提案され，まずパラカンムンチャンで実行に移された．これは輸送用動物を所有せず，チカオまでコーヒーを運べない住民を助けること，輸送余力を持つ者がほかの住民のコーヒーも輸送することによって利益をあげられること，そして仲買人（現地人首長層の可能性が大きい）を排除することを目的としていた［Haan 1910-1912: vol. 3 638-639］．このチュタックにおける小倉庫の活用は，政庁にとってある程度満足のいく効果を挙げたようである．1808年には，レヘント居住集落からの輸送についてもレヘントではなく，住民がチカオまでコーヒーを輸送したこと，そして小倉庫を建設する方式が上手くいったために引渡量が増大

したことが報告されている [Haan 1910-1912: vol. 3 637-639, 718]．この2つの報告は小倉庫方式の発案者自身が作成したので，必ずしも正確に事実を伝えるものではないかもしれない．しかし1809年にはチュタック長が小倉庫で住民からコーヒーを受取り，輸送料を差引いた代金を支払っている記述が現れ，さらに1810年にはこの小倉庫での支払がコーヒー監督官の監督事項とされるなど，小倉庫での活動はその後の史料でも確認できる [Chijs 1885-1900: vol. 15 228; Haan 1910-1912: vol. 4 796-797]．しかもこののちコーヒーの引渡量が増大したにもかかわらず [Haan 1910-1912: vol. 3 Staten en tabelen III]，輸送の混乱や逃亡・飢饉は報告されなかったのである．

次項では，以上の諸改革が一段落した1810年頃の東部地域のコーヒー輸送を概観する．

5-2　1810年頃の東部地域におけるコーヒー輸送

1810年頃には小倉庫を活用した輸送システムが定着したと思われる．1809年には輸送用動物を持たない住民は，小倉庫までコーヒーを輸送しチュタック長から3R. 6s./山岳ピコルの支払を受けていた [Haan 1910-1912: vol. 4 796-797]．生産地から内陸集荷基地までの輸送には，個々の住民，または下級首長やレヘントに組織された住民が当たった [Haan 1910-1912: vol. 3 687; vol. 4 800-801]．バンドンのレヘントは牛などの輸送用動物を都合できる者は誰でもコーヒー輸送によって1R./ピコルを得ることができると述べている [Haan 1910-1912: vol. 2 719]．輸送には主に水牛の背が使用された．とくにスメダンおよびパラカンムンチャンでは荷車の保有台数が少なく，ヨーロッパ人官吏は両地域を合わせた台数について1808年に8台，翌年に10台と記録している [Haan 1910-1912: vol. 3 641]．小倉庫から内陸集荷基地までの輸送所用日数は，平均して往復約1ヵ月と見積られていた．また小倉庫に限らずスメダンの各地域からチカオまでは往復55～60日，カランサンブンへは往復5～6日，パラカンムンチャンの各地域からチカオまでは25日，カランサンブンへは12日（おそらく片道），そしてバンドンの各地域からチカオまでは往復15～50日であった [Haan 1910-1912: vol. 3 669-670]．内陸集荷基地まで輸送して来た者はここでコーヒーを引渡し，帰り荷を手に入れる．帰り荷として第1に重要なのは塩であった[25]．

内陸集荷基地から輸出港までの輸送はチカオ-バタビア間の状態のみが明ら

かである．カランサンブンからの輸送は船が少ないこと，イギリスの攻撃を受ける恐れがあることなどで，この時期にはあまり活発ではなかったようである [Haan 1910-1912: vol. 3 648]．1807年にカランサンブンからチカオまでコーヒーを陸路輸送する料金が2R.40s./山岳ピコルと定められたことは，この移送が政庁公認のもとに行なわれたことを示していよう [Haan 1910-1912: vol. 3 717]．一方この時期のチカオにもコーヒー船が存在した [Haan 1910-1912: vol. 2 713]．この船を使用しチタルム河口[26]までは3～5日で，輸送料は14.5s./ピコルであった．チカオからの船はチタルム河口までコーヒーを運び，そこからバタビアまではタンジョンプラのサンパンが輸送した．チタルム河口からバタビアまでは9.5s.であったので [Haan 1910-1912: vol.3 717; vol. 4 589]，バタビアまでの輸送料は18世紀末と同額であった[27]．サンパンでのバタビア往復は8～10日かかったが，タンジョンプラのサンパンは数が少なく，1808年にはチカオからの船が待機させられている様子が報告されている [Haan 1910-1912: vol. 3 654; vol. 4 322]．

　以上の輸送状況をレヘントに即して言うと，東部地域のレヘントも，未だ西部地域のレヘントよりは輸送組織の規模が大きいものの，レヘント統治地域内のコーヒーの集荷独占を解除され，輸送と代金の支払においては配下のチュタック長とほぼ同質の役割を担うのみとなったと言えよう．では，この輸送システムの改変はいかにして可能となったのであろうか．

5-3　輸送システム変化の背景

　東部地域の輸送システムの改革が定着をみた要因として次の2点が挙げられる．第1はヨーロッパ人官吏が代金を支払う集荷基地において帰り荷が期待できるようになったことである．1809年に，ヨーロッパ人官吏は，次のように報告している．

> レヘント統治地域相互で行なわれていると言い得る唯一の交易は，コーヒーを輸送する者がいくらかの米，椰子砂糖，牛革などを余分に持っていて，バイテンゾルフ，チカオやカランサンブンへ運び，ちょっとした服，布，銅器，土器，幾種かの鉄器，塩，アヘン，タバコ，檳榔子，さらに木綿，針，糸，そしてその他の小間物等などと交換するものである．というのはコー

ヒー倉庫のある場所には大変多くの店 (warong) があり，商売を営む者がいるからである．彼らはバタビアやジャワからここへ移住した．となりのチルボン地区からも時々商人が来る [Haan 1910-1912: vol. 4 592]．

史料中の3ヵ所の集荷基地のうち，1809年においてパサールを有し多数の中国人がいたのは，バイテンゾルフのみであった [Haan 1910-1912: vol. 4 592]．しかし1811年に政庁はチカオにパサールを開設し中国人に請負わせた [Haan 1910-1912: vol. 4 883]．中国人は塩も販売していた [Haan 1910-1912: vol. 2 713]．同年10月カラワンの理事官はこのパサールの開設に関連して次のように述べている．

>　以前，山の人々は塩と交換するために油，砂糖，タバコ，リネンを運んできた．しかし塩が請負人 (farmers) を通さなければならなくなるとこの手ごろ交易は全く途絶えてしまった [Haan 1910-1912: vol. 4 10-11]．

これはかつてカラワンまで出かけて交易していた人々がチカオに集中したことを示していよう．さらに1812年にバンドンのレヘントは統治地域内部の商業について次のように言う．

>　商業は，なかでもチカオの倉庫付近で，例えばタバコ，檳榔子，塩などが盛んである．住民はそこで椰子砂糖，小さな籠，タンパ (Tampa)[28]，籐，豆，筵そして野菜などを売る．これらの品が求められて売られたら，買った者はそれらを再びより大規模な仲買人 (pokoopers) に売ることができる．レヘント居住集落ではタバコ，檳榔子，そして野菜も売られている．しかししばしば荷の動きは少ない（中略）レヘント居住集落での取引は盛んではない [Haan 1910-1912: vol. 2 715]．

チカオが帰り荷を十分に期待できる交易センターとなった様子が窺われる．
　第2の要因として，住民や下級首長からみた輸送ルートの合理性が挙げられる．1800年以降大コーヒー園は，地図9-2に見るようにレヘント居住集落より離れた場所に開設された．大農園での収穫は個々の住民が収穫し，大農園あるいは集落周辺の乾燥小屋か自宅の炉の上で豆を乾燥させたので [Haan 1910-

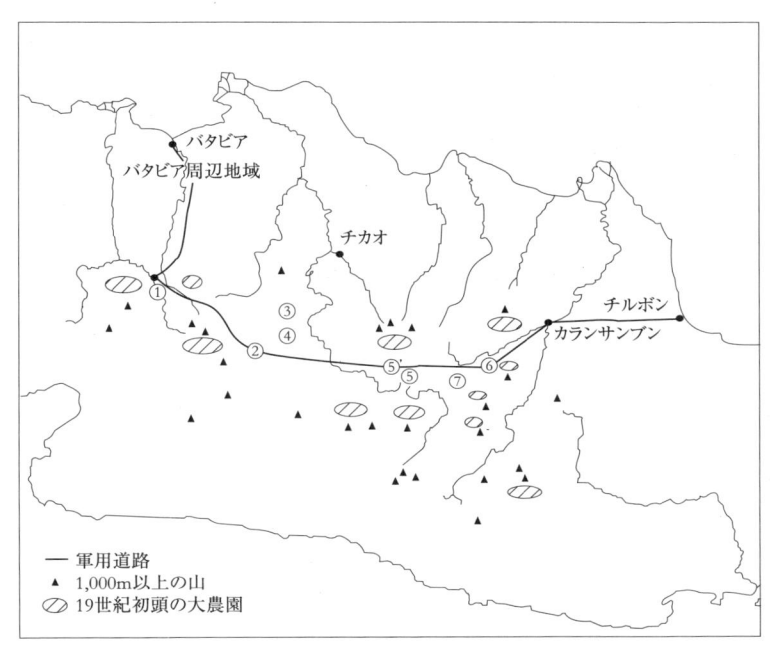

①〜⑦レヘントの居住集落

西部地域
① バイテンゾルフ
② チアンジュール
③ チカロン
④ チブラゴン

東部地域
⑤ バンドン　1810年頃まで
⑤' バンドン　1810年頃より
⑥ スメダン
⑦ バラカンムンチャン

地図 9-2　19世紀初頭の大農園

1912: vol. 3 604; Wilde 1830: 79]，レヘント居住集落を経由して内陸集荷基地へ運ぶよりチュタックから直接集荷基地へコーヒーを運ぶほうが輸送距離が短くなる地域が増加したのである．こうした状況の中で輸送余力を持つ者達にコーヒー輸送料の徴収が認められたことは，下級首長や有力な住民に従来よりも有利な輸送条件が生まれたものと考えられる．

5-4　西部地域におけるコーヒー輸送の混乱：1800年-1810年代初め

本節の最後に西部地域のコーヒー輸送について述べると，輸送はこの時期混乱状態にあった．バイテンゾルフ-バタビア間の輸送を見ると，1802年，政庁

はイギリスとの戦いを予期してバタビア近郊の橋を破壊し，西部地域のコーヒーをチサダネ川およびこれに沿った陸路を使用してバタビアへ輸送することを命じた．これにともない従来のコーヒー輸送設備が無駄となったことが報告されている．西部地域のコーヒー引渡量は1802年から5年まで90年代の水準以下に落ちたが，この急な輸送路の変更が影響したのではないかと推測される [Haan 1910-1912: vol. 3 665, Staten en Tabelen II]．この状態に対して，政庁は1806年には私領地の荷車の徴用を開始し，さらに政庁の資金で水牛と荷車を買上げ，これを立ちゆかなくなった荷車運搬人に払下げることを決定した [Haan 1910-1912: vol. 3 665-666]．さらにその翌年には従来の陸路の使用が再開されることになった．またこの頃よりバイテンゾルフからの輸送もヨーロッパ人官吏が直接管理し，同地のレヘントも輸送実務より切離されたようである．ダーンデルス総督着任（1808年1月）前の時期に，バイテンゾルフのヨーロッパ人官吏がコーヒー輸送用の荷車を調達するために，配下の下級首長をチサダネ川の下流地域に派遣しており，その契約台数は300台ほどであったと言う [Haan 1910-1912: vol. 4 793]．しかしダーンデルスの統治下でこの荷車運搬人たちは再び立ちゆかなくなり離散した [Haan 1910-1912: vol. 4 793]．その主な原因は当時の輸送料金が前の時代とほとんど変わらなかったにもかかわらず，支払に使用される1R. 銅貨（bonk）の価値が下落したためであった[29]．

政庁はレヘント統治地域内部の輸送に関して，西部地域においても小倉庫の建設を試みたが効果は少なかったようである．1806年1月に政庁はチアンジュールの2チュタック，チフラン（Tjiheulang）・スカラジャ（Soekaradja）そしてレヘント居住集落に小倉庫を建て，そこでコーヒーを受取るとともにバイテンゾルフへの輸送料を差引いた代金の支払を行なうことを決定した[30]．また同年9月には東部地域と同様にこの住民へのコーヒー代金の支払すべてが，レヘントから簿記係の肩書を得たコーヒー監督官へと引継がれることになった．これらの施策のねらいは，レヘントやチュタック長にコーヒーの仲買をさせ，バイテンゾルフまでの輸送の大半を担わせることにあった．当時バイテンゾルフ－バタビア間のルート変更に伴って荷車運搬人が受けた経済的打撃は，レヘント統治地域内部の仲買にも影響したようであり，生産地におけるコーヒーの滞貨が報告されていた．しかし住民はコーヒーを小倉庫で引渡すことを好まず，むしろ直接バイテンゾルフへ運んでいるとのヨーロッパ人官吏の指摘があり，首長層による仲買は住民にとって有利なものではなかったようである [Chijs

1885-1900: vol. 14 339; Haan 1910-1912: vol. 3 637, 673, 718, 726].

　ところで，ダーンデルス統治下では，プリアンガン地方全域のレヘント達の住民収奪をなくすためにコーヒー引渡に関わるすべての費用を政庁が負担すべきであるという，これまでレヘントに残されてきたコーヒー輸送に関する財政的責任をも分離する議論が起きていた [Haan 1910-1912: vol. 3 678]．このことはすでにヨーロッパ人官吏の一部が，レヘントをコーヒー輸送の邪魔者として認識していたことを示していよう．

5-5　小　括

　以上から次の変化が指摘できよう．(1) 東部地域のレヘントは統治地域内のコーヒーの集荷独占を解除され，統治地域内の限られた地区から内陸集荷基地までの輸送と，その地区の住民に対する代金支払を実施することとなった．(2) この施策がある程度定着したのは，内陸集荷基地における市場（パサール）の開設などによって，政庁がレヘント配下の首長層および住民から直接コーヒーの引渡を受けることが可能となったことによろう．(3) そののち政庁は，プリアンガン地方全域においてレヘント統治地域内部に小倉庫を建設し輸送システムを再編するとともに，統治地域のコーヒーに関する財務全般をヨーロッパ人官吏に移管するなど，レヘントがコーヒー輸送から利益を引出す道を閉ざす努力を始めた．これとともにバイテンゾルフのレヘントもバタビアへのコーヒー輸送から切離されたと考えられる．(4) 18世紀末に登場し，19世紀初めにもレヘント統治地域内で活動が認められる仲買人 (opkooper) はコーヒー輸送と交易を接合することで経済的利益を得ていた．詳しい考察は今後の課題であるが，現在のところ，現地人首長層，有力な住民，そして中国人が含まれると推測される．

6 —— おわりに

以上論じてきたことをまとめると次のようである．

　(1)　1720年代-40年代初め：レヘントは内陸からの輸送の独占的組織者であった．胡椒に比べて多量となったコーヒーの輸送のためにバタビア付近で設

備投資を行ない，また政庁に対して輸送に関わる様々な要望を出していた．これに対して政庁は積極的政策をとらず，特に政庁およびヨーロッパ人によるコーヒーに関わる融資を禁止していた．

　(2)　1740年代後半-1780年代前半：政庁は積極策に転じ，バタビア周辺で運河開削および内陸交通に関わる規則の整備を行なった．コーヒー代金の前貸という形で開始したレヘントに対する融資は，内陸からのコーヒー輸送を円滑にすることを目的としていた．さらに政庁によるバタビア周辺の総合開発の結果，1750年代にバイテンゾルフに市場（パサール）ができ，バタビア-バイテンゾルフ間の商業および輸送に携わる中国人や現地人が登場した．これに対してレヘントは，バタビア周辺の輸送についてその一部をバタビアに拠点をおく輸送業者に請負わせるようになった．

　(3)　1785年以降：まずチアンジュールのレヘントの輸送独占が1790年代に解除され，19世紀初頭にはその他のレヘント統治地域でも同様の措置がとられた．こうしてプリアンガン地方のコーヒー集荷基地であるバイテンゾルフ・チカオ・カランサンブンからバタビアあるいはチルボンに至る輸送および商業網の組織主体と担い手は，レヘントからオランダ植民地権力・中国人を中心とする植民地都市勢力へと代わった．一方レヘント統治地域内ではコーヒーは各チュタックより直接内陸集荷基地に輸送され，そこで輸送してきた者に代金が支払われた．このためチュタック長以下の下級首長および富裕な農民はコーヒー輸送に利益を求めて活発に参入し，チュタック長が輸送と代金支払いの要となるとともに，チュタックの中心集落はコーヒー輸送の拠点となった．一方レヘントは，1810年頃までに，統治地域内で1チュタック長とほぼ同様の輸送集荷機能を保持するのみとなり，その役割は1720年代とは比較にならないほど縮小していた．

　(4)　コーヒー輸送にチュタック長以下の下級首長および富裕な農民が参入した主な理由は2つ考えられる．第1は，政庁によるコーヒー生産の拡大政策によってコーヒー栽培場所がレヘントの居住集落より遠い山麓に移され，輸送量も増大したことによって，レヘント居住集落経由の輸送が合理性を失ったことである．第2は，コーヒー内陸集荷基地に設置した市場（パサール）の発達によって，集荷基地で得たコーヒー代金で生活必需品などを購入して帰り荷とする交易が利益を生んだことがあげられる．ただしパサールで自由な交易がどのくらいできたかは疑わしい．パサールでは中国人商人やVOC職員が専売制

度を敷いていた．またこの交易の方法は18世紀中葉まではレヘントがバタビア-レヘント居住集落間で行なっていたものであった．具体的な考察は今後の課題である．

　（5）1790年代以降，バイテンゾルフからバタビアに至る輸送にみられる荷車運搬人の実態解明もまた今後の課題である．彼らは従来，バイテンゾルフでの企業活動の嚆矢として注目されてきた [Burger 1975: vol. 1 54; Boomgaard 1986]．しかし，彼らは水牛や荷車を準備するために前貸を必要不可欠としていたこと，貸付はレヘントや下級首長を通じて行なわれたことを考えると，1760-70年代のレヘントと同じ性格を持ち，オランダ政庁主導で構築されつつあったコーヒー輸送システムの一部を担う者達という側面を持つ．1780年代から史料に登場するレヘント統治地域内の仲買人も同様である．

　以上のような変化の方向がイギリス占領期（1811年-1816年）ののち，オランダ再占領期にいかに受け継がれたかについては，章を改めて検討する．

註［第9章］

1）政庁は12月31日を会計年度末としていたうえ，本国向けの2隻の船のうち第1船の出港が年末であったので [Boxer 1988: I, 90]，それ以前にコーヒーの引渡が完了することを望んでいた．

2）このカンプンバル，チアンジュールの両レヘントによるスリンシン（地図8-1①）付近からの水路使用は，ひっきりなしに通る荷車がバタビア近郊の道を劣化させたこと [Haan 1910-1912: vol. 3 661]，および1728年に政庁がバタビア市へ進入する道を産物輸送のために使用するのを禁止したことと関係していると考えられる [Haan 1910-1912: vol. 3 662]．ただしこの禁止令自体は早くも翌年に解除されている [Haan 1910-1912: vol. 3 662]．

3）ただし政庁は47年にカンプンバルからチバナスを経由してチアンジュールまでの病人輸送用牛車の宿駅制度とその使用料金を定めているので [Chijs 1885-1900: vol. 5 488-491]，一定量のコーヒーが水牛や住民の背に担われてこの道を下った可能性がある．

4）このことは同時に，東部地域は政治的にも西部地域のレヘントと同様にバタビアの管轄下に入ったことを意味した [Chijs 1885-1900: vol. 4 402]．1723年にパンゲラン＝アリア＝チルボンが死去してのち，「チルボン管轄下のプリアンガン監督官」が再任されなかったことは [Haan 1910-1912: vol. 3 447-449]，政庁がコーヒー引渡を通じてこの地域のレヘント達との直接の絆を深めつつあったことを示していよう．

5）輸送費用を高額としている要因の一端に次のような事態がある．1723年にはカンプンバル-バタビア間の私領地の領主が通行税を課していた [Haan 1910-1912: vol. 3 667]．また1730年には水牛が不足して高値を呼び，米・コーヒー・砂糖の輸送に支障が出たため，水牛の販売と屠殺が許可制にされた [Chijs 1885-1900: vol. 4 255, 257]．

6）レヘント達は多額の資金を投じてバタビア周辺の土地や火器を政庁より購入していた［Jonge 1862-1888: vol. 9 101, 105; Haan 1910-1912: vol. 3 656, 659］．なお，レヘント統治地域内部のコーヒー輸送を直接記述するこの時期の史料はないが，ハーンは，バタビアおよびチルボンへの長距離輸送のためにコーヒーはまずレヘント居住集落へ集荷されたと考える［Haan 1910-1912: vol. 3 634］．ただし前述のチバダックのようにレヘント居住集落から離れた主要集落付近にコーヒー園が存在したことも明かであるので［Haan 1910-1912: vol. 2 470-471; vol. 3 593; Leupe 1875: 9］，レヘント居住集落をバタビアへの長距離輸送の出発点とせず，途中で，あるいはバタビア近郊のレヘントの倉庫で本隊と合流する輸送法も存在したと考えられる．

7）西部地域では，1730年代の終わり頃からカンプンバルにおける運河の開削の必要性が認識されており，政庁は1739年にレヘントに開削の許可を与えていた．しかし40年代前半までの開削は，灌漑に利用されたことは確かであるものの，輸送力の増強に役立ったか否かは不明である［Haan 1910-1912: vol. 4 445］．

8）チリウン川の東に開削されたので東運河（Ooster Slokan）ともいう．バイテンゾルフおよびそれより上流の土地とバタビアを結ぶよう計画された［Haan 1910-1912: vol. 4 98］．1770年代のバイテンゾルフの地図［Faes 1902］やラッフルズ著『ジャワ誌』の地図［Raffles 1988］にこの運河が見え，Olivier［1827: 236-237］にもその存在が言及されている．

9）まずマルンダ（Mareonda）から西方へトルサン（Treossang）までの運河が開削された．この運河によってマルンダからアンチョール（Antjol）を経由してバタビア市内まで内水を通過することができるようになった．マルンダからブカシ（Bekasi）方面への運河開削も計画されたが，これは1745年にヨーロッパ人の私的事業としてブカシ川から8kmほど西のスンギンアタップ（Soengingh Atap）までの開削が許可され，翌年完成した．

10）たとえば最も大きな5〜7コヤン（Coyang: 1コヤン=32ピコル）積みの小舟の賃借料は，河川内およびバタビア市内で1R.12s. 以上であり，海上を通過するルートではバタビアを起点とした場合の東端の目的地カラワンまでが5R. であった．またこの料金は4月から11月までの輸送に好適な季節のものであり，12月から翌年3月まではこの5割増しとなった［Chijs 1885-1900: vol. 4 492-513］．

11）1746年に政庁はVOCのコーヒー用倉庫をモーレンフリートからバタビア市内のヴァーテルポルト（Waterport）とヴェステルゼイド（Westerzijd）に移動させたが，この頃を境にレヘントたちの船積用倉庫は，ジャティヌガラやスリンシンから市に隣接するジャカトラ（Jacatra）地区へと移され，以後はむしろ陸路使用の部分が長くなった．その理由は直接史料には現れてこないが，運河はアンチョールへ出るのでVOC倉庫までやや遠回りとなること，船あるいは筏にする資材の調達が依然として困難であったことが考えられる．ただし米穀・野菜などが運河で運ばれることによって［Haan 1910-1912: vol. 3 657］，これらと水牛や荷車の調達を争う度合が軽減されるという形で，運河も間接的にコーヒー輸送を補強したと思われる．

12）1759年にチアンジュールでナンバー2の位置にあるレヘントの弟が，チカロンのレヘントを兼任した［Chijs 1885-1900: vol. 4 468; Haan 1910-1912: vol. 1 179］．またチプラゴンのレヘントは1747年にチアンジュールのレヘントの監督下に置かれたので，チプラゴンにおけるコーヒー輸送や代金の支払も自律性を弱めたと考えられる．

13）1811年までの密輸が大きな問題とされなかったのは，政庁職員自身が密輸を行なう場

合があったためとも考えられる．

14) 1777年にバイテンゾルフのコーヒーはレヘントの家に集荷されていた［Anonymous 1856: 174］．ハーンは新しい方式が1778年より開始された可能性を指摘するが，確証はない［Haan 1910-1912: vol. 3 639］．一方レヘントに対するコーヒー代金の前貸は18世紀の終わりまで続き，その額は代金総額の50～80％に及んでいた．政庁は1777年にヨーロッパ人コーヒー監督官にレヘントによる住民への代金支払の監視を命じたが［Haan 1910-1912: vol. 3 724］，効果的な管理方式が採用されるのは1790年代初めであった［Haan 1910-1912: vol. 4 306; Nederburgh 1855: 144-145］．

15) Boomgaard［1986: 53］，Haan［1910-1912: vol. 3 637］参照．

16) 主な史料は1796年にプリアンガン地方を調査したVOC職員ネーデルブルフの報告書である［Nederburgh 1855］．

17) bergsche pikol，レヘント統治地域内部で使用されたピコル．地域と時代によって様々な値を示すが，18世紀後半から19世紀初めにかけては1.3から2.4ピコルであった［Haan 1910-1912: vol. 3 693-695］．

18) 1799年にバイテンゾルフのVOC職員は，以前は新年に請負人達に前貸が行なわれたので，より多くの荷車が調達できたことを述べている．一方1799年頃バイテンゾルフには2月にコーヒー代金が送られていたので，この頃までにはバイテンゾルフのVOC職員がレヘントにコーヒー代金を前貸するか，あるいは輸送請負人に直接融資したと考えられる［Haan 1910-1912: vol. 3 665］．

19) チカロン，チブラゴンは80年代後半にチアンジュールの下級行政地区となり，その引渡量はチアンジュールに統合された［Haan 1910-1912: vol. 3 Staten en Tabelen IV］．

20) 以下，ネーデルブルフの報告を主な史料とする．

21) 当時小船はトルサンとマルンダの間のチリンチン（Tjilingtjing）から運河に入ったが，大船はチタルム河口から直接チリウン河口へ入った［Haan 1910-1912: vol. 3 653-654］．

22) 政庁はその理由として，チルボンに統轄されるプリアンガン地方のコーヒーが集荷されるカランサンブンの倉庫がチカオと比べても東部地域に近いこと，東部地域のコーヒーがカランサンブンに密輸されている事実があることを挙げている［Haan 1910-1912: vol. 3 563］．

23) 1809年においてもバンドンのレヘントは，輸送料や通行税を住民から徴収できないことを理由に住民がカランサンブンの倉庫へコーヒーを運ぶことに反対していたと言う［Haan 1910-1912: vol. 3 674］．

24) 1805年の輸送シーズンには水牛の不足が表面化した［Haan 1910-1912: vol. 4, 487］．例えば7月にはパラカンムンチャンのチュタックであるガルンゴン（Galongong）の住民1,200人がコーヒー輸送のための荷担ぎ人夫として徴発され，そのきつい労働に倒れたことなど，人力のみで運んだ例が報告されている．さらに1806年にはチルボンでの政情不安のため，政庁が東部地域のコーヒーをすべてチカオへ輸送するよう命令したことが［Haan 1910-1912: vol. 3 648］追い打ちをかけた．この年スメダンでは，ある集落の30世帯が40頭の輸送用動物を使用してチカオへと合計62山岳ピコルのコーヒーを運んだが，各々の輸送は往復34～35日かかったこと，また別の集落では600頭の輸送用動物が276ピコルを38～40日かけて輸送したが，大多数の住人は1～2頭の輸送用動物を使用して2～3ピコルを運び，この輸送によって耕作時間を使い果たさねばならなかっ

第9章　コーヒー輸送の変遷　｜　199

たこと，が報告されている［Haan 1910–1912: vol. 3 673］．
25) チカオでは 1804 年までバンドンのレヘントの部下が塩を販売しており，その後はヨーロッパ人官吏が販売した．カランサンブンには塩をはじめとする帰り荷が少なかったので住民はチカオへ行くか，カランサンブンから再びチカオへコーヒーを輸送することもあった．塩がチカオにもないときは，コーヒーはさらに別の場所へ運ばれた［Haan 1910–1912: vol. 3 648; vol. 4 10–11］．
26) ムアラグンボン（Moara Gembong）
27) カランサンブンから陸路チカオへ来たコーヒーのチカオからバタビアまでの輸送料は 37s. であった［Haan 1910–1912: vol. 3 717］．
28) ハーンによれば，この語はバタビアのマレー語で籐製の丸く平たい大きな入れ物を指す［Haan 1910–1912: vol. 2 715］．現代インドネシア語の tampah であれば，竹などの丸い編物で，通常は籾などの風選に使用する用具である［Departemen Pendidikan dan Kebudayaan 1989: 892］．
29) ダーンデルスの決定したバイテンゾルフ–バタビア間の荷車の賃貸料は，2R.24s. と，前の時代とほぼ同額であったが［Chijs 1885–1900: vol. 15 863］，銅貨の価値下落のために実質は 1R. 強に下落していた［Haan 1910–1912: vol. 4 796］．コーヒー輸送料も両者の差額の利益もまた下落していたと考えられる．このほか輸送請負人の離散の原因として，荷車請負人への前貸の停止，バイテンゾルフ近郊の土地のヨーロッパ人への販売，軍用道路建設への住民の動員などが考えられる．なおダーンデルスによる軍用道路建設は住民の新たな負担となったが，ジャワ島中部などから労働力が投入されたためか［Chijs 1885–1900: vol. 14 898–899］，コーヒー栽培に打撃を与えるには至らなかった．
30) 1807 年にはチチュルクにも小倉庫が存在した［Haan 1910–1912: vol. 3 637］．

第10章

1820年代のコーヒー輸送システムと下級首長

1 ── はじめに

　1811年よりジャワ島を統治したラッフルズは，地税制度を導入しヨーロッパ人およびジャワ人の私人としての活動によってジャワ島経済を活性化させようとした．しかしバタビアの政庁を経済的に支えるプリアンガン理事州のコーヒー栽培については，この地に地税を導入せず既存の制度を維持する方針がとられた．その一方でラッフルズは，1813年にグデ山南麓4郡などを私領地としてヨーロッパ人の経営下に置いたうえ，プリアンガン理事州における中国人の経済活動を強くは禁止しなかった［Bastin 1957: 61-63; Norman 1857: 257-258］．

　その後1817年にジャワ島がオランダに返還されてほどなく，オランダ政庁は政治・経済的危機に見舞われた．1823年にコーヒーの国際価格が暴落して財政危機に陥った政庁は，同年，国庫に悪影響を与えていると考えられた，ヨーロッパ人企業による現地人首長所有地の賃借を禁止し，首長層が受取った前貸金の返済を命令した．この命令はジャワ島中東部とくにマタラム王侯領では，現地人首長層および住民に大きな経済的打撃を与えることになった．さらに銀不足に陥った政庁が24年と25年に大量の紙幣を発行したため，島内ではインフレが発生して輸出に悪影響を与えた．25年に勃発するジャワ戦争は，こうした施策と経済状況に対する現地人首長層および住民の不満が爆発したものであった［Carey 2007］．

　しかしプリアンガン理事州では政治的混乱は発生しなかった．政府はプリア

ンガン理事州に対して18世紀から続くコーヒー栽培・輸送制度を強化する方針をとり，1820年に許可証を持たない中国人の立入を禁止した．さらに政庁は23年に私領地を買戻したが首長層や住民の不満は表出せず，むしろジャワ戦争中にコーヒー引渡量が増大したのである［第4章註36；第7章第4節］．このことはプリアンガン理事州のコーヒー栽培・輸送が1820年代においても，基本的に市況に左右されないシステムを持っていたことを窺わせる．

　本章の課題は，1820年代のプリアンガン理事州の交通およびコーヒー輸送システムを復元することにある．この作業は，前章で検討した1720年代から1811年に至る変化が，イギリス占領期（1811-1816年）を経てどの程度定着したかを検討するものである．ただし，これまで輸送の研究は軽視されて来たため，この作業も手つかずだった．そこで本章では考察にあたり，第8-9章で用いた分析方法を採用するほか，第6-7章で得られた知見を援用する．そして下級首長のコーヒー輸送への参入とその具体的特徴を考察する．

　以下，第2節では，理事官が利用した交通システム，およびコーヒー輸送システムを概観する．第3節では，下級首長のコーヒー輸送参入について社会経済的側面から仮説を提示し，第4節では，第3節で得た仮説を，当時の主要なコーヒー生産地のひとつであったティンバンガンテン郡の下級首長を事例として検討する．

2 ── 統治のための交通システムとコーヒー輸送

2-1　理事官の利用する交通システム

　1820年代のオランダ政庁は，地方支配の装置として画一的行政地区とその内部の監視という近代的支配装置を積極的に導入した（第7章参照）．プリアンガン理事州におけるオランダの権力行使の装置を見ると，ヨーロッパ人理事官は，アンボン人などジャワ島以外の東インド海域の種族で構成される軍隊や警察力と共に駐在し，これに加えて各レヘントの居住集落にはヨーロッパ人コーヒー監督官が常駐していた．理事官は政庁からの命令を監督官やレヘント，その他の現地人首長層に伝達したが，伝達の方法は，理事官自身が現地に向かうか使者や警察隊を派遣するというように，基本的に理事官側が移動するスタ

イルをとった．例えば19世紀初頭まで，レヘントの任免などの重要事項はレヘントがバタビアに出向いた時に処理されていたが，1810年代後半からは理事官側がレヘント居住集落へ出向き処理するようになったのである［Algemeen Verslag 1828・29: 8］．理事州内の情勢把握についても，理事官自らの巡察や，警官およびスパイの派遣が頻繁に行なわれた［第7章第4節］．ヨーロッパ人官吏が現地人首長層との間で使用する統治のための言語がこの時期よりジャワ語からマレー語およびスンダ語へと変化したことも，このような下級首長やアンボン人兵士などを使用した理事官側の支配の強化と大きく関係していよう［Register 20・8・4; Alishjabana 1957: 7］．

　理事官側が移動する際の交通手段は，宿駅制のある道路を馬で乗継ぐことであった．1820年代にはダーンデルスの整備した軍用道路がさらに改良され，4～5マイルごとに馬を置く宿駅が存在した．レヘント統治地域内の駅舎，馬の維持費などは政庁の会計から支出されており，理事官自身が常に視察していた［Chijs 1885-1900: vol. 15, 1039-1040; Wilde 1830: 192; 第7章第4節］．しかしその一方で道路の改良工事，橋の建設などはレヘントの負担であるうえ，労働力として住民が駆出され，彼らの新たな負担となっていた［Koffij Report: 32-33; Wilde 1830: 186］．1820年代初頭の各地への移動所用日数を，チアンジュールを中心として考えると，理事官の移動の場合はバイテンゾルフ，バンドン，チカオへそれぞれ1日で到着した．スメダンへもバンドンを経由して1日で到着した記録がある．またカランサンブンはスメダンから日帰りできた．このように1820年代にチアンジュール駐在の理事官は，チアンジュール以外のレヘント居住集落とチカオとへ1日で到着可能であり，1770-80年代と比較すると，移動にかかる時間は半分から3分の1に短縮されていた．しかも理事官は季節を問わず1，2ヵ月に一度の割合でレヘント居住集落やチカオおよびカランサンブンを巡察していた［Register: passim］．

　この移動手段によって理事官とその部下はコーヒーの植付・輸送などを監視し，さらにコーヒーの密輸をはじめとして，許可なく理事州の境界線を越える者を取締まった．そのほか住民を扇動する危険のある宗教指導者を逮捕し，1821年にはチルボン方面から感染の始まったコレラに迅速に対応したのである．その一方でレヘントは，理事官とともに年1回バイテンゾルフへ出かける以外にレヘント統治地域の外に出ることは希となり，バタビアを毎年訪問する習慣は絶えてなくなった［Register: 21・2・10-27; 第7章第4節］．こうして1820

年代にはバタビアを頂点とした地方統治のシステムがプリアンガン地方を覆い，バタビアの政庁はまがりなりにも現地人首長層の移動を制限し，住民の州境越境を取締まる力を持つようになったのである．ではこのような地方統治システムのもとでコーヒー輸送はどのように行なわれていたであろうか．

2-2　コーヒー輸送

　植民地統治機構の刷新とは対照的に，コーヒー輸送システムは1820年代には改良されなかった．プリアンガン地方のコーヒー栽培・輸送に対して政庁は，1829年までに僅かに3回の政庁決定を行なったのみである．1818年にチアンジュールおよびバイテンゾルフのコーヒー栽培とその財務の監督権が理事官にあることが明文化され [Staatsblad: 1819, No. 53]，翌年には，1818年に提出されたプリアンガン地方のコーヒー栽培に関する報告書中の30ヵ条の提案のうち，輸送と代金支払に関する10ヵ条が政庁決定とされた（内容後述）[Staatsblad: 1819, No. 1]．そののち政庁は10年間，新規の決定を行なわず，1829年になってコーヒー園内での栽培に関する規定とコーヒー監督官に対する訓令とを公布した [Staatsblad: 1829, No. 57]．この時期には，理事官の職務日誌や年次報告書の中にも，道路の改良と小倉庫の建設以外の新政策の実施は記録されなかった．コーヒーに関する一連の作業の中で輸送が相変わらず最も困難な問題として指摘されていたにもかかわらず [Koffij Report: 40; Algemeen Verslag 1826: 5]，政庁は1819年以降，本格的な改革を実施しなかったのである．また前時代にダーンデルスが整備した軍用道路は，プリアンガン地方においては対イギリス防衛の強化とともにコーヒー輸送の円滑化を使命としていた [Chijs 1885-1900: vol. 14 699-700]．しかし1816年以降のプリアンガン地方文書には西部地域・東部地域のいずれについても，コーヒー輸送に対するこの道路の有効性は述べられていなかった．以下，1818年から30年までのコーヒー輸送の状態を検討する．

　（1）　内陸集荷基地からバタビアおよびインドラマユへ
　チカオおよびカランサンブンにおけるコーヒー代金の支払と，バタビアまたはインドラマユへの輸送とについては若干の改革が行なわれた．1818年当時，チカオからバタビアまでの輸送料は19.5s./ピコルであった．チカオのコーヒー船はすべてチカオ在住のヨーロッパ人官吏の所有となっており，この官吏は船

をチカオの住民に貸出してコーヒーを輸送させ，船の賃貸料として輸送料の3分の1を徴収していた．19世紀初頭に存在したヨーロッパ人官吏以外の船主達は駆逐されたのであろう[1]．1819年の規則はこれを禁止して船を政庁の管理下に置くことを命じ，翌年実行に移された［Register: 20・5・23-24］．こうしてチカオ-バタビア間のコーヒー輸送は政庁の直接管理下に置かれたのである．これに対してカランサンブンでは，船の所有者がコーヒー輸送のためにヨーロッパ人官吏に雇われており，集荷されたコーヒーは船主たちによってインドラマユの倉庫へ輸送された．1818年当時，政庁の規定によれば12s./ピコルが輸送料として彼らに支払われるはずであった．しかしヨーロッパ人官吏は古い習慣に従って15s./山岳ピコルを支払うのみであり，差額の3.5s./ピコルを着服していた［Koffij Report: 45］．1819年の規則では輸送料が9s./ピコルに改訂されたうえ，ヨーロッパ人官吏の取得する手数料が定められた．

　一方，バイテンゾルフに集荷されたコーヒーのバタビアまでの輸送は，1818年当時，依然として混乱状態にあったと言える．報告書は次のように語る．チアンジュールがすべてのコーヒーをバイテンゾルフに運んでいた頃（1808年以前），バタビアへの輸送は何の強制を加えなくても行なわれていた．「荷車請負人（karren mandoor）と呼ばれるよく知られた者達」への前貸を政庁は許可していた．彼らは前貸しされた金で荷車と水牛を調達する．こうして一定数の荷車を用意することで彼らは生計を立てていたのであった．そしてこの輸送料金は政庁が自由に値下げするという訳には行かなかった．ところがダーンデルスの統治期に，彼らは逃亡し，荷車もなくなってしまった．そして1818年現在では，荷車や水牛を持つバイテンゾルフの住民が，自分達の収穫したコーヒーをバタビアまで運んだのち，さらにチアンジュール産のコーヒーまでバタビアに運んだり，私領地の所有者の持つ水牛や荷車が，バタビアまでのコーヒー輸送に強制的に使用されていた．この報告の執筆者は次の提案をする．かつての事情をよく知るバイテンゾルフのレヘントが，もし政庁が前貸をしたら荷車はきっと集まると確約した．具体的には12人を選んで荷車を200台用意させ，コーヒーのみを運ぶ条件で1台につき20～25フルデン（gulden, 10～13R.）の前貸を行なうこと，およびバタビア近郊の中国人の荷車を使用することが提案された［Koffij Report: 63-64, 75-76］．この前貸については，1819年の政庁の規則をはじめとして公刊された政庁決定にはみられず，その実施は現在のところ不明である．しかし1810年代に急減したプリアンガン地方のコーヒー引渡量

が1820年代後半に1806年から10年の水準に回復したにもかかわらず，輸送にかかわる大きな混乱は報じられず，コーヒーを初めとする西部地域の産物は多数の荷車で整然とバタビアへ運ばれていた［Haan 1910-1912: vol. 3 Staten en tabelen III, IV; Algemeen Verslag 1836: 巻末統計; Olivier 1827: 76］．おそらく上述の状態になんらかの改善が加えられたのであろう．

(2) 生産地から内陸集荷基地まで

1818年の報告によれば，内陸集荷基地であるバイテンゾルフ・チカオ・カランサンブンでは6フルデン12セント (cent) (3.2R.) / 山岳ピコルが住民に支払われていた．1808年頃に使用の始まった，郡 (district) 内の小倉庫は未だ郡毎にあるわけではないものの，これを活用したコーヒー集荷方式も継続して実施されていた．特に東部地域では水牛や荷車を持たない住民，寡婦，老人など内陸集荷基地までコーヒーを運べる状態にない者は，郡の小倉庫でコーヒーを引渡し，集荷基地までの輸送料を差引いた額の代金を受取っていた．こうして集荷されたコーヒーは，水牛や荷車を持つ者が自らのコーヒーを内陸集荷基地に運んだのちに運ぶことになっていた．しかしこの輸送方式は当時の自由主義的な政庁が望む形では作動していなかったようである．小倉庫から集荷基地までのコーヒー輸送は水牛の所有者にとって不利であり，自発的に運ぶ者は少なかった．小倉庫から集荷基地へは1ヵ月に1〜2回，輸送隊が出発したが，コーヒーを運ぶ水牛を多数集めるのに時間がかかり，早くに集合した水牛とその所有者は半月も待機する場合があったと言う．荷車の使用は未だ一般化していなかった．そして水牛の所有者が水牛を所有していない者より酷使される状況が出現し，極端な場合には義務化した輸送を逃れようとして水牛を手放す者さえ現れたのである[2]．1818年の報告の執筆者は，輸送が住民の重圧となっているにもかかわらず現状に代わるべき輸送方法のないことを指摘している．この様に小倉庫からの輸送が義務化した理由の第1はコーヒー輸送料の安いことであった．輸送料は1フルデン18セント (0.62R.) / 山岳ピコルだったが，これは1人の男が2匹の水牛を使用して1ヵ月間の旅に出るには，割の合わない額であった ［Wilde 1830: 226; Koffij Report: 31, 36, 38-39, 44; Haan 1910-1912: vol. 3 692-695］．

他方，西部地域の内陸集荷基地までの輸送距離は東部地域より短く，さほど大きな問題は生じなかったようである．集荷基地までの輸送は個人や集落単位

で行なわれたため，東部地域のように輸送隊を組むまでに長い時間待機する必要もなく，輸送が短期間で終了した [Koffij Report: 44][3]．このような小倉庫を経由しない輸送について，1820年代の状況を記していると思われるウィルデの著書は次のように述べている．夫婦と子供4～5人で構成される普通の世帯は，通常，年間3～4山岳ピコルのコーヒーの引渡を命じられ，3R.48s./山岳ピコルが支払われた．彼らはこの少額の支払を多くの場合銅貨で受取り，この銅貨で必需品の大部分を中国人商人から購入した．住民の住居から集荷基地までの輸送に対しては古い習慣で2フルデン8スタイフェル（約1.2R.）/山岳ピコル支払われたが，これは住民の居住する郡から集荷基地までの遠近にかかわらず一律であった．輸送は義務化していた．コーヒーは荷車，荷駄用動物，あるいは人の背によって運ばれたが，輸送するものは2～8日間，妻子や日常の仕事から離れなければならず，しかも規定量のコーヒーを運ぶためにはこれを1シーズンに3～4回繰り返さなければならなかったのである [Wilde 1830: 185-186]．

　こうして内陸集荷基地までのコーヒー輸送が住民の負担となる一方で，現地人首長層はこの輸送から利益を引出していた．東部地域では，有力な住民のほかに，村落に居住する下級首長が村落部でコーヒーを集荷して集荷基地へ運び，コーヒー代金を受取っていた．中には住民のコーヒーを無断で摘取って運んでしまう下級首長もあり，彼らが利益を求めてこの輸送を行なっていたことが窺われる [Wilde 1830: 227; Justitie en Politie: 22・5・14]．この下級首長の輸送と義務化していた住民の輸送との関係は次のように考えられる．住民の住居から集荷基地までの輸送は，水牛，荷車そして輸送人員を確保し得ず，かつ僅かな量のコーヒーを長距離輸送する者には，ウィルデの述べるように過酷な労働であった．反面，この輸送は帰り荷の期待できる集荷基地でコーヒー代金の支払を受けるので，地理的条件に恵まれ，かつ一定規模の輸送を組織し得る者には充分な利益が期待でき，そのため下級首長が積極的に参入したと思われる．これに対して，集荷基地で住民に十分なコーヒー代金が支払われることのない小倉庫からの輸送は，交易からの利益の少なさにより，夫役として賦課されたと考えられる．このほか首長層は，コーヒー輸送から寄生的な利益をも得ていた．コーヒーの引渡に関係する首長層は，小倉庫や内陸港において様々な名目をつけて住民に支払われるべき代金をピンハネしていたほか [Justitie en Politie: 22・5・14; Koffij Report: 40]，郡長やレヘントは，コーヒー輸送用動物が不足し

ているという理由で，プリアンガン地方で牧畜を行なう住民による水牛などの移出を何度も差止め，最後にこれを買叩いたという［Wilde 1830: 194］.

　以上のような状況について1818年の報告は，レヘントと下級首長に対する水牛購入用資金と荷車作成用資金の貸付のほか，理事官によるコーヒー引渡場所の指定，ヨーロッパ人官吏による引渡の監視，および水牛・荷車・輸送料の監督など，ヨーロッパ人の更なる介入を提案した［Koffij Report: 33-34, 42-43］. しかし生産地から内陸集荷基地までの輸送と代金の支払について，1819年の政庁決定では，東部地域で見られるような隊を組んでの輸送が禁止されたのみであった. さらに1820年から翌年にかけて，中国人とアラブ人が許可なくプリアンガン理事州に入ることを禁じられ［Staatsblad: 1820, No. 27; 1821, No. 4］，取締が行なわれたほかは，1820年代の理事官の職務日誌や年次報告書の中にも，ヨーロッパ人官吏の介入が特に強化された記述は見られなかった. また生産地から内陸集荷基地までの輸送の改革が理事官の年次報告などに登場するのは1835年頃からであるので，この時期には，内陸集荷基地までの輸送について抜本的な改革は行なわれなかったと考えられる.

　つぎに節を改めて，下級首長がコーヒー輸送に参入した社会経済的背景を下級首長の側から考える.

3 ── 下級首長とコーヒー生産・輸送

　本節では下級首長を，レヘント居住集落在住の首長と郡部在住の首長とに分けて検討する.

　レヘント居住集落では，コーヒー栽培によるレヘントたちの富裕化などによって18世紀末までに首長層の人口が増加した. レヘントは概して子供を多く持ったが，1790年代のチアンジュールのレヘント居住集落にラデン（レヘントの子孫を意味する称号）が「ひしめく（krielt）」状態をヨーロッパ人官吏が報告している［Haan 1910-12: Vol. 4 390, 395-396］. また1812年のバンドンのレヘント居住集落においても無役のラデン，インガベイが多数存在した. 彼らの経済基盤は，レヘントがコーヒー栽培や貢納より得る利益，およびレヘントから授与された水田によって支えられていたようである［Wilde 1830: 177-178; 第11章第5節および第6節第2項］. しかしレヘントは1790年代からコーヒー代金処分

の自由を剥奪され，さらに 19 世紀に入ると，政庁が首長層全般に対して住民からの貢納および手数料の徴収を削減する方針をとったため［第 6 章第 2 節第 3 項］，ヨーロッパ人監督官の監視の目が届くレヘント居住集落付近では，経済的に圧迫を受けた下級首長も現われたと思われる．

　その一方で，郡長に就任した者は，1770 年代に始まったコーヒー輸送システムの変化の中で，代金支払から中間利益獲得のチャンスを得，1820 年代後半にはレヘントに次ぐコーヒー栽培の受益者とみなされるようになった［Wilde 1830: 176-177］．第 6 章第 4 節で検討した下級首長の出自によれば，レヘントは，1770 年代以降コーヒー生産量の多い郡の要職に積極的にラデンを任命したと推測される．そしてレヘントが係累を郡長に任命する事態は，1790 年代より政庁の注目するところとなった［Haan 1910-1912: vol. 4 395-396］．しかし政庁も，オランダへの忠誠心や事務能力などを条件としてこれを承認したと考えられる．というのは，コーヒー生産管理のために政庁が必要とする現地人監督者は，ヨーロッパ人への対応も含むレヘントや郡長の職務について知識を持ち，あわせて村落部への影響力をも持った者が好ましく，レヘント居住集落で実務を手伝っていたこれらのラデン，インガベイなどは適任であったのである．

　ついで郡部出身の下級首長とコーヒー生産・輸送の関わりについては，仮説から先に述べるならば，次のように推論することが最も無理がない．すなわち，チュタック長直属の下級首長から集落の長までの幅広い下級首長を含む広義のパティンギ層は，この時期に郡長と集落の長との仲介役として活躍するとともに，レヘント統治地域内のコーヒー輸送に携わり利益を得ていた．政庁は，このパティンギ層にコーヒー・マンドール，トループ長といった役職名を付与し，歩合などの取得を認める代わりに，農園管理の任務を付加して利用した．

　このパティンギ層がコーヒー輸送に携わって台頭したことを直接証明する史料は，現在のところ見あたらない．しかしこのように仮定すると，1820 年代に特徴的な，以下の現象が整合的に説明できるのである．

(1)　18 世紀後半から 19 世紀初めにはプリアンガン地方ではレヘント 1 人あたりの支配人口が飛躍的に増加した．この要因のひとつはこの地方における人口増加であり，オランダ支配による戦争状態の終結と 18 世紀半ばからの水田耕作の急速な普及，18 世紀を通じたチルボン・ジャワ島中部からの移住者がこれを加速した．正確とは言いがたいが，当時の人口統計も増加の趨勢を示している[4]．いまひとつの要因は，18 世紀終りから 19 世紀初めにかけて政庁が

レヘント統治地域の統廃合を実施したための増加である．たとえば1778年の調査によれば，チアンジュールのレヘントは7,143世帯，バンドンのレヘントは3,100世帯，スメダンのレヘントは3,342世帯を統轄していたが，1828年にはそれぞれ26,199世帯，35,188世帯，22,402世帯となり，いずれの統治地域でも支配人口が大規模化したことが見てとれる［Jonge 1862-1888: vol. 11 364-367; Algemeen Verslag 1828: 巻末人口統計］．一方，プリアンガン地方における村落部支配の組織は，18世紀半ばまではレヘント居住集落在住の下級首長に村落部在住の集落の長が直属し，命令の伝達を郡長の使者が行なうという単純なものであり，パティンギに類する階層の記述はない［Chijs 1885-1900: vol. 12 205-206; Haan 1910-1912: vol. 2 503］．これに対して19世紀初めのパティンギの役割は，1812年のバンドンの事例では，郡長と郡内に居住する下級首長との間の統治一般に関する仲介と説明されたが，さらに他の史料から，彼らがコーヒー生産にも関与していたことがわかる［Haan 1910-1912: vol. 2 703, vol. 3 615, vol. 4 311］．パティンギ層は，レヘント1人あたりの支配人口の急速な膨張によって，それまでの村落部支配組織が機能不全に陥る中で，郡長を初めとするレヘント居住集落に居住する首長層と村落部との仲介を専らとする者として，古い組織を補完していたと考えられる．

（2）政庁文書にパティンギが登場し始める18世紀末から1805年までは，政庁がレヘント統治地域内部のコーヒー輸送システムの改変に着手した時期の直前である［Haan 1910-1912: vol. 2 702, vol. 3 615, vol. 4 309］．このパティンギの登場にわずかに遅れて，政庁はコーヒー管理ライン創出のための政策を実施するが，政庁は郡長には輸送監督の任務を課したのに対し，トループ長以下には農園管理のみを命じた．しかしそれにもかかわらず，郡部では1820年代にトループ長やコーヒー・マンドールが輸送に携わり，コーヒー生産者を搾取していたことがわかる［Justitie en Polotie 1822: 5: 22; Wilde 1830: 142］．これは，彼らが以前からコーヒー輸送に関わっていたことを推測させる．

（3）加えて1820年代のチアンジュールにおいて，ラデンでない郡長や出自の称号を持たないチャマットは，交通の要衝や分割・新設されたコーヒー生産拠点の郡に多かった．またバンドンでも，出自称号を持たない唯一の郡長が内陸集荷基地チカオを統轄し，インガベイを有していた［Statistiek handboekje 1828］．これらの事例は，18世紀末頃からコーヒー輸送に携わり，コーヒー引渡に必要な事務能力と人脈を身につけた有力なパティンギ層が，1810年代の

郡分割などの際に政庁に登用されたと解釈できる．

（4） 1770年代から1810年までの史料に登場するコーヒー仲買人（opkoopers）の中にはこれらのパティンギ達が含まれていたと考えられる．

以上，郡部の状態については，網羅的な史料の欠如から，史料的裏づけの不充分な推論に留まった．そこでこれを補うために次節では，主要なコーヒー生産地のひとつであったティンバンガンテン郡の下級首長の事例を検討する．

4 ── ティンバンガンテン郡の下級首長

4-1　ティンバンガンテン郡の位置付け

ティンバンガンテン（Timbanganten）地方はガルート盆地の南西部に位置する．1820年代にはバンドン-レヘント統治地域に属しており，レヘント居住集落より遠くかつ面積の広い辺境の郡を構成していた．

この地方にはオランダ植民地支配以前から定着農耕社会が存在したと考えられるが，政庁の注目するところとなったのは18世紀半ば以降であった．この地域の特徴として水田が広がり人口の多いことを挙げる政庁文書は1760年代に現れ始め，19世紀初めには水田，米穀の生産量人口とも多い地域としてヨーロッパ人官吏に認識されていた［Haan 1910-1912: vol. 2 730, vol. 3 96-99, vol. 4 443, 448］．

ティンバンガンテンに一定量のコーヒー引渡が課されたのは1760年代であったが，この地がコーヒーの生産拠点として政庁に重視され始めたのは19世紀初頭であった．この時期から多くのコーヒー園が開園され，小倉庫がタロゴン（Trogong），チボダス（Tjibodas）（後述）に建設された．そして1820年代にはコーヒーの生産拠点として理事官も入念に巡察するようになっていた［Haan 1910-1912: vol. 4 206, 287, 288; Algemeen Verslag 1892: Ronde Bandong（sic）］．1829年のコーヒー引渡割当量は7,000ピコル，1836年の引渡量は13,567ピコルであり，これらの数値は，当時プリアンガン地方中最大のコーヒー生産拠点であったチアンジュールのグヌン・パラン（Goenoeng Parang）郡に次いだ［Statistiekhandboekije 1828; Algemeen Verslag 1836: 巻末統計表］[5]．

このように政庁はティンバンガンテンにおいて既存の水田社会の労働力を利

用してコーヒー栽培を拡大させたと言える．しかもこの地方は政庁のいずれの支配拠点からも交通不便な遠隔地にあって政庁の権力が及びにくいうえ，コーヒー輸送も長距離かつ困難であった．政庁はコーヒー生産・輸送において在地の首長層に依存せざるを得ず［第9章第4節第4項，第5節；Register 1821: 11・16, 17］，それゆえティンバンガンテン郡はプリアンガン地方の中でも郡部の下級首長の中間搾取を誘発する要因の多い郡であったと言える．

4-2 下級首長居住集落の分布

　ティンバンガンテン郡の下級首長達がコーヒー輸送に密接に関与していたことを，彼らの居住集落の分布から検討したい．史料には1820年代ティンバンガンテン郡における人口統計表を用いる［Orangorang］[6]．この史料に記載されているデータを，旧日本軍が出版した5万図に書き込んだものが地図10-1である．以下，トループ毎に下級首長の居住集落の分布傾向を検討してゆく．なお統計表に記載された個々の集落は，地図10-1・本文中ともに統計表に打たれた集落通し番号で識別することとし，集落名は重要なもののみ本文中に記す．また本史料ではイスラム役人を除く下級首長を「kepala ketjil」として一括して集計しているので，以下本章において下級首長と言う場合はイスラム役人を含まないこととする．

　(1) ダンデル (Dangder) - トループ
　このトループは最も南に位置し，ティンバンガンテン郡のパクミタン（中心集落）である⑩タロゴンからインド洋へ抜ける街道沿いに広がる．北はケンダン (Kendeng) 山の山裾にはじまり，南はパパンダヤン (Papandayan) 山とチクライ (Cikuray) 山の鞍部を越えたところでチアンジュールに属する南海岸沿いの郡と境を接する．主な集落はこの街道沿い，およびケンダン山の山裾を通る道に沿って点在している．統計に載る集落は番号①から㉔までの24集落で，各集落の平均世帯数は28である．平均世帯数は他の3トループよりかなり少ない．水田も少なく，トループ全体における水田からの収穫量（稲穂）を夫役負担者総数で割ると1.0チャエンとなる[7]．地形から判断して焼畑の卓越が伺われる．
　トループ内のコーヒー園は1829年の理事官の巡察日誌によれば⑤チスルパン (Tjisoeroepan) 付近に集中している［Algemeen Verslag 1829: Ronde Bandong 20-

21］．詳しい所在地は不明であるが，5万図には，チスルパンの東西のパパンダヤン山とチクライ山の山裾に茶のプランテーションが広がっており，このあたりが有力な候補地と考えられる．

　下級首長の居住する集落は14，全体の58％である．そのうち11にはイスラム役人が居住する．また下級首長が複数居住するのは④，㉓チガドク(Tjigadok)の2集落のみであり，イスラム役人のみ居住する集落はない．下級首長の居住集落の分布には次のような傾向がみられる．

　下級首長の居住が集中しているのは，トループの中では最もタロゴンよりで，タロゴン－南海岸街道沿いの一帯である．この一帯はトループの北側の境界であるとともに中核域でもある．㉓チガドクは，下級首長3人，イスラム役人4人が居住し，トループの政治・宗教の中心と考えられるが，境界近くの街道を幾分入ったところにある．またトループと同名の⑲ダンデルはこの地域の街道上にある．

　そのほかの下級首長の居住集落はトループ内の小ルートの分岐点，および他のトループや郡に抜けるルートの端に存在する．南端では街道の分岐点の集落①，④に下級首長とイスラム役人が居住する．バンドン盆地に抜けるルートに近い西北端の⑪も同様で，この3集落はあたかも街道の出入りを監視するかのような配置である．これ以外で位置が判明した下級首長居住集落は，例外なくトループ内のルートの分岐点に存在する．なお⑤チスルパンはコーヒー生産を監視する拠点となっており，理事官クラスのヨーロッパ人官吏が宿泊できる施設が整っていた［Algemeen Verslag 1829: Ronde Bandong. 20-21］．

　次いで牛馬の分布を検討しよう．コーヒー輸送および農耕に使用される水牛・牛の頭数が多い（40頭以上）集落をみると，コーヒー園の付近では⑤チスルパンの40頭，中心域では⑲ダンデルの82頭が際だって多い．また夫役負担者1人あたりの頭数が多い集落をみると⑤チスルパン，⑥，そして⑯が1.5頭，⑲ダンデルが2頭である．水牛・牛の多い集落には下級首長が居住し，概してコーヒー輸送ルート沿いにあると言える．これに対してヨーロッパ人や首長層が移動の際に使用する馬の分布を検討すると，頭数の多い集落は⑤チスルパン，⑥，⑲，㉑，そして㉓チガドクであり，やはり下級首長の居住集落と一致する．

　さらに水田と下級首長の居住との関係を検討すると，このトループでは明瞭な相関が認められる．水田からの収穫の合計が50チャエン以上の集落は，⑤チスルパン(60チャエン)，⑲ダンデル(64チャエン)，㉓チガドク(53チャエン)

地図 10-1　ティンバンガンテン郡の集落

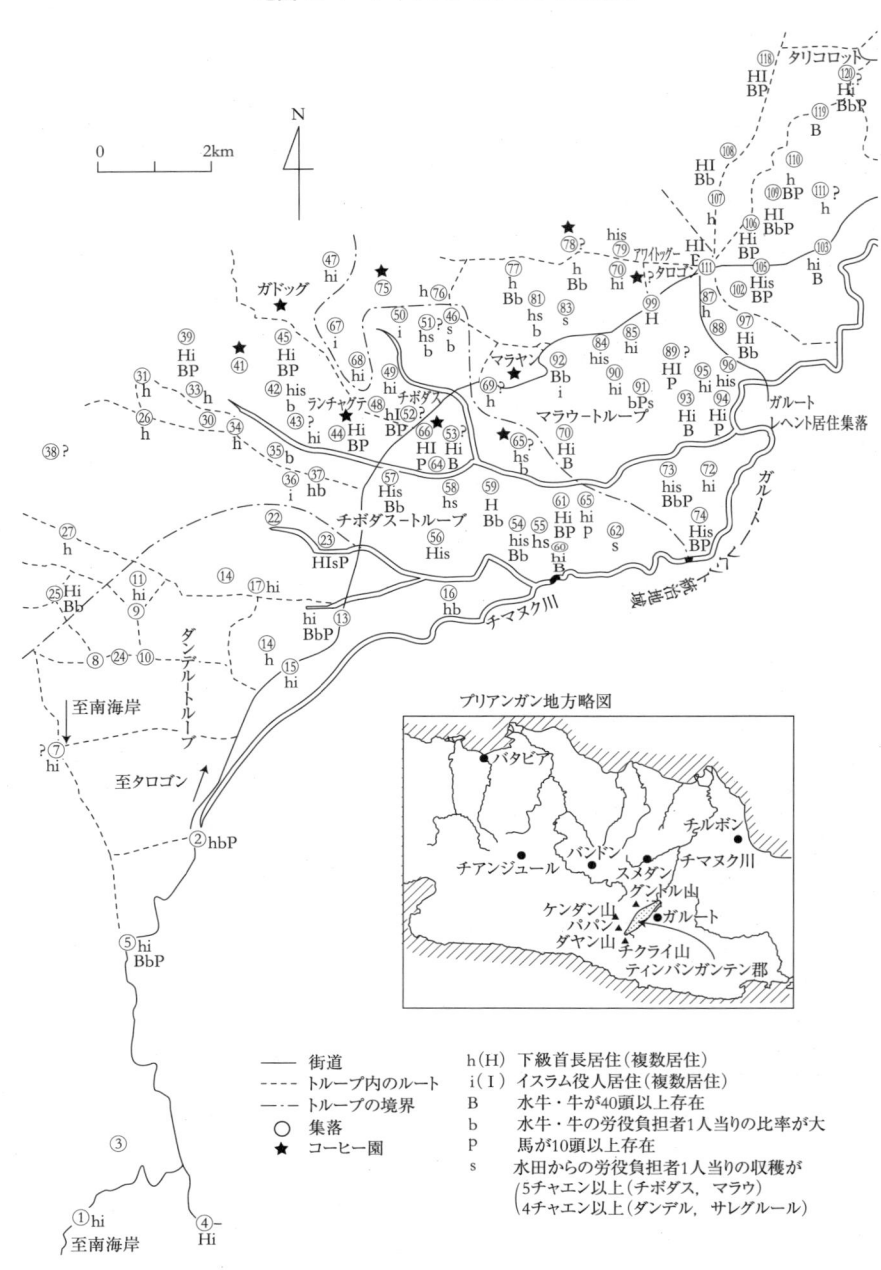

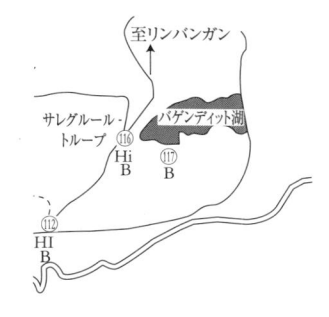

である．夫役負担者1人あたりの収穫量をみると，㉓チガドクが4.3チャエンと際立って多く，イスラム役人の多い集落と一致する[8]．このほか夫役負担者1人あたりの収穫量が1チャエン以上とこのトループの平均を上回る集落は①，④，⑤，⑥，⑩，⑭，⑮，⑰（所在不明），そして⑲であり，やはり下級首長の居住集落と一致する．

　以上，ダンデルでは下級首長はトループの出入口およびトループ内のルートの分岐点に居住している．しかも彼らは，このトループで生産されたコーヒーがチボダスの小倉庫，タロゴンの小倉庫，さらには内陸集荷基地カランサンブンへと輸送される際に必ず通らなければならない街道沿いに多く居住しているうえ，輸送用動物および水田をも掌握していると考えられる．下級首長はコーヒー輸送支配に容易な居住シフトを敷いているといえよう．

(2) チボダス–トループ

　このトループはダンデルの北に位置する．ダンデルとは性格を異にし，集落は東流するチマヌク川の支流沿いに広がる．北はマラウ（Malau）–トループと境を接している．集落分布の西端はケンデン山の山裾であり，東端はチマヌク川の西岸である．タロゴンからインド洋へ向かう街道はトループの中央を横断している．統計に載る集落は番号㉕から㊻までの42集落，平均世帯数は40.2であり，夫役負担者1人あたりの水田からの収穫量の平均は2.8チャエンである．

　トループ内のコーヒー園は1829年の理事官の巡察日誌によればガドグ（Gadog; 開園年1807, 1809），㊶（同1814），ランチャグデ（Rantjoe Gede; 同1810），㊻（同1809, 1813, 1814），㊺（同1811）の5ヵ所の集落付近にあった [Algemeen Verslag 1829: Ronde Bandong 14–19]．1917年測量の5万図ではこれらの集落の付近に小高い部分があり竹林となっているので，この付近と考えられる．さらにチボダスにはコーヒー集荷のための小倉庫があった．コーヒーは多くの場合，農園から緩い下りでチボダス経由タロゴンへ運ばれたと考えられる．

　下級首長のいる集落は30で，71％の集落に居住している．下級首長居住集

第10章　1820年代のコーヒー輸送システムと下級首長　215

落のうち 18 にイスラム役人が居住し，イスラム役人のみの居住も 2 集落存在する．一般に山裾の集落は小規模で下級首長の居住も粗であるのに対して，東の盆地底部の集落は大規模であり，首長の居住も密であるという傾向がある．彼らは必ずしもルート沿いに居住しているとは限らなかった．また下級首長の複数居住集落は 12 例で，所在不明の 2 例を除くならばバンドン盆地に抜けるルートに近い西端の山裾に 2，コーヒー園付近に 4，盆地底部の水田地帯に 4 存在した．イスラム役人が複数居住している集落は 3 例で，すべて盆地底部にあった．そしてこれらの首長・役人複数居住集落はいずれも大集落であった．

牛・水牛の頭数が多い（40 頭以上）集落は，㉕，㊴，㊹，㊺，㊲，㊴，㊼，㊾，㉖であり，また夫役負担者 1 人あたりの頭数が 1.4 ～ 3 頭と高い集落は，㉙（所在不明），㉟，㊲，㊵（所在不明），㊷，㊻，㊶，㊾，㊼，㊽である．これらの集落は㉟と㊻を除いて下級首長居住集落であるが，トループの西端，コーヒー園付近，街道や小倉庫の付近，そして盆地底部に存在し明瞭な地域的偏りはみられない．またダンデルと異なり直接街道に面している集落は少ない．馬が 10 頭以上と多い集落は，㊴，㊵（所在不明），㊹，㊺，㊲，㊶，㊸，㊻であり，トループ西端，コーヒー園付近，盆地底部の下級首長居住集落であった．

水田からの収穫の合計が 50 チャエン以上の集落は全体の 48％であった．100 チャエン以上の集落は 12 例であり，うち 8 例が街道の東の盆地底部に広がる．また夫役負担者 1 人あたりの収穫量の平均が 5 チャエン以上の集落は㊷，㊻，㊶，㊺，㊵，㊻，㊼，㊽，㉖であり，やはり盆地底部に多い．しかし下級首長の居住，あるいはイスラム役人の居住と収穫量の集落毎の対応関係はほとんど認められなかった．

このトループは，ルートの拠点や出入口に下級首長が居住して交通・輸送の把握に比重が置かれるダンデル型のトループではなく，むしろコーヒー生産がインテンシブに行なわれたトループであると考えられる．西境では下級首長がルートの出入口に居住する傾向が認められるが，多くの下級首長は盆地底部に居住している．トループに属する集落がチマヌク川の支流域沿いに分布し，しかも 5 万図によれば盆地底部では用水・排水路が発達していることから，下級首長が水利と関わり，彼らの影響力は面的に広がっていたと推測される．またこのトループでは，コーヒー栽培に動員された住民は多くの場合下流の居住地から上流のコーヒー園へ向い，栽培に従事したと考えられるが，このような

コーヒー生産の単位の設定は，チアンジュール-レヘント統治地域においてコーヒーがインテンシブに生産されている小規模な郡と地形・面積・人口規模とも極めて良く似ている（第15章第3節参照）.

(3) マラウ-トループ

このトループはチボダスの北東に位置し，集落はグントゥル（Guntur）山の南の山裾沿いに分布する．東はチマヌク川本流およびガルート-タロゴン街道に区切られる．統計に載る集落は番号㊻から㉑までの35集落，平均世帯数は41であり，夫役負担者1人あたりの水田からの収穫は2.78チャエンである．チボダスと同様，概して西部の集落は小さく東の盆地底部の集落は大である．

コーヒー園は，1829年の理事官の巡察日誌によれば㊻（開園年1814, 1819），㊲（同1815），アウィトゥグー（Awie Tegoe; 同1811），マラヤン（Malaijan; 同1807, 1809, 1810, 1824）の4箇所の集落付近にある [Algemeen Verslag 1829: Ronde Bandong 13, 14, 19]．前3者はグントゥル山の山裾であると考えられるのに対し，マラヤンは1917年に竹林となっているトループ中央の丘であると推定される．コーヒーはいずれもトループ内のルートにしたがってタロゴンへ集荷されたと考えると無理が無い．

下級首長の居住集落は27（うち所在不明3）であり，そのうち20にイスラム役人が居住する．一方イスラム役人のみ居住の集落も2例存在する．下級首長がまったく居住しない集落は5例のみので，下級首長居住集落の分布傾向を複数居住の集落に注目して検討する．下級首長が複数居住の集落を首長人数の多い順に挙げると㉑タロゴンが18人，㊹，㊽が3人，㊼，㊻（所在不明），㊾，㊿，㊿，㊿が2人である．㉑タロゴンはトループの中心集落であり，かつティンバンガンテン郡の中心である．このほかの居住集落は皆盆地底部の大集落であり，また必ずしもルート上に存在しない．さらにイスラム役人の複数居住集落をみると，㉑タロゴン以外は㊽，㊾であり，これも盆地底部に存在する．

水牛・牛の頭数の多い（40頭以上）集落は，㊹，㊺，㊼，㊽，㊻，㊿，㊿，㊿である．コーヒー園付近の山裾の2例を除けば，いずれも盆地底部の大集落であり，みな街道から外れている．ただし㉑タロゴンが0であるのは集計ミスと考えられる．夫役負担者1人あたりに対する頭数が1.3頭以上の集落は，㊺，㊼，㊽，㊿，㊿，㊿，㊿である．やはりコーヒー園付近の3例以外は盆地底部で街道沿いではない集落である．馬の頭数が10頭以上の集落も，㊺，㊼，

⑧⑨, ⑨①, ⑨④, ⑩⓪タロゴンであり，タロゴンを除いてはいずれも盆地底部にある．以上の牛馬の分布と下級首長の居住に明瞭な相関関係は認められない．
　水田からの収穫の合計が50チャエン以上の集落は全体の54％ある．また100チャエン以上の集落は7例あり，いずれも盆地底部に存在する．夫役負担者1人あたりの水田からの収穫量が5チャエン以上の集落は，⑦③, ⑦④, ⑦⑨, ⑧①, ⑧③, ⑧④, ⑨①, ⑨⑥で山裾と盆地底部が半々であった．下級首長の居住との関係はチボダスと同様，対応関係にない．
　このトループの土地利用と下級首長の居住形態は，チボダスに類似しており，やはりインテンシブなコーヒー生産トループであると考えられる．しかし下級首長の居住人口が飛抜けて多い郡都タロゴン⑩⓪は，コーヒー輸送支配の拠点であったと考えられる．すなわち，タロゴンはサレ＝グルール－トループとの境界付近の街道沿いにあり，かつダンデル，チボダス，マラウの3トループで生産されたコーヒーが必ず通過する地点に位置していたのである．

　(4)　サレ＝グルール (Sale Gulur)－トループ
　このトループは，タロゴンから東北に広がる．大半の集落が，西はグントゥル山の山裾，北はレレス (Leles) との間にある尾根，東はバゲンディット (Bagendit) 湖，南はバゲンディット湖の東へ抜ける街道の間に分布している．統計表に載る集落は番号102から120までの19集落，平均世帯数は84と規模が大きい．集落はほとんどが盆地底部に存在する．しかし夫役負担者1人あたりの水田からの収穫量は1.6チャエンと低い．
　コーヒー園については1829年の理事官の巡察日誌が，1824年にバゲンディット湖付近に開園された33,600本の農園について触れるのみであるが [Algemeen Verslag 1829: Ronde Bandong 13, 14, 19]，農園は他にも存在したと考えられる．ウィルデの著書の挿絵にはグントゥル山麓にコーヒー園が描かれている [Wilde 1830: 2-3]．とはいえ1829年の巡察において理事官はこのトループをコーヒー生産の中心地と見なしてはいなかった．このトループで生産されたコーヒーは⑩⓪タロゴンの小倉庫へ一旦集荷されるか，内陸集荷基地カランサンブンを目指して直接リンバンガン方面へ輸送されたと考えられる．
　下級首長の居住集落は16（うち所在不明4）であり，そのうち12にイスラム役人が居住する．イスラム役人のみが居住する集落はない．下級首長が居住しない集落はわずか3例であるので，下級首長居住の傾向を複数居住の集落10

例に注目して検討する．下級首長が複数居住する集落を首長人数の多い順に挙げると，⑫が4人，⑭（所在不明），⑭（所在不明）が3人，⑮，⑯，⑱，⑲，⑯，⑱，⑳が2人である．いずれもルート沿いであり，特に道の交わるところに多い．

水牛・牛の分布を検討すると，これまで基準としてきた40頭は，集落規模が大きいため，基準に満たない集落は⑫，⑰，⑪の3例のみである．夫役負担者1人あたりの数値が大きいのは，⑭（所在不明），⑱，⑲，⑬（所在不明），⑭（所在不明），⑮（所在不明），⑳である．なかでも⑬は⑭はそれぞれ総数249頭と202頭，夫役負担者1人あたり8.9頭，1.9頭と極めて高い数値を示す．位置を確定できる集落は山側のコーヒー園近くに存在する一方で，所在不明の集落は，統計表の集落番号の順番から判断して⑫から⑯までの街道沿いかそれに近い位置に存在したと考えられる[9]．さらに馬が10頭以上の集落は，⑭（所在不明），⑮，⑯，⑲，⑩，⑬（所在不明），⑭（所在不明），⑱，⑳であり，特に⑳には48頭と他集落の2倍以上存在した．⑳チカブユタン (Tjikaboejoetan) はティンバンガンテン郡の北側の入口にあり交通の拠点であった．ここには任地に居住していない郡長がバンドンより訪れて滞在する施設があった．その所在地は現在のところ正確には確定できない．しかしグントゥル山の峰の1つカブユタン付近からバゲンディット湖へ注ぐ川沿いに存在したと考えられ，5万図上の集落タリコロット (Tari Kolot;「レヘント級の首長の旧居住地」の意)，あるいは街道上が有力である．

水田からの収穫量をみると，統計に示される集落の規模が大きいため集落毎の収穫量はいずれも大きく，50チャエンに満たない集落は⑰のみである．しかしそれにもかかわらず夫役負担者1人あたりの収穫量はチボダス，マラウートループの基準として使用した5チャエンを越える集落はない．4チャエン台もわずかに⑮のみである．地形と集落規模から判断するならば，水田卓越地帯にその生産量を凌ぐ人口が集中していると考えられる．

以上，このトループでは下級首長が多数居住する集落はルート沿い，特にルートの分岐点にあった．また輸送用動物は遍在したが，特にリンバンガンへの街道沿いに多いと推定される．このトループに属する集落が分布している地域は盆地底部でも丘が多い．この地形の高低を考慮すると下級首長はコーヒーなど大量で重量のある物を運ぶ際に重要な拠点に居住していると言える．加えて人口密度が高い．そこで，このトループはインテンシブなコーヒー生産トルー

プの東北に位置し，ティンバンガンテン郡から内陸集荷基地カランサンブンへのコーヒー輸送を監視するとともに，輸送の組織にあたり労働力を提供する役割を担ったと考えられる．

（5）小　括

　以上のトループ毎の検討を踏まえて次のことが言えよう．ティンバンガンテン郡で下級首長が多数居住する集落は郡外へのルートの拠点とコーヒー生産の中心トループの盆地底部にあった．特に前者においては，地形の高低を利用して輸送において必ず通過しなければならない地点の集落に居住し，水牛・水田も概してその近辺に集中していたと言える．しかも郡外へのコーヒー輸送にあたり，コーヒー生産中心地域のルラー，マンドール，そしてトループ長レベルの下級首長が，より高位の下級首長の居住・滞在集落を通過せざるを得ない配置となっている．なかでも郡長の滞在集落を擁するサレ＝グルール-トループは，トループ全体がこの郡の輸送を支配する役割を果たしていたと言える．このように居住形態から見るならば下級首長はコーヒー輸送を強力，効率的に支配することが可能なシフトを敷いていたといえよう．住民や下位の下級首長の使用するコーヒー密輸のための裏街道もないとはいえないが，山がちな地形であるうえ，ガルート盆地は盆地底部でもかなり起伏がある．多量で重量の重いコーヒーを運び得る道は限られてくるので，地形を巧妙に利用した下級首長の監視は充分に有効であったと考えられる．

4-3　コーヒー輸送からの利益の引出し

　前節で検討したような居住形態を背景に，本項ではティンバンガンテン郡における下級首長たちが行なったコーヒー輸送からの利益引出しの具体例を示す．

　この郡に派遣された郡長は，19世紀初めは当時のレヘントの孫であった．1820年代には次期レヘントと目される「ラデン＝トムンゴン」の称号保持者が派遣された．また同時期のチャマット，パンフルは両者ともラデンの称号を有した．このように郡の要職のうち3ポストにまでラデンが就任した例は，プリアンガン地方ではこの他にチアンジュール，バンドンのレヘント居住集落とチアンジュールのチプートリ（Tjipoetri）郡のみであった［Statistiekhandboekije

1828]．これはティンバンガンテンが天下り貴族にとって利益の多い郡であったことを意味しよう．

一方政庁は，1820 年代に至っても，この郡のコーヒー生産と輸送の管理を下級首長たちに依存せざるを得ない状況にあり，理事官は巡察の際に下級首長達に輸送の励行を特別に奨励する必要があった．しかし，下級首長の住民圧迫は政庁の望むところではなく，政庁が何等かの手を打とうとしている姿がしばしば文書に登場する．イギリスがオランダに宣戦布告していた 1780 年代前半に，政庁はこの郡で生産されるコーヒーがオランダ政庁以外に引渡される事態を警戒していた．また 19 世紀初頭から 20 年代に至る報告書において収奪を原因とした住民の逃亡が問題視されており，1805 年には住民に対する恣意的収奪を理由として郡長が処罰されている，[Haan 1910–1912: vol. 4 206, 227, 260, 312]．

以下，政庁の支配の及ばない郡部で行なわれた中間搾取の実例として，政庁の文書に残る逃亡者の証言を 2 例訳出する[10)]．

ランチャマイヤ（Rantjamaija: 地図 10–1 の(73)）に住むカミス（Kamis）という女性．

私はすでに 1 年，在所を離れています．1,000 本のコーヒー樹が植えられている私の農園を，私はいつも自分で世話しなければなりませんでした．それなのにコーヒーの実が稔ると，ルラーのマルタガ＝スラ（Martaga Soera）が他の者達にそれを摘取らせ，夜間乾燥小屋へ運ばせたのです．私はそのコーヒーの実の代金をまったく受取っていません．

シトゥ[11)]に住むナンガ＝ディパ（Nanga Diepa）という男性．

私はこの地（逃亡先—引用者註）にもう少し耐え易い生活を求めてやってきました．私が以前住んでいたところでは休みというものがありませんでした．1 ヵ月バンドンへ夫役奉仕に行き，そして［ダーンデルスの建設した—引用者］軍用道路へ 1 ヵ月，さらにカランサンブンなどへ行きました．それで今年は自分の水田を耕せる状態にありませんでした．水田を妻に任せなくてはならなかったのです[12)]．

結実期にある私のコーヒー園へ，私は摘取りに行くことを禁じられました．そこには別の人間が派遣され，コーヒーの実はチカブユタンのパサン

グラハン（宿泊所―引用者註）にいるトムンゴンのために運ばれました．私には何の支払もなされませんでした．
　私はこの前の引渡の時，私の□□（史料の端が切れて不明，おそらく親族の1人―引用者註）と1ピコルのコーヒーをタロゴンの小倉庫へ運びました．そこで私たちは支払をまったく受けませんでした．
　私がそこへコーヒーを運んだとき，書記のキ＝ナヤ＝プラジャ（Kei Naija Pradja）は，トムンゴンが来たらおまえ達は支払を受けると言いました．そののち私がもう一度行くと，トムンゴンが来るまで待てと繰返されました．でも小倉庫に金があることを私はよく知っていました．
　勇気を出して調べてみると，この時100ピコル以上のコーヒーがタロゴンの小倉庫に運ばれましたが，それらについては同様の方法で誰にも支払は行なわれませんでした．
　トムンゴンのためにコーヒーが摘取られてしまうと，私たちはそれをカランサンブンへ運んで1ピコルにつき27s.を受取らなければなりませんでした．
　パサングラハンにヨーロッパ人官吏が来たときは，塩，キンマの葉，タバコ，檳榔子，檳榔膏，蝦醤，米，鶏，そして卵を見返り無しで提供させられました．
　ただパンラクが来て何も言わずに鶏と卵を持っていったのです．
　レヘントが巡察に出ると，そのためにタロゴンからだけでも40頭の馬が夫役負担者に要求されました．夫役負担者が馬を持っていなかったら，彼は借りなければならないのです．

　以上の証言を含む史料は，スンダ語またはマレー語でなされたと考えられる証言のオランダ語訳であるので，すべてが正確と言うことはできない．しかも当時のヨーロッパ人官吏はラッフルズおよびダーンデルスに通じる自由主義的思考をする者が多く，コーヒー生産にまつわるすべての矛盾を，ヨーロッパ人官吏と生産者との間に存在する首長達に帰す傾向があった．しかし代金着服，夫役貢納の濫用などの下級首長の収奪が，コーヒー代金支払および輸送に大きく関わっていたことは見てとれよう．この特徴は本史料中のその他の証言にも鮮明に見られる．
　加えて証言の最後の部分に照らして，農耕や夫役，そしてコーヒー輸送に

必要な牛馬を下級首長が住民に貸出すという形の支配の存在が推測される．18世紀末から19世紀初めのプリアンガン地方のレヘントは輸送用に多くの牛馬を飼育していたが，飼育は実際にはレヘント直属の隷属民が行なった．また1820年頃には郡部にも水牛の飼育を専門に行なう住民が存在したが，この住民達が下級首長の強い影響下にあるとすれば，牛馬に対する下級首長の支配は容易であった [Wilde 1830: 179, 181, 194; Haan 1910–1912: vol. 2 689–690][13]．

以上の1820年代のティンバンガンテン郡の検討によって，政庁の支配の及びにくい郡部では，下級首長がコーヒーの輸送と代金支払を支配し，中間利益を得ていたことを明らかにし得たと考える．

5 —— おわりに

以上の検討から次のことが議論できよう．

（1） ジャワ島統治再開後のオランダ政庁は，内陸幹線道路を直接管理下に置くことでプリアンガン地方内部の支配へと乗り出しつつあった．1830年までに政庁は，コーヒー集荷基地-バタビア間の輸送を支配下に置き，プリアンガン理事州で商業を行なう者を，政庁と政庁が許可したヨーロッパ人・中国人に限定し，さらに首長層・住民の理事州外への許可無き移動を禁じた．プリアンガン社会は，少なくとも制度的に，内陸に封込められたと言える．

（2） しかし政庁はコーヒー輸送に関しては1810年頃のコーヒー輸送システムをほぼそのまま維持する方針をとった．新たに実施された施策は内陸集荷基地に対する監視の強化，チカオ-バタビア間の輸送の直接管理，そしてレヘント統治地域内部における中国人・アラブ人の活動制限，コーヒー密輸取締りといった権力機構を利用した管理強化に留まった．

（3） コーヒー輸送組織化と代金の支払におけるレヘントの役割は，ヨーロッパ人官吏の目から見るならば，もはやその配下の郡長以上に重要なものではなかった．コーヒー輸送の分野で19世紀初めから1820年代にかけて増大したレヘントの任務を挙げるならば，それは，ヨーロッパ人官吏の計画に従って実施する領内の道路の改良工事とその費用の負担であったと言える．

（4） その一方で，プリアンガン地方における人口増加の中で，レヘントと住民の仲介役として重要性を増した下級首長と有力な住民は，1820年代まで

には，利益を求めて農園から内陸集荷基地までのコーヒー輸送に携わるようになっていた．この輸送から得られる中間利益は，下級首長が政庁のコーヒー生産管理システムの形成に協力した大きな要因と考えられ，政庁はコーヒー輸送に携わっていた彼らや有力な住民を，トループ長やコーヒー・マンドールに任命して生産管理ラインを創出した可能性が高い．

註［第 10 章］

1）報告書はヨーロッパ人官吏のコーヒー船独占がコーヒー輸送の障害となっているとして，独占の禁止を提案している［Koffij Report: 46］．
2）政庁が水牛の交易を禁止したところレヘント統治地域内の水牛不足地域に水牛が供給されず，水牛不足が昂じて起こった［Koffij Report: 36］．
3）理事官の職務日誌でも，理事官が出荷を急がせる記述はバンドンおよびスメダンの領域に限られていた［Koffij Report: 63-64; Algemeen Verslag 1827: 4］．
4）当時の人口趨勢は，Jonge 1862-1888［vol. 11 363-367］，Nederburgh 1855［巻末人口統計表］，Algemeen Verslag 1828, 1829, 1832［巻末人口統計表］などから概観可能である．
5）1836 年以前の郡毎の引渡量の統計は，管見の限り存在しない．
6）この史料には正確な年代が記されていないが，他の統計史料との比較により 1820 年から 1828 年の間に作成されたことは間違いない．管見の限りこの統計表は 1820 年代のプリアンガン地方において各集落の人口をトループ毎に集計し，かつ下級首長数まで記載している唯一の史料である．記載される数値は，同時期のその他の統計史料と比較すると，かなり過小評価であると考えられる．1828 年に集計されたバンドン－レヘント統治地域の人口統計表と比較するならば，集落数自体が半分弱であり，周辺の数集落をまとめた数字が多く含まれている（第 13 章第 2 節第 1 項）．そこで本節で扱う数字は，仮に集落毎の数字として示すが，絶対値としてではなく，各トループの性格の比較を目的として使用される．なお本史料に掲載された 120 の集落のうち所在の比定が可能な集落は，ダンデル－トループ 24 集落のうち 19，チボダス－トループ 42 集落のうち 38，マラウ－トループ 35 集落のうち 30，サレ＝グルール－トループ 19 のうち 15 であった．
7）男性に夫役が賦課される基準は，自給農業で独立の生計を維持する者と考えられる．また一般に 1 世帯が自給農業に従事した場合，水田耕作は焼畑，陸田より多くの収穫を挙げることができた［第 11 章第 6 節第 1 項］．そこで集落毎の水田からの収穫量を男性の夫役負担者で割り，その値が低いならば，水田耕作が未だ普及していない，あるいは耕地に対して夫役負担者が過剰であると考えることができる．
8）水利灌漑施設の監督は，当時よりイスラム役人の仕事であった可能性がある．当時政庁はレヘント居住集落のプンフル長に水利灌漑施設の建設の職務を付加していた［第 7 章第 4 節第 2 項 (3) ㉗］．また 19 世紀中葉のプリアンガン地方では，村落において水利灌漑の職務はイスラム役人ラベラベが担っていた［Vollenhoven 1906-1918: vol. 1 710-711］．
9）旧日本軍出版の 5 万図を使って行なった 1820 年代の集落の所在比定作業では，集落毎

の人口統計の存在するチアンジュールおよびバンドン-レヘント統治地域の全域において，コーヒー輸送拠点周辺の集落の所在比定が困難であるという傾向がある．19世紀後半の鉄道敷設によって輸送システムが大きく変化したためであると考えられる．

10) ［Justitie en Politie: 1821・5・22］．この史料にはバンドン，スメダン，ガルートの各レヘント統治地域からの逃亡者7人の証言が記載されている．
11) 原文の綴りは Siitie あるいは Sutoe と読めるが，このような集落名は，ティンバンガンテンの人口統計表にも，1828年の人口統計表にも存在しない．⑩シトゥ（Sitoe）である可能性が極めて高い．この集落の位置は比定できないが，付されている番号から判断して，⑩タロゴンの近郊であろう．
12) 水田耕作では一定の期間とはいえ男性の労働力が必須である［第12章第3節第2項］．妻が代わりの男性労働力を調達するならば，何らかの反対給付が求められたことであろう．
13) 19世紀初め，ティンバンガンテンの郡長がヨーロッパ人監督官に借金をしたが，その担保は牛馬とガメランであった．このことは郡長が牛馬を支配していたことを物語ろう［Haan 1910-1912: vol. 4 305］．

第 3 編のまとめ

　18 世紀初めから強制栽培制度期直前まで，プリアンガン地方からバタビアなどの海港へ向かうコーヒー輸送の組織形態は，緩慢な変化を続けてきた．この変化を，輸送の組織者・従事者そして資金の提供者に着目して検討するならば，次のような議論の組立てが可能となる．

　(1)　1710 年代まで：プリアンガン地方と北海岸を結ぶ主要ルートは，17 世紀半ばあるいはそれ以前から存在したと考えられる．VOC は，1710 年代までにバタビアを拠点とするルートの形成に成功したが，これらの内陸交通網は，いまだ現地人首長層により在地の習慣に従って維持・管理されていた．さらに 1710 年代までの VOC のプリアンガン地方に対する影響力は，会社の保護国であるチルボンよりもはるかに劣るものであった．内陸交通支配の側面より見るならば，バタビアは，ターミナルの一つとなることには成功したものの，いまだ内陸交通網や後背生産地の広域支配を目指すことのない大航海時代の港市国家の面影を残していたのである．

　(2)　1720 年代-40 年代初め：レヘントは内陸輸送の独占的組織者の地位を保っていた．胡椒に比べて多量となったコーヒーの輸送のために，バタビア付近で設備投資を行ない，またオランダ政庁に対して輸送に関わる様々な要望を出していた．これに対して政庁は積極的政策を取らず，特にレヘントに対しては，コーヒーに関わる融資を禁止していた．

　(3)　1740 年代後半-1780 年代前半：政庁は積極策に転じ，バタビア周辺で運河開削および内陸交通に関わる規則の整備を行なった．コーヒー代金の前貸という形で開始したレヘントに対する融資は，内陸からのコーヒー輸送を円滑にすることを目的としていた．さらに政庁によるバタビア周辺の総合開発の結果，1750 年代にバイテンゾルフに市場（パサール）ができ，バタビア-バイテンゾルフ間の商業および輸送に携わる中国人や現地人が登場した．これに対してレヘントは，バタビア周辺の輸送についてその一部をバタビアに拠点を置く輸送業者に請負わせるようになった．

　(4)　1785 年-1811 年：政庁によるコーヒー生産の拡大政策によってコーヒー栽培場所がレヘントの居住集落より遠い山麓に移され，輸送量も拡大したことによって，レヘント居住集落経由の輸送が合理性を失った．まずプリアンガン地方への登山口にある 3 つのコーヒー集荷基地（バイテンゾルフ，チカオ，カランサンブン）からバタビアまたはチルボンに至る輸送および商業網の組織主体と担い手は，レヘントからオランダ植民地権力・中国人を中心とする植民地都市勢力へと代わった．加えてレヘント統治地域内ではコーヒーは各郡（チュタック）より直接コーヒー集荷基地に輸送され，そこで輸送してきた者に代金が支払われた．郡長以下の下級首長および富裕な住民はこの時期よりコーヒー輸送に活発に参入したが，それは，集荷基地における市場（パサール）の発達によって，コーヒー集荷基地における交易が利益を生むようになっ

たためであった．こうして，郡長が輸送と代金支払の要となり，コーヒー輸送の拠点は郡の中心集落となった．レヘントは統治地域内でのコーヒー輸送およびコーヒー代金支払の独占を解かれ，1郡長とほぼ同様の輸送集荷機能を保持するのみとなったのである．

（5） 1820年代：コーヒー輸送に関してオランダ政庁は，1810年頃のコーヒー輸送システムをほぼそのまま維持する方針をとった．コーヒー輸送組織化と代金の支払におけるレヘントの役割は，ヨーロッパ人官吏の目から見るならば，もはやその配下の郡長以上に重要なものではなかった．その一方で，プリアンガン地方の人口増加のなかで，レヘントと住民の仲介役として重要性を増した下級首長と富裕な住民の中には，コーヒー集荷基地からの帰り荷で得られる利益を求めてコーヒー輸送に携わる者が存在した．

このように，1820年代に至るオランダ植民地権力のコーヒー輸送に対する支配の方法は，レヘント，下級首長，住民，輸送請負人といった勢力に，積極的に利益を分配しつつ保護と規制を加え，各勢力の利害関係を巧妙に操って植民地権力の利益に奉仕させるものであったと言える．その一方で，コーヒー輸送システムに起きた変化は，18世紀初めには海に対して開かれ，多くの人々が海岸部に行く自由を持っていたプリアンガン社会を，内陸に封込めたと言える．プリアンガン地方社会は1820年代までに，少なくとも制度上は，コーヒー集荷基地－バタビア間の輸送を外部勢力に委ね，交易の相手としてオランダ政庁とこれに従属した中国人以外の選択肢を奪われ，さらに住民・首長層とも理事州外への許可無き移動を禁じられたのである．

なお，18世紀後半より史料に登場する，利益を求めてコーヒー輸送に参入する者達については，今後慎重な考察が必要である．バイテンゾルフからバタビアに至る輸送にみられる荷車運搬人などの活動は，水牛や荷車を準備するためにレヘントや下級首長の前貸を不可欠とし，輸送貨物，輸送場所，輸送代金などを自由に決めることができないなど限定されており，この側面では18世紀中葉までのレヘントからの輸送の肩代わりと考えることが出来る．少なくとも，この地方における輸送業はこのような制約の中に誕生したのである．

一方レヘントは，この新しい環境に適応して，コーヒーからの利益の抽出方法を集荷・輸送過程の独占から，これらの過程への寄生および栽培夫役を強化することへとシフトさせて行なった．またレヘントは18世紀半ば以降，積極的に水田開発を進めており，建設した水田および灌漑水利施設の用役権の供与を媒介として住民との紐帯を強めていた．そして18世紀末からは，統治地域内の商業をも植民地都市勢力の東洋外国人に委ねて水田開発を行ない，住民を水田耕作とコーヒー栽培に専念させようとしたのである．この水田開発によるレヘントと住民の紐帯強化の分析が第4編の課題である．

第 4 編

オランダ植民地権力による利益・サービスの提供とその独占

―― 食糧生産と生活必需品 ――

本編では，植民地政庁がプリアンガン地方住民に中央集権化したコーヒー生産・輸送を受入れさせたメカニズムについて，食糧生産方法と住民の生活の側面から検討する．ねらいは，コーヒー市況というグローバルな動向が，ジャワ島西部の地理・生態，オランダ植民地権力，そして在地社会における諸要因と結合した結果，この地方に独特の住民動員システムとして顕現したことを示すことにある．

　プリアンガン地方の住民がコーヒー栽培を受入れた理由について，従来の研究は，これを正面から論じてこなかった．住民は，オランダ植民地権力をバックとしたレヘントの強制によってコーヒーを生産し輸送した，という理解が一般的であった．ホードレーは，18世紀中葉に水田耕作が普及したことに着目し，コーヒー栽培が定着した理由を封建的生産関係の成立に求めたが，彼もまた土地制度を媒介とした権力行使による労働力動員を想定していた [Hoadley 1994: 182-184]．

　しかしコーヒー栽培が拡大した1720年代のプリアンガン地方は，焼畑移動耕作が行なわれる人口希薄な山岳の森林地帯で，政庁の武力を背景としたレヘントの権力行使では，住民の移住・逃亡を阻止して彼等にコーヒー生産を強制することは不可能であった [第3章第3，4節]．この焼畑を耕作する住民は1820年代においても多数存在し，かつコーヒー栽培に従事していた．その一方で，18世紀末から1810年代のヨーロッパ人達は，この地方の住民が，ほかの地方の住民と比べて首長層に非常に従順でコーヒー栽培にほとんど無償で従事するという印象を持ったのである [Algemeen Verslag 1827: 1, 15; Koffij Report: 26; Raffles 1988: I 129, 143]．そこで本編では，労働力動員の要因として，政庁・首長層による権力的抑圧の側面ではなく，これまで不問とされてきた，住民の生活に必要な便宜の供与の側面に注目する．そしてこの視角から水田耕作が住民にもたらした影響，および商業などにおける植民地政庁のサービスの提供を検討し，ホードレーの封建的生産関係成立説を全面批判する．考察の対象地域はプリアンガン地方全域とし，主に定性的な検討を行なう．

　第11章では，焼畑耕作が未だ広範に広がり，かつ土地に希少価値がないために耕地と夫役貢納制が結びついていない社会において，植民地政庁が住民にもたらした灌漑施設や水田耕作にかかわる便宜供与が，どのようなメカニズムで住民にコーヒー栽培を受入れさせたかを考える．第12章では，従来検討されることのなかった農作業暦を復元し，この地域の灌漑稲作の特徴である無季節性が，稲作とコーヒー栽培を両立させたこと，その一方で，灌漑田耕作とコーヒー栽培を受入れた住民が不利益をも背負ったことを論じる．第13章では，オランダ植民地権力と現地人首長層が，住民に対して生活サイドで与えた便宜を検討し，これを享受した住民が得たものと失ったものを考える．

　本編は，コーヒー生産促進における政庁の独占的便宜供与に注目し，これを享受した住民の得たもの，失ったものを検討する初の試みとなる．

第11章

灌漑田耕作の普及と夫役貢納システム

1 — はじめに

　本章では水田耕作普及とコーヒー栽培拡大との関係を考察する．プリアンガン地方においてコーヒー栽培拡大が実現した要因については，これまで「権力的強制」という人口稠密社会において有効な概念が無批判に援用されてきた．このため，具体的なコーヒー生産・輸送への住民動員メカニズムに関する本格的実証研究はなされなかった．そこで本章では，「住民はなぜ強化されたコーヒー栽培・輸送を受入れたのだろうか」という問題意識の下に次の考察を行なう．第2節では，17世紀末から1811年までの水田開拓の展開を開拓の時期・地点・主導者に注意を払いつつ検討し，第3節では1820年代における灌漑工事の展開，第4節では，同時期の灌漑工事計画者・組織形態を明かにする．そして第5節で灌漑田の普及がもたらした水田の所有形態を概観し，第6節では18世紀末から1820年代にかけての夫役貢納制を検討する．そして最後に第7節において，水田耕作に関連して現地人首長層が実施した住民への利益・便宜供与を考え，ホードレーの封建的生産関係成立説を批判する．

2 — 1810年代までの水田開拓

　17世紀末から18世紀初めのプリアンガン地方では，未だ焼畑による稲作

が卓越していた［第3章第4節］．ただし一方で，当時のこの地方にはすでに水田耕作の技術が根付いていた．オランダ政庁は18世紀初頭において，バンドン盆地以東のプリアンガン地方（チルボンに属すプリアンガン地方を含む）について，考慮に値する水田の存在を認めている［Kustaka 1984: 175; Haan 1910-1912: Vol. 3 214; Jonge 1862-1888: Vol. 8 275］．

　西部および東部地域でこの時期に水田の存在する地点として，第1にレヘント居住集落付近が考えられる（以下，地名は地図11-1参照）．スメダン盆地底部のレヘント居住集落では，1678年に居住集落南側の3川の合流点付近に稲作耕地（rijstvelden）が広がり，所々が湿地となっている状態が目撃されている．太陽暦7～9月（乾期の最中）に遠目に見て湿地と区別し得る水田は乾期作を行なえる田と考えてよいであろう［Haan 1910-1912: Vol. 2 104］．また同盆地東端のチフラン（Tjiherang）川の流域にあるセンビル（Sembir）村には1670-80年代にレヘントが開田したとの言い伝えが残る［Kinder de Camarecq 1861: 19-22］．チアン

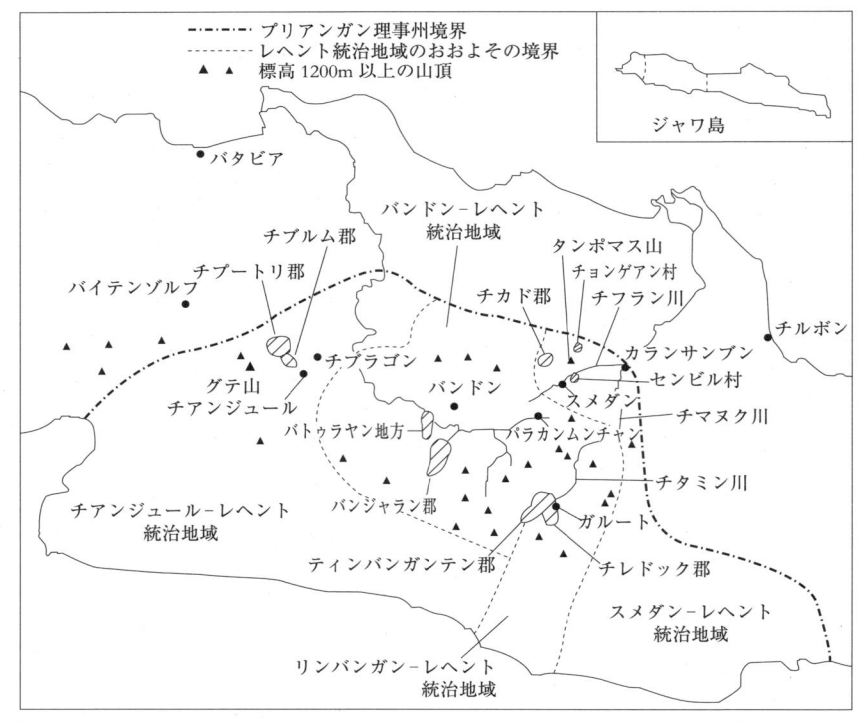

地図 11-1　水田開拓に関係する地名

ジュール盆地底部の北西端にあるレヘント居住集落は湧水・小川が集まってチアンジュール川が流れ出す地点に位置していた．18世紀初めにヨーロッパ人が，この居住集落周囲で広範囲に森が切払われていたこと，および居住集落の北西側ではいくつかの堰と灌漑水路によって導水が行なわれていたことを報告しており [Haan 1910-1912: Vol. 2 309]，灌漑田が存在したと考えられる．さらに18世紀バンドンにおけるレヘント居住集落はバンドン盆地底部南部の川の合流点にある低湿地に存在した．この居住集落は1680年代に建設されたと考えられるが，伝説ではレヘントが湿地帯の水抜きをして建設したと伝えられ [Haan 1910-1912: Vol. 3 104-105, 268; Rees 1867: 64]，周囲が水田であった可能性は極めて高い．

さらに1735年頃，スメダンのレヘントは統治地域内の何ヵ所かの土地で，夫役労働を使用して灌漑施設建設と水田造成を行なった．水田と水路の造成は当時すでにその技術を習得していたリンバンガン (Limbangan: 当時はチルボンに属すプリアンガン地方) から来た者達によって行なわれたと言う [Bergsma 1880: Vol. 2 32]．その中で開拓地点を特定し得るチョンゲアン (Tjonggeang) は，タンポマス (Tampomas) 山東南麓の小盆地 (底部直径は1～1.5km) 中にあり雨期の雨が充分期待できる地形である．旧日本軍出版の5万図では盆地北部の山裾から南に向かって水路が走る一方で盆地より流れ出す川はないので，当時も山麓の湧水を水源とした灌漑が行なわれたと考えられる．

その後政庁は1740年代から，バイテンゾルフ周辺をバタビアの穀倉地帯とするために水田拡大政策を実施した．1740年代半ばよりカンプンバルのレヘントに対して，約400,000ポンドの米穀の引渡を要求したうえ，バイテンゾルフの町を中心とした一定の域内で，焼畑・常畑による稲作を行なうことを禁止した．そしてジャワ島中部のテガル (Tegal) の農民を，彼らの使用する耕作用具および水牛とともにこの地域に入植させたほか，1751年に完成させたバタビア-バイテンゾルフ間の運河から，住民が灌漑用水を取水することを許可したのである [Jonge 1862-1888: Vol. 10 155, 194; Haan 1910-1912: Vol. 3 Staten en Tabelen II; Danasasmita 1975]．

政庁はカンプンバル以外のレヘント統治地域については農業開発に直接干渉せず，レヘントにコーヒー代金の前貸を開始したのみであった．しかしそれにもかかわらず18世紀後半にはそのほかの統治地域でも水田開発の進展が見られるようになった．おそらくバイテンゾルフ近郊の開発に刺激を受けたと

考えられる．チアンジュール－レヘント統治地域では，1770年代にチプートリ(Tjipoetri)盆地底部の湿地帯，チブルム(Tjibeurum)郡からチアンジュール(レヘント居住集落)にかけての街道沿い，グデ(Gede)山南麓の街道沿いに水田が広がっていた．1777年にこの地方を旅行したVOC職員は次のように記している．

　　道の両側は充分に実った稲の植わった水田で縁どられていた．（中略）我々は水田へと引かれている水路を数多く横切った [Anonymous 1856: 172]．

グデ山南麓については太陽暦11月(雨期の初め)に稲が実っており，灌漑田であると言える [Anonymous 1856: 169, 170, 172; 第12章第3節]．また同じ頃，チブラゴン－レヘント統治地域[1]でレヘントが水田を開拓していたことがわかる [Bergsma 1880: Vol. 2 32]．

バンドン－レヘント統治地域ではレヘントが堰や用水路を建設し，用水の利用者に従来よりも重い米穀の貢納を課していた．その中で1747-63年に在位したレヘントが「Panjaaring」郡に水路を建設したことがわかるが，この郡がバンジャラン(Bandjaran)郡に比定されるならばレヘント居住集落南郊の山脚部と盆地底部の境界付近となる[2]．さらに同盆地東部の山脚部にあるパラカンムンチャン－レヘント統治地域のレヘント居住集落付近では，1751年に用水路と水田の存在が報告され，ガルート盆地のティンバンガンテン郡においても1760-70年代に水田の広がりと，グントゥル山東麓の湧水地帯から盆地底部に至る用水路の存在とが報告されている．またバンドン盆地西部の山脚部にあるバトゥラヤン(Batoelajang)地方でも18世紀末までには水田が広がっていた [Bergsma 1880: Vol. 2 32; Haan 1910-1912: Vol. 3 96-99, 110-111; Vol. 4 443, 447, 448]．

こうしてプリアンガン地方における水田開拓は18世紀後半に進展した．そして水田耕作は，世紀の変わり目頃には，耕作の条件が整うならば第1に選択される稲作の方法と見なされるようになっていた．1796年にVOC職員は，

　　［焼畑は―引用者］ほとんどの場合住民の一番貧しい層によって，水田や，それに類する，川の水によって灌漑された耕地が不足した際に行なわれる [Nederburgh 1855: 124]．

と，報告した．またバンドンのレヘントは 1812 年に，水田耕作とそのほかの耕作の関係について言及する中で，水田耕作の普及した地域について，

　　水田が少なすぎるか，水田からの収穫が暮らしてゆくのに充分でない時に，住民は焼畑あるいは常畑を拓くことができる．

と述べ，さらに焼畑・常畑が卓越している地方については，これらの耕作が行なわれている理由として，水の便が悪く水田耕作が不可能なことを挙げた [Haan 1910–1912: Vol. 2, 711–712]．

　なお，上述の 18 世紀末までの開拓地の地形を 5 万図で確認すると，確認可能なすべての例が盆地を囲む山脚部，山麓の湧水地帯，あるいは盆地底部の湿地帯周辺にあり，概して灌漑のために長大な堰や水路を必要としない地点であったことが判明する．また史料に登場する灌漑施設建設の主導者はバイテンゾルフ周辺を除いてレヘントであった．

　その後オランダ政庁は，1804 年にパラカンムンチャン–レヘント統治地域に発生した飢饉を契機として，プリアンガン地方においても食糧生産を奨励する政策を開始した．そしてこの頃より在地社会における水田開拓が一層活発化したと考えられる．当時グデ山東麓の湧水地帯において水田化が急速に進展したこと，また 1802 年にはスメダンのレヘントが，政庁に，ガルート盆地底部にある湖から，南の天水田地帯へ導水する許可を求めたことが史料に見える．しかし灌漑工事に対する植民地権力の直接的関与は，管見の限り，1810 年の総督ダーンデルスによる着工の決定が唯一の例であった．ダーンデルスはバンドンのレヘント居住集落近郊にある灌漑水路の拡張，およびガルート盆地南部チレドック (Tjiledoeg) 郡に導水する水路と堰の建設を決定したが，地形を 5 万図で確認すると，後者は台地状の盆地底部への大規模な導水計画であったことがわかる．なお 1811 年から 1816 年に至るイギリス占領期には，植民地権力は水田開発に関与しなかったが，コーヒー生産が低迷した結果，在地社会のエネルギーは水田開発に向けられたと言われる [Haan 1910–1912: Vol. 4, 446, 447, 448, 451, 463]．

　以上，プリアンガン地方で 18 世紀後半に本格化した水田開発は 18 世紀末までに，山脚部，山麓の湧水地帯，盆地底部の湿地帯付近など比較的用水が得やすい一帯で進展を見た．このうち集落レベルを越える灌漑施設を必要とする開

拓は，レヘントを初めとする現地人首長層の主導になる場合が多かったと考えられる．19世紀初めに開始される植民地権力の食糧生産奨励政策は，この在地の水田開拓の促進を目指していたと考えられるが，その中で1810年には，植民地権力の主導になる，灌漑対象地域を比較的広域な台地状の土地とした大規模灌漑工事の端緒が見いだされた．こうして水田耕作は，1810年代までに東部地域および西部地域の主要な食糧生産方法となっていたと考えられる．

3 ── 1820年代の水田開拓

本節では，1820年代の地方行政文書に見える水田開拓の状況を，開拓地点と開拓主体に注目して検討する．表11-1は，1820年代にプリアンガン理事州長官（理事官）の名で作成された一般報告書に見いだされる水田開拓関係の記述のうち，工事地域の地名が明記されている記事24例の一覧表である．工事地域は16あるが，そのうち植民地権力が工事を主導し出資したものは12地域にのぼり，残り4地域はレヘントが主導・出資したものであった．また植民地権力が主導した工事は，チアンジュール，バンドン，リンバンガンの3レヘント統治地域で実施され，大規模工事であることが強調されるとともに工事の経過が2～3年にわたって詳しく報告されている．これに対してレヘントが主導した工事の記述は，いずれも州都チアンジュールより最も遠いスメダン－レヘント統治地域におけるもので水利施設が完成したことのみが報告されている．

ついで，これら16地域の地形的特徴を5万図で調べると，工事地域を確認し得た15ヵ所のうち，レヘント主導の灌漑地域2ヵ所を含む11ヵ所が広域に台地状になった土地を対象としていた[3]．しかも残り4ヵ所のうち3ヵ所は既存の水利施設の補修であったので，新規の建設工事は1824年完成のチプートリ（Tjipoetri）郡の1例を除き，すべて台地状の土地を対象としていたことになる．当時の理事官は，開拓に際し必要なのは乾いた土地への灌漑用水供給であると判断し，大規模な堰・用水路の建設を計画していたので［Statistiek 1822: CNo1/2; Algemeen Verslag 1822: 24, 1824: 13-14］，台地状の土地の灌漑は理事官の計画の具体化であると言えよう．さらに工事地域は山の北西麓，すなわち雨期に天水が多く乾期に少ない地点が多いので，プリアンガン地方の雨期の降雨量の多さから考えて，この時期の新規着工はコーヒー栽培に効果的な乾期

表 11-1　1821〜24 年のプリアンガン理事州一般報告書に地名の見える灌漑工事

R：レヘント統治地域

年代	地　名	主な出資者	工事の進行状況	5万図による地形	出　所
1821	Tjikandoeng 川 （スメダン R Depok 郡）	レヘント	完成	小盆地底部　高山の西側で泉・小川少なし	Haan 1910-1912: Vol. 4 447
22	リンバンガン R 全域	植民地政庁	新規着工, 一部完成	ガルート盆地底部チマヌク川東岸, 河川は伏流	Algemeen Verslag 1822 : 24
22	Gandasoli 郡 （チアンジュール R）	〃	進行中	峡谷部　谷が深く川の水位は低い	: 25
22	Radjamandara 郡 （バンドン R）	〃	一部完成, 改良予定	チアンジュール盆地東端底部は開析が進む	: 25
22	Madjalaya 郡 （バンドン R）	〃	古い運河の改修完成	バンドン盆地底部　湿地多し	: 25
22	Ronga 郡 （バンドン R）	〃	新規着工	盆地　底部は極端に解析が進む	: 25
23	Gandasoli 郡 （チアンジュール R）	〃	完成後, 改良中	—	Algemeen Verslag 1823 : 13
23	Radjamandara 郡 （バンドン R）	〃	〃	—	: 13
23	Madjalaya 郡 （バンドン R）	〃	古い運河の改修	—	: 13
23	Ronga 郡 （バンドン R）	〃	22 年工事の不備是正	—	: 13
23	Tjikadoe 郡 （スメダン R）	レヘント	完成	山麓中腹の傾斜の緩い台地	: 14
23	リンバンガン R 全域	植民地政庁	進行中	—	: 14
23	Tjimaragas 川 （リンバンガン R Panembong 郡）	〃	新規計画, 着工？	ガルート盆地底部　河川の多くは伏流	: 14
23	Tjiboeroei 川 （リンバンガン R Panembong 郡）	〃	〃	〃	: 14
23	Tjitaming 川 （リンバンガン R Soedalarang 郡）	〃	一部完成？	〃	: 15
24	Tjisegel 郡 （スメダン R 所在不明）	レヘント	完成	不明	Algemeen Verslag 1824 : 16
24	Passirpandjang 郡 （スメダン R）	〃	〃	起伏の多い丘陵地帯	: 16
24	Tjikating （リンバンガン R Panembong 郡）	植民地政庁	中止	丘陵地帯（詳しい所在は不明）	: 17
24	Tjimaragas 川 （リンバンガン R Panembong 郡）	〃	進行中	—	: 18
24	Tjiboeroei 川 （リンバンガン R Panembong 郡）	〃	〃	—	: 18
24	Tjitaming 川 （リンバンガン R Soedalarang 郡）	〃	一部完成？	—	: 18
24	Tjitjoeroeg 郡 （チアンジュール R）	〃	水利施設破損箇所補修	小盆地	: 18
24	Tjimahie 郡 （チアンジュール R）	〃	水利施設改良	〃	: 18
24	Tjipoetri 郡の軍用道路付近 （チアンジュール R）	〃	完成	グデ山麓の緩斜面	: 18

作を目的とした灌漑であると考えて良いであろう（第12章第3節第4項で論述）[Algemeen Verslag 1823: 13].

このように1820年代前半には，植民地権力の主導で台地状の土地の水田化を目指す大規模灌漑工事が起こされ，同様の工事がレヘントにも奨励されていた．1820年代前半の台地状の土地への導水を目的とする大規模灌漑工事ラッシュは19世紀初めに計画されたオランダ政庁主導の開拓方式が集中的に実施されたものと考えられる．

では，19世紀初めから1820年代に植民地政庁が奨励した灌漑工事はどのように実施されたのであろうか．

4 ── 水田開拓の組織形態

4-1 植民地権力主導の灌漑工事

1820年代の植民地権力主導の灌漑工事における組織形態を検討すると，工事における植民地権力の主な役割は，文書類に現れる限り工事の計画立案，現地人首長層への建設の命令，および彼らに対するオランダ政庁金庫からの融資であった．このほか理事官は必要に応じて工事用具および労働者の食糧である米穀を供給し，さらに特別の事例では，水路や堰のサイズの決定，夫役負担者徴発およびその配備の監督も行なった [Algemeen Verslag 1823: 13-15, 1824: 15-16].

しかし当時のヨーロッパ人の中に，灌漑工事を直接指揮し得るほどこの地方の地形・水文に通じた者はおらず，また工事現場に常駐する官吏もいなかった．このため実際の工事の指揮にはレヘントとその配下の郡長，さらにマリム（Malim）と呼ばれる在地の水利職人が携わった [Algemeen Verslag 1824: 15-16].マリムはプリアンガン理事州のいずれの郡にも存在し，とくに山岳地帯の水利工事に十分な知識をもち，かつ有能であったという[4].

また主な労働力は，現地人首長層による夫役負担者の徴発で賄われた．1823年，理事官はチタミン（Tjitaming）川の工事に関して，次のように報告する．

> 私は，働く住民が最も都合良く供給されるように，可能な限りの配慮をし

ております．住民を交代させるべき時期と，人口に比した郡毎の要員数の決定は，私自身が行なっております．

　彼らは上質のあずまや（pondok）に寝泊まりしています．私はカランサンブンから使い古しのズックの袋を持ってこさせ，夜にはそれを被って寒さを凌ぐようにさせています．ここでは強い風によって，しばしば寒さは猛烈なものとなります．軽い病気（それは主に腹痛です―原註）の際にすぐに使用できるように，薬も常備しております［Algemeen Verslag 1823: 15］．

　この史料の事例は模範的大工事であったと考えられる．しかし灌漑工事の現場が夫役負担者の居住地より遠い場合，彼らが工事現場付近に住込んで建設に従事することは当時の常態であり，また夫役負担者の広範囲な動員も特別な事態ではなかった［Algemeen Verslag 1822: 24; Bergsma 1880: Vol. 2 33, 40-41］．

　このように，植民地権力が主導した灌漑工事は，それ以前の現地人首長層主導の工事より大規模に住民を動員したと考えられる．しかし実際の工事遂行は在地社会の組織力・技術力に依存しており，植民地権力が担うのは，ほとんどの場合計画立案，そして資金および必要品の調達・貸与に限られていたと言える．しかも文書にみられるヨーロッパ人官吏による工事計画の例は，実際の地形を考慮した場合に投資効果が疑われるほどに巨大で，計画どおりに完成したか疑問が残る[5]．加えて大規模灌漑工事の遅延や完成後に発覚する不備が，持って回った言い方ながらしばしば報告される一方で（表11-1参照），誇示してよいはずの用水路流域での灌漑田普及については1824年完成のチプートリ郡の工事を唯一の例外として，具体的報告が見当たらない［Algemeen Verslag 1824: 18］．また1825年以降は植民地権力が直接関与した大規模工事起工の記録はなく，理事官の交代にしたがって中止されたと考えられる．そこで植民地権力主導の工事が灌漑田普及に主要な役割を果たしたとは考えにくい．

4-2　現地人首長層主導の灌漑工事

　植民地権力の奨励下でレヘントとそれに準じた首長層が主導した，相対的に小規模な工事について検討すると，文書の中で地名の判明する例は少ないものの，灌漑田普及への貢献について具体的に記述されている場合が多い．表11-1の灌漑工事の進行状況をみると，植民地権力主導の工事では工事完了の報告

が僅かであるのに対し，レヘント主導の3地域の工事はいずれも完成が報告されている．しかも1823年のチカド（Tjikadoe）郡の事例では表11-1で具体的に示されている16工事地域中唯一，「年間400〜800チャエンの稲穂の収穫が約束される」[Algemeen Verslag 1824: 18] と成果が具体的数値で報告されていた．このほかチアンジュールについては，レヘントが水田耕作を奨励した結果「1828年と29年に54の水路が開削されて1521筆の水田が誕生し，稲穂にして190チャエンの増産があった」[Algemeen Verslag 1828/9: 23] との報告がある．また19世紀半ばのプリアンガン理事州の土地権調査報告には，19世紀初めにスメダンのレヘントおよびパティが夫役労働の使用などによって各地に水田を造成したこと，なかでも後者は，植民地権力から融資を受けてダルマラジャ（Darmaradja）郡に水利施設を建設し，1835年までに600バウ（1bouw: 7096m^2）の水田を開田させたことが記されている [Bergsma 1880: Vol. 2 33-34]．なお当時集落レベルを越えた規模の灌漑工事を組織し得た現地人首長層は，資金力および動員できる住民数を考慮するならば，植民地文書に灌漑工事の組織者として登場するレヘントとそれに準じる数人の有力者の範囲を，大きく越えることはなかったと考えられる[6]．

4-3　水田造成

こうして建設された堰と用水路は現地人首長層の管理下に置かれたが，その流域における水田造成は，2通りの方法で行なわれた．第1は首長層が夫役労働を使用して行なう場合であり，水田は首長層の所有田となった[7]．第2は入植希望者によって個別に行なわれ，入植者は水田造成の報酬として3年間の耕作（おそらく夫役貢納免除の耕作）を許可されたと言われる [Haan 1910-1912: Vol. 2 722; Nederburgh 1855: 121-122]．

加えて，この時期の灌漑田の中には，首長層管轄下の水利施設を使用せずに造成されたものも多く存在したと考えられる．火山と盆地からなるこの地方では泉など小規模な水源が多数存在し，取水が比較的容易な地帯が広く存在した．バンドンのレヘントは1812年に，「この地では首長層の許可を得る必要なく，好きに水田を造成できる．水田造成によい場所があったら，用水路1本引く金をクーリー達に払えばよい」[Haan 1910-1912: Vol. 2 710] と述べるほか，住民が共同で用水路を建設する事例を挙げている [Haan 1910-1912: Vol. 2 723]．さ

らに19世紀中葉においてもこの地方では，住民が近隣の泉より導水して個別に灌漑および水田造成を行なう事例，あるいは集落内の共同労働で水利工事を行ない各人の水田が造成される事例など，小規模な開拓事例が他の理事州に比べて多く報告されている．この場合，建設された水利施設の維持管理はこれを利用する者の負担となったという [Bergsma 1880: Vol. 2 38, 40-41, 330-331; Bie 1901: 34]．

4-4 小　　括

　以上本節で論じたことをまとめると，1820年代プリアンガン地方における植民地権力は灌漑工事を直接組織する手段を持たず，植民地権力が主導する場合でも事実上レヘントに工事を下請けさせていたと言える．レヘントを中心とする首長層もまた，灌漑工事は完工し得ても，用水路の流域全般における水田造成・耕作者募集まで直接実施して利益を揚げ得る組織力・資金力を持たず，水田造成は入植者に請負わせる場合が多かったと判断される．こうして植民地権力が奨励した水田開拓は，工事を下請けした現地人首長層が，開拓の工事過程を当時の技術・資金・組織の水準で妥当な利益が予測し得る事業規模に分割し，自ら工事を組織するとともに，水田造成などは住民へも孫請けさせることで実現していたと言える．このことは次項で触れる水田の所有形態，すなわち住民による所有が卓越し，植民地権力や首長層は耕作者の水田売買や質入れを規制できなかった状態を作り出す遠因であったと考えられる．

5 ── 水田の所有形態

　19世紀中葉以降プリアンガン地方は，ジャワ島の中でも水田の「世襲的個別占有 (erfelijk individueel bezit)」が卓越した地方として植民地権力および研究者に認識されてきた．しかし1820年代までのプリアンガン地方では，耕地の所有権を保証する規則や権力が集落より上に存在しない．このため以下本章では，耕地の所有権については先行研究が用いる「世襲的個別占有」の語を使用せずに単に史料中の bezit, possession などの訳として「所有」の語を使用し，土地所有関係の詳しい検討は今後の研究の展開に委ねる．

とはいえ19世紀初めにおいてもこの種の所有形態が顕著であったことは，公刊史料，既存研究から明かである．代表的な記述を2例示しておこう．ラッフルズは著書『ジャワ誌』のなかで，1814年の調査報告を引用して，水田所有の状況については，チルボンとプリアンガンを分けて考えなければならないとする．プリアンガン地方では，

> 彼らの間では，土地における私的所有（private property）がほぼ確立している．耕作者は彼の所有地を子供達に譲ることができ，その子供達の間で，より上位の者の干渉なく再分割できる．所有者は他の者にその所有物を売ることができ，贈与または契約によって，それを移譲できる．[中略]
> 　水田，すなわち耕作された土地においては，全ての住民は，レヘントから最も低い地位の者に至るまで割り前（share）を有し，売ろうと，貸そうと，他の方法で処分しようと，それを自分の欲する方法で扱うことができ，村落を人目を避けて去ったときにのみ，その権利を失うのである
> [Raffles 1988: Vol. 1 138, 141-142]．

これに対してチルボンでは首長層が土地を所有していたと言う．
　また1810年にもヨーロッパ人官吏がプリアンガン地方について，

> 耕作されている水田はすべて，自ら開拓し水田とした者によって所有されて（bezeeten）耕されているか，または移住した者，死亡した者，そして自分の田を耕作することができなくなった者から，いくらかの金で譲渡されたものである．（中略）レヘントの水田は従者すなわちブジャン（boedjang）か，あるいは親族によって耕作されている [Haan 1910-1912: Vol. 4 470]．

と報告している[8]．
　この「私的所有」の内容は，1812年にバンドンで実施された調査の報告（以下，バンドン報告と呼ぶ）をはじめとする同時代の文書を利用することによって，いま少し具体的に知ることができる．イギリス人官吏クロフォードは1813年に，プリアンガン地方において水田売買がごく日常的な行為であったことを報告している．バンドン報告によれば，その売買価格は，10チャエンの稲穂を収穫できる水田が，通常10デュカトン（1 ducatonは0.3〜0.4チャエ

ンの稲穂に相当）であり，買戻し権付きの売買（質入れ）の場合は同じ水田が，7から8デュカトンとなった．このほか耕作者が水田を借りている場合は10チャエンの収穫につき，2チャエンを貸主に提供した [Haan 1910-1912: Vol. 2 708-710]．これらの水田売買や貸与をレヘントなどの首長層が規制し得なかったことは，ラッフルズのみならず，オランダ政庁も指摘するところであった [Haan 1910-1912: Vol. 4 438, 471, 778]．さらに住民は，他の者が水田造成を予定する土地以外の土地であるならば，自由に水田を造成でき，首長層に事前に通告する必要がなかったが，その水田で数年間耕作を継続するならば，在地の慣習法によって水田は耕作者の所有田となった [Haan 1910-1912: Vol. 2 710, 723, Vol. 4 470]．ラッフルズはこの「私的所有」の原因を，可耕地に対して人口が少なく，かつ水田が現耕作者か彼らの親たちによって初めて拓かれたという，プリアンガン地方のフロンティア性に求めた [Haan 1910-1912: Vol. 4 470; Raffles 1988: Vol. 1 138-139][9]．

　以上の史料の示す，プリアンガン地方における水田所有の主要な形態が，ホードレーの主張する封建的土地所有と異なっていることは明かであろう．

　もちろん，上述引用文中のラッフルズおよびヨーロッパ人官吏の記述から明かなように，現地人首長層も水田を所有していた．プリアンガン地方の首長層所有田に関する史料は僅かであるが，『原住民土地権調査最終提要』，バンドン報告，1796年プリアンガン地方を調査したネーデルブルフの報告，そして19世紀半ばにスメダンおよびチアンジュールで実施された調査の報告を検討するならば，次の点を指摘できる．首長層所有田はレヘント，パティ，チュタック長，書記などの官職保有者の職田として継承される場合と，官職にかかわりなく貴族称号保持者によって世襲される場合とがあった．これらの水田の主な開拓組織者はレヘントであり，レヘントは開拓した水田を親族および官職保有者に与えたが，譲渡の理由は明らかではない [Bergsma 1880: Vol. 2 32-34; Haan 1910-1912: Vol. 2 680-724; Kinder de Camarecq 1861: 16-25; Marle 1861: 8-9][10]．

　次に，以上のような水田の所有形態のもとで実施されていた夫役貢納制を検討する．

6 ── 夫役貢納制

6-1　ドミナントな夫役貢納制

　18世紀末から19世紀初めにかけて取立てられていた夫役貢納のうち，夫役労働についてみると，19世紀初めのプリアンガン地方における夫役の種類は，①コーヒー栽培夫役（輸送を含む），②道路建設など政庁の事業に関する夫役，および③チュタック長（後の郡長）への夫役に大別された．この3種の夫役はレヘントまたはチュタック長によって，夫役負担者名簿に記帳された住民に賦課されたと考えられる［Haan 1910-1912: Vol. 2 689-691, 698-699, Vol. 4 402; Nederburgh 1855: 122］．これらの夫役と水田所有との関係についてバンドンのレヘントは，1812年に次のように述べている．

> 水田を所有しない者について言うと，彼らは水田を所有する者と同じように，レヘント居住集落における夫役や，その他の夫役を遂行する．なぜならば，この地方ではただひとつの賦課方法，すなわち人間に対して［夫役を—引用者］賦課する方法があるのみで，水田に対して賦課する方法は存在しないからである．というのは，［水田の面積と人口との間に—引用者］一定の関係がないからである．一方では，多くの水田があるにもかかわらず人口の少ないチュタックがあり，他方では，水田は少ないが人口の多いチュタックがあるのである［Haan 1910-1912: Vol. 2 696］．

また政庁官吏は1812年に，

> ［プリアンガン地方では—引用者］レヘントに私的に奉仕する者を除くすべての住民が夫役を分担している．［中略］これに関して注目されるのは，各行政地区（チュタックと考えられる—引用者註）は，住民の世帯数に比例して分割されており，その分割は，世帯が水田を所有しているか否かと無関係に行なわれていることである［Haan 1910-1912: Vol. 2 426-427］．

と報告している．これらの史料から，夫役が人間を単位として賦課されたこと，

その賦課が水田所有または用益とは無関係に行なわれたことがわかる．

　貢納もまた同様であった．バンドン報告には主な貢納として，チュケ (tjoeke)，ザカート (zakat)，ピトラー (pitrah)，シデカー，スグー (soegoeh) が挙げられている．チュケは米穀の収穫の10分の1をレヘントに納め，ザカートは同じく米穀の収穫の10分の1をイスラム役人に納めるものであった．またピトラーはイスラム正月 (Lebaran) 前に米穀をイスラム役人に納める．シデカーは米穀，鶏，野菜などを年3回レヘントおよびチュタック長へ納める貢納であり，さらにスグーは，レヘント居住集落などへ要人の来訪があった際に，レヘントあるいはチュタック長に食物を提供するものであった [Haan 1910-1912: Vol. 2 693-695, 723]．

　以上の貢納はプリアンガン地方において1870年まで存在したが，バンドン報告におけるこれらの貢納の負担者は，次のようであった．ザカートの負担者は，焼畑・常畑あるいは水田耕作によって2.5チャエン以上の稲穂の収穫を得た者であった．チュケもまた，耕地を問わず一定量（文脈より2.5チャエンと考えられる）以上の稲穂を得た直接生産者がこれを負担した．さらに水田が貸出されている場合にチュケ，ザカートを納めたのは，3チャエン以上の稲穂を自分のものとした耕作者であった．それゆえこれらの米穀の貢納は，各種耕地から一定量以上の収穫を得た直接生産者に賦課されたと考えられる．またピトラーおよびシデカーは「すべての者」が負担し，スグーはコーヒー栽培夫役負担者の員数に比例して各チュタックに割当てられた [Klein 1932: 108-110; Haan 1910-1912: Vol. 2 693-696, 710]．このように貢納もまた賦課単位は人間であったのである．

　ではコーヒー栽培夫役をはじめとする先述の3種の夫役は，住民の中でもいかなる者に賦課されたのであろうか．これを直接示す史料は存在しないので，その手掛りを得るために，他地域から新しく村に移住してきた者に対する夫役賦課の過程を検討しよう．1796年にVOC職員は次のように述べている．

　　バンドンとチアンジュールでは，［中略］［コーヒー栽培夫役は―引用者］，最初の3年間は免除される．このようにして家を建て，水田か常畑を拓く機合を彼に与えるためである．またその期間は水田あるいは常畑からレヘントへの10分の1税（チュケ―引用者註）も納めない．犂やほかの農具を購入できるようにするためである．ほかのレヘント統治地域ではこの期間が

もっと恣意的で，若木の大規模な植付があるとか，新参者が牛と犂を調達できる金を持っている—このことが第1に考慮されるのであるが—とかに左右される．この期間が過ぎた後に，彼はレヘント統治地域の住民として登録され，コーヒー園を拓くこと，およびレヘントに奉仕することを義務付けられる [Nederburgh 1855: 121-122]．

またバンドン報告には，

> 誰かが頼って来たならば，焼畑・常畑あるいは水田で働けるようになるまで養う．彼は養い主に従って働く．一定の期間が経ったら，すなわち2年半であるが，この新参者に夫役が賦課される．これは以前の方法であり，今は家を持つとすぐに夫役の義務を負う [Haan 1910-1912: Vol. 2 697]．

とある．新参者は初期の一定期間，夫役の賦課を免除されたが，この期間に自給農業用地あるいはその用益権，家，さらには水牛や農具を獲得することを期待された．そこで新参者の場合，コーヒー栽培夫役をはじめとする3種の夫役は，耕地の種類を問わず，自給農業によって自立した生計を維持する生産者に賦課されたと考えてよいであろう．

　そしてこのことから，住民一般に対する夫役の賦課について次のような推測が可能となる．18世紀後半において政庁は，住民数を，1組の夫婦からなる家族を構成要素とする世帯 (huisgezin) を単位として把握していた．またこの世帯は，19世紀初めまで，植付けるべきコーヒー樹の本数が割当てられ，かつその栽培が遂行される単位でもあった [Jonge 1862-88: Vol. 10 237-238, 260, Vol. 11 364-368]．一方バンドン報告には，住民のうち14才以下の者が各種夫役を直接賦課されずに，彼らの親を助けて夫役を遂行したことが述べられている [Haan 1910-1912: Vol. 2 698]．そこで住民一般の場合も，耕地の種類を問わず，自給農業によって独立した生計を維持する生産者といった，新参者の場合と類似した夫役賦課の基準が存在し，夫役はこれに基づいて，原則として世帯主に対して賦課されていたと推測できるのである．

　1820年代については，これまでのところこの状態を直接示す史料を発見できていないが，この時期の植民地文書においても，夫役を強化するにあたり貢納負担の有無や耕地所有が問題とされていないことから，夫役賦課の原則に変

更はなかったと判断できる［第13章第2節第2項，第3節］．そこで住民所有田の増加は，水田の所有関係に基づく夫役貢納賦課方式の採用によってコーヒー栽培夫役を強化することはなかったと言えよう．これを踏まえて，次に首長層所有田を検討する．

6-2 首長層所有田における夫役貢納

　首長層所有田の耕作者に対する夫役貢納賦課の方式を検討すると，水田の所有者は，19世紀半ばにおいて耕作者から夫役貢納を取立てる権限を有していた．また18世紀半ばのスメダンの事例によるならば，この権限は，ジュラガン（djoeragan: 主人）という称号とともにレヘントより授与されたものであった．この権限のもとに水田所有者が耕作者に賦課した貢納としては，第1に米穀が挙げられる．上のスメダンの事例によれば，レヘントは自らの所有田を1世帯が耕作し得る広さに区分し，各区につき50ボス（bos: 1ボスは20重量ポンド）の稲穂の供出を耕作者に賦課した．またバンドン報告によれば，レヘント所有田の耕作者は1人あたり1チャエンの稲穂をレヘントに納め，レヘント以外の首長層の所有田の耕作者は収穫の3分の2をジュラガンに納めた．これらの耕作者はジュラガン（この称号はレヘントに対しても使用される）より農具の支給を受け，さらに収穫が僅少である場合には食用の米穀の提供も受けた．米穀の貢納のほかに水田所有者が賦課した夫役貢納は，米穀・鶏・野菜などを年3回納めるシデカーと各種夫役であった．さらに，耕作者は夫役として，ジュラガンの家政に必要な家内労働のほかに，ジュラガンのための水田開拓を行なったと考えられる［Bergsma 1880: Vol. 2 32-33; Haan 1910-1912: Vol. 2 685-690, 696, 698-699; Kinder de Camarecq 1861: 17-18; Marle 1861: 19］．一方，これらの耕作者は水田所有者以外からも夫役貢納を賦課されたが，史料によって確認できるものは，1785年に政庁が賦課したコーヒー栽培夫役を除くならば，イスラム役人の賦課するザカートのみであった［Haan 1910-1912: Vol. 2 711］．そこで以上から，首長層所有田における夫役貢納は，主に水田の所有関係に基づいて耕作者に賦課されていたと考えることができよう．

　ただし首長層所有田の耕作者は，少なくとも1785年まで，コーヒー栽培夫役など，一般の住民に賦課されかつオランダ政庁を利する夫役のすべてを免除されていたので，首長層所有田の増加は，住民の中にコーヒー栽培夫役を負わ

ない者が増加することを意味した．ハーンの指摘するように，首長層所有田は一面ではコーヒー生産拡大の阻害要因となっていたのである [Nederburgh 1855: 120, 147; Haan 1910–1912: Vol. 4 407–409]．

　それでは，以上のような夫役貢納制の下で，水田耕作の普及はコーヒー栽培・輸送にかかわる夫役の強化にいかなる役割を果たしたのであろうか．

7 ── 水田耕作者と夫役労働

　18世紀末から19世紀初めにおけるVOC職員およびオランダ政庁官吏は，プリアンガン地方では，水田耕作者の方が焼畑耕作者よりもコーヒー栽培に良く耐えるとの認識を持っていた．

　1789年に政庁の治水管理委員は，バタビア周辺の状況について，

> 水田を灌漑する水のある地方では，［住民はコーヒーを—引用者］喜んで栽培する．稲作によい収穫が保証されないところでは，一般のジャワ人（ジャワ島に住む現地人の意味—引用者註）に［コーヒー栽培を—引用者］このように簡単に賦課できないであろう [Haan 1910–1912: Vol. 3 625–626]．

と述べている．カンプンバルでは，1790年代にコーヒーの生産が増大したが，VOC職員エンゲルハルトはその要因にふれて，

> ［コーヒー増産に—引用者］比例して稲作を拡大しなければならなかった．住民に充分な水田を供給せずに，強制的手段によってコーヒー栽培を続けさせることはできない [Haan 1910–1912: Vol. 4 463]．

と述べている．エンゲルハルトは，自らの指揮下に灌漑施設を建設し，あるいは水田を造成したうえで，これらを利用・所有する住民に栽培夫役を賦課したと推測される．以下，本節では，水田耕作の普及がコーヒー栽培・輸送夫役強化に果たした役割を，住民所有田と首長層所有田に分けて検討する．

7-1 住民の所有田とコーヒー夫役

　住民の所有田は，次のようにしてコーヒー夫役の遂行を強化したと考えられる．第1に，VOC職員およびオランダ政庁官吏の観察によれば，この地方の水田耕作は，焼畑と比べた場合に収穫が安定しており，かつ耕作者1人あたり約3倍の収量を得ることができた[11]．それゆえ水田を所有し耕作することは，夫役を賦課された者が，食糧不足のために他の生業に就く必要を減じ，かつ従来より多数の家族を扶養できるようになったと推測される．第2に，政庁やレヘントが主導して建設した大規模灌漑施設を利用する水田耕作者に従来より重い夫役が賦課された可能性がある[12]．ただしその効力は施設の利用者に限られた．

　そこで第3に，現地人首長層から住民への農業信用としての金品の貸与，特に入植時における金品の貸与が注目される．1824年に理事官は，レヘントの親族のうち役職に就いていない者による夫役と貢納の横領を憂慮して次のように報告している．

> 彼ら（レヘントの親族―引用者註）はまず，住民に金を前貸し，品物，すなわち生活必需品を与える．［そして水田を造成させる．―引用者］しかるのちに，繰返しの返済勧告によって，住民がその所有地を首長（レヘントの親族―引用者註）に低価格で譲らなければならない事態に，容易に至るのだということを知らせる．またその他の者には自分の費用で稲作耕地を開墾するように仕向けるが，このケースは極めて少ない．しかしいずれの場合でも，彼らの耕地を首長（レヘントの親族―引用者註）の言い値で他の者に強制的に譲渡させる，という目的を達する［Algemeen Verslag 1824: 5］[13]．

　この報告から，入植者の中には開拓費用をレヘントの親族に依存する者と，自己負担する者がおり，前者が圧倒的多数であることがわかる．レヘントの親族以外の首長層についてこの様な具体的な史料は未発見であるが，以下の点からみて入植者への資金と日用品の貸与はレヘントの親族のみに限定された行動ではなかったと考えられる．

　まず，プリアンガン地方のレヘント達が，旧来，他のレヘントの支配下にあった住民を受入れて養い，これを私的な労働に奉仕させる習慣を持っていた

ことは幾種類かの史料が述べるところである．具体例を挙げるならばVOC職員の1754年の報告によれば，レヘントは，配下の住民に対し，端境期に貨幣・米穀などの貸与を実施していた［Nederburgh 1855: 120; Haan 1910-1912: Vol. 4 407, 415, 418］．さらに1820年代にもヨーロッパ人官吏が，レヘント達は支配地域の困窮者や「他の地方から来る世帯のために常に稲穂を用意している」［Haan 1910-1912: Vol. 3 572; Vol. 4 463］と報告している．しかもこの習慣はレヘントあるいはその親族に限定されるものでなかった．バンドン報告では，住民が食糧の欠乏に苦しんでいる場合，レヘント以外の首長層もその地位に応じて住民に米穀を供給することになっていた［Haan 1910-1912: Vol. 2 697, 711］．また本章第6節の引用文でバンドンのレヘントは，「誰かが頼ってきたならば，焼畑・陸田あるいは水田で働けるようになるまで養う．［その間は―引用者］養い主（Pamadjikan）に従って働く．」と述べているが，「養い主」は雇用者・ボスを意味し，レヘントのみを意味するものではなかった．その一方で18世紀末から1820年代までの入植者の中には，スメダン以東のプリアンガン地方やジャワ島中東部など，よその土地から来たものが多く存在したので［Nederburgh 1855: 120-121; Haan 1910-1912: Vol. 4 408-409, 420; Elson 1994: 12］，外来者の多くはレヘントをはじめとする現地人首長層に資金・日用品の貸与を受けていたと考えて大過なかろう[14]．

一方当時の植民地権力にとっても，首長層による住民への金品の貸与はメリットが大きかったと考えられる．これは植民地権力が，1831年から水田耕作拡大を目的として自らの資金をチアンジュールの住民に貸付け，36年までには住民からの返済も開始させていたことからも推測できる［Algemeen Verslag 1836: 41］．

この金品の貸与に植民地権力が利点を見いだした理由として，第1に，金品の貸与によって，新参の入植者に対してコーヒー夫役をより早く賦課することができた．住民が水田造成を行なう場合，最寄りの河川や用水路から造成地まで水路を掘る作業に人手を集めるために金がかかり，これが造成に時間がかかる原因の1つとなっていた［Haan 1910-12: Vol. 2 723-724］．加えて18世紀末においてはコーヒー栽培その他の夫役は，入植初期の2〜3年間は免除されることになっていた．この免除は，耕作者に家，水牛や犂など生活に必要な資材を入手する機会を与えることを目的としており，新参者が牛と犂を調達する資金を持っている場合にはこの免除期間は短縮されることになっていたのである

[Nederburgh 1855: 121-122]．そこで，首長層が入植者に開拓費用や物資を貸与するならば，水田および生活に必要な資材が早期に揃い，夫役賦課の時期が早まることになる[15]．

第2に，外来の入植者は一般に経済的動機以外に耕作地に留まる理由はなく，より良い入植条件を求めて簡単に移動したので，彼らを繋ぎ止める条件として農業信用が供与されたと推測される．入植初期の夫役免除期間のみ灌漑田を耕作してすぐ帰郷するといった住民の行動も防止された [Haan 1910-12: Vol. 4 420]．またこの信用供与は，既存の商業網の無い新開地において，塩・綿布などの生活必需品の供給とセットで行なうことで効果を高めたと考えられる（第13章第4節で論述）．

こうしてみると，住民にコーヒー栽培夫役を遂行させたものは，灌漑田耕作自体の持つメリットとともに，現地人首長層から住民へ提供された灌漑施設利用や農業信用などの灌漑田耕作遂行のための便宜であったと考えられる．さらに便宜の提供者である現地人首長層は，植民地権力から，灌漑工事用の融資，コーヒー栽培歩合や輸送手数料徴収といった利権の供与を受けていたので，第4節で検討した水田開拓における作業下請の連鎖は，融資を中心とした経済的便宜供与の連鎖を伴っていたと推測される[16]．

次項では，首長層所有田の役割について考察する．

7-2 首長層所有田の役割

1785年より計画されたプリアンガン地方におけるコーヒーの増産にあたり，首長層所有田の耕作者がコーヒー栽培を免除されていることを知っていた当時の政庁は，以下のような政策を実施した．まず同年に，それまでコーヒー栽培夫役を免除されていたメヌンパン（menoempang）と呼ばれる首長層直属の住民に，栽培夫役が賦課した．メヌンパンとは，米穀の生産および養牛などによって特定の首長層に私的に奉仕する者であった．首長層所有田の耕作者は，このメヌンパンの主要部分を構成していたのである．1785年の政策は，メヌンパンが特定の首長層に対して行なっていた夫役を，コーヒー栽培に振向けるものであったと言えるが，レヘント配下のメヌンパンに対しては充分な実施を見たようである．1796年にVOC職員は，この夫役賦課のためにレヘント達が養牛，内水における漁労，狩猟などを行なう人員を確保し得なくなったことを報告し

ている．また首長層所有田の耕作者がコーヒー栽培夫役を負担する様子は，バンドン報告，および19世紀半ばの報告中に述べられている[Nederburgh 1855: 120; Haan 1910-1912: Vol. 2 689-690, 698, Vol. 3 533; Marle 1861: 9]．

　その一方で19世紀に入ると，政庁は，首長層所有田で生産された米穀を，コーヒー園において栽培夫役を遂行する者に供給するように命じた．19世紀初めより政庁は，標高1,000m程の山腹におけるコーヒー園の開設を命令したが，その予定地が住民の居住地より遠距離に位置していたために，農園開設に際して住民は，数ヵ月にわたり予定地に拘束されることになった．この拘束は住民の稲作遂行を脅かし局地的な飢饉が発生した．これを原因とするコーヒー引渡量の減退に対して政庁は，まず1804年に，米穀増産のためにレヘント統治地域内のレヘント直轄地（baloeboer：レヘント居住集落の周囲に位置する）におけるコーヒー栽培夫役の軽減を検討し，翌年これを決定した．加えて政庁は，1804年にカンプンバルのレヘント直轄地で米穀を購入して，農園で夫役を遂行する住民に低価格で販売し，翌年にはレヘント達に対して，住民に米穀を適正価格で販売するよう命じた．レヘント直轄地はレヘントおよびその親族の所有田が存在し，水田耕作が卓越する地域であったので[Wilde 1830: 123; Haan 1910-1912: Vol. 4 386-387][17]，この一連の政策は，彼らの所有田を中心とする，この地域の水田において食糧を生産させ，これをコーヒー栽培に従事する住民に供給して，夫役遂行を安定させるものであったと言える．こののちチアンジュール，カンプンバル，およびパラカンムンチャンのレヘント直轄地において，コーヒー栽培夫役の軽減または廃止が確認される例，およびレヘントまたはヨーロッパ人コーヒー監督官が，農園でコーヒー栽培に従事する住民に米穀を供給する例がみられた[Haan 1910-1912: Vol. 3 558, 593-594, 608, 610-613, 618, 629-630, Vol. 4 387, 429, 440, 462-463, 506]．これらは，レヘントが以前から持つ，困窮した住民に食糧を提供する役割を拡大する政策であったと言えよう．

　以上のように，1785年以降の栽培夫役の強化にあたり，政庁は，首長層所有田の耕作者の一部にコーヒー栽培夫役を賦課したが，その一方で米穀を生産させて夫役負担者のための食糧を獲得する方法も用いたのである．

8 ── おわりに

　本章で論じてきたことをまとめるならば次のようであろう．
　プリアンガン地方で 18 世紀後半に本格化した水田開発は，18 世紀末までに，山脚部，山麓の湧水地帯，盆地底部の湿地帯付近など，比較的用水が得やすい一帯で進展を見た．このうち集落レベルを越える灌漑施設の建設は，レヘントをはじめとする現地人首長層の主導になる場合が多かったと考えられる．一方，オランダ植民地権力は 19 世紀初めからプリアンガン地方の水田開拓を奨励し，自らも台地状の地域で大規模灌漑工事を起こした．植民地権力は，この地方の食糧生産に初めて直接関与し，工事に際して住民の大規模動員を実現したといえる．しかし 1870 年以降の植民地権力による直接組織，そして近代技術による大河川を水源とした大規模灌漑工事と比較するならば，1820 年代の植民地権力主導の工事は，18 世紀後半から水田開拓を主導してきた現地人首長層に依存する，間接的組織化に留まった．植民地権力の関与は，計画立案，資金と物資の貸与に留まり，実際に工事を指揮したのは現地人首長層と在地の水利職人であり，動員された労働力は夫役負担者であった．しかも 1820 年代の急速な灌漑田普及に大きく貢献したのは，植民地権力の直接関与した工事ではなく，現地人首長層の主導する，より小規模な工事および住民が個別に行なう灌漑であったと推測される．また水田は，多くの場合入植者個人によって造成された．水田は「世襲的個別占有」（本書では所有と呼ぶ）され，植民地権力や首長層は耕作者の水田売買や質入れを規制できなかった．このため灌漑田の普及は，地方社会の基本的な収奪の方法を土地所有関係に基づく方法に移行させることはなく，プリアンガン地方では，19 世紀に入っても焼畑卓越時代の夫役貢納賦課方式がドミナントな方式として存続していた．
　住民にコーヒー栽培夫役を受入れ，継続させたものは，高収量で安定的な灌漑田耕作より得られる利益とともに，現地人首長層から住民へ提供された灌漑施設利用や農業信用などの灌漑田耕作のための便宜，特に農業信用であったと考えられる．さらに現地人首長層は，当時，植民地権力から灌漑工事用の融資，コーヒー栽培歩合や輸送手数料といった利益の供与を受けていた．そこで，植民地権力は，急激に水田化の進むフロンティアへ各所から流入する入植者に，現地人首長層を介して恩恵を与えてパトロネジの連鎖を延ばし，コーヒー栽培

に動員していたものと考えられる．

なお首長層も水田を所有し，そこでは土地所有関係の基づく夫役貢納の取立てが行なわれていたが，首長層所有田の耕作者は，1785年から1805年の期間を除いてコーヒー栽培夫役を免除される傾向にあった．1805年以降，彼らはむしろ米穀生産に専念させられるようになったのである．さらに当時コーヒー園の土地に資産価値はなく首長層がこれを所有していたとは言い難い状態にあった（本章註10参照）．

そこでこの時期のプリアンガン地方における現地人首長層と住民の社会経済面での関係は，ホードレーの主張する「封建的生産様式」—首長層が広大な水田およびコーヒー園を所有し，これを住民に経済外強制によって耕作させて地代を得る—ではなく，むしろブレマンの描く植民地初期の「パトロン・クライアント関係」に近似した関係を基軸としていたと言える[18]．ただしこの「パトロン・クライアント関係」は，主に18世紀末から19世紀半ばのプリアンガン地方の史料に依って構築されているので，ブレマンが議論の余地を残している前植民地期の社会関係との等質性は否定されるべきであり，オランダ支配下で融資を中心とする経済的便宜供与の連鎖によって強化され，すでに変質した関係であったと考えられる．

次章では，住民に，強化されたコーヒー栽培・輸送を受入れさせたいまひとつの要因として灌漑田耕作の持つ特徴を検討する．

註［第11章］

1) 1789年にチアンジュール-レヘント統治地域内の1郡に降格された．
2) 1820年代後半のバンジャラン郡の集落リストにはバンドン-レヘント統治地域唯一と言ってよい水利施設名（tambakan: 溜池）を冠す集落がある．この史料およびバンジャラン郡については第14章第1節および第3節第2項に説明がある．
3) 19世紀中葉の土地権調査にみえる，スメダンのパティによる1822年頃のダルマラジャ（Darmaradja）郡の灌漑工事も，台地状の盆地底部を灌漑するものであった［Bergsma 1880: 34］．
4) 彼らの使用する道具は少なく，大きめのナイフ（bedog），くわ（patjoel），つるはし，おの（balioeng），かなてこ（panggalieng），竹製の簡素な水準器のみであるが，当時のオランダ人の技術に負けないだけの水利工事を成し遂げたという［Wilde 1830: 139-140, 224-225］．
5) 例えば，長さ15km幅5kmほどのガルート盆地底部のチマヌク川東岸に全長43kmの巨大水路の建設が計画されていた［Algemeen Verslag 1824: 13-14］．

6) 1820年代のレヘントが統治していた住民の数については，第15-17章で具体的に明らかにしている．

　植民地権力および現地人首長層の主導で建設された堰や用水路の具体的様態に関する同時代史料はないが，20世紀初頭に発表された論文を援用するならば次のようである．C. H. C. ビィによれば在来の技術を用いる「原住民灌漑」は3種類に分かれる．第1は湧水や小川から，近接の水田に導水する場合であり，小溝や竹筒などを利用して導水する．第2は堰を造り少し広い地域を灌漑する場合であり，山地では川石を積上げた簡単な堰が造られる．堰はときに土や芝で覆われる．第3は平地の広い水田地帯への用水供給の場合であり，水路が山地から平地に出て急激な変化を受ける際には堅固な堰を造る必要がある．強い竹篭の中に石を詰めた物を，ダムの本体，護岸工事，そしてダムの前で水流を弱めるために使用する．用水路も最大となる [Bie 1901: 30-34]．1820年代の植民地権力や現地人首長層の関与する灌漑工事は，ビィの述べる第2，第3の種類のものであり，特に植民地権力が直接関与した大規模工事は，地形と規模から判断して第3に当たると考えられる．

7) 首長層は自らの所有田では耕作者を私的に収奪することができたが，当時フロンティアであったプリアンガン地方では可耕地に対して耕作者不足の状態にあり，労働力と資金を投入して先に広大な水田を造成しても収奪が厳しければ十分な数の耕作者が定着する保証はなかった [Haan 1910-1912: Vol. 2 722]．

8) 住民所有田と首長所有田の具体的な比率に言及する史料は存在しない．しかし19世紀初めの水田に関するオランダ語・英語史料はいずれも，前者が主流であり後者を従とするニュアンスで記述されている．また首長層所有田の広がりを憂慮する記述がない一方で，植民地権力は1820年代頃から郡長（districtshoofd）の経済基盤として職田を与える政策が取られるようになった [Bergsma 1880: Vol. 2 234-235]．

9) 19世紀半ばには水田の売買・譲渡が事実上村内の血縁者に限られるようになっていた [Bergsma 1876: Vol. 1 21-22]．

10) ホードレーは首長層がコーヒー園をも所有したと主張するがこれは誤謬である．この問題については次の3点を指摘すれば十分であろう．第1に，18世紀半ばにコーヒー生産の拠点であったチアンジュール-レヘント統治地域とその周辺では，平均1,000本ほどの小規模なコーヒー園が1～3世帯に1園の割合で存在したことが公刊史料からも明かである [第4章第3節第2項；Jonge 1862-1888: Vol. 11 364-365]．第2に，10万～20万本の苗木を植付ける大農園の開設は18世紀末から植民地権力の命令で開始されるが，コーヒー栽培は地力の消耗が激しいため苗の植付は常に山腹の森林を切開いた新園で行なわれた．そして農園の生産性が落ちれば放置された．生産性の落ちたコーヒー樹を引抜いて苗を植えるというホードレー説は，本格的な施肥をしない当時の栽培技術 [第12章第2節第2, 3項] ではまず起こり得ない．第3に，コーヒー園内部のテラス状整地は，ホードレー説では稲作における棚田と同一視され，農園の資産価値を増すものとして重要な論拠となっているが，テラス状整地が導入されるのは19世紀後半以降である [第12章第2節第1項]．以上の状態にある19世紀初めまでのコーヒー園を，首長層が開園して所有したと理解するのは無理であろう．

11) 上等田から8～10チャエン，下等田から3～6チャエン，焼畑からは1.5～3チャエンの稲穂が得られた．夫役負担者1世帯が必要とする食糧の下限は2.5チャエンと考え

られていた［Haan 1910-1912: Vol. 2 709, 710; Nederburgh 1855: 124; Wilde 1830: 90-91］．
12) プリアンガン地方では19世紀半ばに至っても水利施設建設者である首長層の権限は，これを利用する土地にまで至らず，造成された水田は入植者個人の所有地とされる場合が多かった［Bergsma 1880: Vol. 2 32-33, 34, 40-41］．しかし1804年の政庁官吏の報告によれば，バンドンのレヘントは，その祖父のレヘントが開削した水路を利用する住民から，通常より重いチュケを取立てていた［Haan 1910-12: Vol. 4 447］．この事例から，住民が大規模な灌漑施設を利用した場合，灌漑施設を建設した者あるいはその権利を継承する者は，住民より夫役貢納を割増して取立てることが可能であったことがわかる．
13) 引用史料はこれに続けて，レヘントの親族はこうして自らの仲介で灌漑田を購入した者を隷属民化すると述べる．しかし現地人首長層による耕作者の隷属民化は，1820年代の植民地権力にとってさほど脅威と感じられなかったと言える．この時期の首長層の隷属民保持に対する政庁の不満は1824年の上掲引用史料以外にも見いだされるが，不満の表明は上掲史料同様にレヘントの親族に対してであった［Wilde 1830: 182］．彼らは首長層の中でも役職についていず，それゆえコーヒー生産・輸送から利益を引出し得ない層であった．これに対して役職者は，植民地権力によってコーヒー生産のもたらす利益の分配を受けており，しかも彼らの収入は米穀を主とした貢納のほかは，コーヒー代金・コーヒー輸送手数料・植民地権力からの貸付など，植民地権力がもたらす収入で占められていた［第5章第4節，第6章第5節，第10章第3, 4節］．このため植民地権力は，役職者配下の住民に対してある程度満足し得る夫役の賦課を期待できたと考えられる．首長層所有田全体の拡大を憂慮する記述は管見のかぎり存在しなかったうえ，植民地権力は1820年代頃から郡長（districtshoofd）の経済基盤として職田を与える政策を取ったのである［Bergsma 1880: Vol. 2 234-235］．
14) 1804年にヨーロッパ人官吏は，(1)耕作者が所有田を首長などに質入れすること，および(2)首長が耕作者の移住や死亡で無主となった水田を没収すること，を禁止するよう提案している［Haan 1910-1912: Vol. 4 438］．この禁令は，首長層から耕作者への資金・物品供与など何らかの便宜供与が存在したことを示すものであろう．
15) 1812年にバンドンのレヘントは「2年半経つと，新参者に夫役が賦課される．これは以前の方法であり，今は家を持つとすぐである」［Haan 1910-12: Vol. 2 697］と述べる．このような短縮が可能であったのは，反対給付として農業信用が供与されたためであろう．
16) 19世紀半ばからイジョン（ijon）の語で植民地権力側に知られるようになる独占的集荷権付き農業信用［Coolsma 1913: 239］の一種が，1820年代のプリアンガン地方社会にも存在していた可能性がある．18世紀半ばから植民地権力が開始したレヘントに対するコーヒー代金の前貸も，レヘントを含む現地人首長層・住民にとっては独占的集荷権付き信用供与と理解されていたと思われる．
17) 1820年代のプリアンガン理事州の統計からもチアンジュールおよびバンドンのバラブールにおける水田面積の卓越が認められる［第14章第2, 3節］．
18) 首長層所有田において萌芽的に見られる土地所有関係を媒介とした収奪の形態は，19世紀中葉にも発展をみなかった．近代的土地法が施行される1870年になっても，プリアンガン地方では未だ耕作者による耕地の「世襲的個別占有」が優勢であり，しかも耕地所有と夫役とは画一的に結付いてはいなかった［Bergsma 1880: Vol. 2 36-48; Klein 1932: 101］．

第12章

農作業暦からみたコーヒー栽培と水田耕作

1 ── はじめに

　本章では，強化されたコーヒー栽培・輸送を住民が受入れた理由の1つとして，灌漑田耕作が，コーヒー栽培と稲作の労働力需要の競合を解除する特徴を持つことを指摘する．既述のように，コーヒー栽培・輸送への住民動員はこれまで権力の問題と見なされてきた．このため，19世紀初めのプリアンガン地方の住民の農作業において何時どのような労働がどのくらい必要であったかを知りうる，農作業暦に関する研究は未だ手つかずの状態である．そこで本章の記述の大半は当時のコーヒーおよび主要な食糧であった米の農作業暦の復元に充てられる．以下，第2節では，1820年代のコーヒー栽培作業暦を復元し，第3節では，稲作の作業暦を復元しつつ，コーヒー栽培作業暦との労働力配分を検討する．

2 ── 1820年代プリアンガン地方のコーヒー栽培作業暦復元

2-1　史資料

　コーヒー農園開設からオランダ政庁へのコーヒー引渡に至るまでの作業手順を検討するにあたり，本節では基本史料としてA. デ＝ウィルデ著『ジャワ島

のプリアンガン地方』［Wilde 1830］¹⁾を使用し，補助資料として T. S. ラッフルズ著『ジャワ誌』［Raffles 1988］その他の同時代史料を参照する．さらにこの時代の作業暦の記述の信憑性を検討するために，1887年出版の『ジャワにおける政庁管轄下のコーヒー栽培ハンドブック』［Heijting 1887］の記述との異同を註において考察する²⁾．

2-2 新園開設

　1820年代のプリアンガン地方では，新園開設は，生産量の拡大のみならずその維持のためにも毎年かなりの規模で行なう必要があった．コーヒーの苗木は植付後3〜4年で実をつけ始めたが，土壌等の条件によってそののち早いもので6年，遅くとも30年で収穫が著しく低減した[3]．また土地選定の不備などで開設したばかりの農園の苗木が広範囲に倒れたり，立枯れたりする事態も比較的よく発生したのである［Wilde 1830: 63-64; Algemeen Verslag 1828/29: 21-24］．
　新園開設について，ウィルデは大要次のように述べる．
　新園開設予定地は，通常，グレゴリオ暦の5月に選定される．コーヒー栽培に適した土壌で，かつ大農園を開設できる土地が選定される．山腹の森林がコーヒー園に最も適した土地である［Wilde 1830: 63］．実際の作業は6月か7月に始められる．森林が選ばれた場合には，まず下生えの木，下草を刈取り，大きな木を切倒す．木の枝や灌木は積上げて乾燥させたのちに燃やす．ついで鋤や鍬で土地を耕す．これらの道具で木の根を掘り起こして集め，乾燥させて燃やす．これは残っている根から木が繁茂しないようにするためである．一方こうしてできた木灰は土に鋤込んで酸性土を中和させるのに使う．その後15〜20日，あるいはそれ以上おいたのち，ふたたび下草を刈取り耕す．時間が許せば3回目を行なう．そして植付まで放置する．切倒した大木は販売するか列状に並べて腐食させ肥料とする［Wilde 1830: 64-66］．
　ついで土地の計測が行なわれる．まず園地を竹垣で囲込み，雨期の到来とともにその外側に灌木を植える．さらに竹垣の外側3〜4フット[4]（96〜126cm）のところに幅3〜4フット深さ2〜3フット（62〜94cm）の溝を掘る．この作業は犀，水牛や牛の侵入を防ぐために，とくに平地の農園で行なわれる．この竹垣で囲まれた園地の2つの端に8〜10フット（251〜314cm）の戸口をつける．そして囲込んだ園地を割る．戸口から戸口へと園地の中央に幅1ルーデ[5]

(377cm) の道をつけ，この中央道から左右に幅8〜10フィートの小道をつける．小道と小道の間には通常25〜30本の木が植えられることになる．小道は竹垣の内側につけられた道に通じている．小道と小道の間はさらに計測される．間隔を決めて，コーヒーの苗木を植付けるところに木切れを突刺す．日除用の樹木（dadap）を植える地点も同様にする．土壌がよい場合には苗木は8フィート（251cm）四方の間隔で，中程度の場合は7フィート（220cm）四方，悪い場合は6フィート（188cm）四方で植付けられる[6]．以上の整地と計測は雨期の雨が本格化する11月初めまでに行なう［Wilde 1830: 66-68］．

　雨が本格化すると，古い農園から日除用の樹木の枝を取ってきて挿木をする．その後コーヒーの苗木を植える穴を掘る．もし日除用の樹木の挿木をするまでに，すでに園地に雑草が密生している場合には，除草してからとりかかる．コーヒーの苗木は主に古い農園でコーヒーの実生を採集することで調達される．若木は2〜3年のものが好ましい．通常古い農園から引抜いて日陰の細い水路に2〜3日つけておく．これは繁茂する苗木か否かを見分けるためである．しかし苗木はできれば苗床で育成するのが望ましい．植付には肥料は使用しない．植付は可能なら新年になる前に済ませる［Wilde 1830: 68-72］．

　以上の整地と植付はジャワ人[7]の栽培者を交代で使用して，ほぼ6ヵ月で完成させる［Wilde 1830: 73］．

　ラッフルズ著『ジャワ誌』にもプリアンガン地方を中心としたコーヒー栽培の方法が記されている［Raffles 1988: vol. 1 126-127］．ウィルデの記述より簡略であるが，記述の骨子は極めてよく似ている[8]．まず農園用地の選定，伐採，火入れ，灰の利用，大木の処理が述べられる．ついで3〜4回の鋤入れ，地取り，生垣の植付，溝堀が述べられ，さらに日除の樹木の植付，苗木移植用の浅い穴堀，実生の苗木探し，苗木の植付が語られる．細部の違いを列挙するならば，まずウィルデの言及のない数値がいくつか挙げられている．園地の外を囲む垣根については生垣のみ記述されているが，これを一番外側のコーヒーの苗木の列より12フィート離すこと，コーヒーの苗木を植える為に掘る穴の深さが1.5〜2フィートであること，コーヒーの実生は14インチのものを選ぶことである．ついで作業内容ではコーヒーの実生のみでは苗木の需要を満たさないので苗床が作られていることが明言されている[9]．

　各作業の実施される時期について見ると，ラッフルズは開墾作業が8月か9月に始められること，整地作業がほぼ完了する頃に強い雨が降り始めることを

述べる．ウィルデと比較すると開始期が遅い．これはウィルデが開始期について当時の最も望ましい時期を記したことによる相違であると考えられる[10]．ついで日除用樹木・苗木の植付開始期はウィルデ，ラッフルズとも雨期の雨が本格化した後であることを記している[11]．苗木の植付終了時期についてはウィルデが年内完了を理想としているのに対し，ラッフルズはこれを明言していない．しかし雨期の終わりには生育状態の悪いコーヒーの苗木と日除の樹木の植替をするとの記述があるので，おそらく2〜3月頃までの完了を念頭に置いているのであろう[12]．

なお，以上のようなウィルデやラッフルズの語る新園開設は，机上の空論とは言えないまでもモデル・ケースと考えたほうがよい．特にウィルデの場合は，農業開発に関心を持つ読者にコーヒー栽培のあるべき姿を示しているので，実際にはもっと簡略な作業方法や弾力的な作業期間が一般的であったと推測される．

しかしいかに簡略であっても新園開設に省略不可能な作業として，伐採，火入れ，整地，苗木の植付が残る．しかも大きな労働力を必要とする伐採と火入れ，整地は雨期の到来以前，遅くとも降雨が本格化する以前に終えていなければならない．実生探し，苗木の植付もまた次の乾期にまでずれ込むことはできない．そこで新園開設に必須の作業は季節に拘束された作業であり，しかも乾期の終わりから雨期の半ばまでに集中していたと言える．またこれらの作業を行なうのは青壮年男子であった[13]．

2-3 農園の維持，収穫，乾燥，輸送

開園されたコーヒー園の維持に関して，ウィルデはさほど大きな労働力の必要性を認めていない．1〜2年目には住民を利するために，コーヒーの苗木の間に稲や豆などの栽培を許可すべきこと，および3年目にはこれらの栽培をやめて除草すること，が記されるのみである [Wilde 1830: 75-78]．ラッフルズもまた，除草が1年に3〜4回行われたことを記すのみである [Raffles 1988: vol. 1 127]．新園開設と比較するならば，必要な労働力は非常に少なかったと考えてよいであろう．たとえば1803年には新園開設に参加した集落の住民中，1組の夫婦とその子供達を園内にとどめて作業をさせ，集落の住民にその夫婦と子供の食糧を供給させるという農園維持の方法がスメダンのレヘントより提案さ

れていた [Haan 1910-1912: vol. 3 613][14]．

　これに対して格段の労働力を必要とし，かつヨーロッパ人官吏が管理の目を光らせていたのは収穫および輸送であった．政庁は毎年1月に次のシーズンの引渡量割当を提示した．これを受けてプリアンガン地方に駐在するヨーロッパ人監督官は，3〜4月に視察による見積を行ない，結果を政庁に報告した [Register 1821・1・4, 1821・3・13, 1820・4・5/9]．

　収穫に関するウィルデの記述は新園開設に比較して簡略である．雨期明けの5月にコーヒーの実が大量に結実し，摘果が行なわれる．摘果は農園毎に一斉に行なわれ，多くの人手が要る．コーヒーの実は1つ1つ摘取るのが望ましい．枝葉を一緒にとってしまうと未熟の実も摘取られてしまううえ，翌年の収穫に悪影響をもたらす．以上を記すのみである [Wilde 1830: 78-79]．これに対してラッフルズは次のように述べる．プリアンガン地方では摘果は6〜7月に始まる．1シーズンに3回大量の結実があり，そのうち2回目が最も大量である．実1つ1つの摘取りが必要であるが，その理由はまだ花の段階にあるものを守るためである．摘果は女・子供が行ない，そのあいだ男はより重い労働をした [Raffles 1988: vol. 1 127-128]．

　プリアンガン地方のコーヒーにははっきりした結実期がなく，一年中いくらかの実をつけていた．一般的には，ラッフルズの言うように，乾期に3回の大結実期がありその2回目の量が最も多いという事実が観察されている．しかし標高の高い農園では1回の多量の結実期はあるものの，その前後に小規模な結実期が何回か繰返されたと言う [Heijting 1887: 101; Olivier 1827: 83]．このため収穫期にも幅があった．摘果は大結実期に合わせて行なわれたが，19世紀初めのヨーロッパ人官吏の報告では，低地の最盛期は5〜6月であり，気温の低い山岳地帯ではこれより遅くなったと言う [Haan 1910-1912: vol. 3 598-599]．そこで摘果の最盛期は乾期の半ばぐらいまでであるがその終了の時期は特定し得ない．摘果に使用される労働力は主に女・子供であったことがいくつかの史料に述べられているが，男子が参加する場合も多かったようである．1796年には摘果のために夫婦と子供達が揃って農園に移り住む例が報告されている [Haan 1910-1912: vol. 3 599, 609, 614][15]．

　摘果が終わるとコーヒーの実を乾燥させなければならない．ウィルデは次のように述べる．摘取ったコーヒーの実は乾燥小屋に運ばれる．地面より3〜4フィート (94〜126cm) の高床で，床は竹編みである．屋根が開く造りとなっており，

第12章　農作業暦からみたコーヒー栽培と水田耕作 | 261

日中は太陽光線で，夜間は床下のいぶり火で乾燥させる．ほぼ乾燥したら各々栽培者の家へ運ぶ．そして囲炉裏上の天井においてさらに乾燥させる［Wilde 1830: 79］．ラッフルズの記述もほぼ同内容で，相違点は乾燥小屋内のコーヒー豆がかき混ぜられることを指摘することのみである［Raffles 1988: vol. 1 128］[16]．

乾燥の次は殻落しである．ウィルデは2種類の方法について述べる．そのひとつは木製の手搗きの臼を使用し，いまひとつは地面の穴を使用する．後者は地面に幅14～15ダイム（36～39cm）[17]のかなり深い穴をあけ，これを袋状か幾重にもたたんだ水牛の皮で被う．そこにコーヒーの実を入れて木槌で叩くのである．殻落しを行なうのは強壮な腕を持った者であると言う［Wilde 1830: 79-80］．ラッフルズもまた，殻落しには水牛の皮の袋に入れて叩く場合と臼を使用する場合があるとし，コーヒー豆が砕けるのを防ぐためには前者の方がよいと述べている［Raffles 1988: vol. 1 128］．なお乾燥および殻落しの行なわれる期間は明記されていないが，乾期が適期の仕事であると言える[18]．

以上の用意ができると，コーヒー豆は袋や篭に入れられて倉庫まで輸送されることになる．バイテンゾルフ，チカオ，カランサンブンにある内陸集荷基地までの輸送は，主にこの地方の住民が携わったが，陸路が使用されたのでやはり道路状態のよい乾期が適期であった．当時の輸送システムについては既に第3編で論じたので，ここでは内陸集荷基地までの輸送が行なわれる期間と必要な労働力のみを述べておこう．バタビアの政庁から内陸集荷基地にコーヒー代金が送られたのは7～8月であった［Register 1820・8・11/22, 1821・7・27］．このころから内陸集荷基地でのコーヒー引渡が始まると見てよいであろう．内陸集荷基地まで遠い生産地からの輸送は1ヵ月以上かかり，政庁の理想とする年内完了より遅れがちであった．なかでも集荷基地より遠いバンドンおよびスメダンからの輸送は重労働で遅れがちであり，すでに6月頃から輸送を急がせる命令が理事官より出され，8月以降は頻繁に出された［Register 1821・6・10, 27, 1821・8/9 passim］．輸送システムが混乱していたラッフルズの統治期（1812-1816年）には引渡は4月まで完了しなかったようである［Raffles 1988: vol. 1 128］．そこで輸送作業のピークは6～7月頃から翌年初めにかけてであると考えられる．当時コーヒーは主に水牛など輸送用動物の背にのせて運ばれたが，道の勾配の緩やかなところでは水牛の引く荷車も使用された．上述の期間に青壮年男子が水牛を使用して往復1週間から1ヵ月かかる輸送を何回か繰り返したのである［第9章第4，5節，第10章第2節第2項］[19]．

このように新園開設後の作業のうち，農園維持は比較的少ない労働力で済んだ．これに対して摘果は人手を大量に必要としたが女・子供でも行なえる労働であった．青壮年男子の労働を最も必要とした作業は輸送であり，その時期は乾期半ばから雨期の半ばであった．これは新園開設の時期と重なった．したがってコーヒー栽培のうち青壮年男子の労働力の必要な作業は乾期の半ばから雨期の半ばに集中していたと言える．

2-4　コーヒー作業暦の由来

　以上のように，コーヒーの生産と輸送は，乾期の半ばから雨期の半ばまでに集中的に青壮年男子の労働力を必要としたが，このうち輸送は，コーヒー樹の生態に由来する必然というよりはヨーロッパへの輸送の都合を優先したために生まれた集中であったと考えられる．摘果作業の最盛期は乾期の初めから半ばぐらいまでであったが，これがコーヒーの結実期と必ずしも一致しないことは既に見た通りである．一方，季節風の影響を受けた帆船がオランダ本国から支払用の貨幣を積載して到着するのは雨期の終わりから次の雨期の初めにかけてであり，本国への出港時期は年末年始および2月頃であった［Boxer 1988: I 90］．政庁が摘果作業を乾期の前半に集中させ，コーヒー引渡の年末完了を目指して住民に輸送を急がせた理由は，コーヒーのバタビア到着を本国行き帆船の出港に間に合わせるためであったと考えられる．

　ただしこの摘果・輸送スケジュールはオランダが創出したというよりは，ジャワ島の住民が古くから親しんで来た胡椒の栽培・輸送暦における輸送の期間を前倒しにしたものであったと考えられる．VOCがプリアンガン地方を領有した直後で，いまだ現地人首長層に対してなんら権力を行使し得なかった17世紀末から18世紀初めにおいて，プリアンガン産の輸出用作物（胡椒が中心）がバタビアおよびチルボンへ到着したのは7月から翌年2月にかけてであった［Haan 1910-1912: vol. 3 643］．また大航海時代のバンテンでは，後背地に産する胡椒は雨期で増水した河川を利用して2月に到着したという［Blusse 1986: 43］．おそらく大航海時代には13世紀に記録されたジャワ島の胡椒栽培・輸送暦に準じた生産と輸送が行なわれていたと考えられる．『諸蕃志』によれば胡椒は中国暦の正月に花が開き，4月に実を結ぶ．5月に収穫し，天日で乾かし倉に貯蔵しておく．年が明けると初めて倉から出し，牛車で交易するのである[20]．『諸

蕃志』において輸送シーズンがグレゴリオ暦の2月頃に始まるのは，この頃に当時の胡椒の大消費地であった中国方面からの船が到着するのに加えて，胡椒が海港から近い土地で生産されたか，あるいは海港に近い倉庫まであらかじめ輸送されていたためであろう．これに対して1820年代のプリアンガン地方のコーヒーは，年末年始頃にオランダへ向けて出港する船に間に合わせるべく，海港から時には100km以上離れた火山の山腹より運ばれた．雨期には陸路の通過が困難となるために乾期のうちに内陸港まで運んでおく必要があったが，生産地から内陸港までは1ヵ月かかる場合があった．このため輸送は前倒となり乾期に大きく食込むことになったのである．

　以上のような労働力需要の季節的集中は，プリアンガン地方のコーヒー生産量がさほど多くなく，海港までの輸送に比較的便利な土地で生産されていた時代には大きな問題とはならなかった．しかしVOCは1780年代からコーヒー生産の拡大を図り，その拡大政策を継承したオランダ政庁は，19世紀初頭より巨大なコーヒー園を輸送に不便な火山の山腹に開園するようになった．こうして住民の広範な動員が必要となり，自給農業における労働力需要との調整が問題として浮上したのである．

3 ── 稲作の作業暦

3-1　史資料

　本節では，18世紀半ばよりコーヒー生産の拡大とほぼ並行して普及した水田耕作が灌漑田を使用するものであったことから，稲作作業暦について，灌漑田とその他の耕地の相違に焦点を当てて検討する．そして灌漑田の持つ特質が，前節最後で述べた問題を解決するために利用され，住民の夫役遂行の強化に繋がったことを明かにしたい．本節においてもウィルデの著書を基本史料とし，ラッフルズの著書等，同時代史料の記述と比較する．しかしこれらの史料における自給農業に関する記述は，コーヒーなど輸出用作物の栽培法と比べると概して乏しいので，これを補うために20世紀初頭に発表されたビィ（H. C. H. Bie）の論文「ジャワの原住民農業」[21]を援用し，さらに註において1970年代のプリアンガン地方の水田耕作の作業暦を調査した五十嵐忠孝の研究［五十嵐

1984a] と比較する[22].

　まずはヨーロッパ人が最も注目し，比較的詳しい記述のある灌漑田の耕作から検討する．

3-2　灌漑田の作業手順復元

　灌漑田のうち用水を充分に得られるものは，作業を始める季節を選ばない．水田耕作法の記述を残したヨーロッパ人のいずれもが，このことを灌漑田耕作の大きな特徴として記している．1820年代前半にオランダ政庁に奉職したJ. オリフィール (J. Jz. Olivier)[23]は次のように言う．

> この方法（灌漑田での耕作―引用者註）によれば人は時間を無駄にすることがないし，季節風の交代から自由でいられる．［中略］この方法を使用すれば容易に1年間に2回の収穫を得ることができ，5年半で6回の収穫も稀ではない［Olivier 1827: 63-64］[24]．

ウィルデの著書にも次の一節がある．

> 十分に水を得られるところでは，［水田耕作は―引用者］常に限定された時期に行なうわけではなく，あるところでの稲の育成段階が他のところと大変異なっている状態が見られる［Wilde 1830: 89］

　おそらくこの利点は，灌漑田の普及開始期からヨーロッパ人に意識されていたと推測される．すでに1777年のヨーロッパ人の旅行日誌の中に，チアンジュールのレヘント居住地付近で11月（雨期の初め）に実っている稲の記述がある［Anonymous 1856: 172］．プリアンガン地方の産物に関する1790年代の調査報告においても，耕作期が雨期に限られることは畑・焼畑についてのみ強調され，言外に灌漑田耕作の無季節性が語られている［Nederburgh 1855: 124］[25]．そのためかオランダ語および英語の史料で説明される灌漑田の作業は，いずれも季節の記述がない．そこで以下，灌漑田における農作業について，各作業段階にかかる日数と労働力に焦点を当てて検討することにする．

　苗代作りと本田準備についてウィルデは開墾から始めて次のように述べる．

はじめに水田にする土地の樹木と下草をすべて刈取る．その土地の広さは１人の男が２頭の水牛を使用して耕作可能な広さ（Loewoek Sa-rakkiet）であり，通常は 900 ～ 1,000 平方ルーデ（1.2 ～ 1.4ha）である．ついで沢山の長方形の筆に分ける．そのとき水が筆から筆へと流れるようにする．そして１フィート余りの高さの畦を作ったのち，再び雑草や木の根をきれいに刈取り，耕す．１回目の水を入れ，田植が可能となる柔らかさ，細かさになるまで犂で何度も耕す．その際各筆の水深が同じになるように調節する［Wilde 1830: 83-34］．以上の方法で初めに１～２筆を準備し，苗代として使用して種を播く．そのあとで残りの土地を本田として準備すると，その間に苗が伸びることになる．苗は播種後 40 ～ 45 日で田植に適するような十分な高さに育つ．本田準備が終わったのち，すべての田を竹垣で囲う．これは野豚などの動物から水田を守るためである［Wilde 1830: 84-85］．
　ウィルデは開墾から記述する一方で，灌漑施設に関する作業に触れていない．これに対しビィの記述は，既存の水田の使用を前提として灌漑施設の修復整備から始まる[26]．灌漑施設の整備は耕起の３～４週間前に始める．水田の耕起は湛水後 10 ～ 14 日経ち土が柔らかくなって初めて行なわれる［Bie 1991: 54, 57-62］．開墾が相当進んだ 20 世紀初頭では，もはや田を竹垣で囲う作業は記述されない．しかしその他の作業の大筋はむしろ極めてよく似ている．苗代および本田準備に必要な期間について，ビィは苗代での播種が作業開始の起点であり，標高の高いところでは田植はこれから 40 ～ 50 日後とする．この間に本田準備を済ませるのである．また苗床準備には１週間から 10 日かかったという［Bie 1991: 47, 67］．そこで既存の水田を使用するならば，作業開始から田植までの期間は２～３ヵ月ほどと考えて大過なかろう[27]．
　田植とその後の管理についてウィルデは次のように言う．苗床の苗を抜いて束ね，高さが６～７ダイム（15 ～ 18cm）になるように葉先を切りそろえる．その後苗の束は各筆に分けられる．田植には大変多くの人手が必要であり，家族や村の者が互いに助け合う．この仕事はたいてい女・子供によって行なわれる．２～３本の苗を１ヵ所に挿して行く．道具を使わないが，かなり規則正しく列状に植えられる．田植のあとは，通常３日間，田を湛水させる．そのあと水を落し３日間乾かす．必要ならばもう一度水を入れる．この湛水，乾燥の操作は収穫を左右するので特別な注意が必要である．その後必要に応じて時々除草がなされる［Wilde 1830: 85-86］．

苗の準備と田植についてビィの著書ははるかに詳しいものの，作業の大筋と必要な労働力はウィルデの記述とほぼ同じである［Bie 1991: 67-70］[28]．ところで田植後の水田管理についてウィルデは苗代管理と混同しているようである[29]．ビィ，五十嵐とも田植後数日は徐々に水を深く入れること，数日後に1回目の除草および育ちの悪い苗を植替えること，田植後1ヵ月半から2ヵ月のときに除草することを記すのみである［Bie 1991: 72; 五十嵐 1984a: 37-38］．なお施肥は一般に行なわれなかったと判断できる．ウィルデは施肥について説明せず，ラッフルズは施肥が行なわれないと述べる［Raffles 1988 I: 118］．ビィも施肥は勤勉な農民のみ行なうとしている［Bie 1991: 109］．
　稲が実る段階の作業についてウィルデの記述は詳しく，その大要を述べるならば次のようである．稲穂が熟して来ると水田の中央か脇に竹製で椰子の葉の屋根を持つ見張小屋を作る．小屋は数フットの高床である．そして日本の鳴子に似た鳥追いをつける．水田のあちこちの方向に竹の杭を立て，そこから小屋へ向けて，動くものや音の出るものをくくりつけたロープを張る．このロープを小屋から揺すって小鳥を脅かす．そのほか日本の添水によく似た野豚追いが作られる．竹の筒を流水の下に置き音を立てるようにするのである［Wilde 1830: 87］．ビィの著作中の見張小屋の記述はウィルデとほとんど同じと言えるほどよく似ている［Bie 1991: 89-91］．見張に必要な労働力について，ウィルデおよびビィには記述がないが，1790年代の報告によればこの見張小屋には世帯主がずっと寝泊まりし，自炊もした．妻子はそこを訪問しときどき泊まったと言う［Nederburgh 1855: 123-124］．これに対してラッフルズはジャワ島全体を念頭においた記述の中で，小屋での見張を子供がすることを述べている［Raffles 1988 I: 120-121］[30]．
　稲刈についてのウィルデの記述は極めて短い．すべての人手が集められ，手鎌（aniani）で穂摘みされる．穂の下に1フット（31cm）かもう少しの茎をつけておく．そして束に縛って米倉へ運ぶのである［Wilde 1830: 88］
　稲刈の際の労働力について先の1790年代の報告では，稲刈も女・子供の仕事とする．稲刈は相互扶助で行われ，参加した者は自分が刈った5分の1を報酬として受取ったとする［Nederburgh 1855: 124］．オリフィールは，稲刈をする者の中に女・子供のほか老人も含めているが［Olivier 1827: 64］，これは田植が青壮年男子以外の労働力に任されていたものと解釈できよう[31]．なおビィによれば稲束の乾燥には1週間から10日かかった［Bie 1991: 137］．

灌漑田での耕作期間についてウィルデは，田植の後，野鼠・昆虫にやられなかったならば，2〜3ヵ月以内によい収穫が得られると述べる［Wilde 1830: 86］．さらにすでに検討したように，作業開始から田植までの期間はおおよそ2〜3ヵ月と考えられる．一方，1694年のVOC文書を調べた大木によれば，ジャワ島西部低地部の水稲耕作では短期種，すなわち播種からの育成期間が5ヵ月前後の品種が優越していたという［大木 1989: 40-42］．またラッフルズは，灌漑田で連作をするならば，12〜14ヵ月で2回の収穫が可能であるが，住民は地力の消耗を恐れてこれをしないと述べる［Raffles 1988: vol. 1119］．そこで作業開始から収穫まではおおよそ半年，あるいはそれより少し長い期間が妥当な期間と考えられよう[32]．

　最後に集中的に人手の必要な作業を挙げると，耕起・整地の際の青壮年男子，田植・稲刈における女・子供・老人，これに加えて出穂期以降の見張に男が必要な場合がある．しかしこれらの労働力需要は各水田の作業段階をずらすことによって分散が可能であった．これをオリフィールは次のように描写する．

　　　ある水田で耕起・整地を行なう一方で第2の水田では種蒔をし，第3の水田では田植をする．第4の水田は青田，第5の水田は結実し，第6の水田では女・子供そして老人によって稲刈がされる．［Olivier 1827: 64］

3-3　灌漑田以外の稲作業暦

　当時のプリアンガン地方の稲作耕地は，灌漑田に加えて，焼畑 (hoema)，畑 (tipar)，天水田に分類されていた．農業開発に有用な耕作法としてヨーロッパ人が注目していた灌漑田と比べると，後3者の耕作法に関する記述は僅少である．以下，作業の季節的拘束性に注目しつつその概要を検討する．史料は本章でこれまで使用してきた史料を主に使用するが，いずれの史料も，出穂期以降の作業手順は灌漑田の場合と大差ないことを，明かにあるいは暗に示しているので，出穂期以降の手順は省略する．

焼畑：ウィルデによれば焼畑は山腹の高い所に作られる．下草と灌木が切払われ，積上げて焼かれる．整地がなされ，雨期の初めに種籾が播かれる［Wilde 1830: 90］．11月以前に雨が降ると下草や灌木を焼くことができなくなる［Wilde 1830: 91］．オリフィールの記事はいま少し詳しい．荒地を伐採して樹木，下生

え，茅（チガヤ，alang-alang）を焼く．次に山刀（parang）でこれらの根を掘り起こす．灰は雨期には雨で，乾期には夜露で肥料に変わる．焼いた木の切株の間に種籾を播く．普通は播種を雨期の初めまでに行なう．そうすると乾期に収穫が可能となるという［Olivier 1827: 61］．

ビィの記述も播種までの作業の大筋は同じである．伐採後灌木等の乾燥に1〜2週間かけ，火入れは雨期の初めまでに行なわれる．耕地は耕さない．播種後収穫まで4〜6ヵ月かかり，除草を2回する．2ヵ月目の終わり頃から穂が出る［Bie 1991: 19, 136-142］．ビィの論文では播種の時期についての記述がないが，大木は20世紀初頭頃のジャワ島中東部の焼畑では雨期の始まりとともに播種を始めるとする［大木 1987: 18］．そこで火入れは乾期のうちに行なわれ，雨期の初めに種籾が播かれると考えてよいであろう．なお焼畑耕作には通常早稲が使用されるので，収穫時期は雨期の終わりとなる［大木 1989: 40; Haan 1910-1912: vol. 3 643］．

畑（tipar）：ウィルデによれば傾斜地や丘陵地帯で行なわれる．犂で耕され，整地がなされたのち，竹垣で囲われる．雨の降り始めに種籾が播かれる［Wilde 1830: 90］．ラッフルズは次のように述べる．高い土地で行なう．まず耕地を耕し，穴を開けて種籾を播く．時には散蒔くこともある．雨期の降雨が始まる前に準備するので，播種は9〜10月となり，1〜2月に収穫する．低い土地では水田の水を分けてもらうこともある［Raffles 1988: vol. 1 120-121］．オリフィールによれば高くて水の引けないところにある土地を使用し，2年しか連作できなかった．耕地は耕され，乾期の最中に播種をした［Olivier 1827: 62］．

ビィはティパールを焼畑の休耕期間が短期化した形態の畑作と考える．焼畑の跡地で雑草と灌木が茂る土地に簡単な伐採と火入れを行ない，土を耕す．そして播種の前に畝を立てる［Bie 1991: 19, 145-146］．ビィによれば20世紀初頭のティパールは一定期間連作する耕地であったが，もしティパールと呼ばれた畑が1820年代にはオリフィールの言うように短期間で放棄されるとすれば，最初の年には常に簡単な伐採が必要となる．また上述の19世紀初めの諸史料間には播種の時期に若干の相違がある．ビィは播種期について言及していないが，五十嵐は陸稲，トウモロコシなどの畑作について調査村の農民が雨期の初めに播種することを報告する．播種は早すぎても遅すぎても作物が枯死する危険があるという［五十嵐 1987: 94-96］．そこで灌漑用水を使用しないならば，播種は雨期の初めに行なわれたと考えてよかろう．

天水田あるいは不十分な灌漑施設のある水田：ラッフルズによれば田植の1ヵ月前に苗床を作る．耕起・苗床準備・田植は雨期の11月から3月にかけて行なわれる［Raffles 1988: vol. 1 119］．オリフィールは次のように記す．雨期の強い雨の助けを借りて行なわれる．強い雨の始まりと共に耕起が始まる．近くの苗床に種籾が播かれ，14日後に田に運ばれ，2つずつ穴に植える．収穫の2週間前まで水を張り続ける．だいたい乾期の最中に稲刈をする［Olivier 1827: 62-63］．またウィルデは灌漑でも水の不十分にしか得られない田の田植に適している時期は10～11月であると指摘する［Wilde 1830: 89］．

ビィはプリアンガン地方では天水田はほとんど見られないと述べ，この種の水田の作業を記していないが［Bie 1991: 14］，上述の諸史料から天水田の作業開始は，雨期入りののち土が柔らかくなってからと考えてよかろう．またオリフィールの記す苗の育成期間は約40日の間違いであろう．さらにウィルデの言が正しいならば，不十分ながら灌漑のある田では田植以降の時期の用水を天水に頼るようである．

以上，3種の耕作法について労働力の季節的集中を考えてみると，いずれの場合も重要な作業が季節的拘束性を持つことがわかる．もっとも強い拘束性を持つのは焼畑である．焼畑は伐採・火入れ・整地と乾期の後半から終わりまでに，青壮年男子の労働を必要とする．とくに火入れが雨期にずれ込むことは耕作ができなくなる危険を伴う．また天水に頼るので，乾期の早い時期に種籾を播いてしまうのも損失である．これに対して畑作および天水田は多少の弾力性がある．新しく畑を開く場合は，簡単な伐採・耕起・整地のために，乾期の終わりに一定期間青壮年男子の労働を必要とするであろうが，連作の場合はこれがかなり軽減される．天水田は開墾の必要がないならば耕起を始めるのは雨期に入って後であり，多少遅くなっても大きな問題は起こらない．しかしこの耕作法も雨期の雨を利用するので，播種後早稲でも4～5ヵ月と言われる稲の育成期間が次の乾期に大きくずれ込むほどに作業を遅らせることは不可能である．

3-4　コーヒー栽培と稲作

第2節で検討したように，コーヒー栽培の作業のうち青壮年男子の労働が集中的に必要となるのは，乾期の半ばから雨期の半ばにかけてであった．また本節で検討したように，この期間は焼畑稲作で重要な作業が行なわれ，畑・天水

田でも青壮年男子の労働が必須の農作業をする農繁期であった．加えてコーヒーの摘果は乾期の前半に集中したので，天水田などで雨期明けに稲刈が行なわれる場合には，女・子供の労働力需要が重なることも考えられた．そこで灌漑田以外の稲作方法で自給農業を行なう住民を，広範かつ長期にコーヒー栽培に動員することは不可能であったと考えられる．住民の居住地から離れた火山の山腹で新園開設が集中的に行なわれた1804年から1806年にかけて，水田化率の低いパラカンムンチャンでは住民が雨期の間も農園に拘束されたため稲作ができなくなり，局地的飢饉が発生した例がある［Haan 1910-1912: vol. 3 612-613, vol. 4 436］．

　これに対して灌漑田，それも1年を通じて十分に引水・排水ができる田は，コーヒー栽培などの夫役と自給農業との労働力需要の重なりを回避する機能を持つので，住民の労働力を広範かつ長期に使用する必要のある現地人首長層・オランダ政庁にとっては，実に巧妙な装置となった．オランダ政庁は現地人首長層に資金を提供して水田および灌漑施設の建設を命じ，首長層は灌漑田や灌漑施設の利用を住民に許可する一方で［Algemeen Verslag 1827: 6, 1828/29: 23］，その代償として夫役を賦課する．水田耕作の季節をずらすイニシアチブを植民地支配者が取ったことは，彼ら自身が認めている．オリフィールは水田毎に作業段階をずらす耕作法はとくに私領地で顕著であり，領主の意向によって行なわれることを指摘し［Olivier 1827: 63］，ラッフルズも6〜7月に田植をする乾期作はヨーロッパ人が勧めたものであるという［Raffles 1988: vol. 1 119］．こうして住民はまず首長層の命じる夫役に服したのち，帰宅して水田耕作を開始することになった［Justitie en Politie 1822・5・22］．

　一方住民にとっても，夫役を賦課されるとはいえ灌漑田耕作は収穫の増加・安定など，メリットがあったと考えられる．ウィルデは1人の男が2頭の水牛を使用して耕作可能な耕地からの収穫は，上等の灌漑田では8〜10チャエンであるのに対し，ティパールでは最も多くても6チャエン，焼畑では3チャエンであり，よい水田のあるところに最も富んだ人々が住んでいるという［Wilde 1830: 90］．

　しかし灌漑田耕作は住民を自然の制約から自由にする一方で，権力の拘束に由来する新たな不利益をもたらすという問題を孕んでいた．住民は郡長などの首長層に奉仕する夫役にいつ動員されるかわからず，農作業を自らの判断で開始できなかった．しかも夫役が過重となればやはり稲作の時間はなくなり，逃

亡せざるをえない [Justitie en Politie 1822・5・22]．このほか住民は晩稲が有利となる灌漑田で早稲の選択を余儀なくされ [Wilde 1830: 40; 大木 1989: 41-42]，作業段階が水田毎に異なる耕作法によって鼠の被害を受けやすくなった可能性がある [五十嵐 1984a: 43; Wilde 1830: 86]．とはいえ当時の住民の作業優先順位は強制というよりは，より良い生活を求めての選択であり，夫役が過重でなければ，住民自身にとっては失ったものに見合う利益となって跳返るように感じられたと推測される．

4 ── おわりに

本章では，コーヒー，陸稲，水稲の農作業暦と作業する人々の年齢・性別を検討し，(1)コーヒー生産の主要な作業と輸送，なかでも輸送は青壮年男子の労働によって遂行されたこと，(2)灌漑田耕作は季節に拘束されず，乾季におけるコーヒー輸送と自給農業における青壮年男子労働力需要の競合を解除する機能をもったこと，(3)稲作の作期をずらすことを政庁が奨励したことを，指摘した．

こうして現地人首長層の主導した灌漑田開発は，首長層およびオランダ政庁に，それまでとは質的に異なる広範な労働力の動員を可能とさせたことであろう．数量的な把握は困難であるものの，1820年代には灌漑田耕作民にとって作業の優先順位は，第1にオランダ本国の都合に合わせたコーヒー栽培，および政庁や首長層のための夫役であり，これらの夫役から解放されたのちあるいは夫役の間隙を縫って稲作を始める場合が多くなったと考えられる．これは政庁が，(1)自らの望むコーヒー生産・輸送のスケジュールを定着させることに成功したこと，そして同時に，(2)住民の労働時期がバタビアに位置する政権の意志に構造的に影響を受け始め，地方社会は自らの暦を失い始めたことを意味した．

次章では，住民が強化されたコーヒー栽培・輸送を受入れた理由を住民の生活の側面から考察する．

註[第12章]

1）この書はオランダ本国で出版されたが，その目的はプリアンガン地方関係者，とくにその農業開発に関係する者を利するための情報提供にあった．彼はこの地の産物が本国の貿易の一端を担っているにもかかわらず，これが生産されている土地についてあまり知られていないことに疑問を感じていたのである[Wilde 1830: I-II]．そのためコーヒー栽培に関する記述も19ページにわたり，同時代の史料の中では管見の限り最も詳しい（ウィルデとこの書の詳しい紹介は第16章第2節を参照）．本章でこの史料を使用するのは，作業手順の記述を目的として作成された文書，ハンドブックの類が管見の限り存在しないことによる．当時のコーヒーは未だそのようなマニュアルを必要とする個人や企業によって生産されていなかったため，これらが残存している可能性は少ない．また当時の現地側の史料は文学・宗教書などが大半を占めているため，関係資料の収集を行なわなかった．

2）著者 J. Heijting は本書出版当時コーヒー栽培主任検査官であり，その後プリアンガン理事州の理事官となった．本書の記述はプリアンガン地方を中心としている．

3）コーヒー樹が高い生産性を保持する年数についてウィルデは本文どおり[Wilde 1830: 61]，ラッフルズは6から20年とする[Raffles 1988 I: 127]．ヘイティングは8から25年とする[Heijting 1887: 60]．

4）voet. 1フットは31.3946cm．

5）roede. 1ルーデ＝12フット＝376.7358cm．

6）土壌が悪いほどコーヒー樹の間隔が狭くなるのは，このような土地に植えた木は生産性の高い結実期間が短く，大きくなる前に役割を終えるからである．ヘイティングは最も狭いものを6フット四方，最も広いものを14フットとしている[Heijting 1887: 33]．

7）ここでウィルデのいう「ジャワ人」とはジャワ島の住人というほどの意味であり，ウィルデも別の箇所で指摘するように，実際はスンダ語を話すスンダ族が多い[Wilde 1830: 167]．

8）『ジャワ誌』の初版は1817年であり，ウィルデの著書を参照した可能性はない．ウィルデがラッフルズのインフォーマントのひとりであった可能性は否定できないが[Haan 1910-1912: vol. 1 287]，ラッフルズは独自の観察やその他のインフォーマントの情報をも取入れたと考えられる．

9）ウィルデおよびラッフルズの述べる開墾から植付完了までの作業内容を，ヘイティングの著作と比較すると，後者の記述ははるかに詳細であるが主だった作業の内容と順序についてはほぼ同じである．伐採・火入れ，植付法は変わらない．ただしウィルデも問題視していた農園内の土砂の流出[Wilde 1830: 63-64]を防ぐために園地を階段状にする方法が取られるようになった．また同じ理由からか，階段状になっていない園地ではウィルデ，ラッフルズともに記している3回ほどの鋤入れの記述がない．さらに苗床が一般化し，苗床の実生が足りないときに古い農園で実生を探した[Heijting 1887: 3-5, 16-21, 26-27]．

10）例えば1820年には8月上旬にヨーロッパ人理事官が部下によって選定された開園候補地を見回り，最終的承認を与えているのである[Register 1820・8・7, 8, 10]．

11）1827年出版のオリフィールの旅行記では，雨の本格化した11〜12月に古い農園での

実生探しが行なわれるとされる［Olivier 1827: 81］．
12）ヘイティングは，開墾には6月以降は適さず3，4月に雨が少なくなったらすぐ始めるのが理想であると言う．開墾整地の終了時については言及がないが，苗木の植付は雨期の初めとされているので，それ以前の終了を念頭に置いていると思われる．植付がこの時期に行なわれる理由は，若い苗木が水分を必要とするためであるという［Heijting 1887: 3, 21］．
13）これらの作業に動員された者の性別・年齢についてはいずれの著者も明記していない．しかし管見の限りの同時代史料が，女・子供が労働する場合のみそれと明記する表現方法をとることから推して，これらの作業を行なうのは青壮年男子であることは間違いない．
14）ヘイティングの記述では作業は大幅に増えている．植付の終わった新園の維持作業として，コーヒーの苗木より背の高い草を切る除草があるが，最初の年は1ヵ月に1回，2年目は2ヵ月に2回，3年目は3ヵ月に1回，以後は1年に1回行なった［Heijting 1887: 6］．また階段状の土止めのない園は最初の2年間は，0.5～1フットの深さまで耕した［Heijting 1887: 36-37］．このほか施肥，剪定も行なわれた［Heijting 1887: 49-51, 55-58］．
15）ヘイティングの記述もまた簡略であり，内容もウィルデ，ラッフルズとよく似ている．収穫期についてはラッフルズとほぼ同様の見解を示す．実が熟し過ぎて落ちないようにすること，摘取の前に下草を刈取ること，未熟の実を摘取らないようにすることに注意が喚起される．また当時枝ごと収穫することは禁止されていたが，これは未熟の実を摘取らないためと来年の収穫を低減させないためであった［Heijting 1887: 101-103］．
16）ヘイティングの記述はより簡略である．乾燥作業は乾期には地上か，屋根の開閉が可能な3フット高床の乾燥小屋で行なわれる．この乾燥小屋で火を使用するか否かは不明である．また雨期には住民の家か特別に作られた小屋で人工的に乾燥させるという［Heijting 1887: 105］．
17）duim．1ダイム＝2.5739cm．
18）ヘイティングの記述もほぼ同様である．米の脱穀用の臼を使うか，地面に円錐状の穴を開け水牛の革で被った上に実を置き，木槌で叩く［Heijting 1887: 105］．
19）ヘイティングの著書には輸送に関する項目がない．著書のテーマを栽培・加工だけに絞ったためか，あるいは鉄道の敷設などで輸送がさほど困難な問題でなくなったためと推測される．
20）諸蕃志巻下　志物　胡椒．訳は関西大学東西学術研究所［1991: 296］を参照した．
21）Bie［1901-1902］．ただし本章の引用はBie［1991］から行なった．
22）本節で使用する史料・文献のいずれもが儀礼について何らかの記述をしているが，本章では儀礼の考察は省略した．
23）1790年頃ユトレヒトで生まれ，1858年バタビアで死亡．1817年に本国より東インドに向かい，21年にバタビアの政庁で職を得た．1826年に一時帰国してOlivier［1826］を出版した．
24）苗代作りから収穫までが毎年2回行なわれる2期作を意味しない．五十嵐［1984a: 44-49］を参照．
25）現代のプリアンガン地方でも灌漑田稲作の無季節性が観察できる．これは栽培されている稲の品種のほとんどが感光性がないことによる［五十嵐 1984a: 44-49］．

26) 五十嵐の記述も灌漑施設の修復を省いている [五十嵐 1984a: 53-54].
27) 1970 年代においても本田および苗代の準備作業はほぼ同じ工程をとる [五十嵐 1984a: 33-36].
28) 五十嵐の記述も，殺虫剤を使用する以外はほぼ同じである [五十嵐 1984a: 36-37].
29) 苗の活着を待つデリケートな時期に水田を乾燥させることは考えにくい．これに対して苗代に種籾を播いたのち 2〜3 日おきに湛水乾燥が繰り返されることを五十嵐が記録している [五十嵐 1984a: 34].
30) 1970 年代では見張小屋はない．鳥追いは子供達の仕事である [五十嵐 1984a: 38]．誰の仕事となるかはおそらく集落から水田までの距離や，水田に長時間居ることの危険度の差によって異なるものと考えられる．
31) ラッフルズはジャワ島全体について次のように述べる．稲刈は誰でも参加できる．報酬は通常自ら刈取った稲穂の 6 分の 1 から 8 分の 1 であるが，人手の足りないときは 5 分の 1 から 4 分の 1 にまでなり，多すぎるときには 10 分の 1 から 12 分の 1 となる [Raffles 1988: vol. 1 121]．ビィもまた労働力の供給状態によって 5 分の 1 から 25 分の 1 に変動することを詳しく述べている [Bie 1991: 82-83]．五十嵐の調査村では，稲刈は主に女の仕事であり報酬は 10 分の 1 であった [五十嵐 1984a: 40].
32) 五十嵐も耕作期間を 6 ヵ月より少し長いとしている [五十嵐 1984a: 45]．なお水田耕作の記述においてウィルデとビィの大筋の展開は極めてよく似ており，あたかも後者が前者を参考にしたかのようである．ビィはスンダ人の稲作作業の語り方である耕作四期区分（耕転，播種，田植，収穫）を採用しているので [Bie 1991: 35]，両者の記述スタイルが類似しているのはこの四斯区分に従ったためと推測される．

｜第13章｜

男をお上に差し出す条件

1 ── はじめに

　本章では住民が強化されたコーヒー栽培・輸送を受け入れた理由，なかでも青壮年男子労働力の大量動員を受入れた理由を，1820年代を中心とする住民の生産および生活形態を探ることによって考察する．この動員を受入れた住民側の背景を理解するためには，住民の生産労働および生活が具体的にどのような単位で行なわれていたか，および住民が生活単位の外部に依存せざるを得なかったものは何か，を考察することは重要である．しかしこれまで，これらの点については本格的に研究されたことはなかった．そこで本章の多くのページはこの労働・生活単位の抽出，および彼らが外部に頼った必需品の実証に割かれる．第2節では，オランダ植民地文書に現れる住民の生活単位と，米穀貢納の賦課単位との関係を検討し，第3節では，第2節で検討した生活単位から青壮年男子の労働を引出す方式と，これを支える「女・子供」の労働とを考察する．そして第4節では，この労働力引出しに応じる住民について，日常生活を物質面から検討し，外部に依存せざるを得ない生活必需品とその入手を誰に依存していたかとを検討する．この作業は，ある程度の自由意志を持ってコーヒー栽培に参入した住民が，大きな不利益を被らずしてそこから撤退できなくなるメカニズムの探求をも課題としている．
　なお，本章では，1820年代のプリアンガン地方の中でも，オランダ植民地政庁の支配拠点に近接するチアンジュール-レヘント統治地域においてコー

ヒーおよび米穀の生産を期待された17郡，およびバンドン-レヘント統治地域におけるコーヒー生産の中心地であったティンバンガンテン郡を主な対象とする[1]．

2 ── オランダ語文書から推測される世帯と夫役貢納単位

2-1 人口統計から推計される世帯の規模

プリアンガン理事州において人口統計をはじめとする諸統計が郡レベルで作成され始めたのは1820年代末からであった．この人口統計から住民の世帯の規模を推計すると以下のようである．

インドネシア国立公文書館にはチアンジュール-レヘント統治地域およびバンドン-レヘント統治地域について1827年頃作成されたと考えられる郡別の人口統計［第14章第1節］[2]，およびバンドン-レヘント統治地域内の1郡であるティンバンガンテン郡についての，より詳しい人口統計が所蔵される[3]．1827年頃作成されたバンドン-レヘント統治地域の郡別の人口統計中のティンバンガンテン郡部分と，上述の詳細なティンバンガンテン郡の統計を比較すると，記載される集落数はそれぞれ245,120,家屋数は6208,5481,総人口は30724,23639であった．両統計とも集落名のすぐ次に家屋数を記載しているが，その理由は，当時のプリアンガン地方では結婚した夫婦は独立した家屋に住むので，首長層の家屋を除いた家屋数が住民の世帯数にほぼ相等するためと考えられる．両統計の集落名を突き合わせると後者の集落名の70％が前者で確認できるが，集落規模は家屋数，人口数ともティンバンガンテン郡のみの詳細統計の方が大きく，この傾向は特に同郡北部の盆地底部の水田地帯で顕著である．これは詳細統計がいくつかの集落をひとまとめにして数え上げているためと推測される．その一方で，両統計の中で集落名および集落規模（家屋数と人口数）が一致するものが数例あり，これらの集落は水田があまり広がっていない南部の地域に分布する．この傾向は次のように考えるのが妥当であろう．まずティンバンガンテン郡単独の詳細人口統計が作成されたのち，レヘント統治地域全体の郡別の統計を作成する際に，より徹底した調査が行なわれた．その時にオランダの支配拠点に近い盆地底部は，より徹底した調査が行なわれ詳しくなっ

278 | 第4編　オランダ植民地権力による利益・サービスの提供とその独占

たが，支配拠点より遠く，かつオランダにとって重要でない南部ではおそらく前回と同じ資料を利用したか，あるいは同じ数値を申告した集落があったと思われる．

　以上の可能性を考慮しつつ，両統計で集落名・家屋数・人口数の3コラムが同じであった集落の人口を比較するとレヘント統治地域別の統計中の集落の「人口」は，少なくとも調査側にとっては首長層を除く全人口であったことがわかる[4]．そこで上述2レヘント統治地域の郡別統計の数値を利用して，1家屋あたりの人数および夫役可能男子数を計算すると，1家屋あたりの人数はチアンジュール－レヘント統治地域では3.1～6.3人，ティンバンガンテン郡では4.9人であった．さらに1家屋あたりの「夫役可能男子」(実際には10歳以上の男子)は，チアンジュール－レヘント統治地域17郡1.0～1.7人，ティンバンガンテン郡1.3人であった．ただし，レヘント統治地域別の統計は概して男性に対する女性の比率が高いので(註1)表13-1参照)，夫役可能男子を過少申告している可能性が高い．

　以上の人口統計の数値の検討からは，1つの家屋には3～6人の核家族を中心とした世帯が居住していたと推測される．この推測はさらに次の史料と一致する．ラッフルズは，自らが実施させた1815年の統計を踏まえて1家族(family)の平均を4～4.5人と考えていた．さらにオランダが初めて作成したプリアンガン地方の人口統計(1778年)でも，1世帯(huisgezin)は成人男女各1，子供2と換算されていた [Raffles 1988: I 70; Jonge 1862-1888: vol. 11 364, 366]．

　ところで，チアンジュール－レヘント統治地域の17郡について郡毎の特徴を検討すると，1家屋あたりの人数が多い郡は概して1家屋あたりの夫役可能男子数も多かった．これら両数値の高い郡は，貢納負担者中の水田耕作者率の高い郡および交通の要衝である郡であった．さらに貢納負担者中の水田耕作者が高率な郡は，水田開拓が古いか，あるいはコーヒー生産がインテンシブに行なわれている面積の小さい郡という特徴があった(第15-17章参照)．当時の史料には，チアンジュールのレヘント居住集落近郊の夫婦1組の子供数を4～5人，あるいは5～6人と記述するものがあるので [Wilde 1830: 185; Haan 1910-1912: vol. 4 519]，15才までを子供とみなすならば，上述の郡毎の特徴のうち，水田耕作が卓越した郡で家屋あたりの人数が多い傾向を傍証していることになる．おそらく灌漑田耕作によって食糧の安定を得，かつ定着によって生活のための女性の移動が少なくなったことから，出産間隔が短くなったり，乳幼児死

亡率が改善したことによると思われる．

　以上の検討から，18世紀末から19世紀初めのプリアンガン地方では，人数の幅はあるものの，おおむね1つの家屋に4～6人の核家族を中心とした世帯が居住していたと考えて良かろう．次項では，視点を変えて記述史料にみられる夫役貢納の賦課単位から住民の生活単位を考える．

2-2　記述史料から考えられる世帯と夫役貢納単位との関係

　19世紀初めから1820年代にかけてのプリアンガン地方におけるコーヒー栽培夫役に関わる単位として，オランダ植民地文書の中には「コーヒー・チャチャ（tjatja koppie; koffij tjatja）」という用語が散見される．

> 1コーヒー・チャチャは，今やコーヒー栽培者達と近親の家族全員であると理解されている．例えば1人の父親は，息子と義理の息子達と一緒にいて，彼らは1つのコーヒー・チャチャとして数えられている．にもかかわらず，これらは大抵3～4世帯から成り立っていて，それぞれが（1つの家屋に―引用者註）自分達だけで住んでいる［Koffij Report: 11］

　また1822年のバンドン－レヘント統治地域の事例では，青壮年男子5人がその家族とともに1チャチャを構成していた［Justitie en Politie 1822: 22 Mei, Inlander Manga Dipa］．このほか総督ファン＝デン＝ボスは，プリアンガン地方の1チャチャは22人で夫婦4組以上，4バウの水田を持つとし［Breman 1982: 208］，オランダ政庁官吏ファン＝デフェンテルも1チャチャ21人であるとした［Haan 1910-1912: vol. 4 544］．このように，19世紀初めから1830年代のこの地方のコーヒー・チャチャについての記述は，チャチャが1組の夫婦で構成されてはいないことを示す．幅はあるものの中年以降の夫婦とその子供が3～5世帯で1つのチャチャを構成している様子が浮かび上がる．人数は老若男女ふくめて20人前後が多いが，これより小規模のチャチャもあったと推測される[5]．

　このチャチャは，水田耕作者の稲作経営および米穀の貢納単位としても機能していたと考えられる．当時のプリアンガン地方では，耕地面積を測る在地の単位が存在せず［Statisteek 1822: memoir C No. 1］，外来の単位も使用されていなかった．1820年の史料によれば，プリアンガンではジュン（djoeng），バフ

(bahu)といったジャワ島中部由来の土地面積単位の名称は知られていず，耕地は耕作に必要な水牛のペア，当時の言葉で「パンチャル（pancar）」の数で数えられた．パンチャルはペアという意味をもち，また耕地（水田）の面積を表す単位としても用いられている．1814年には1パンチャルは約4バフであると考えられていた[6]．このほか当時のプリアンガン地方には水田を数える単位としてサラキット（sarakit）という単語があったが，サラキットもまたペア，特に水牛のペアを意味した [Haan 1910-1912: vol. 2 709; Wilde 1830: 84; Coolsma 1913: 444, 500; Erlinga 1984: 545, 614-615; Rigg 1862: 429]．加えて1830-32年のプリアンガン理事州一般報告の付録の統計には，水田がレヘント統治地域毎に，「1パンチャルで10チャエン収穫できる水田（sawa dapat satoe pentjer 10 tjaen）」，同じく「8チャエン収穫できる水田」，「5チャエン収穫できる水田」，「3チャエン収穫できる水田」と区分されている [Algemeen Verslag 1830-1832: 付録統計]．一方1836年の一般報告の付録統計では水田について「10チャエンの水田を耕す水牛ペアの数」，「同8チャエン」，「同5チャエン」，「同3チャエン」とオランダ語で分類されている [Algemeen Verslag 1836: 付録統計]．そこでこのパンチャルはプリアンガン理事州のヨーロッパ人官吏が水田を把握するための単位であり，米穀貢納を賦課する単位であったと考えられる．

　このパンチャルを単位として収穫される稲穂の量から扶養可能人数を推計すると次のようである．1830-32年の一般報告の付録統計に載るチアンジュール-レヘント統治地域における水田1パンチャルの収穫量は最大で稲穂10チャエンすなわち約6.2トンである [Wilde 1830: 89-91; Haan 1910-1912: vol. 2 707]．オランダ政庁が把握する水田全体のうち1年間で10チャエン収穫のある水田は19％，8チャエンは41％，5チャエンは38％である．8チャエンは約4.9トンの稲穂で精米にしておよそ2トンであり，5チャエンは，3.1トンの稲穂すなわち精米1.2トンとなる[7]．さらにここから米穀の貢納として最低10％強が引かれるので［第11章第6節第1項］，それぞれ最大1.8トン，および1.1トンとなる．大人1人の年間米穀消費量をやや多めに考え仮に現代のプリアンガン地方と同じ120キログラムとすれば [五十嵐 1984b: 61-63]，それぞれ大人15人分，9人分となり，チャチャの総勢20人（含む子供）内外という数値に近くなる．またバンドンのレヘントは，水田より米穀を貢納する家族が自家消費用として必要とする米穀の最低量は慣習的に稲穂2.5チャエンであると考えていたが [Haan 1910-1912: vol. 2 710]，これは上述の計算で成人の精米消費量の5人分

となる．この数値もまた核家族の消費量と言うよりは，むしろ核家族2世帯ほどで構成されているチャチャを想起させる[8]．

以上に加えて，すでに触れた1822年の事例では，構成員に青壮年男子5人が存在した1チャチャが，9チャエン（約5.5トン）の稲穂のとれる水田を持っていたことから，1820年代のコーヒー・チャチャとパンチャルはほぼ同じものであったと考えてよいであろう．おそらく2頭の水牛の引く犂が雨期に耕せる範囲で養える人数が4組ほどの夫婦と子供であり，これが夫役貢納の単位としてのチャチャの規模を規定する要因のひとつではなかったかと考えられる[9]．

以上から，19世紀初めから1820年代のプリアンガン地方では，夫役貢納の単位として4世帯内外，20人前後の集団が存在したと考えられる．ただし，4世帯内外，20人前後という規模は2頭の水牛の引く犂の可耕範囲を唯一の規定要因としていたとは考えられない．第1に，灌漑設備が無いか不十分な所では2頭の水牛の引く犂で耕せる水田で4世帯内外のみが養えたと考えられるが，灌漑用水が充分で作期をずらせるならばこの広さに留まらない．しかも当時のプリアンガン地方では灌漑用水が充分な地域が広がっていたのである．第2に，プリアンガン地方のチャチャの総人口が20人ほどであるという記述は，既に17世紀末，この地方で焼畑が卓越していた時期より存在したのである[Haan 1910-1912: vol. 4 544]．

次節では，この単位を支えた別の要因として各種夫役，自給農業，および日常生活に必要な労働のチャチャ内での分担を考察する．

3 —— 夫役労働の引出しと「女・子供」の労働

3-1　チャチャと実際の夫役の関わり

1818年に作成されたコーヒー栽培に関する報告書は，1つの家屋に住む夫婦1組を1チャチャとすることを理想としており，夫婦3～5組で1チャチャが構成されている現実とのずれに苛立ちを表明している．「世帯数とコーヒー栽培者数の間に大きな違いがある」「郡の人口に変化があったのに，それがコーヒー・チャチャ数にほとんどあるいはまったく影響を与えていない」[Koffij

Report: 10-11; Haan 1910-1912: vol. 4 403][10]．

　しかし散見される史料からは，政庁は1820年代までに，年輩の1組の夫婦が子供夫婦を合わせることによって3～5人の青壮年男子を含む20人ほどの集団となることを黙認し，ここから常時複数の青壮年男子の夫役を引出すことが安定的であると理解していたようである[11]．そして大量の夫役が必要な場合には，このようなチャチャの形態を利用しつつ青壮年男子を根こそぎに近い状態で動員したと考えられる．次の史料は1820年代のバンドン-レヘント統治地域ティンバンガンテン郡の例である．

　　私は自分のほかに家族の4人の男とチャチャを構成していました．にもかかわらず今年は私の，9チャエンの稲穂の収穫できる水田を耕すことが出来ませんでした．誰も家にいなかったからです．1人は新道へ，1人はレヘント居住集落へ，1人は役人用簡易宿泊所へ，そしてもう1人はコーヒー園の中でした．それゆえ誰も私たち自身の仕事が出来ませんでした[12]．私たちが摘取ったコーヒーはパティンギ（下級役人の名称―引用者註）のマス＝チャンドラ＝ディナタ（Maas Tjandra Dinata: 貴族の名前―引用者註）ところへ支払なしで運びました．[Justitie en Politie 1822: 22 Mei, Inlander Manga Dipa]

　同じくティンバンガンテン郡では，1772年に火山が噴火し，麓の集落が全滅したが，このとき男達はチルボンへのコーヒー輸送で集落を離れており，老人と病人以外はほとんど全員無事であったと言う[Haan 1910-1912: vol. 3 640]．このようなチャチャからの労働力の引出しは，以下に見るように，青壮年男子以外の構成員の労働強化にも繋がったと考えられる．

3-2　女・子供の労働の役割

　19世紀初めから1820年代のヨーロッパ人は，生産者の生活に関心を示し，女についても，かつてのように現地人首長層間の略奪の対象としてではなく，働き手として記述を始めた．例えば1817年から26年にかけてプリアンガン地方を旅行したオランダ人，J. オリフィールは，この地方の夫婦の役割を，夫が一家扶養の責任者として自給農業を行ない，妻は家事育児と補助的農作業をす

ると書いたのち，妻としての女の労働を高く評価した．さらにオリフィールは，ジャワ島の女が他の東洋社会に比べて社会的に尊敬されている理由として，「世話好きであることおよび勤勉で明るく，知識と技術のあることが，夫への奉仕に大変有益であること，さらには仕事に対する理解力と熟練がしばしば夫に勝ること」を挙げている［Olivier 1827: 104-105］．プリアンガン理事州という限定はないものの，ラッフルズもまた，庶民の女による男並みの労働を評価していた［Raffles 1988: vol. 1 70-71］．これは何を意味するのであろうか．

　まず，夫が一家扶養の責任者として自給農業を行なうという理解は，オランダ本国で成立しつつあった近代核家族の観念に染まったオランダ人の誤解であろう．以下，プリアンガン理事州で作成された植民地文書中に垣間見られる実態を検討する．

　当時のプリアンガン地方における水田耕作を検討すると，農作業の初めである灌漑の整備，水牛と犂を使用した耕起，苗代・本田準備は青壮年男子の仕事であった．しかしその後の田植は，大変人手を必要とするものであったが，ほとんどの場合女・子供の仕事であった．その後1ヵ月半から2ヵ月で除草が行なわれるが，除草作業については現在のところ不明である．ついで稲が実ると見張りが行なわれた．水田の場所によっては見張り小屋が作られ青壮年男子が泊まり込む．しかし安全なところでは子供の仕事であった．最後に稲刈りが行なわれる．これも人手がかかるが女・子供が主な担い手であり，老齢者も参加した．以上のように開拓の進んだ獣害の心配のない場所にある水田では，灌漑施設の修復，耕起，整地以外は，ほとんど青壮年男子の労働力を必要としなかった．そして青壮年男子の筋力を必要とする仕事もチャチャ内の青壮年男子である必要はなく，女がチャチャ構成員以外の男子を雇って遂行することもできた［Haan 1910-1912: vol. 2 723］．ウィルデもまた，水田耕作の作業のほとんどが女・子供によってなされていると記述している［Wilde 1830: 85］．ただし，こうしてほとんど女・子供によって遂行される水田耕作は，耕作本来の姿というよりは，青壮年男子に対する夫役の強化によって出現した状況であると推測される．

　米以外の自給作物の世話についてバンドンのレヘントは次のように述べる．

　　果樹，キンマ園，檳榔樹，豆，トウモロコシやそのほかの作物，なかでもココヤシの樹については，持ち主が決まっていた．［中略］貢納は課されて

いない．［中略］収穫物は自給と万一の時のためである．世話はさほど重くなく固定したものでもない．子供や未婚の若者（bujang）にさせる．誰もいなければ集落の長が差配する［Haan 1910-1912: vol. 2 714］．

　これらの栽培は子供や結婚前の若者の仕事とみなされ，青壮年男子の労働は初めから考慮されていない．
　ついで衣類に関わる仕事について見ると，18世紀末から1820年代にかけての史料では，プリアンガン地方で衣類が自給されていること，自給は庶民の女の仕事であることが述べられている．女は綿を栽培し，綿から糸を紡ぎ，機織機で綿布を織る．自給される衣類は男女とも腰を覆う布と上半身に掛ける布，小さな頭巾であった．なお子供は10才くらいまで裸で過ごした［Nederburgh 1855: 125; Wilde 1830: 150］．衣類のほか寝具である綿入り枕もおそらく自給したと思われる．織った布は余裕があれば売ってお金を稼いだという．だが，ジャワ島中部と比べるとプリアンガン地方の住民が綿の衣服を着ている割合は少なく，未だ腰蓑をまとっている者も少なくなかったと言う［Olivier 1827: 223; Raffles 1988: vol. 1 90; Haan 1910-1912: vol. 4 510］．ダーンデルスもまた住民がほとんど裸であるという印象を抱いた［Haan 1910-1912: vol. 4 518］．さらに本章第4節の引用文に見るように，プリアンガン地方の人々は外部地域より綿布，リネンを購入していた．以上は，この地方で行なわれる衣類の生産が青壮年女子の仕事であること，および需要を充分に満たしていないことを示そう[13]．
　なお未だ詳しい史料を見いだすことは出来ないが，世帯内での米搗きに始まる炊事，育児・介護も女の仕事であったと判断される．また当時のこの地方ではドクン（doekoeng: 伝統医）に老女が多かったと言う［Wilde 1830: 167］．
　以上，1810-20年代の庶民の間では，青壮年女子を中心に，子供や老人で自給農業と日常生活に必要な労働を行なう体制ができあがっていたと言えよう．
　加えて青壮年男子が山麓の大コーヒー園での労働やコーヒー輸送で長期に家をあける状況下では，男はしばしば遠隔地で死んだり行方をくらましたり，帰ってきても労働に耐えられなくなったりする［Haan 1910-1912: vol. 3 613, 675］．またそのように申告して夫役を逃れる場合もあろう[14]．その場合には女が世帯主となり夫役に従事した．以下の2例は1822年のプリアンガン地方東部地域の女たちの証言である．

私はコーヒー園と，7チャエンの稲穂の収穫できる水田を持っています．でも私は水田を耕作することができませんでした．ほとんど家にいられなかったからです．半月はポラ（Pola: 地名―引用者註）の新道で働く者のための飯炊に，その2，3日後には再び役人が来て，コーヒー園で植付と草刈をしなければなりませんでした．さらに私の集落付近の道で働き，役人用簡易宿泊所で米搗きをしなければなりませんでした．
　さらにラデン（Raden: 貴族の称号―引用者註）のために4，5日稲刈をし，役人用簡易宿泊所で15日間，敷地を清掃し垣根を作り直しました．これらすべては支払がないどころか手弁当でした．
　役人用簡易宿泊所にオランダ人や貴族が来たときは無償でキンマ，米，卵，油，鶏を供出しなければなりません．［中略］
　私は自分のコーヒー園からまったく何も得ていません．私は園を維持し働きましたが，収穫期にはマンドール（Mandoor: 下級首長の名称―引用者註）が，私への支払をまったくせずに摘取って運んでいってしまいました．［後略］［Justitie en Politie 1822: 22 Mei, Vrouwe Saijpa］

　私はあるときは2ヵ月間コーヒー園で働きました．家に帰ると，パンラク（Penglako: 下級首長の名称―引用者）がもう一度来てポラの新道へ行くように言いました．そこで私はしばしば1ヵ月人々のために飯炊きをしなければならなかったのです．
　私はラデン＝ナヤプラ（Raden Najapoera: 貴族の名前―引用者註）の田で働きました．私の園では2,000本のコーヒ樹を維持しなければなりませんでした．しかし収穫は支払なしでマンドールに引渡さなければなりませんでした．
　役人用宿泊所にヨーロッパ人が来たときに，私は鶏を提供できなかったので1ワン（wang: 貨幣の単位―引用者註）を支払わなければなりませんでした．［Justitie en Politie 1822: 22 Mei, Vrouwe Kanami］

　上述2例は，青壮年女子が，コーヒー輸送を除いて，青壮年男子の遂行するすべての種類の夫役[15]を遂行したことを示している．オリフィールの言うところの，知識と技術があることが夫への奉仕に大変有益であること，さらに仕事に対する理解力と熟練がしばしば夫に勝ることとは，青壮年女子が，青壮年男子

抜きで生活を維持する手腕を言うのであろう．そして女の男並みの労働に対するヨーロッパ人の高い評価は，彼女たちの労働が，オランダあるいはイギリスにとって利益を生み出す労働力である青壮年男子を，家庭から引出すことを可能とすることへの賞賛であったと考えられる．おそらく核家族4世帯内外約20人の集団は，青壮年男子がほとんど不在の中，親族関係にある女・子供・老人が自給農業を営み，夫役貢納を遂行し，出産，育児，介護などの生活を成り立たせる単位としても重要な役割を果たしていたと考えられる．

だが青壮年女子も耐えられなくなれば逃亡する．上述2例は逃亡者の証言である．当時のプリアンガン地方の住民は他地域の住民に比べて首長層に非常に従順でコーヒー栽培にほとんど無償で従事するという記述が，19世紀初頭から10年代のヨーロッパ人の記録に散見される［Algemeen Verslag 1827: 1, 15; Koffij Report: 26; Raffles 1988: vol. 1 129, 143］．その一方で，上掲の史料に見られるような充分に富裕と思われる者でも，強化された夫役を従順に受入れ，そのために水田耕作の時間がなくなると食糧不足となり，逃亡したのである．

次節では，住民にこのような行動をとらせた要因のひとつを，住民の物質生活と交易のあり方に焦点をあてて検討する．

4 ── 生活必需品・贅沢品と交易

19世紀初頭から20年代にかけてのプリアンガン地方におけるの住民の物質生活を，ウィルデ，オリフィール，ネーデルブルフなどの記述を中心に検討しよう．

第1に食物をみると，当時の庶民の普段の食事は米飯，生野菜または茹でた野菜，トウガラシ，そして塩片であり，時期と場所によって小さな干魚か干肉がついた．主な飲物は水であり，食後にはキンマを噛んだ．食事は日に2回，午前10時頃と夕方6時頃であった．このほか米菓子，バナナ，トウモロコシなどの間食が2回摂られ，この時はコーヒーを飲んだという［Wilde 1830: 146-147; Olivier 1827: 114; Haan 1910-1912: vol. 3 630］．米が凶作の時はトウモロコシ，アレン椰子の澱粉，タロイモが主食とされた［Haan 1910-1912: vol. 4 444］．焼畑民は2, 3ヶ月で米を食べ尽くしたあと，ガドンという蔓草の根，アレン椰子澱粉，トウモロコシ，バナナ，タロイモ，そして甚だしいときは米糠を食べた

という [Haan 1910-1912: vol. 4 507, 511-512]．このように主食は米，イモ類，トウモロコシ，バナナ，椰子澱粉などであり，副食は野菜に少量の魚か肉，これに塩とトウガラシが添えられた．これらについてはいずれの史料ともほぼ同様の記述がなされている[16]．

　以上の日常の食物と，当時この地方で生産された農産物とを比較すると次のようである．ウィルデは産出される農産物を次の順で記している．はじめにコーヒー，米，胡椒，綿，藍，サトウキビから精製する砂糖，椰子砂糖，椰子澱粉，そしてタバコについて詳しい記述がある．このうち米と椰子澱粉は主に自家消費，域内消費に回された．ついでこの地方で収穫されるものとして，数種の染料，および油をとる植物の名前がわずかな説明とともに列挙される．染料は，大黄 (konneeng gede)，ターメリック (kurkuma, knyet)，インド茜 (tjankoedoe, mangkoedoe)，カヒ・スチャン (kahi setjang: 赤い染料を取る木)，蘇木 (sapanhout) が挙がる．油を得る植物はココヤシ (kalapa, keleutik)，キャンドルナッツ (kamirie) が主なものであり，ピーナッツ (ktjang soeoek, katjang taneuh)，ヒマ (djarak kalikie) そして日本ではなじみのないジャラック・コスタ (djarak kosta: ヒマ系の灌木)，パルマ・クリスティ (palma christie: 油をとる木)，などが挙げられている．染料と油は主に域外への移出か首長層への貢納であったと考えられる．つづいてヨーロッパ原産の果樹野菜の育成状況について述べられたのち，副次的な食糧であるジャガイモ，サツマイモ，タロイモ，トウモロコシについて若干の説明が加えられる．ジャガイモはウィルデが私領地で栽培しバタビアで販売した．トウモロコシは各世帯で少量栽培されていたという．さらに緑豆 (katjang djogo, katjang heedjo)，大豆 (katjang kadelih)，katjang maas, katjang djaat と豆類の名前が列挙されたのちに，悪臭のする豆であるジェンコル (djengkol) とプテ (peuteuj)，さらにキュウリ，バナナそして果物について簡単な説明が加えられる [Wilde 1830: 61-112]．このうち豆類，タバコ，ジャガイモ，キャベツ，タロイモ，米，バナナ，パルマ・クリスティ，胡椒などは新しく開いたコーヒー園でコーヒー樹が小さいうちに植えられたという [Wilde 1830: 74-77]．

　上述のウィルデの史料には家禽・家畜が登場しないが，鶏は貢納シデカー，スグーにかかわる記述で登場し，飼われていたことがわかる [第 11 章第 6 節第 1 項; 本章第 3 節第 2 項]．鶏，卵，そして上述の油は主に首長層への貢納および富裕な庶民の食物あるいは祭事の食物であったと考えられる．

　以上から，庶民の食物は塩および塩干物の魚以外のほとんどを自給していた

ことがわかる.

　第2に家と家財道具をみると，家は竹と木材で作られおり，しばしば竹のみで作られた．竹編の壁 (bilik) という単語が使用されていることから，現在この地方の伝統的家屋と考えられている，竹を柱とし竹編の壁を持つ床の低い家屋の原型は，この時期にすでに存在したと思われる［Haan 1910-1912: vol. 4 508-509］．寝具はタコノキ (pandan) の葉で作ったマットと綿の入ったクッションであるが，これは焼畑民も同様のようである［Wilde 1830: 150-151］．竹や籐製の家財道具もまた域内で調達可能であった.

　第3に炊事用具をみると，裕福な家の主な炊事用具は，米を蒸すための銅製の蒸器 (dangdang) と竹編の籠，中国式の鉄製鍋 (taadjo)，陶器か鉄のパン (priedjoek, kwalie)，2つほどの石か素焼きの壺，香辛料をつぶすための小さい石臼，竹製の手桶などであった．富裕であると米を鉄製のポットで炊くと言う記述もある．しかしこの時期より前には中国式の陶器や銅製の蒸し器はなく，住民は竹筒で米を炊き，バナナの葉を皿代わりにしていた．僻地で焼畑が卓越している地域では1820年代でもこのようであった［Wilde 1830: 151; Haan 1910-1912: vol. 3 627, vol. 4 517-518］．19世紀初頭頃から普及し始めたことのわかる銅製の蒸し器をはじめ，中国式の鉄製鍋・陶器などは調理を効率化するとともに，富裕なライフスタイルを演出した可能性があるが，外部地域より購入せざるを得ないものであった.

　第4に機織の用具を見ると，糸車，綿から種をとる木製の小さな機械，織機 (pakara tinoen) である．外部からの購入か自家製かは不明であるが，焼畑耕作民はこれらを持たないようである.

　第5に農具を検討すると，ウィルデは次のものを挙げる．手斧 (Balioeng)，水田用鍬 (Patjoel bawak) と乾田用鍬 (Patjoel Tjina)，2種の犂 (Lanjam Sawa, Lanjam Boegis)，斧 (Bedok)，工作用小ナイフ (Pesoh rawet) 2種の草刈ナイフ (Korreet gede, Korreet Luttiek)，鎌 (Ariet Sikkel)，焼畑用斧 (Koedjang)，草刈刀 (Parrang)，穂摘み用の小鎌 (Aniani)．また2頭の水牛の所有は富裕な世帯の象徴であった［Wilde 1830: 151, 152］．なお1812年の記述には，かつて犂は檳榔樹で作られ，ナイフは竹であったが，今は犂に鉄製の刃がつけられているとある［Haan 1910-1912: vol. 3 627］．以上の農具すべては鉄製の歯がついていると威力を発揮する．そして刃がついていれば外部地域から購入せざるを得ない鉄と鍛冶屋に依存することになる[17]．

最後に外部地域との交易のあり方について述べると，1809年のカラワンでのプリアンガン地方住民の交易は，コーヒーを輸送する住民が米，砂糖，牛皮を一緒に持って来て，「ちょっとした服，布，銅器，陶器，幾種類かの鉄器，塩，阿片，タバコ，檳榔子，さらには木綿，針，糸，その他の小間物」［Haan 1910-1912: vol. 4 592］と交換するというものであった．住民が外部地域に依存せざるを得ない物品は主に塩と鉄製品，そして陶器であったことがこの史料からも見てとれる．特に必需品である塩は域内の塩井では需要を満たすことはできず，また水田耕作とともに大量に必要となったであろう鉄は域内で産出しなかった．

　これらの物品を1820年代にプリアンガン地方に供給する者について言うと，住民に独占的に供給したのはオランダ政庁と中国人商人であった．住民は州境の3つの内陸集荷基地までコーヒーを輸送して銅貨で支払を受け，そばにある中国人の店から生活必需品を買ったと言う［Wilde 1830: 185］．住民にとって塩はコーヒー輸送の大切な帰り荷で，コーヒーの引渡場所で塩が販売されていない場合，住民は別の引渡場所にコーヒーを運んだという．この問題を重視したオランダ政庁は，19世紀の初めから3つの内陸集荷基地と，郡毎に設置を開始したコーヒー小倉庫とで塩を販売するようにした［Haan 1910-1912: vol. 2 715, vol. 3 648, vol. 4 10-11; Algemeen Verslag 1827: 4, 12-13］．この結果，オランダが住民への塩の供給を独占することになった．

　これらの物品を内陸集荷基地で購入できる者，すなわち内陸集荷基地までコーヒーを輸送する者を見ると，郡内の下級首長，水牛や荷車を持つ富裕な住民，そして輸送夫役に従事する青壮年男子がいた．前2者はコーヒー輸送および帰り荷の交易で利益を得る者達で，積極的にコーヒー輸送に参加していた．これに対して輸送夫役に従事する者達は，運送からの利益が割に合わない輸送歩合のみであったので，交易から利益を得ることができたか否かは不明である．さらにコーヒー輸送に従事する男の帰りを待つ家族から見るならば，塩や鉄製農具，そして贅沢品をもたらすのは青壮年男子であった．交易に加われないコーヒー輸送者を出すチャチャ，青壮年男子のいない世帯は，これらの入手を首長層や富裕な住民に依存せざるを得ず，極めて不利な立場にあった［第9章第4節第3項；第10章第2節第2項(2)］．この面では女・子供・老人は青壮年男子，それも富裕な者や首長層にほぼ全面的に依存していたことになる．

　以上，灌漑田耕作とコーヒー生産を受入れた住民は，焼畑民より物質的に豊

かになったと言える．しかし購入する必要のある生活必需品および生活を豊かにする物品は，政庁とこれに従属した現地人首長層・中国人に独占された交易によってもたらされ，さらに購入方法もコーヒー輸送システムの中に埋め込まれていたのである．

5 ── おわりに

　本章で論じてきたことをまとめると以下のようである．18世紀末から1820年代にかけてのプリアンガン地方社会から，青壮年男子労働力の大量引出しを可能とした住民の対応として，本章では次の点を論じた．第1に，1組の親夫婦に3組内外の子供夫婦をひとつのまとまりとした生産・夫役貢納・生活面での相互扶助の単位が存在したことである．4組ほどの夫婦と子供は，2頭の水牛の引く犂が雨期に耕せる範囲で養える人数であり，さらに青壮年男子がほとんど不在でも，親族関係にある女・子供・老人が自給農業を営み，夫役貢納を遂行し，出産，育児，介護などの生活を安定的に成立させる単位として重要であったと考えられる．第2に，住民は，水田耕作に加えてコーヒー代金の取得と交易によって，生活必需品や贅沢品獲得の便宜を得ることが出来た．ただしこの物資的豊かさは，オランダ政庁および現地人首長層・中国人の独占的管理下にあるコーヒー輸送および交易から享受されるものであったので，富裕となった者でも，コーヒー生産・輸送を回避して自らに有利な経済活動を行なうことは極めて難しかった．夫役に時間をとられて食糧生産が不可能となった場合には，それまで築いた財産が交換価値を持つことは少なく，首長層の慈悲にすがるか，財産を捨てて逃亡する以外に方法がなかったと考えられる．この時代のプリアンガン理事州住民のオランダ人や現地人首長層に対する従順さ，そして庶民の女の男並みの労働とは，このような社会的背景が生み出した行動であったと考えられる．

註 [第13章]

1) これらの郡の性格は第14章の検討課題であるが，以下の表13-1に見られるような特徴を持つ．
2) この郡毎の統計のコラムを列挙すると，「集落名 (Namen der Kampongs)」，「家

表 13-1　チアンジュール-レヘント統治地域の主要 17 郡とバンドン-レヘント統治地域ティンバンガンテン郡の性格

郡名	集落規模の平均　家屋	人口／家屋（人）	夫役可能男子／家屋（人）	水田耕作者／貢納負担者（%）	夫役可能男子／貢納負担者（人）	夫役可能男子／夫役可能女子（%）	郡の役割
チブルム	120	4.5	1.18	93	5.3	95	コーヒー生産（インテンシブ）
カリアスタナ	164	4.5	1.37	98	6.6	88	コーヒー生産（インテンシブ）
パダッカッティ	190	6.2	1.67	95	7.3	85	コーヒー生産（インテンシブ）
チブートリ	139	5.4	1.70	76	2.7	98	コーヒー生産　開発古い
ペセール	87	5.6	1.53	95	3.5	88	コーヒー生産
グヌンパラン	83	5.3	1.48	66	2.2	86	コーヒー生産（インテンシブ）
チマヒ	66	3.8	1.00	80	3.0	83	コーヒー生産
チフラン	40	3.8	1.14	64	2.1	96	コーヒー生産
マレベル	55	4.5	1.10	95	4.0	89	米穀生産　開発新しい
チケトク	73	5.0	1.31	98	3.9	87	米穀生産　開発新しい
ヌグリチアンジュール	340	5.2	1.62	100	3.6	92	米穀生産　開発古い
チブラゴン	133	5.2	1.62	95	2.1	90	米穀生産　開発古い
チカロン	91	3.5	1.31	93	5.0	82	米穀生産　開発古い
チコンダン	74	4.9	1.32	80	5.8	79	不明：労働力提供か？
マジャラヤ	122	4.9	1.31	57	6.4	113	輸送小拠点
マンデ	81	3.1	1.30	56	1.4	96	輸送小拠点
チチュルク	75	5.8	1.67	69	3.5	93	輸送小拠点
ティンバンガンテン	125	4.9	1.34	95	9.9	82	コーヒー生産

出所：Bevolking van het Regentschap Tjandjor in December 1827; Bandoeng より算出．

(huizen)」，「夫役可能男子 (Werkbare mannen)」と「夫役可能女子 (Werkbare vrouwen)」，「男の子供 (Mannelijk Kinderen)」，「女の子供 (Vrouwelijk Kinderen)」，そして「人口 (bevolking)」である．

3) アルファベット表記のマレー語の統計．管見の限りこのレベルの統計はティンバンガンテン郡の分のみ残る．ティンバンガンテン郡はコーヒー生産に適した地形を持

292　第 4 編　オランダ植民地権力による利益・サービスの提供とその独占

つがジャワ島北岸への輸送が困難な一帯である．この郡の統計のみが残されたのは偶然ではなく，輸送問題が焦点であるこの郡へのオランダ政庁の関心の高さゆえであろう．この統計のコラムはアルファベット表記のマレー語で書かれ以下の順で並ぶ．「集落名 (nama kampong)」，「家屋 (roemah)」，「小首長　男子 (kepala ketjil lalaki)」，「小首長　女子 (kepala ketjil prompoean)」，「宗教役人　男子 (Padri lalaki)」，「宗教役人　女子 (Padri prompoean)」，「夫役可能男子 (orang kwat kerdja lalaki)」，「夫役可能女子 (orang kwat kerdja prompoean)」，「老人男子 (orang toewa lalaki)」，「老人女子 (orang toewa prompoean)」，「配偶者との離死別者　男子 (yang suda batjene lalaki)」，「配偶者との離死別者　女子 (yang suda batjene prompoean)」，「10歳から15歳までの男の子 (anak oemoer 10 sampe 15 lalaki)」，「10歳から15歳までの女の子 (anak oemoer 10 sampe 15 prompoean)」，「小さな男の子 (anak ketjil lalaki)」，「小さな女の子 (anak ketjil prompoean)」，「総人口 (Djoemla Sakalian orang)」，「somahan (世帯の可能性が高い)」，「稲穂 (単位はチャエン)を得られる水田 (sawah dapat tjaeng padi)」，「飼育動物　馬 (piaraan binatang kuda)」，「飼育動物　水牛 (piaraan binatang kerbo)」，「飼育動物　牛 (piaraan binatang sapie)」．

4）レヘント統治地域別の統計中の「労働可能男子」の数値は，ティンバンガンテン郡詳細統計中の「夫役可能男子」「老人男子」「配偶者との離死別者　男子」，「10歳から15歳までの男の子」の合計，また前者の「労働可能女子」の数値は，後者の「夫役可能女子」，「老人女子」，「配偶者との離死別者　女子」，「10歳から15歳までの女の子」の合計であった．またティンバンガンテン郡の詳細統計では，「家屋」は「小首長　男子」，「宗教役人　男子」，「夫役可能男子」，「老人男子」（これらのカテゴリーの女子数は男子数と同数），および「配偶者との離死別者　男子」の合計より僅かに多かった．また世帯と考えられる somahan は，総数5020で「家屋」より188少なく，「夫役可能男子」，「老人男子」，「配偶者との離死別者　男子」の合計と同じか僅かに多かった．そこでこの世帯は下級首長とイスラム役人を除いた世帯数であったと考えられる．

5）このほかホーヘンドルプは，チャチャは2人の武器をもった男性，2人の女性，2人の子供で構成されるとしている [Haan 1910-1912: vol. 4 544]．さらにチアンジュール-レヘント統治地域に属するマレベル (Maleber) 郡は，米穀生産を期待されて組織的に開発された盆地底部の新開の郡であり，かつレヘント統治地域中では平均集落規模が2番目に小さく，全134集落中半分強の69が10家屋以下であった（第15章第3節第8項参照）．この郡の10家屋以下の集落の数をみると，1家屋：3集落，2家屋：5集落，3家屋：12集落，4家屋：10集落，5家屋：4集落，6家屋：10集落，7家屋：6集落，8家屋：7集落，9家屋：7集落，10家屋：5集落であった．1～2家屋の集落に比べて3～4家屋の集落が倍以上であり5家屋の集落が再び半分ほどになっている状態は，3～4家屋をひとつのまとまりとするチャチャが多いことと符合する [Bevolking van het Regentschap Tjandjor in December 1827]．

6）20世紀の福祉減退調査にも2頭の水牛は西モンスーンのときに3～4バフの水田を耕すとされた [Onderzoek 1904-1914: Vb Bijl. IV pag 2]．

7）稲穂の収穫量から精米への換算率として現代のインドネシアで使用される0.4を使用するが，当時は収穫直後に計量，貢納が行なわれたので乾燥が充分でなく実際の換算率は今少し小さかったと考えられる．

8) 第11章第6節第1項の引用文中からは，他所から来て定着する者を，初めのうちは世帯，あるいはチャチャの中で養うことがわかる．
9) パンチャル内での実際の水田経営の共同性について，厳密にはどの程度であったかは不明である．当時の統計では現地人首長層が数えるのに容易な物が指標となっていたと言える．すなわち世帯ではなく家屋，水牛や馬の数などである．そこでパンチャルも水牛2頭分，あるいは犂を数えており，経営主体を数えていたわけではないと推測される．
10) 1778年に作成されたプリアンガン地方初の人口統計では1チャチャは男1，女1，子供2に換算されていたが［Jonge 1862-1888: vol. 11 364, 366］，実体か否か，あるいは現場でも世帯がチャチャと呼ばれていたか否かは不明である．
11) これが1820年代から60年くらいまでの首長層と住民の妥協の単位であったようである［Haan 1910-1912: vol. 4 519-520］．
12) この記述を単純に計算すると，男子4人が夫役に徴発され1人が残ったことになる．1人が老齢で水田耕作が不可能であるか，または説明し忘れた可能性が考えられる．
13) このほか籠や小さなマットを編むのは男であったが，筵（tikar）は女，男，そして子供が編んだという［Olivier 1827: 223］．
14) 最下級のイスラム役人アミル（Amil）の下に，貧しい者（miskien）と呼ばれる者達が多くいた．彼らは他の住民の施し物で暮らし夫役は何もしていなかったので，レヘントは彼らを時々コーヒー園などで働かせていたという［Olivier 1827: 293-294; Wilde 1830: 180-181］．
15) これらの夫役はスンダ語でtoegoerと呼ばれた．
16) この7つの食物カテゴリーからトウモロコシと椰子澱粉を除き，豆類を加えると現代のプリアンガン地方の山岳部の農民の食事のカテゴリーと同じとなる［五十嵐1984b: 64］．なお現代のジャワ島西部ではトウモロコシは野菜に入れられている可能性がある．
17) 銅製品も外部地域からの購入品の一つであったが，銅鍛冶はこの地方に古くから存在した．銅製の刃をつけた農具も存在したと思われる［Haan 1910-1912: vol. 3 347-349］．

第 4 編のまとめ

　本編では以下の諸点を論じた.

　プリアンガン地方における水田耕作の拡大は 18 世紀半ばから本格化し, 世紀の変わり目頃には, ヨーロッパ人によって主要な食糧生産の方法と認識されるに至った. 大規模な灌漑施設の建設は, 18 世紀中は主にレヘントを初めとする首長層が, 19 世紀初頭からはオランダ政庁が主導した. ヨーロッパ人は焼畑耕作者に比べて水田耕作者がコーヒー夫役によく耐えるということを経験的に知ったが, それはホードレーの主張するような土地権をベースとした夫役賦課のシステムが誕生したことを意味しなかった. 焼畑耕作が卓越していた時代の夫役賦課システムが維持される中で, 住民にコーヒー栽培・輸送を中心とする青壮年男子労働力の長期引出しを受入れさせたのは, 政庁や首長層による利益や便宜の供与であったと考えられる. 自給農業とのかかわりから見るならば, 第 1 に, 水田耕作の安定性と高収量というメリットと, 現地人首長層から供与される灌漑施設および農業信用を中心とする便宜が大きな意味を持った. そしてさらに水田耕作の持つ無季節性および多くの作業で青壮年男子が不必要であるという特徴が, コーヒーにかかわる夫役労働と水田耕作との両立を可能とした. また住民の生活サイドでは, 親族関係にある 4 組内外の夫婦が夫役貢納賦課および生活の単位として許容されたこと, その一方でプリアンガン地方と他地域との交易がオランダ政庁と配下の中国人に独占されており, 住民は塩・鉄などの生活必需品の入手を彼らに依存していたことが挙げられる.

　このように, 1770 年頃から 19 世紀初めにかけての時期にプリアンガン地方社会は, バタビアおよびチルボンへの産物の輸送・交易のうち, 内陸集荷基地からこれらの海港までを植民地勢力に委ねるとともに, 定着農業にエネルギーを向けることで内陸農業社会の様相を呈していた. 1820 年代の植民地文書の統計によれば, プリアンガン地方ではコーヒー栽培と灌漑田による稲作の進展で, それぞれの生産量は増大し, 人口も増加した [Algemeen Verslag 1826, 1828/29]. この側面から見るならば地方社会の住民・首長層, そしてオランダ政庁の利益は一致し, 農村経済は活性化したといえる.

　しかし, 以上のような経済の活性化が見られ, 住民がコーヒー生産と輸送に利益を見いだしていたとしても, それはこの制度が在地社会にとって富や福利のみをもたらしたことにはならない. コーヒーの長距離輸送が必要な地域において制度の不合理な部分のしわ寄せを受けて引合わない重労働を負うはめになった住民達はもちろんのこと, コーヒーのおかげで富裕になった者達も, コーヒー集荷・輸送, 食糧生産, 生活必需品獲得にかかわる便宜供与を, オランダ政庁とこれに従属する者達に独占されることによって, オランダ政庁に都合のよい活動パターンへと追込まれていったと考えられる. 17 世紀末と比較するならば, 彼らは理事州外への移動の自由と, 交易相手および栽培作物の選択肢とを奪われていた. さらに, 17 世紀末にオランダ政庁は,

レヘント統治地域内部の農産物の生産と輸送にまったく干渉し得なかったが，1820年代のプリアンガン地方社会の農業は，オランダ向けコーヒーの輸出量およびバタビアからの本国向けの船の出帆期から逆算されたコーヒー栽培・輸送のスケジュールを中心に営まれていた．このため灌漑田の耕作を選択した住民は，オランダの決定するコーヒー生産・輸送のスケジュールを常に優先させなければならず，自給農業など家族のための労働において自らの作業暦を持てなくなる傾向にあった．19世紀半ばから20世紀初めのジャワ島で顕著となった，「新たな社会経済システムのコントロールが個人や村の対処能力を越え，ますます彼らの手から離れてしまった」[大木1988: 493] 事態が，早くも始まっていたのである．

　以上，第3，4編ではプリアンガン理事州全体について定性的な考察を行なったので，次編では先行2編の結論として導き出された仮説についてチアンジュール-レヘント統治地域を例にとり，定量的，空間的検討を行なう．

第 5 編

チアンジュール−レヘント統治地域の開拓

―― 面的数量的検討と地域差 ――

本編では，第3，4編で得られたプリアンガン地方一般に関する仮説について，1820年代のチアンジュール-レヘント統治地域を例にとり，水田開拓とコーヒー生産・輸送の関わりを中心に，数量的，空間的，そして個別地域的側面からデータを補う．とりあげる仮説は以下のようである．

コーヒー生産について：
　(1) 1790年代以降，コーヒー生産・輸送管理が官吏的性格を付与された下級首長層によって実施されていたこと（第4章）

コーヒー輸送について：
　(2) 輸送は大事業であり，コーヒー引渡の最大のボトルネックであったが，輸送条件には地域差が極めて大きかったこと（第9，10章）
　(3) 1790年代以降の輸送において，郡の中心集落が主要な結節点となったこと（第10章）

水田耕作の普及について：
　(4) 18世紀末までの開拓はレヘントによって主導され，19世紀初頭以降は植民地政庁が主導したこと（第11章）
　(5) 世紀の変わり目ころに主要な食糧生産の方式が水田耕作となったこと（第11章）
　(6) 夫役貢納システムが耕地所有を条件としなかったこと（第11章）
　(7) 現地人首長層は入植者との紐帯を強めるために農業信用の供与や灌漑施設の用益権を使用したこと（第11章）

　以上の仮説を検証する地域別の開拓状況は，1820年代に集落を単位として集計された郡毎の人口統計，旧日本軍出版の5万図，さらにその他の植民地文書中の記述および若干の数値を突き合わせて検討される．このような史料の使用法はほとんど初めての試みであるので[1)]，初めに第14章で主な史料を紹介し，またチアンジュールおよびバンドン-レヘント統治地域に属する各郡の位置と性格を概観する．そして当時の郡が，画一的な機能を持つ近代的行政区とは極めて異なり，コーヒー生産・輸送における機能別に分割されていたことを示す．つづく3章では，チアンジュール-レヘント統治地域に属する郡のコーヒー生産と水田耕作との関わりについて郡毎に詳しく検討する．第15章では，コーヒー生産を期待されかつ水田耕作も盛んなチアンジュール盆地に位置する8郡について，第16章では，コーヒー生産が盛んでありながら焼畑耕作も多く行なわれているグデ山南麓4郡について考察する．そして第17章では，コーヒー生産を期待されない8郡の水田開拓について検討する．この3章で使用される分析方法は第14，15章の第1，2節で示す．このようにしてホードレーの封建的生産関係成立説とは異なる議論を展開したい．
　本編は，地理および気候条件が，生産・生活にかかわる様々な活動を強く拘束する

経済・技術レベルにあっては，人々の社会経済的活動を考察する際に，これらの条件の考慮が必須であることを主張するものである．

註

1) ジャワ島社会経済史研究において，統計数値を地図に落とし込む作業は，加納 [1990a] に見られるのみである．本編は桜井 [1980a, b] に多くのヒントを得ている．

第14章

1820年代プリアンガン理事州の郡編成
── チアンジュールおよびバンドン-レヘント統治地域の統計から ──

1 ── はじめに

　本章は，チアンジュール-レヘント統治地域における水田開拓の検討の準備作業として，19世紀初めから植民地権力が再編を始めた行政単位である郡（district）の役割を検討する．1820年代のプリアンガン理事州内部はチアンジュール以下4つのレヘント統治地域が存在したが（地図14-1），レヘント統治地域内部の研究は従来まったく手つかずであり，郡の所在はもとより個々のレヘント統治地域の領域すら明かでなかった．そこで本章では1820年代半ばの統計史料および20世紀初めに測量された5万分の1の地図（以下5万図）を利用して，チアンジュール-レヘント統治地域に属す25郡，およびバンドン-レヘント統治地域に属す18郡の所在地とその役割を明かにした．
　オランダ政庁の地方統治機構整備にともない，プリアンガン理事州では1820年代半ばから地方文書の本格的作成が始まった．インドネシア国立公文書館のプリアンガン理事州文書の中には，同理事州全域を網羅した最初の統計である1828年および29年作成の郡別統計が残るが，本編では1828年に作成された統計を利用する[1]．統計記載のコラムは15であった[2]．本章ではこれらのコラムのうち「領域」（「耕作地」，「未耕地」），「人口」，「コーヒー引渡予定量」，「稲作耕地」数（「水田」，「陸田」，「焼畑」），「米穀生産量」を使用して，各郡の役割を考えたい．各コラムの数値についての信頼度の判断は註(3)に示した[3]．
　この統計に加えて，1827年に作成されたチアンジュール-レヘント統治

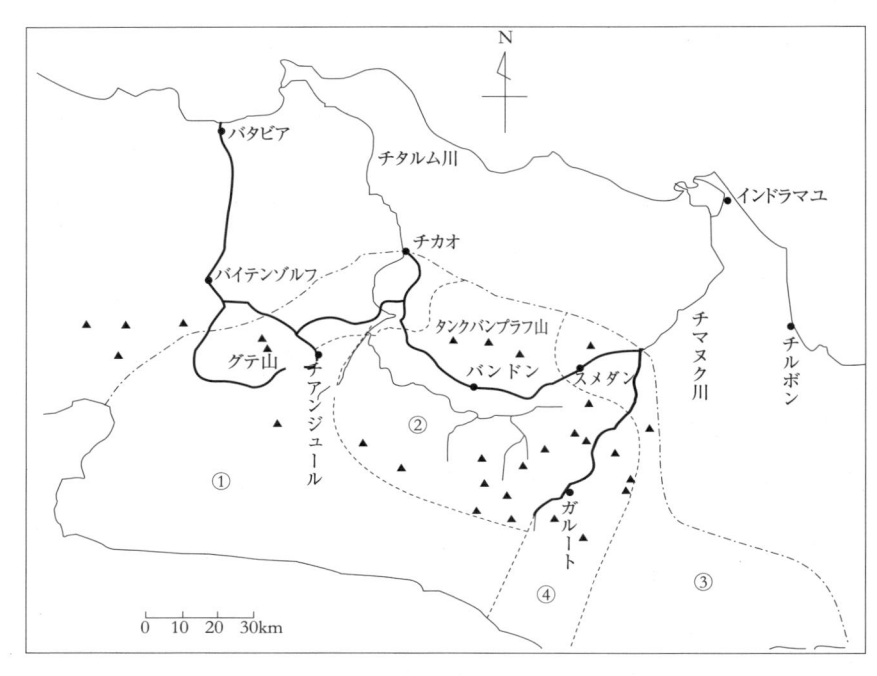

```
       ・-・-・-    プリアンガン理事州州境
       ①        チアンジュール-レヘント統治地域
       ②        バンドン-レヘント統治地域
       ③        スメダン-レヘント統治地域
       ④        リンバンガン-レヘント統治地域
       ———      主要ルート
       ▲        標高1200m以上の山頂
```

地図14-1　1820年代のレヘント統治地域

地域の人口統計，および1827あるいは1828年に作成されたバンドン-レヘント統治地域の人口統計を使用する[4]．これらの人口統計もまた郡別に集計されており，順に次のようなコラムが並ぶ．番号を付した「集落名(Namen der Kampongs)」，「家屋(Huizen)」数，「夫役可能の者(Werkbare)」の数（「男子(mannen)」，「女子(vrouwen)」），「子供(Kinderen)」数（「男子(mannen)」，「女子(vrouwen)」），そして最後に夫役可能男女および子供男女の合計を集落の「人口」として記載している[5]．ところでプリアンガン理事州では，首長層をランク別に記載し，さらに夫役可能な者を老人男女，成人男女，未成年男女に分け

た，より詳しい統計がとられていた[6]．それにもかかわらず上述のような簡略なフォームの人口統計が作成され，かつ上述2種3通統計のみが1820年代から30年代前半にかけての同理事州文書ファイルに残されていた理由は，チアンジュールおよびバンドン-レヘント統治地域が，当時の同理事州コーヒー引渡量の3分の2以上を引渡す生産拠点であり [Algemeen Verslag 1836 巻末統計]，植民地権力にとって両レヘント統治地域の夫役負担者の掌握が重要だったことによると考えられる．

　本章ではこの植民地権力の関心にそって，権力がチアンジュールおよびバンドン-レヘント統治地域の各郡に期待した役割を考える．ただし史料批判を含めた研究の蓄積がいまだ充分でないため，史料上の数値は絶対値としては扱わず，各レヘント統治地域内部における各郡の相対的地位を知る目安として使用することにする．

　以下第2節で，州都が置かれ統計の精度がより高いと考えられるチアンジュール-レヘント統治地域の郡編成を検討し，第3節では，バンドン-レヘント統治地域の郡編成を検討する．

2 —— チアンジュール-レヘント統治地域の郡編成：植民地支配拠点の周囲

2-1　コーヒー郡

　1818年の「コーヒー報告」には，レヘント統治地域の中にコーヒーを生産する郡としない郡が存在すると記されているが [Koffij Report: 51]，この区別は1828年の郡別統計においても明瞭である．1828年の郡毎の引渡予定量を見ると9,000ピコルの⑰グヌンパラン（Goenoeng Parang）（丸囲みの数字は統計類に付される郡番号．以下同じ）を別格として，4,000ピコルから1,600ピコルまでの郡が11あるのに対し，その他の14郡は900ピコルから0ピコルであり，文字どおり桁が違っている．本章では前者を「コーヒー郡」と呼ぶことにするが，これらの郡は，面積，地形などの特徴からさらに3つのグループに分けることができる（表14-1および地図14-2参照）．

　第1のグループは，郡の面積が小さく小コーヒー郡とでも呼ぶべき④チブルム（Tjibeurum），⑤バヤバン（Baijabang），⑥カリアスタナ（Kaliastana），そして⑦

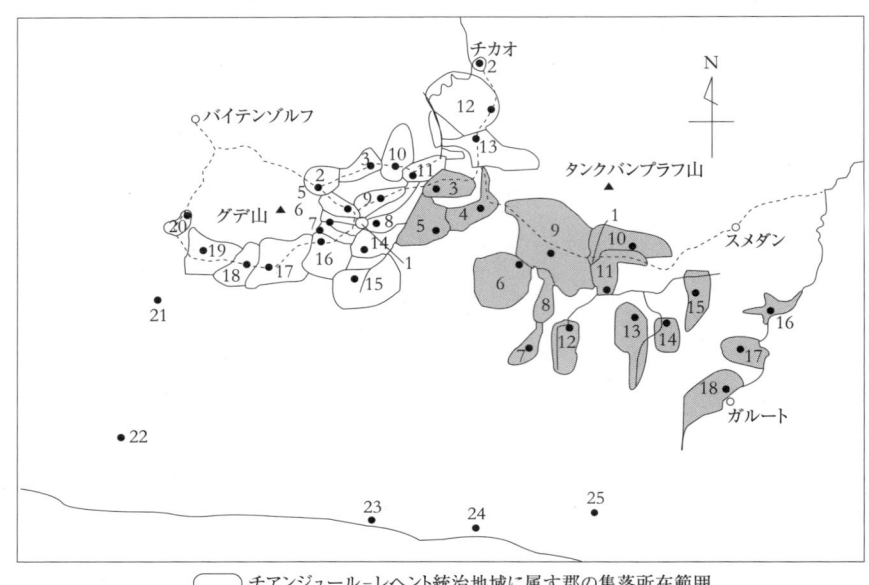

○ チアンジュール−レヘント統治地域に属す郡の集落所在範囲
　　ただし21〜25は郡の中心集落のみ示す
▨ バンドン−レヘント統治地域に属す郡の集落所在範囲
----- 主要ルート
● 郡の中心集落
○ 都市

チアンジュール−レヘント統治地域に属す郡
1　ヌグリ＝チアンジュール　8　マレベル　　　15　チコンダン　　22　ジャンパンクロン
2　チプートリ　　　　　　　9　チプラゴン　　16　ペセール　　　23　ジャンパンウェタン
3　マジャラヤ　　　　　　10　チカロン　　　17　グヌンパラン　24　チダマル
4　チブルム　　　　　　　11　マンデ　　　　18　チマヒ　　　　25　カダンウェシ
5　バヤバン　　　　　　　12　チヌサ　　　　19　チフラン
6　カリアスタナ　　　　　13　ガンダソリ　　20　チチュルク
7　パダカッティ　　　　　14　チケトク　　　21　スニアウェナン

バンドン−レヘント統治地域に属す郡
1　ヌグリ＝バンドン　　　8　コッポ　　　　　　　15　チチャレンカ
2　チカオ　　　　　　　　9　チロコトット　　　　16　リンバンガン
3　バヤバン　　　　　　10　ウジュンブロンカロン　17　チクンプラン
4　ラジャマンダラ　　　11　ウジュンブロンキドゥル　18　ティンバンガンテン
5　チヘア　　　　　　　12　バンジャラン
6　ロンガ　　　　　　　13　チプジェー
7　チソリダリ　　　　　14　マジャラヤ

地図 14-2　チアンジュールおよびバンドン−レヘント統治地域に属す郡の所在

304 ｜ 第5編　チアンジュール−レヘント統治地域の開拓

表 14-1　チアンジュール-レヘント統治地域に属す郡の性格

郡の役割	郡名（郡番号）	コーヒー引渡予定量（ピコル）	1836年のコーヒー生産量（ピコル）	郡の面積 km²	人口（人）	人口密度（人/km²）	夫役可能男子（人）	コーヒー引渡予定量（ピコル）/夫役可能男子（人）	貢納負担者米穀総生産量（チャエン）/夫	水田耕作者/貢納負担者（%）	貢納負担者米穀総生産量（チャエン）/貢納負担者（人）	貢納負担者（人）	夫役可能男子/貢納負担者（人）	貢納者米穀総生産量（チャエン）/人口（人）	夫役可能男子/女子（%）	夫役可能男子/人口（%）
コーヒー生産	郡面積小	チブルム④	3000	3965	54	5867	108	1464	2.04	1910	93	7.0	273	5.3	0.32	95
		バヤバン⑤	3500	2617	45	5450	120	1198	2.92	1974	94	6.7	267	4.4	0.32	114
		カリアスタナ⑥	2600	1957	25	4604	185	1362	1.90	1523	98	7.4	206	6.6	0.33	88
		パダカッティ⑦	4000	3224	30	6281	122	1695	2.35	1655	95	7.1	232	7.3	0.26	85
	郡面積大	チブートリ②	1700	2620	191	7212	38	1899	0.89	3185	76	4.6	698	2.7	0.44	98
		ペセール⑯	2800	3073	132	4174	32	1143	2.44	2295	95	7.1	319	3.5	0.54	88
		グヌンパラン⑰	9000	10525	161	4358	89	3991	2.25	9196	86	5.2	1752	2.2	0.64	86
		チマヒ⑱	2000	2739	202	8091	40	1872	1.06	3851	80	6.0	642	3.0	0.47	83
		チフラン⑲	1800	1346	209	3213	15	957	1.88	2880	64	6.4	447	2.1	0.89	96
	底部	マレベル⑧	2000	130	89	7306	82	1795	1.11	3659	95	8.2	444	4.0	0.50	89
		チケトク⑭	1600	114	45	6647	146	1733	0.92	2894	98	6.5	446	3.9	0.43	87
米穀生産		ヌグリ＝チアンジュール①	−	23	2	8845	3897	2386	0	5099	100?(1)	7.8	655	3.6	0.57	92
		チブラゴン⑨	800	1299	93	6919	74	1769	0.45	4410	95	6.7	658	2.1	0.63	90
		チカロン⑩	700	645	175	4530	26	2066	0.33	3026	93	7.4	407	5.0	0.66	82
		チコンダン⑮	700	583	238	5642	23	1520	0.46	1550	80	5.9	262	5.8	0.27	79
輸送拠点		マジャラヤ③	700	0	154	3416	22	589	0.67	582	57	6.4	91(3)	6.4	0.17	113
		マンデ⑪	700	0	45	2180	45	910	0.21	1180	56	2.0	605(4)	1.4	0.54	96
		チヌサ⑫	500	0	114	4289	38	1424	0.35	1357	52	4.7	289	4.9	0.31	97
		ガンダソリ⑬	400	242	143	5541	39	1716	0.23	1570	16	2.0	793	2.1	0.28	100
		チチュルク⑳	700	945	93	8299	89	2396	0.29	3660	69	5.5	666	3.6	0.44	93
辺境		スニアウェナン㉑	900	632	892	8774	10	2494		1319	44	3.1	428	5.8	0.15	98
		ジャンパンクロン㉒	300	302	2027	3372	2	918	計算せず	602	12	4.8	125	7.3	0.17	98
		ジャンパンウェタン㉓	800	319	1975	9158	5	2213		2692	33(2)	6.4	423	5.2	0.29	99
		チダマル㉔	50	0	2540	3146	1	983		1650	22?(2)	7.5	218	4.5	0.52	90
		カダンウェシ㉕	50	0	908	1900	2	667		800	39?(2)	7.5	145	4.6	0.42	89

出所：Statistiek handboekje 1828; Bevolking van het Regentschap Tjanjorin December 1827; Algemen Verslag 1836 巻末統計より算出

注 (1) 焼畑・陸田の記載なし．
　 (2) 陸田の記載なし．
　 (3) 実測値でなし．
　 (4) 陸田の過大評価．

パダカッティ（Padakattij）である．これらの郡は面積がおよそ 25 〜 50km² であるにもかかわらず，コーヒー引渡予定量は 2,500 〜 4,000 ピコルとコーヒー郡の中でも高い数値を示す．人口密度も 1km² 100 人以上と高いが，夫役可能男子 1 人あたりの引渡予定量も最も高い水準にある．これらの郡の所在地は，いずれもグデ（Gede）山東麓にある．④チブルム，⑥カリアスタナ，⑦パダカッティについては理事官の日誌などから大規模なコーヒー農園の存在がわかり，

その所在地は集落上部の山腹であったと推測される［Register 1820・8・8, 10］．
　米穀生産についてみると，米穀貢納者中の水田耕作者の比率はいずれの郡も 90％以上であり，数値上は主要な食糧生産が水田稲作であることを示す．またこれらの郡では貢納負担者1人あたりの生産高の平均が稲穂 6.7 チャエン以上であり，とくに④チブルム，⑥カリアスタナ，⑦パダカッティで，このレヘント統治地域中それぞれ 3, 5, 7 位と高い値となっている（以下，順位はレヘント統治地域中の順位）．5万図を見ると，この一帯は，グデ山裾野の緩やかな傾斜地で泉と小川が多く存在し灌漑が容易であるうえ，オランダ政庁の奨励で 19 世紀初めに建設された灌漑施設（堰）がある（第 15 章第 3 節第 1, 2, 3 項参照）．しかしその一方で，上述 3 郡は貢納負担者の比率が夫役可能男子の 5.3 ～ 7.3 人に 1 人とレヘント統治地域中最低のレベルにあり，貢納者の米穀総生産量を人口で割った値もまた，中の下のレベル（それぞれ 16, 15, 22 位）と低くなっている．このような数値上の特徴は，これらの郡における貢納の賦課が夫婦 1 組を単位とせず，夫婦 4 組内外を単位としていたことを示すと考えたい[7]．そして夫婦 4 組内外が単位となった水田耕作が主流であるとすれば，小コーヒー郡は，比較的狭い地域に人口が集中してコーヒーを生産し，場合によって食糧不足の可能性がある郡と特徴付けることができよう．
　コーヒー郡中第 2 のグループは大コーヒー郡とでも呼ぶべき②チプートリ (Tjepoetrie)，⑯ペセール (Pesser)，⑰グヌンパラン，⑱チマヒ (Tjimahie)，⑲チフラン (Tjiheulang) である．郡の面積は 100 ～ 200km² 余りで，レヘント統治地域内では中規模と言える．コーヒー引渡予定量はグヌンパランの 9,000 ピコルを除くならば 1,700 ～ 2,800 ピコルと小コーヒー郡よりやや少ないが，人口が少ないため夫役可能男子 1 人あたりの引渡予定量は，チプートリ，チマヒが小コーヒー郡の半分ほどである他は，小コーヒー郡と同レベルである．郡の所在地はチプートリがグデ山東北麓に位置するほかは南麓にある．これらの郡においても，旅行記や理事官の日誌などから大規模なコーヒー園の存在が確認され，とくに⑯ペセールでは集落のすぐ上方の山腹に存在することがわかる［Anonymous 1856: 172; Wilde 1830: 20］．
　米穀生産についてみると，水田耕作はこのグループでも住民の自給農業の重要な部分をなしていたと考えられる．米穀貢納者中の水田耕作者の比率は，ペセールを除いて 64 ～ 80％に留まるが，これは，灌漑に使用できる小川は多数あるものの，当時の技術では水田化の困難な地域がグデ山麓に存在したためと

思われる．グデ山南麓に関してはウィルデが，陸田や焼畑は山地の耕作法であると述べているが [Wilde 1830: 205-206]，1820年代の集落の上限である標高800mほどの山腹には深い谷が刻まれており，5万図によれば1920年代に至っても水田化されていなかった．

　しかしその一方で，このグループの夫役可能男子数に対する米穀貢納負担者の比率は2〜3人に1人と高く，数値上は世帯主と考えられる夫役可能男子のほとんどが，貢納を担っていることになる．そしてこのことは，農繁期がコーヒーのそれと重なる陸田・焼畑耕作者の多いこととあいまって，コーヒー栽培・輸送に割ける労働力のプールが小さいことを物語る．統計中の夫役可能男子数が過小評価されている可能性も否定できないが，25郡中このグループのみ過小評価の度合が極端に高い兆候は，既述の統計類の比較照合からは認められない．他方，⑯ペセール，⑰グヌンパラン，⑱チマヒ，⑲チフランは，商業が発達し輸送請負人の存在した植民地都市バイテンゾルフを，コーヒー引渡場所としており [第9章第4節]，さらに南部の辺境郡（後述）の住民などの労働力が期待できた．加えて大コーヒー郡各郡の貢納負担者の米穀総生産量（初出順に12, 1, 4, 7, 10位）を人口で割った値はレヘント統治地域中で上・中位（6, 3, 11, 12, 1位）を占め，人口に比して米穀の余剰が多いことが考えられる．そこで大コーヒー郡，とくにグデ山南麓4郡には，コーヒーの農繁期に外部から夫役負担者やコーヒー輸送の請負人が流入した可能性が最も高い．

　以上，大コーヒー郡は，焼畑や陸田も含めた自給農業に支えられた人口に外部からの労働者を加えてコーヒーを生産する郡であったと考えられる．

　コーヒー郡中第3のグループは，盆地底部のコーヒー郡とでも言うべき⑧マレベル（Maleber），⑭チケトク（Tjiketoeg）である．両郡の面積は，それぞれ約89km^2，45km^{2}と先述の2グループのコーヒー郡の中間的規模である．引渡予定量および人口密度も先述2グループの中間的数値を示すが，夫役可能男子1人あたりの引渡予定量は小コーヒー郡の半分程度と低レベルである．また1836年までに，それぞれのコーヒー引渡量が100ピコル代に減退していた [Algemeen Verslag 1836 巻末統計]．

　米穀生産についてみると，貢納負担者中の水田耕作者の比率および貢納負担者の平均生産量は小コーヒー郡と同様の高い水準にある．その一方で貢納負担者の比率は夫役可能男子4人に1人と大コーヒー郡と小コーヒー郡の中間値を示した．さらに貢納負担者の米穀総生産量（6, 9位）と，これを人口で割った

値とは大コーヒー郡とほぼ同レベル（10, 14位）にあり，十分な米穀の余剰が存在したと考えられる．5万図を見るならば，1827年の集落別人口統計に載る灌漑施設の名を冠する集落が，台地状の底部に散らばることがわかり，この2郡の東半分は19世紀に入って政庁の主導で開拓された灌漑田地帯と考えられる（第15章で検討）．

盆地底部のコーヒー郡では，新開の水田地帯に政庁がコーヒー郡としての役割を期待したが，ほどなく政策が変更されたと推測される．政策変更の事実と原因解明は今後の課題であるが，両郡は以下に述べる米穀を生産する郡，あるいは労働力を提供する郡へと役割を変更された可能性がある．

2-2 米穀生産の盛んな郡

コーヒー引渡予定量が900ピコル以下の郡のうち，水田による米穀生産が盛んな郡として①ヌグリ＝チアンジュール（Negorij Tjanjor），⑨チブラゴン（Tjiblagoeng），⑩チカロン（Tjikalong），⑮チコンダン（Tjikondang）が挙げられる．いずれも盆地底部に中心集落を持つ郡であり，また灌漑工事の痕跡が，記述史料や集落名，そして5万図から読み取れる．⑮チコンダンを除く3郡は米穀の生産拠点とでも名付けるべき特徴を示す．この3郡は米穀貢納負担者中の水田耕作者の比率が90％以上，貢納者の平均生産量は6.7〜7.8チャエンである．そして夫役可能男子中の貢納負担者の割合は順に3.6人に1人，2.6人に1人，5人に1人（10, 2, 17位）と，①ヌグリ＝チアンジュールおよび⑨チブラゴンで高い．さらに，①と⑨については旅行記によって水田の広がりが確認できるほか [Wilde 1830: 31]，郡別の貢納負担者総生産量においても，1位は巨大な面積と人口を擁する⑰グヌンパランに譲ったものの2, 3位を占める（チカロンは8位）．加えてこの3郡は，貢納者総生産量を人口で割った値が高い（5, 4, 2位）ので，米の余剰が多く存在したと考えられる．

オランダ政庁は19世紀初頭にレヘント居住集落周辺のレヘント直轄地を米穀生産専従の地とし，その余剰米をコーヒー園で夫役遂行者に供給することを決定していた．⑨チブラゴン，⑩チカロンは1780年代まで独立のレヘント統治地域であったので，1820年代にも①ヌグリ＝チアンジュールとともに米穀生産とその余剰の移出を主な役割としていたと考えられる．なお⑮チコンダンは米穀生産郡の特徴がいま一つ鮮明でない一方で，⑯ペセール郡と同一の郡長

を頂いており，⑯ペセールに労働力を提供していた可能性がある．

2-3 輸送郡と辺境郡

　コーヒー生産，米穀生産とも盛んでない郡は2つのグループに分けられる．第1は，輸送拠点郡とでも呼べる③マジャラヤ，⑪マンデ，⑫チヌサ（Tjinoessa），⑬ガンダソリ（Gandasolie），⑳チチュルク（Tjitjoeroeg）である．いずれも他のレヘント統治地域との境界にあり，かつ交通の要衝に存在する．夫役可能な男女の比率を検討すると，他郡に比べて男子の比率が高い．当時のプリアンガン地方の統計では，一般に男子の方が隠匿される度合が高いが，これらの郡には隠匿の努力をも凌ぐ数の男子が集中していたと考えられる．また貢納負担者中の水田耕作者は絶対数，比率とも数値が低く，水田耕作は盛んでなかったと言える．そこでこれらの郡には輸送に関わる者が集住し，食糧を郡の外部から調達していた可能性がある．

　第2のグループは辺境郡とでも名付けるべき㉑スニアウェナン（Soeniawenang），㉒ジャンパンクロン（Djampang Koelon），㉓ジャンパンウェタン（Djampang Wetang），㉔チダマル（Tjidammer），㉕カダンウェシ（Kadangwessie）である．いずれの郡もプリアンガン地方のインド洋側斜面に位置し，面積が広大で人口密度が低く，焼畑の比率が高いことを特徴としている．1820年代の史料からは，これらの辺境郡と他の郡の関わりは明確にならないが，コーヒー郡に季節的労働力を提供した可能性が高い．18世紀半ばには，乾期にこの地方からバタビアに出稼ぎに行く者が報告され，また1790年代にはコーヒー栽培に適さないジャンパン地方の住民がレヘント直轄地のコーヒー園で労働していた記録がある［Jonge 1862-1888: Vol. 10 242; Haan 1910-1912: Vol. 3 610, 616］．加えて1827年の集落別人口統計から，グデ山南麓の大コーヒー郡⑰グヌンパランおよび⑱チマヒのそれぞれにおいて「ジャンパン新村（Babakan Djampang）」の名を持つ集落が，郡の中心部に存在したことがわかる．

2-4 郡の成立過程

　以上で検討してきた諸郡の成立過程を概観しよう．VOCがプリアンガン地方統治の改革に着手したのは1770年代後半であったが，1778年の統計に見え

る郡名は，当時独立のレヘント統治地域であった⑨チブラゴンおよび⑩チカロンを別とすれば，⑰グヌンパラン，⑱チマヒ，パガドンガン（Pagadoengan: 後のチチュルク），そしてジャンパン（辺境郡の総称）のみであった．郡はグデ山南麓に集中していたことになるが，この一帯は当時のコーヒー生産拠点でもあった［Jonge 1862-1888: Vol. 11 364-365; Anonymous 1856: 172］．

　オランダ政庁がチアンジュール-レヘント統治地域内部の郡再編に本格的に乗り出したのは19世紀初頭であった．1802年の文書には上述諸郡以外に，郡に降格された⑩チカロン，⑨チブラゴン，加えて②チプートリ，⑯ペセールの郡名が挙げられ，さらにレヘント居住集落①ヌグリ＝チアンジュール周辺がレヘント直轄地のまま4地区に分割されていた．その後イギリス統治期（1811-16年）には，⑰グヌンパラン以西と辺境郡を除く地域が14郡に分けられていたが［Haan 1910-1912: Vol. 3 131］，これらの郡は1820年代の25郡から輸送4郡を除いた諸郡に該当した．そこで郡の再編は，植民地都市バイテンゾルフに近い地域からレヘント居住集落周辺へと進行しながら，イギリス統治期までに1820年代の枠組がほぼできあがっていたと言える．

　そして最後に，1818年以降，グデ山南麓に比べて輸送が困難なチアンジュールおよびチプートリ盆地産のコーヒーをチタルム（Tjitaroem）峡谷経由で輸送するために③マジャラヤ，⑪マンデ，⑫チヌサ，⑬ガンダソリが成立したと考えられる．なお後2郡はイギリス統治期にはバンドン-レヘント統治地域に属していたが［Haan 1910-1912: Vol. 2 712-713］，政庁がチアンジュールおよびチプートリ盆地産のコーヒーをチアンジュール-レヘント統治地域領内のみを通過して内陸集荷基地チカオに輸送する政策をとったため，管轄が変更されたと推測される．

2-5　小　　括

　本節の考察から次のことが議論できよう．

　（1）　1820年代のチアンジュール-レヘント統治地域の諸郡では，コーヒーの生産は主にグデ山山麓の諸郡，米穀の余剰生産は主に盆地底部の諸郡が担うなど，役割が比較的明確な，いわば分業体制が取られていた．また各郡の統計数値の特徴から，郡間でのコーヒー生産のための労働力・米穀の移動が推測されるが，この相互依存関係はできるだけレヘント統治地域内部で完結するよう

に配慮されていたと考えられる．

（2）　ただしこの郡編成は，郡の成立過程からも明かなように，チアンジュール-レヘント統治地域内部の政治経済的統合を目的とするよりは，むしろグデ山山麓のコーヒー生産拠点をレヘント統治地域外部の植民地都市に強く結付けることを目的としていたと言える．

（3）　また盆地支配のあり方をみると，チプートリ，チカロン，チチュルクなど底部の長径が7km以下の盆地は，盆地底部を中心とした1郡に編成されていた．しかし底部の長径が20kmを越えるチアンジュール盆地は，州都かつレヘント居住集落であるヌグリ＝チアンジュールが存在するにも関わらず，盆地中央を流れる川がバンドン-レヘント統治地域との境界となっており，盆地を単位とした統合は意図されていない．さらにチアンジュール-レヘント統治地域全体を見るならば，大盆地底部や河川流域を核域とした編成であるというよりは，グデ山を中心とした山区経済[8]的編成であることがわかる．

3 ── バンドン-レヘント統治地域の郡編成：開拓が進行中の地域

本節は，前節で試みた郡のタイプ分け基準を，バンドン-レヘント統治地域諸郡に対して適用する試みである（表14-2参照）．以下，叙述の便宜のためチアンジュール-レヘント統治地域をT，バンドン-レヘント統治地域をBと略号で記すことにする．

3-1　小コーヒー郡

コーヒー引渡予定量が1,000ピコル以上でありながら面積が100km^{2}以下のコーヒー郡は，Bではバンドン盆地底部の西端に位置する⑧コッポ（Koppo）のみである．面積は77km^{2}で，Tの小コーヒー郡よりやや広く，人口も多い．しかし引渡予定量はTの小コーヒー郡のほぼ半分の1,600ピコルである．このため同郡の人口に対する夫役可能男子の割合が他郡の半分ほどと過小評価の可能性が高いにもかかわらず，夫役可能男子1人あたりの引渡予定量はTの小コーヒー郡の半分以下となっている．

米穀生産を見ると，貢納負担者中の水田耕作者率は90％台半ばであり，夫

表14-2 バンドン-レヘント統治地域に属す郡の性格

郡の役割		郡名(郡番号)	コーヒー引渡予定量(ピコル)	1836年のコーヒー生産量(ピコル)	郡の面積 km²	人口(人)	人口密度(人/km²)	夫役可能男子(人)	コーヒー引渡予定量(ピコル)/夫役可能男子(人)	貢納負担者米穀総生産量(チャエン)	水田耕作者(%)	貢納負担者(チャエン)/貢納負担者	貢納米穀総生産量(チャエン)/貢納負担者	貢納負担者(人)	夫役可能男子(人)/貢納負担者	貢納米穀総生産量(チャエン)/人口(人)	夫役可能男子女子(%)/夫役可能
	小	コッポ⑧	1600	5431	77	10656	138	1459	1.09	1765	96	6.0		291	5.0	0.16	84
コーヒー生産	郡面積大	チソリダリ⑦	2500	3824	343	5315	15	1567	1.59	920	90?	4.7	194	8.0	0.17	90
		チロコトット⑨	2400	11588	317	15423	49	4156	0.57	3792	99.5	4.6	823	5.0	0.25	93
		ウジュンブロンカロン⑩	2000	9680	334	13069	39	2662	0.75	4735	73	5.6	834	3.1	0.36	100
		バンジャラン⑫	2100	8534	257	11854	46	2774	0.75	3315	100?	7.8	425	6.5	0.28	87
		ティンバンガンテン⑱	7000	13567	295	30724	104	8344	0.83	5420	95	6.5	840	9.9	0.18	82
		ロンガ⑥	1750	5529	531	16574	31	4199	0.41	1635	51	4.5	361	11.6	0.1	88
		チブジェー⑬	1500	4344	341	8485	25	1763	0.88	1822	100?	5.3	339	5.2	0.21	89
		マジャラヤ⑭	1200	3884	145	6659	46	1847	0.64	1645	100?	7.7	215	8.5	0.25	79
		チチャレンカ⑮	1300	2524	143	5646	40	1379	0.94	1651	100?	5.0	237	5.8	0.29	89
		チクンブラン⑰	1600	3449	140	13538	96	5049	0.31	2690	100?	5.9	450	16.2	0.19	96
米穀生産		ヌグリ=バンドン①	ウジュンブロンキドゥルに含まれる													
		ウジュンブロンキドゥル⑪	200	—	107	12731	118	3396	0.08	5260	100?	5.2	1010	3.3	0.41	94
輸送拠点		チカオ②	—	—	66	2896	44	944	—	879	24	5.2	170	5.5	0.3	104
		バヤバン③	100	—	70	2293	33	636	0.15	1899	12	4.9	387	1.6	0.82	97
		リンバンガン⑯	800	2423	127	4563	36	1394	0.57	556	96	3.8	145	9.6	0.12	86
辺境		ラジャマンダラ④	200	547	257	4944	19	1454	0.13	2972	7	4.9	606	2.3	0.6	91
		チヘア⑤	50	20	143	1415	10	396	0.12	1236	20	5.3	230	1.7	0.87	100

出所:Statistiek handboekje 1828; Bandoeng; Algemen Verslag 1836 巻末統計より算出.

役可能男子に対する貢納負担者の比率も5人に1人とTの小コーヒー郡の値に近い．貢納負担者の総生産量を人口で割った値もBでは最低レベル(3位)である．貢納者の平均生産量はTの小コーヒー郡と比較すると1チャエンほど低いが，これは灌漑設備の不十分さによるものと考えられる[9]．

以上，統計数値と地形からみるならば，本郡はBの中ではインテンシブなコーヒー生産が行なわれている郡であるが，Tの小コーヒー郡よりは粗放な生産形態であると言える．さらに夫役可能男子の隠匿が甚だしく，植民地権力が労働力を十分掌握し切れていないことを窺わせる．

3-2 大コーヒー郡

Bでコーヒー引渡予定量が1,000ピコル以上である11郡のうち10郡が，郡面積100km²以上の大コーヒー郡に分類される．しかしTの大コーヒー郡に典型的な特徴(高山の南山腹に所在，夫役可能男子1人あたりの予定量は小コーヒー

郡に近い．貢納負担者中の水田耕作者の比率は80%以下にもかかわらず夫役可能男子に対する米穀貢納負担者の割合は2～3人に1人でトップレベルである）を同じくするのは，⑩ウジュンブロンカロン（Oedjongbrong Kalon）のみである．⑩ウジュンブロンカロンはタンクバンプラフ（Tangkoebanprahoe）山の山裾にあり，盆地底部をほとんど含まない．郡の南限はダーンデルスの建設した軍用道路付近である．1810年代の旅行記によれば本郡はコーヒー園と棚田を備えるが [Wilde 1830: 33-34]，貢納負担者中の水田耕作者の比率は73%である．急勾配で灌漑の難しい地点が多いためであろう．20世紀に入って測量された5万図でも800mを越す地点では水田のない土地が目立つ．

ただし，本節が基本史料とした人口統計における本郡の部分では，集落毎の夫役可能男女数はいずれも集落の家屋数と同数となっていて，実測値ではないと判断される．このため夫役可能男子に対する米穀貢納負担者の割合2～3人に1人は，実際とは程遠い可能性がある．しかし本郡は19世紀に入って新設された郡であり，Tの大コーヒー郡をモデルとして編成されたとすれば，コーヒーの農繁期に必要な労働力を①ヌグリ＝バンドン（Negorij Bandoeng）および⑪ウジュンブロンキドゥル（Oedjongbroeng Kidoel）など隣郡が供給するよう設定されたことも考えられる．

⑩ウジュンブロンカロン以外の郡については，所在地および統計数値の上からはTの大コーヒー郡に見られる特徴は見いだせない．しかし引渡予定量2,000ピコル以上の郡，すなわち⑦チソンダリ（Tjisondarie），⑨チロコトット（Tjilokotot），⑫バンジャラン（Banjaran），⑱ティンバンガンテン（Timbanganten）をコーヒー生産拠点郡と考えると，このグループでは次のような共通の特徴が認められる．

これらの郡は，引渡予定量が2,000ピコル以下の郡よりも規模が大きい．郡内に盆地底部と山腹を含み，概して面積が広く，人口・労働可能男子とも多い．また⑱ティンバンガンテンを除くならば，各郡はバンドン盆地の中央より西寄りにあり，内陸集荷基地チカオへの輸送が比較的容易な立地にある．

米穀生産についてみると，いずれの郡も貢納負担者中の水田耕作者の比率が95%を越えるが，これは焼畑・陸田の統計漏れと考えられる．一方⑫バンジャラン，⑱ティンバンガンテンで貢納負担者1人あたりの生産量がそれぞれ7.8，6.5チャエンであるのに対し，⑦チソンダリ，⑨チロコトットにおいてそれぞれ4.7，4.6チャエンと低いのは，灌漑設備の不備によると考えられる[10]．

なお，このグループのうち⑱ティンバンガンテンは輸送面に難点があった．コーヒーをこの郡からチカオに輸送するならばBの中では距離的に最も遠く，さらに険しい峠を越える必要がある．しかしこの郡は18世紀後半からBのコーヒー生産拠点の1つとして期待され，19世紀初めにはコーヒーの引渡場所をインドラマユとしたことが効を奏したためか，Tのグヌンパランに次ぐコーヒー生産拠点となっていた．⑱ティンバンガンテンは，郡の北・西側に火山が位置するために湧水に恵まれるとともに乾期の降雨量が多く，既に18世紀半ばに灌漑田を基盤とする人口稠密な社会が存在した．植民地権力は，この人口の集中と乾期作の可能な灌漑田の広がりを，輸送面の難点を凌ぐ利点と判断したと思われる［第10章第4節］．
　以上の諸郡に対して引渡予定量が 2,000 ピコル以下の 5 郡は，米穀生産，人口の集中，コーヒー輸送のいずれか，あるいは 2 つ以上に難点があった．まず ⑥ロンガ（Ronga）はバンドン盆地の西隣の盆地に位置し，チカオに距離的に近かった．そのためコーヒー生産を奨励されたと考えられるが，水田耕作に適していなかった．盆地底部は極端に開析が進んでおり，川の水面が低いために灌漑が難しく水田は少なかった．
　ついで⑬チプジェー（Tjipeudjeuh）は⑫バンジャランの隣郡であり，輸送条件にさほど差はないと考えられるが，灌漑田の開拓に難点があった．⑬チプジェーの領域中を北流する川はバンドン盆地底部の低湿地に注ぐあたりで大きな扇状地を形成していたため，灌漑用水が容易に得られる地域が限られていた．しかも 1820 年代までの大規模な灌漑工事の痕跡は，史料にも地図上にも認められなかった．このことが，本郡が面積広大でありながら，人口が少なく，貢納負担者 1 人あたりの米穀生産量も低い理由であると考えられる[11]．
　第 3 に⑭マジャラヤ（Madjalaija），⑮チチャレンカ（Tjitjalenka）は，バンドン盆地の東端にあり，バンドン盆地に位置する郡の中ではコーヒー輸送路が最も長くなった．統計数値の上では，郡面積がさほど大きくなく，人口も少ないので，夫役可能男子 1 人あたりのコーヒー引渡予定量は比較的多く，⑮チチャレンカでは生産拠点⑱ティンバンガンテンに並ぶほどになる．米穀生産をみると，貢納負担者中の水田耕作者の比率は 100％，平均生産量が 7 チャエンであるが，これは焼畑・陸田の貢納負担者の統計漏れと考えられる．また両郡は，数値上，B の大コーヒー郡の中では夫役可能男子に対する米穀貢納負担者の割合が高く（5，4位），貢納負担者の総生産量を人口で割った数値もトップレベル（3,

2位)である．これは現地人首長層による灌漑田耕作者の掌握が密であったことを示すとも考えられるが，上述のような統計の不備により両郡に特徴的な傾向か否かは断じがたい[12]．

　第4に⑰チクンブラン (Tjikumboelan) も旧パラカンムンチャン－レヘント統治地域に属した郡であるが，前述2郡と異なりガルート (Garoet) を中心とした盆地部のうち，現在のレレス (Leles) を中心とする小盆地に位置する．郡内には7〜8世紀建立と考えられるヒンドゥ石造寺院が存在することからも明らかなように，開発は古い．人口密度も数値上は⑱ティンバンガンテンに迫る．それにもかかわらずオランダ政庁コーヒー郡としてさほど期待しなかったのは，輸送路の長さに加えて灌漑施設の不十分な水田が多かったためであろう[13]．また本郡は人口に対する夫役可能男子数，夫役可能な男女のうち男子の比率ともコーヒー郡中トップレベル (それぞれ1位，2位) にあるのにもかかわらず，夫役可能男子に対する貢納負担者の割合がB中最も低い．これは焼畑・陸田耕作者の統計漏れとともに，政庁が本郡に期待した役割がコーヒーや米穀の生産ではなく，おそらく，⑱ティンバンガンテン産コーヒーの輸送に対する労働力の提供であったためであろう[14]．

　以上，Bの大コーヒー郡は，Tのそれと比較すると全体として面積が大きく，人口も多かったが，夫役可能男子1人あたりの引渡予定量は半分程度であった．米穀生産についてみると，水田耕作が主要な形態であったと言えるが，夫役可能男子に対する貢納負担者数は概して少なく，灌漑設備も不備であった．このようにBではTより粗放なコーヒー生産と稲作が行なわれており，またオランダ政庁による掌握がよりルーズであったと言える．このことは，BがTに比べて政庁が開発に乗り出した時期が新しかったこと，および1820年代においても開発が未だ半ばであるとする旅行記の記述と符合する [Wilde 1830: 48-49][15]．

3-3　米穀を主に生産する郡

　コーヒー引渡予定量が1,000ピコル以下の郡のうち，米穀生産が盛んな郡として①ヌグリ＝バンドンを含む⑪ウジュンブロンキドゥル (Oedjongbrong Kidoel) が挙げられる．この郡に属す集落が位置する一帯は，バンドン盆地底部のうち，チタルム川北岸の幹線道路沿いである．Tの場合同様，米穀の生産

拠点郡とでも名付けるべき次の特徴を示す．この郡は米穀貢納者中の水田耕作者の割合が 90% 以上で，夫役可能男子に対する貢納負担者の割合は 2.4 人に 1 人と高率（B で 4 位）である．さらに⑪ウジュンブロンキドゥルでは旅行記によって水田の広がりが確認できるほか [Wilde 1830: 33-34]，貢納負担者の総生産量においても，1 位は巨大な面積と人口を擁する⑱ティンバンガンテンに譲ったものの，僅差で 2 位を占める．加えてこの郡は，貢納負担者の総生産量を人口で割った値がレヘント統治地域中 3 位にあるので，米穀の余剰が多く存在したと考えられる[16]．

3-4 輸送郡と辺境郡

B で輸送拠点郡と呼べる特徴を持つのは，②チカオ (Tjikao) である．T の輸送郡同様，他のレヘント統治地域との境界にあり，かつ交通の要衝に存在する．夫役可能男女数を検討すると，他郡に比べて男子の比率が高い．また貢納負担者中の水田耕作者は絶対数，比率とも数値が低く，水田耕作は盛んでないと言える．なお③バヤバン (Baijabang) も以上の特徴を満たすが，コーヒーの輸送拠点というよりは，チアンジュール経由バタビア-バンドン間の行政的な交通の拠点であったと言える．

これに対して⑯リンバンガンは，ガルート盆地北にある小盆地底部のチマヌク (Tjimanoek) 川北岸をその領域とする．コーヒー引渡予定量は，非コーヒー郡中最大の 800 ピコルであり，1836 年には⑮チチャレンカに迫る量のコーヒーを引渡した．貢納負担者中の水田耕作者の比率は 96% であるが，これは焼畑・畑作の貢納負担者の統計漏れと考えられる[17]．⑯リンバンガンは旧パラカンムンチャン-レヘント統治地域に属していたが，インドラマユへの交通拠点として重要であったので，オランダ政庁の主導下，1820 年代になってコーヒー生産のための開発を始めたばかりの郡ではないかと考えられる[18]．

一方，B において辺境郡と名付け得る郡は④ラジャマンダラ (Radjamanndala)，⑤チヘア (Tjihea) である．コーヒー引渡予定量は 200 ピコル以下で，人口も少なく，焼畑の比率が高い．しかし次の点で T の辺境郡とは異なる．(1) 所在地はチアンジュール盆地底部の東部であり，面積は大コーヒー郡ほどで広大とは言えない．(2) 両郡とも開析の進んだ盆地底部であるうえ，川が少なく当時の技術では灌漑が難しい地域である [Haan 1910-1912: Vol. 2 712-713; 田中 1987: 66-

67]．(3)夫役可能男子に対する貢納負担者の割合はおよそ 2 人に 1 人であり，数値上は成人の夫役可能男子のほぼ全員が貢納を負担していると言える．(4)貢納負担者の米穀総生産量もまた大コーヒー郡レベルに達する．⑤チヘアは当時砥石と燕の巣の産地として知られていたが [Wilde 1830: 136-138]，両郡は米穀の貢納をも期待されていたと言える[19]．

3-5　郡の成立過程

　1820 年代の B の諸郡のうち，既に 17 世紀後半に植民地文書に登場するのは，レヘント統治地域としてのティンバンガンテン，およびパラカンムンチャン（後の⑮チチャレンカ，⑭マジャラヤ，⑰チクンブラン，⑯リンバンガンの領域を含む）である．ついで 1680 年代初めにバンドン盆地底部のチタルム川南岸に集落バンドンが建設され，ティンバンガンテンの首長がここに居住して一帯を統治することになった [Haan 1910-1912: Vol. 3 96-111]．チカオは B の内陸港として 1730 年代から史料に登場する [Chijs 1885-1900: Vol. 4 262]．1770 年頃から 1799 年までは，半独立のバトゥラヤン-レヘント統治地域[20]が⑤チヘア，⑥ロンガ，⑧コッポの 3 郡を領域として存在していたことが知られる [Haan 1910-1912: Vol. 3 96]．B の内部事情についてオランダ政庁が関心を持ち始める時期は比較的遅く，このため 18 世紀後半まで上述各レヘントの勢力範囲錯綜の痕跡が認められた．

　その後植民地権力がプリアンガン地方のコーヒー生産拡大政策を取った 18 世紀末に，まずバトゥラヤン 3 郡が B に編入された（1799 年）．19 世紀に入ると政庁は B のコーヒー生産拡大を目的として，1802 年に B を①バンドン，④ラジャマンダラ，⑩ウジュンブロン（カロンと考えられる），⑫バンジャラン，⑬チプジェーの 5 郡に分割した．これはバンドンのレヘント直轄地の分割を意味し，旧バトゥラヤン領，ティンバンガンテンそしてチカオは含まないと考えられる．そして 1807 年までに⑧コッポから⑦チソンダリが分離され，⑨チロコトットが郡として成立した．このような 19 世紀初めの郡再編は高山の山腹に大コーヒー園を開園するために行なわれたと言える [Haan 1910-1912: Vol. 3 104, 582-583]．①ヌグリ=バンドンはダーンデルスによる軍用道路の整備以降 1810 年頃にレヘント居住集落として建設されたので，①と統計上一括される⑪ウジュンブロンキドゥル（旧集落バンドンを領域に含む）もこの頃に成立した

と推測される．1680年代から史料に登場するバヤバン地域も1812年までには郡として処遇されていた [Haan 1910-1912: Vol. 2 712-713]．さらに1813年にパラカンムンチャン-レヘント統治地域が廃止され⑮チチャレンカ，⑭マジャラヤ，⑰チクンブラン，⑯リンバンガンがBに編入された．また1812年までBに属す郡であったチヌサおよびガンダソリがTの管轄下に入ったのは1818年以降と考えられる．

以上，Bの郡再編も19世紀初めに本格化し，イギリス中間統治期末期頃には1820年代の概要を整えていたと言えよう．また郡編成過程も，やはりT同様に，植民地都市バタビア，バイテンゾルフに近い西から東へと進行したことがわかる．

3-6 小　括

本節の検討から次のことが議論できよう．

（1）オランダ政庁による水田やコーヒー園の開発は，Bでは途についたばかりであり，統計数値で見る限り，在地社会の掌握もTよりルーズであった．

（2）Bのコーヒー郡は，Tと比較すると，コーヒー・米穀とも概して粗放な生産形態であったと考えられる．郡面積，人口，労働可能男子数ともBの方が概して大規模であったが，夫役可能男子の過小評価の度合が高いにもかかわらず，彼ら1人あたりのコーヒー引渡予定量はTの半分ほどであった．米穀貢納負担者中の水田耕作者の割合は，T同様コーヒー郡で高い傾向にあったが，貢納負担者1人あたりの生産量は一般に低く，これは灌漑設備が不十分なためと考えられる．

（3）郡の役割分担と相互依存をみると，Bでもコーヒー生産は山裾の諸郡，米穀生産は盆地底部の郡といった役割分担が認められる．しかし多くのコーヒー郡は大規模で独立しており，郡毎の緊密な相互依存の形跡はTほどには認められない．コーヒー生産拠点は，ダーンデルスの整備した軍用道路沿いの新開地を除いて，バンドン盆地およびガルート盆地南・西部にある在地権力の中核域で，人口稠密な地域と一致した．

（4）さらにコーヒー生産拠点の立地条件を検討するならば，Bでも内陸集荷基地へのコーヒー輸送を重視する郡編成であることは明らかである．しかしコーヒーの輸送路は内陸集荷基地チカオ直前でT領を通過する必要があり，

橋その他の交通施設の使用料などを考慮するならば，Bの輸送の便宜は，Tほどには考慮されていないと言える．

　(5)　盆地支配のあり方をみると，ロンガ，チソンダリ，チクンブランなど長径10km以下の盆地は盆地底部を中心とした1郡に編成されていた．しかし長径20kmを越えるチアンジュールとガルート盆地では，盆地の中央をほぼ南西から東北に流れる川がレヘント統治地域の境界線となっていた．レヘント居住集落が存在するバンドン盆地（底部は南北約15km，東西約35km）は底部全域がBに含まれている．とはいえ底部中央部は未開拓であり，Bの郡編成もまた盆地底部やチタルム河川流域を中核域とするというよりは，むしろ，バンドン盆地を囲む山脈を中心とした山区経済的編成であると言えよう．

4 ── むすびにかえて：近世的郡編成？

　本章で行なったデータ整理は，郡レベルの開拓史研究のための準備作業であり，各所で述べた解釈や見通しは，今後の考察の中で再検討される必要がある．とはいえ，本章で明らかとなった1820年代の郡編成から，当時のオランダ政庁の地方支配の性格について次の点が指摘できよう．

　(1)　1820年代のレヘント統治地域の領域および郡編成は，19世紀初め頃からオランダ政庁によって再編されたものであった．チアンジュール－レヘント統治地域の25郡は，コーヒー生産は主に山麓諸郡，米穀の余剰生産は盆地底部の諸郡が担うなど，役割が比較的明確な分業体制が取られ，かつ各郡が労働力・食糧などの移動を通じて比較的緊密な相互依存関係に置かれていた（仮説(1)，(3)の補強）．一方オランダ政庁による開発が途についたばかりのバンドン－レヘント統治地域18郡では，各郡の規模が大きく，かつ郡の役割分化や相互依存関係の結付きは相対的に弱かった．政庁は，バンドン－レヘント統治地域の2郡をチアンジュールに編入させることにより，地方支配の拠点であったチアンジュール－レヘント統治地域のコーヒー輸送の効率化を優先させた．以上のような状態は，理事州—レヘント統治地域（県）—郡という20世紀に連なるオランダ政庁の地方統治制度が，チアンジュールを中心に実態化していることを示し，18世紀初めの各レヘント統治地域が，1820年代の1〜数郡ほどの規模でありながらも内部干渉を受けず，独立の政治・経済的まとまりとして

バタビアの政庁に直属していた状態とは大きく異なった［第3章第4節；第4章第1, 3節］.

　(2)　しかしその一方でオランダ政庁の地方統治は，商業・運輸重視のVOC以来の支配のスタイルを残していたと言える．第1に，郡がコーヒー生産のための経済的単位としての役割を期待されていたことから明かなように，政庁の統治機構と経済活動はいまだ未分化であった．加えてコーヒー輸送の都合が重視され，郡はプリアンガン地方を領域として統轄するよりは，コーヒー生産拠点をバタビアに結付けることを目的として編成されていた（仮説(1), (2)の補強）．第2に，同時期にバタビアで進められていた官僚制の整備，画一化とは異なり，プリアンガン地方の末端では，郡編成の際に領域面積・人口規模など在地社会の大小多様なまとまりを，サイズや機能を揃えることなく利用していた．第3に，政庁の在地社会掌握は，支配の拠点に近くコーヒー生産拠点である場合ほど強く，支配拠点から遠くかつコーヒー生産にさほど寄与しない地域ではルーズだったと言える．以上のような状態が清算され，プリアンガン地方に近代官僚制が導入されるのは1871年以降のことであった．

　(3)　在地社会側の条件に合わせた統治の特徴は，盆地の統治についても言える．小盆地は盆地底部を中心とした1郡に統合されていたが，長径20kmを越えるチアンジュールおよびガルート盆地では底部の中央を流れる川がレヘント統治地域の境界線となっていた．そして例えばガルート盆地底部西側は山を越えたバンドン盆地底部の東側と結付けられ，山区経済的様相を示していた．そしてこの状態は，18世紀初め以来の在地の勢力分布が郡再編後も踏襲されたものであった．別言すれば，当時の植民地権力は16・17世紀における胡椒と同様に，山腹でよく生育する産物（コーヒー）の獲得を未だ第一の目的としており，かつ開析の進んだチアンジュールおよびガルート盆地，そして雨期には水没するバンドン盆地などの，大盆地底部を拠点とする交通網の建設や，その底部の開拓を可能とする技術・資金を未だ持たなかったのである．チアンジュールおよびガルート盆地の底部全域がそれぞれ1レヘント統治地域の内部に編入されるのは，鉄道建設・近代的灌漑工事が推進される19世紀後半以降のことであった．

　以下，第15-17章では，プリアンガン理事州中最も政庁の支配が浸透していたと考えられるチアンジュール-レヘント統治地域を例に取り，郡毎の開拓状態を検討する．

註 [第14章]

1) 1828年の「プリアンガン理事州郡別統計 [Statistiek handboekje 1828 文書整理番号 Preanger 29a/7]」および1829年の統計 [文書整理番号 Preanger 29a/8] が残る．しかし後者は1828年の統計とフォームが全く同じであるうえ数値までかなりの部分が同一であること，さらに1828年の人口の数値が上述の2レヘント統治地域人口統計の数値と符合することから，本編では1828年の郡別統計の数値を利用する．1828年の統計は，総頁数10ページであり，プリアンガン理事州の4レヘント統治地域（チアンジュール，バンドン，スメダン，リンバンガン）内の概況を郡毎に記載している．なお統計記載の郡数は順にそれぞれ25，18，24，14であった．

2) 統計記載のコラムは，左から順に，番号を付した「郡」名，「郡長（Districtshoofden）」・「チャマット（Tjamats）」・「ジャクサ（Jaksa's）」・「パンフル（Panghoeloes）」の役人名（郡内在住の役人については [第6章第3節] 参照），「領域（Oppervlakte in palen）」（「耕作地（bebouwed）」，「未耕地（onbebouwed）」），「集落（Kampongs）」数，「人口（Bevolking）」，「コーヒー栽培人（Koffijplanters）」数，「コーヒー栽培人各人が維持すべきコーヒー成木（Vruchtdragende koffijboomen door ieder planter te onderhouden）」本数，「維持されるべきコーヒー成木総数（Getal van vruchtdragende koffijboomen, welke moeten onderhouden worden）」，「コーヒー引渡予定量（Presumptede koffijleverantie）」，「稲作耕地（Rijstvelden）」数（「水田（Sawa's）」，「陸田（Tipars）」，「焼畑（Gaga's）」），「米穀生産量（Rijstproduct in Tjaens padij van 1250）」，「家畜（Beestiaal）」頭数（「馬（Paarden）」，「水牛（Buffels）」，「牛（koeijen）」）である．なお「コーヒー栽培人」以下の3コラムはコーヒー生産を考察する上で重要な指標であるにも関わらず検討の対象としなかった．理由は次の通りである．3コラムとも1828年および1829年の統計の数値がすべて同一であるうえ，コーヒー生産にかかわる，その他の如何なる数値とも相関関係にない．さらに1810年代の記述史料に「コーヒー栽培人」数が実社会の状況とかけ離れているとの報告が存在する[Koffij Report: 10-12]．そこで「コーヒー栽培人」数はある時期に調査されたのち更新が行なわれず，1828年現在では実態に合わなくなった数値と考えられる．また「維持されるべきコーヒー成木総数」は，「コーヒー栽培人」の人数に「コーヒー栽培人各人が維持すべきコーヒー成木」をかけた机上の計算であった．

3) 人口：この人口統計に記載された数値の信頼度を検討すると，ごく一部の郡を除いて，概算ではなく実際に数え上げた，少なくとも申告させた数値と考えられる．その根拠としては，(1) 5万図で集落の所在を確認すると，多くの郡で70%以上の集落が確認可能であること，(2) 末尾が0や5であったり，同じ数字の並ぶことなど不自然な字面が少ないこと，そして (3) 男女比，子供と大人の比率，家屋あたりの人口数などが各郡とも概ね一定しており，その数値は植民地期ジャワの人口統計の特徴を大きく逸脱していないこと [Widjojo 1970: 46, 52]，が挙げられる．加えて既に第11章第6節でみたように，プリアンガン地方社会では夫役および貢納は土地ではなく人に賦課されており，首長層は植民地化以前から人口数の把握に力を注いでいた．そして18世紀末には住民の中で家を構え自給用の稲作耕地を確保するなど一定の要件を満たした者は，郡長の持つ夫役負担者リストへの登録が義務づけられていた．コーヒー引渡予定量見積とともに人口統計の作成を任務とするコーヒー監督官は，このような首長層の人口把握法を利用したと考

えられる．当時は夫役や貢納忌避のため人口の過小評価は避けられず，当事者のヨーロッパ人官吏もこれを認めていたが [Algemeen Verslag 1827: 1; Koffij Report: 13]，人口統計中の数値はヨーロッパ人官吏が把握し得た夫役可能人口として扱うことができよう．

領域：耕作地・未耕地に分かれて数値が示されているが，何れの数値もオランダの単位である平方パール（1paal＝約1.5km）で示されており，かつ全く端数がない．また集落の所在を5万図で確認する作業から判断するに，当時の郡には多くの場合明確な境界線が存在せず，1地域に複数の郡に所属する集落が混在している場合もあったので，これらの数値はヨーロッパ人官吏が目分量で算出したか，地図の上で線引きをした数値と思われる．ただし領域面積は荒唐無稽な数値ではないと言える．チアンジュール－レヘント統治地域について，2で述べる集落別人口統計（1827年）の集落の所在を5万図に印し（照合率70〜80％），集落の所在領域の面積を概算すると耕作地面積とある程度の相関を示す．そこで表14-1，表14-2に示す，領域面積を使用して算出した人口密度は桁の違いを違いとして使用できる程度の精度はあると思われる．

稲作耕地：水田・陸田・焼畑のそれぞれのコラムに記される数値は，それぞれを耕作し貢納した世帯主の数であろう．貢納者とはこの年に米穀の収穫を得た耕作者の内，収穫の10分の1の貢納をレヘントに収めた者で，次の者達からなる．①焼畑か陸田で一定（3あるいは5チャエンの稲穂）以上の収穫を得た者．②3チャエン以上の収穫を得た水田耕作者．水田は上等田（単位面積当り10〜8チャエン），中等田（8〜7），下等田（7〜3）に分類され，通常3チャエン以上収穫できると考えられていた [Wilde 1830: 90; Haan 1910-1912: Vol. 2 693, 710]．水田の1単位の面積は水牛2頭で引く犁と農夫1人で耕せる広さの田，あるいは「2筆」と観念されていたようであり，ウィルデ人によればその実面積は一定していない [Wilde 1830: 89, 90-91]．現地人首長層の中で，1820年代に米穀貢納者および貢納量の数値を把握していたのは村落部に居住するイスラム役人（amil）であり，彼らはその値をレヘント統治地域の中心に住む高位のイスラム役人に報告した [第6章第3節第2項⑪]．一方，政庁がレヘントの収取する米穀の貢納の用途に干渉を始めたのは19世紀初めであったが，政庁官吏の主な関心は，様々な場所で労役を遂行する者に支給する一定量の米穀の確保にあった．このためおそらく稲作全体の正確な調査は実施されておらず，イスラム役人の報告した数値を使用した可能性が高いと考えられる．焼畑・陸田の欄では末尾の数値が0あるいは5である郡，算出されていない郡が多く精度には疑問が残る．これに対して水田は確実に多量の貢納が得られる耕地であるうえ，存在する箇所が限られ，かつ政庁の建設になる水利施設を使用したものも多いので，ある程度の精度を持つと考えられる．ただし水田数の値は地形やその他の史料と突き合わせて水田耕作が盛んであるか否かを判断する程度の精度に留まろう．

米穀生産量：上述の貢納徴収システムを考慮するならば，貢納者各人が公称する収穫量の総和であろう．

コーヒー引渡予定量：この数値を収集する者は，コーヒー生産の監督を第1の任務とするヨーロッパ人官吏であるコーヒー監督官であり，毎年自らコーヒー園を巡察するとともに，コーヒー歩合の支給を受けていた現地人首長がこれを補助し見積量を算出した．この数値はコーヒー生産の拡大政策が開始された1780年代から毎年算出されてきた．植民地政庁にとってはコーヒー代金の準備，輸送船の手配などの目安とするために重要な数字であり，精度の高さが求められた [第9章第4節第4項；第7章第4節第4項

3 C20]．1828年のチアンジュール-レヘント統治地域全域の引渡予定量は 40,500 ピコルであり，実際の引渡量は 42,019 ピコル，同じくバンドンの予定は 26,300 ピコル，引渡量は 23,139 ピコルであった［AlgemeenVerslag 1836 巻末統計］．ここに言う引渡量は集荷基地バイテンゾルフ，チカオそしてインドラマユにおけるヨーロッパ人官吏への引渡量であるので，輸送の際のリスクをも見込んだ数値として引渡予定量は十分現実に即した数字とみてよかろう．なお監督官は各レヘント統治地域に 1 名駐在したが，このほか理事官・バタビアから派遣されるコーヒー検査官もまたコーヒー園の巡察を実施した．そこで各種数値はレヘント統治地域の中心に近く，コーヒーを大量に生産している地域ほど精度が増すと考えられる．

4）「1827年12月のチアンジュール-レヘント統治地域の人口［Bevolking van het Regentschap Tjanjor in December 1827 文書整理番号 Preanger 29a/6］」，「バンドン［レヘント統治地域の人口統計—訳者］［Bandoeng 文書整理番号 Preanger 30/7, 8］」である．チアンジュール-レヘント統治地域の人口統計の表紙には「1827年12月のチアンジュール-レヘント統治地域の人口」とあるが，バンドン-レヘント統治地域の人口統計の表紙には「バンドン」とのみある．文書ファイルには前者が 1 通，後者が 2 通残されている．後者については 1828 年の郡別統計の「人口」の数値と一致するので，1827 あるいは 1828 年に作成されたことがわかる．これらは註 1 に示した統計の原史料の一部と考えられる．

5）この統計では首長層，労働不能な老人・障害者など，夫役を免除される成人は「人口」の中に含まれない一方で，10～15 才の，夫役を補助することの出来る未成年者は「夫役可能な者」の中に含まれている［第 13 章第 2 節第 1 項］．両レヘント統治地域の集落別人口統計の子供の総数と Algemeen Verslag 1828/9 の巻末人口統計の 10 才未満の子供数とはほぼ同じである．ただし当時，この地方の住民が自分や家族の年齢を太陽暦で正確に知っていたとは考えられず，年齢はヨーロッパ人や現地人首長層によって判定されたと推測される．

6）Algemeen Verslag 1828/9 の巻末人口統計およびティンバンガンテン郡統計（文書整理番号 30/9）では，首長層はランク別に記載され，夫役可能男女はさらに老人男女，10～15 才の男女，それ以外の成人男女に分けられて記載されている．

7）この理由として，第 1 に，④チブルム，⑥カリアスタナ，そして⑦パダカッティでは，内陸集荷基地バイテンゾルフあるいはチカオへの多量のコーヒー輸送に多くの労力を必要としたことが，上述の賦課形態を取らせたと考えられる．なお⑤バヤバンにおいては貢納負担者の比率が夫役可能男子の 4.4 人に 1 人（13 位）と中のレベルであるが，その理由は第 15 章における些細な検討で論じたい．第 2 の理由として，貢納負担者以外の独立した水田耕作が統計から漏れるとすれば，次の 3 つの場合が考えられるが，いずれも広範に展開される可能性は低い．第 1 の場合は隠田が耕作される場合であるが，いずれの郡も州都近郊の幹線道路沿いの生産拠点の小郡であり，かつオランダ政庁主導の灌漑施設が水田化に一定の役割を果たしたと考えられる地域であるので，灌漑田を広範囲に渡って隠すことは難しいと考えられる．第 2 の場合は，灌漑田耕作者が政庁や現地人首長層によって特例の貢納免除を受けている場合である．しかしこれらの郡に対する貢納免除の命令は見あたらないうえ，政庁はコーヒー園で働く者に米穀を支給する方法で夫役負担者を支援していた［第 11 章第 7 節第 2 項］．第 3 の場合は，陸田・焼畑経営が漏れるか，

あるいは収穫が貢納免除量（3 チャエン）以下の低い水準に留まる場合である．この場合は生産が不安定であるうえに稲作とコーヒー栽培の農繁期が重なり，水田耕作適地にこの種の稲作が広範に展開されたとは考えにくい．

8) この用語は上田［1994］を参考とした．

9) コッポは旧バトゥラヤン（Batoelajang）-レヘント統治地域（1799 年廃止）の中核域であり，開発は古い．しかし領域の北半分は盆地底部最低部で，1820 年代の集落は自然堤防上に位置する．一方南半分は扇状地であり集落は扇状地の西側山脚部と末端に集中する．また 1820 年代の 40 集落中「畑」を意味する集落名 2 に対し，灌漑・水田に関わる集落名はなかった．このことは大規模な灌漑工事が未だ実施されていなかったことを示そう．バトゥラヤンが独立のレヘント統治地域として VOC に認知されたか否かはハーンも判断を控えている．レヘントとしては 3 人の名が知られる（在位 1770 年頃-1786 年，1786-1794 年，1794-1802 年）．しかし行政的にはバンドンに従属し，とくにコーヒー生産・輸送については独立のレヘント統治地域として扱われていなかったため，本書では独立のレヘント統治地域として扱わなかった［Haan 1910-1912: Vol. 1 136-137］．

10) いずれの郡も，5 万図では水田の存在しない山腹上部に 1820 年代の集落がある．また夫役可能男子に対する米穀貢納負担者の割合が 5〜10 人に 1 人と低いレベルに留まるのも，上述の統計漏れが影響していると考えられる．加えて灌漑施設を建設した記録，灌漑・開拓に関わる集落名，そして盆地底部における多数の集落の存在は，底部に緩やかな傾斜の存在する⑫パンジャランおよび⑱ティンバンガンテンにのみ見られる特徴である．その一方で⑦チソンダリおよび⑨チロコトットでは，乾期にも山脚部で比較的灌漑用水が得やすいと言えるものの，大規模灌漑施設の存在を示す痕跡はない．⑦チソンダリで集落が集中しているのは小盆地底部のうち最も低く水の得易い東北部分である．さらに⑨チロコトットでは 1820 年代後半の集落別人口統計に載る集落のうち，雨期に冠水の可能性のある盆地底部中央部で［Wilde 1830: 48］所在の確認できない集落が多く，この時期の開拓の失敗を推測させる．

11) このほか夫役可能男子 1 人あたりのコーヒー引渡量が高レベル（Bで4位）であるのは，他郡に比べて人口に対する夫役可能男子数が小さいことから男子隠匿の影響が考えられ，本郡の注目すべき特徴とは言えない．

12) 統計の数値の不備については次のように考えられる．マジャラヤでは夫役可能男女の比率が女性に対して男性 79％と抜きん出てアンバランスであるなど，夫役可能男子の隠匿が推測され，実際のコーヒー引渡予定量の 1 人あたりの負担は産出した数値より軽いと考えられる．貢納負担者の洩れについては，両郡とも山腹には 20 世紀でも水田化していない地点に 1820 年代の集落が存在するので，焼畑・陸田が皆無とは考えられない．また首長層の人口掌握については，(1)この一帯が 17 世紀末以前から旧パラカンムンチャン-レヘント統治地域（1813 年廃止）に属す郡であり，特にチチャレンカはその中核域であったこと，くわえて(2)5 万図を見ると 1820 年代の集落が集中している一帯は，マジャラヤでは盆地底部中央で灌漑網の確認し得る微高地，そしてチチャレンカでは山脚部付近の旧レヘント居住集落周囲の灌漑網［Haan 1910-1912: Vol. 3 110-111］付近であり，これらの地に良質の灌漑田が存在したことから推測される．

13) この小盆地には中央に池が存在するものの乾期の灌漑に利用可能な川や泉が少なく，しかも 1820 年代においても，集落は雨期に多量の雨を期待できる南側の山脚部に集中し

ていた.

14) 旧パラカンムンチャン-レヘント統治地域に属した3郡は，コーヒー輸送路が比較的長く，輸送に大きな負担がかかる一帯に位置すると言える．しかも乾期の雨量が少なくなる地形を持つうえ，当時の灌漑技術のレベルに適した河川も少なかった．したがって水田耕作といえどもその多くが季節に拘束されることになり，コーヒー生産・輸送の作業暦が稲作の作業暦と大きく重なることになる．これを裏付けるように19世紀初めオランダ政庁がプリアンガン地方においてコーヒー生産拡大政策を取ると，この一帯では稲作ができなくなり飢饉が発生したのである［第4章第3節第2項，第9章第5節第1項］．おそらく⑬チプジェーも，コーヒー生産においてこれらの郡に準ずる難点を持っていたと考えられる．

15) 貢納負担者1人に対する夫役可能男子数が⑩ウジュンブロンカロンを除いて5人以上というバランスは，焼畑・陸田耕作者の統計漏れとともに，(1) プリアンガン地方でコーヒー栽培義務を負う世帯は近親の4組内外の夫婦から成り立つ［Koffij Report: 11］，(2) コーヒー生産郡では両親と成人した子供が共同で水田を耕作しコーヒー栽培その他の夫役を負う［Justitie en Politie 1822: 22 Mei］，といった植民地文書の描く状態を反映している可能性がある．Bのコーヒー郡はTと比べると概して輸送路が長く，輸送のための労働力プールが必要であったと考えられる．

16) 貢納負担者の平均生産量5.2チャエンは，灌漑田耕作者の収量としては決して高くないが，これは灌漑設備がいまだ不十分なためと判断される．1820年代のこの郡の集落はほとんどが幹線道路沿いに集中し，とくに盆地底部中央部では自然堤防上に集中する．これは当時，雨期の一定時期に小舟が交通手段となるほどに盆地底部が水没したためであろう［Wilde 1830: 48］．本郡の本格的な編成と開発は19世紀に入って開始されたが，植民地権力主導の灌漑施設建設はほとんど史料に現れず，水田・灌漑にかかわる集落名も見いだせない．これは，当時の技術および資金力・組織力ではバンドン盆地底部における灌漑設備建設が不可能だったためと考えられる．

17) 5万図をみると，盆地底部は開析が進んで大部分が台地化し，灌漑水路は確認できない．さらに貢納負担者の米穀生産量が平均3.8チャエンという値は，プリアンガン理事州における焼畑・畑作の稲作収量の平均値であり，これは水田も条件の悪い天水田が大部分を占めていたことを示そう．

18) 本節で使用する人口統計の集落毎の数値を検討すると，⑦チソンダリ，そしてTの⑫チヌサ，⑬ガンダソリなど開発が新しい郡では，一般に集落規模が大で，かつ夫役可能男女に対して子供数が少ない傾向があるが，⑯リンバンガンもこのような特徴を共有していた．

19) Bの④ラジャマンダラ，⑤チヘア，③バヤバン，Tの⑪マンドゥ，⑬ガンダソリでは，貢納負担者中の水田耕作者の割合が低く，かつ記述史料でも水田化が進んでいないことが認められる．しかしその一方で夫役可能男子に対する貢納負担者の割合が高く，成人の夫役可能男子はほぼ全員が貢納している如き数値を示す．稲作経営のなかに労働力をプールする余裕のない，焼畑が卓越していた時代の夫役貢納の賦課方式が残存すると考えられるが，この傾向の解明は今後の課題である．

20) 本章註9)を参照．

第15章

チアンジュール盆地8郡の開拓
── 地域の多様性を組み込む夫役貢納システム ──

1 ── はじめに

　本章は，コーヒー生産・輸送と水田開拓の関わりを考察するために，1820年代後半チアンジュール-レヘント統治地域におけるコーヒー生産拠点であった8郡について，①開拓の概況，②開拓を主導した社会階層，および③開拓のおおよその時期や順序を郡毎に考察するものである．このような方法で，本編冒頭で述べた仮説のうち(4)18世紀末までの開拓はレヘントによって主導され，19世紀初頭以降はオランダ政庁が主導したこと，(5)世紀の変わり目頃に主要な食糧生産の方式が水田耕作となったこと，(6)夫役貢納システムが耕地所有を条件としなかったこと，および(7)現地人首長層は入植者との紐帯を強めるために農業信用の供与や灌漑施設の用益権を使用したこと，すなわちコーヒー夫役の強化に当たり首長層は経済的利益や便宜の供与を行なったことに関する問題を考察したい．

　以下，第2節では，本章以下で使用する史料，分析方法，そして分析作業中に見いだされた集落分布および集落名の特徴を示し，第3節では本章対象8郡の開拓状況を検討する．そして第4節において，第3節の検討結果に植民地文書および前章までで得られた知見を加えてコーヒー生産・輸送と水田開拓の展開との関わりを考える．

2 ── 使用する史料および分析方法

2-1　コーヒー生産拠点 8 郡の概況

　本章が検討の対象とするのは，チアンジュール盆地およびチプートリ盆地に位置する 11 郡のうちコーヒー生産を期待されていた 8 郡，すなわち①カリアスタナ，②パダカッティ，③ペセール，④チブルム，⑤バヤバン，⑥チプートリ，⑦チケトク，⑧マレベルである（地図 15-1 参照）．この 2 盆地は，1820 年代にはチアンジュール-レヘント統治地域内の 2 大コーヒー生産地帯のひとつを成し，また同統治地域第 1 の水田地帯でもあった．さらに同統治地域第 1 の人口を誇る町チアンジュールは，レヘントが居住するとともにプリアンガン理事州の州都であった．

　この 8 郡の編成時期は，1804 年からイギリス統治期（1811-16 年）にかけてであり，上述 2 盆地が植民地権力による水田耕作普及政策の主要な対象とされていた時期とほぼ重なると言える[1]．その後チアンジュール-レヘント統治地域では 1820 年代末においてもレヘント主導の水田開拓が進展していた［Algemeen Verslag 1828/9: 23］．この時期に上述 2 盆地に位置する 11 郡では貢納負担者中

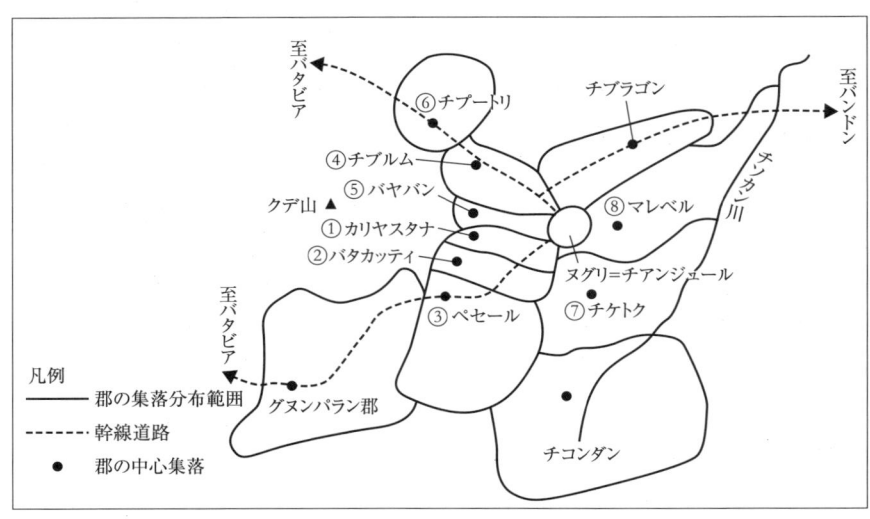

地図 15-1　チアンジュール-レヘント統治地域のコーヒー生産郡

表 15-1 チアンジュールおよびチプートリ盆地 11 郡における貢納者中の水田耕作者の比率

郡　名	水田耕作者比率	郡　名	水田耕作者比率
チブルム	93%	チケトク	98%
カリアスタナ	98%	マレベル	95%
パダカッティ	95%	ヌグリ=	
ベセール	95%	チアンジュール	100%＊
チプートリ	76%	チブラゴン	95%
チコンダン	80%	バヤバン	94%

＊焼畑, 陸田の記載がないが, 両者は 0 の可能性が大きい.
出所：表 14-1 より作成

の水田耕作者の比率が高率であり，水田耕作の卓越が窺われる（表 15-1 参照）．加えて 1820 年代頃のプリアンガン理事州では常畑は極めて少なく［Statistiek Handboekje 1828; 第 12 章第 3 節第 3 項］，また東南アジアの焼畑は一般に人口支持率が $1km^2$ あたり 20 から 30 人と言われるので，11 郡の人口の多くは水田耕作がこれを支えたと考えて大過なかろう．

2-2　主な史料

本章で利用する主な史料は，このレヘント統治地域全域を初めて網羅した人口統計である「1827 年チアンジュール-レヘント統治地域の人口統計 (Bevolking van het Regentschap Tjanjor in December 1827)」（以下，「人口統計」と略す）[2] と，20 世紀初めに測量され旧日本軍が出版した 5 万図である．

この「人口統計」掲載集落の所在を 5 万図によって確認し，集落の名称と規模，分布形態，および集落が分布する地域の地形・灌漑工事跡を検討する．そして，これに断片的な記述史料および筆者の景観観察から得られた情報を加え，開拓の展開を推定する[3]．これらの検討項目やデータは，開拓状況を判断する根拠として単独では薄弱であるが，複数の指標における考察結果が同一の傾向を示すならば，判断の蓋然性は高まろう．

なお，本章以下の章において集落名の前にある〇囲みの番号は「人口統計」に載る集落番号であり，集落名の後の括弧内の数字は人口である．

2-3　開拓地に見られる集落分布・集落人口のパターン

　本章で考察する8郡，および第17章で検討する米穀生産を期待された3郡の「人口統計」と5万図との照合作業中に，大規模な灌漑工事や開拓の痕跡が数多く見いだされた．これらの工事や入植は，場所を特定できる記述史料とつきあわせると，その多くが，植民地権力あるいは現地人首長層が主導して，主に19世紀初頭から1820年代までに実施されたと考えられる．そこで郡毎の開拓検討に先立ち，これらの痕跡の特徴を大きく3つに分けて整理する．

　（1）　灌漑施設の名を含む集落名
　開拓の痕跡の第1の特徴として，「人口統計」掲載集落中の灌漑施設の名を冠す集落と，大規模灌漑工事との密接な関連が挙げられる．表15-2はこのような名を持つ集落の一覧であるが，5万図で所在を確認し得た集落の付近には堰，溜池などの痕跡やこれらに好条件な地形が認められ，それぞれの集落は付近の灌漑施設の維持を夫役として賦課されていたと考えられる[4]．これらの集落名を言語別に整理すると，第1に，オランダ語文書に堰の意味で使用されている現地語 bandoeng を含む集落名は2種7集落見られるが，これらはグデ山東南麓と開析が進むチアンジュール盆地底部にある．所在および受益集落が確認し得るグデ山東南麓の事例では，受益集落は5〜6集落程度であった．(1) グデ山東南麓は1804年頃より開拓が進展したこと，(2) マレベル郡の灌漑施設の一部は1820年以前に植民地権力の主導によって建設されたと考えられること [Algemeen Verslag 1824: 18]，さらに(3) 7集落の名称が画一的なことから，これらは19世紀に入って植民地権力が建設を計画した灌漑施設を示すと考えられる．
　第2に，レヘントの宮廷用語であったジャワ語に由来する集落名が2種3集落存在する．いずれも盆地底部に存在し，特に「チタラン」とチケトク郡の「職田（Bengkok）」とは開析の進んだ一帯にあった．「チタラン」付近は1809年以降に開拓された可能性が高く，またオランダ政庁は19世紀初めの郡の創設で増員となった郡長の職田の確保に熱心であったので［Chijs 1885-1900 Vol. 15 1039; Bergsma 1880: Vol. 2 34］，これらの施設建設および開拓は，いずれも19世紀に入って政庁が奨励したと考えられる．
　第3にプリアンガン地方の住民の日常語であるスンダ語の集落名が3種存在

表 15-2　水田開拓に関わる集落名

集落名	原語（意味）	所属郡名	集落数	集落周辺の地形
ババカン・バンドン	Babakan（スンダ語：新村） bandoeng（マレー語またはスンダ語に由来する当時のオランダ人の用語：堰）	ペセール チコンダン マレベル	1 1 3	グデ山麓緩傾斜面 台地状盆地底部 台地状盆地底部
カバンドンガン	Kabandoengan （Ka-an スンダ語：の在るところ）	マレベル カリアスタナ	1 1	台地状盆地底部 グデ山麓緩傾斜面
チタラン	Tji（スンダ語：水） talang（ジャワ語・スンダ語共通：灌漑用導水パイプ）	チブラゴン	1	台地状盆地底部
ベンコック	Bengkok（ジャワ語：レヘントや郡長等の職田）	チケトク チブートリ	1 1	台地状盆地底部 山麓と盆地底部の境
ベンドゥンガン	Bendoengan（スンダ語：堰）	チブラゴン	2	グデ山尾根
タンバック・バヤ	Tambak（スンダ語：溜池） Baya（スンダ語：危険な）	チコンダン	1	グデ山尾根
ススカン	Susukan（スンダ語：用水路）	チコンダン	1	盆地支谷内部

出所：筆者作成

した．いずれもグデ山から張出した尾根や小山に水源を得ていて，周年灌漑が可能とは考えにくい．水路も数 km に渡るような長いものはなく，受益集落はいずれも，米穀生産を期待される郡中の山脚部に近い盆地底部や支谷の 2 ～ 3 集落に限られる．施設建設の主導者は，おそらく郡内に居住する首長層であり，とすれば建設年代は 18 世紀に遡る可能性がある［第 11 章第 2 節］．

(2)　巨大集落および中核衛星型の集落配置

開拓の痕跡の第 2 の特徴として，台地状の一帯数ヵ所で，集落分布の形態に共通点が見いだされた．すなわち，チアンジュール－レヘント統治地域の通常の集落規模を遥かに越える集落（350 人以上）が単独で存在する形態，および比較的大きな人口を擁する 1 集落（通常人口 200 人以上）の周辺に小集落（人口 100 人以下）が衛星のように散在する形態である．プリアンガン地方では，大集落には郡内の下級首長が居住していると考えられるので［第 10 章第 4 節第 2 項］，首長層が配下の住民とともに入植し，後者の場合では周囲の小集落を統括していたことが窺われる．

(3) 夫役可能男子・夫役可能同女子・家屋数

　開拓の痕跡の第3の特徴として，夫役可能男子と同女子の比率，そして1家屋あたりの夫役可能男子数の傾向が挙げられる．これまでの作業からは，男子の多い集落は交通の拠点，郡境，あるいは新しい開拓地[5]を示す指標の多い所に存在した．その一方で，男子が平均比率よりかなり低い（女子に対して3分の2以下）集落は，通常大規模集落であり，比較的早期から徐々に開拓され1820年代には安定した水田地帯であったことを示す指標が多い地域にある．この場合夫役貢納を逃れるために夫役可能男子数を偽っているか，夫役貢納の負担が重く実際に夫役可能男子が逃亡していることが考えられる[6]．ついで1家屋あたりの夫役可能男子数をみると，概して家屋数より夫役可能男子が少ない集落は比較的規模の小さい集落の場合が多く，また灌漑施設が上手く作動していない一帯，および幹線道路付近にしばしば存在した．後2者は，灌漑施設を伴わない故の農業基盤の不安定，過重な夫役貢納の負担による生活不安定による夫役可能男子の逃亡，あるいは過少申告が推測される．この第3の特徴の検討は註で行なう．

3 ── コーヒー生産拠点8郡の開拓状況

　本節では，コーヒー生産拠点8郡の開拓状況を郡毎に検討するが，各郡内部は集落の分布状況に従って，さらにいくつかの地域に分けて考察される．

3-1　カリアスタナ郡

　州都チアンジュールからゲックブロン（Gekbron）峠の間，すなわちカリアスタナ，パダカティ，ペセールの3郡において，1805, 1806年に開拓が急速に進み，「最も人口の多い地域となった」ことがヨーロッパ人官吏によって報告されている［Haan 1910-1912: Vol. 4 451］．「人口統計」においてカリアスタナ郡に属す26集落のうち25の所在が判明した．25集落の分布地域は，グデ山東の山裾である．集落は，グデ山の急なスロープがなだらかな傾斜に切替わる標高800mほどの山腹から，標高500mほどの盆地底部付近にかけて散在し，チアンジュール方面から⑮「カリアスタナ（Kaliastana：川？＋墓所）」へ向かう道

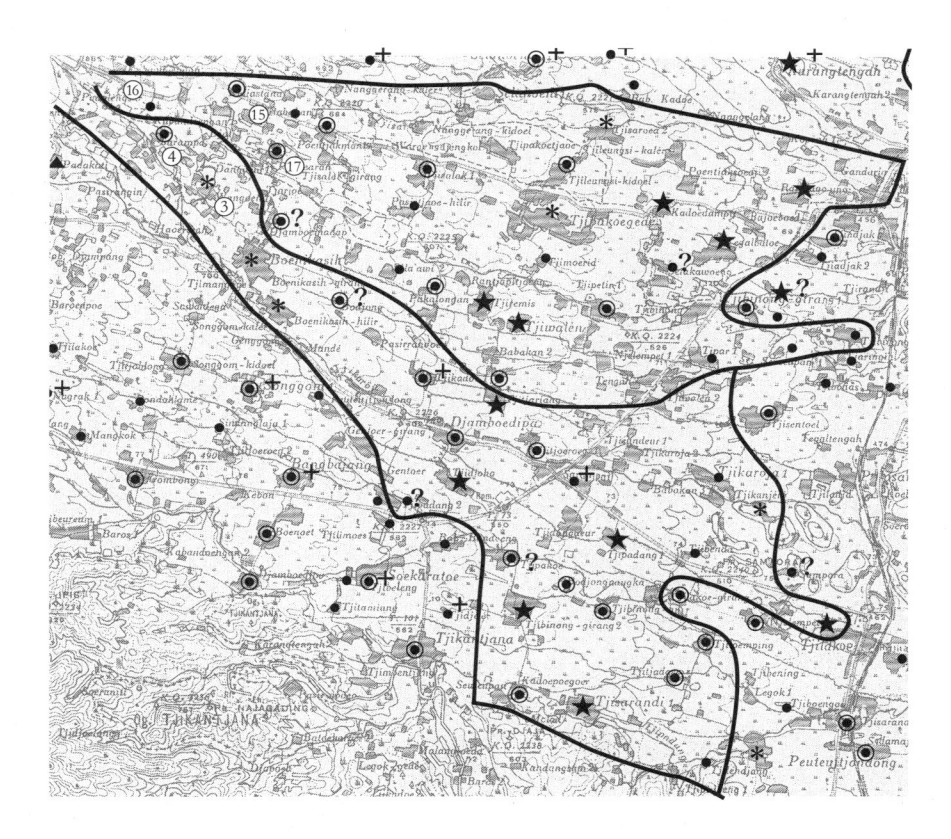

- ● 人口99人までの集落
- ◉ 人口100-199人の集落
- ★ 人口200-299人の集落
- ＊ 人口300人以上の集落
- ？ 集落名の一部のみ符号あるいは集落番号を考慮すると位置がやや不自然
- ＋ 夫役可能男子が同可能女子より多い集落
- ＝ 夫役可能男子が同可能女子の80％以下の集落
- － 家屋数より夫役可能男子数が少ない集落

地図 15-2　カリアスタナ郡・パダカッティ郡の集落分布

路が郡中を縦断している（地図15-2）．

　水田の開拓状況を検討すると，5万図ではこの郡の領域は一面の水田である．湧水は標高600-650m付近から多くなるが，「チ（Tji）」を冠すなど水源に関わる集落名もまたこの一帯より下に多く分布する．大集落は標高500m台，特に550-575m付近に密である．この郡全体の集落規模は平均164人（チアンジュール-レヘント統治地域管轄下の25郡より辺境5郡を除いた20郡中上位から4位の人口規模，以下の括弧内の順位も同様）と大きい方であるが，500m台では16集落の平均が204人，なかでも550-575m台では8集落の平均は255人である．そこで，標高500m台の一帯では，取水の容易な場所で小規模な灌漑工事が重ねられて1820年代末までに水田地帯になっていたと考えられるが，おそらく，18世紀に既に水田が広がっていた地点もあったであろう．

　これに対して標高650m以上の同郡西部は，19世紀に入って植民地権力の奨励によって開拓が試みられたと考えられる．この一帯には⑮「カリアスタナ」，⑰「休憩所（Paboearan）」があり，従来廟域であったと考えられるが，さらにその上部に⑯「堰（Kabandoengan）」（85人）がある．⑯「堰」の上部ではグデ山より流れる小川が緩く南曲しており，ここから真下に分水すれば湧水・小川のないカリアスタナ郡西部に灌漑用水が供給できる地形である．ただし1820年代末における堰からの受益集落はこの郡内では⑯「堰」以外考えにくく，1820年代末におけるこの堰の有効性には疑問が残る[7]．

　本郡では19世紀初めに本格化した開拓が，4半世紀を経て，1820年代末までに安定した水田地帯を形成するに至っていたと考えられる[8]．⑯「堰」もこの時期に形成されたのであろう．

3-2　パダカッティ郡

　「人口統計」で本郡に属す31集落のうち26の所在が判明した．26集落の分布する地域は，カリアスタナ郡南側の盆地底部からペセール郡に属する集落「パダカッティ」（地図上▲印）方面に向かう道路沿いに広がる．水系網より見るならば，集落は道路を挟んだ2本の小川の流域およびペセール郡に端を発する小川の下流流域に広がる．

　水田開拓の状況を検討すると，5万図では郡内は一面の水田であるが，地図15-2において集落が面的に広がるのは標高600m以下，すなわち郡の中央を横

切る南回りのチアンジュール-バタビア幹線道路付近から下流の一帯である．ここには同郡中の人口200人台の大集落5つがすべてあるうえ，24集落中18の集落名が「チ」を冠す．この一帯は5万図でも上述の小川以外に湧水の利用が可能であることが見てとれ，小規模な灌漑工事で開拓が可能であったと考えられる．ただし中央部の小川はペセール郡内の繰越堰（後述）によって水量が増しており，周辺集落は大規模灌漑の受益集落となっていたと考えられる．

これに対して湧水の少ない標高600m以上の一帯には，地図15-2の5集落に加えて所在不明集落1が存在したと考えられるが，このうち標高が最も低い1集落を除く5集落はいずれも比較的大規模な灌漑施設の受益集落であったと考えられる．まず本郡最上部の標高750～800mの一帯には④「スランポ(Srampo：十字路？)」(133人)，そして集落に付された番号から判断するならば⑤「突端の町(Tandjoengpoera：マレー語)」(120人：所在不明)が存在し，カリアスタナ郡にある堰の受益集落であったと考えられる．

さらに標高700～750mには特異な3集落が存在する．第1に人口が異常と言えるほど巨大で，3集落の人口はそれぞれ864人，650人，350人である[9]．第2に，この3集落の所在地は，5万図で湧水が確認できない一方で，いずれも小川が緩く南曲する地点から分水が可能な一帯にあり，堰の存在を窺わせる．第3に，「人口統計」中の集落名は，一般に動植物名や自然地形名が圧倒的に多く，これに宗教・商業交通・建造物・夫役貢納にかかわる名辞が続くが，上述3集落の名はいずれにもあたらない．③「境界(Wangoen)」はジャワ語であり，かつ本郡での集落の所在地は19世紀に入って成立したカリアスタナ郡およびペセール郡との境界にある[10]．そこでこの一帯では堰建設をともなう大規模な入植開拓が，おそらく19世紀に入ってから植民地権力あるいはレヘントの指示で行なわれたと考えられる．

本郡もまた，おそらく18世紀から開拓が始まっていたが，19世紀初めに本格化し，1820年代末までに安定した水田地帯を形成するに至っていたと考えられる[11]．

3-3 ペセール郡

「人口統計」で本郡に属す48集落のうち33の所在が判明した．33集落は，カンチャナ(Kantjana)山北西麓，およびカンチャナ山中に分布している（地図

15-3). 所在不明集落の多くは，集落に付された番号から，ゲックブロン峠付近と山中にあったと判断できる[12]．また集落群西部のグデ山の急なスロープ上に大コーヒー園が存在した[Wilde 1830: 20]．

　水田開拓の状況を検討すると，交通の要衝であるゲックブロン峠付近では，比較的早くから小規模な開拓が重ねられていたと考えられる．5万図ではカンチャナ山中以外は一面の水田である．集落が比較的密に分布している地域として，まず幹線道路からカンチャナ山へ至る道の分岐点付近の標高550～600mの一帯が挙げられる．ここにある8集落のうち7の集落名が「チ」を冠す．さらに，所在判明集落は少ないものの，南回りのチアンジュール-バタビア幹線道路唯一の峠であるゲックブロン峠付近も，集落が密であったと考えられる．この幹線道路は，すでに18世紀初頭には使用されていたうえ，1815年までにこの付近にヨーロッパ人の利用可能な宿泊施設が建設されていた[Wilde 1830: 20]．加えて②「ゴンボンワルン（Gombong Waroeng：竹の一種＋店）」（所在不明），⑧「レヘントの馬の飼育人（Bantjeij）」（所在不明）の名を持つ集落が付近にあったと推定される．

　このほか同郡内には灌漑施設の名を冠す2集落が存在し，その付近の地形も，比較的大きな灌漑施設の存在を裏付けるが，これらの灌漑施設は郡外の地域に用水を供給していた．パダカッティ郡境の㉙「堰新村（Babakan bandoeng）」付近には，日本で言う「繰越堰」があってパダカッティ郡の用水量を増し，またカンチャナ山中の集落㉗「危険な溜池（Tambak baya）」はチコンダン郡の盆地底部を潤した．これらの灌漑施設は19世紀初頭に実施された郡分割によって郡外の地域を利するようになったと考えられる．

　その一方で，本郡内部では，上述の4集落を除くと，集落名が動植物名や地形以外のものは少なく，5万図でも用水路など灌漑工事の痕跡は認められなかった．また郡の集落規模は平均87人（12位）と中規模で，人口200人以上の集落は存在しなかった．そこで1820年代の本郡の領域では，上述の2灌漑施設を除くならば，幹線道路沿いのほか，カンチャナ山脚部，湧水・小川沿いで小規模な開拓が重ねられてきたと推測される[13]．

　以上のグデ山東麓3郡における開拓の過程は，標高600～650m以下の湧水地帯の開拓が始まった後，おそらく大コーヒー園の開園にともなって，これより上部の台地状の山麓において，植民地権力主導の大規模灌漑工事が行なわ

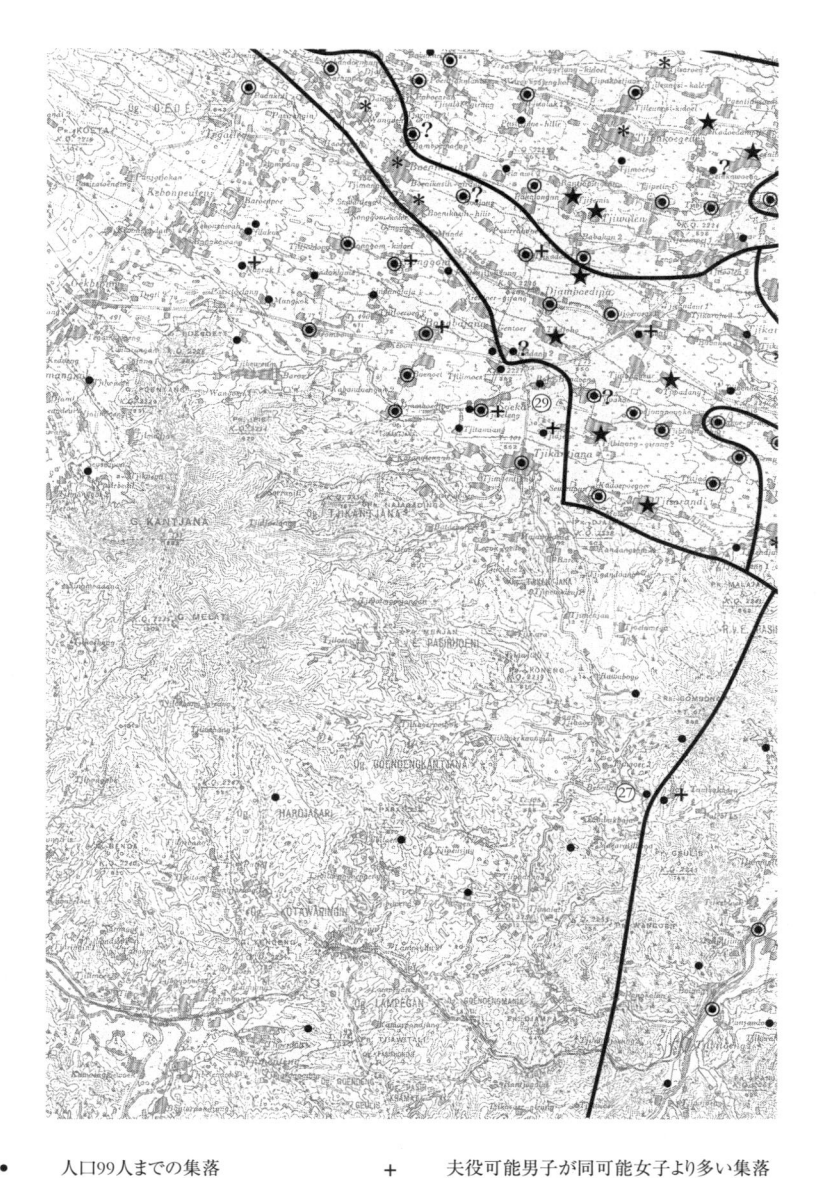

●	人口99人までの集落	+	夫役可能男子が同可能女子より多い集落
◉	人口100-199人の集落	=	夫役可能男子が同可能女子の80%以下の集落
★	人口200-299人の集落	−	家屋数より夫役可能男子数が少ない集落
＊	人口300人以上の集落		
?	集落名の一部のみ符号あるいは集落番号を考慮すると位置がやや不自然		

地図 15-3 ペセール郡の集落分布

れたと考えられるが，繰越堰の存在に示されるように，湧水地帯でも19世紀に入って開拓された部分があったと考えられる．そしてこの地域の大部分は1820年代末までに安定した水田地帯となっていたと考えられる．

3-4 チブルム郡

「人口統計」で本郡に属す41集落のうち30の所在が判明した．30集落が分布する一帯はグデ山より張出した尾根の南側で，総督ダーンデルスによって改良されたバタビア-チアンジュール間の軍用道路沿いの標高500mほどから1,000mほどの地域である（地図15-4）[14]．この軍用道路と並行して小川が合流しチブルム川，チジェディル (Tjidjedil) 川を形成するが，5万図では両川はグデ山山裾で本流を失う．またグデ山の急なスロープ上に本郡に属す大コーヒー園が存在した［Algemeen Verslag 1823: 30］．

水田の開拓状況を検討すると，本郡中，チジェディル川流域については，灌漑用水の得易い場所で比較的小規模な開拓が，1770年代以前から重ねられてきたと考えられる．すでに1777年に，ヨーロッパ人官吏が灌漑田の広がりを報告しているほか，19世紀初めのウィルデの旅行記にも，軍用道路沿いで水田がよく耕作されているとの記述がある［Anonymous 1856: 170; Wilde 1830: 29］．所在判明集落も軍用道路沿いと川沿いに密に分布し，本郡全体の集落規模が平均120人（4位）であるのに対し，本郡に存在する人口200人以上の大集落12（うち所在不明2）のうち11（うち所在不明1）がここにある．この一帯はスンダ語で水を意味する「チ」を冠する集落名が郡内他地域より多い一方で，灌漑に関する集落名は見あたらず，5万図でも大規模な堰や用水路の痕跡は認められない．

しかし軍用道路をはずれた南部は，19世紀に入ってから開拓されたものの，失敗が推測される．5万図ではこの一帯は一面水田であり集落も北部と変わりない密度で分布している．しかし同時に複雑な灌漑水路網が目につき，これらの水路が1820年代に既に存在したか疑問である．一方，所在判明集落はまばらである．集落名も「チ」を冠するものがない一方で，㊶「チガヤの狭間 (Selaherih)」，⑥「乾いて痩せた土地 (Nagrok)」（所在不明）など荒地を意味するものがある．さらに「人口統計」中で掲載集落に付された番号から判断するならば，南部では9集落が存在し，そのうち5集落が所在不明であると判断できるが，

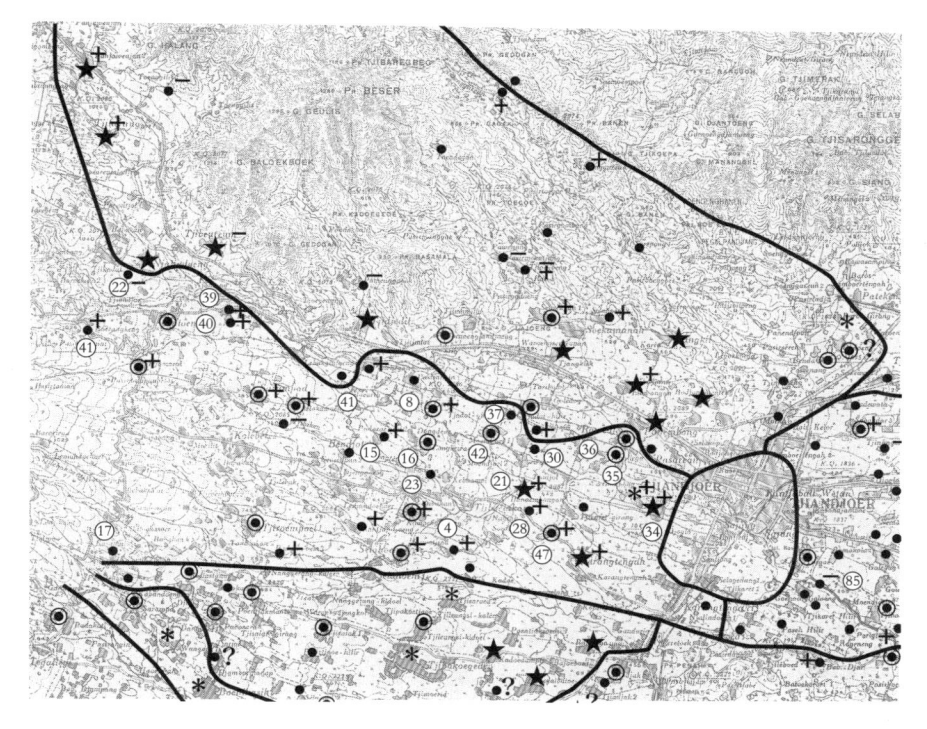

- ● 人口99人までの集落
- ◉ 人口100-199人の集落
- ★ 人口200-299人の集落
- ＊ 人口300人以上の集落
- ? 集落名の一部のみ符号あるいは集落番号を考慮すると位置がやや不自然
- ＋ 夫役可能男子が同可能女子より多い集落
- ＝ 夫役可能男子が同可能女子の80%以下の集落
- － 家屋数より夫役可能男子数が少ない集落

地図 15-4　チブルム郡・バヤバン郡の集落分布

人口214人の中核集落⑪「上流の淵 (Kedoeng hilir)」(所在不明) を除く8集落の人口は平均93人で，中核衛星型の集落配置となっている[15]．

本郡では，軍用道路の北が長い時間をかけて徐々に開拓されたのに対し，南側は19世紀に入ってから組織的入植によって開拓されたものの集落は不安定であったと考えられる．

3-5 バヤバン郡

「人口統計」掲載集落 50 のうち 37 の所在が判明した．37 集落はチブルム郡の南側に分布する．この一帯はグデ山の標高 1,000m 以上の山腹から流れ出す小川，および標高 800〜700m からの湧水に恵まれ，集落はカリアスタナ郡とは別の水系沿いに分布する．5 万図ではチブルム郡南部同様，一面の水田である一方で，やや起伏があるため灌漑網が複雑に入り組んでいる．1 集落あたりの人口は平均 136 人（7 位）である．集落分布は標高によって異なった特徴を示すので，以下，開拓状況を標高の低い地区より検討する．

(1) ヌグリ＝チアンジュール郡西側

ヌグリ＝チアンジュールと接する本郡東端は，標高 450〜550m で用水が豊富であり，集落も規模が大きい．所在判明集落 9 のうち人口 300 人台が 1，200 人台が 3，100 人台が 3 あり，人口 200 人以上の本郡集落はすべてこの一帯にある．5 万図では一面の水田であり所在判明集落はすべて小川・湧水の付近に存在する．集落名を見ると自然地形・動植物名の他に，㉘「不毛の地」，㉑「パヌンバンガン（Panoembangan: トゥンバン（ジャワ歌謡）＋場所）」（207 人），㉞「大田（Sawagede）」（203 人），㉟「テガルレガ（Tegallega: 野原あるいは畑＋広い）」（100 人），㊱「ラウェイ（Raweij: たわわに実る）」（143 人），㊼「スディ（Sudi: "喜んで〜する"か？）」（141 人）がある．この一帯は，ヌグリ＝チアンジュール郡と同様の開拓条件を備えており，早くから開拓が進んだと考えられるが，集落名からはかならずしも水田適地のみではなかったことが窺われる．

(2) 標高 600m 付近

標高 600m 付近の北部に 3 集落が存在する．㉚「チャリンギン（Tjaringin: 樹木の一種）」（29 人），㊲「チャドット（Tjadot: 意味不明）」（56 人），そして㊷「ムンジュル（Moendjoel: 盛り上がり）」（119 人）である．5 万図では付近は一面水田であり，3 集落とも水路のそばに位置するが，周囲に比べてやや高くなった地形であることが見て取れ，主要道路からも遠い．開拓が難しい一帯であったと推測される．

(3) 標高 650m 付近

　標高 650m 付近には 5 集落がほぼ南北に一列にならぶ．このうち 4 集落が人口 100 人台であり，残りの 1 集落は 100 人以下である．さらにその付近の標高 650〜700m のあたりに集落が 6，標高 600m 付近の南部に 2 存在する．いずれも人口 100 人以下である．5 万図ではここも一面の水田であり，集落はいずれも水路付近に位置する．集落名をみると，自然地形・動植物名のほか④「中国の沼（Rawatjina）」（69 人），⑯「ロンケオン（Longkewang: 洞穴＋爆発物（中国語））」（112 人），㉓「均衡（Imbangan：秤の意味か？）」（54 人），⑧「ガソル（Gasol: 奇数か？）」（123 人），⑨「パネガン（Panehegan: 中国急須工房か？）」（45 人），⑮「南の屋敷（Padaroeum kidoel: "高位の役人の住むところ"か？＋南）」（58 人）がある．さらに所在不明であるが②「禁忌の竹（Awirarangan）」（184 人）もおそらくこの付近に存在したと考えられる．中国人，現地人首長層との関わりを示す集落名が多く，この一帯は彼らとの関わりの中で開拓された可能性がある．

(4) 標高 750m 付近

　標高 750m 付近には集落が 4 存在する．人口は 100 人台が 3 で，残る 1 は 100 人以下である．5 万図では傾斜がやや急になるものの未だ一面の水田であり，集落は皆自然の小川のほとりにある．集落名は，意味不明の㊹「Sarampad」を除いてみな自然地形・動植物名であった．

(5) 標高 800m 以上

　標高 800m〜900m の一帯には，集落が 7 存在する．いずれも幹線道路沿いにある．集落規模は人口 100 人台が 1 で，あとはそれ以下である．5 万図では 900m 付近にある 3 集落はいずれも水田地帯と森林地帯の境界上に位置している．集落名をみると自然地形動植物名が 1 のほかは，㉒「避難所（Njalindoeng）」（91 人），⑰「堰（Kabandoengan）」（38 人），㊴「上流の，城壁のある集落（Koeta Girang）」（71 人），㊵「下流の，城壁のある町（Koeta Hilir）」（91 人），㊶「ブランクン（Boerangkeng: 意味不明）」（39 人）である．また 5 万図では，グデ山腹を南北に走る道路上に本郡名と同名の集落バヤバンが認められるので，この一帯はコーヒー輸送の幹線道路あるいは郡境の防備のために開拓されたと考えられる．なお⑰「堰」の付近には堰が存在したと考えられるが，地形から判断してこの灌漑施設がバヤバン郡を潤した可能性はない[16]．

第 15 章　チアンジュール盆地 8 郡の開拓 | 341

以上，判明集落からのみの判断であるが，本郡の開拓は次のように考えられる．ヌグリ＝チアンジュール付近のみに200人以上の集落があることから，開拓はヌグリ＝チアンジュール付近よりグデ山に向かって進展したと考えられる．ただしカリアスタナ，パダカッティ両郡の集落分布状況と比較して，本郡が小川・湧水も多いが起伏も大きく，当時の技術で灌漑が難しい地点が多いこと，現地人首長層との関わりを示す集落名が多いこと，かつ1820年代末の時点で夫役可能男子が多いことから，本郡は比較的遅い時期に短期間に開拓された可能性が高い[17]．

3-6　チプートリ

　「人口統計」で本郡に属す55集落のうち46の所在が判明した．46集落が分布する一帯は，グデ山東北麓からチプートリ盆地の底部（標高820〜1,000m，長さ6〜7km，幅2〜4km）にかけてである（地図15-5）．またグデ山の急なスロープ上に本郡に属す大コーヒー園が存在した［Algemeen Verslag 1823: 30］．

　水田の開拓状況をみると，5万図では，盆地底部は一面の水田であるが，1820年代末の集落分布地域では堰・用水路などの大工事の痕跡は確認できなかった．1820年代末の集落が比較的密に存在するところは，地形的特徴から大きく4つの部分に別れる．第1は，湧水や小川の水の利用可能な，盆地を囲む山塊の脚部のうち盆地の東南と北西の部分である．

　第2は，盆地中央部に南から突出した尾根の東側で，低湿地を示す集落名の多い一帯である．この湿地帯の東側に大集落㉓「チワレン（Tjiwalen）」および①「チバダク（Tjibadak）」があるが，この2集落はすでに1777年に水田に囲まれていた［Anonymous 1856: 169］．またこの一帯には㉛「藍農園（Pataroeman）」など17世紀末から18世紀に由来をもつ集落名が存在する．湧水の流れ込む湿地沿いの水田開拓は，大規模な堰や用水路を建設する必要がなく，比較的早期から小規模な開発が積み重ねられたと考えられる．

　第3は，軍用道路沿いであり，グデ山の急なスロープがなだらかな傾斜へと切替わる標高1,000〜1,100mの山麓である．この道路付近は必ずしも生活や農業に有利な条件を備えていないが，軍用道路はすでに18世紀初めよりバタビア－チアンジュール間の幹線道路であったため，開拓の開始も古い可能性がある．また5万図では特定できないが，1824年には軍用道路付近でオランダ

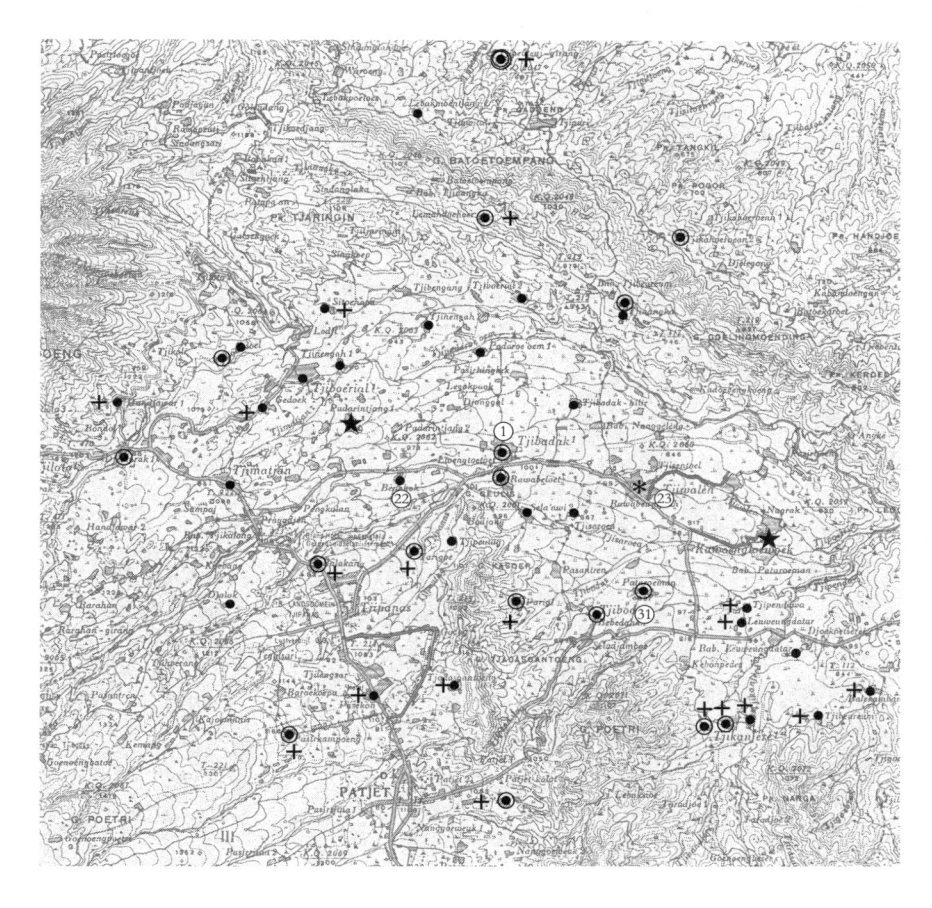

●	人口99人までの集落
◉	人口100-199人の集落
★	人口200-299人の集落
＊	人口300人以上の集落
?	集落名の一部のみ符号あるいは集落番号を考慮すると位置がやや不自然
＋	夫役可能男子が同可能女子より多い集落
＝	夫役可能男子が同可能女子の80％以下の集落
－	家屋数より夫役可能男子数が少ない集落

地図 15-5　チプートリ郡の集落分布

政庁主導の用水路建設が完成していた［Algemeen Verslag 1824: 18］．

　第4は，グデ山山裾と盆地底部の境界付近であり，標高1,000mほどの帯状の一帯に4集落が存在する．この一帯はグデ山の湧水を利用できる地点であるが，同時に灌漑の必要な盆地底部西部における1820年代の開拓前線でもあった．また本郡の集落規模が平均139人（6位）であるのに対し，この4集落では，人口206人を擁する中核集落以外の3集落の人口がいずれも100人以下であり，なかでも㉒「職田（Bengkok）」の名をもつ集落は22人であった．そこでこの一帯では，19世紀に入ってからのオランダ政庁あるいはレヘントの指示によって組織的な入植が行なわれたと考えられる．

　なおチアンジュール，チブラゴンおよびチカロンのレヘント達の先祖は17世紀後半にチルボン地方から入植した植民団の長であったと言われるが，チプートリ郡内の集落にも先祖が東方より移住してきたとの伝承が残る［Haan 1910-1912: Vol. 3 118-119; Bergsma 1880: Vol. 2 31］．水田耕作が普及していたチルボン以東からの植民団は，移住時にすでに水稲耕作の技術を持っていた可能性が高く，そうであるとすれば，同郡の開拓は比較的早期に始まったと考えられる[18]．このように本郡の水田開拓は18世紀前半にまで遡ると考えられるが，その一方で開拓は，19世紀に入っても植民地権力の指揮下に進展し，1820年代末までに安定した水田地帯を形成するに至っていたと言えよう[19]．

3-7　チケトク郡

　「人口統計」で本郡に属す91集落のうち72の所在が判明した．72集落は，カリアスタナおよびパダカッティ郡東のグデ山のなだらかな斜面と，これに続く盆地底部とに分布する．この盆地底部は，概して丘と湿地帯の混在する地形であるが，なかでも中央部は丘が多く平地が少ない．本郡の郡境は西境を除くと比較的明瞭である．北境はチアンジュール川，東境はチソカン（Tjisokan）川およびチコンダン川であり，南のチコンダン郡とは明瞭な境界線は無いものの，利用する小川が異なる（地図15-6）．

　集落が比較的密に分布する一帯は郡の東部と西部であり，西部はさらに2地域に分けられる．第1の地域はカリアスタナ郡より流れる小川の流域で，集落はチアンジュール－ゲックブロン峠幹線道路の東側まで達しており，一部カリアスタナ郡の集落と混在する．第2の地域は南部のパダカッティ郡境から盆地

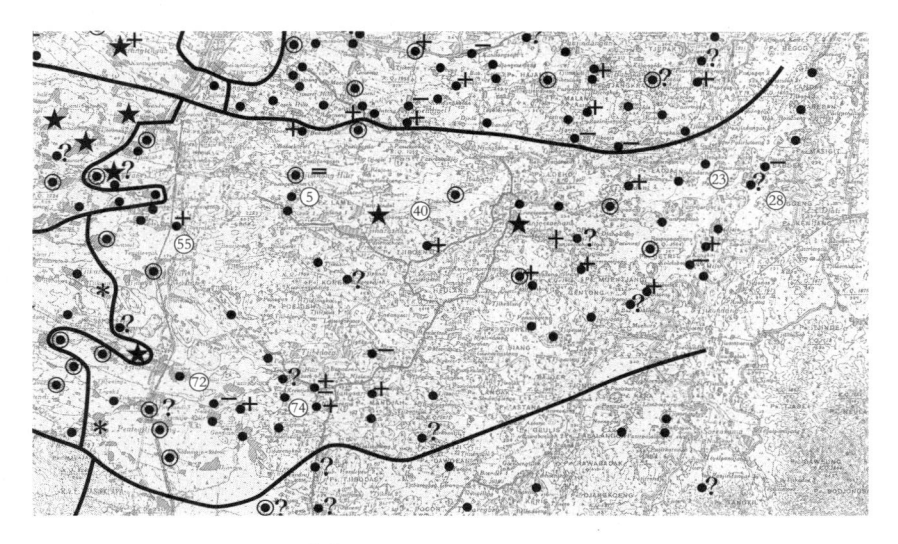

- ● 人口99人までの集落
- ◉ 人口100-199人の集落
- ★ 人口200-299人の集落
- ＊ 人口300人以上の集落
- ？ 集落名の一部のみ符号あるいは集落番号を考慮すると位置がやや不自然
- ＋ 夫役可能男子が同可能女子より多い集落
- ＝ 夫役可能男子が同可能女子の80％以下の集落
- － 家屋数より夫役可能男子数が少ない集落

地図15-6　チケトク郡の集落分布

底部にかけてであり，やはりパダカッティ郡の集落と一部混在する．この一帯には㉒「モスクの説教者（Ketib）」，㉔「中国寺院（Krenteng）」など宗教に関わる名をもつ集落があるので，地域の中心の1つであったと考えられる．この2地域には本郡にある人口100人以上の集落24（うち所在不明5）のうち11（うち所在不明1）が存在し，本郡全体の集落規模が平均73人（17位）であるのに対して，両地域の集落規模は平均114人に達した．またこの2地域は5万図では一面の水田で小川が多く見られ，特に第1の地域では所在判明集落10のうち9までが名称に「チ」を冠していた．そこでこの2地域は小規模な灌漑工事が積み重ねられて水田地帯となったと推測される．これに対してこの西部2地域を除く盆地底部の開拓は，痕跡は少ないものの植民地権力の指揮下で本格的に始まったと判断できる（註20）で細述）[20]．

そこで本郡では取水が容易な山裾と盆地底部の境界域がまず開拓され，その

のち植民地権力のバックアップのもと，盆地底部の開拓が平地の多い部分から着手されたと考えられる[21]．

3-8　マレベル

「人口統計」で本郡に属す134集落のうち92の所在が判明した．92集落が分布する一帯はチアンジュール盆地底部の中央であり，平坦な地形である．西はヌグリ＝チアンジュール郡と接し，南はチアンジュール川，東はチソカン川を境とする．北には明確な境界は無いが，チブラゴン郡の集落と接する西北部では道路をおおよその境界としている（地図15-7）．

水田開拓を検討すると，5万図では集落が分布するところは一面の水田である．集落分布は面的広がりをみせるが，本郡内部に大きな川はなく，代わりに用水路が発達している．本郡西半分は，5万図で湧水が確認できるほか，ヌグリ＝チアンジュールに近い一帯では沼を意味する集落名もあり，取水が比較的容易であったと考えられる．このヌグリ＝チアンジュール郡に近い地域では⑧「藍工場（Pamokolan）」，⑫「藍農園（Pataroeman）」（所在不明）などの17世紀末から18世紀に由来を持つ集落名が存在する．これに対して本郡の東半分は台地状の土地である．そして⑩マレベル（標高343m）より東および南部は，「堰新村」3集落，「堰」1集落が存在することをはじめとして，植民地権力が開拓を指揮した可能性が非常に高い（註22）で細述）[22]．

本郡はヌグリ＝チアンジュール郡境を拠点として，19世紀に入ってから，それも1820年代に近い時期に植民地権力の主導によって比較的短期間に開拓された可能性が高い[23]．

4 ── 考　察

本節では，前節で得られた結果にこれまでの章で論じたことおよび植民地文書から得られる知見を加えて，本章第1節で示した仮説の妥当性を検討する．

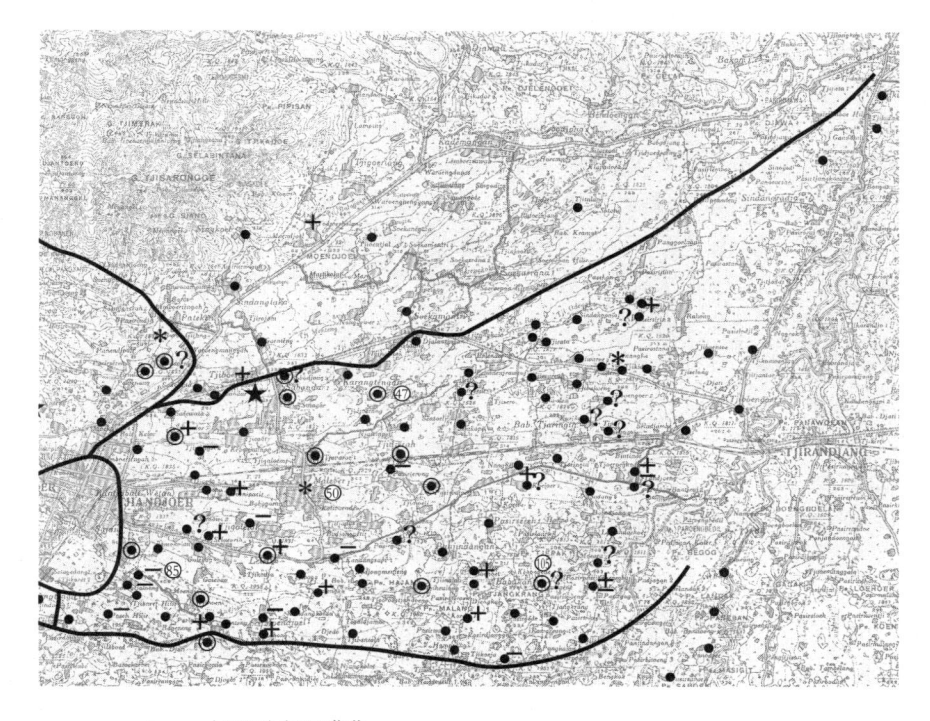

- 　　人口99人までの集落
◉ 　　人口100-199人の集落
★ 　　人口200-299人の集落
* 　　人口300人以上の集落
? 　　集落名の一部のみ符号あるいは集落番号を考慮すると位置がやや不自然
+ 　　夫役可能男子が同可能女子より多い集落
= 　　夫役可能男子が同可能女子の80%以下の集落
− 　　家屋数より夫役可能男子数が少ない集落

地図 15-7　マレベル郡の集落分布

4-1　開拓を組織した者

　本章の冒頭で述べた仮説(4)，すなわち18世紀末までの現地人首長層の計画・主導による灌漑工事と，19世紀に入り政庁が米穀増産に積極的政策を実施するようになって以降の灌漑工事との相違は，本章の考察からも地図上の具体的痕跡の差として認められた．

　集落分布密度が比較的高い地域の灌漑工事方式を検討すると，19世紀に入っ

て実施されたと考えられる大規模工事の痕跡が認められる地域は，グデ山東麓およびチアンジュール盆地底部であり，ペセール郡の「繰越堰」1例を除き台地状の土地の灌漑が目指されていた．その中で1820年代後半において，大規模灌漑工事が有効に機能しなかった痕跡が数例認められた[24]．

一方，大規模灌漑施設の受益地帯以外の地域で1820年代の集落が比較的密に分布する地点は，チアンジュール盆地底部の西北縁，チプートリ盆地底部の湿地帯周辺，グデ山東麓の最も低い部分，グデ山南北の尾根の山脚部，そしてチアンジュール盆地底部南部であった．これらの地域は，チアンジュール盆地底部南部を除いて，湧水や小川が多く大規模灌漑工事を必要としない地域である．なかでもチアンジュール盆地底部の西北縁，チプートリ盆地底部の湿地帯周辺，およびグデ山の北側の尾根の脚部は記述史料によって1770年代までに水田が展開していたことがわかる．そこでこれらの地域では比較的早期から小規模な灌漑工事が重ねられて水田地帯となった部分が多いと考えられる．

4-2 水田耕作の展開

仮説(5)世紀の変わり目ころに主要な食糧生産の方式が水田耕作となったこと，については次のように考えられる．本章が対象とした8郡では，1827年の「人口統計」掲載集落の，5万図による所在確認率は68～96％と高率であった．しかも所在を確認し得た集落の分布は20世紀初めの集落密集地域をほぼカバーしている．開拓は，グデ山東麓とチアンジュール盆地底部の境目周辺およびチプートリ盆地の湿地帯周辺を起点とし，グデ山の南北の尾根脚部，グデ山東麓下部の湧水地帯を経て，19世紀初頭頃からはチアンジュール盆地底部，グデ山東麓上部の台地状の土地で大規模灌漑工事が実施され，あわせて組織的入植が行なわれたと考えられる．とすれば本章対象8郡では開拓失敗部分を考慮しても，18世紀末から1820年代末までに開拓された水田地帯は，18世紀末までに拓かれた水田面積を超え，この地域の食糧生産において水田稲作が中心的役割を果たすようになったと考えられる．このことはチアンジュール盆地に存在しながら本章の対象とならなかった4郡ヌグリ＝チアンジュール，チブラゴン，チカロン，チコンダンについても同様である［第17章第2節］．

この開拓の急速な進展は，植民地権力が掌握する人口の急増からも推測される．オランダ政庁が掌握し得たチアンジュール-レヘント統治地域の人口は，

18世紀末に44,721人であったが，1823年には72,181人，1827年に142,619人，1828年に155,569人，1832年には164,224人と急増した［Nederburgh 1855: 巻末統計; Algemeen Verslag 1828/9: Generale Staats］．この増加の原因について政庁は，より良い耕地や耐えやすい夫役貢納を求める理事州外からの移住者，特に水田稲作地帯であるジャワ島中部からの移住者の増加を挙げている［Algemeen Verslag 1823: 2］．移住者の増加は自然増加および政庁による既存人口の掌握の進展を凌ぐ要因であったと推測される[25]．そこで本章対象8郡において，植民地後期さらには現代に連なる集落群は1820年代末までにその骨格が形成され，おそらく集落に付随する水田地帯も姿を現していたと考えられる．

4-3 夫役貢納システムと耕地所有

仮説(6)夫役貢納システムが耕地所有を条件としなかったことに関しては，本章の考察から次のような状況が明かとなった．チアンジュール盆地およびチプートリ盆地では，コーヒー生産拠点郡8郡のすべてにおいて，植民地権力あるいはレヘントの主導する大規模灌漑工事や組織的入植の痕跡が認められた．またこれらの郡では，貢納負担者中の水田耕作者の比率も，チプートリが76％の他は90％台半ばに達していた．そこで全体的に見て，本章対象8郡では植民地権力やレヘントがコーヒー栽培夫役負担者の生活を灌漑田耕作による自給農業で支えようとし，これが夫役負担者の重要な形態となっていたことは間違いないであろう．

しかしその一方で，オランダ政庁がコーヒー増産をプリアンガン理事州支配の第1の目的としているにも関わらず，大規模灌漑施設建設や組織的入植は，入植者に対するコーヒーの生産強化には直結しなかった．本章対象8郡のうち夫役可能男子1人あたりのコーヒー引渡量を多く期待されていた郡は，順にバヤバン（2.92ピコル／人），ペセール（2.44ピコル／人），パダカッティ（2.35ピコル／人），チブルム（2.04ピコル／人），カリアスタナ（1.90ピコル／人）の各郡であった．これに対してチプートリ，チケトク，マレベルの各郡の夫役可能男子1人あたりの引渡予定量は，前述4郡の約半量であった［表13-2］．一方，オランダ政庁あるいはレヘントが主導した大規模灌漑工事や組織的入植が有効に機能していたと考えられるのはパダカッティ，マレベル，チケトク3郡であり，これに対してペセール，チブルム，チプートリ各郡では，小規模な灌漑の積重

第15章　チアンジュール盆地8郡の開拓　349

ねによって開拓された地域が優越していた[26]．加えて植民地権力あるいは首長層によって最も多くの灌漑工事・入植が実施されたと考えられるマレベル郡は，1836年までにはチケトク郡とともにコーヒー生産拠点ではなくなっている．すなわちパダカッティ郡を除くならば，大規模灌漑工事や組織的入植が少なく，むしろ早い時期から，おそらく集落や個人の手になる小規模な灌漑が積み重ねられてきた地域の広がる郡の方が，夫役可能男子1人あたりのコーヒー引渡量は多い傾向にあった[27]．

オランダ政庁が灌漑田耕作をコーヒー増産の切札と見なし，灌漑工事を推進していた時期に見られるこの傾向は，部分的には大規模灌漑工事や組織的入植の失敗に起因しよう［第11章第3節］．しかしより強力な要因として，輸送面での地理的差異が考えられる．実は上述の郡毎の夫役可能男子1人あたりの引渡予定量の多寡は，開拓が新しいと推測されるバヤバンを除いて[28]，輸送における条件の好悪にほぼ一致している．当時，輸送はコーヒーに関する作業のうち最も労働力を必要とした．バタビアへのコーヒー輸送が最も容易なルートはペセール郡西南の峠を越えグデ山南麓を回るルートであるが，これを使用するとチプートリ郡は最も遠隔の生産地となり，またマレベル・チケトク両郡は峠に向かうまでの登りが長いうえに，輸送に幹線道路を使用できるのは郡内の一部地域のみであった[29]．

さらにこの輸送条件の好悪は，場合によってはコーヒー栽培に水田耕作者を使用するメリットをも相対的なものとした．このことは，本章対象8郡では貢納負担者中の水田耕作者の比率がチプートリ郡を除いて一様に高率であるために判然としないが，考察の範囲を次章で考察するグデ山南麓にまで広げると明確となる．グデ山南麓はバタビアへの輸送が容易なために，早くからコーヒー生産拠点となっていた．そのなかのグヌンパラン郡は1820年代後半においてプリアンガン理事州で最大のコーヒー引渡予定量を誇り，かつ夫役可能男子1人あたりの引渡予定量もグデ山東麓のペセール，パダカッティ両郡と並んでトップレベルにあった．しかし当時の技術で水田化し得る土地は多くなく，貢納負担者中の水田耕作者率は66％であったのである［表14-1］．

このことは，輸送をはじめ自給農業の種類・土地所有関係など具体的条件の組合わせが地区毎に異なる中で，住民がコーヒー栽培・輸送を利益と見なすか，少なくとも耐えられると判断する組合わせを，オランダ政庁が何でも活用せざるを得なかったことを意味しよう．とすれば，水田の所有関係を媒介とした夫

役貢納制度よりは，焼畑卓越時代の，夫役貢納を人に賦課する方式の方が，具体的条件を柔軟に取込める点でオランダ政庁にとって有効であったと考えられる[30]．

4-4　首長層の便宜供与

　1820年代後半の本章対象8郡におけるコーヒー生産・輸送システムの維持に関して，権力的抑圧よりも利益・便宜の供与を実施した具体的事例は出てこなかった．しかし仮説(7)現地人首長層は入植者との紐帯を強めるために農業信用の供与や灌漑施設の用益権を使用したこと，が起こりえる環境は存在した．

　第1に，チアンジュール盆地底部南部，なかでもマレベル郡東部は，19世紀初めに組織的かつ大規模な入植が展開された形跡が認められる．しかしこの一帯は低い丘と湿地の入り交じる地形であり，長大な堰・用水路による灌漑が困難な地域が多い．このため植民地権力あるいは現地人首長層は，組織的な入植にあたり入植者へ大規模灌漑施設建設以外の便宜供与を計ったと推測される．

　第2に，プリアンガン理事州では1820年代においても，開拓の進展によって住民の流動性の高い状態が続いていた．18世紀末のプリアンガン地方への移住者の入植の動機は，一般に経済的により良い生活の獲得であり，これがかなわない場合には容易に入植地を放棄したことが報告されている［Nederburgh 1855: 120–121］．さらに19世紀初めのコーヒー生産拡大政策の展開にあっては，生活が困難な状況や首長層の抑圧に際して，住民が移住という形で抵抗する事例がプリアンガン地方全域で散見され，1820年代にも依然として同様の事態が報告されていた[31]．本章対象8郡では，比較的短期間のうちに無視し得ぬ規模の新開地が出現し外部からの移民が多数存在したことが明かとなったが，このことは上述のような性格を持つ入植者が社会の中でかなりのウエイトを占めたことを意味しよう．

　第3に，1820年代後半のチアンジュール-レヘント統治地域では，J・S・ファーニバルの主張する「複合社会」が萌芽的状況ながら既に出現しており，文化的に多種多様な人々をコーヒー生産を目的として組織するにあたり，共通に適用し得る基準として，経済的利害が重要な役割を果たしていたと考えられ

る[32]．

　ただし以上の状況は，住民や移住者の自由な経済活動の活性化を意味するものでないことを強調しておきたい．特別の技術を持たない住民，移住民にとっては，不満であれば容易に移動が出来たとしても，首長層や有力な住民に寄食・借金して自給農業を開始しコーヒー栽培・輸送を受入れる以外の有利な選択肢は僅かだったのである．

5 —— おわりに

　本章では，プリアンガン地方における1820年代までの社会変化の特徴を把握する一環として，本編冒頭で示した水田開拓に関わる仮説を，プリアンガン理事州第1の植民地支配の拠点であるチアンジュール周辺のコーヒー生産地帯を事例として検討し，次の結果を得た．

　(1)　本章対象地域では，山脚部や湧水地帯で18世紀末までの水田開拓が見られる一方で，台地状の一帯では大規模灌漑工事および組織的入植の痕跡が多く見いだされた．後者は19世紀初頭以降，植民地権力およびレヘントが主導したと考えられるが，失敗例も多く見いだされた（仮説(4)の補強）．

　(2)　とはいえ本章対象地域では，既に1820年代末には，20世紀初めから現在にまで至る集落群の骨格が形成されていたと言え，比較的短期間に無視し得ぬ規模の新開水田地帯が出現したと考えられる（仮説(5)の補強）．

　(3)　その一方で郡別の夫役可能男子1人あたりのコーヒー引渡量の多寡は，輸送条件の好悪を最も強力な規定因子としており，大規模灌漑工事・入植の実施された郡ではむしろ少ない傾向にあった．夫役賦課に際して，現地人首長層と灌漑田耕作者との紐帯，さらには焼畑に対する水田耕作のメリットまでもが，副次的因子に留まったのである．このような状況下では，水田の所有関係を媒介とする夫役貢納制度に比べて，夫役貢納を人に対して賦課する旧来の方式の方が様々な条件を取り込むことが可能であり，コーヒーの安価な取得という植民地権力の第1の目的に，より適合的であったと言える（仮説(6)の補強）．

　(4)　1820年代の本章対象地域は，灌漑田化が可能な土地が広範に存在したフロンティアであり，労働力不足の中，経済生活の向上を動機とする流動性の高い移住者の入植がかなりのウエイトを占め，権力による抑圧よりは水田耕作

機会の提供など経済的利益や便宜の提供が，有効に機能する社会状況が出現していたと推定される（仮説(7)の状況証拠の提示）．ただし移住民にとって自給農業を行ないコーヒー栽培・輸送を受入れる以外の有利な選択肢は僅かだった．

以上本章の考察から，チアンジュール周辺のコーヒー生産地帯では，当時の技術水準および新開地における労働力不足を背景として，夫役労働を使用しつつも水田所有関係・権力による抑圧よりも，輸送条件の好悪や住民への経済的利益・便宜の提供がより強力にコーヒー生産を規定していたと考えられる．この側面において本章対象 8 郡の社会は，ホードレーの描く「封建的」社会とは異なる様相を呈していた．

註 [第15章]

1) オランダ政庁は，1804 年からプリアンガン地方全域で米穀生産を奨励したが，グデ山東麓では，その直後より水田開拓が急速に進展した [Haan 1910-1912: vol. 4 451]．その後 1820 年代には，上述 2 盆地は水田耕作普及政策の主要対象ではなくなっていたが，これは開拓が軌道に乗ったためであると考えられる．1820 年代初頭には，政庁の主要な関心はプリアンガン理事州内のバンドン，スメダン，リンバンガン-レヘント統治地域における米不足と，これらの地での灌漑工事に向けられていた [Algemeen Verslag 1824: 16; 1827: 6; 第 11 章第 3 節]．

2) 本章対象 8 郡の中心部にヨーロッパ人理事官の駐在する州都が位置するため，理事州内の他の地方に比べると，植民地権力の作成した地方文書が相対的に豊富であり精度も高い．

3) 本史料の史料批判については第 13 章第 2 節第 1 項参照．本史料で集落の総人口として示される数字は夫役可能男女に子供を加えた数値である．

4)「人口統計」中の集落には灌漑施設名以外にも，「女奴隷の丘」「貴族の占有田」「レヘントの馬の飼育人」など夫役貢納に関わる名辞を冠す集落が存在する．また 19 世紀末から 20 世紀初頭のプリアンガン理事州では，一集落が共同利用するような規模の堰の修復と管理は，堰に最も近い住民に任せ，報酬を与えるのが慣例であった [Bie 1901-1902: 34]．

5) 新たに水田を開くため最初に移住するのが，主に単身の男であったことによると思われる [第 11 章第 6, 7 節]．

6) ジャワ島の人口統計は 19 世紀初めから植民地期末期に至るまで女性が多くカウントされているが，これは一般に，夫役貢納，徴税を逃れるためであると考えられている．

7) 18 世紀初頭のチアンジュール近郊の堰が，本文と同様の地形にあり，川の湾曲点を利用して分水していることが史料から確認できる [Haan 1910-1912: Vol. 2 309]．なお，次項で述べる，この堰のパダカッティ郡における受益集落も，地形から判断して 2 集落のみであり，しかもそのうちの 1 つは所在不明である．

8) 本郡の所在不明集落は 1 つで，その人口は 215 人であった．a 夫役可能男子数が同女

子数を上回る集落 0，b 夫役可能男子数が同女子数の 3 分の 2 以下である集落 0，c 集落家屋数が夫役可能男子より多い集落 0 であり，安定した水田地帯である特徴を持つ．

9）チアンジュール-レヘント統治地域全域で人口 300 人を越える集落は 22，800 人を越えるものは州都チアンジュールを含めても僅かに 4 である．パダカッティ郡の集落規模は平均 190 人（3 位）であるが，この 3 集落を除くならば平均 157 人となる．

10）Wangoen はチアンジュール-レヘント統治地域では同名の集落がバヤバン郡にあり，やはり郡境に存在する．Wangoen はスンダ語では建物を意味するが，当時の本章対象 8 郡ではこの語を使用すべき建物が建設されていなかった可能性が大きい．残り 2 つの名称は①「上流ブニカシー（Boenikasih girang）」，②「下流ブニカシー（Boenikasih hilir）」である．スンダ語と言え，Buni-は，「離れた，隠れた」の意味をもち本章対象 8 郡でほかに地名として使われる例が一例ある．一方 kasih は「愛される，好まれる」といった意味を持ち，「人口統計」で他に集落名に使用された例はない．Boenikasih は地名としては東部プリアンガンに 1 例存在する［Haan 1910-1912: Vol. 3 100］．

11）本郡の所在不明集落は 5 であり，人口 99 人まで 2，100-199 人 2，200-299 人 1 であった．a 夫役可能男子数が同女子数を上回る集落 4（うち所在不明 2），b 夫役可能男子数が同女子数の 3 分の 2 以下である集落 0，c 集落家屋数が夫役可能男子より多い集落は 0 である．a のうち 2 つは主要な道路沿いにあり，いま一つは防備を連想させる㉔「要塞（Benteng）」（所在不明）の名を持つ集落であった．幹線道路沿いを除くならば安定した水田地帯である特徴を持つと言える．

12）チアンジュール，バンドン両レヘント統治地域では，1820 年代の交通の要衝に位置する郡において 5 万図で所在を確認できない集落の率が高い．これは 19 世紀半ばから開始される鉄道敷設が内陸交通体系を変えたためと考えられる．

13）本郡の所在不明集落は 15 であり，人口 99 人まで 11，100-199 人 4 であった．a 夫役可能男子数が同女子数を上回る集落 11（うち所在不明 3），b 夫役可能男子数が同女子数の 3 分の 2 以下である集落 7（うち所在不明 3），c 集落家屋数が夫役可能男子より多い集落は 0 である．a と b のほとんどが主要な道路沿いにあり，特に後者は，3 集落がゲックブロン峠付近にあった．そこで幹線道路を支える影響による夫役可能男子の集中とその逃亡や隠匿の傾向はあるものの，本郡も東北部で 1820 年代末までに安定した水田地帯を形成するに至ったと考えられる．

14）本章以下で使用する 5 万図の幹線道路が 1820 年代の幹線道路とすべて一致する保証はない．しかしプリアンガン地方は起伏が多いため効率的なルートが限られること，5 万図の幹線道路は 1820 年代の集落分布とも多くの地域で符合することから，2 者のずれは盆地底部平坦部でも 1～2km に留まると判断される．

15）本郡の所在不明集落は 9 であり，人口 99 人まで 4，100-199 人 3，200-299 人 2 であった．a 夫役可能男子数が同女子数を上回る集落 15（うち所在不明 4），b 夫役可能男子数が同女子数の 3 分の 2 以下である集落 0，c 集落家屋数が夫役可能男子より多い集落は 5（不明 2）である．a と c について所在が判明した集落はチプートリとチアンジュールを結ぶ幹線道路沿いに見られた．

　　南部にあると推定される所在不明集落は 5 であるが，そのうち 2 集落は夫役可能男子総数が家屋数の半数ほどであり（通常は 1 家屋あたり 1～2 人），かつそのうち 1 集落の名はこの郡唯一の水田にかかわる名称である「水田部落（Lemboer sawa）」であった．そ

こで南部では，現地人首長層が組織したであろう入植が実施されたが，高度な灌漑工事や用水管理を必要とする地形のために当時の開拓方式では全域を安定的な水田地帯に転換し得ず，1820年代には一部で生活維持が困難な世帯が出る状態にあったと考えられる．なお5万図では軍用道路南部の中央にTarikolot（過去に首長層が居住した集落）という名称を持つ集落がある．「上流の淵（Kedoeng hilir）」であった可能性がある．

16) 堰はカリアスタナ郡の集落「堰」の付近にあったと考えられ，カリアスタナ郡の西部およびパダカッティ郡西部を潤したと考えられる．堰に関わるこのような集落配置の型は，ペセール郡の集落「堰新村」，「危険な溜池」と同様である．

17) 本郡の所在不明集落は13であり，人口99人まで9，100-199人4であった．a 夫役可能男子数が同女子数を上回る集落33（うち所在不明8），b 夫役可能男子数が同女子数の3分の2以下である集落0，c 集落家屋数が夫役可能男子より多い集落は2（うち所在不明0）である．新しく開拓されている土地であることが窺われる．所在判明集落についてみると（1）ヌグリ＝チアンジュール郡西側では9集落のうちaが8であり，夫役可能男子が夫役可能女子より少ない集落は⑬「不毛の地（Nagrak）」（64人）のみである．（2）標高600m付近では3集落とも夫役可能女子が夫役可能男子より僅かに多い．（3）標高650m付近の5集落では人口100人台の3集落がaであった．（4）標高750m付近5集落はすべてaである．（5）標高800m以上の6集落では，aが3集落ある一方で，本郡に2集落のみ存在するcが2つとも存在した．これらの数値は全体的に近年に開発が始まった傾向を示す．さらにバヤバンという郡名は1812年に既に見えるものの，イギリス占領期間中（1811-1816年）に，チパク（Tjipakoe）郡に統合されていたことがわかる［Haan 1910-1912: vol. 3 131; Wilde 1830: 31］．そこで1821年までに郡が再分割されたのち，再度入植が行なわれた可能性がある［Register: 1821・8・9］．

18) 本郡には，18世紀半ばより郡の中心部にヨーロッパ人用の温泉療養所チバナスが置かれたので［Haan 1910-1912: Vol. 4 116-119］，療養所への食糧供給の必要から水田耕作の普及が加速した可能性がある．

19) 本郡の所在不明集落は9であり，人口99人まで8，100-199人1であった．a 夫役可能男子数が同女子数を上回る集落25（うち所在不明3），b 夫役可能男子数が同女子数の3分の2以下である集落0，c 集落家屋数が夫役可能男子より多い集落は0である．a は，チプートリ盆地の東南部でチカロン盆地へ通じる渓谷の入口付近，同西南部からチアンジュールへ向かう幹線道路沿いに存在し，重要な道路の影響による夫役可能男子の集中，なかでもコーヒー輸送に関わる集中が考えられる．

20) その根拠として，植民地権力の開拓推進意欲および灌漑工事の痕跡が挙げられる．本郡は1812年には2郡に分けられていた．その郡名は本文で述べた第1の中心地にある㊺チハラハス（Tjiharahas）と盆地底部中央部の㊵チレンジョム（Tjirenjom: 正確な位置不明，同名の小川あり）の名が取られた［Haan 1910-12: Vol. 3 131］．ただし盆地底部の開拓は全域で成功したとは言えず，このことが1817年までに上述両郡が統合される原因となったと考えられる［Wilde 1830: 31］．

また確認できる灌漑工事の痕跡は次のようである．本郡では盆地底部の集落は概して狭い水田地帯に面した丘にあり，長い水路は5万図でも2～3確認できるのみである．しかし底部でも平地のやや多い東北部では，小川から分水され㉘「職田（Bengkok）」方面と㉓「丸丘（Pasir boender）」に至るそれぞれ1kmほどの水路が存在する．この一帯は

地図 15-6 では集落の分布が比較的密な地域であるが，チアンジュール川，チコンダン川の峡谷が深くなって簡単に取水できない地域でもある．そこで上述 2 集落は，おそらく植民地権力あるいはレヘントの主導で用水路が建設された後に成立したと考えられる．一方，5 万図では郡の中央北部に一面に水田化した比較的広い平地があり，集落チレンジョムもここに位置したと推測される．この平地には集落番号から判断すると 14 の集落が存在したと考えられるが，その中には人口 200 人以上の集落が 1，100 人以上の集落が 7 含まれ，人口の平均は 105 人に達した．さらに集落番号①～⑦の 7 集落のうち 4 つの所在判明集落は皆ここにあること，⑤「塔（または標柱：toegoe）」という集落名がみえることから，この平地は 1820 年代末にもオランダ政庁によって本郡の中心地帯と見なされていたと考えられる．しかしこの平地における人口 100 人以上の集落のうち 4 つが所在不明（含チレンジョム）であるうえ，これらを含めた「人口統計」掲載集落の所在判明率は 64%に留まった．これに対して郡の東部に位置する「人口統計」掲載 31 集落は，平均人口が 56 人と小規模でありながら所在判明率は 87%であり，上述の平地の開拓は重視されたものの不安定であったことが分かる．その原因は，半ば台地状でありかつ水源が限られているにもかかわらず，多数の住民が入植したためと推測される．

21) このことは，夫役可能男子数と同女子数の比率，家屋数と夫役可能男子数の比率からも見て取れる．本郡の所在不明集落は 19 であり，人口 99 人まで 12，100–199 人 7 であった．a 夫役可能男子数が同女子数を上回る集落 16（うち所在不明 3），b 夫役可能男子数が同女子数の 3 分の 2 以下である集落 2（うち所在不明 1），c 集落家屋数が夫役可能男子より多い集落は 7（うち所在不明 2）である．a は，本郡の中心地帯より南の主要道路が交差する付近，および東部の集落「職田」および「丸岡」の西南に多く存在し，主要な道路付近の集中および開拓地における集中であると考えられる．b はいずれも西部に存在し，c は，東部に 2，中心地帯より南に 4 存在した．

22) その根拠の第 1 として堰建設工事に関わる集落名の存在がある．㊼「堰新村」がチブラゴン郡との境界上に存在する以外は所在不明であるが，集落番号から考えて「堰」集落は集落マレベルの南部，2 つの「堰新村」は，所在判明「堰新村」付近およびヌグリ=チアンジュール郡の南側に存在したと推測される．加えてこの 4 集落は，それぞれその付近に所在不明集落 4 ～ 6，およびこれと一部重複しながら，家屋数が夫役可能男子数より多い集落 3 ～ 6 を抱えていた．以上は，これらの堰周辺の集落の住人による水田耕作が安定せず，すでに 1820 年代末に生活の維持が困難な世帯が存在したことを窺わせ，1824 年に理事官が，マレベル郡において水源である河川の水不足による不作を報告していることと符合する［Algemeen Verslag 1824: 18］．

第 2 の根拠として，チケトク郡同様，郡編成のあり方に植民地権力の開拓推進への意欲が認められる．本郡もまた 1812 年には 2 郡に分けられていた［Haan 1910–1912: Vol. 3 131］．郡名は「人口統計」中の㉛「チヒデン（Tjihideng）」および(89)「ナンゲレン（Nangeleng）」でいずれも所在不明集落であるが，集落番号から判断して，それぞれヌグリ=チアンジュール郡付近，および集落マレベルより東の盆地中央部に位置したと判断できる．そしてこの 2 郡もまた 1817 年までには統合された［Wilde 1830: 31］．

さらに第 3 の根拠として，本郡のうち集落マレベルより下流および南部の盆地底部では，組織的かつ大規模な入植によって開拓が行なわれたことが窺われる．この郡全体の集落規模は平均 55 人（19 位）と小さいが，その中で㊿「マレベル」は 441 人と圧倒的な

大きさを誇る．その他の大集落は 200 人台が 1，100 人台が 14 あるのみである．そして人口 100 人以上の集落はあたかも集落マレベルを中心として円を描くかのように散らばり，さらに 100 人以上の集落のうちの 7 つと集落マレベル自身が，下流の小集落群に用水を供給する水路に隣接して存在する．集落「堰新村」(148 人：所在不明) もこの用水路上に位置していた可能性が高い．また以上の地域と異なりチアンジュール川から取水する本郡南部では，人口 100 人以上の大集落はおおよそ 10～10 数集落毎に間隔をおいて分布し，このうち丘の多い東南端の大集落の名は⑯「マレベル新村」であった．このように本郡では極めて広い範囲で組織的な入植を窺わせる痕跡が認められるが，このような規模の入植は，植民地権力，少なくともレヘントのバックアップなしには不可能であったであろう．

23) 本郡の所在不明集落は 42 であり，人口 99 人まで 12，100-199 人 7 であった．a 夫役可能男子数が同女子数を上回る集落 29 (うち所在不明 14)，b 夫役可能男子数が同女子数の 3 分の 2 以下である集落 0，c 集落家屋数が夫役可能男子より多い集落は 27 (うち所在不明 7) である．所在が判明した集落については，a は集落マレベルよりチアンジュールよりにやや多く，c 南部でチアンジュールに近い一帯と集落マレベル付近に多かった．後者は住民負担の過重が推測される．

24) チアンジュール盆地全体では，このほかチコンダン郡で集落「堰新村」およびその周辺の集落が所在不明である事例が 1 例，チブラゴン郡で灌漑工事の受益集落がほとんど存在しない例が 1 例存在した．

25) たとえばジャワ島中東部におけるジャワ戦争 (1825-30 年) の戦局がオランダ優位に転換した 1827-28 年には，プリアンガン理事州において著しい人口の増加が見られたが，チアンジュール-レヘント統治地域では 26 年から 27 年の 1 年間に約 3 万人の人口増加が認められたのである [Algemeen Verslag 1827: 1]．そこで 18 世紀末からの 3 倍以上の人口増加は，その無視し得ぬ部分が移住者の定着による人口増であった可能性がある．

26) カリアスタナ郡，バヤバン郡も後者に属すと考えられる．

27) 郡を越えた労働力の移動は認められるが，チコンダン郡を除くいずれの郡もコーヒー生産あるいは米穀生産において重い負担を負っており，本文の議論が不可能になるほど大規模な移動が起きる可能性は少ない．

28) バヤバン郡は，夫役可能男子 1 人あたりに期待されていたコーヒー引渡量は 2.92 ピコルと上述諸郡の中で飛抜けて高かった．これはバヤバン郡が本項での議論の例外となることを意味するが，この郡は 1820 年代後半には，未だ妥当な引渡予定量が算出し得ない状態にあったと考えられる．バヤバン郡は開発が技術的に難しい地域に比較的新しく入植が開始された郡であったほか，1836 年においても 20 年代末に設定された郡の引渡予定量の 3 分の 2 を引渡すのみであったのである [Algemeen Verslag 1836: 巻末統計]．

29) 当時チタルム (Tjitaroem) 峡谷経由でバタビアに至る新ルートが開発されていたが，このルートは全般に起伏が多いうえ，峡谷に至るまでにチアンジュール盆地底部・チクンドル (Tjikoendoel) 川流域の小盆地底部など開析の進んだ地域で何度か渡河せねばならず，優良ルートとは言い難かった [第 17 章第 3 節第 1, 2 項；Algemeen Verslag 1823: 6-7]．

30) 首長層所有田で新たに生まれた水利施設や土地権に関わる関係は，この夫役貢納を人に賦課するシステムの中に取込まれていたと考えられる [第 11 章おわりに]．この輸送の便と自給農業の種類の組合わせによるコーヒー生産郡の設定はバンドン-レヘント統

治地域においても顕著である［第14章第3節］．

31）たとえばチアンジュール-レヘント統治地域において1804年と1807年に住民の逃亡が報告されているが，その理由はそれぞれ，コーヒー農園内に食用作物を植えることを禁止されたこと，および1世帯あたりの植付本数が重荷に感じられたことであった［Haan 1910-12: Vol. 3: 593-594, 618］．1820年代にはプリアンガン理事州外から大量の移住があったが，移住の動機は既に述べたようにより良い耕地の取得，あるいはより軽い夫役貢納義務にあった．また現地人首長層の抑圧にあった場合の主な抵抗手段は，やはり水田を捨てて移住することであった［Algemeen Verslag 1823: 2; Algemeen Verslag 1824: 3］．

32）ファーニバルの定義によれば「複合社会」は，「ある政治的統合体の内部に，宗教・言語・生活集団を異にする各集団が生産のためにそれぞれ異なった役割を与えられて存在し，集団間に共通の公共的意志がなく，集団間の関係は経済作用によってのみ支配される社会」［Furnivall 1944: 448-459］である．

1820年代のプリアンガン理事州の人口統計表には，夫役賦課の対象である住民のほか，ヨーロッパ人，中国人，現地人首長層各層，アンボン人，マレー人，ブギ人，バリ人の各コラムがあった．これらの人々は州都ほか政治・経済の拠点集落に集住していたので，州都をかかえるチアンジュール-レヘント統治地域には特に人数が多かった［Algemeen Verslag 各年巻末人口統計］．ヨーロッパ人はキリスト教徒で圧倒的多数が植民地官吏であった．中国人は商人で日用品を販売し，その多くは中国人固有の宗教を信奉していたと考えられる．レヘント以下の現地人首長層はイスラム教徒で住民統治を行ない，アンボン人はキリスト教徒で植民地軍の兵士であった．マレー人，バリ人，ブギ人については子細不明であるが，おそらくバリ人は奴隷であり，その他は商業に携わっていたと思われる．また人口統計のコラムには現れないが，この地方ではアラビア人も商業に従事していた［Algemeen Verslag 1827: 1-2］．さらに統計のコラムではエスニシティに言及されていない一般の住民も一枚岩ではなかった．多くはスンダ語を話すイスラム教徒のスンダ人であったが，1820年代に急増した移住者はバタビア，バイテンゾルフ，チルボンなど近郊の理事州に加えてジャワ島中部のマタラム王侯領よりも来ており，ジャワ人，マレー人などが多数存在したと考えられる［Algemeen Verslag 1823: 2］．

第16章

グデ山南麓4郡の開拓
―― 様々な農業開発の組み込み ――

1 ── はじめに

　本章は，1820年代後半にチアンジュール–レヘント統治地域に属したグデ山南麓4郡の開拓を考察するものである．すなわち，コーヒー生産が盛んでありながら，焼畑耕作も盛んであった郡の水田開拓を検討する．この4郡については，バイテンゾルフおよびチアンジュールのレヘント居住集落から近いこと，および1813年から1823年まで「私領地（particuliere landerijen）」であったことによって記述史料が相対的に豊富である．そこで第2節では記述史料を利用してこの4郡の農業開発を概観し，第3節以降において第15章と同様の検討を行ないたい．本章で補強されるのは，本編の冒頭で示した仮説のうち，仮説(2)輸送が大事業であり，コーヒー引渡の最大のボトルネックであるが，輸送条件には地域差が極めて大きいこと，仮説(3)1790年代以降の輸送においてチュタック長の居住集落が主要な結節点となったこと，仮説(4)水田開拓に関わる工事組織者が時代によって異なること，仮説(5)世紀の変わり目頃に主要な食糧生産の方式が水田耕作となったこと，そして仮説(7)現地人首長層は入植者との紐帯を強めるために農業信用の供与や灌漑施設の用益件を使用したこと，である．これに加えて本章の検討から，コーヒー栽培夫役に直接結びつかない水田開拓や入植の広範な存在が具体的に明かとなり，プリアンガン地方の次の時代の萌芽をさぐる端緒を得られた．

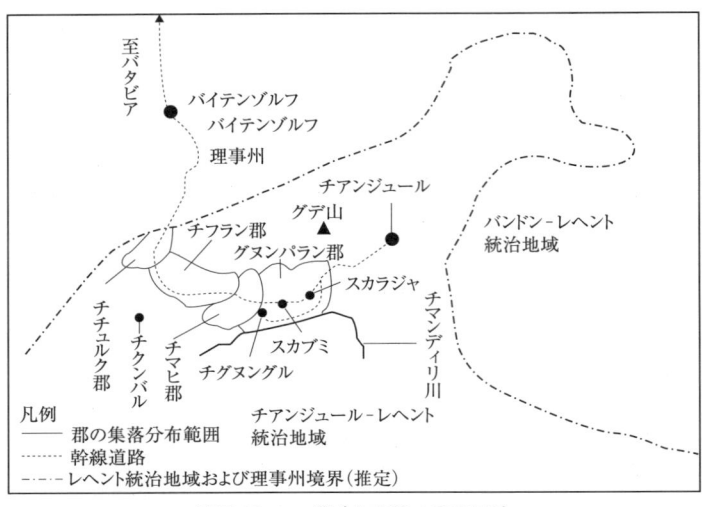

地図16-1 グデ山南麓4郡の所在

2 ── グデ山南麓4郡の開発史

　1709年に東インド総督がプリアンガン地方を旅行した時，この4郡の一帯は一面の森であり，本章対象地域の東端に位置する峠から，チチュルク郡の中心部までの道沿いには，チチュルクを入れても5つの集落とその周辺の焼畑が記録されるのみであった [Haan 1910-1912: Vol. 2 313-314]．その後1730年代初めにおいても，この一帯で開拓が進んでいるという記述はなかった [Anonymous 1875 I: 3; Haan 1910-1912: Vol. 2 462]．しかし1777年のVOC職員の旅行記によれば，グデ山南麓の幹線道路沿いに水田および用水路が散見され，乾期作も行なわれていた [Anonymous 1856: 169-172][1]．

　また18世紀後半には，コーヒー栽培が盛んになるとともに，バイテンゾルフの市場（パサール）を請負う中国人による，商業・金融支配が浸透して行ったと考えられる．18世紀末までに，チアンジュールのレヘントは，バイテンゾルフの市場を請負う中国人と結託して統治地域内の塩販売とアレン椰子砂糖集荷を独占して利益をあげていた．これに対してオランダ政庁は，1790年代末から19世紀初頭にかけて，中国人の独占を維持したままでレヘントの独占を解除する施策を実施した [Jonge 1862-1888: Vol. 11 364-365; 第13章第3, 4節;

Haan 1910-1912: Vol. 4 597-598].

　そののち本章対象4郡は1813年から1823年の間,私領地として,A. デ=ウィルデの経営下にあり,農業開発が行なわれた.彼はプリアンガン地方の住民の言語であるスンダ語に堪能で現地の事情に明るく,ヨーロッパ人として当代随一のプリアンガン通であった.彼はプリアンガン地方の農業開発関係者を利することを目的に,現地事情を執筆し,1830年にこれを著書として刊行した[2].ウィルデの著書は,プリアンガン地方開発の提言書であり,私領地経営弁護の書とも言えるが,その中で彼は私領地経営を次のように述べている.

　ウィルデはこの4郡からなる私領地に居住している人々が一つの名の下に一つの世帯(huisgezin)の如く統合されるようこの地をスカブミ(Soekabumi)と命名し,居住者がスカブミ人(orang Soekaboemi)と呼ばれるよう願った.そしてすべての首長達,および集落毎に1～2名の長老(kokolot)を召集して,通訳を介さずにスンダ語で会合を持ち,住民の財産保全と首長の恣意的収奪の廃止を徹底させた.貢納は米,綿,katjang mienjak(落花生の可能性が高い.直訳は油豆)の5分の1を徴収し,コーヒーおよび椰子砂糖については,これまでレヘントが得ていた手数料および専売の利益を私領地所収者が得ることとした.米穀の貢納については,既に開田されているすべての水田の面積を測量させ,平年の収穫量を算出して貢納の量を決め,水田所有者・水田面積・水田の等級・貢納量などを記した台帳を作成させた.一方,焼畑と陸田は収穫毎にその5分の1を納めさせた.米穀貢納は現金あるいはコーヒーで納めることも可能とした[Wilde 1830: 199-207].

　さらにウィルデはタバコおよび胡椒栽培を導入し,牧畜を振興させたほか,水田を開墾する者には必要な品を貸与した.道・橋を補修し,灌漑用水路を開削したが,用水路については私領地所有者の費用で開削したことを強調している.さらにスカブミに自らの費用でモスクを建設し,集落ランバイ(Rambay: チマヒ郡所属)にある宗教学校を補修した.また各地を巡回し,集落の周りにはココヤシなどの果樹,竹,そしてコーヒーなどを植えさせたと述べる[Wilde 1830: 207-209].なかでも彼はアレン椰子砂糖の増産に力を入れた.この椰子砂糖を独占的に買上げることによって,早くも1814年にチチュルク,チフラン郡のみで4,000ピアストル(Spaans matten)の利益をあげていたというが,これは少なく見積もっても2,000ピコル以上の生産を意味する.利益額から推測すると,1821年および23年もほぼ同水準の生産量であったと考えられる

[Haan1910-1912: Vol. 1 293, Vol. 4 502; Algemeen Verslag 1823: 35][3]

　このような政策の結果，現地人首長および住民達の生活は向上したと言う．米穀，椰子砂糖，コーヒーの生産が増大し，人口も増加した．近隣そして遠方から多くの世帯（huisgezinen）がこの地に移住し，貢納が重く恣意的収奪が激しい政庁直轄の郡からは，首長達がその配下の集落の住民全員とともに移住してくる場合すら存在した．スカブミでは増加する移住者によって，多くの新しい集落が設立され，見捨てられていた土地に人口が戻ったと言う［Wilde 1830: 209-212］．

　ウィルデは灌漑田開拓について次のように述べている．

　彼は日雇い労働を利用して用水路建設工事を組織した．このうち巨大なものとして，1819年以前に完成したチコラウィン川（Tjikolawing: 場所不明）の工事があり，その水路は全長7.5kmで，ボートで航行可能であったと言われる［Haan 1910-1912: Vol. 1 292］．ただしウィルデは，工事の具体的組織については，地域に即した知識を持つヨーロッパ人がいないため，現地人首長層と現地人の水利職人（malim）に主導させる方法を提唱していた［Wilde 1830: 45］．

　さらに彼によれば，各レヘント統治地域には，水田耕作やその他の耕作に適した山麓と平地が開拓されないままで存在しているが，その理由の一つに，これらの土地がレヘントや郡長の狩り場として使用され，耕作が禁じられていることが挙げられる．この地方では狩り場には悪霊が住み，耕作すると祟るという迷信があるが，スカブミの様々な場所で，イスラム役人の行なう儀礼によってこの迷信を払拭したと言う［Wilde 1830: 40-41][4]．

　さらにウィルデは，開拓促進のために開拓者へ金品をも援助した．「近隣の郡からの移住者には，水田にする土地が与えられ，さらに必要なものはすべて提供される」［Wilde 1830: 212-213］．「新しい水田を拓こうとする者で，農具，水牛，そして種籾すらも持ち合わせない者は，これらを提供され，その後の収穫の一部から分割払いで支払う」［Wilde 1830: 208］．これらの記述は，水田開拓にあたり「この地では土地，水，水牛，農具，そして必要であるならば，食住が提供される」［Haan 1910-1912: Vol. 4 507］と言うスカブミに駐在した官吏の1821年の報告とも一致する．なおヨーロッパ人達は，水田開拓者として，多くの場合，水田耕作技術を持つ移住者を想定していた．

　一方ウィルデは私領地内の焼畑民について，その生活は不安定，危険，かつ惨めであるとの認識を持っていた．焼畑民を水田耕作者にするために，一般に

は上述の方法が採られたが，特例としてウィルデが自らの費用で水田・水牛・農具を与える場合もあった．こうすることによって定着の初年から世帯の構成員全員を養えるようになると言う．そして次のような焼畑民の定着法を政庁に提案している．すなわち灌漑可能な土地に，誰かに請負の形で水田を造成させたのちに焼畑耕作民を集め，集落を設立できる土地を示して森へ帰ることを禁止する．こうすると1〜2年で帰還しなくなると言う [Wilde 1830: 133-134, 222-223]．

開拓後の貢納の賦課についてウィルデは，水田には2年または2収穫まで賦課しないのに対して，焼畑，陸田には初収穫から賦課した [Wilde 1830: 225]．また耕地所有についてウィルデは，自らが私領地所有者であるにもかかわらず，水田は住民が所有者 (eigenaar) であり，所有 (bezit) すると観念していた [Wilde 1830: 219, 204-205]．このことは1821年にスカブミ駐在の官吏が，水田耕作民は父や祖父がすでに所有者 (eigenaar) であった水田にしがみついており，水田は世襲相続されると考えられる，と報告していることと一致する [Haan 1910-1912: Vol. 3 216]．

以上のウィルデによるスカブミ開拓の検討は，史料のほとんどを，自画自賛をメッセージとする彼自身の著書に依拠するという限界がある．しかしウィルデの施策によって，この地における農業が拡大した可能性は大である．1820年代はじめにオランダ政庁がこの私領地を敵視したことは，私領地が注目に値する富の生産に成功し，これをウィルデが享受していたことを示そう．さらにウィルデに必ずしも好意的ではない植民地史家ハーンもまた，ウィルデ経営下における農業開発・管理強化によって，経済的活動の向上があったと述べる [Haan 1910-1912: Vol. 1 291]．

ところで，1818年以降のオランダ政庁のプリアンガン地方統治は，商業政策の側面では，ウィルデが行動を共にしたダーンデルス，ラッフルズの政策と異なるものであった．オランダ政庁は早くも1821年に中国人その他の東洋外国人の滞在，活動を許可制にして厳重に管理するようになり，中国人の経済力を自由に発揮させようとするラッフルズらの政策を転換させた．また買戻し後の旧私領地は，プリアンガン地方の植民地文書を見る限り，レヘント統治地域下のその他の郡と全く同様に処遇された．

しかし農業に関する政策については，オランダ政庁はウィルデの方針を大きく変更することはなく，むしろ踏襲したと考えられる．アレン椰子砂糖を例に

取ると，オランダ政庁は私領地買戻しの後に，椰子砂糖をコーヒーに次ぐ財源と見なすようになった．産地として旧私領地であるスカブミを重視し，1824年にはスカブミから3,253.4ピコルを買上げた［Algemeen Verslag 1824 巻末統計］．その後プリアンガン地方の椰子砂糖生産がピークを迎えたのは，強制栽培制度期（1830年-1870年）であった［Klein 1932: 100］．またコーヒーと米穀も，ウィルデの経営下で生産が増加したと考えられるが，20年代後半にはさらに増加率が拡大した［Algemeen Verslag 1824-1830 巻末統計］．こうしてみるとウィルデによる私領地経営は，18世紀末から19世紀初めにかけての貿易および政治的混乱に由来する，プリアンガン地方の経済混乱を修復し，その後の政庁主導の経済開発の出発点となったと考えられる．

　以上，1820年代前半の4郡について主にウィルデの記述に依拠して次の特徴を得た．(1)この地域で植民地勢力が水田開拓を奨励し，植民地勢力が大規模灌漑工事を行なった．(2)ウィルデは大規模灌漑工事を自らの資金で行なったほか，水田造成を行なう住民に資金や必要資材・日用品提供の便宜を図った．(3)「私領地」内部でも水田の所有者は現地人首長でなく住民と認識されていた．そして(4)作物はコーヒーと水稲に限らず，タバコ，アレン椰子，胡椒から竹，ココヤシ，果樹栽培なども奨励された．

　次節では，主に(1)と(4)につき面的，数量的側面から検討する．

3 ── 1820年代グデ山南麓4郡の概況

　チアンジュール-レヘント統治地域25郡の中でのグデ山南麓4郡の特徴をみると，グヌンパラン，チマヒ，チフラン3郡が引渡量1,500ピコル以上のコーヒー生産拠点郡であり，またチチュルクは輸送拠点郡としての特徴を持つ（表16-1参照）．

　前3郡は郡面積の比較的広いコーヒー生産郡であり，そのうちグヌンパラン郡のコーヒー引渡予定量9,000ピコルは，チアンジュール，バンドンの両レヘント統治地域中最大である．夫役可能男子1人あたりのコーヒー引渡予定量も2.25ピコルと両レヘント統治地域中第3位であった．しかしそれにもかかわらず，米穀貢納負担者中の水田耕作者の比率は66%とチアンジュールのコーヒー生産郡11郡中，2番目に低かった．

表 16-1　グデ山南麓 4 郡の性格

郡　名	コーヒー引渡予定量（ピコル）	1836年のコーヒー生産量（ピコル）	郡の面積（km²）	人口（人）	人口密度（人/km²）	夫役可能男子（人）	コーヒー引渡予定量／夫役可能男子（ピコル／人）	貢納負担者米穀総生産量（チャエン）	水田耕作者／貢納負担者（％）	貢納者米穀総生産量／貢納負担者（チャエン／人）	貢納負担者（人）	夫役可能男子／貢納負担者（人）	貢納者米穀総生産量／人口（チャエン／人）	夫役可能男子／夫役可能女子（％）
グヌンパラン	9,000	10,525	161	14,358	89	3,991	2.25	9,196	66	5.2	1,752	2.2	0.64	86
チマヒ	2,000	2,739	202	8,091	40	1,872	1.06	3,851	80	6.0	642	3.0	0.47	83
チフラン	1,800	1,346	209	3,213	15	957	1.88	2,880	64	6.4	447	2.1	0.89	96
チチュルク	700	945	93	8,299	89	2,396	0.29	3,660	69	5.5	666	3.5	0.44	93

出所：表 14-1

　これに対してチマヒ郡は，コーヒー引渡予定量 2,000 ピコル，夫役可能男子 1 人あたりの引渡予定量 1.06 ピコル，チフランはそれぞれ 1,800 ピコル，1.88 ピコルであり，この数値は上述コーヒー生産郡 11 郡中，中位から下位に位置していた．一方，米穀貢納負担者中の水田耕作者の比率はそれぞれ 80，64％で，上述 11 郡中 8 位と 11 位となり，グデ山南麓では水田耕作の普及率とコーヒー栽培の負担とが必ずしも相関していないことがわかる．

　さらにチチュルク郡は，コーヒー引渡予定量 700 ピコル，夫役可能男子 1 人あたりの引渡量 0.29 ピコルと低く，また米穀貢納負担者中の水田耕作者の比率が 69％である一方で，バイテンゾルフ理事州と隣接する交通の要衝にあり，夫役可能女子に比べて夫役可能男子の人口が多いなどの特徴を有していた［第 14 章第 2 節］．

　この 4 郡において植民地権力が掌握し得た住民は，1777 年から 50 年ほどの間に大きく増加した．表 16-2 は，1777 年の郡別人口調査と，「人口統計」とを比較したものである．グヌンパラン郡をみると，集落数で 1.9 倍，家屋数で 4.8 倍，1 集落毎の家屋数も，5.8 家屋であったものが，15.4 家屋と増加した．グヌン

表 16-2 オランダ植民地権力の掌握人口

1777 年			1828 年		
郡　名	集落 (kampoeng)	家屋 (huis)	郡　名	集落 (kampoeng)	家屋 (huis)
グヌンパラン郡	92	539	グヌンパラン郡	174	2,681
チマヒ郡	115	515	チマヒ郡	122	1,856
パガドンガン郡	125	517	チフラン郡	79	840
（Pagadoengan）			チチュルク郡	111	1,431

出所：Jonge 1862-1888: Vol. 11, 364-365; Statistiek Handboekje 1828

　パラン以外の郡はこの期間に郡編成が変化したので一括して比較すると，集落数が1.3倍，家屋数は4倍で，増加率はグヌンパラン郡よりやや低くなる．ただし1集落毎の平均家屋数は，4.3家屋から12.2家屋へと，グヌンパラン郡と同様に大きく増加している．「人口統計」掲載のチアンジュール-レヘント統治地域25郡において，集落毎の平均家屋が10未満の郡は，焼畑が卓越した郡であることがわかるので，家屋の増加は焼畑の卓越した状態から水田稲作を主要な食糧生産形態とする状態への移行を推測させる．

　なお，灌漑に関わる集落名は各郡で確認されたが，画一的な地名が存在するのは，グヌンパラン郡のみであった．「カバンドンガン（kabandoengan: 堰）」は，グデ山東南麓およびチアンジュール盆地底部にみえる集落名であり，その建設年代は19世紀初めと推測される［第15章第2節第3項，第3節第1, 5, 8項］．この名を持つ集落はグヌンパラン郡に3あるが，そのうち1集落はスカブミのすぐ上流に存在するので，ウィルデの統治期（1814-23年頃）に成立した可能性が高い．このほか，必ずしも溜池を指すものではないが「池集落（Lemboer Sitoe）」の名称を持つ集落が，スカブミの北に1，西の郡境付近に2，南の郡境付近に1存在し，その場所から考えて溜池である可能性が高い[5]．

　このように人口増加に加えて，ウィルデが中心集落としたスカブミを郡都とするグヌンパラン郡に灌漑に関する集落名が集中していることから，本章対象4郡のなかでは，18世紀末から19世紀初めにかけての水田開拓の中心がグヌンパラン郡であり，開発が短期間に集中的実施されたことが推測される．

　以下，第15章と同様の史料と方法で各郡の開拓状況を考察し，1家屋あたりの夫役可能男子数などの数値については註で検討する[6]．

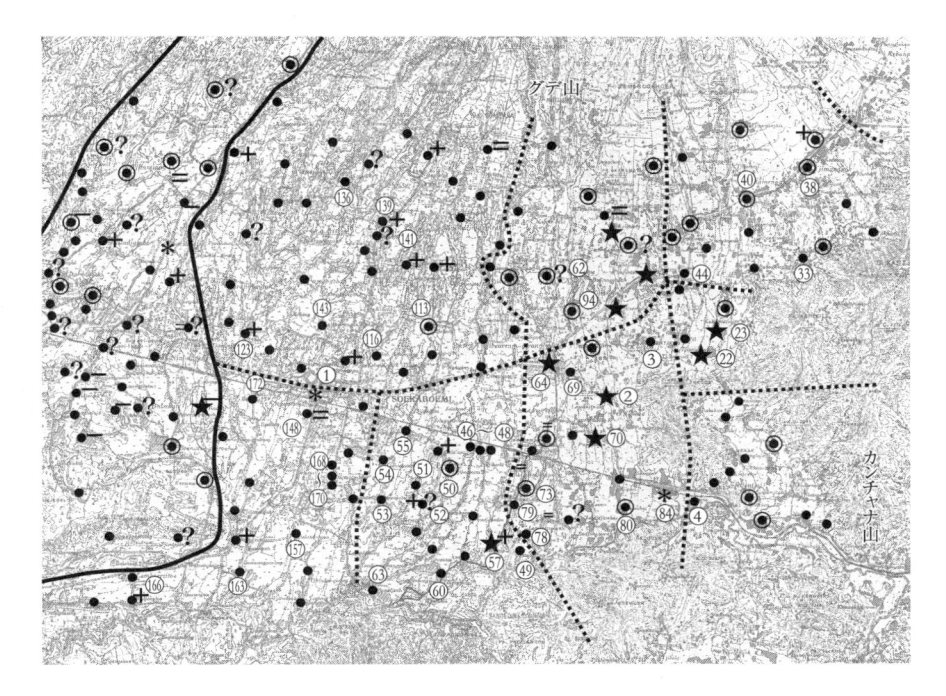

- 　●　　人口99人までの集落
- ◉　　人口100-199人の集落
- ★　　人口200-299人の集落
- ＊　　人口300人以上の集落
- ？　　集落名の一部のみ符号あるいは集落番号を考慮すると位置がやや不自然
- ＋　　夫役可能男子が同可能女子より多い集落
- ＝　　夫役可能男子が同可能女子の80％以下の集落
- －　　家屋数より夫役可能男子数が少ない集落

地図 16-2　グヌンパラン郡の集落分布

4 ── グヌンパラン郡

「人口統計」掲載集落でグヌンパラン郡に分類される174集落中，152の所在が判明した．所在判明集落は，グデ山南麓に広く分布し，東はグデ山とカンチャナ（Kantjana）山鞍部まで，西はチグヌングル（Tjigoenoenggoeroe）川，南はチマンディリ（Tjimandiri）川を境界とする（地図16-2参照）．1集落あたりの平均人口は83人で，チアンジュール-レヘント統治地域20郡中，13位である．

「人口統計」では郡毎に各集落に番号が付されており，ほとんどの場合，番号の近い集落は地域的にまとまりをもって分布している．これは郡の下位行政単位ごとに統計の集計が行なわれていたためと考えられる．そこで以下，集落番号の若い順に，集落分布範囲の地形を検討する．

　グヌンパラン郡で番号1を付された集落は，標高およそ600mの郡都「スカブミ Soekaboemi: 好む＋土地あるいは住民」(511人) である．プリアンガン地方でスカの付く集落名は現地人首長層あるいは植民地権力によって建設された集落であることを示す．また郡都故に集落リストの最初に記されたと判断される．さらに②「赤い水 (Tjibeureum)」(290人)，③「ククチェン (Keketjeng:「きつく張る」の意か)」(69人) は，スカラジャの東に飛び離れて分布しているが，18世紀半ばまで使用された旧幹線道路上の重要拠点であったのではないかと考えられる．

4-1　スカラジャ東南部

　④から㉘の集落は，カンチャナ山の西側に分布する．そのうち④〜⑲ (または㉑) の集落多くは，グヌンパラン郡東南端の小盆地内に見いだされる．この盆地の底部は南北4km，東西2kmほどで，標高は580m〜650mである．底部の傾斜は緩やかで5万図では一面の水田である．盆地を囲む山から流れる小川は盆地中央部で合流した後，底部南端を流れるチマンディリ川に注ぐが，5万図からは用水路など比較的大規模な灌漑工事の痕跡は確認できない．集落の多くは盆地底部の西端の山脚部および小川のほとりにある．人口100人を越える集落は，盆地底部中央の小川のほとりに1 (165人)，およびチマンディリ川近くに2 (109人，153人) 存在するが，集落あたりの平均人口は70人弱と郡平均より低めである．集落名をみると，盆地内にあって意味が判明する集落名はすべて動植物・自然地形を示す．さらに「痩せた土地 (Nagrak)」，「野原 (または畑地 : Tegal)」などの名があるところから，灌漑工事なくして水田化し得ない土地もあったと思われる[7]．

　以上，この一帯では大規模な開拓は行なわれず，山脚部・小川のほとりなどで小規模な開拓が積重ねられつつあったと考えられる．水田開拓開始期は不明であるが18世紀半ばなど早い可能性もある[8]．

　第2のグループである⑳ (あるいは㉒) から㉘の集落は，上述の盆地の北，カ

ンチャナ山西側のグデ山スロープ上に分布する．標高は650〜800mであり，傾斜は上述の盆地底部よりやや急であるが，5万図では一面の水田である．この一帯から湧き出る泉は西北部に3つあるものの，この一帯を主に潤すのはグデ山の標高1,000mほどの険しいスロープに端を発する3本の小川である．5万図ではこれらの小川の水はこの一帯で分水されている．所在判明集落はこれらの小川・水路沿いにあり，人口200人以上の集落が2，100人台が2，残りの集落も1つを除いて70人以上である．㉓「堰（Kabandongan）」（201人）が用水路の分岐点の下流にあり，さらに下流には㉒「チプリアンガン（Tjiprijangan）[9]」（227人）がある．水田開拓は早ければ18世紀半ばには始まったと考えられる[10]．加えて㉓「堰」があることから，グデ山東南麓のカリアスタナ（Kaliastana）郡と同様に，19世紀初めにさらに灌漑工事が行なわれたと推測される［第15章第3節第1項］．そして集落規模そのほかの数値から判断するならば，1820年代末には開拓後一定の時が経ち，安定した水田地帯となっていたと考えられる[11]．

4-2　スカラジャ東北部

㉙〜㊺の集落は，5万図のチアンジュール-バイテンゾルフ間の幹線道路付近の標高800mほどの一帯にあり，東はスカラジャ東南部の北から，西はペセール郡に属する集落ゲックブロンの手前までに分布している．5万図では幹線道路以南はほぼ水田であるが，幹線道路以北は水田が少ない．西半分で地表の20〜30%が水田であり，東半分では皆無である．この一帯は全般的に小川・湧水が少なく，用水路など灌漑工事跡も認められない．特に東半分には小川は存在せず，所在判明集落のなかで幹線道路よりはずれて南に存在する集落4つのうち3つまでがカンチャナ山の山脚部にあるので，水田があるとすればカンチャナ山からの水を利用していると考えられる．一方西部の集落はみな小川のほとりにある．

集落規模をみると人口100人台の集落7つのうち5つが幹線道路上にあり，しかも東部西部にそれぞれ2，中央に1と，小川の分布とは無関係に存在する．集落名をみると，灌漑・水田に関わる名称が存在しない一方で，鞍部には㉝「セレーの生える野原（Tegalsareh）」（34人），および首長層の狩り場に由来するであろう㊵「スカマララン（Seokamararang: 好む＋禁止の意味）」［Wilde 1830: 41］

(163 人) があり，荒野であったことがわかる．さらに幹線道路上には，㊹「大工の使用する定規 (Pasekom)」(18 人)，㊳「茶碗 (Mangkok: マレー語)[12]」(153 人) と職人の存在を示す名がある．

そこで，この一帯は，集落平均人口 94 人と郡の平均より多いものの水田は僅かで，特に東部では少ないと判断され，人口集中は幹線道路の存在が招いた，と考えられる．幹線道路沿いのため水田開拓は古い可能性があるが，大規模開拓はなされず，また水田地帯も形成されていなかったと言える[13]．

4-3　スカラジャ西南部

㊻〜(63)の集落は，東がスカラジャまで，西はスカブミの手前まで，北は幹線道路まで，南はチマンディリ川までの範囲に分布する．標高は 500 〜 700m の傾斜の緩やかな土地で，5 万図ではほぼ水田となっている．また標高 600m ほどの所に帯状に湧水が見られる．集落の大部分はスカラジャより西南に伸びる 5 万図上の道沿いに分布するが，この道は 1730 年以前の幹線道路に原型を持つと考えられる [Haan 1910–1912: Vol. 2 313]．集落規模は小さく，そのほとんどが小川や湧水のほとりに位置する[14]．

その中で，北の幹線道路と南の道路の間にある㊻〜(55) (ただし㊾を除く) の集落は，比較的新しい時期に入植が行なわれた可能性がある．5 万図ではこの一帯は一面の水田であり，地図上の集落はほとんどが用水路のほとりにあるが，標高 700m 台の一帯には湧水が少なく，「人口統計」掲載集落はこの一帯には分布していない．「人口統計」掲載集落は，その南の標高 600m ほどの湧水が出るあたりに固まって分布している．この一帯は，街道沿いで，かつ水の少ない標高 600 〜 700m 地帯への開拓前線を形成しているので，下級首長が配下を引連れて入植し，この首長の居住集落の周りにこれに従う住民が居住したと推測される[15]．

さらに南部の道路沿いの(56)〜(63)の集落も，19 世紀に入ってからの入植の可能性が大きい．スカラジャに最も近い(57)「アレン椰子の水 (Tjikawoeng)」(205 人) 以外は皆人口 60 人以下である[16]．(62)「瓦 (Genteng)」(59 人) は，重量のある生産物の輸送の便宜からスカラジャ北部に飛び地となっていると推測されるが，瓦はウィルデの窯業の奨励とともにその統治期に現地人首長達の家の屋根材として普及したので，新しく形成された集落であると言える [Wilde 1830: 138,

210, 233][17].

　以上，この一帯はその大部分が 19 世紀初め頃に入植が行なわれ，いまだ安定した水田地帯となっていないと推測される．

4-4　スカラジャ南部

　㉞〜㉟の集落は，スカラジャから西南へ伸びる道沿いのスカラジャ付近と，スカラジャから東南に伸びる道路からチマンディリ川沿いにかけて分布する．この一帯の標高は 500〜600m であり，グデ山の比較的緩やかなスロープが続く．5 万図では水田の他に竹林などが存在する．湧水は少なく，標高 800〜1,000m の急な斜面に端を発する 4 本の小川がこの一帯で複雑に分岐してチマンディリ川に注いでいる．所在判明集落は，この小川・用水路沿いとチマンディリ川沿いにある．集落規模は極めて大きい．㉞「スカラジャ（soekaradja: 好む＋王）」が 225 人を擁するほか，200 人以上の集落として 622 人 1，295 人 1，100 人台が 7 存在する一方で，40 人以下の集落はわずか 2 であった[18]．

　この一帯では 19 世紀に入ってから比較的大規模な灌漑工事や開発がなされたことが窺われる．622 人という巨大人口をもつ集落㉟「ガンダソリ（Gandasoelie: 植物の名）」は用水路の分岐点のすぐ下流にあり，かつスカラジャ東南の盆地への入口にも近く，交通の要衝にある[19]．さらに集落番号から判断するならば，「ガンダソリ」付近に㉟「堰（Kabandoengan）」（97 人：所在不明）が存在したと考えられる．このほか農業に関わる集落名として㉘「蛇行した川によって半島のようになった土地にある水田（Bodjong Sawah）」（54 人），㉙「池集落（Lemboer Sitoe）」[20]（79 人），⑦「天日干し場（Pamoijanan）」（295 人），㉝「胡椒園（Kebon Pedas）」（192 人），宗教施設に関わるものとして㉖「イスラム寄宿塾（Pasantren）」（100 人；所在不明），㉛「チブラホル（Tjiboerahol: 中国人の偶像？[21] ＋水）」（144 人），首長層に関わるものとして㉙「塔（または標柱）（Toegoe）」（74 人）がある．このように他の集落や上級権力との関わりの中で意味をなす名称が多いが，中でも「胡椒園」はウィルデの開発奨励を想起させる．

　以上，この一帯はスカラジャから南海岸へ抜けるルートに近く，かつ傾斜が緩やかであるので，小川のほとりなど水の便の良いところは比較的早くから開拓が進み，人口 100 人台の安定した集落が存在していたと考えられる．そしてその上に，19 世紀初めに巨大な灌漑工事による急速な開発が行なわれた可能

性が極めて大である．この工事を奨励し援助したのはおそらくウィルデであったろう．

4-5　スカラジャ北

�{86}〜⑩の集落は，スカラジャより東，幹線道路より北のグデ山の急斜面に分布する．標高は 800〜1,000m である．スカラジャより東の同標高のスロープと比較すると傾斜は緩く，小川が作る谷も深くない．5万図ではこの一帯のかなりの部分が水田である．またあまり多くはないが湧水もあり，集落のほとんどはこれらの湧水に端を発する小川のほとりにある．高標高にもかかわらず集落規模は比較的大きい．200人台が3，100人台が7，最も小さい集落でも58人であり，平均人口は130人となる[22]．一方大規模な灌漑工事の跡は認められず，集落名も草木の名前がほとんどであるが，㉔「大きな水がめ（Gentong）」（117人）という，窯業を示す名称が一つある．

　この一帯は交通拠点スカラジャに近いので，その食糧や労働力などの需要を満たすために，おそらく18世紀半ばから徐々に開拓され，1820年代には水田地帯として比較的安定していたと考えられる．これに対して同じくスカラジャ近郊ではあるがスカラジャまでの登り道が物資供給の障害となる東南部（上述4-1と4-4）は，スカラジャにコーヒー買取のための小倉庫が配置されるなどして需要が増大した19世紀初頭以降，物資あるいは人員の供給地として植民地勢力にあらためて注目され，大規模灌漑工事が行なわれたものと解釈できる．

4-6　スカブミ北部

　⑩〜⑭までの集落は，上述スカラジャ北部の西側，幹線道路より北のグデ山急斜面に分布する．斜面はスカラジャ北部よりやや急であり，湧水はあるものの，これを水源とする小川の浸食によって尾根と谷が形成されている．5万図ではなだらかな部分は水田となっているがその面積は少なく，周囲で焼畑が行なわれていた可能性がある［Wilde 1830: 205-206］．集落はほぼ小川のほとりにあるが概して小規模である．人口100人以上の集落は2つある（それぞれ101人，100人を擁す）のみで，過半の集落は50人以下である．また東部の集落が相対的に大きめである一方で，西部では70人以上の集落は3のみで，しかも3集

落ともチマヒ郡との郡境に位置する．とはいえ1828年の時点で集落はだいたいにおいて安定していたと判断される[23]．加えて郡都①「スカブミ」(511人)はこの地域の南縁の中央にあり，北半分のみとはいえ巨大な郡都の周りに小集落が散在する形態となっている[24]．そこでこの地域は19世紀に入ってから，おそらくウィルデの奨励下で急速に開発されたと考えられる．

　この一帯の19世紀初めの急速な開発は集落名からも推測される．草木・自然地形を示す集落名が圧倒的多数であるものの，そのなかで⑭「堰 (Kabandoengan)」(76人) がスカブミを潤すかのごとくスカブミのすぐ北側にある．そのほか西部には「池集落」が2 (⑫㉔および⑭①) 存在する．このうち1集落は所在不明であるが，集落番号から判断してチマヒとの郡境付近にあると考えてよいであろう．またジャワ島西部北海岸の地名である「カラワン (Krawang)」(⑬⑥および⑬⑨: 39および72人)，⑬「スバン (Soebang)」(101人)，チアンジュール−レヘント統治地域南部辺境の地域名を含む⑯「ジャンパン新村 (Babakan Djampang)」(46人)[25]，マレー語の⑫③「クラマット (Kramat: 聖所)」(43人) などは，外部からの移住民の流入を想起させる．

　以上，この一帯は比較的新しい時期に急速に入植が行なわれた部分が多いと考えられる．その時期は19世紀に入ってから，なかでもウィルデの統治期の可能性が最も高いであろう．ただし開拓にあたり複数の集落に影響を与えるような大規模灌漑工事は少数であったと考えられる．

4-7　スカブミ南部

　⑭⑥〜⑰④の集落は，幹線道路より南，スカブミの真南から西寄りに散在する．東のスカラジャ南部および西のチマヒ郡に属す集落とは，使用する水系を別にしている．集落がややまとまって分布するのは，スカブミの南，チマンディリ川沿いの道沿い，およびチクンバル方面へのルートの分岐点である．スカブミ南部一帯は5万図ではほぼ水田であるが，湧水は多くなく，複雑な用水路が目立つ．所在判明集落はいずれも小川・水路のほとりに位置しているが，集落規模は大変小さい．人口100人以上の集落はなく，80人台が2，70人台が3，その一方で40人以下が17を数える．その中でスカブミの近郊に分布する⑭⑥〜⑮⑤の集落では，様々な指標が19世紀に入って組織的な入植が行なわれたものの，農業基盤がやや不安定な状況にあることを示している[26]．またこの開拓地の南

側の⑯〜⑰のある一帯は，18世紀半ば頃までグデ山南麓の統治の中心地であったが，19世紀初めにチクンバルへ向かうルートの防備などを目的として再び入植が行なわれたと推測される[27]．

4-8　グヌンパラン郡のまとめ

　以上の検討から，本郡の開拓は次のように進んだと推測できる．本郡では1730年代までの幹線道路は5万図上の道路より南を通っており，この旧道沿いに統治の中心があったので，その周辺で早期に水田が開拓された可能性がある．その後スカラジャが建設され，1740年代に5万図上の幹線道路の原型となる北側の道路を使用してコーヒー輸送が開始されると，スカラジャ北部が食糧・人員の供給地として開拓され，スカラジャ南部も18世紀末までに幾分か開拓されたと推測される．19世紀に入ると，1813年頃のスカブミ建設とともにスカブミ北部の開拓が進み，スカブミ南部でも入植と開拓が試みられたが，南部では開拓の失敗もあったと判断される．この時期にはさらにスカラジャ南部で大規模灌漑工事と入植が行なわれたが，これらはおそらくウィルデが主導したと考えられる．

5 ── チマヒ郡

　「人口統計」掲載集落でチマヒ郡に分類される101集落中，74の所在が判明した．所在判明集落は，グヌンパラン郡の西側のグデ山スロープ上と，南部小盆地の中に分布する（地図16-3参照）．グヌンパラン郡との境界は，幹線道路以北では5万図上の道路であり，グヌンパラン郡の南部，および西のチフラン郡の集落とは未開拓地を挟んで利用する水系を異にしている．1集落あたりの平均人口は66人でチアンジュール−レヘント統治地域20郡中18位である．

5-1　幹線道路の北部

　①〜㊴の集落は幹線道路以北のグデ山の急なスロープの上に分布する．標高は580m〜900mである．この一帯はグヌンパラン郡のスカブミ北部とほぼ同

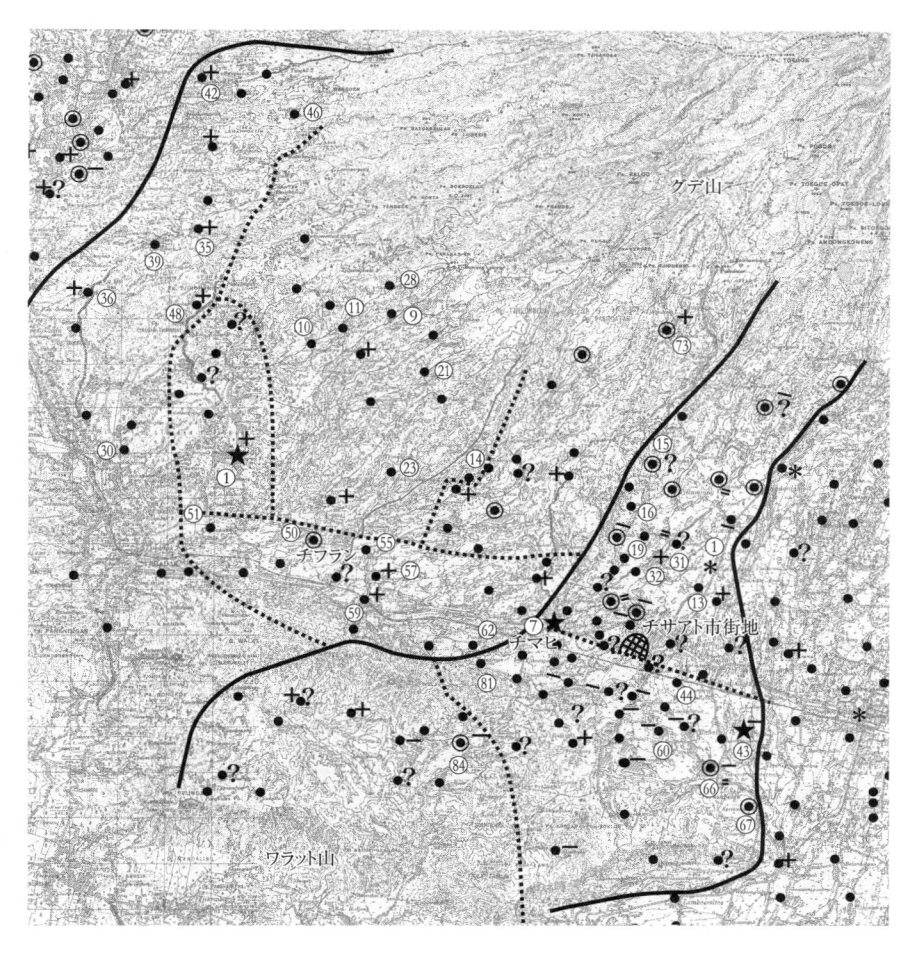

- ● 人口99人までの集落
- ◉ 人口100-199人の集落
- ★ 人口200-299人の集落
- ＊ 人口300人以上の集落
- ? 集落名の一部のみ符号あるいは集落番号を考慮すると位置がやや不自然
- ＋ 夫役可能男子が同可能女子より多い集落
- ＝ 夫役可能男子が同可能女子の80％以下の集落
- － 家屋数より夫役可能男子数が少ない集落

地図 16-3　チマヒ郡・チフラン郡の集落分布

第 16 章　グデ山南麓 4 郡の開拓 | 375

様の地形であるが，小川の作る谷はグヌンパラン郡の谷より浅い．なだらかなスロープ部分は，5万図ではほぼ一面の水田である．用水路も存在するが，さほど複雑ではなく，20世紀初めでもむしろ小川そのものが利用されている．所在判明集落のすべてがこれらの小川のほとりに存在し，本郡の人口100人以上の集落16のうち11がこの一帯に存在する．所在不明集落は10と多く，なかでも㉝～㊴は固まって所在不明であるが，これらは5万図上のチサアト（Tjisaat）市街地に飲み込まれたと考えられる．

幹線道路の北部のうちグヌンパラン郡との郡境付近は，19世紀初めの大規模灌漑工事によって，比較的新しく開拓された地域であると考えられる．この一帯の中心集落は「人口統計」で郡都として郡中最大の人口を擁する①「スカサリ（Soekasari）」（314人）であるが，5万図上では標高750mほどのところにスカサリに至る長い水路の分岐点が認められ，さらに㉗「用水路取水口（Soengapan）」（73人：所在不明）が，番号から判断して最大人口を擁する①「スカサリ」の上流にあったと考えられる．スカサリは，上流の大規模灌漑工事とともに，現地人首長層あるいはウィルデなど植民地勢力が19世紀初め以降に建設した可能性が高い．そしておそらくこの時期に，スカサリ周辺の⑬「中国人の偶像（Barahol）」（45人），㉛「東の大きい水がめ（Gentong Wetan）」（50人），㉜「西の大きい水がめ（Gentong Koelon）」（58人）が成立したと考えられる．グヌンパラン郡では，窯業と宗教施設の集落名が灌漑施設とともにセットで存在する一帯は，ウィルデの統治期に開拓された可能性が高いので，この一帯もウィルデの統治期に本格化した可能性がある．さらに5万図上のチサアト市街地に存在したと考えられる所在不明集落㉝～㊴一帯も，本格的な水田開拓の開始はスカサリ周辺同様，19世紀初頭以降であったと考えられる[28]．

これに対して集落⑩～⑲（ただし⑬を除く）は，スカサリより西部の標高550～700mにある比較的緩やかなスロープに存在する．この一帯はおそらく小規模な開拓が積重ねられて，1820年代後半には安定した水田地帯を形成していたと思われる．大規模灌漑工事の痕跡が見られない一方で，人口100人台の集落が3存在する．1集落あたりの人口も郡の平均66人に対して89人と大きい．集落名をみると，その多くが動植物・自然地形の名称である中で⑯「城壁で囲まれた集落（Koeta）」（93人），⑮「ジャンパン新村（Babakan Djanpang）」（105人），⑲「立寄所（Panijndangan）」（40人）といった，統治に関わる名称を持つ集落がある．この一帯は，18世紀初めからの交通拠点かつ郡名と同名の集落⑦「チマヒ」

(224 人) の上流にあたり，交通拠点に必要な食糧や物資，あるいは人員を供給していたと推測される[29)].

5-2　幹線道路の南部

㊵〜㊳の集落は，幹線道路より南の標高 520 〜 580m の一帯で，南側の山地までの南北 3 〜 4km の地域に分布する．この一帯は新しい開拓地の可能性が大きい．第 1 に水利をみると，5 万図では起伏の少ない部分は一面の水田であるが，湧水は無く，幹線道路より北部から小川・用水路が何本も引かれている．所在判明集落はすべてこの用水路のほとりにある．集落規模は，㊸「ラムバイ (Ramby；「下垂」の意味か)」(212 人)，㊼「場所の定まった，城壁を持つ集落 (Koetamaneuh)」(130 人)，㊻「干上がった水源 (Tjisaat)」(178 人)，㊺「ボジョンロア (Bodjong Lowa: Loa は木の一種)」(110 人；所在不明) のほかは 100 人以下である．また人口 100 人以上で所在が判明した 3 集落はみな小川のある東部に存在した．

第 2 に集落名をみると，首長層・植民地勢力との関わりの中で意味を持つ名称が多い．㊹「スカマントリ (Soekamantrie: 好む＋役人)」(89 人) はスカサリと同様に首長層よって建設され，首長層の職田か，彼らが何らかの特別な徴税権を持っていたと考えられる．㊿①「カラデナン (Karadenan)」(番号；84 人) は「ラデンの称号を持つ貴族の居住地」という意味をもつが，郡内居住の下級首長でラデン称号を持つ者は郡長とチャマットであるので [第 6 章第 4 節]，彼らがこの集落に対し特別な徴税権を持っていた可能性が大である．そのほか㊿③「レヘントの馬の飼育所 (Bentjoj)」(76 人；所在不明)，⑥⓪「ドリアン集荷地 (Padoerenan)」(52 人) などの集落名があるが，後者はウィルデの農業奨励を想起させる．また「ラムバイ」はウィルデがそこにあったとる学校―おそらくイスラム宗教学校―を改修した集落であった [Wilde 1830: 209]．その一方で，この一帯の集落がやや安定性に欠けていたことが窺われる[30)].

以上，この一帯は幹線道路に近いので，18 世紀にも多少の開拓はなされていたと推測されるが，大規模な灌漑工事を伴う開拓は 19 世紀に入ってからと考えられる．

5-3　南部小盆地

集落番号⑭〜⑩の集落は，南側の山塊中にある盆地の底部から，チチャティ (Tjitjatih) 方面への山中を通るルート上に点在している．所在判明集落は小川のほとりと山脚部に存在する．集落規模は集落チマヒに最も近い⑭「チチャンタヤン (Tjitjantajan: 神の場所＋水)」(194人) 以外は皆人口100人以下であり，90人台の集落が2，ついで50人台が2と概して小さい．5万図では盆地底部にのみ水田があり，所在判明集落のなかでも周囲に水田が存在しない集落が多い．また大規模灌漑工事の痕跡は認められない．判断材料は乏しいが，この一帯の入植は比較的新しい可能性がある[31]．

5-4　チマヒ郡のまとめ

集落チマヒは交通拠点であったので，18世紀半ばよりその周辺と北部の開拓条件の良い所が，順次水田化されたと推測される．その後19世紀に入って，灌漑用水の不足している幹線道路南側とグヌンパラン郡境で，比較的規模の大きい灌漑工事をともなった開拓がなされた．しかし幹線道路南部は必ずしも安定した水田地帯とはならなかったようである．

なお本章対象4郡中チマヒ郡は，米穀貢納者中の水田耕作者の比率が比較的高いがこれはおそらく，(1) 水田化し得るなだらかなスロープが比較的大きな面積を占めること，(2) 小川の水量がやや豊富であったこと，の2点に関係すると考えられる．その一方で本郡では，コーヒー生産がさほど重要視されていないにもかかわらず，住民の生活の不安定さが窺われた．この理由の解明は今後の課題であるが，灌漑用水が不十分な場所以外では，さしあたり輸送，道路維持，物資の供給などの負担の重さが考えられる．

6 ── チフラン郡

「人口統計」掲載集落でチフラン郡に属す79集落中，65の所在が判明した．判明集落は，チマヒ郡の西側のグデ山南麓から西南麓にかけて分布する（地図16-3参照）．5万図ではチマヒ郡とは道路で区切られ，利用する水系も別である．

南はワラット（Walat）山，西はチチャティ（Tjitjatih）川がおおよその郡境である．1集落あたりの平均人口は40人でチアンジュール-レヘント統治地域20郡中最下位である．

6-1　郡都周辺

①～⑧の集落は，郡都①「痩せた土地（Nagrak）」（201人）から南へグデ山のスロープを登るルート周辺に存在する．標高は500mほどである．5万図ではこの一帯は小川が少なく，郡都の下流では水路が複雑に分岐しているうえ，郡都北側で小川から郡都方面へ分水されている．おそらくチマヒ郡の郡都スカサリと同様に，水の少ない荒地を灌漑して，新たな郡都を建設したのであろう．この一帯の集落は郡都を除いて人口40人以下である一方で，集落名に⑧「掘られた溝（Parigi）」（23人；所在不明）があり，大規模灌漑工事がなされた可能性がある．ただし8集落のうち2つが所在不明集落であり，集落の安定性はいまひとつであったようである[32]．開拓の本格的開始期は，この郡が1790年に成立したこと，およびウィルデの統治期に開拓された地域によく見られる集落名がないことから，18世紀末から19世紀初めの可能性が高い．この一帯の開拓の目的は不明であるが，現在のところ最も可能性が高いのは，この一帯より標高が低く，かつ水田地帯を持たないチチュルク寄りの幹線道路への物資・人員供給である．

6-2　グデ山西南のスロープ

⑨～㉙の集落は，グデ山西南麓の標高530m～630mの緩やかなスロープ上に分布する．5万図では，起伏が緩やかなところには水田が認められるが，小川は少なく湧水はない[33]．しかし水田耕作の適地とは言えないこの一帯の所在不明集落は5であり，比較的安定した集落群を形成していたと言える．

この一帯には，比較的新しい時期にジャワ人の入植が行なわれた可能性がある．集落規模を見ると⑨「アレン椰子の水（Tjikawoeng）」（74人）が最大であり，ついで50人台の集落（㉘）が1つある．そのほかは皆50人以下であり，小規模ながら中核衛星の関係が見られる[34]．集落名を見ると⑩「ジャワ山（Goenoeng Jawa）」（37人）があり，その北に㉓「隠れ家（Panjoesoehan）」（23人），東には㉑

「チマンデ (Tjimande: 店＋水)」(16 人) があるが，panjoesoehan, mande はジャワ語である．この一帯の地形が水田開拓に適さないことから判断して，この一帯の入植の目的はアレン椰子砂糖の生産であったと考えられる[35]．このほかこの一帯の集落名には⑪「立寄場所」(23 人)，⑭「塔（または標柱）」(23 人) といったチマヒ郡北部に見える名称がある一方で，ウィルデの統治期に本格的開拓が始まったと考えられる一帯に現れる，窯業や宗教施設を名称とする集落が存在しない．そこで入植開始期は 18 世紀末から 19 世紀初めにかけてあるいは 1820 年代後半の可能性が高い．

6-3　チチャティ川東岸の道

　㉚〜㊾の集落は，チチャティ川東岸の丘陵部の道路沿いに南北に分布する．標高は 450m 前後である．5 万図では森林地帯であり，水田は集落の周りに多少認められる程度である．水田開拓の痕跡はなく，小川も確認できない．集落規模は小さく，人口 51 人の集落 (㉟) が最大である一方で，30 人以下は 9 集落ある[36]．

　集落名をみると，灌漑・水田に関する名称がない一方で，㊱「竹の露店 (Waroeng Gombong)」(32 人)，㊻「瓦 (Genteng)」(30 人)，イスラム教宗教施設の存在が推測される㊽「チロハニ (Tjirohani: 霊＋水)」(27 人)，そして最もバイテンゾルフ寄りに，㊷「製糖工場 (Pangoelaan)」(18 人) が認められる．集落名のコンビネーションから考えると入植期はウィルデの統治期であること，また地形から考えて椰子砂糖生産地帯である可能性が高い．

6-4　グデ山とワラット山鞍部

　㊿〜㋟の集落は，グデ山とワラット山の鞍部の標高 460〜500m に帯状に分布する．5 万図では，起伏の少ない部分は一面の水田であるが，湧水・小川はなく，グデ山の急斜面に端を発する小川から長い用水路が引かれ，この一帯でやや複雑に分岐している．集落はみな用水路のほとりにあり，所在不明集落はない．この一帯は地形に加えて，以下に述べる集落のあり方がチマヒ郡の幹線道路の南部と類似しており，開拓は比較的新しいと考えられる．

　この一帯の中心集落は，集落名が郡名ともなった㊿「チフラン (Tjiheulang: 蔓

草の一種＋水）」（151人）である．この集落は18世紀初めより交通の拠点であり，1806年には集落スカラジャおよびチチュルクとともに，住民からコーヒーを買付けるための小倉庫が建設された．しかしそのほかの集落規模は小さく，50人台・40人台の集落がそれぞれ2あるのみである．集落名をみると，㊺「水田集落（Lemboer sawa）」（40人），㊼「藁（または焼畑）の集落（Lemboer Jamie）」（22人）といった稲作に関する地名が見える．また㉂「カラデナン（Karadenan）」（14人），㊼「カマンドラン（Kamandoran：下級首長マンドールの居住地）」（27人）といった，下級首長が徴税権を有すると考えられる名称，さらに㊾「瓦（Genteng）」（38人）がある．

そこでこの一帯は，18世紀初めより交通の拠点であったため，早くから多少の水田が開発された可能性があるものの，本格的に開拓されたのは集落チフランの需要を満たす必要の生じた19世紀に入ってからの可能性が高い[37]．

6-5　グデ山南麓

㊅〜㊾の集落は，グデ山南側スロープの標高540〜850mにあり，チマヒ郡の集落分布地域に隣接している．地形はチマヒ郡に似るが，小川が少なく起伏が多い．この一帯は，交通拠点チフランに物資を供給するために，18世紀半ばの比較的早い時期から徐々に水田開拓が進んだ地域であり，かつ1820年代にも開拓が進行中であったと考えられる．5万図では起伏の少ない一帯は一面の水田であり，用水路が複雑に分岐している．しかし用水路沿いには「人口統計」掲載集落はなく，所在判明集落はそのほとんどが小川沿いにある．また5万図上には，「人口統計」掲載集落の2倍以上の集落が散在し，「新村」など新開地を示す名称が多い．そこで1820年代までには未だ灌漑の容易な土地のみが開拓されていたと考えられる．この一帯の「人口統計」掲載集落の規模は，平均人口66人と比較的大きく，100人以上の集落が3ある一方で，40人以下の集落は2のみである[38]．また集落名を見ると，動植物・自然地形名が大半を占める中に，標高600〜900mの高い一帯に㊷「上流チフラン（Tjiheulang Girang）」（111人），そして現地人首長層の狩り場であったと考えられる㊸「ボジョンララン（Bodjonglarang）」（43人；所在不明）があり，集落チフラン居住の首長層との関係が考えられる．

6-6　チフラン郡のまとめ

　チフラン郡では，18世紀半ば頃から集落チフラン東北部のグデ山南麓，そしておそらく西南麓スロープへの入植が始まった．ついで18世紀末から19世紀初めに郡都ナグラック付近が大規模灌漑工事とともに開拓され，その後ウィルデの統治期に集落チフラン周辺の灌漑工事と水田化およびグデ山西南麓丘陵への入植が行なわれたと考えられる．ただしグデ山西南麓への入植は，必ずしも水田化を伴わず，焼畑・陸田による食糧生産と椰子砂糖生産が行なわれたと考えられる．また郡の西部はルート沿いに集落が点在しており，開拓の面的展開は見られない．

　ところで，チフラン郡はチマヒ郡とチチュルク郡の一部をあわせて1790年に成立したが，この郡の東部と西部は土地利用，生産物が異なり，農業的観点からは郡編成の必然性が感じられない．おそらくこの郡はコーヒー輸送上の必要から編成されたと考えられる．集落チフランは，1806年にコーヒー買取の小倉庫が置かれたように，コーヒー輸送の重要な拠点であった．その一方で郡都ナグラックからチチュルク盆地底部までは道がやや険しくまた物資・人員の供給が可能な水田耕作適地がなかった．そこでチフラン郡に郡都チフランからチチュルク盆地にいたる幹線道路への物資・人員供給と，椰子砂糖生産の役割を期待したと考えられる[39]．

7 ── チチュルク郡

　「人口統計」掲載集落でチチュルク郡に属す111集落中，87の所在が判明した．所在判明集落は，大部分がチチャティ川の西岸，サラク (Salak) 山東南麓のチチュルク盆地底部に分布する．ただしチチュルク盆地底部でチアンジュール−バイテンゾルフ間の幹線道路がチチャティ川東岸を走っているところではチチャティ川東岸に若干の集落が分布する．このほか本郡に属す集落は盆地西南のエンドット (Endoet) 山麓にも分布する（地図16-4参照）．1集落あたりの平均人口は75人であり，チアンジュール−レヘント統治地域20郡の中で15位であった．

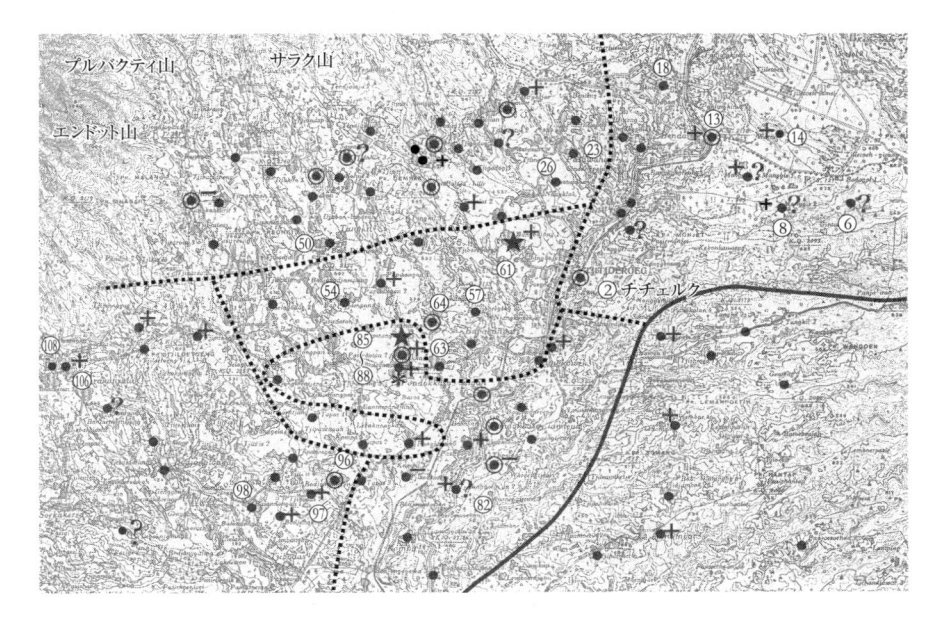

- ● 人口99人までの集落
- ◉ 人口100-199人の集落
- ★ 人口200-299人の集落
- ＊ 人口300人以上の集落
- ？ 集落名の一部のみ符号あるいは集落番号を考慮すると位置がやや不自然
- ＋ 夫役可能男子が同可能女子より多い集落
- ＝ 夫役可能男子が同可能女子の80％以下の集落
- － 家屋数より夫役可能男子数が少ない集落

地図 16-4　チチュルク郡の集落分布

7-1　グデ山とサラク山鞍部

①〜⑲の集落は，グデ山とサラク山の鞍部，および集落チチュルクより北の幹線道路沿いに分布する．標高は 500〜600m である．この一帯は 5 万図では水田は僅かであり，小川は小規模ながら谷を刻んでいる．竹林，果樹などの有用樹，雑木林が卓越した地域である．集落規模をみると，郡都である①「委員の居住集落（Pakoemitan: 郡の中心集落である）」（608 人：所在不明）が最も大きい．この集落は，おそらく②「チチュルク（落ちる水，滝）」（168 人）のやや北の道路沿いに存在し，5 万図ではチチュルク市街地に飲み込まれていると考えられる．人口 100 人以上の集落はこのほか幹線道路沿いに⑬「ベンダ（Benda: 樹木の名

前)」(102人) がある.

　集落名をみると，動植物名・自然地形名に混じって，⑭「境界 (Wates: ジャワ語)」(52人)，⑱「要塞」(27人)，⑧「マンゴスティン (Manggis)」(53人), スンダ語で壁材にする竹製マットを意味する bilik を含む集落名 (⑥および⑦; 37人, 70人; ⑦は所在不明)[40] などがある．この一帯はおそらく，水田稲作よりは産物輸送，果物栽培，竹細工などで生計を立てる居住者が多かったと考えられる．また諸集落は水田耕作従事者が少ないと考えられるものの，安定していたと言える[41]．

7-2　サラク山脚部

　⑳〜㊵の集落は，サラク山の山脚部に分布する．標高は 530〜650m である．5万図では山脚部より南は一面の水田である．またこれらの集落は，そのほとんどがサラク山の急なスロープに端を発する数本の小川のほとりに存在する．集落規模を見ると，人口 200 人を越える集落はないものの 100 人台が 10 存在する[42]．集落名をみると，灌漑・水田に関する「水田地帯 (Pasawahan)」(㉓および㉖; 87人, 91人) と㉒「古い水田地帯 (Pasawahan Toa)」(125人: 所在不明) が最もバイテンゾルフ寄りにあるが，この集落名は，現地人首長層が灌漑工事あるいは開拓を組織した可能性を示す [Haan 1910-1912: Vol. 4 443, 447, 448]．そのほかの地名はスンダ語で動植物・自然地形をあらわすものが多いが，そのなかで山脚部からやや底部中央寄りに㊾「ジャンパン新村」(56人) がある．この一帯は，おそらく 18 世紀半ばから山脚部の水の便が良いところで徐々に開拓が始まり，18 世紀末頃までに，「古い水田地帯」付近を現地人首長層が開拓したと考えられる．

7-3　盆地底部中央部

　㊳〜㊿の集落は，上述の「ジャンパン新村」から幹線道路まで東南方向へ盆地底部に帯状に分布している．標高は 500〜550m ほどである．この一帯は 5万図では一面の水田で小川が数本流れ，一部で用水路網が発達している．所在判明集落は皆この小川や用水路網のほとり，またはその近隣に存在する[43]．集落規模をみると，㉛「バンバヤン (Bangbayang: 意味不明)[44]」(256人) が圧倒的な

大きさを誇るが，位置的には独り西北にはずれている．人口100人台の集落は㊹「バナナ集荷場（Papisangan）」（112人）のみである一方で，40人以下の集落が5ある．

この一帯が比較的新しい開拓地である可能性は，集落名からも窺われる．集落名の多くはスンダ語の動植物名・自然地形であるが，「バナナ集荷場」[45]が3存在する．このほか「新村」のつく集落名は㊹「ジャンパン新村」（49人）のほか，「パリ新村（Babakan pari: 魚または果樹の一種）」（㊼および㊸；31人、87人）が2ある．しかも後2者は用水路の分岐点付近にあり，灌漑工事とともに成立したと推測される．

以上，この一帯の開拓開始期はサラク山脚部より遅いと考えられるが，正確な時期は不明である[46]．比較的規模の大きい灌漑工事が見られるので，19世紀に入ってから開拓が始まった可能性が高く，さらに集落名から推測してウィルデの統治期に本格化した可能性もある．

7-4　幹線道路周辺：南部

⑳～㊿の集落は，チチュルク郡中央から南よりの幹線道路周辺に分布する．標高は450～470mである．所在判明集落18のうち10が道沿いにある．5万図では，チチャティ川西岸はほぼ水田であり小川も多いが，東岸は果樹園，竹林などであり，小川・湧水はない．この一帯の集落規模は比較的大きく，人口100人台が9存在する．なかでも幹線道路から西に1.5kmほどの「カソの東屋（Pondok kasso: 東屋＋草の名称）」と名づけられた4集落（㊵～㊳）のうち3つは巨大で，番号順に232人，198人，57人，319人の人口を擁している．この4集落の分布地域は，上述の7-3で説明した用水路の分岐点付近であり，集落番号の近い幹線道路沿いの集落に米穀を供給するために開発されたと考えられる[47]．

集落名をみると，スンダ語の動植物・自然地形名称のほかは「露店（Waroeng）」を含む名称が2，マレー語で北を意味するutaraを含む名称，さらに「砂糖加工場（Pangoelaan）」が存在する．ただし㊷「砂糖加工場」（36人）はチチャティ川東岸にあり，ルートから考えてチフラン郡産出の椰子砂糖液を加工した可能性が極めて大である．

この一帯の集落は，幹線道路沿いではこの道路を原因とした人口の集中によ

り大規模化し，道路からはずれた盆地底部では米穀生産のための開拓によって大規模化したと考えられる．後者は，比較的大規模な灌漑工事の存在から18世紀末から19世紀初めにかけて開拓されたと考えられる．

7-5　プルバクティ山とエンドット山のスロープ

⑯〜⑪の集落は，プルバクティ (Perbakti) 山およびエンドット山の鞍部へと向かうルート沿いに点在する．標高は500〜600mである．この一帯は5万図ではやや起伏の多い傾斜地で，水田は地表の60〜70％を占め，あとは保護林，竹林，果樹などが目立つ．所在判明集落はみな小川や用水のほとりにある．集落規模は小さく，人口100人以上の集落は，最も東よりの⑯「ボジョン・ドリアン (Bodjong duren)」(143人) のみであり，人口99〜50人の集落も4のみである[48]．集落名をみるとこの一帯の西端，5万図でエンドット山南麓の水田が広がる一帯の上流部に，灌漑に関する名称「サラクの堰 (Prakan Salak)」(⑯および⑱；35，66人) が2存在する．しかしそのほかはコーヒーを含む集落名称「ボジョン・コピ (Bodjong Kopij)」(⑰；18人)，⑱「出小屋 (Balandongan)」(37人) を除いてスンダ語の動植物・自然地形を名称としている．

この一帯は，おそらく18世紀末からウィルデの統治期までに入植が行なわれ，1820年代後半にあっても開拓は進行中であったと考えられる．とくに西端は19世紀に入ってから大規模灌漑工事とともに開拓された可能性が高い．

7-6　チチュルク郡のまとめ

本郡では，18世紀半ば頃からサラク山脚部の水の得やすい場所で小規模な開拓が開始されたのち，18世紀末頃，バイテンゾルフに近い幹線道路周辺で首長層が開拓を行なったと考えられる．その後19世紀に入って盆地底部中央部とエンドット山南麓で，大規模灌漑工事とともに開田入植が行なわれたと考えられる[49]．

8 —— おわりに

　本章対象4郡における水田開拓の順序をまとめると，まず，18世紀半ばから幹線道路の拠点集落付近で小規模な開拓が始まったが，この時期に集落グヌンパラン付近にも水田が存在した可能性がある．次いで18世紀末までに，輸送拠点である集落スカラジャ，チマヒ，チフランの上流部分および，チチュルク郡のサラク山脚部，その後18世紀末から19世紀初めにチフラン郡の郡都付近の開拓とグデ山麓で椰子砂糖生産を目的とした入植が行なわれたと考えられる．そして1810年頃より大規模灌漑工事を伴った開拓が，グヌンパラン郡のチプリアンガン，ガンダソリ，グデ山北部，チマヒ郡の郡都付近および幹線道路南側，チフラン郡の幹線道路南側，チチュルク盆地底部などで広範に展開されたほか，辺境防備のための入植も行なわれたと推測される．
　本編の仮説については次の点を補強し得た．
　(1)　本章対象地域においても18世紀半ば頃より水田耕作の普及が始まり，1810年代よりオランダ人の主導する大規模な灌漑工事と入植が組織されたと考えられる（仮説(4)，(5)の補強）．
　(2)　さらにウィルデの著書などから水田耕作をする入植者に資金，必要資材，日用品が提供されたことがわかる（仮説(7)の補強）．
　(3)　19世紀に大規模に開拓されたと推測される一帯は，チフラン郡の郡都をはじめ，輸送拠点の周辺に多い．一方チチュルク郡にはコーヒー生産はさほど期待されていないが，本章の作業からは輸送力増強を目的とした水田開発の可能性が認められた（仮説(2)，(3)の補強）．輸送力増強を目的とした水田開拓は，次章で検討するカラワン（Krawang）州に近い交通の要衝においてさらに明確となる．
　(4)　ウィルデはプリアンガン地方において幹線道路沿いの集落の負担の重さを問題視していたが［Wilde 1830: 186-187, 192-193, 225-226］，本章対象4郡の検討からは，チマヒおよびチフラン両郡の沿道集落において負担の重さを推測させる特徴が見いだされた[50]（仮説(2)の補強）．
　さらに仮説とは直接関係しないが，19世紀のプリアンガン地方の社会経済的展開を考えるうえで次のような重要な特徴が認められた．
　(1)　第15章で指摘した1820年代プリアンガン地方における複合社会の萌

芽的状況の出現について，ウィルデの次のような記述は，言語習慣がスンダ人と異なる人々の入植を裏付けよう．すなわち①プリアンガン地方の住民をスンダ人ではなくジャワ人と書き記していたこと，②私領地の住民をスカブミ人なる名の下に一つの世帯の如く統合しようとしたこと，③住民統治にイスラム教を利用したこと，さらに④プリアンガン地方の開発にバリ人など人口稠密な他島の住民の利用を提案したこと［Wilde 1830: 236］である．また本章第4-7節の検討でも集落名からジャワ語，マレー語を日常言語とする人々の入植の可能性を指摘し得る．もちろんこれらは薄弱な状況証拠である．しかしチアンジュール-レヘント統治地域で行なわれた当時の急速な開拓がスンダ人のみで担い得たと思われない規模であること，ジャワ島西部北海岸・同島中部より大量の流入者が認められることを考えるならば，今後の課題として指摘するに足ると考える．

　(2)　本章対象4郡では，椰子砂糖や果物生産を目的とした，必ずしも水田耕作とコーヒー栽培に限定されない開発・入植が注目に値する規模で存在した[51]．

　(3)　政庁のあるバタビアでは，「私領地」所有者は，夫役貢納収取権付きとはいえ，第1に土地を私的に所有する者である．しかしプリアンガン地方で実際に活動するオランダ人や現地社会の人々にとって，「私領地」所有者は土地所有者というよりは夫役貢納を収取する者であった．本章対象地域では，「私領地」であるにもかかわらず耕地は住民が売買自由な所有権をもつとオランダ人が認識する一方で，私領地の境界線は，荒蕪地ではきわめて曖昧となっていたのである．このような中央における法制と地方の現実の2面性は，本章対象期や「私領地」に限らずインドネシア史の至る所に顔を出す重要な問題であり，各種事例の比較検討はインドネシア理解を深めるものと思われる．

　以上，ホードレーが注目しなかったコーヒー栽培以外の諸要素を考察の視野に入れることが，プリアンガン地方の次の時代を考える上で重要な課題となると考えられる．

註［第16章］

　1) この間にレヘント統治地域の境界が変更され，チチュルク郡を西端とするグデ山南麓一帯は，1751年までにカンプンバルのレヘントの支配下からチアンジュールのレヘントの支配下に入った［Jonge 1862-1888: Vol. 10 245］．

2）ウィルデは1781年にアムステルダムに生まれ，1803年に家族と共にジャワへ来て，オランダ政庁に奉職した．そののち総督ダーンデルスに重用され，1808年にバイテンゾルフのコーヒー監督官に任命された．1809年にはバンドンへ配置換えされ，さらにそのすぐ後に最も利益の多いタロゴン (Trogong: バンドン－レヘント統治地域ティンバンガンテン Timbanganten 郡都) へ配転された．彼は，バンドンに駐在を開始した頃にバンドンの土地を政庁より購入し，徴税権・住民裁判権付きの私領地の所有者となった．その後タロゴン在職中の1811年にジャワ島が英領となりT. S. ラッフルズがジャワ副総督として着任すると，ラッフルズは彼を留任させ，14年にはバンドンの監督官として重用した．ウィルデは同年公務から退いたが，ラッフルズはこれを惜しんで15年にプリアンガン理事州の種痘監督官に任命した (19年まで)．このラッフルズのもとでウィルデは1813年に，本章対象4郡とチチュルク郡南隣のパンガサハン (Pangasahan: 1820年代後半にはTjidammar郡となる) を私領地として購入した．本文に示すチコラウィン川の工事はパンガサハンで行なわれたと判断される．この私領地購入は，ラッフルズ，マッコイド (Macquoid: 当時のプレアンゲル理事州理事官，イギリス人)，エンゲルハルト (Engelhard: 元オランダ東インド会社職員，オランダ人) との共同購入であったが，実質的な経営は，14年初頭からスカブミに居住したウィルデが一手に引受けていた．しかし1818年にジャワ島がオランダに返還されて，1819年1月に総督ファン＝デル＝カペレンが着任し，20年3月に総督の甥がプリアンガン理事州理事官に着任すると，私領地は，中国人が不法に出入りする密輸基地でありオランダ政庁の利益を損なうものとして敵視されるようになった．21年のウィルデの本国での訴えも効を奏さず，スカブミは1823年に政庁によって買戻されるに至り，同年ウィルデは本国へ帰国した [Haan 1910-1912: vol. I: 284-309; Wilde 1830: I-II]．

3）椰子砂糖はすでに1680年代からプリアンガン地方中のバンドン，スメダンで生産されており，18世紀後半にはおそらくグデ山南麓でもアレン椰子からの砂糖の生産が開始されたと考えられる [Haan 1910-1912: Vol. 3 218]．ウィルデは言う．アレン椰子は山々の森のどこにでも生えている．若い実の生る枝を切ると樹液がしみ出すので，枝の根本に竹筒を掛けて受ける．樹液がたまったら鍋で煮詰め，竹筒に移して固まらせる．彼によればこの糖蜜を含む黒糖は，放置すると酒から酢になり日持ちはしないという．ジャワ人および中国人，特に前者が主に消費する．椰子砂糖は大変利益の上がる産物で，スカブミでは数百世帯が生産に従事し，生計を維持していた．椰子砂糖は煮詰めた者がバイテンゾルフで中国人に渡し，かわりに砂糖を煮詰める鍋，リネン，タバコなど欲しい物を受け取るが，中国人は，椰子砂糖が日持ちせず，他所へ輸送不可能であることを見越して，しばしば買いたいたと言う [Wilde 1830: 97-98, 203, 207, 232-233]．なおアレン椰子のヤシ花茎糖液は一年中採取可能であり，当時のプリアンガン地方では，灌漑用水が少なく米穀の自給が不可能な土地で，米穀との交換のためにしばしば採取され加工された [Haan1910-1912: Vol. 2 712-713, Vol. 4 502]．

4）ウィルデは言う．水路を掘り始める前に，その場所を，犠牲を奉納することで清める．集合したイスラム役人 (ウィルデは「僧 priester」と呼ぶ) たちは1匹の黒い山羊を犠牲とし，香と祈りで悪霊達 (Djoericks) を退散させる．その後に作業が始められる．第2の，そしてより大きな儀式は，耕地に予定された土地に水路が到達した時に行なわれる．首長と住民とともに郡のイスラム役人たちが全員集合する．1匹かそれ以上の黒い

水牛が犠牲にされた後，工事の完成を祝福し，悪霊達が灌漑施設を駄目にしに来ないように，そして用水を利用したい人々が邪魔されないように，イスラム役人たちが祈る．用水を利用して水田を造成するか，既にある水田に水を引こうと考える人々は，小さなコップをこの水で満たして飲干し，捧げ物としてイスラム役人たちに水の代金を支払う．通常は 2s. である．儀式は歌と踊りで終わり，悪霊達は 2 度と来ないと考えられる［Wilde 1830: 42-43］．この儀礼の次第や由来の検討は今後の課題であるが，儀礼は既に定式化され，執り行なわれていたと考えてよいであろう．

5) 重要であるものの未だ本格的に解明し得ない問題の見通しを述べておく．本章対象 4 郡の年間降雨量はほとんどの地点が 2,400mm を超え 4,000mm に達するところもある．かつ降雨量 50mm 以下の乾燥月は無い．しかしそれにもかかわらず，本章で使用する記述・統計資料の何れもが，この一帯で天水のみに頼る稲作が不安定・低収量であることを指摘する．現在のところ，この疑問に対する最も妥当な仮説は，地形から判断してこの一帯は減水深が極めて大きいというものである（河野泰之京都大学東南アジア研究所教授に御教示いただいた）．

6) 1 家屋あたりの夫役可能男子数および夫役可能女子に対する男子の比率に関する本章対象地域の特徴を示す．1 家屋あたりの夫役可能男子数は，グヌンパラン郡 1.48，チマヒ郡 1.00，チフラン郡 1.14，チチュルク郡 1.67 であり，チアンジュール－レヘント統治地域から焼畑の卓越する南部辺境 5 郡を除いた 20 郡中，それぞれ 8，20，18，3 位である．値は郡内の地区ごとにばらつきがあるが，第 15 章同様，数値が低い集落は開拓条件のあまり良くない一帯，幹線道路付近に多く見られるので，農業基盤の不安定あるいは過重な夫役貢納の負担を原因とした生活不安定による夫役可能男子の逃亡あるいは過少申告が推測される．これに対して 1 家屋あたりの夫役可能男子が 1.7 あるいは 2 人以上と多い集落は，比較的早期に開拓された水田地帯のなかの比較的規模の大きい集落に見られる．夫役可能女子に対する男子の比率を「人口統計」より換算すればグヌンパラン郡 86％，チマヒ郡 83％，チフラン郡 96％，チチュルク郡 93％であり，それぞれ 16，18，6，9 位である．また「人口統計」でグデ山南麓 4 郡において人口に対する米穀貢納者の比率が高いことは，ウィルデの行なった台帳作成の影響が残ったものと考えられる［本章第 2 節］．

7) スカラジャ東南部の④番から⑲番までの集落のうち所在不明集落は 5 であり，人口 99 人まで 5 であった．a. 夫役可能男子数が同女子数を上回る集落 1（スカラジャ），b. 夫役可能男子数が同女子数の 3 分の 2 以下である集落 0，c. 集落家屋数が夫役可能男子より多い集落は 0 である．また 5 万図に書き込まれた盆地内部の集落数は「人口統計」掲載集落数より 2 倍近く多いうえ，集落名が明記されない集落が多い．そこで所在不明集落が開拓後の農業や生活の不安定性のために離散した集落である可能性は低い．

8) 早期の開拓が推測されるのは，スカラジャから南海岸へのルートおよびチアンジュール盆地へ至るルートがこの盆地の南端を通過しており，チマンディリ川沿いが交通の要衝をなしていたことによる．西南側の盆地の入り口に④「要塞（Benteng）」(33 人) の名をもつ集落があることも，交通の要衝の証であろう．

9) 理事州の名称でもある「プリアンガン」の意味は多数あるが，主要な意味は「神の場所」であり，宗教施設に関わる可能性がある．

10) この一帯は 18 世紀前半にチアンジュール－カンプンバル間の幹線道路が通っていた

ところであり，チプリアンガンはすでに 1709 年の旅行記に小川の名前として登場する [Haan 1910-1912: Vol. 2 313]．その後幹線道路がより北を通過するようになったのちもスカラジャ近郊の物資供給地となった可能性がある．

11) ⑳〜㉘の集落には所在不明集落が 4 存在し（ただし⑳および㉑は地域の境界に位置し，場所の特定は不能である），人口 99 人まで 3，人口 100-199 人 1 であった．5 万図ではこの付近に集落名を明記していない集落が幾つかあるので，所在不明集落が離散集落であるかどうかはわからない．さらにこれらの集落は a. 夫役可能男子数が同女子数を上回る集落 0，b. 夫役可能男子数が同女子数の 3 分の 2 以下である集落 1，c. 集落家屋数が夫役可能男子より多い集落 0 と安定した特徴を持っていた．

12) スンダ語で茶碗を意味する単語は tjankir（19 世紀の綴り）であるので，この集落は外来の茶碗作り職人が集住したか，オランダ植民地権力によって茶碗造りを命じられた可能性が高い．

13) ㉙〜㊺の集落では所在不明集落は 2 存在し，人口 99 人までが 2 であった．a. 夫役可能男子数が同女子数を上回る集落 2，b. 夫役可能男子数が同女子数の 3 分の 2 以下である集落 0，c. 集落家屋数が夫役可能男子より多い集落は 0 である．集落規模は小さいが安定した特徴を持つ．

14) この道路沿いの最もスカラジャよりに㊼「アレン椰子の水（Tjikawoeng）」（205 人）が存在するが，そのほかは 100 人台が 1，60 人台が 2，40 人以下が 9 である．

15) ㊻〜㊾の集落には，所在不明集落は無い．a. 夫役可能男子数が同女子数を上回る集落 2，b. 夫役可能男子数が同女子数の 3 分の 2 以下である集落 0，c. 集落家屋数が夫役可能男子より多い集落は 0 である．このほか夫役可能男子数が同女子数と同数の集落が 2 存在し，開拓が新しい特徴を示す．さらに集落規模は，1 集落が人口 141 人を擁する他は 60 人台 1，50 人台 2，30 人台 3，20 人台 2 であり，集落は中核衛星型の配置である．

16) ㊽〜㊿の集落には，所在不明集落はない．a. 夫役可能男子数が同女子数を上回る集落 2，b. 夫役可能男子数が同女子数の 3 分の 2 以下である集落 0，c. 集落家屋数が夫役可能男子より多い集落は 1 である．

17) 旧幹線道路が通過していた一帯が新規入植の対象となったのは，ある時期に住民の逃散が起きたためと推測される [Wilde 1830: 212]．

18) ㊿〜㉝までの集落では，所在不明集落は 8 存在し，人口 99 人まで 5，人口 100-199 人 3 であった．a. 夫役可能男子数が同女子数を上回る集落 1，b. 夫役可能男子数が同女子数の 3 分の 2 以下である集落 10（うち所在不明集落 2），c. 集落家屋数が夫役可能男子より多い集落は 0 である．所在不明集落は 8 とやや多い，また b が多いので夫役貢納などの負担が重かった可能性がある．

19) 人口 600 以上の集落はチアンジュール-レヘント統治地域に全部で 10 あるが，郡の中心集落でない事例は，本郡の 1 例とグデ山東南麓の 2 例のみであり，グデ山東南麓の 2 例は 19 世紀に入ってからの灌漑工事と入植の結果成立した可能性が極めて高かった．

20) 丘の南側に位置していて，少し離れた小川から用水を引く必要のある地形であるため，溜池である可能性が高い．

21) boerahol はこの綴りならば果樹の名である．この名を持つ集落はグヌンパランに 1 のみである一方，チマヒに似た集落名が 2 つあり，1 つは Barahal，いま 1 つは Boerahoe Kolot（Kolot：年老いた，うち捨てられた）である．これら 3 つの集落の所在地はいずれ

も道沿いの新開地であった．またチアンジュール盆地底部チケトク郡でもイスラム宗教施設および中国寺院は，郡都から少し外れた古い開拓地帯に隣り合って存在していた［第15章第3節第7項］．そこで本文の Tjiboerahol について中国人の偶像（berhala, brahala）という解釈の可能性を示した．

22) ⑧～⑩の集落では，所在不明集落は2存在し，人口99人まで1，人口100-199人1であった．a．夫役可能男子数が同女子数を上回る集落0，b．夫役可能男子数が同女子数の3分の2以下である集落2（うち所在不明集落1），c．集落家屋数が夫役可能男子より多い集落は0である．1家屋あたりの夫役可能男子の数がグヌンパラン郡の他地域より多く，東南麓の安定した水田地帯と同じ傾向を示す．

23) ⑩～⑭の集落では，所在不明集落は7存在し，人口99人まで6，人口100-199人1であった．a夫役可能男子数が同女子数を上回る集落8（うち所在不明集落1），b．夫役可能男子数が同女子数の3分の2以下である集落3（うち所在不明集落1），c．集落家屋数が夫役可能男子より多い集落は1（9か5か判読不能の数字が9の場合）である．不明集落が集中している地域はなく，1828年において開拓が進行中であった特徴を持つ．

24) この形態はチアンジュール盆地底部のマレベル（Maleber）郡に似る．

25) 同名の集落がチマヒ郡，チチュルク郡に1ずつあり，それぞれ18世紀半ば頃に開拓の本格化した比較的古い水田地帯に位置している．その一方で1790年に成立したチフラン郡には存在しないので，「ジャンパン新村」は1780年代のコーヒー生産拡大開始期におけるジャンパンからの労働力動員と関係が深いと考えられる［第14章第2節第3項］．グヌンパラン郡の「ジャンパン新村」については，スカブミを新郡都とした時点で移動させたか，スカブミの前身である集落「チコレ（Tjikolle）」付近にもとより存在したのかは不明である．

26) 5万図ではこの地区に湧水はなく，西半分ではスカブミから用水路が数本伸びるが，東半分に用水路は見られない．集落規模をみると⑮「ナンゲレン（Nangeleng: Nangelaeng ならば「山の高み」の意）」（所在不明）が人口87人であるほかは，⑬（55人；所在不明）を除いて35人以下であり，小規模ながら集落に中核衛星の関係が見られる．集落名をみると，10集落中5がグヌンパラン郡東部に同名の集落を持ち，しかもその名称は他所では稀にしか見られないものである．さらにこの10集落中5集落が所在不明である．5万図上には名称が明記されていない集落もいくつか存在するものの，不明集落は⑮～⑭と続いている．さらに10集落とも全て人口99人までの集落であった．a．夫役可能男子数が同女子数を上回る集落0，b．夫役可能男子数が同女子数の3分の2以下である集落1，c．集落家屋数が夫役可能男子より多い集落1であり，bとcは同一集落であった．この集落（⑭）は家屋数8に対して夫役可能男子が2人と極端に数が少なかった．そこで「ナンゲレン」を中心に入植が行なわれたが，当時の技術では安定した用水の供給が難しかったこと，そしておそらくスカブミ近郊で夫役貢納が過重であったことによって，農業経営が不安定となった可能性がある．

27) この一帯には「上にある首長居住地（Dayuhloehur）」の名を持つ3集落（⑱，⑲，⑰；それぞれ22人，34人，24人）がある．丘の南側で，東に湧水のある場所である．この一帯は18世紀初めの交通の拠点チグヌングル（Tjigoenoenggoeroe）とほぼ同標高（527m）の，小川を隔てた対岸にあり，この付近を旧幹線道路道が通っていた［Haan 1910-1912: Vol. 2 313］．さらに「上にある首長居住地」の西南には「グヌンパラン（Goenoengparang）」

という，「人口統計」には掲載されないものの郡名の由来となった集落が5万図に載る．しかし水田開拓についてみると，18世紀半ばまでに開拓の可能性はあったとしても，1820年代の状況には直接繋がらなかったようである．⑮〜⑭の集落では，所在不明集落は3存在し，全て人口99人までの集落であった．a. 夫役可能男子数が同女子数を上回る集落3（うち所在不明集落1），b. 夫役可能男子数が同女子数の3分の2以下である集落0，c. 集落家屋数が夫役可能男子より多い集落0であった．既に述べたようにスカブミ南部の集落規模は極めて小さく，さらに僅か3集落であるがaが存在することから，18世紀末から19世紀初めに逃散が起きたのちに，再入植が行なわれたとも考えられる［Wilde 1830: 212］．この一帯で多少とも灌漑にかかわると推測される名称を持つ唯一の⑯「池集落」（28人）は，チクンバルへ向かうルート沿いの東端にあり，また⑫「要塞」（74人）が幹線道路のチマヒ寄りに存在する．このほか⑰「堀立て小屋（Balandongan）」（31人）以外の集落名称は動植物・自然地形を示すが，その中に，「グヌンパラン」付近に⑬「広い野原（Tegalaya）」（53人）がみえる．以上，集落名とその配置から見るならば，この一帯の19世紀における開拓は，ルートの防備をも目的としていたと推測される．

28) ①〜㊴の集落では，所在不明集落は10存在し，全て人口99人までの集落であった．a. 夫役可能男子数が同女子数を上回る集落6（うち所在不明集落4），b. 夫役可能男子数が同女子数の3分の2以下である集落6（うち所在不明集落4），c. 集落家屋数が夫役可能男子より多い集落9であった．なおチサアト市街地に飲込まれたと考えられる所在不明集落7を加えた，㉚〜㊴の10集落の人口は最大が77人，以下60人台2，50人台5と小規模であった．この10集落は，幹線道路沿いにあったこと，所在不明集落の名称には㉝「むかし中国人の偶像のあった集落？（Boerahoe Kolot）」（40人）が含まれることから，比較的早期に成立していた可能性がある．しかし5万図ではスカサリ方面からチサアト市街地へ2〜3本の用水路が伸びているので，本格的開拓は19世紀初め以降であると推測される．

29) ⑩〜⑲は，人口99人までの集落6，人口100-199人3であり，a. 夫役可能男子数が同女子数を上回る集落0，b. 夫役可能男子数が同女子数の3分の2以下である集落0，c. 集落家屋数が夫役可能男子より多い集落2であった．c. 現在のところ夫役貢納の重さのためであると推測される．

30) ㊵〜㊽の集落では，所在不明集落は13存在し，人口99人まで12，人口100-199人1であった．a. 夫役可能男子数が同女子数を上回る集落4（うち所在不明集落1），b. 夫役可能男子数が同女子数の3分の2以下である集落2，c. 集落家屋数が夫役可能男子より多い集落15（うち所在不明集落3）であった．5万図では名称が明記されていない集落がさほど多くないにもかかわらず所在不明集落は13にのぼり，なかでも㊾〜㉖の集落は13中7が不明であった．集落の不安定性の原因は，現在のところ灌漑用水が十分でないこと，および収奪が厳しかったことが考えられる．

31) その理由は，第1にこの集落群は中核衛星型を示している．第2に集落名を見ると「神の場所（Tjantajan）」はスンダ語の語彙になくジャワ語で理解できる単語である．さらにその付近にスンダ語化したアラビア語で⑭「追求（Talahab）」（35人：所在不明）の名を持つ集落があり，何らかの宗教施設が存在したと考えられる．第2節で述べたように，ウィルデは統治にイスラム教を利用したので，この一帯の入植の時期はウィルデ統治期の可能性もある．ただし入植時期が19世紀初めであるとしても，開拓の重点地域では無かっ

たと言える．なお㊸～㊿の集落では，所在不明集落は4存在し，すべて人口99人までの集落であった．a 夫役可能男子数が同女子数を上回る集落 2，b 夫役可能男子数が同女子数の 3 分の 2 以下である集落 0，c 集落家屋数が夫役可能男子より多い集落 2 であった．

32) ①～⑧のうち所在不明集落 2 は，すべて人口 99 人までの集落であった．a 夫役可能男子数が同女子数を上回る集落 1，b 夫役可能男子数が同女子数の 3 分の 2 以下である集落 0，c 集落家屋数が夫役可能男子より多い集落 0 であった．

33) プリアンガン地方では，概して高山の西側は湧水・小川が少ない．5 万図ではこの一帯に 1 本の用水路が確認できるが，「人口統計」掲載集落はその周辺に分布せず，後代に開削された水路であると考えられる．

34) ⑨～㉙の集落のうち所在不明集落 6 は，すべて人口 99 人までの集落であった．a 夫役可能男子数が同女子数を上回る集落 5（うち所在不明集落 2），b 夫役可能男子数が同女子数の 3 分の 2 以下である集落 0，c 集落家屋数が夫役可能男子より多い集落 1 であった．1820 年代末にも入植が進展していると考えられる．

35) アレン椰子に関する集落名がもう一つある（Bodjongkawong: 番号 23; 35 人）．

36) ㉚～㊾の集落のうち所在不明集落 2 は，すべて人口 99 人までの集落であった．a 夫役可能男子数が同女子数を上回る集落 6（うち所在不明集落 1），b 夫役可能男子数が同女子数の 3 分の 2 以下である集落 0，c 集落家屋数が夫役可能男子より多い集落 0 であった．1820 年代においても開拓が進展していたと考えられる．チマヒ郡の幹線道路南部と比較した場合，集落規模はより小さく，夫役可能女子に対する夫役可能男子の比率は高く，また家屋数より夫役可能男子が少ない集落もないので，チマヒ郡より新しい開拓地であり，いまだ厳しい収奪が行なわれていなかったと推測される．

37) ㊿～㉟の集落のうち所在不明集落 2 は，両方とも人口 99 人までの集落であった．a 夫役可能男子数が同女子数を上回る集落 6（うち所在不明集落 1），b 夫役可能男子数が同女子数の 3 分の 2 以下である集落 0，c 集落家屋数が夫役可能男子より多い集落 0 であった．

38) ㊻～㊾の集落のうち所在不明集落 3 は，すべて人口 99 人までの集落であった．a 夫役可能男子数が同女子数を上回る集落 4（うち所在不明集落 1），b 夫役可能男子数が同女子数の 3 分の 2 以下である集落 0，c 集落家屋数が夫役可能男子より多い集落 0 であった．

39) 本郡がコーヒー生産をさほど期待されない理由は明確ではないが，政策的にはウィルデが本郡をアレン椰子や果物の生産拠点に特化させたのち，オランダ政庁もこの方針を継続させた可能性が最も大きい．本章第 2 節で述べたように，アレン椰子の樹液は，通年採取可能である一方でさほど日持ちがしないので，雨季乾季にかかわらず煮詰めて加工しては市場に運ぶ必要がある．そこで道の悪い雨季でも頻繁に輸送しなければならない産物をバイテンゾルフそしてバタビアに近い場所で生産させたと考えられる．

40) 「人口統計」では，Tjibibik と綴られているが，(1)bibik という単語はスンダ語に意味が無く，マレー語では bibi（叔母）と同意味であること，(2)5 万図に Tjibilik という集落名があることから，「人口統計」綴り違いと判断した．

41) ①～⑲の集落のうち所在不明集落 7 は，人口 99 人まで 6，いまひとつは人口 608 人の郡都であった．a 夫役可能男子数が同女子数を上回る集落 9（うち所在不明集落 2），b 夫役可能男子数が同女子数の 3 分の 2 以下である集落 0，c 集落家屋数が夫役可能男子より多い集落 1 であった．

42) ⑳～㊾の集落のうち所在不明集落 6 は，人口 99 人まで 3，人口 100–199 人 3 であった．

a 夫役可能男子数が同女子数を上回る集落 5（うち所在不明集落 3），b 夫役可能男子数が同女子数の 3 分の 2 以下である集落 2，c 集落家屋数が夫役可能男子より多い集落 2（うち所在不明集落 1）であった．a のうち㉓「水田地帯」については統計の不備が考えられる．c のうち 2 集落が㉒「古い水田地帯」，㉖「水田地帯」であり，かつ「古い水田地帯」は b の特徴も持っていたので，原因として過重な夫役貢納の負担が考えられる．

43）ただし各集落は拡散して存在し依拠する水系もバラバラで，中核衛星型分布を示してはいない．

44）この語の正確な意味は不明であるが，Bangbaijang，Baijabang という集落名は，峠の麓や川の渡し場にしばしばみられ，当時は交通・輸送の拠点に関係する意味があったと考えられる．

45）本来スンダ語でバナナは cau であるがマレー語の pisang が使用され，かつ用水路の分岐点に近いので，これらの集落はバイテンゾルフ方面へ輸送されるバナナの現地集荷地点の役割を与えられた可能性がある．

46）集落番号(53)～(69)の集落のうち所在不明集落 4 は，すべてが人口 99 人までであった．a. 夫役可能男子数が同女子数を上回る集落 5（うち所在不明集落 2），b. 夫役可能男子数が同女子数の 3 分の 2 以下である集落 0, c. 集落家屋数が夫役可能男子より多い集落 0 であった．

47）(70)～(95)の集落のうち所在不明集落 10 は，人口 99 人まで 5，人口 100–199 人 2 であった．a 夫役可能男子数が同女子数を上回る集落 7（うち所在不明集落 2），b 夫役可能男子数が同女子数の 3 分の 2 以下である集落 0, c 集落家屋数が夫役可能男子より多い集落 1 であった．なお所在不明集落 7 のうち 4 が番号 90 番台に集中しているが，これは 5 万図の該当地区で名称が明記されていない集落が多いことによると考えられる．

48）(96)～(111)の集落のうち所在不明集落 1 は，人口 99 人までの集落であった．a. 夫役可能男子数が同女子数を上回る集落 5，b. 夫役可能男子数が同女子数の 3 分の 2 以下である集落 0，c. 集落家屋数が夫役可能男子より多い集落 0 であった．

49）1821 年にスカブミ駐在の官吏は，チチュルク郡では他郡に比して焼畑が多く，耕地も人も安定せず，集落はわずか 2 ～ 3 家屋で形成されていると報告している．彼はさらに，この郡では水田開拓のための前貸制度が住民のために用意されているにもかかわらず住民は開田しない，とまで言う［Haan 1910–1912: Vol. 4 507］．たしかに 1813 年にはチチュルク郡の半分が焼畑地帯であるという報告があるものの［Haan 1910–1912: Vol. 4 444］，1820 年代末の史料および本節の検討によるならば，チチュルク郡は本章対象地域中で開拓の遅れが顕著な郡とは言い難い．しかもチチュルク郡の開拓が，1821 年まで進まずそれ以降急速に進んだという痕跡も見られない．そこで上述の官吏の発言は，彼がチチュルク郡における植民地権力の支配拠点でありながら水の便の悪い幹線道路沿いの状態以外を知らないか，あるいは幹線道路沿いや僻地で水田開拓を進めたいにもかかわらず，という前提に立ってなされたものであると考えられる．

またバイテンゾルフに至近であるにもかかわらず，本郡でのコーヒー生産が期待されなかった理由の仔細は不明であるが，プリアンガン地方では一般に，高山の西側山麓は小雨であり不毛である場合が多く，チフラン・チチュルク両郡ではコーヒーに不向きな何らかの生態的条件が存在したと考えられる．さらにウィルデを中心とする植民地勢力が，この郡に，チアンジュール方面からの幹線ルートとインド洋からのルートが合流す

る輸送拠点としての役割，および，日持ちがせず1年中輸送しなければならないバナナなどのバイテンゾルフへの供給を期待したためであると考えられる．
50) 本章対象4郡で生産される産物のほかにチアンジュール盆地，そしてインド洋側の諸郡の産物が通過するためであろう．「人口統計」示す夫役可能男女数や家屋数の傾向から，住民の負担が重いと考えられるのは，幹線道路に近くて開発が古く徐々に水田化されたスカラジャ北部，チマヒ郡の幹線道路沿いで19世紀に入って灌漑工事と共に開発されたと考えられる地域であった．

　ただしチマヒ郡の幹線道路沿い以外の新しい開拓地では，集落は比較的安定しており住民の負担が逃亡者を生むほどではなかったと推測される．この原因については，第1に，未だ開発途上の一帯では夫役貢納を免除されていた者の比率が高かった可能性が挙げられるが，開拓時の夫役貢納免除期間は長くても3年であり，すべてを説明することは難しい．第2には，植民地権力が未だ20世紀の如き均一的空間支配を行ない得ず，幹線道路沿線支配のみに甘んじていた可能性が挙げられる．すなわち交通輸送の便が良く，古くから開拓され現地人首長層が多数居住する一帯では，住民は一般に現地人首長層および植民地権力の保護と商業や輸送の利益を容易に得られるが，一方で過重な負担を要求された場合には逃亡以外の手段で忌避することは難しい．他方，19世紀初頭以降に始まる交通・輸送条件の良くない場所での大規模灌漑施設の建設や辺境への入植は，コーヒー生産・輸送における必要もあるものの，多分に自由主義的ヨーロッパ人官僚の原住民福祉の理念に支えられていた［第11章第2～4節；本章第2節］．加えて交通の不便さ，権力関係の新しさのゆえに植民地権力のコントロールが行き届かず，入植者は灌漑施設などを利用だけして義務を逃れ得たのではないかと考えられる．
51) 当時チチュルク・チフラン両郡は，チマヒ・グヌンパラン郡と比較して利益の上がらない郡であると考えられていた［Haan 1910-1912: Vol. 1 293］．これは当時最も重視された産物がコーヒーと米穀であり，輸送の負担が重く椰子砂糖および果樹生産が盛んであった前2者は，植民地権力にとって「金の卵を生むニワトリ」ではなかったためであろう．

第17章

米穀生産と輸送を担う8郡の水田開拓

1 —— はじめに

　本章では，1820年代後半のチアンジュール‐レヘント統治地域に属する25郡のうち，コーヒー生産を期待されない郡と水田開発の関係を検討する．米穀生産を期待されたヌグリ＝チアンジュール，チブラゴン，チカロン，チコンダン，および輸送拠点として期待されたマジャラヤ，マンデ，ガンダソリ，チヌサの8郡が考察の対象となる（地図17-1）．

　また，本章で補強される本編冒頭の仮説は，仮説(2)輸送が大事業であり，コーヒー引渡の最大のボトルネックであるが，輸送条件には地域差が極めて大きいこと，仮説(3)1790年代以降の輸送においてチュタックの中心集落が主要な結節点となったこと，仮説(4)18世紀末までの開拓はレヘントによって主導され，19世紀初頭以降は植民地政庁が主導したこと，である．

　以下，第15章と同様の史料と方法で各郡の開拓状況を考察し，1家屋あたりの夫役可能男子数などの数値については註で検討する．

凡例
- - - - 郡の集落分布範囲
──── 幹線道路

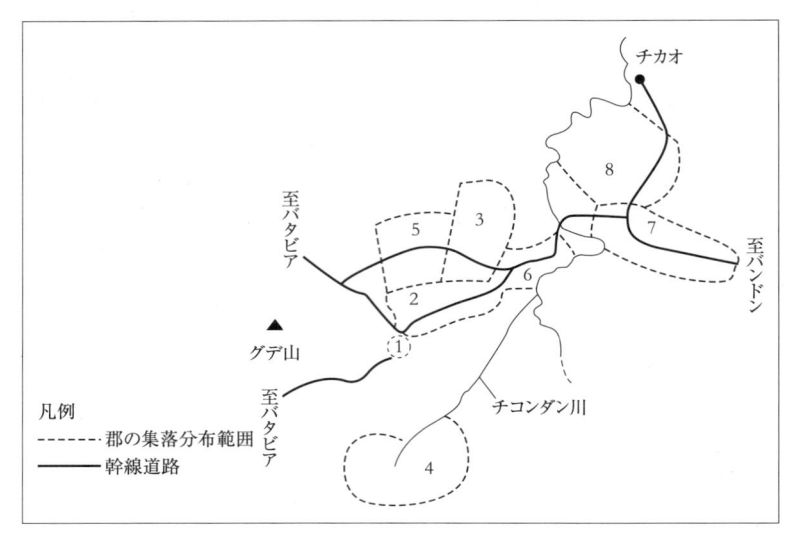

1　ヌグリ＝チアンジュール郡　　2　チブラゴン郡　　3　チカロン郡
4　チコンダン郡　　5　マジャラヤ郡　　6　マンデ郡
7　ガンダソリ郡　　8　チヌサ郡

地図 17-1　チアンジュール－レヘント統治地域主要部略図

2 ── 米穀生産を期待される郡

2-1　概　況

　本節で扱う4郡のうち，ヌグリ＝チアンジュール，チブラゴン，チカロンの名称は，18世紀初めから半ばまでのオランダ植民地文書には，レヘント統治地域の名称として現れた．しかしその後チカロン，チブラゴンはそれぞれ1788年，1789年にチアンジュール－レヘント統治地域の1郡に降格された．そして1812年までには，チアンジュールのレヘントとプリアンガン理事州理事官とが居住するレヘント居住集落周辺が，同理事州の統治の中心のまま，ヌグリ＝チアンジュールという名の郡として扱われるようになった．これら3郡は，19世紀に入ると，経済面では植民地権力から米穀生産を最も期待されることになった．1805年にオランダ政庁はレヘント直轄地でのコーヒー夫役の軽減を決定し，チアンジュールなどでその軽減が見られた［Haan 1910-1912: vol.

4 387, 423, 429]．さらに 1820 年代末のコーヒー引渡予定量はヌグリ＝チアンジュールは 0，チブラゴン 800 ピコル，チカロン 700 ピコルで，コーヒー生産を期待される郡の 2 分の 1 以下であり，その順位も，チアンジュールに属す 25 郡からインド洋側辺境の 5 郡を除いた 20 郡のなかで，それぞれ最下位，13 位，15 位であった．その一方，貢納負担者の米穀総生産量は，それぞれ 2 位，3 位，8 位，さらに貢納負担者の米穀生産総量を人口で割った値がそれぞれ 5 位，4 位，2 位であり，余剰米の存在が窺われる［表 14-1］．

これに対してチコンダンは，1800 年頃よりチアンジュール−レヘント統治地域に属す郡として名称が登場し，1820 年代末には米穀生産を期待される郡と辺境郡の中間の特徴を持った．すなわち，コーヒー引渡予定量は 700 ピコルでチカロンと同様であるが，水田化率が 80％とやや低いほか，米穀貢納者の米穀生産総量を人口で割った値が前 3 郡の半分弱であった．さらに西で境を接するペセール郡と同一の郡長が統括していることから，おそらく本郡は，インテンシブなコーヒー生産を期待されているペセール郡への労働力の供給が期待されていたと考えられる［第 14 章第 2 節第 2 項］．

2-2 ヌグリ＝チアンジュール郡

ヌグリ＝チアンジュール郡は，プリアンガン理事州州都および，チアンジュール−レヘント統治地域のレヘント居住集落を含む郡であるが，「人口統計」掲載集落 25 のうち，所在が判明したのは 9 のみであった．所在判明集落が極めて少ない理由は，1820 年代末の集落の多くが，5 万図に広がるチアンジュール市街地に呑込まれてしまったためと考えられる．しかし第 15 章で検討した隣接諸郡の集落分布範囲から，本郡は，隣接諸郡との集落混在を考慮しても，グデ山のなだらかな山裾と盆地底部の境目（標高 423m）を中心とする半径 1〜1.5km ほどの小規模な郡であったと言える（地図 17-1 参照）．5 万図ではこの範囲に市街地と周囲の水田が入る．郡内には湧水が多くあるほか，東から流れ込む小川が合流しチアンジュール川となって西側に流れ出ている．また本郡の 1 集落あたりの平均人口は 340 人でチアンジュール−レヘント統治地域中第 1 位であり，2 位のガンダソリ郡の 205 人を大きく引離していた．

集落名をみると，水田や灌漑に関する名称が無い一方で，宗教，商工業，コーヒーにかかわる名称は 12 にのぼる．すなわち①「墓 (Pasarean)」(222 人)，②

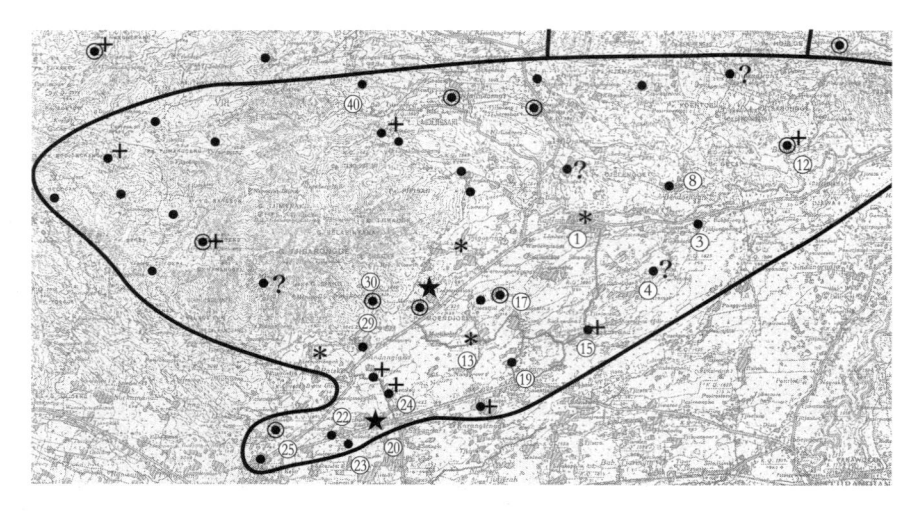

- ● 人口99人までの集落
- ◉ 人口100-199人の集落
- ★ 人口200-299人の集落
- ＊ 人口300人以上の集落
- ? 集落名の一部のみ符号あるいは集落番号を考慮すると位置がやや不自然
- ＋ 夫役可能男子が同可能女子より多い集落
- ＝ 夫役可能男子が同可能女子の80%以下の集落
- － 家屋数より夫役可能男子数が少ない集落

地図 17-2　チブラゴン郡の集落分布

「コーヒーの間 (Selakopij)」(156人)，③「モスクのある集落 (Kaoem masgig)」(310人)，④「北にあるイスラム関係者の集落 (Kaum Kaler)」(969人，所在不明)，⑥「牛舎 (Kandang Sapi)」(200人，所在不明)，⑦「北の小屋 (Kandang Kaler)」(144人，所在不明)，⑬「北の市場 (Pasar Kaler)」(429人，所在不明)，⑯「南の市場 (Pasar Kidoel)」(397人，所在不明)，⑲「鍛冶屋 (Sayang)」(517人)，⑳「鍛冶に使う道具 (Pangasahan)」(414人，所在不明)，㉑「レヘントの馬の飼育場所 (Bantjeij)」(282人)，㉔「レヘントの住居のある小集落 (Djero Djogro)」(457人)である[1]．

　水田開拓も古くから進んでいたことが窺われる．19世紀初めのオランダ人の旅行記によればチアンジュールのレヘント居住集落は水田で囲まれていた [Wilde 1830: 31]．他郡に比べて面積狭小・人口稠密でありながら，1820年末には米穀貢納者の総生産量，および人口1人あたりの生産量も高く，良質の水田

地帯であったことがわかる．郡内は取水も比較的容易であったようである．既に述べた湧水・小川のほかに，集落名にも沼を意味するものが3存在した．さらに本郡の水田開拓は18世紀初めに開始されていたと判断される[2]．

2-3 チブラゴン郡

「人口統計」掲載集落52のうち43の所在が判明した．43集落が分布する一帯は，グデ山本体より東北に伸びる尾根の南側である．この尾根から流れ出る小川・湧水が集まって，標高200mほどの集落チブラゴン付近でチブラゴン川となり東流する．集落はこの尾根の中腹と山裾，およびチブラゴン川南岸の用水路ぞいに散在する．5万図ではこの一帯の盆地底部・谷底は一面の水田であり，1820年代についても，軍用道路（地図17-2参照）から眺めた景色について，ウィルデが，よく耕されて豊かな感じで水田とコーヒー園が入り交じっている，と述べている［Wilde 1830: 31］．また1集落あたりの人口は平均133人（8位）である．

以下，「人口統計」掲載集落に付された番号順に開拓状況を検討する．

(1) 旧レヘント居住集落チブラゴン

①チブラゴン（734人）は，チアンジュールからバンドンへ向かう交通の要衝として，18世紀初めからチブラゴン川南岸の台地状の盆地底部に位置していたが，当時付近に水田は存在しなかった［Haan 1910–1912: vol. 2 310］．また②「セラン（Serang: 水田を意味する敬語，スンダ語）」（80人）はレヘント所有田の存在する集落と考えられるが，所在不明である[3]．

(2) 尾根山脚部東北部

⑤〜⑫の集落のうち所在の判明する5集落は，チブラゴン川の北側の山脚部にある．山脚部は台地状であるが，集落はいずれも，北の尾根より流れ出る小川のそばの比較的灌漑用水の得やすい場所に位置している．ただしチブラゴン北部の尾根はグデ山本体と直結していないため，小川の水源は尾根への降雨のみであり，周年灌漑が可能か否か不明である．

5万図では灌漑工事の跡が若干認められる．⑧「堰（Bendoengan: スンダ語）」（127人）の北で，小川からの分水が認められ，また⑫「バコム（Bakom: bakon で

あれば職田を意味するジャワ語)」(107人)へも山脚部から水路が引かれている．チブラゴン郡では，1789年以前に時のレヘントが水田開拓を主導していたこと[Bergsma 1880: vol. 2 32]，そしてスンダ語で灌漑施設を意味する集落名は本郡ではこの「堰」のみであることから，この一帯の本格的開拓の開始期は18世紀後半である可能性が高い．ただしこの一帯の集落規模は100人台が3集落あるのみでその他は100人以下とさほど大きくない[4]．

　以上，この一帯は水量の乏しい水源が複数存在する台地で，さほど規模の大きくない灌漑工事で灌漑された．灌漑工事については，レヘントによって開始されたが，工事は19世紀に入っても続くと考えることが現在の時点では最も合理的である[5]．

　(3)　盆地底部東部
　③，④および⑬～⑲の集落は，チブラゴン川南岸の台地状の盆地底部のうち，北東の3分の2の部分(標高260～340m)に分布する．5万図では一面の水田で水路がいくつも走る．この用水路沿いの集落規模は，最上流の⑬「マルティ(Marti: ハンマーの意か)」が348人と集落チブラゴンに次ぐ規模であるほかは，100人台が1のみで，8集落の平均人口は72人と小さく，中核衛星型の集落配置となっている[6]．

　集落名をみると，⑮「スカサラナ(Soekasarana: 好む＋媒体：マレー語)」(86人)，⑰「スカナガラ(Soekanagara: 好む＋町)」(107人)，⑲「スカマントリ(Soekamantri: 好む＋役人)」(85人)とsoekaの付く名が3ある．プリアンガン地方ではこの言葉は，首長層が建設・居住する集落にしばしば付けられた．さらに，ダーンデルスは水田開拓のための大規模灌漑工事の遂行に熱心であったので，軍用道路維持のために開拓を推進したと考えられる[7]．この一帯の本格的開拓は19世紀に入ってから，それも1810年代初めの可能性が極めて高い．

　(4)　盆地底部西部
　⑳～㉕の集落は，上述の「(3)盆地底部東部」の一帯より上流の盆地底部南西部に分布する．⑳「吹き上げる水(Tjiboerial)」の人口が207人であるのに対して，他の4集落はみな人口100人以下であり，中核衛星型を示している[8]．集落名をみると㉓「サバンダル(Sabandar: 徴税官の意か?)[9]」(人口50人)，㉒「サデワタ(Sadewata: 神に関係するか?)」(57人)，㉔「グンテン(Goenteng: 瓦あるい

ははさみの意か)」(37人), ㉕「(Moeka: 顔または開く)」(73人) など現段階では正確な意味は不明であるものの, 宗教や商工業にかかわる名称であると推測されるものが多い. なおマレベル郡にも2箇所,「サバンダル」と「サデワタ」という同名2集落が近接して存在する地区があるが, 同郡はほぼ全域が19世紀に入ってから開拓されたと言える.

　以上検討した諸特徴から, この一帯の本格的開発は18世紀終わりか19世紀初めと推測される. ただし「(3)盆地底部東部」よりヌグリ=チアンジュール郡に近くかつ上流であるので, 開拓もより早かったと考えられる.

　(5) 尾根山脚部西部

　㉖～㉝の集落は, 北の尾根の山脚部のうちチブラゴンより西に分布し, いずれも尾根からの水とグデ山麓に端を発する小川が利用できる位置にある. 本郡には人口100人を越す集落が13あるが, そのうち5がこの一帯に存在し最も密集していると言える. 集落規模は, 300人台が2, 200人台が1, 100人台が2とばらつきがある. 集落名をみると動植物・自然地形名のほかに㉘「コーヒー (Kopi)」(23人, 所在不明), ㉙「分かれ道 (Sindanglaka)」(96人), ㉚「シンクップ (Singkoep: シャベルあるいは開くの意)」(122人)と輸送や開拓に関連する名称が認められる. この一帯は18世紀初めよりチアンジュールおよびチブラゴンのレヘント居住集落を結ぶ道路沿いに位置し, かつ開拓に容易な地形であったので, おそらく小規模な開拓が徐々に積み重ねられて比較的早期に水田地帯となり, 人口も多かったと考えられる[10].

　(6) 尾根中腹

　㉞, ㉟の集落は所在不明であるが, ㊱～㊽の集落は, 北の尾根の中腹に点在する. 標高は400mから800mである. 5万図でも水田はほとんど認められない. 集落規模は100人台が2あるほかは皆100人以下であり, 小規模ながら中核衛星型配置2つが確認できる[11]. 集落名では19世紀に入ってから登場する集落名「瓦 (Genteng)」㊵ (人口30人) が認められる. そこでこの一帯への入植は19世紀に入ってからの可能性もあるが, 何時にせよ, おそらく水田開拓をともなった入植ではないと考えられる.

　以上, 本郡は, チアンジュールのレヘント居住集落に近い山裾で比較的早期 (おそらく18世紀半ば) に開拓が開始されたのち, 東部の山裾でレヘントに

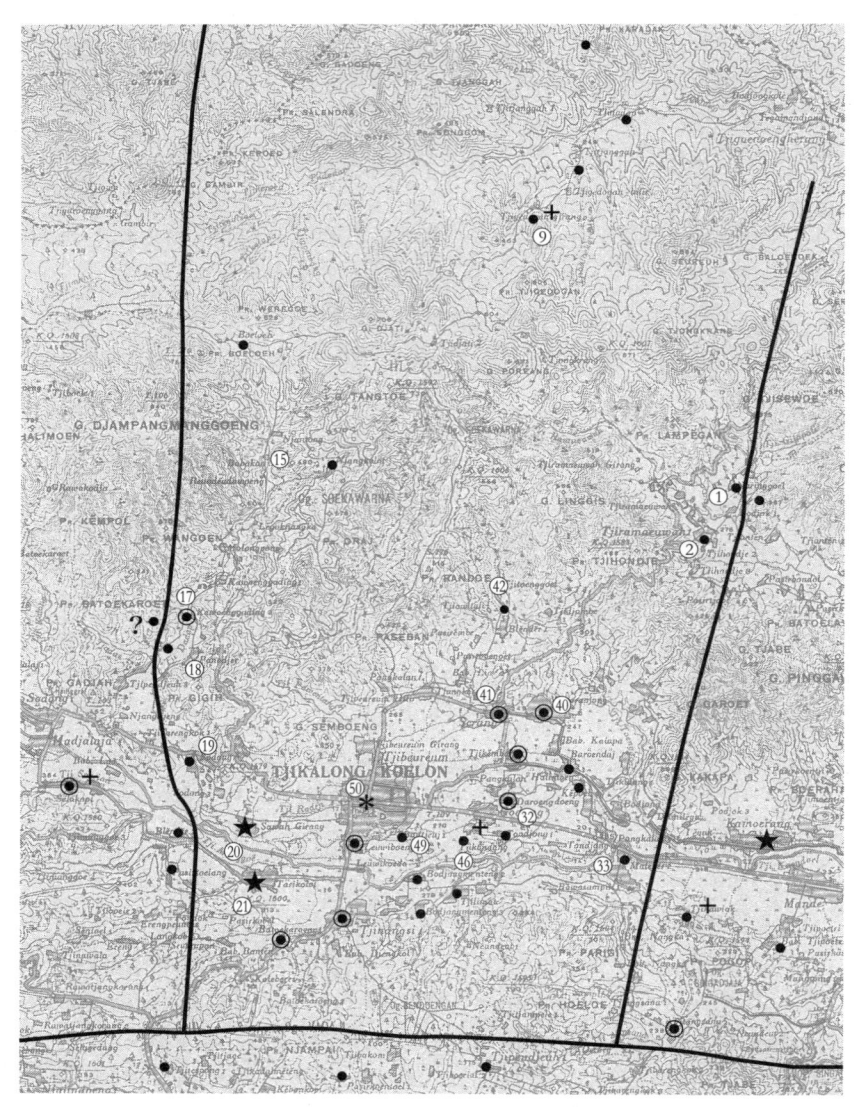

•	人口99人までの集落	+	夫役可能男子が同可能女子より多い集落
◉	人口100-199人の集落	=	夫役可能男子が同可能女子の80%以下の集落
★	人口200-299人の集落	−	家屋数より夫役可能男子数が少ない集落
*	人口300人以上の集落		
?	集落名の一部のみ符号あるいは集落番号を考慮すると位置がやや不自然		

地図 17-3　チカロン郡の集落分布

よる開拓が実施された．さらに19世紀に入るとオランダ政庁の主導によって盆地底部開拓が大規模に実施されたが，その目的は軍用道路維持のためではなかったかと推測される．

2-4 チカロン郡

「人口統計」掲載集落50のうち30の所在が判明した．30集落は，チカロン盆地北部山中に11集落があるほかは，チカロン盆地底部（標高270m，長さ5km，幅2〜3km），それもチクンドル（Tjikoendoel）川北岸の集落チカロンより下流に多く分布している．5万図では盆地底部は一面の水田であり，チクンドル川上流から引かれた水路が縦横に走る（地図17-3）．1集落あたりの平均人口は91人（11位）である．

(1) 北部山腹

①〜⑭の集落は盆地北部の標高250〜600mの山中に存在する．5万図では水田は所在判明集落の周囲に僅かに存在するのみである．集落規模は小さく100人を超えるのは⑤「パラン山（Goenoengparang）」（102人，所在不明）のみであるのに対して，人口50人以下の集落は8ある[12]．集落名は動植物・自然地形の名称が大半を占めるが，⑨「馬小屋の水（Tjigedoegan）」（34人）があり，標高400mほどのところで馬を飼育していた可能性がある．集落規模などを考慮すると，入植開始期は18世紀末以降の可能性が高いが，いずれにしても大規模な灌漑工事を伴わない入植であったと言える．

(2) チダダップ（Tjidadap）川流域

⑮〜⑳はチカロン盆地の東を流れるチダダップ川（チクンドル川支流）の流域にある．⑮「ニャンコロット（Njangkolot: 古い + njang 意味不明）」（45人）は山腹，⑯「パッシルオライ（Pasir orai: 丘 + 樹木の一種）」（39人）は不明集落であるが地区名として残っており，山腹にあることがわかる．⑰「カオンガディン（Kawoengading: アレン椰子の一種）」（109人）は支谷底部，⑱「チダダップ（Tjidadap: 水 + 木の一種）」（61人）は不明集落であるが支谷底部にある可能性が非常に高い．⑲「ソドン（Sodong: 石などの下の窪み）」（75人）はチカロン盆地底部にありマジャラヤ郡からチカロンの中心集落へ伸びるルートとチダダップ川

が交わる地点に位置する．5万図では⑮「ニャンコロット」および⑯「パッシルオライ」を除いて水田地帯に位置する．この5集落は，小規模で⑰「カオンガディン」の109人が最高である[13]．開拓の時期を特定する特徴がないが，地形から判断するならば，水田開拓は，大規模灌漑工事を伴わず，チダダップ川の利用によって行なわれたと言える．

なお，⑳「上流の水田（Sawa Girang）」（人口231人）は盆地底部に位置するが，この集落へはチダダップ川・チクンドル川合流地点の取水口から全長500mほどの用水路が引かれているので，本節(5)において，集落チカロン周辺の開拓とあわせて考えたい．

(3) チクンドル川南岸

㉑〜㉚の集落は，チクンドル川の南岸に分布する．5万図では南岸の盆地底部も一面の水田である．この一帯の集落規模は比較的大きく，人口200人台が1，100人台が5あり，そのほかも1集落を除いて50人以上である[14]．集落名称をみると，動植物・自然地形の名称が大半を占める中に，㉑「タリコロット（Tarikolot: 郡長以上の首長層のかつての居住集落である場合が多い）」（290人）と㉗「牛舎（Kadangsapi）」（164人，所在不明）が存在する．㉑「タリコロット」はヌグリ＝チアンジュール郡へ向かう峠の麓に位置したが，かつてのレヘント居住集落と考えられる[15]．そこでこの一帯は早い地域では18世紀初め頃から，遅くとも18世紀後半には開拓が始まっていたものと思われる．

(4) チクンドル川北岸東部

㉛〜㊷の集落は，㉝「マレベル（Maleber: 意味不明）」（97人）を除いてチクンドル川北岸の盆地底部に分布するが，そのなかで㉛〜㊴は北岸の東部に分布する．5万図ではこの一帯は一面の水田である．集落規模は比較的小さく，㉜（106人）を除いて皆100人以下である．その他の集落は最小が55人であるが固まって存在しており，中核衛星型配置と考えることもできる[16]．盆地底部東端の山脚部沿いに川が流れているため，所在判明集落はみな盆地底部の中央よりに存在する．5万図ではこれらの集落へも用水路が流れ込んでいるが，本節(5)で示すように1820年代にこの用水路が存在したかどうかは不明である．集落名は，現在のところ意味不明の2を除いてみな動植物・自然地形の名称である．以上の特徴はこの一帯の入植が比較的新しい可能性を示し，特に以下に述べる

盆地底部東部よりは後に開拓が始まったものと考えられる．

　(5)　チクンドル川北岸西部
　㊸〜㊿の集落は，灌漑網の発達した北岸西部に位置する．5万図で盆地底部のチクンドル川の川幅はすでに20m以上あり，開析も進んでいる．このためこの一帯には，本節(2)で述べたチダダップ川の取水口から⑳「上流の水田」へ導かれた用水路が，さらに㊿チカロン(1600人)へ導水されたのち，上述(4)の一帯および北側の㊶「セラン(Serang: 水田を意味する敬語)」(99人)まで達している．5万図で見る限り盆地底部北岸全域がこの取水口の恩恵を受けていると言ってよい状態である．ただし㊶「セラン」は北の山地から盆地底部に流れ込む，灌漑のより容易な川をも用水源としているので，1820年代にチダダップ取水口から伸びる用水路が「セラン」まで達していたか否かは不明である．
　この一帯の集落規模は比較的大きく，集落チカロンの1,600人を別格としても，人口100人台が5集落あり，その他の集落も50人以上である．集落配置はチカロンを中核とした中核衛星型と見ることが可能である[17]．集落名を見ると動植物・自然地形名のほかに㊶「セラン」㊾「レヘントの馬の飼育人(Bantjeij)」(88人)がある．1850年代の調査によればチカロン郡には旧レヘントおよび下級首長層の所有地が多く存在した [Bergsma 1876: vol. 1 BijlageA 6]．彼らの所有田の一部はすでに1788年以前から存在したので，現地人首長層によって開発が行なわれた可能性が高い [Haan 1910-1912: vol. 3 125]．さらに「セラン」などスンダ語独自の水田や灌漑に関する集落名称は，オランダ政庁による大規模灌漑工事開始期以前に成立していたケースが多いとすれば，チカロン盆地の本格的開拓期は18世紀半ばから末にかけてであろうと推測される．
　以上，本郡は，幹線道路の要衝としての重要性を失ったのち首長層主導で盆地底部が開拓され，水田地帯へと変貌したと考えられる．開拓の本格的開始期の特定は現在のところ不可能であるが，オランダ政庁が本郡の水田開拓に積極的に介入した痕跡は認められない．

2-5　チコンダン郡

　「人口統計」掲載集落76のうち52の所在が判明した．52集落はチコンダン(Tjikondang)川峡谷底部のほか，同川に沿った盆地底部の道路沿い，チソカン

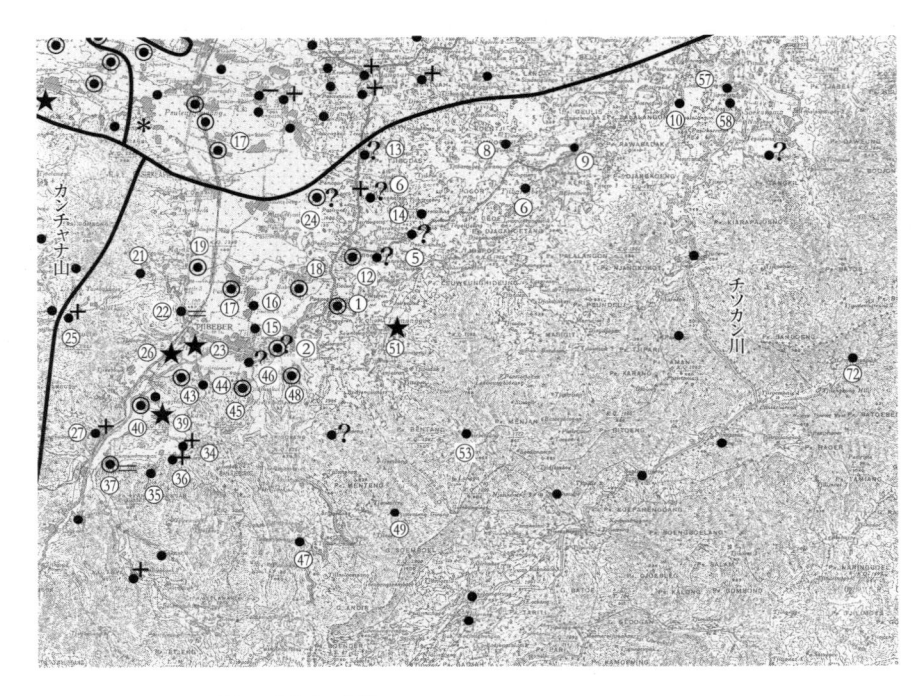

●	人口99人までの集落
◉	人口100–199人の集落
★	人口200–299人の集落
＊	人口300人以上の集落
?	集落名の一部のみ符号あるいは集落番号を考慮すると位置がやや不自然
＋	夫役可能男子が同可能女子より多い集落
＝	夫役可能男子が同可能女子の80％以下の集落
−	家屋数より夫役可能男子数が少ない集落

地図 17-4　チコンダン郡の集落分布

(Tjisokang) 川沿いの山中に分布する (地図 17-4)．本郡の集落規模は平均 74 人 (16 位) と，上述 3 郡と比較すると際だって低い．

(1) チアンジュール盆地底部東部

①〜⑭の集落は，チアンジュール盆地底部を流れるチコンダン川に沿って東南に走る道路沿いに点在する．盆地底部には低い丘が多いものの平坦部は 5 万図では皆水田である．また道路に沿って全長 6km を越える一本の用水路が認められるが，所在判明集落 11 のうち 5 集落がこの用水路沿いにある．この

一帯の集落規模はさほど大きくなく，100人台が3存在するものの，残りの11集落のうち7が50人以下である．

集落名をみると，①「古い宿泊所（Pasangrahan kolot）」（117人），③「女奴隷の丘（Pasir djalia）」（84人；所在不明），④「堰新村」（38；所在不明），⑤「村警の丘（Pasir malang）」（41人），⑧「塔（または標柱）（toegoe）」（25人），⑫「水牛の丘（Pasirmoending）」（112人），⑭「集荷地（Pangkalan）」（54人）と，交通・輸送および現地人首長層と関わりのある名称を持つ集落が多い．なお「堰新村」の位置を集落番号から推測すると，集落①「古い宿泊所」付近の東南方面と考えられる．

以上この一帯は，集落名からみると，南隣のチケトク（Tjiketoeg）郡と同様に［第15章第3節第7項］，本郡の統治の中心として植民地権力主導の灌漑施設建設と共に開拓が本格化したと判断される．しかし人口に関する諸特徴からは，灌漑施設の恩恵による経済基盤の安定より，交通・輸送の拠点としての夫役などの負担の重さが勝っていた地区のあったことが窺われる[18]．

(2) チアンジュール盆地底部西部

⑮〜㉖の集落は，カンチャナ（Kantjana）山のスロープ上にある㉕「危険な溜池（Tambak baya）」（55人）を除いて，同山西側の盆地底部に分布する．タンバック（tambak）とはダムを作って造成する溜池を意味し，5万図では溜池は認められないものの小川が流れており造成可能な地形である．ただしこの小川は標高1,239mのカンチャナ山東側の降雨に頼っているので，水量はあまり多くなかったと考えられる．5万図では底部は平坦で一面の水田である．しかしグデ山本体に端を発する小川はカンチャナ山に遮られてこの一帯には流入していないため，水源に乏しい[19]．集落規模は比較的大きく人口200人台が2，100人台が4存在する[20]．集落名は動植物・自然地形名以外のものは，㉖「乾いて不毛な土地（Nagrak）」（234人）と㉕「危険な溜池」のみである．

⑮〜⑱の集落は盆地底部中央にあり，集落名に皆「チサラク（Tjisalak: 水＋果樹）」を冠す．集落規模は順に120人，84人，69人，134人である．これに対して集落番号⑲以降の所在判明集落では，カンチャナ山脚部に4集落，谷地に㉑「タンキル（Tangkil: 果樹）」（39人）がある．山脚部の4集落はいずれも小川が用水として利用できる位置に存在し，人口は161人，38人，250人，234人である．この4集落のうち人口100人以上の3集落は，比較的灌漑が容易な地

域において徐々に開拓されたのに対し，㉕「危険な溜池(Tambak baya)」の下流にある㉒(38人)の集落は，現地人首長層による灌漑工事がなされたものの耕作は安定しなかったと推測される[21]．さらに5万図では，この一帯の水路網に合流する水源として，いまひとつチコンダン川峡谷なかほどの取水口から伸びる用水路がある．この用水路沿いに㉓「チベベル(Tjibeber: 川の中で流れの無いところ)」(250人)，㊸「ハンジャワル(Handjawar: 椰子の一種)」(186人)があり，用水路は1820年代にも存在した可能性が高い．工事の主導者，開拓年代を確定する決め手はないが，工事の規模と集落名称から考えると，現地人首長層によって行なわれ，植民地権力がこれを補強した可能性がある．

(3) チコンダン川峡谷深部

㉗～㉝の集落は，チコンダン川峡谷の奥山山中に分布していると推測される．5万図では一面の森であり，㉗「ボラン(Bolang: 植物の名)」(58人)の周囲以外に水田は認められない．集落規模は小さく最大で67人である[22]．集落名は動植物・自然地形名のみであり，㉗「ボラン」以外の集落は沼，湖，水を意味する語を含む．各集落の周辺に小規模な水田が存在した可能性は残るが，水田耕作が卓越した一帯ではないと言える．

(4) チコンダン峡谷底部

㉞～㊵の集落は，チコンダン峡谷底部のチコンダン川東岸に分布する．5万図では底部は一面の水田であるが水路は僅かである．集落規模は比較的大きく200人台1，100人台2，最小の集落が44人である[23]．集落名をみると，現地人首長層との関わりを示すものとして㊴「灌漑水路(Susukan: スンダ語，ジャワ語共通)」(227人)，㊲「パニャンドゥンガン(Panjandoengan: 馬の疾駆)」(178人)が挙げられる．㊴「灌漑用水路」へは東方の山地から小川が流れ込んでいるが，山地は山頂が皆標高1,000m以下と低く，周年灌漑が可能かどうかは不明である．この一帯は，用水が不足気味であり灌漑施設建設によって開拓が本格化したと考えられる．工事の主導者，開拓年代を確定する決め手はないが，工事の規模と集落名称から考えると，植民地権力が灌漑を主導する以前に現地人首長層によって行なわれた可能性が高い．

(5) チコンダン峡谷入口の山脚部

㊸〜㊶の集落は，峡谷出口から東の山脚部および山中に分布する．5万図では所在判明集落8のうち2は山中にあるが，残りの6集落の周囲には水田が広がる．集落規模は比較的大きく，100人台が4，100人以下の集落も30人台が2（山中1，所在不明1）あるものの，そのほかは最小が73人である．このうち人口100人以上の集落は，小川の水が利用できる山脚部に3集落，用水路上に1集落ある．集落名はすべて動植物・自然地形名であった．この一帯の特徴は，まず山脚部の灌漑の容易な地点が徐々に開拓され，そののち水の少ない道路沿いおよび大規模工事による水路沿いが開拓されたことを窺わせる[24]．

(6) 南部山中

㊾〜㊻の集落のうち14の所在が判明したが，14集落は，㊸「チプタット（Tjipoetat: 水＋樹木の一種）」(32人)，㊹「警備小屋（Padjagan）」(48人) が盆地底部の東端に位置する以外は，すべて南部の山中にあった．5万図では山中は一面の森であり水田はほとんど存在しない．この一帯の集落規模は小さく最大で人口54人で，焼畑が卓越したインド洋側の諸郡周辺部の人口分布に類似する[25]．集落名は動植物・自然地形名が大多数である中に，㊼「要塞の丘（Pasir benteng）」(35人)，㊽「水田集落（Lemboer sawa）」(40人，所在不明) があった．しかし水田耕作はこの一帯では例外的であると考えられる．

以上，本郡は，グデ山に端を発する小川がカンチャナ山に遮られているため，概して灌漑用水が豊富とは言えないが，開拓は，灌漑が比較的容易な峡谷入口周辺の山脚部から始まり，ついで峡谷底部および盆地底部西側が，おそらく現地人首長層主導の灌漑工事によって開拓された．そして19世紀に入り盆地底部東部が政庁主導で開拓されたと推測されるが，集落名から判断するならば，盆地底部東部は交通拠点のひとつとして開拓された可能性が高い．

2-6 小 括

以上のようにヌグリ＝チアンジュール，チブラゴン，そしてチカロンの旧レヘント統治地域の中心集落は，もとより交通の要衝であり，かつ周辺に水田適地の存在する地域に位置した．このうちチアンジュールが強大化したのは，オ

ランダ政庁の意図もさることながら，コーヒー生産および水田耕作に適した広い後背地の存在，そしてコーヒー輸送にもさほど難点のない条件を備えていたという立地の良さが大きな理由となったと考えられる．

　中規模以上の灌漑工事については，本章の検討では以下の2つのパターンが認められる．チブラゴン，チカロン，チコンダン郡はその立地からグデ山本体の豊富な水源が利用できず，チカロンの1例を除くならば，背後の低い山地からの水源を利用し，大きくても数集落ほどの規模で台地状の土地を灌漑した箇所が多い．いずれも周年灌漑が可能かどうか疑わしい．灌漑・水田に関わる集落の名称はスンダ語，あるいはジャワ語であり，名称は概してバラエティに富んでいる．これらの灌漑の主導者はおそらくレヘントあるいはその配下の首長層であり，工事時期はオランダ植民地権力が灌漑工事を主導する19世紀初頭以前か，それ以降でも植民地権力の影響の及ばない状態での工事であったと考えられる．これに対して植民地権力が主導したと考えられる工事は，一般に，開析の進んだチアンジュール盆地底部へ，長い水路で小川の水を導水するものであり，灌漑・水田に関わる集落名は画一的な傾向を持つ．後者の工事の痕跡は本節対象4郡ではチブラゴン，チコンダン両郡に見られたが，失敗もしくは効果の疑わしい工事も一例ならず存在した．なお植民地権力は，交通・輸送を補強する目的でチブラゴン，チコンダン郡の灌漑工事を主導した可能性が高いが，交通・輸送面におけるチコンダン郡の役割の検討は今後の課題である．

3 ── 輸送郡

　本節で扱う郡は，マジャラヤ，マンデ，ガンダソリ，チヌサの4郡であり，共通の特徴が見られる．第1に，これらの郡の成立は比較的新しくマジャラヤ，マンドウ郡は1817年頃−1828年の間に成立した．またチヌサ，ガンダソリ郡は1821年にバンドン−レヘント統治地域よりチアンジュール−レヘント統治地域に編入された．第2に，1820年代末の4郡はオランダ政庁からコーヒー生産，米穀生産とも期待されることはなかった．コーヒー引渡予定量はマジャラヤ700ピコル，マンデ700ピコル，ガンダソリ400ピコル，チヌサ500ピコルであったものの，1836年のコーヒー引渡量はガンダソリが242ピコル，ほかの3郡は0であり，順位もチアンジュール−レヘント統治地域から辺境5郡を

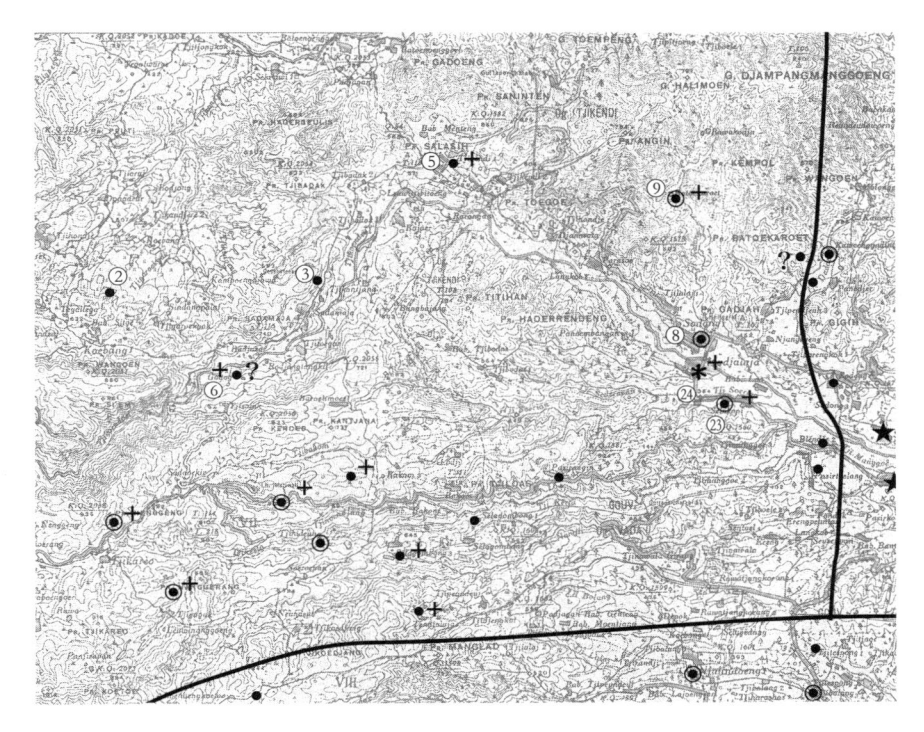

- ● 人口99人までの集落
- ◉ 人口100-199人の集落
- ★ 人口200-299人の集落
- ＊ 人口300人以上の集落
- ? 集落名の一部のみ符号あるいは集落番号を考慮すると位置がやや不自然
- ＋ 夫役可能男子が同可能女子より多い集落
- ＝ 夫役可能男子が同可能女子の80％以下の集落
- － 家屋数より夫役可能男子数が少ない集落

地図 17-5　マジャラヤ郡の集落分布

除いた 20 郡中，最下位と 16 位であった．第 3 に米穀貢納者中の水田耕作者は60％以下で最低であり，米穀貢納負担者総生産量も最低であった．第 4 に，これらの郡はいずれも夫役可能女子に対する夫役可能男子の比率が比較的高かった．そして第 5 に他のレヘント統治地域と境界を接し，18 世紀半ば以前の交通の要衝，あるいはコーヒー輸送上の重要な拠点を中心とする郡編成となっていた．そこでオランダ政庁は，1820 年代には，この 4 郡に輸送拠点の管理を期待したと推測される [第 14 章第 2 節第 3 項]．

第 17 章　米穀生産と輸送を担う 8 郡の水田開拓 | 413

3-1　マジャラヤ郡

「人口統計」掲載集落24中20の所在が判明した．20集落はチプートリ盆地とチカロン盆地を結ぶ2つのルート沿いに点在する．本郡の集落規模は平均92人（10位）であるが，人口370人の㉔「マジャラヤ（Madjalaja: 果樹＋大きな）」を除くならば平均80人（15位相当）となる．人口100人を超える集落8のうち，4がチプートリ郡との境界付近，3がマジャラヤ盆地に存在し，ルートの起点と終点に集中すると言える．また本郡の所在判明集落のうち①〜⑨はチプートリ郡側からマジャラヤへとチクンドル峡谷沿いに点在しており，⑩以降は南側の尾根を通るルートに点在している．このことは本郡がルート支配に重点をおいた郡編成であることを物語ろう．以下，水田開拓状況については，集落番号の順によらず，マジャラヤ盆地とその他とを分けて検討する．

（1）　マジャラヤ盆地

郡の中心㉔「マジャラヤ」の位置する小さな盆地の底部（底部標高450m 長さ2km 幅1km）は，5万図では一面の水田である．この底部には「人口統計」掲載集落のうち所在判明集落が5存在する．所在判明集落はいずれもすべてチクンドル川に注ぎ込む小川のほとりにあり，このうち東部にある「マジャラヤ」，㉓「コーヒーの狭間（Selakopij）」（160人），⑧「ソドン（Sodong: 石などの下の窪み）」（38人）が人口100人を越える[26]．5万図によるとチクンドル川は川底が深くすでに集落マジャラヤ付近で水利灌漑に利用しにくい川となっていたようである[27]．

（2）　チクンドル峡谷ルートと南部山地ルート

5万図ではチクンドル川峡谷に底部に水田が広がる．所在判明集落5のうち峡谷底部にある③「スダマヤ（Sedamaija: 減る＋霊が宿る？）[28]」（48人），⑤「チクンディ（Tjikendi: 水差し＋水）」（87人）の周囲には水田が広がる．後者は小川がチクンドル川に合流する灌漑が容易な地点に位置し，前者はチクンドル川から灌漑用水を分水する2つの取水口の間に存在した．ただしこれらの取水口とそれに続く用水路が1820年代に存在したか否かは判断の手がかりがない．一方，峡谷をややはずれた丘の上に②「沼（Koebang）」（65人），⑥「チサラク（Tjisalak: 水＋果樹）」（16人），⑨「葛にからまれた石（Batoukaroet）」（152人）が存

在するが，5万図ではいずれの集落の周囲にも水田は存在しなかった[29]．

一方，本郡南部の山地を通るルート一帯は5万図では森林が多い．この一帯には所在判明集落が9存在するが，集落の周囲に少々水田が存在する程度であり，大規模な灌漑工事の痕跡は認められない[30]．

以上，本郡は，17世紀末から18世紀初めにかけて，バタビアとチカロン・チアンジュール・チブラゴンの3レヘント統治地域を結ぶ交通の要衝であったので［第8章第3節(d)(g)］，チクンドゥル峡谷の灌漑が容易な地点では水田開拓は早かった可能性がある．しかし18世紀半ば以降このルートが使用されなくなると，この一帯は現地人首長層・植民地権力にとってさほど注目すべき場所ではなくなり，彼らが主導する灌漑工事も行なわれなかったと判断される．集落の分布形態から判断して，1820年代に主に南部山地ルートがチプートリ郡の産物輸送に使用されていたと考えられるが，集落名にも現地人首長層・植民地権力との関係を示す名称は存在しなかった．さらに「人口統計」中の本郡の統計には，これまで検討してきたチアンジュール-レヘント統治地域の他郡と比べて末尾が0となっている数字，および家屋数，夫役可能男女が同数となって数字が目立ち，植民地権力が住民の把握に熱心でなかったことが窺われる．

3-2　マンデ郡

「人口統計」掲載集落30のうち23の所在が判明した．23集落はマンデ盆地底部（標高200m 長さ5km 幅3km）とチタルム（Tjitaroem）川西岸に集中している．本郡の集落規模は平均81人（14位）である．夫役可能女子に対する夫役可能男子の比率は概して高めであり，郡全体では，前者947人に対して後者910人である．

(1) チタルム川西岸

①～⑩の集落のうち所在が判明した7集落は，グデ山山腹で栽培されたコーヒーをチカオ（Tjikao）へ輸送するルートが通過する，チタルム川西岸に分布する．この一帯は5万図では台地であるが，中央にほぼ東西に川が流れ，平坦な部分は一面水田となっている．大規模な灌漑工事跡は認められない．集落は台地の山脚部および渡し場付近に存在する．集落規模は小さく最も大きい

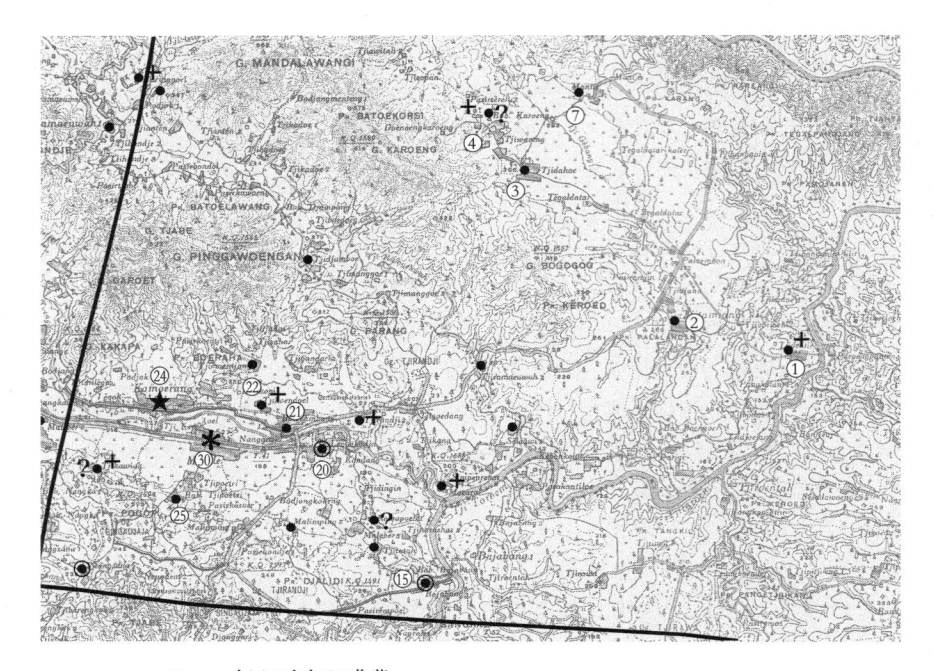

- ● 人口99人までの集落
- ◉ 人口100-199人の集落
- ★ 人口200-299人の集落
- ＊ 人口300人以上の集落
- ? 集落名の一部のみ符号あるいは集落番号を考慮すると位置がやや不自然
- ＋ 夫役可能男子が同可能女子より多い集落
- ＝ 夫役可能男子が同可能女子の80％以下の集落
- － 家屋数より夫役可能男子数が少ない集落

地図 17-6 マンデ郡の集落分布

集落でも人口61人である[31]．集落名は動植物自然地形名以外に，⑦「マニス (Manis)」(18人) がある．マニスはジャワ暦5曜の曜日の一つを意味するので，定期市があった可能性がある．

(2) マンデ盆地底部

⑬〜㉚の集落のうち所在判明集落は16であり，㉚「マンデ (Mande: ジャワ語で「店」)」(308人) を中心とする盆地底部に主に分布する．この一帯でヌグリ＝チアンジュールからコーヒーを輸送するルートとチプートリ郡からチカロン経

由のルートが合流し，またチカオとバンドンへ向かうルートが分岐する．5万図では盆地底部は一面の水田である．マンデ盆地ではチクンドル川の川底が深く，集落マンデ以東の盆地底部を潤す水路は北岸・南岸ともチカロン盆地付近に取水口を持つ．北岸については，道路に並行した水路上に㉔「カムラン(Kamoelang: ジャワ語で「初め」の意か)」(218人)，㉒「チクンドル(Tjikoendoel: 意味不明)」(52人)，㉑「水に囲まれた建物(Balekambang)」(41人)がある．また南岸の道路に並行した水路には㉚「マンデ」，⑳「コジャの沼(Lewikodja: 沼＋インド人ムスリム)」(107人)が位置するので，両水路は1820年代にすでに存在した可能性が高い．これに対してこのほかの所在判明集落は南岸・北岸とも交通拠点，あるいは取水の容易な盆地底部山裾に分布し，人口100人以上の2集落はチタルム川の渡し場と山裾とに存在した．この集落分布状況から，マンデ盆地では，大規模灌漑工事があったものの開拓は未だ底部全域には及んでいなかったと考えられる．

集落名に注目すると㉑「水に囲まれた建物」，⑳「インド人ムスリムの沼」といった宗教施設を想起させる名称，㉚「マンデ」，㉘「牛舎(Kadangsapi)」(75人，所在不明)，㉕「チプートリ新村(Babakan Tjipoetri: コーヒー輸送のための同郡の出張所の可能性)」(90人)，そして交通の難所付近に出現頻度の高い⑮「バヤバン(Bijabang: 意味不明)」(141人)など輸送・商業に関わる名称が多い一方で，灌漑施設や水田にかかわる名称は存在しなかった．しかし集落は比較的安定していたと考えられる[32]．

以上，本郡はコーヒー生産，米穀生産ともさほど期待されることはなかったが，盆地中央部で1820年代までに比較的大規模な灌漑工事が行われた可能性がある．開拓の時期と主導者は現時点では不明であるが，灌漑工事が大規模であること，1810年代末から植民地権力が整備したチカオ経由のコーヒー輸送ルートの拠点であることから，植民地権力がコーヒー輸送拠点を支えるために主導した可能性が高い．

3-3　ガンダソリ郡

「人口統計」掲載集落27のうち22の所在が判明した．22集落は，チタルム川が大きく蛇行する北岸より，ブランラン(Boerangrang)山の北西麓までチソマン(Tjisoman)川の北岸に細長く分布する．1集落あたりの平均人口は205人

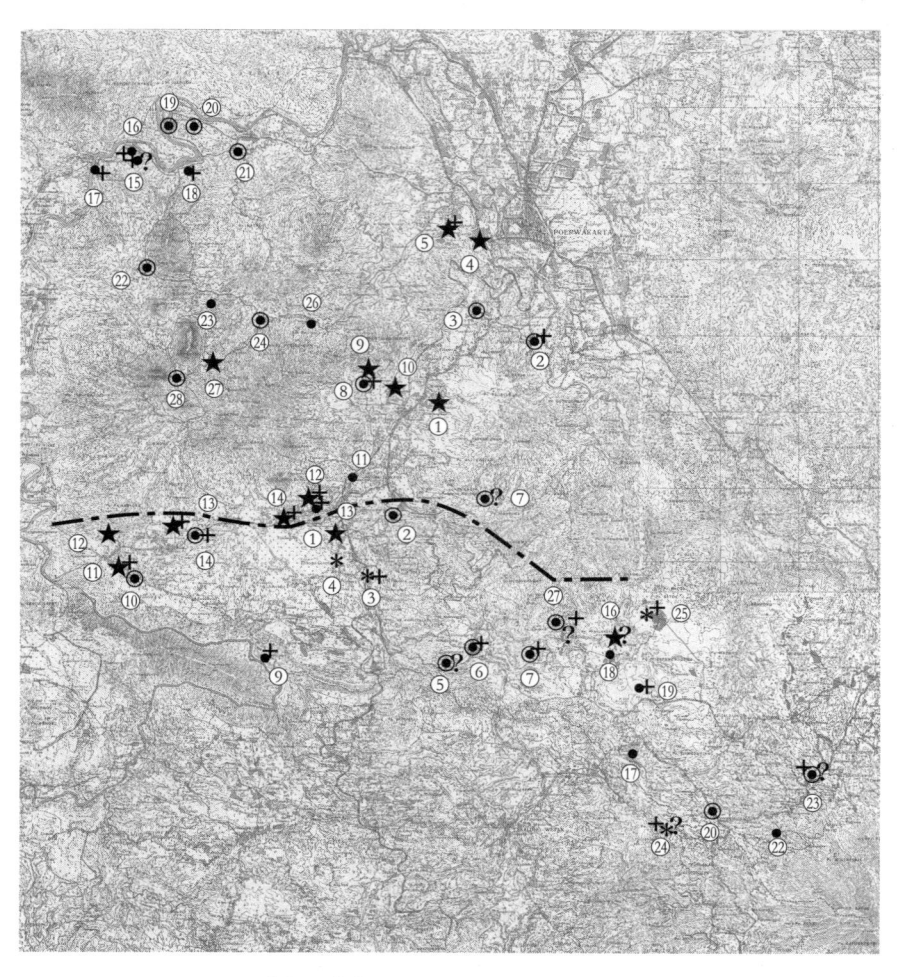

- ● 人口99人までの集落
- ◉ 人口100-199人の集落
- ★ 人口200-299人の集落
- ＊ 人口300人以上の集落
- ？ 集落名の一部のみ符号あるいは集落番号を考慮すると位置がやや不自然
- ＋ 夫役可能男子が同可能女子より多い集落
- ＝ 夫役可能男子が同可能女子の80%以下の集落
- － 家屋数より夫役可能男子数が少ない集落

地図 17-7　ガンダソリ郡・チヌサ郡の集落分布

でヌグリ＝チアンジュール郡に次いで第2位の規模である[33].

本郡の開拓状況については，1811年にバンドンのレヘントが次のように述べる．「ガンダソリ郡もまた食料が欠乏している．水田は少なく，流水がなく，川の水位は深い位置にある．乾田や焼畑が耕作され，家畜飼育はといえば，ただ食糧欠乏を補う程度，つまり欠乏を予期し米を買うためである．この他は椰子砂糖を採集・加工し，チカオで売る．」[Haan 1910-1912: vol. 2 712-713]

本郡は1821年9月にバンドンからチアンジュールへ移管されたが，その月より理事官の指示で，チヌサおよびガンダソリ郡の水田を灌漑するためにチソマン川に堰を作る工事が開始された．翌月にはレヘントによって，ラデンパンフル（Raden Panghoeloe）の称号を持つレヘント統治地域内最高位のイスラム役人が，米穀増産のための灌漑用水の視察に派遣された．上述の灌漑工事は1822年も継続されたが，川が深く難航した．翌年の植民地文書には，工事は完成したものの改良中であることが述べられている[Register: 1821・9・14, 1821・10・5; Algemeen Verslag 1822: 25, 1823: 13]．おそらく川底が深いために堰が十分な機能を果たさなかったのであろう．なお本工事は1820年代におけるチアンジュール－レヘント統治地域唯一の政庁主導灌漑工事であった．以下，集落番号順に開拓状況を検討する．

(1) コーヒー輸送路合流点のバンドン側

①〜④の集落は，ヌグリ＝チアンジュール郡からチカオに向かう道とバンドン盆地からチカオに向かう道の合流点の，バンドン側の道沿いに位置する．道の東は山地，西側は平野で，平野部は5万図では一面の水田である．大規模な灌漑工事跡は確認できない．集落はいずれも山から流れ出る小川のほとりにあり，うち3は取水が容易な山脚部にある．集落名はすべて動植物あるいは自然地形名であるが，集落規模は大きい．人口は番号順に261人，110人，371人，321人で300人を超える集落が2ある[34]．この一帯はもとより灌漑が容易な地形であったので，18世紀末頃よりコーヒー輸送路の拠点として，大規模灌漑工事なしで人口が集中したと考えられる．

(2) チソマン川北岸

⑤から⑨までの集落は，上述4集落より南のチソマン川北岸に東西に細長く分布する．5万図ではチソマン川の開析の進行によって台地状になった一帯で

あることがわかり，水田はほとんど認められない．またチソマン川が本郡を通過するのはこの一帯のみであるので，この一帯の西端のチタルム川との合流地点，あるいは東端の谷地で灌漑工事が行なわれた可能性が高い．所在判明集落4の集落規模は100人台が3，100人以下が1である[35]．人口662人（夫役可能男子190人，夫役可能女子206人）を擁する⑧「ガンダソリ（Gandasoli: 草の一種）」（所在不明）もこの一帯の，おそらくコーヒー輸送ルート上にあったと推測される[36]．

(3) コーヒー輸送路合流点のチアンジュール側

⑩〜⑭の集落は，本郡の西端，チアンジュールへ向かう道沿いにある．5万図では丘陵地帯で水田は一帯の半分ほどの面積を占める．チソマン川へは北側の山から小川が流れ込んでいる．集落規模は，200人台が3，100人台が2である[37]．集落名をみると，植物名が2のほかは⑭「灌漑用導水パイプの水(Tjitalang)」(114人)，⑫「村として独立していない集落(Tjantilan)」(272人)，⑬「テガルワル(Tegal waroe: 木の一種＋畑)」(290人) である．⑭「灌漑用導水パイプ」は北側の山から流れ出る小川の水を導水する灌漑施設を指すと考えられるが，チブラゴン郡の同名集落が19世紀に入ってからオランダ政庁主導の灌漑工事によって成立した可能性が高いので，この周辺もコーヒー輸送路維持を目的として政庁の主導で開拓された可能性がある．

(4) ブランラン山麓

⑯〜㉗の集落は，本郡東部のチソマン川北側の台地とブランラン山へ至る道沿いに分布する．ブランラン山の東にはタンクバンプラウ山が聳え，その南麓にはバンドンのレヘント居住集落がある．5万図では集落の分布地域には森が多く水田はほとんど存在しない．集落規模は300人台が2，200人台が1，100人台が5である[38]．この一帯は，集落規模は比較的大きいものの，開拓のためと言うよりは，バンドン－レヘント統治地域で生産されたコーヒーを内陸の積出港チカオへ運ぶルートであるために人口が集中したと考えられる．

以上，本郡の開拓をみると，コーヒー輸送路交点付近のバンドン側とチアンジュール側の2山脚部は安定した水田地帯であった可能性が高いが，それ以外の土地は5万図で見る限り，開析が進んで川の水位が低くなった台地と山林地帯で水田開拓は望めない地形である．1828年においても米穀貢納負担者中の水田耕作者の率が16%と低い数値であったのは，このためであろう．にもか

かわらず大集落が多いのは，チカオへのコーヒー輸送路の合流点であったためと考えられる．この合流点付近で実施されたオランダ政庁主導で灌漑工事は，この人口を養う目的で行なわれたが失敗したと考えてよかろう．

3-4　チヌサ郡

「人口統計」掲載集落29のうち26の所在が判明した．26集落は，チタルム川がプリアンガン山地を下って平地に出る一帯の東岸に分布する．本郡の1集落あたりの平均人口は145人（5位）である[39]．

本郡の開拓状況については1811年にバンドンのレヘントが次のように述べている．

> チヌサ郡もまた水田が少なく，そのため人々が乾田や焼畑を耕作するのみであることが原因で，食糧が不足している．米のほかに綿花も栽培しているが多くはなく，ただ飢饉に備えるのみである．さらに家畜が飼育されているが，交易に十分なほどではなく，ただ飢饉を切抜ける手段としてのみである．いくつかの用水路があるものの雨季にのみ利用可能であるために，水田がさほど多くないからである．[Haan 1910-1912: vol. 2 713]

本郡もガンダソリ郡同様に，21年9月からチアンジュール-レヘント統治地域に属する郡となったが，オランダ政庁が本郡内で灌漑工事を実施した記録はない[40]．

（1）チカオ寄りのルートと水田地帯

①～⑩の集落は，郡都周辺からチカオに至るルート沿いに分布する．5万図では，竹林と草地に囲まれた③「花房の水（Tjidjantoeng）」（119人）を除いて集落の周囲にはいずれも水田が広がる．この一帯は小川が多く，大規模灌漑工事の痕跡は認められない．③「花房の水」と山麓にある⑦「パッシルホンジェ（Pasirhondje: 草の一種＋丘）」（160人）を除けば，いずれの集落も取水の容易な位置にある．集落規模は比較的大きく，200人台と100人台が5ずつである[41]．集落名はほとんどが動植物・自然地形名であるが，オランダ政庁との関わりを示す⑩「マランテンガ（Malangtenga: 中心＋村警）」（251人），灌漑施設名と考

えられる②「パラカンリマ（Parakanlima: 5 ＋堰き止められ川が広くなった部分）」(136 人)がある．この一帯は概して開拓が容易な地形であり，比較的早期から開拓された可能性がある．しかし夫役可能男子の集中は，この一帯をコーヒー輸送ルートが通過するためであると考えられる．

　(2)　コーヒー輸送ルートの合流点付近
　⑪～⑭の集落は，チアンジュール－チカオ・ルートとバンドン－チカオ・ルートの合流地点の北側に分布する．この一帯は 5 万図では山裾に広がる低い丘陵地帯であり水田と椰子林が入り混じるが，付近から流れ出た小川が集まる一帯でもあり，取水は容易である．大規模工事の痕跡は認められない．集落規模は二極化しており人口 200 人台が 2，100 人以下が 2 である[42]．集落名は自然地形あるいは動植物名のほかに，人口の最も少ない⑬「ナンゴタック (Nangotak)[43]」(39 人)が，現在のところ意味不明である．この一帯の開拓時期を特定する決め手はないが，200 人台の集落の存在と夫役可能男子の多さはコーヒー輸送ルートの拠点付近に位置しているための人口集中であると考えられる．

　(3)　チタルム川岸
　⑮～㉑の集落は，チタルム川が平地に出る直前の東岸の河岸段丘上に分布する．段丘の東側には山地が迫り，チタルム川に短い小川が何本も注ぐ．5 万図では段丘上に水田が存在するが，水田付近には小川や用水路は認められない．集落規模は人口 100 人台が 3 あるほかは皆 100 人以下である[44]．集落名は動植物・自然地形名のほかに，⑯「大きな危険 (Pringalaija)」(58 人)，⑲「パラカンサピ (Parakansapi: 牛＋堰き止められ川が広くなった部分)」[45] (159 人)㉑「トレンベル (Telembel: 喧嘩好きな？)」(191 人)がある．コーヒーを船積みした場所とも考えられるが，幹線ルートからこの一帯に至るには小さな峠を越えなければならないので，パラン山で栽培されるコーヒー ((4)で略述) のみが船積みされたのであろう．いずれにしても大規模な水田開発は認められない．

　(4)　パラン山山腹
　㉒～㉙の集落は，パラン山 (Parang) の山腹 150 ～ 600m に分布する．勾配があるため 5 万図でも水田は集落の周囲に多少あるかなきかである．集落規模は

人口200人台1, 100人台4, さらに100人以下の集落も皆50人以上と比較的大きい[46]. 集落名をみると自然地形あるいは動植物名のほかに, ㉘「馬小屋の水 (Tjikandang)」(187人), ㉒「高位の人が滞在する場所 (Palilingan)」(149人), ㉓「立寄所 (Panindangan)」(98人), ㉕「水牛のいる場所 (Pamoendingan)」(71人：所在不明), ㉖「パナガヤン (Panangajan：貴人の爪のある場所？)[47]」(54人) がある. 本郡で家畜が飼われていることを述べる史料があるので, 標高の高い涼しいところで首長層監督下にコーヒー栽培と牛馬の飼育が行なわれていたと考えられる.

　以上, 本郡は小川が多く, 大規模灌漑を必要としない地形が広がるが, 山が低いため1年を通じて水を得ることが難しかったと推測される. 1820年代末に至っても集落分布はまばらであり, 開拓は着手されたばかりと考えられる. 集落規模の大きさと夫役可能男子の集中はコーヒー輸送路沿いであるためであろう.

3-6　小　　括

　本節の検討からも, 18世紀末から1820年代のチアンジュール−レヘント統治地域では, 水田開拓が必ずしもコーヒー栽培と直結していないことが判明した. コーヒー輸送路および輸送を維持するためのルート沿いの一帯の開拓事例が多数存在したのである. またガンダソリ郡の工事は失敗したと考えられる.

4 ── おわりに

　本章では, 第14章で検討したチアンジュール−レヘント統治地域内の25郡のうち, オランダ政庁から主に米穀生産を期待された郡と交通・輸送拠点の機能をもつ8郡の水田開拓を検討した. 議論したのは次の点である.

　(1)　米穀の生産を期待されたヌグリ＝チアンジュール, チブラゴン, チカロン各郡は18世紀初めから交通の要衝であり, レヘントが居住していた. 18世紀末まではレヘントあるいは現地人首長層が, 小規模な灌漑工事を主導していた. 一方チブラゴンおよびチコンダンにおける盆地底部を灌漑する大規模な工事は, 19世紀初頭以降に植民地権力によって主導されたと考えられる. 後

者は労働力と食糧を確保しうる輸送拠点の建設を目的としたものと考えられるが，失敗もみられる（仮説(4)の補強）．

（2）本章で検討した，交通および輸送拠点の機能を持つ郡では，郡の中心集落が輸送の拠点，交通の要衝にあったと言える（仮説(3)の補強）．

（3）交通および輸送拠点の機能を持つガンダソリにおける灌漑工事は，19世紀初頭以降に政庁が主導した大規模なものであり，成功したとは言い難いが，輸送拠点の建設を目指すものであったと考えられる．さらにマンデにも類似の大規模灌漑工事の可能性が認められる．このように，19世紀初めから1820年代における植民地権力主導の巨大開発の一部は，コーヒー輸送の困難の緩和を目指したものであり，コーヒー栽培夫役賦課と直接リンクしていない灌漑工事および水田開拓が存在したことを示す（仮説(1)の補強）．

以上，本章では，(1)水田耕作に専念させられた住民がいたこと，(2)プリアンガン地方のコーヒー輸送が大事業であること，そして(3)輸送拠点維持のために植民地権力によって灌漑工事がなされたこと，を具体的に示すことによって，ホードレー説の不十分さを示した．

註[第17章]

1) 所在が明確な①〜③の集落はチアンジュール市街地の東北にある一方で，⑲，㉑，㉔の集落は市街地の南にある．そこでレヘント居住集落は，レヘント住居の西にモスクがあり，北に市場とコーヒー集荷・輸送拠点，南に市場と鍛冶などに関わる職人の集落があったと考えられる．これは当時のプリアンガン地方に特徴的なレヘント居住集落の建物配置に合致するものである［Wilde 1830: 38］．

2) 本郡に属す30集落のうち，a 夫役可能男子数が同女子数を上回る集落4，b 夫役可能男子数が同女子数の3分の2以下である集落0，c 集落家屋数が夫役可能男子より多い集落0であり，水田地帯として安定した特徴を持つ．また，すでに18世紀初めに，レヘント居住集落の周囲は広範囲に森が切払われていたこと，およびレヘント居住集落からチブルム郡境にかけての一帯では，いくつかの堰によって分水が行なわれていたことを，VOC職員が報告している［Haan 1910-12: vol. 2 308-309］．

3) いずれの集落も a 夫役可能男子数が同女子数を上回る，b 夫役可能男子数が同女子数の3分の2以下，c 集落家屋数が夫役可能男子より多いという特徴を持たなかった．

4) 集落番号⑤〜⑫のうち所在不明集落3は，全て人口99人までの集落であった．a. 夫役可能男子数が同女子数を上回る集落1，b. 夫役可能男子数が同女子数の3分の2以下である集落0，c. 集落家屋数が夫役可能男子より多い集落0であった．なお「バコム」は，この一帯で唯一夫役可能女子より夫役可能男子が多い集落であるが，この集落の位置が本郡東端に飛離れており，19世紀に入って設置されて行く，郡の端で防衛・監視の機能

を持つ集落の可能性があること，さらにその名称が，19世紀初めにオランダ政庁が奨励した職田開拓と関係が考えられることから，この集落の開拓は19世紀に入ってからの可能性がある．

5）18世紀後半の開始を考慮すると②「セラン」もこの一帯に存在した可能性がある．

6）③，④および⑬～⑲のうち所在不明集落は1であり，人口99人までの集落であった．a 夫役可能男子数が同女子数を上回る集落2，b．夫役可能男子数が同女子数の3分の2以下である集落0，c 集落家屋数が夫役可能男子より多い集落2であった．

7）ダーンデルス統治期（1808-11年）にこの一帯を通過する軍用道路が建設されたが，1808年には集落チブラゴンがこの一帯の宿駅であったのに対し［Chijs 1885-1900: vol. 15 819］，1817年発行のラッフルズ著『ジャワ誌』の地図では軍用道路の通過集落としてチブラゴンではなく「スカマントリ」が掲載されていた．またグデ山南麓では，同名集落「スカマントリ」のある一帯は19世紀に入ってから植民地勢力によって開拓されたと考えられる．

さらにこの一帯には灌漑施設を集落名とする④「導水パイプの水（Tjitalang）」（47人）が，東西に走る用水路2本を南北に結ぶ水路の南側合流点付近の丘に存在した．この南北の水路は集落チブラゴン付近から盆地中央に伸びており，盆地底部中央部への導水を目的としていたと考えられる．しかし十分には機能していなかったようである．集落チブラゴンより東の盆地底部に集落はほとんど無いが，5万図によればこの一帯はチブラゴン川の川底が深くなり，同川からの導水が困難なことが窺える．その一方で，この南北水路を利用する集落として所在が確認できるのは「導水パイプの水」のみであり，仮に集落番号が比較的近い所在不明集落がすべてこの水路を利用していたとしても1～2集落増える程度である．さらに「導水パイプの水」は，人口47人の小規模な集落であったが，本郡唯一の夫役可能男子数より家屋数が多い集落であり，夫役の過重あるいは自給農業の破綻で生活が不安定な状況にあったと考えられる．

8）⑳～㉕の集落の所在はすべて判明した．a．夫役可能男子数が同女子数を上回る集落2，b．夫役可能男子数が同女子数の3分の2以下である集落0，c．集落家屋数が夫役可能男子より多い集落0であった．

9）sabandar はペルシア語の sjahbandar であり20世紀および19世紀末のスンダ語オランダ語辞書でも港湾長官を指すが，19世紀半ばのスンダ語英語辞典では徴税官と訳すものがある［Rigg 1962］．また17世紀のVOC文書には，外国人居留地の長官を指すものがある．

10）㉖～㉝の集落のうち所在不明集落は1であり，人口99人までの集落であった．a．夫役可能男子数が同女子数を上回る集落0，b．夫役可能男子数が同女子数の3分の2以下である集落0，c．集落家屋数が夫役可能男子より多い集落0であった．

11）㉞～㊲のうち所在不明集落は3であり，すべて人口99人までの集落であった．a 夫役可能男子数が同女子数を上回る集落5（うち所在不明集落1）b 夫役可能男子数が同女子数の3分の2以下である集落0，c 集落家屋数が夫役可能男子より多い集落0であった．山中にありながら全体的に集落が安定している特徴を持つ．

12）①～⑭の集落のうち所在不明集落は8であり，人口99人まで7，人口100～199人1であった．a 夫役可能男子数が同女子数を上回る集落4（うち所在不明集落2）b 夫役可能男子数が同女子数の3分の2以下である集落0，c 集落家屋数が夫役可能男子より多い集落0であった．所在不明集落数から考えると集落の存立基盤はやや不安定であったとい

える.

13) ⑮〜⑳のうち所在不明集落は1であり，人口99人までの集落であった．a 夫役可能男子数が同女子数を上回る集落 0，b 夫役可能男子数が同女子数の3分の2以下である集落 0，c 集落家屋数が夫役可能男子より多い集落 0 であった．

14) ㉑〜㉚のうち所在不明集落は3であり，人口99人まで1，人口100-199人2であった．a 夫役可能男子数が同女子数を上回る集落 0，b 夫役可能男子数が同女子数の3分の2以下である集落 1（所在不明集落），c 集落家屋数が夫役可能男子より多い集落 0 であった．所在判明集落のほとんどが山脚部でかつ山から小川の流れてくる開拓の容易な場所にある．灌漑の容易な土地が時間をかけて徐々に開拓されていった地域の特徴を多く持つ．

15) チカロン－レヘント統治地域は17世紀半ばから18世紀初めまで，バタビア－チアンジュール間の交通の要衝であった［第8章第3節］．このルートを支配するためにはチクンドル川南岸がより重要であったので，レヘントの居住集落も南岸にあったと推測される．

16) ㉛〜㊷のうち所在不明集落は3であり，すべて人口99人までの集落であった．a 夫役可能男子数が同女子数を上回る集落 2，b 夫役可能男子数が同女子数の3分の2以下である集落 0，c 集落家屋数が夫役可能男子より多い集落 0 であった．

17) ㊸〜㊿の集落のうち所在不明集落は4であり，人口99人まで2，人口100-199人2であった．a 夫役可能男子数が同女子数を上回る集落 1，b 夫役可能男子数が同女子数の3分の2以下である集落 0，c 集落家屋数が夫役可能男子より多い集落 0 であった．所在不明集落は5万図中のチカロン市街地に飲込まれたものと考えられる．

18) ①〜⑭のうち所在不明集落は3であり，すべて人口99人までの集落であった．a 夫役可能男子数が同女子数を上回る集落 1，b 夫役可能男子数が同女子数の3分の2以下である集落 4，c 集落家屋数が夫役可能男子より多い集落 2（うち所在不明集落 1）であった．b と c の所在不明集落 1 は同一集落である．またこのほか 100 人台の 3 集落のうち 2 が b であった．

19) 5万図では用水路が複雑に連結しており，本項(1)で述べた長い用水路もこれらの一部が東流したものである．

20) ⑮〜㉖の集落のうち所在不明集落は1であり，人口99人までの集落であった．a 夫役可能男子数が同女子数を上回る集落 1，b 夫役可能男子数が同女子数の3分の2以下である集落 3，c 集落家屋数が夫役可能男子より多い集落 1 であった．a. は㉕「危険な溜池」であり，そのほかは夫役可能男子に対する夫役可能女子の比率が平均74%とやや高めである．

21) ㉒はこの一帯で唯一家屋数より夫役可能男子が少なく，さらに夫役可能男子7に対して同女子が16であった．その一方でこの集落を潤したであろう灌漑施設に対する現地人首長層あるいは植民地権力の期待も読みとれる．すなわち㉕「危険な溜池」は，この一帯で唯一夫役可能女子より夫役可能男子が多く，また隣接するペセール郡にも同名の集落（夫役可能男子18人に夫役可能女子19人：所在不明）があり，集落番号から推測すると，本郡の「危険な溜池」の付近にあった．

22) ㉗〜㉝の集落のうち所在不明集落は3であり，すべて人口99人までの集落であった．a 夫役可能男子数が同女子数を上回る集落 2，b 夫役可能男子数が同女子数の3分の2以下である集落 0，c 集落家屋数が夫役可能男子より多い集落 0 であった．

23) ㉞〜㊵の集落のうち所在不明集落はない．a 夫役可能男子数が同女子数を上回る集落 2, b 夫役可能男子数が同女子数の 3 分の 2 以下である集落 1, c 集落家屋数が夫役可能男子より多い集落 0 であった．人口 100 人以上の 3 集落は底部中央に位置し夫役可能男子に対する夫役可能女子の比率が 70％とかなり高い．これに対して 100 人以下の集落は 4 つのうち 3 つは峡谷底部へ小川が流れ出る地点からやや底部中央よりに位置し，a の特徴を地雌持つ集落が 2 ある．㊶「ボジョンマンガ (Bodjong Manga)」(63 人), ㊷「リンクンハウール (Linkoenghaur: 結婚の風習＋竹)」(142 人) は，所在不明であるが，㊸の集落が峡谷の入り口にあるので，この一帯にあった可能性が高い．なお東側の山脚部で小川の流れ出る一帯に集落がない理由は，現時点では，プリアンガン地方では一般に山の西側は水源に乏しく水田開拓が困難であることと理解しておきたい．

24) ㊸〜㊾の集落のうち所在不明集落は 1 であり，人口 99 人までの集落であった．a. 夫役可能男子数が同女子数を上回る集落 0, b. 夫役可能男子数が同女子数の 3 分の 2 以下である集落 2 (うち所在不明集落 1), c. 集落家屋数が夫役可能男子より多い集落 1 であった．b. は c. のうち所在判明集落と同一である．現在の時点では，この一帯がかつての輸送拠点であり，夫役などの負担が重かったことへの対応ではないかと考えられる．

25) ㊿〜㋀の集落のうち所在不明集落は 14 であり，すべて人口 99 人までの集落であった．a 夫役可能男子数が同女子数を上回る集落 0, b 夫役可能男子数が同女子数の 3 分の 2 以下である集落 3, c 集落家屋数が夫役可能男子より多い集落 1 であった．また夫役可能男子が家屋数と同数の集落は 12 を数える．人口の数値を見ると末尾が 0 の数字はそれほど多くないものの，夫役可能男女が同数である集落が 8 存在する．このような家屋数および夫役可能男女数の 3 つの数値が同値である場合が多い傾向は集落がまばらな焼畑地帯に多く，統計の不備と考えられる．

26) この 3 集落のうち前 2 者は a 夫役可能女子数より同男子数が多い特徴を示すが，⑧「ソドン」は本郡で唯一，c 夫役可能男子数が家屋数より少ない特徴を示した．

27) 盆地北岸を灌漑するために，1.5km 以上上流より，等高線を横切って水路が引かれている．ただし「人口統計」掲載集落中で北岸に位置するのは⑧「ソドン」のみであるので，この水路は 1820 年代末までには開削されていなかった可能性がある．

28) Soedamaya は，チアンジュール－レヘント統治地域内ではチケトク (Tjiketog) 郡の盆地底部で，18 世紀末以前に開けたと考えられる一帯に同名の集落が認められる．宗教に関わる名称の可能性が高い．

29) このうち⑤「チクンディ」，⑥「チサラク」，⑨「葛にからまれた石」は a 夫役可能女子数より同能男子数のほうが多い特徴があった．

30) チプートリ側にある人口 100 人以上の集落 4 つはいずれも a 夫役可能女子数より同男子数が多い特徴があり，100 人以下の集落のうち 2 も a の特徴を示した．

31) ①〜⑩の集落のうち所在不明集落は 3 であり，すべて人口 99 人までの集落であった．a 夫役可能男子数が同女子数を上回る集落 3 (うち所在不明集落 1), b 夫役可能男子数が同女子数の 3 分の 2 以下である集落 0, c 集落家屋数が夫役可能男子より多い集落 2 (うち所在不明集落 1) であった．

32) ⑬〜㉚のうち所在不明集落は 2 であり，いずれも人口 99 人までの集落であった．a 夫役可能男子数が同女子数を上回る集落 5 (うち所在不明集落 1), b 夫役可能男子数が同女子数の 3 分の 2 以下である集落 0, c 集落家屋数が夫役可能男子より多い集落 0 であっ

た．⑪「ノラングル（Norangoel: 意味不明）」（32 人），⑫「ランコブ（Lankob: 祈りの一形態？）」（27 人）は所在不明集落であるが，番号から判断してマンデ盆地の東側に存在したと考えられる．この 2 集落を含むこの一帯では a の特徴のある集落が 6 存在するが，所在不明 2 を除く 4 集落はいずれも上述の道路付近にあり，⑮「バヤバン」以外はいずれも人口 100 人以下の集落であった．集落は比較的安定していたと推測される．

33) 本郡では b 夫役可能男子数が同女子数の 3 分の 2 以下である集落および c. 集落家屋数が夫役可能男子より多い集落は存在しないので，以下の註には記載しない．

34) ①〜④の集落のうち所在不明集落はなく，a 夫役可能男子数が同女子数を上回る集落は 2 であった．夫役可能女子数より同男子数が少ない集落は①のみであった．

35) ⑤〜⑨の集落のうち所在不明集落は 1，a 夫役可能男子数が同女子数を上回る集落は 4 であった．所在判明集落 4 は皆，a の特徴を示した．

36) (1)⑧ガンダソリが不明であるものの郡名を冠す集落を中心とした中核衛星型の集落配置であること，および(2)5 万図ではこの一帯で道路が細かく枝分かれして主要道路が辿れなくなること，から推測すると，⑧ガンダソリはコーヒー輸送の拠点として 19 世紀に入って建設されたが，19 世紀後半の輸送路の消滅とともに集落も消滅あるいは縮小・改名されたと推測される．

37) ⑩〜⑭の集落のうち所在不明集落はなく，a. 夫役可能男子数が同女子数を上回る集落は 3 であった．⑮「チマイ（Tjimaij: 意味不明）」（207 人）は所在不明であるが，この一帯に存在したと考えられる．

38) ⑯〜㉗の集落のうち所在不明集落は 3 存在し，人口 99 人まで 2，人口 100〜199 人 1 であった．a 夫役可能男子数が同女子数を上回る集落は 4 であった．

39) 本郡では b. 夫役可能男子数が同女子数の 3 分の 2 以下である集落および c. 集落家屋数が夫役可能男子より多い集落は存在しないので，以下の註には記載しない．

40) ただし政庁は，本郡における開拓の進展については注目していたようで，1821 年のチアンジュール−レヘント統治地域の統計調査に本郡の人口を記入している．この統計の数値と「人口統計」の数値を比較するならば同郡の人口は倍以上に増加していた [Statisiek 1822: Ligging en Grondbeschrijving]．

41) ①〜⑩の集落のうち所在不明集落は 1 であり，人口 109 人であった．a. 夫役可能男子数が同女子数を上回る集落は 5（うち所在不明集落 1）であった．

42) ⑪〜⑭の集落のうち所在不明集落はなく，a 夫役可能男子数が同女子数を上回る集落は 3 であった．人口 100 人以下の 1 集落以外は a の特徴を示していることになる．

43)「馬鹿者にされた」の意味にとる．

44) ⑮〜㉑の集落のうち所在不明集落はなく，a. 夫役可能男子数が同女子数を上回る集落は 4 であった．人口 100 以下の集落は皆この特徴を持ち，また上流に位置した．集落は安定した特徴を持つ．

45) 5 万図では堰は認められない．チタルム（Tjitaroem）川が蛇行によって下流より広くなっていることを指すと考えられる．

46) ㉒〜㉙の集落のうち所在不明集落は 2 であり，人口 99 人まで 1，人口 100〜199 人が 1 であった．a 夫役可能男子数が同女子数を上回る集落は 2 であった．

47) 蹄ではなく人間の手足の爪の丁寧語が使用されているので，宗教に関わる名称の可能性もある．

第5編のまとめ

本編では，第3，4編から導きだされた7つ仮説について，チアンジュール−レヘント統治地域の開拓を検討することにより，それぞれ次の点を補強した．

仮説　(1)および(3)：1820年代の郡はコーヒー生産および輸送ルートを基本単位として編成されており，郡の中心集落は盆地底部の郡を除いて輸送ルート上か，ルートに近接していた（第14章）．

仮説　(2)：プリアンガン地方社会からオランダ政庁へのコーヒー引渡量を左右する第1の条件は輸送であり，コーヒー園は輸送条件と農業的条件の妥協点に開園された．そして輸送条件の好悪はコーヒー夫役負担者が水田耕作者か焼畑耕作者かという食糧生産の条件より優先された（第15，16章）．

仮説　(4)：チアンジュール−レヘント統治地域では，18世紀半ばから18世紀末までに山脚部や湧水地帯で小規模な灌漑工事が見られるが，これらはレヘントを初めとする現地人首長層の主導するものであったと考えられる．一方，火山山腹に大農園が開設された19世紀初頭以降，なかでも10年代から20年代にかけて，開析の進んだ盆地底部など灌漑の困難な地域に導水するという，政庁の計画による大規模な工事の痕跡が認められた．後者には失敗例も多かった（第15-17章）．

仮説　(5)：1820年代末には，20世紀前半に至る集落群の骨格が形成されていたと判断される．また貢納負担者中の水田耕作者の割合を考えるならば，グデ山東麓とチアンジュール盆地底部では，1820年代には水田耕作が主要な食糧生産の方式となっていたと考えられる（第15-17章）．

仮説　(6)：コーヒーは，輸送条件が極めて良ければ焼畑耕作者の多い郡でも栽培される一方で，輸送拠点では輸送に人と米穀を出すことを目的として水田開拓が行なわれたと考えられる．このような状況下では，夫役と土地権が結びつかない夫役賦課システムによるコーヒー栽培と輸送が合理的であったと言える（第16，17章）．

仮説　(7)：現地人首長層やヨーロッパ人が，水田耕作を開始する者に融資あるいは資材・日用品を提供していた例が見いだされた（第16章）．

このように，本編の考察においても，ホードレーの主張する封建制度成立説とは異なった社会変化のあり方が明かとなった．

以上に加えて本編の考察では，プリアンガン地方の次の時代に繋がる兆候が見いだされた．すなわち，19世紀初めには無視し得ぬ広さの地域で水田が拓かれたが，(1)水田を開拓・耕作するためにプリアンガン地方外部から移住民が流入し，ジャワ人などが多数混住する複合社会的開拓空間が存在したこと（第15，16章），(2)入植は水

田開発のみによらず，コーヒー集荷基地の付近では椰子砂糖などの生産も行なわれたこと（第16章），(3)コーヒーに関わる負担の少ない水田開拓地も存在したこと（第15章）などである．さらに(4)政庁による土地権の設定と，プリアンガン地方の実態の乖離（第16章）も明かとなった．

　最後に本編で試みた方法の有効性について述べる．1820年代の統計史料は，人口の過小評価，一部の郡における机上の数合わせおよび計算違いなど，実数として無批判に使用することは危険である．しかし，個々の数値を全体の中に位置づけて比率として利用し，さらに数種の数値と記述史料とを併用するならば，対象の特徴を浮かび上がらせることは可能である．特に支配の拠点に近くかつ支配の歴史の長い地域においては，それが言える．また統計と地図を使用して開拓を検討する方法は，個々の地区の検討としては推論が多く，詳しい記述史料の併用がない限りこの方法のみで実証がなされたとは言い難い．しかし重層的な実証作業における仮説提出の一階梯として一定の意義を持とう．本編の作業は，理事州あるいはレヘント統治地域（後の県）レベルの考察から導き出された仮説を具体的事例によって補強したほか，これまでほとんど注目されなかった，州県レベルと村落レベルとの中間である郡レベルの開拓の特徴と，開拓が社会に与えた影響の見通しとを示し得たと考える．

結　論

「地方」は，なにゆえに地方になったか？
—— あるいは「普通の人々」のグローバルヒストリーのために ——

1 ——「豊かさ」と引替えに決定権を失った地方社会

　結論を述べるにあたり，まず最初に，第2編から第5編までで論じてきたオランダ植民地政庁とプリアンガン地方社会の関係の変化を，本書の時期区分に即して振り返ろう．

1-1　イスラム港市国家−地方社会間関係の踏襲：18世紀初めから1740年代初め

　18世紀初めのプリアンガン地方社会は，焼畑稲作を主な食糧生産手段としており，かつ戦乱終息直後であったため，人口は稀少で流動性が高かった．現地人首長層は，オランダ東インド会社政庁に直属する現地人首長（レヘント）の居住集落に集住していたが，彼らの地位は世襲された．政庁は，この地方に対して名目的な宗主権を保持するのみで，首長たちの内政への干渉には消極的であった．政庁は現地人首長がバタビアへ来る時に彼らに会うことを原則とし，首長同士の紛争の仲裁にも消極策を取った．政庁は，18世紀初めにバタビアの後背地にコーヒー栽培を導入し独占的に買付けたが，引渡されるコーヒーの量を調節することはできなかった．政庁のコーヒー増産命令および減産命令は無視され，引渡価格が高い時には必要以上に引渡される一方で，価格を下げると引渡は急減した．当時の主な栽培者は，バタビア周辺では中国人，ジャワ島

中部から来た者達,および現地人首長配下の住民であり,プリアンガン地方では首長配下の住民であった.これらのうち,中国人およびジャワ島中部から来た者達の栽培動機は利益の追求にあり,コーヒー価格が下がれば栽培を放棄した.またプリアンガン地方からバタビアへのコーヒー輸送は現地人首長によって組織され,彼らはコーヒーとともに自らバタビアを訪れて代金を受取った.コーヒーはそれまでの主要産物であった胡椒より大量であり,かつ利益も大きかったので,首長達は輸送のための設備投資を独自に行なった.

以上,この時期の政庁と地方社会との関わりは,それ以前のイスラム港市国家と地方社会との関わりとほとんど変わらなかったと言ってよいであろう.

1-2 オランダ東インド会社政庁による融資とレヘントの依存:1740年代後半から1780年代前半まで

バタビアはオランダ東インド会社の本拠地であったが,この時期の初めに,東南アジア第1の国際交易港の地位から転落した.政庁は国際交易に代わる投資先の確保およびバタビアの食糧確保の必要から,バタビア近郊への投資,およびプリアンガン地方に対する統治を開始した.政庁は内陸輸送への投資を開始し,バタビアとその周辺における港湾システムと交通規則の整備,およびバタビアからバイテンゾルフ(現在のボゴール:プリアンガン地方への登山口のひとつ)までの運河の開削を行なった.そして50年代からバイテンゾルフに市場(パサール)が開設された結果,バイテンゾルフまでの交通と商業はバタビアを活動拠点とする中国人などが担うようになった.また農業分野ではバイテンゾルフにおいて現地人首長に水田を開拓させた.

政庁は1760年代より,それまで首長(hoofd),レヘント(regent)など様々な名称で呼ばれていた政庁直属の現地人首長の呼称をレヘント,その支配地域をレヘント統治地域(regentschap)に統一し,プリアンガン地方に対しても,レヘント統治地域内の人口を数え上げる準備をするなど,画一的地方行政制度の適用を開始した.レヘントの任期はこの時期もバイテンゾルフを除いて終身だったが,継承の際に政庁が行政能力を重視したため,世襲以外の例が見られるようになった.レヘント補佐(パティ)の任免権も政庁に掌握された.さらに政庁はプリアンガン地方のレヘント配下の住民をコーヒー生産の主要な担い手として位置付け,ヨーロッパ人コーヒー監督官のレヘント居住集落への派遣を開

始した．そしてこのような政策の中で，政庁は1760年代より，プリアンガン地方に引渡しを割当てたコーヒー量を安定的に受取るようになった．

　プリアンガン地方社会におけるこのような変化を支えた最大の要因は，政庁の実施したレヘントへの融資であったと判断される．政庁はレヘントにコーヒー引渡を円滑にするためにその代金を前貸したが，これによってレヘントは，(1)住民や下級首長にインセンティブを与えて，円滑にコーヒーを集荷すること，(2)コーヒー輸送のうちバタビアに近い部分を，バタビアを拠点とする輸送業者に委託すること，さらに(3)統治地域内で灌漑工事を実施して水田化を進め，住民の食糧生産と，食糧不足に陥った住民への米穀供給とを安定させること，ができるようになった．またこの融資は，政庁によるレヘントの任免をも可能としたと考えられる．コーヒー代金の前貸など，政庁からの融資でレヘントの財政が豊かになり，レヘントの地位が魅力的になるとともに，レヘント居住集落に駐在を開始したコーヒー監督官が，次期レヘント候補者達と容易に接触できるようになったのである．

1-3　政庁による地方支配の実現と住民の決定力の喪失：1780年代後半から1820年代まで

　政庁はこの時期に，プリアンガン地方におけるコーヒーの生産拡大を図って本格的な内政干渉を開始し，1790年代末には，国際価格の高騰していたコーヒーの大増産に成功した．コーヒー樹を正条植した大農園が山裾に開設され，1790年代よりこの大農園での収穫が始まった．さらに1800年以降政庁は，夫役負担者の大動員によって，遠隔の火山山腹に大農園を次々開設させた．大農園でのコーヒー生産を管理するためにコーヒー監督官をレヘント居住集落に常駐させ，加えてレヘント ── 郡長 ── コーヒー委員 ── コーヒー隊 (Koffij troep) 長 ── コーヒー現場監督 (Koffij mandoor) ── コーヒー栽培者という現地人による生産管理ラインを創出した．そして，レヘントからコーヒー現場監督までにコーヒー歩合を支払ったのである．また政庁は，1790年代よりレヘントの解任を開始したうえ，後継者に血縁関係にない者を任命した．さらに19世紀に入ると郡長の任免権を掌握し，コーヒー生産・輸送拠点となる郡の増設，郡長の任命，彼らの任地への赴任，そして恣意的収奪を行なう下級首長の処罰を実施した．以上の干渉を可能とし，住民を大量に動員し得た主な要因

は，次のようなコーヒー輸送と食糧生産方式の変化であったと考えられる．

コーヒー輸送についてみると，コーヒー栽培がレヘント居住集落より遠い火山山腹の大農園に移され，輸送量も増大したことによって，レヘント居住集落を集荷地とするコーヒー輸送が合理性を失い，代わって郡の中心集落が集荷地あるいは輸送の結節点とされた．これを背景として政庁は，1820年代までに，レヘントを徐々にコーヒー輸送およびコーヒー代金の支払から切離した．プリアンガン地方への登山口にある3つのコーヒー内陸集荷基地（バイテンゾルフ，チカオ，カランサンブン）から輸出港（バタビア，チルボン）への長距離輸送は政庁の管理下に置かれ，植民地都市や内陸集荷基地周辺の輸送請負人が主に行なうようになった．さらに政庁が内陸集荷基地でコーヒー代金の支払を始めたため，内陸集荷基地までの輸送には，郡長をはじめとする下級首長や有力な住民が参入し，レヘントは統治地域内の集荷の独占も解かれた．そして政庁は，これらの下級首長や有力な住民にコーヒー生産管理ラインを担わせたと考えられる．

こうしてレヘントは，コーヒー輸送の組織化および経営の側面から見るならば，生産地からバタビアなどの港湾都市までの独占的輸送組織者から，配下の1郡長とほとんど変わらない規模の内陸輸送を手掛ける者へ後退するという，変質を遂げていた．これによってレヘントは，コーヒー代金支払からも切離され，コーヒー集荷・輸送過程からはコーヒー歩合を受取るのみとなった．レヘントはこの新しい環境に適応して，コーヒーからの利益の抽出方法を，集荷・輸送過程の独占から，これへの寄生および生産過程での収奪へとシフトさせて行った．

食糧生産方法の変化についてみると，18世紀末ころのヨーロッパ人の認識によれば，プリアンガン地方の主な食糧生産手段は水田耕作であり，水田耕作を行なう住民はコーヒー栽培によく耐えた．この地方の水利灌漑工事は，18世紀末まではレヘントの主導によって，19世紀初めからはオランダ政庁の主導によって進められた．その一方で水田は，多くの場合，自らこれを造成した住民によって所有されていた．また夫役の賦課システムは，1820年代においても焼畑が卓越していた時代と同様，人に直接賦課され，その条件に耕地所有は含まれなかった．これは，当時なお焼畑耕作者が無視できない数存在すること，および政庁にとって最も重要であったことが住民の夫役労働への大量動員であったことによる．

水田耕作を行なう住民が，強化されたコーヒー栽培夫役を受入れた積極的理由は次のように考えられる．第1に，水田はその単位面積あたりの収量と収穫の安定性が焼畑より遙かに高かった．第2に，住民の水田耕作をバックアップするために首長層が灌漑施設を建設し，農業信用を与えた．時には灌漑田をも造成し与えた．そして第3に，灌漑田耕作は一年のうち何時でも開始できたので，農作業暦の面でコーヒー栽培・輸送との両立が容易であった．ただし灌漑田耕作を選択した住民は，水田から当面の経済的安定を得る一方で，オランダの決定するコーヒー生産・輸送のスケジュールを常に優先させなければならなくなり，自給農業および生活のための労働において，自律的な作業暦を持てない結果となった．水田耕作者がコーヒー夫役を受入れた消極的な理由には，次の2つが考えられる．第1に，住民の自給農業および生活にとって重要な単位である4世帯内外約20人を単位とする夫役貢納の遂行が許されたこと，第2に塩などの生活必需品や贅沢品がコーヒー輸送の帰り荷として，政庁とこれに従属する現地人首長層および中国人に販売を独占されていたこと，である．

　このように18世紀後半から1830年頃までの時期は，大港湾都市バタビアを拠点とする政治権力が，プリアンガン地方の住民の生産活動を，一定程度であるとは言え，大規模にコントロールできるシステムを史上初めて構築した時期であり，住民が生産にかかわる決定力の重要な部分を失った時期であった．

1-4　利益供与と引替えの従属：動員と管理のメカニズム

　前項で述べた社会変化の契機は，政庁のコーヒー生産管理政策であった．しかし政策を定着させ得た要因は，これまで漠然とイメージされてきた，武力を背景とした植民地権力の抑圧ではなかった．オランダ政庁は1820年代に至って，ようやく，プリアンガン地方統治のための行政制度をヨーロッパ理事官の現地駐在によって実体化した．しかしその実態は，レヘントおよび郡長については任地駐在とし得たものの，耕地への農民緊縛や耕作強制を実現させるどころか，首長層による恣意的収奪禁止の徹底，郡長より下級の首長層の掌握すらも難しい状態であった．

　コーヒー輸送についてみると，政庁の政策に内実を与えたものは，むしろ植民地都市を根拠地とするヨーロッパ人・中国人の内陸輸送および商業への進出と，これへの在地社会の対応にあったと言える．植民地都市を活動の根拠地と

する人々は，18世紀半ば，すなわち最初の内陸植民地都市バイテンゾルフの建設の頃を境として商業・内陸輸送に本格的に乗出し，バイテンゾルフの市場（パサール）の発展とともに，18世紀末までには，バイテンゾルフなどの内陸集荷基地から輸出港までのコーヒー輸送を担うようになっていた．またレヘント配下の下級首長と有力な住民は，1780年頃より，内陸集荷基地で支払われたコーヒー代金で品物を購入し，居住地で販売することによって利益を得ていた．1785年から1820年代にかけてのオランダ語史料には，彼らが積極的に輸送を組織する，あるいは輸送を直接担う姿が登場する．政庁はこの2勢力に便宜を供与しつつ，内陸集荷基地の市場（パサール）を介して彼らの利益を結合させ，レヘントの，コーヒー輸送組織者としての独占的地位を崩壊させたのである．ただし，この下級首長と有力な住民の活動には大きな制約があった（第3節で説明）．加えてプリアンガン地方社会は1820年代までに，コーヒー集荷基地－バタビア間の輸送を外部勢力に委ね，交易の相手としてオランダ政庁とこれに従属した中国人以外の選択肢を奪われたうえ，住民首長層とも理事州外への許可無き移動を禁じられ，制度的に内陸に封じ込められたと言える．

　また水田耕作の普及についてみると，政庁は引続きレヘントへの融資を実施し，パトロン－クライアント関係に類似した在地社会の関係に沿って，下級首長層および住民に資金・便宜供与を行なった．さらにレヘントの行なっていた水利灌漑網・水田造成の工事の組織化をも一部で肩代わりした．

　以上の施策と変化は，現地人首長層および多数の住民に物質的豊かさと安定を，その入手の容易さとともに提供し，プリアンガン地方の住民は，定着した自給農民となって行った．その一方で，灌漑田耕作とコーヒー栽培が進展した地域では，政庁とこれに従属する現地人首長層および中国人とが，コーヒーの輸送・買取は言うに及ばず，灌漑設備の建設・維持，輸送や農業のための信用供与，そして生活必需品の外部地域から供給を独占していった．この生産と生活に必要な財・サービスの提供の独占は，住民にとってあからさまではないが妥協のない圧力となり，灌漑田の持つ無季節性などの性質と相俟って，青壮年男子の労働力を大量に引出しつつ，自給農業や地域社会の仕事を青壮年男子以外の住民に遂行させたと判断される．さらにオランダ政庁は，夫役という形での労働力，特に青壮年男子の労働力の引出しを何よりも重視していたため，住民にとって物質的豊かさおよび安定をコーヒー生産・輸送の停止や軽減とトレードオフすることは，全財産を投げ打って逃亡しない限り，ほとんど不可能

となったのである.

　1811年にジャワ島に上陸したラッフルズは，プリアンガン地方社会について，交通不便な山岳地帯にあって伝統がよく保存され，かつ住民が従順であるとの印象を持った [Raffles 1988: vol.1 100, 129, 143]．しかしラッフルズが目にしたのは，ヨーロッパ人の支配によって既に大きく変質した社会，いわば作上げられたばかりの，従属を内包する内陸農業社会であったと言えよう.

　近代世界システムによる「組み込み」がプリアンガン地方の末端で現地人首長層および住民に見せた顔は次のようであったと言える．第1は独占の追求である．ヨーロッパ諸国同士および現地の大国との外交交渉によって貿易そのほかの独占権を確保し，主要港湾都市を管理する．さらに内陸輸送については交通インフラを独占的に建設し，金融サービスおよび生活必需品の供給を独占する．第2は，初期段階における具体的な恩恵の独占的提供である．首長層には経済社会的上昇階段を提供し，首長層および住民には，食糧・資金・物品という可視的かつ生活や生産に無くてはならない利益を提供する．利益の中には輸送の肩代わりなど住民に安楽を与えるサービスの提供も含まれた．そして第3に，恩恵を与えるに際し，条件を提示して首長層や住民を選別した．その条件は，植民地政庁に無断で移動せず，政庁の決めた作業場・仕事内容・スケジュールで労働することであった．こうして世界システムが，まず最初に利益供与を行なうことによって対価として住民から巧妙に奪ったものは，生産と生活上の選択肢や決定権であった.

2 ── 自律的な社会から従属した「地方」へ：歴史学的俯瞰

2-1　プリアンガン地方史への位置づけ

　第1節で述べたように，大港湾都市バタビアを拠点とする政治権力が，プリアンガン地方の住民の生産活動を大規模にコントロールし得るシステムの出現は，プリアンガン史上初めてのことであった．それまでのイスラム港市国家は，内陸輸送を独占的に肩代わりする組織力を持たず，また生産過程についても巡察史を派遣して介入するに留まったのである．上述のコーヒー生産管理システムの出現は，プリアンガン地方が，農業開発による物質的豊かさ・生活の安定

の享受（自然環境の制約からの自由）と引替えに，地域社会の保持していた住民の生産活動と生活にかかわる決定力の一部を外部権力に奪われ，首都バタビアに近くて治安が良く，ヨーロッパ人が旅行・調査するのに手ごろな田舎と化すという，中央政権への構造的従属の第一歩となった．この変化は王国が確認される 13 世紀から現代までを分ける大きな分水嶺であったと考えられる．

このように本書の考察結果は，第 1 章で触れた先行研究中，J. ドールンとW.J. ヘンドリクスの問題提起，すなわちオランダ支配下で 18 世紀以来続くコーヒー義務供出制度によって，この地方の権力機構が「純粋に伝統的とも純粋に西欧的とも言えない」ものに変質していること [Doorn and Hendrix 1980: 36]，を支持するものとなった．一方，M.C. ホードレーの主張，すなわちオランダ東インド会社によるコーヒー栽培導入を契機として，プリアンガン地方およびチルボン地方で 18 世紀第 2 四半期から同世紀末までに「封建的生産様式」が成立したこと [Hoadley 1994] は，ほとんど根拠を持たないことが示された．この時期のプリアンガン地方における現地人首長層と住民の関係は，むしろブレマンの描くパトロン-クライアント関係に近似した関係を基軸としていたと言える [Breman 1978]．ただしこの社会関係は，オランダ支配下で融資を中心とする経済的便宜供与の連鎖によって強化され，18 世紀前半以前と比較すると，すでに大きく変質した関係であったと考えられる．

とはいえ，プリアンガン地方社会は，この後もずっと保護被保護関係（あるいは支配被支配関係）が重要で水平的なまとまりの弱い社会であり続けたわけではない．このような上下関係が強い時期と水平的な関係が強い時期があったと考えられる．18 世紀末から 1820 年代には，プリアンガン地方の産するコーヒーはオランダにとって重要であったが，そののち重要度を下げて行き住民への利益の分配も相対的に低下した [大橋 1987b]．19 世紀後半，この地方はヨーロッパ人にとって管理の容易な田園地帯となりつつも，他方で住民の営む織布業の盛んな地方となり，独立後は 60 年代まで反中央政府のイスラム王国運動の本拠地となる [松尾 1967; Matsuo 1970; Kahin 1970: 326-331]．そしてその後のスハルト政権の開発政策下では，織布業などの衰退，および地方官僚制度を通じた開発資金の分配によって，再び上下関係の要素が強い状況が出現したのである．第 3 章第 5 節において，1820 年代までのプリアンガン地方に対するオランダの政策が最初から一方向に進んだものではないことを強調したが，1830 年以降のプリアンガン地方社会の変容についても，一方向に不可逆に進むので

はなく，特定の要因が集まって特定の方向への変化が出現し，これらの要素が消滅するとまた変化の方向が変わると考えたい．

2-2　ジャワ島社会経済史への位置づけの展望

　オランダのジャワ島支配を，農民を支配して輸出用農産物を生産させ，利益を上げることと理解するならば，本書の考察結果をジャワ島社会経済史へ位置づけるための最初の課題は，これを強制栽培制度期 (1830-1870年) の歴史的展開に関連付けることとなる．しかし現在のところ強制栽培制度期の社会経済史研究は充分に進展しているとは言えないので，筆者の今後の課題として展望のみを述べておく．

　本書で考察したコーヒー生産システムは，総督ファン＝デン＝ボスが強制栽培制度を構想する際の参考としたことに加えて，現地人首長層を利用して農民に農産物を生産させ，産物はオランダ本国の会社によって独占的にヨーロッパに輸送するという内容的類似から，従来，強制栽培制度の前期的形態と見なされてきた．この位置づけは基本的に肯定できる．ただしプリアンガン地方は，ジャワ島の他地域と比較するならば，本章の第1節第4項で述べた要因によって，輸送，生活必需品供給および便宜供与を通じた住民管理が，ジャワ島の中では飛び抜けて容易な地域であった．そこでジャワ島の地理的多様性を考慮するならば，本書で指摘した諸事象の中で強制栽培制度期にジャワ島全土に展開したのは，次のような点であったと考えられる．(1)オランダ植民地権力が自給農民を輸出用産物の主力生産者と定めたこと，(2)生活必需品の供給において，現地住民とは経済的利害を異にする中国人に独占的ネットワーク形成を許したこと，(3)これらを実施するにあたり現地人首長層の既得権限を認め，かつ輸出用産物生産の利益を分配しつつ，彼らの影響力を利用したこと，さらに(4)地域によって住民に水利灌漑施設，農業信用の便宜などを積極的かつ独占的に提供し，労働力の調達を容易としたこと，そして(5)以上の植民地戦略は在地社会内部での資本の蓄積を疎外したほか，当初住民の経済生活を向上させたものの長期的には農業および生活における管理経営権を奪い，さらに管理経営能力を獲得するための選択や創意工夫の自由をも奪ったこと，である．これらの諸点は，(5)を除いて，既にギアツあるいは白石隆によって強制栽培制度期の特徴として指摘されているが，充分な実証は今後の課題である．おそらく

強制栽培制度期は，政庁の便宜供与のもとで，ジャワ島全体の中央集権化・規格化が進んだ時期と推測され，それゆえに従来の研究方法とは異なって，統治・行政および社会経済の領域を統合的に考察することが必要となろう．
　また上述の議論は，1811年のイギリス占領期から1820年代にかけてジャワ島北岸で優勢となったヨーロッパ人・中国人などの私的経済活動が，1830年以降衰退し，劣勢にあったはずのプリアンガン地方のコーヒー栽培方式が，ジャワ島の多くの地域で主流となったことを示す．これはグローバルなレベルでは銀の流通構造の変化，胡椒・コーヒーなど熱帯産品の価格暴落，およびイギリスに対するオランダの金融的従属とオランダの財政危機が起きたこと，南シナ海海域においては銅貨に対して銀が高騰したこと，そしてさらにこれらの結果とジャワ戦争（1825-30年）とでバタビアのオランダ政庁が大きな財政危機に陥ったことなどと大きく関係していよう．交換比率が不安定な銀貨・銅貨を使用しない熱帯産品の集荷と本国への独占的な輸送とは，オランダ政庁のみならず，地代を納入しなければならなかった現地人首長層・住民にとってもメリットがあり，権力的強制のみで実施されたのではないと考えられる．
　さらに以上述べた強制栽培制度期のジャワ島の特徴は，19世紀東南アジアの他地域でも多くの地で見られた．特に広く見られたものは，イギリスとこれに金融的に従属するヨーロッパ植民地勢力，東洋外国人による重層的植民地支配，その下での輸出用産物の生産・輸送，および以上に述べた(2)(3)(4)である．またジャワ島では強制栽培制度期より，ヨーロッパ人および中国人が設立した農産物加工（主に砂糖）企業が増加したが [Geertz 1963: 52-82; Bosma 2007]，このようなヨーロッパ人または東洋外国人の所有・経営になる資本制企業の活動もまた，東南アジア各地で見られた．それゆえジャワ島における上述の特徴は，東南アジアに広く存在する特徴の一部である可能性がある．
　そこで次節では，同じく本書の事例を用いつつ，地域社会の形成・展開をめぐる議論から，より一般的な社会変化の分析方法へと議論の焦点を移したい．

3 ── 市場経済が未発達の社会が「組み込」まれた事例を分析する方法：本書の経験

　プリアンガン地方社会は，少なくとも1830年まで市場経済が充分発達しておらず，人口稀少で社会経済システムの根幹が土地制度にない社会であった．

東南アジア歴史研究・地域研究では，東南アジア社会は，社会集団として2者関係の累積体である世帯が最も重要であり，その外部には親族関係を擬した2者関係が限りなく連鎖していくと理解される［前田 1989］．1830年までのプリアンガン地方もまた，史料を検討する限り，村落部に対して法や制度を維持する強制力を持つ上級権力が存在せず，生活に必要な政治・経済・社会的関係のすべてが，この2者関係の中にビルトインされていたと判断される．このような社会における輸出農業への農民動員システムを解明するにあたり，本書では次のような知見を得た．

3-1　耕地の所有関係

　本書では，水田について，新開地における高収量で安定的な自給手段としての側面に焦点をあてて論じ，所有権の性格についての議論は棚上げとした．理由は次のような土地所有をめぐる状況にあった．18世紀半ばから1830年までのプリアンガン地方は，焼畑稲作が広く存在する中で水田耕作が広がっていく状態にあったが，可耕地が広大であり，不足したのは常に労働力であった．住民に対する夫役貢納賦課の条件に，耕地所有は含まれておらず，また住民間の水田の売買，質入れ，譲渡，相続は頻繁に行なわれていた．一見，近代的土地所有制度に近い制度があるかのような現象であるが，住民の耕地所有を保証する集落より上の権力はなく，次のような現象もみられた．首長の狩り場以外では，ほとんどどこでも誰もが水田を開くことができ，不用になれば放棄する，場合によっては必要な者が拾得することも可能であった．その一方で，状況によっては首長層が住民の水田を取上げることもあった．水田は投資した不動産であるものの，耕作する労働力がなければ所有することに意味はなく，売買も，労働力を持つ購入希望者が具体的に存在して初めて行なわれた．このように水田は不動産ではあるが，制度的保証がなく，あたかも犂などの農具の所有と同じ様な位置付けにあったと言えよう．

　植民地政庁もまた，この耕地の移動を断固として阻止し制度化する必要に迫られていなかった．政庁は，耕地の頻繁な移動について住民の定着を阻害するとして問題視していたが，現地人首長同様，耕地の移動を制限する術を持たなかった．その一方で，コーヒー栽培に重要な夫役は水田耕作とは間接的にしか関係がなかったため，労働力の調達において耕地の移動はさほど障害ではな

かった.

　このように，1830年までのプリアンガン地方における水田の所有形態の持つ意味は，フロンティアにおける開拓，農業経営，夫役貢納制度など，プリアンガン社会の置かれた状況と土地所有以外の制度慣習との関係性のなかで初めて理解が可能となった.

3-2　夫役，貢納，そして利益追求の経済活動

　本書では，コーヒー引渡が，夫役であるか，貢納であるか，あるいは利益追求のための自発的活動であるかを検討したり，夫役貢納から自発的活動への移行過程を精査して社会の性格付けを行なうことはせず，輸送における制度化・規格化の側面に考察の焦点を当てた．その理由はつぎのようなプリアンガン地方の状態による．

　第1に夫役と貢納との区別は，以下の3つの理由でさほど重要ではなかった．(1)17世紀末から18世紀初めの社会では，保護者に対する被保護者の提供物は労働か労働の成果であり，負債の返済か貢税かは判然としない．(2)夫役および貢納が土地所有関係と明確に結びついていないので，2者の区別が社会の性格規定に大きな影響を与えることはない．くわえて(3)18世紀半ばまでの植民地政庁にとっては，自らが定めた時期に定めた量のコーヒーが指定の海港に運ばれてくることが大切であり，いかに栽培・輸送されるかは問題でなかった．本書において，夫役と貢納の区別が重要であったのは，植民地政庁が夫役と貢納を分けて記述し始めた1770年代以降に，政庁が何を夫役によって行なわれるべきと判断し，それらを規格化・制度化していったか，を考察する場合であった．政庁は現地人首長層に対して行なわれる貢納の廃止に努力する一方で，夫役は金納を許さず増大させる傾向にあり，かつコーヒー栽培・輸送および輸送のためのインフラ建設を夫役を使用して実施した．一部グーツヘルシャフトを想起させる夫役強化が植民地政庁によって実施されていたと言える.

　第2に，コーヒー栽培と輸送が，強制された労働によって行なわれたか，利益追求の自発的経済活動であったかの問題についても，社会変化の分析指標として，強制と自発を区別しかつ強制労働から自発的経済活動へというトレンドを検出することは，本書の重要な課題ではなかった．主な理由は次の2点である．(1)1830年までのプリアンガン地方では，栽培と輸送が強制労働で行なわ

れたか，自発的労働で行なわれたかについては，政庁の施策が決定要因となる部分が大きかったと言える．定めた時期に定めた量のコーヒーが必要であった政庁は，18世紀前半に盛んであった，住民の自発的コーヒー栽培・輸送を充分に管理し得なかったため，1740年代後半にこれを駆逐した．その後コーヒー栽培・輸送をほぼ管理下に置いた政庁は，18世紀末に，首都バタビア周辺のコーヒー輸送の一部についてヨーロッパ人・中国人の参入を許し，また首長（レヘント）統治地域における，下級首長や住民の自発的輸送を容認したのである．

さらに(2)プリアンガン地方における以下のような条件下では，自発的経済活動といえども市場経済が発達した社会における経済活動とは大きく異なっていた．①貨幣制度，土地制度などの経済制度の諸側面で近代国家が持つような上級管理権が存在しない．②地方社会の中で経済活動が2者関係の中にビルトインされている．③地方社会に対して，植民地政庁がコーヒー集荷，および塩などの生活必需品の販売について独占体制を敷いている．そして④政庁が現地人首長・住民，ヨーロッパ人，および中国人を初めとする東洋外国人の移動および経済活動を大きく制限している．

最後の④についてコーヒー輸送に例をとると，現地人首長層・住民には次のような具体的拘束があった．(a)取引先選択の自由はなく，首長層は常に住民から買取り，独占的買手である政庁へ指定された場所で売渡す．(b)住民・首長層など輸送の当事者に価格や手数料の決定権はなく，政庁が決める．(c)支払方法と時期も政庁が決定する．(d)利益があってもなくても輸送を停止・放棄することはできない．(e)政庁が許可する以外の地域のコーヒー輸送や別の事業に手を広げることは許されない．(f)自発的にコーヒー輸送を行なう者も輸送料の前貸が必要であった．(g)植民地政庁は，中間搾取がひどくなりコーヒー栽培・輸送そのものがダメージを受けない限り，輸送が経済的に有利なところでは自発，不利なところでは強制（夫役）という状況を許容していた．さらに(d)(f)(g)以外はヨーロッパ人・中国人も同様であった．この状況はコーヒー栽培についても同様であったと考えられる．

このように本書では，オランダ語文書で使用されるdienstに夫役の訳をあててきたが，その内容は，たとえて言えば有償ボランティアのような多少の利益を伴う場合も，単なる苦役である場合も含んだ．また自発的経済活動と区別をつけられない場合もあった．このような社会の性格とオランダ植民地政庁の政

策下では，コーヒー栽培・輸送が強制か自発的経済活動かを区別して後者を時代に先駆ける形態として強調するという発展モデルを採用するよりは，オランダ植民地期の萌芽的企業活動が誕生した環境，あるいは企業が受けていた制約（奪われていた選択肢・活動の自由）を記述することが，現代までの企業活動の展開を理解するために有益であると思われる．

3-3　国家権力と地方社会：中央集権化，規格化の考察意義

　以上第1，2項で述べてきたように，耕地の所有関係，夫役および賃金労働といった概念を使用してプリアンガン地方のこれらの状況を示すことは可能である．しかしこれらの概念を指標としてこの社会の性格や社会変化を規定することは無理であろう．本書の考察に見る限り，この時期に社会変化の震源となったのは，輸出農業拡大をめぐる政庁による住民動員システムの構築＝中央集権化の施策とこれに対する現地人首長層・住民の対応であった．これは次のように説明できる．

　輸出用農産物の生産は，市場経済が確立した社会に導入された場合と，貨幣は使用しても市場や分業が発達しているとは言いがたい社会に導入された場合とでは，国家や中央政府の統治機構の果たす役割，およびその住民への影響が異なってくる．プリアンガン地方では分業と市場機能が極めて不完全であったため，中央政府は住民を農産物の生産に動員して農産物から利益を得るために，市場に代わって農産物の生産割当・価格決定・集荷・輸送，生産者への必需品供給などを実施するシステムを構築する必要があった．いわば，中央政府が計画経済を実施するためのトップダウンかつ独占的な機構を構築する必要があったのである．そこで本書では，このシステム形成過程を18世紀初めから1830年までのプリアンガン地方における社会変化の中心的現象と見なして，政庁による中央集権化・規格化および便宜供与の展開を考察した．具体的な方法は第2章第5節に書いたので，ここで指摘すべきことは，このような形で輸出農業の展開が起こった社会では，輸送・商業・農産物加工分野で外来勢力の独占が常態化し，市場が健全に機能する条件と言われる自由な競争は最初からほとんど存在しないことであろう．そしてそこに資本制企業が進出するならば，企業進出以前に市場経済が確立していた社会の場合とは，自ずと異なった発展径路を辿ると予測される．市場経済が確立していた社会と比較するとき，この状態

を，選択肢の無さおよび自由の無さに注目して具体的に記述することは重要であると思われる．

以上の議論は，白石隆の問題提起であるインドネシアの「中央集権的な地方と中央の関係」の解明のうち，東南アジアにおける異物としての近代国家が「二重原理によってそれぞれの地域においてその社会に埋め込まれた」初期事例の社会経済史的説明であり，また植民地政庁に対する地方社会従属の端緒の説明でもある．

しかしその一方で，以上述べてきた選択肢を奪われた状態は，人口稀少で市場経済や分業が発達していない社会にのみ起こり，市場経済と分業が発達しており近代国家と市民社会が成立していると言われる国々では全く見られない要素なのだろうか．現在の日本における貧困を考えるとき，賃金労働あるいは自由な労働といった場合の，賃金や自由の内容を今一度見直すのは，強制栽培制度期のジャワ島のみならず，日本でも必要があるように思われる．そこで本項の最後に世界システムに関わる議論を振り返る．

3-4　世界システム論にかかわる概念の検討

第2章で述べたように，著者は，ウォーラーステインの世界システム論が，すべての部分で使命を終えたとは考えない．「組み込み」論中の，「換金作物生産における『大規模な意思決定体』の出現」，「労働管理における強制的性格の強化」，その「強制の手段としての前貸しの存在」といった指標は，本書の対象地域で同様の現象が起きていることを考えても，この時代の世界各地の同じような現象を発見し比較するための概念として依然として有効であろう．またヨーロッパ側からの視点であると限定すれば，この時代を「広大な地域の世界システムへの組み込み」の時代とする時代区分についても，現在最も有効であろう．ただし「組み込み」の諸現象を出現させる諸要因と要因の結合状態に関する分析は，グローバルなレベルかつヨーロッパ側の視点からなされるべきではなく，世界各地の多様性を反映できる視角・レベル・方法で行なう必要があろう．とすれば，「組み込み」論は世界システムの基本フレームワークから切り離して，世界各地が上からの近代化や開発などによって，世界市場向け生産を行なう社会へと再編される過程を分析する用具として使用可能であろうと思われる．

ついでヴェールホフの議論を検討すると，「継続的本源的蓄積」を被る典型である農民について，本書においても類似の傾向が認められた．プリアンガン地方の焼畑耕作民は，新たな条件下で，自分たちの居住地で水田耕作民として自給農業を再開したが，彼らは水田の処分権を持っていたものの，労働販売の自由は全くといってよいほど持たず，また生産と生活の決定権（労働の裁量権）を大幅に縮小されていた．ただし本書の考察結果にはヴェールホフの議論との相違点がひとつある．プリアンガン地方の農民を新たな自給条件に甘んじさせるにあたり，暴力，権力的強制はさほど有効ではなかった．彼らは政庁の行なう利益誘導・便宜供与とその独占によって新たな条件下に巧みに追い込まれており，しかも住民はむしろこれを利益と感じていた可能性がある．政府による農民支配の手段として遍在するであろうアメとムチのなかで，ヴェールホフが暴力および権力的強制のみを取り上げた理由として，暴力が有効なところでは利益誘導・便宜供与の役割が小さくなったり見えにくくなっていることが考えられる．しかし，もし暴力や権力的強制を手段としないことによって，あるいは生産者が一旦生産手段を失う事態が明確でないことによって，本書のような事例を「継続的本源的蓄積」の範疇に含めることが出来ないとすれば，利益誘導・便宜供与について新たな範疇を立て，グローバリセーション下に重要性を増す労働管理・強化のメカニズムとして正面から分析する必要があると思われる[1]．

4 ── 普通の人々のグローバルヒストリー：現在の問題解決に資する歴史研究をめざして

最後に，序論で述べた研究史上の貢献のうち，グローバルヒストリー研究のなかで，普通の人々の役に立つ・立場に立つ研究の可能性について述べる．

すでに広範な分野で様々な試みが行なわれているグローバルヒストリー研究の中にあって，「普通の人々のグローバルヒストリー」の存在意義は，現行のグローバゼーションへのより良い対処法のヒントを普通の人々に提供することにあろう．とすればこのグローバルヒストリーにおける「我々」とは，さしあたり，17-18 世紀から現在に至る，世界各地の普通の人々，つまりこの 400 年ほどの間グローバリゼーションに翻弄されながらもより良い生活を求めて生きた，配下に支配する人を持たない人々が主要な構成員となろう[2]．このうち生

存する普通の人々に，対処法にかかわる情報を提供するためには，まず各時代各地における人々の対処事例を蓄積すること，ついで事例間の関連性を明確にしつつ比較して高次の対処パターンを抽出する必要があろう．ただし，普通の人々の役に立つ・立場に立つということは，普通の人々を顕彰することを意味しない．

　その最初の作業となる事例研究では，これに続く比較作業を考慮して，叙述に次の点を含むことになる．グローバルな状況は，世界各地の地域的固有性を介して人々に影響を与える．例えば同じ熱帯産品の需要でも，地域によって異なった形で人々の前に立ち現れる．そこで事例研究では，はじめに初期条件として人々の活動を構造的に規定している自然環境・人的環境，およびグローバルな動向を普通の人々にもたらす回路の解明が必須である．これらの地域性の叙述にあたっては，自然地理，社会組織，変化の要因などについて地域間で比較し得るタームで記述し，地域の固有性は，これらの諸要因の組合わせとして表現されることが望ましい[3]．ついでこれらに対する人々の対処を分析する．この分析は対処のノウハウを引出し得る事例の蓄積を目的とするので，経営学におけるケースの蓄積のように，普通の人々の対処事例の強みと弱み，成功と失敗，得たもの失ったものなどの両面の考察が必要となる．なかでも普通の人々が，植民地政権など抑圧的な集団や活動に対し，その意図を見極められずにすすんで協力した，あるいは協力に追い込まれた場合は，協力の様態，協力の構造化メカニズム，そして協力による得失を正面から検討すべきであろう．グローバリゼーションの暗黒面も，人々の協力があって初めて顕現するという認識は，人々に自ら持つ可能性を自覚させることになろう．

　また事例研究の比較に際しては，普通の人々の対処について何を以て失敗，成功とするかなど，対処を評価する基準が必要であるが，この問題は未だ着手されておらず，事例研究と並行して行なわれる必要がある．これまでのグローバリゼーション研究からは，武力闘争・権力行使の少なさ，および公正が重要な基準として挙げられよう．

　こうしてケースを蓄積し，比較と関連性について理論化を進めるならば，普通の人々のグローバルヒストリーを起点に彼らの暮らす地域社会の形成と変質を辿り，その彼方に人類史を構想することも可能であると思われる．

　では，このような普通の人々のグローバルヒストリーにおける事例研究のひとつとして，本書の考察が現代の人々に対し何らかのより良い対処法を示唆す

ることができるであろうか．一般的には，目先の便宜供与・経済の活性化と引替えに，知らず知らずのうちに，生業を営み生活を組織する決定権を手放さないこと，同様に，生存戦略の選択肢を不用意に減らさないことを提案できよう．経済の向上や活性化の影で起こるこのような事態は，政策を実施する側も意図していない場合が多いが，そのような誘惑がどのようになされるかについてもヒントを提供し得たと思う．

　さらに現在のインドネシアに対して試みに一言述べるならば，次のようだろう．1680年代から植民地期末期までのジャワ島の農業開発を振返ると，夫役労働の慣行が比較的長く続いたとともに，植民地政庁は，人々の労働とその成果についてはこれを暴力で奪うよりは，政庁や巨大企業による買付，および地方へのインフラ建設・融資など便宜供与の見返りとして要求した時代が長かった．植民地政庁の権力が弱く，ジャワ島が人口稠密とは言えなかった19世紀半ばまで，および倫理政策の時代と呼ばれた20世紀最初の20年間はこのように理解できる．加えて20世紀前半の植民地期に関するギアツ，ブーケの認識からは，多くの農民が，自給米の栽培と輸出用作物栽培以外の生業の選択肢をほとんどもたず，また経営の才覚を生かせる範囲はきわめて限定されていたことがわかる[4]．

　一方，1970年代以降のインドネシアをみると，中央政府が権力的抑圧と暴力によって人々を支配した側面が目立つ．しかしスハルト時代においても，中央政府による独占的な便宜供与は開発の名の下に大規模に実施された．白石隆によれば，スハルト体制成立間もない1960年代に，側近のアリ・ムルトポは次のように言い，これがスハルト体制の哲学となったと言う．「人民はトラである．飢えたトラを解き放ち，これに乗ろうとしてはならない．トラは檻に入れ，飢えることがないよう餌をやるがよい．そうすれば，そのうち芸のひとつもするようになる」［白石 2001: 60］．このような基本方針を持つ開発政策の実施にあって，「開発 pembangunan」なるものが，人々の生活世界に地方語で根付いている便宜供与や夫役労働の一形態として理解され，実行された場合があったであろうことは想像に難くない[5]．

　本書の冒頭に戻ろう．スハルト政権崩壊後一定の年月が立ち，インドネシア社会は国家の強い抑圧から解放されたように見える．実際，人々の経済活動における自由，すなわち創意工夫の訓練の機会は飛躍的に増大したと判断できる．しかしそれに比べると，地域社会の管理経営能力，あるいは自治能力の訓

練の機会は依然として極めて限られているように思われる．歴史の力で社会に埋め込まれたメカニズムによって地域社会における管理経営能力が奪われたままであることは，中央から地方への便宜供与がなくなれば政治経済システムが崩れる危険に繋がり，為政者，普通の人々双方に不利益をもたらすであろう．

　もちろん地域社会の管理経営能力の向上について具体的提言をするためには，1830年以降のメカニズム展開の追跡と，現況調査が必要である．しかし，来歴が忘却された慣習の背後で作動する，負の中央集権メカニズムを明るみに引出すためには歴史学の手法が不可欠であることを，本書によって示し得たと思う．

　最後に，インドネシアの現在についてここで述べたことの一部は，日本についても言えることを指摘して本書を終わりたい．

註

1）ヴェールホフの議論はレッシグ［2001］のアーキテクチャ論などと結合させる必要があると思われる．
2）普通の人々とは，おおよそ次のような人々である．すなわち諸活動の大半を，官僚制や巨大企業といった近代的な巨大組織の外で行なう者，あるいは巨大組織の中にあっても配下に支配する者を持たない人々およびこれを直接に束ねる者達である．配下に多数の者を持ち，広範囲の決定権を持つ者は，地域社会の福利にかなった行動をする限りにおいて，その協力者となり得る．本書の事例で言うならば，レヘント，下級首長，中国人商人などがこれにあたる．
3）アナロジーとして，物質が化学の原子記号の組み合わせで表現され，化学変化は原子記号を要素とした化学式で示されることが挙げられる．
4）この事例はブーケ，ギアツの描写の他，植村泰夫の業績にも散見される［大橋 2009b］．
5）1980年代半ばの筆者の滞在中にこれに類似した事例を見聞した［大橋 2009a: 415-416］．

用　語　説　明

R.（レイクスダールデル：Rijksdaaldels）　　貨幣の単位．1レイクスダールデル＝60軽スタイフェル＝48重スタイフェル

s.（スタイフェル：stuiver）　　貨幣の単位．軽スタイフェルと重スタイフェルのいずれが使用されているかは個々の史料からは判別できない．

VOC　　オランダ東インド会社（Verenigde Oostindishe Compagnie）の略

オランダ政庁（Bataviasche Regeering の意訳）　　バタビアにおかれたオランダ植民地権力の政府

郡（district）　　レヘント統治地域の下位行政単位．チュタックに同じ．主に19世紀初頭より使用される．

現地行政委員（de geccommiteerde tot en over Zaken der Inlander）　　起源は1686年にプリアンガン地方での流民調査のために任命された委員に始まる．その後この委員は常設され，1811年まで存続する．バタビア政庁と現地人支配層とのあいだでの書状のやりとりをすべて中継した．

コーヒー引渡量　　現地人首長などのコーヒー供出者がオランダ政庁に1年間に引渡すコーヒーの量．

西部地域（Bataviashe bovenlanden）　　チアンジュール，チカロン，チブラゴン，カンプンバルの各レヘント統治地域から構成される．バタビア地区の下位地域．

チャエン（tjaen）　　米の重量を量る単位．12,500重量ポンド．約618kg.

チュタック（tjoetak）　　レヘント統治地域の下位行政単位．郡に同じ．主に18世紀後半に使用される．

チルボン地区　　チルボンに居住するオランダ東インド会社の駐在員が統括する地域．

東部地域（Oostershe regentschappen）　　バンドン，スメダン，パラカンムンチャンの各レヘント統治地域から構成される．バタビア地区の下位地域．

バタビア地区（onder Batavia sorteerende landen）　　バタビア周辺の低地（Bataviashe benedenlanden），西部地域，および東部地域に分けられる．

パティ（patij）　　レヘントの補佐役の現地人首長．

東インド総督　　バタビアに置かれたオランダ政庁の最高責任者．

ピコル（picol, pikol）　　重量の単位．61.7613kg．

プリアンガン地方　　本書では2つの意味を持つ．広義には西は現ボゴールから東はチアミスに至る，ジャワ島西部南部の山岳地帯を意味する．狭義には西部地域と東部地域を指す．

プリアンガン理事州　　1820年代にオランダ政庁がプリアンガン地方統治に用いた行政単位．チアンジュール，バンドン，スメダン，リンバンガンの4つのレヘント統治地域から構成された．

レヘント（regent）　　1799年までVOC政庁に直属する現地人首長であり，19世紀初めからはヨーロッパ人理事官に直属する現地人首長．

レヘント統治地域（regentschap）　　オランダ政庁の設定した地方行政単位であり，レヘントの支配する地域を意味する．

理事官（resident）　　19世紀初頭にオランダ政庁が設置した理事州長官．ヨーロッパ人．1818年以降はプリアンガン地方に赴任して理事州を統治した．

文献目録・史料

[未公刊文書]
インドネシア国立公文書館所蔵
プリアンガン理事州地方文書

Aantooning van de resultaten van de koffij kultuur in de Residentie Preanger Regent-schappen over een tijdvak van tien jaren of van 1837 tot 1846.
Algemeen Verslag, Preanger Regentschappen. 1826, 27, 28/9, 1830-32, 36.
Algemeen Jaarlijksch Verslag over de kultures Residentie Preanger Regentschappen 1839.
Justitie en Politie, Preanger Regentschappen. 1822 (22 Mei)
Statistiek Handboekje 1828 (Preanger 29a/7).
Bevolking van het Regentschap Tjanjor in December 1827 (Preanger 29a/6).
Bandoeng (Preanger 30/7・8).
Register der Handelingen en Besluiten van den Regident der Preanger Regent schappen 1819, 1820, 1821.
.... (2 語判読不能) orang orang yang ada die tjoetak Timbanganten, dengan dia poenya sawah sekalian binatang binatang (Preanger 30/9).
Statistiek van Preanger Regentshappen 1836.
Staat van de bevolking, bebouwde gronden, Beestiaal etc. Dienstjaar 1846.

栽培文書 (Archieven Cultures) 1816-1920
No. 267 Koffij Report 1818.

オランダ国立公文書館所蔵
G. H. CHR. Schneither コレクション

Algemeen Verslag, Preanger Regentschappen. 1822, 823, 24.
Algemeen Verslag: Preanger Regentschappen, Krawang, Buitenzorg, Banten.
Stastistiek 1822.
Statistiek van Preanter Regentschappen, Krawang, Buitenzorg, Bantam. (1820)

[公刊文書・研究文献]
秋田茂．2007．「グローバルヒストリー研究と南アジア」『南アジア研究』19：132-137.
———．2008a．「近世から近代へ—近世後期の世界システム」桃木至朗編『海域アジア史研究入門』東京：岩波書店．pp.158-166.
———．2008b．「アジア国際秩序とイギリス帝国，ヘゲモニー」水島司編『グローバル・ヒストリーの挑戦』東京：山川出版社．pp.102-113.
Alisjabana, Samiti. 1957. *A Preliminary Study of Class Structure among the Sundaneese in the Prijangan*. M. A. Thesis. Cornell University.
Anonymous. 1856. Hoe't er vroeger in de Bataviasche bovenlanden en de Preangerregent-schappen uitzag. *Tijdschrift voor Nederlandsch-Indie.* **2**: 161-180.
Bastin, J. 1957. *The Native Policies of Sir Stanford Raffles in Java and Sumatra, an Economic Interpretation.* Oxford: The Clarendon Press. 163p.

Bayly, C.A. 2004. *The birth of the modern world, 1780-1914: global connections and comparisons*. Malden; Mass: Blackwell Publishing.

Berg, L. W. C. van den. 1902. *De Inlandshe rangen en titels op Java en Madoera*. Hague: Martinus nijhoff.

Berg, Mr. N. P. 1879. *Historisch-statistische aanteekeningen over de voortbrenging en het verbruik van Koffie*. Batavia.

Bergsma, W. B. ed. 1876, 1880, 1896. *Eindresume van het onderzoek naar de rechten van den inlander op den grond op Java en Madoera*. 3 vols. Batavia.

Bie, H. C. H. de. 1901-1902. De Landbouw der inlandsche bevolking op Java. Met aanhangsel, inhoudsopgaveen alphabetischen index. *Mededeelingen uit' slands plantentuin* **45**: 1-143, **58**: 1-107.

Bie, H. C. H. de. 1991.「ジャワの原住民農業」『東南アジア伝統農業資料集成 4』東南アジア伝統農業読書会．京都：京都大学東南アジア研究センター．

ブリュッセイ，レオナルド．1983．「オランダ東インド会社とバタビア（1619-1799）—町の崩壊の原因について」『東南アジア研究』**21**(1): 62-81.

Blusse, L. 1984. Labor Takes Root; Mobilization and Immobilization of Javanese Rural Society under the Cultivation System. *Itinerario* **8**: 77-117.

Blusse, L. 1986. *Strange Company: Chinese Settlers, Mestizo Women and the Dutch in VOC Batavia*. Dordrecht: Foris Publications.

Boeke, J. H. 1953. *Economie van Indonesie*. 4e herziene druk. Haarlem: H. D. Tjeenk Willink & Zoon.（ブーケ，J. H. 1979.『二重経済論—インドネシア社会における経済構造分析』永易浩一訳．秋菫書房．）

Boomgaard, P. 1986. Buitenzorg in 1805: The Role of Money and Credit in a Colonial Frontier Society. *Modern Asian Studies* **20**(1): 33-58.

——. 1989. Children of the Colonial State: Population Growth and Economic Development in Java, 1795-1880. Den Haag: Free University Press.

Booth, A. 1998. *The Indonesian Economy in the Nineteenth and Twentieth Centuries: A History of Missed Opportunities*. London: Macmillan Press Ltd.

Bosma, U. 2007. "The Cultivation System (1830-1870) and its private entrepreneurs on colonial Java," *Journal of Southeast Asian Studies* **38**(2): 275-291.

——, Juan Giusti-Cordero and G. Roger Knight. Ed. 2007b. *Sugarlandia revisited : sugar and colonialism in Asia and the Americas, 1800 to 1940*. New York : Berghahn Books.

Boxer, C. R. 1988. The Dutch East-Indianmen: Their Sailors, Their Navigatours, and Life on Board. In *Dutch Merchants and Mariners in Asia, 1602-1795*. by C. R. Boxer. London: Variorum Reprints. Reprint I 81-104.

Breman, J. 1978. Het *Javaanse dorp en de vroeg-koloniale staat*. Rotterdam: Comparative Asian Studies Program. 42p.

——. 1982. The Village on Java and the Early-Colonial State. *The Journal of Peasant Studies* **9**(4): 189-240.

Burger, D. H. 1948-1950. Structuurveranderingen van de Javaanse Samenleving. *Indonesie* 2e jaargang 1948-1949: 381-398, 521-537; 3e jaargang 1949-1950: 1-18, 101-123, 225-250, 347-350, 381-389, 512-534.

——. 1975. *Sociologisch-Economische Gescheidenis van Indonesia*. 2 vols. Leiden: Koninklijk Instituut voor Taal-, Land- en Volkenkunde. 167p. 276p.

Carey, P. 1986. Waiting for the 'Just King': The Agrarian World of South-Central Java from Giyanti (1755) to the Java War (1825-30). *Modern Asian Studies* **20**(1): 59-137.

——. 2007. *The power of prophecy: Prince Dipanagara and the end of an old order in Java, 1785-1855*.

(Verhandelingen van het Koninklijk Instituut voor Taal-, Land- en Volkenkunde; 249. Leiden: KITLV Press.

Chastelein, C. 1893. Memorie van C. Chastelein, Derecteur-Generaal en Raad van Indie, van 30 Junij 1703. in *Geschiedenis Particulier Landbesit op West-Java*. By J. Faes vol. 1. Batavia: Ogilie & Co.

Chijs, J. A. van der. ed. 1885–1900. *Nederlandsch-Indisch Plakaat-boek*. 17 vols. Batavia.

Coolsma, S. 1913. *Soendaneesh-Hollandsch woordenboek*. 2de druk. Leiden: A. W. Sijthoff's Uitgevers-maatshappij.

Departmen Pendidikan dan Kebudayaan. 1989. *Kamus Besar Bahasa Indonesia*. Jakarta: BalaiPustaka.

Doorn, J. van. and Hendrix, W. J. 1980. *The Emergence of a Dependent Economy: Consequences of the Opening up of West Priangan, Java, to the Process of Modernization*. CASP No. 9. Rotterdam: The comparative Asian Studies Program. 41p.

Ekajati, E. S. 1975. Penyebaran Agama Islam di Jawa Barat. In *Sejarah Jawa Barat, Dari Masa PraSejarah Hingga Masa Pnyebaran Agama Islam*. By Teguh Asmar, Ayat Rohaedi, Saleh Danasasumita, and Edi Ekajyati. Bandung: Proyek Penunjang Peningkatan Kebudayaan Nasional Propinsi Jawa Barat.

Elson, R E. 1984. *Javanese Peasants and the Colonial Sugar Industry: Impact and Change in an East Java Residency, 1830–1940*. Singapore: Oxford University Press.

——. 1994. *Village Java under the Cultivation System 1820–1870*. Sydney: Asian Studies Association of Australia.

Encyclopaedie van Nederlandsh Oost-Indie. 1917–1939. 8 vols. 's Gravenhave & Leiden.

Eringa, F. S. 1984. *Soendaas-Nederlands Woordenboek*. Dordrecht, Cinnaminson: Foris Publications Holland.

フーコー，M. 1974.『監獄の誕生—監視と処罰』田村俶（訳）．東京：新潮社．

Faes, J. 1893. *Geshieidenis particulier landbezit op West Java*. Batavia: 1e gedeerte.

Faes, J. 1902. *Gescheidenis van Buitenzorg*. Batavia: Albrecht & Co.

Fasseur, C. 1975. *Kultuurstelsel en Koloniale baten; De Nederlandse exploitatie van Java 1840–1860*. Leiden.

——. 1992. *The Politics of Colonial Exploitation: Java, the Dutch, and the Cultivation System*. R. E. Elson (ed.) Translated by R. E. Elson and Ary Kraal. Ithaca: Cornell University.

Fernando, M. R. 1982. *Peasants and Plantation Economy: the Social Impact of the European Plantation Economy in Cirebon Residency from the Cultivation System to the end of the first decade of the Twentieth Century*. Ph. D. dissertation. Monash University.

藤原利一郎．1986.「黎朝後期鄭氏の華僑対策」『東南アジア史の研究』藤原利一郎（著）．京都：法蔵館．pp. 236–256.

Furnivall, J. S. 1944. *Netherlands India; A Study of Plural Economy*. Cambridge.（ファーニバル，J. S. 1942.『蘭印経済史』南太平洋研究会訳．東京：実業之日本社．）

Geertz, C. 1963. *Agricultural Involution: The Processes of Ecological Change in Indonesia*. Berkeley: University of California Press.（ギアツ，クリフォード．2001.『インボリューション—内に向かう発展』池本幸生訳．東京：NTT出版．）

Gordon, A. 2000. Plantation Colonialism, Capitalism, and Critics. *Journal of Contemporary Asia* **30**(4): 465–491.

Gouvernements-koffiecultuur; Rapport van de staats-commissie. 1889. 's-Gravenhage.

Haan, F. de. [1935]. *Personalia der periode van het Engelsh bestuur over Java 1811–1816*. n.p.

——. 1910–12. *Priangan, De Preanger-regentschappen onder het Nederlandsch bestuur tot 1811*. 4vols. Batavia: G. Kolff & Co.

Heijting, J. 1887. *Handleiding voor de gouvernements koffeecultuur op Java*. Batavia: Landsdrukkerij.

『貧困研究』. 2008, 2009. 第 1 巻, 第 2 巻. 東京：明石書店.

弘末雅士. 2004.『東南アジアの港市世界　地域社会の形成と世界秩序』東京：岩波書店.

Hoadley, M. C. 1975. *Javanese Procedural Law: A History of the Cirebon-Priangan Jaksa College, 1706-1735.* Ithaca: Cornell University.

――. 1994. *Towards a Feudal Mode of Production West Java, 1680-1800.* Singapore: Institute of Southeast Asian Studies.

――. 1996. Non-Village Political Economy of Pre-Colonial West Java. In *The Village Concept in the Transformation of Rural Southeast Asia.* M. C. Hoadley and C. Gunnarsson (ed.) pp. 29-43.

――. 1998. Periodization, Institutional Change and Eighteenth-century Java. In *On the Eighteenth Century as a Category of Asian History: Van Leur in Retrospect.* L. Blusse and F. Gaastra (ed.) Aldershot: Ashgate. pp. 83-105.

Hoogeveen, W. F. 1858. Het district Djanpang-Tengah. *Tijdschrift voor Indische Taal-, Land-, en Volkenkunde* **7**: 501-502.

馮承鈞（校注）. 1949.『諸蕃志校注』台北：台湾商務印書館.

五十嵐忠孝. 1984a.「西ジャワ・プリアガン高地における水稲耕作―若干の人類生態学的考察」『農耕の技術』**7**: 27-60.

――. 1984b.「二つのスンダ人村落における食生活」『インドネシア人類生態学調査集成』鈴木庄亮・五十嵐忠孝（編）. 東京：日産化学振興財団. pp. 54-65.

――. 1987.「農作業，季節，星」『東南アジア研究』**25**(1): 85-108.

池端雪浦. 1971.「東南アジア基層社会の一形態―フィリピンのバランガイ社会について」『東洋文化研究所紀要』**54**: 84-163.

Irigoin, A. 2009. The End of a Silver Era: The Consequences of the Breakdown of the Spanish Peso Standard in China and the United States, 1780s-1850s. *Journal of World History.* **20**(2): 207-244.

Israel, J. I. 1989. *Dutch Primacy in World Trade 1585-1740.* Oxford: Clarendon Press.

Jonge, Jhr. J. K. J. de. (ed.) 1862-1888. *De Opkomst van het Nederlandsch gezag in Oost Indie, verzameling van het onuitgegeven stukken uit het Oud Koloniaal Archief (1595-1814).* 13 vols. s'Gravenhage: Martinus Nijhoff.

籠谷直人. 2008.「東アジアにおける自由貿易原則の浸透」遠藤乾編『グローバル・ガバナンスの最前線―過去と現在のあいだ』（未来を開く人文・社会学　7）. 東京：東信堂. pp. 145-161.

加納啓良. 1976.「19 世紀ジャワの土地制度と村落（デサ）共同体」『アジア土地政策論序説』斉藤仁（編）. 東京：アジア経済研究所. pp. 154-212.

――. 1979.「ジャワ農村経済史研究の視座変換―『インボリューション』テーゼの批判的検討」『アジア経済』**20**(2): 2-26.

――. 1984.「『二重経済』と『農業インボリューション』を越えて―『農民的自給生産』再考」『東洋文化』**64**: 5-44.

――. 1990.「ジャワ村落史の検証―ウンガラン郡のフィールドから」『東洋文化研究所紀要』**111**: 33-129.

――. 1992.「ジャワ村落と導入期『地代』制度―東部ジャワ・マラン県における展開」『東南アジア世界の歴史的位相』石井米雄他（編）. 東京：東京大学出版会. pp. 135-152.

――. 1994.「『地代』制度導入期ジャワ村落の『耕作者』像―マラン県『詳細査定簿』の分析」『東洋文化研究所紀要』**118**: 1-41.

Kano, Hiroyoshi. Husken Frans. Djoko Suryo. (ed.) 1996. *Di Bawah Asap Pabrik Gula: Masyarakat Desa di Pesisir Jawa Sepanjang Abad Ke-20.* Yogyakarta: AKATIGA and Gajah Mada University Press.

―. (ed.) 2001. *Benieath the Smoke of the Sugar Mill: Javanese Coastal Communities during the Twentieth Century.* Yogyakarta: AKATIGA and Gajah Mada University Press.

関西大学東西学術研究所．1990．『諸蕃志』（関西大学東西学術研究所　訳注シリーズ 5）．大阪：関西大学出版部．

Kathirithamby-Wells, J. and Villiers, J. (ed.) 1990. *The Southeast Asian Port and Polity: Rise and Demise.* Singapore: Singapore University Press.

Kinder de Camarecq, A. W. 1861. Bijdrage tot de kennis der volksinstellingen in de Oostelijke Soenda-Landen. *Tijdschrift voor Indische Taal-, Land-, en Volkenkunde* **10**: 19–25.

Klein, J. W. de.〔1932〕. *Het Preangerstelsel (1677–1871) en zjin nawerking*. Delft. 138p.

Knight, G. R. 1980. From Plantation to Padi-field: The Origins of the Nineteenth Century Transformation of Java's Sugar Industry. *Modern Asian Studies* **14**(**2**): 177–204.

―. 1988. Peasant Labour and Capitalist Production in Late Colonial Indonesia: The 'Campaign' at a North Java Sugar Factory, 1840–70. *Journal of Southeast Asian Studies* **19**(**2**): 245–265.

―. 1993. *Colonial Production in Provincial Java: The Sugar Industry in Pekalongan- Tegal, 1800–1942.* Amsterdam: VU University Press. 67p.

Knaap, G. J. 1996. *Shallow Waters, Rising Tide: Shipping and Trade in Java around 1775*. Leiden: KITLV Press.

Koh Keng We. 2007. "Re-thinking the colonial transition: The case of Java's northeast coast 1740–1850," *Journal of Southeast Asian Studies* **38**(**2**): 385–393.

クロム，N. J. 1985．『インドネシア古代史』有吉巌（編訳），天理南方文化研究会（監修）．天理：天理道友会．

Kustaka Adimihardja. 1984. Pertanian: Mata Pencaharian Hidup Masyarakat Sunda. in *Masyarakat Sunda dan Kebudayaannya*. Edi S. Ekadjati (ed.) Jakarta: Girimukti Pasaka. pp. 163–203.

Leupe, P. A. 1875. Reisje uit de Preangerlanden naar de Zuide zee (Zuidkust van Java) in het belang van het mijnwezen in 1730 ondernomen. *Tijdschrift voor Nederlandsh- Indie* I: 1–11.

Lindblad, J. T., Houven, V. J. H., and Thee, K. W. 2002. *The Emergence of a National Economy: An Economic History of Indonesia, 1800–2000*. Crows Nest: Allen & Unwin.

Lubis, N. H. 1998. *Kehidupan Kaum Menak Priangan 1800–1942*. Bandung: Pusat Informasi Kebudayaan Sunda.

Maddison, A. and Prince, G. ed. 1989. *Economic Growth in and from Indonesia, 1700–1938*. Dortrecht: Foris Publications.

前田成文．1989．『東南アジアの組織原理』（東南アジア学選書 12）．東京：草書房．

Manning, Patrick, *Navigating World History: Historians Create a Global Past,* New York: Palgrave Macmillan, 2003.

Marle, H. W. van. 1861. Beschrijving van een kaloerahan in de Noorder-afdeeling fan het regentschap Tjiandjoer, Residentie Preanger-regentschappen. *Bijdragen tot de Taal-, Land- en Volkenkunde*. **4**: 8–9.

松尾大．1967．「ジャワ綿織物工業史」『アジア経済』**8**(**5**): 49–74．

Matsuo, H. 1970. *The Development Javanese Cotton Industry*. I. D. E Occasional Paper Series No. 7.

Meskill. J. M. 1979. *A Chinese Pioneer Family: The Lins of Wu-feng, Taiwan 1729–1895*. Princeton University Press.

宮本謙介．1989．「オランダ植民地支配とジャワ農村の労働力編成―強制栽培期の砂糖生産地帯を中心に」『経済学研究』（北海道大学）**39**(**1**): 8–39．

―．1990．「オランダ植民地支配とジャワの在地首長層」『経済学研究』（北海道大学）**39**(**4**): 65–84．

───. 1992.「諸外国におけるインドネシア経済史研究―植民地社会の成立と構造」『経済学研究』（北海道大学）**42(2)**: 78-101.

───. 1993.『インドネシア経済史研究―植民地社会の成立と構造』京都：ミネルヴァ書房.

───. 2000.「17～19世紀ジャワの社会経済史研究―諸外国の研究動向を中心に」『社会経済史学』**65(6)**: 63-83.

水島司. 2008a.『前近代南インドの社会構造と社会空間』東京大学出版会.

───. 2008b.「グローバル・ヒストリー研究の挑戦」水島司編『グローバル・ヒストリーの挑戦』東京：山川出版社. pp. 2-32.

長岡新次郎. 1960.「17・8世紀バタビヤ糖業と華僑」『南方史研究』**2**: 131-154.

永積昭. 1971.『オランダ東インド会社』東京：近藤出版.

Nagtegaal, L. 1996. *Riding the Dutch Tiger: The Dutch East Indies Company and the Northeast Coast of Java 1680-1743*. Translated by B. Jakson. Leiden: KITLV Press.

内藤良房. 1977.「19世紀ジャワの『土地占有形態』再考―ジャワ村落の歴史的性格に関する一考察」『アジア研究』**24(1)**: 44-74.

───. 1981.「19世紀前半における人口と耕地―ギアツの『インボリューション』説との関連において」『オイコノミカ』**18(2)**: 33-61.

Nederburgh, S. N. 1855. Consideratien over de Jaccatrasche en Preangerregentschappen, onder Batavia sorteerende en of daaruit meerder voordeelen dan thans, voor de Compagnie te behalen zijn? *Tijdschrift voor Indische Taal-, Land-, en Volkenkunde*. **3**: 110-148, 195-246, 300-318.

Norman, H. D. L. 1857. *De Britsche heerschappij over Java en onderhoorigheden (1811-1816)*. s Gravenhage.

大橋厚子. 1987a.「ジャワ島西部におけるコーヒー義務供出制度の変質―コーヒー生産管理の展開」『アジア・アフリカ言語文化研究』**34**: 77-93.

───. 1987b.「プレアンゲル制下のコーヒー生産―政庁の政策と統計から」『南方文化』**14**: 181-197.

───. 1988.「オランダ植民地官僚制度による地方統治の開始―ジャワ島西部プリアンガン地方の場合」『東南アジア　歴史と文化』**17**: 60-85.

───. 1989.「ジャワ島プリアンガン地方におけるコーヒー労役の強化について――八世紀半ばから一九世紀初めまで」『東方学』**78**: 111-126.

───. 1992.「西部ジャワのコーヒー生産と現地人首長の再編―商品生産植民地の建設」『東南アジア世界の歴史的位相』石井米雄他（編）. 東京：東京大学出版会. pp. 113-134.

───. 1993.「植民地期ジャワ・プリアンガンにおける下級首長制」『アジア経済』**34**(7)：23-40.

───. 1994a.「ジャワ島プリアンガン地方におけるコーヒー輸送とレヘント」『東南アジア研究』**32(1)**: 66-119.

───. 1994b.「オランダ植民地支配と農作業暦―1820年代のプリアンガン地方の場合」『東洋史研究』**53(2)**: 128-154.

───. 1994c.「強制栽培制度」『変わる東南アジア史像』池端雪浦（編）. 東京：山川出版社. pp. 219-239.

───. 1995.「西ジャワ・プリアンガン地方の下級首長とコーヒー輸送―1820年代を中心に」『アジア経済』**32(1)**: 66-119.

───. 1996.「1820年代のプリアンガン理事州の郡編成―チアンジュールおよびバンドン―レヘント統治地域の統計から」『南方文化』**23**: 55-78.

───. 1997a.「プリアンガン地方の水田開拓とオランダ植民地権力―1820年代を中心に」『東南アジア　歴史と文化』**26**: 14-36.

―. 1997b. 書評 G. J. Knaap, *Shallow Waters Rising Tide*. and L. Nagtegaal, *Riding the Dutch Tiger*.『東南アジア研究』**35**(**3**): 601-605.

―. 1998.「ジャワ島チアンジュール盆地開拓試論―1820 年代を中心に」『アジア・アフリカ言語文化研究』**55**: 73-92.

―. 1999.「1820 年代ジャワ島プリアンガン地方における開拓社会―グデ山南麓を事例として」『東南アジア研究』**37**(**3**): 320-364.

―. 1999.「1820 年代チアンジュール-レヘント統治地域の開発―コーヒー生産を目的としない開拓」『史苑』**60**(**1**): 5-40.

―. 2001a.「東インド会社のジャワ島支配―最初の人を最後に」『東南アジア近世国家群の展開』(岩波講座東南アジア史 4)．東京：岩波書店．pp. 35-57.

―. 2001b.「農業開発地の人口調査に見る中央と地方の妥協―『組み込み』の時代におけるオランダ植民地ジャワ島の事例」『国際開発研究フォーラム』**18**: 139-156.

―. 2003.「1820 年代ジャワ島西部プリアンガン地方における賦役貢納と世帯―あるいは，男をお上に差し出す条件」『南方文化』**30**: 1-19.

―. 2009a.「グローバリゼーション下の社会文化変容と開発」『グローバリゼーションと開発』大坪滋（編）．東京：草書房．pp. 397-418.

―. 2009b.「ジャワ島における土地稀少化とインボリューション論」『土地稀少化と勤勉革命の比較史―経済史上の近世』大島真理夫（編）．京都：ミネルヴァ書房．

大木　昌．1981.「19 世紀スマトラ中・南部における河川交易―東南アジアの貿易構造に関する一視角」『東南アジア研究』**18**(**4**): 612-624.

―. 1982.「植民地期インドネシアにおける在来工業の衰退―西スマトラの事例」『アジア経済』**23**(**12**): 50-69.

―. 1984.『インドネシア社会経済史研究―植民地期ミナンカバウの経済過程と社会変化』東京：草書房．

―. 2006.『稲作の社会史』東京：勉誠出版．

Olivier, J. Jz. 1827. *Land- en zeetogten in Neederland's Indie, en eenige Britsche etablissementen, gedaan in de jaren 1817 tot 1826*. Amsterdam: C. G. Sulpke.

Onderzoek naar mindere welvaart der Inlandeche Bevolking op Java en Madoera, 1904-1914. 33 vols.

Ota, Atsushi. 2006. *Changes of Regime and Social Dynamics in West Java: Society, State and the Outer World of Banten 1750-1830*. Leiden. Boston: Brill.

Pomerantz, K. 2000. *The Great Divergence: China, Europe, and the Making of the Modern World Economy*. Princeton: Princeton University.

Raffles, T. S. 1988. *The History of Java*. Singapore: Oxford University Press. reprint.

―. 1814. *Substance of Minute*. London: Blak, Parry, & Co.

Realia: Register op de generale resolution van het kasteel Batavia 1632-1805. 1882-1886. vol. 1. Leiden. vol. 2 & 3. 's Hage.

Rees, O. van. 1867. *Overzigt van de geshiedenis der Preannger-regentschappen*. n.p.

Reid, A. (ed.) 1997. *The Last Stand of Asian Autonomies; Responses to Modernity in the Diverse States of Southeast Asia and Korea, 1750-1900*. London: Macmillan Press.

Ricklefs, M. C. 1993. *War, Culture and Economy in Java, 1677-1726; Asian and European Imperialism in the early Kartasura Period*. Sydney: Allen & Unwin.

桜井由躬雄．1980a.「10 世紀紅河デルタ開拓試論」『東南アジア研究』**17**(**4**)：597-632.

―. 1980b.「李朝期（1010-1225）紅河デルタ開拓試論―デルタ開拓における農学的適応の終末」

『東南アジア研究』18(2): 271-314.
――；桐山昇；石澤良昭．1993．『東南アジア』（地域からの世界史 4）．東京：朝日新聞社．
Saleh Danasasmita. 1975. Later Belakang Social Sejarah Kuno Jawa Barat dan Hubungan antara Garuh dengan Pajajaran. In *Sejarah Jawa Barat, Dari Masa Pra Sejarah hingga Masa Penyebaran Agama Islam*.
阪上孝．1999．『近代的統治の誕生―人口・世論・家族』東京：岩波書店．
参謀本部陸地測量部．1943．五万分の一図ジャワ島．摂南大学・京都大学東南アジア研究センター所蔵．
白石隆．1996．『新版インドネシア』東京：NTT 出版．
――．1999．「東南アジア国家論・試論」『〈総合的地域研究〉を求めて―東南アジア像を手がかりに』坪内良博（編著）．京都：京都大学学術出版会．pp. 261-281.
――．2000．『海の帝国』（中公新書 1551）中央公論新社．
――．2001．『インドネシアから考える―政治の分析』（シリーズ「現代の地殻変動」を読む―4）．東京：弘文堂．
城山智子．2008．「銀の世界」遠藤乾編『グローバル・ガバナンスの最前線―過去と現在のあいだ』（未来を開く人文・社会学　7）．東京：東信堂．pp. 162-179.
Shrieke, B. 1928. *De Inlandshce Hoofden*. Weltefreden: G. Koff & Co.
――. 1955, 1957. *Indonesian Sociological Studies: Selected Writings of B. Schrieke*. Vol. 1, 2. The Hague & Bandung: W. van Hoeve.
Staatsblad van Nederlandshe Indie
鈴木恒之．1976．「アチェー西海岸におけるコショウ栽培の発展と新ナングルの形成」『東南アジア―歴史と文化』6: 62-93.
高谷好一．1985．『東南アジアの自然と土地利用』（東南アジア学選書 12）東京：草書房．
――．1988．『マングローブに生きる―熱帯多雨林の生態史』（NHK ブックス）．
――．1990a．『米をどう捉えるのか』（NHK ブックス）．
――編．1990b．『フロンティア空間としての東南アジア』（平成 2 年度科学研究費補助金研究成果報告集　一般研究 (A)）．京都大学東南アジア研究センター．
――．1996．『「世界単位」から世界を見る―地域研究の視座』京都：京都大学学術出版会．
武内房司．1994．「清代貴州東南部ミャオ族にみる『漢化』の一側面―林業経営を中心に」『儀礼・民族・境界―華南諸民族「漢化」の諸相』竹村卓二（編）．東京：風響社．pp. 81-103.
――．1997．「清代清水江流域の木材交易と存地少数民族商人」『学習院史学』35: 71-89.
玉木俊明．2009．『近代ヨーロッパの誕生―オランダからイギリスへ』（講談社選書メチエ 448）．東京：講談社．
田中耕司．1990．「フロンティアとしての開拓空間」『東南アジア学の手法』（講座東南アジア学　1）．pp. 72-90.
田中則雄．1960．「オランダ東インド会社の西部ジャワにおける義務供出制度（verplicht leverantien）について」『南方史研究』2: 81-130.
――．1987．「19 世紀，ジャワ灌漑史」『南方文化』14: 49-72.
坪内良博．1986．『東南アジア人口民族誌』（東南アジア選書 11）．東京：草書房．
――．1998．『小人口世界の人口誌―東南アジアの風土と社会』京都：京都大学学術出版会．
上田信．1994．「中国における生態システムと山区経済―秦嶺山脈の事例から」『長期社会変動』（アジアから考える 6）溝口雄三他（編）．東京：東京大学出版会．pp. 99-29.
上原專禄．1963．「アジア・アフリカ研究の問題点」『思想』6 月号．
植村泰夫．1978．「糖業プランテーションとジャワ農村社会――九世紀末～二〇世紀初めのスラ

バヤを事例として」『史林』**61**(**3**): 47-74.
─── . 1997. 『世界恐慌とジャワ農村社会』東京：草書房.
Valentyn, F. 1726. *Oud en Nieuw Oost-Indien*. vol. 4. Dordrecht: Johannes van Braam.
Van Leur, J. G. 1955. *Indonesian Trade and Society*. The Hague.
Van Vollenhoven, C. 1906-18. *Het adatrecht van Ned.-Indie*. 3 vols. Leiden.
和田博徳．1961．「清代のベトナム・ビルマ銀」『史学』**33**(**3・4**): 119-138.
Wallerstein, I. 1983. *World Capitalism*. Verso Editions.
─── . 1989. *The Modern World-System III, The Second Era of Great Expansion of the Capitalist World-Economy, 1730-1840s*. San Diego: Academic Press Inc.（ウォーラーステイン，I. 1997.『近代世界システム 1730～1840s─大西洋革命の時代』川北稔訳．名古屋：名古屋大学出版会.）
ヴェールホフ，C. V. 1995．「農民と主婦が資本主義世界システムの中で消滅しないのはなぜか─継続的「本源的蓄積」の経済学に向けて」『世界システムと女性』古田睦美・善本裕子訳．東京：藤原書店．
Wilde, A. de. 1830. *De Preanger Regentschappen op Java gelegen*. Amsterdam: M. Westerman.
Widjojo, N. 1970. *Population Trends in Indonesia*. Ithaca.
山下範久．2003．『世界システム論で読む日本』（講談社選書メチエ　266）．東京：講談社．
柳　哲雄．1996．「東南アジアの水循環」柳　哲雄（編）『水循環から見た東南アジア』（重点領域「総合的地域研究」成果報告書シリーズ：No. 22）．

謝辞および初出一覧

　本書は，2005 年 12 月に東京大学大学院人文社会系研究科に提出した博士論文を二度に渡り大幅に改稿したものである．自己満足の塊に過ぎなかった博士論文をお読みくださり，丁寧かつ有益なコメントをくださった論文審査委員の桜井由躬雄，水島司，中里成章，加納啓良，倉沢愛子各先生，また京都大学東南アジア研究所への投稿原稿が，本務校での多忙にかまけて書籍原稿のレベルに達していなかったにもかかわらず，寛大かつ貴重なコメントを御寄せくださった匿名の 3 人のレフェリーの先生方に深い感謝を捧げたい．

　本書のテーマは大学院入学以来のもので，参考文献にお名前を挙げさせていただいた先生方にはじまり何カ国かの国々の普通の人まで，およそ 30 年の間に，列挙すればそれのみで 1 頁は費やされる多くの方々にお世話になった．1 人 1 人のお名前は記すことはできないが，深い感謝をささげたい．京都大学学術出版会の鈴木哲也・齋藤至両氏にもお世話になった．名コーチ鈴木氏の助言がなければ，本書が書籍らしい構成となることはなかったであろう．最後に，本書の出版に際し名古屋大学の出版助成を得た．記して謝意を表したい．

　なお，本書の初出文献は，文献目録中の大橋の論文のうち，以下の年次に書かれたものである．

第 1 編
　第 2 章　第 3 節［1999a：はじめに］
第 2 編
　第 4 章［1987a］；第 5 章［1992］；第 6 章　第 1-3 節［1993］，第 4，5 節［1995：第 1 節］；第 7 章［1988］
第 3 編
　第 8 章［1994a：第 1 節］；第 9 章［1994a：第 2 節］；第 10 章　第 2, 3 節［1994a：第 3 節］第 4 節［1995：第 2 節］
第 4 編
　第 11 章　第 2-4 節［1997a：第 1 節，第 2 節第 1 項］　第 5-7 節［1989; 1997a：第 2 節第 2 項］；第 12 章［1994b］；第 13 章［2003］
第 5 編
　第 14 章［1996］；第 15 章［1998］；第 16 章［1999a：第 1，2 節］；第 17 章［1999b］

2010 年 5 月

大　橋　厚　子

図表索引（初出順）

地図

地図 2-1	東南アジアの9つの生態・土地利用区	26
地図 3-1	ジャワ島プリアンガン地方	32
地図 3-2	オランダの領土拡大	33
地図 3-3	ジャワ島プリアンガン地方行政区分図	35
地図 6-1	チアンジュールのチュタック中心集落	91
地図 6-2	レヘント居住集落中心部	102
地図 8-1	17世紀末から18世紀初めの内陸交通網	154
地図 9-1	ジャワ島西部のコーヒー輸送拠点	172
地図 9-2	19世紀初頭の大農園	193
地図 10-1	ティンバンガンテン郡の集落	214-215
地図 11-1	水田開拓に関係する地名	232
地図 14-1	1820年代のレヘント統治地域	302
地図 14-2	チアンジュールおよびバンドン-レヘント統治地域に属す郡の所在	306
地図 15-1	チアンジュール-レヘント統治地域のコーヒー生産郡	328
地図 15-2	カリアスタナ郡・パダカッティ郡の集落分布	333
地図 15-3	ペセール郡の集落分布	337
地図 15-4	チブルム郡・バヤバン郡の集落分布	339
地図 15-5	チプートリ郡の集落分布	343
地図 15-6	チケトク郡の集落分布	345
地図 15-7	マレベル郡の集落分布	347
地図 16-1	グデ山南麓4郡の所在	360
地図 16-2	グヌンパラン郡の集落分布	367
地図 16-3	チマヒ郡・チフラン郡の集落分布	375
地図 16-4	チチュルク郡の集落分布	383
地図 17-1	チアンジュール-レヘント統治地域主要部略図	398
地図 17-2	チブラゴン郡の集落分布	400
地図 17-3	チカロン郡の集落分布	404
地図 17-4	チコンダン郡の集落分布	408
地図 17-5	マジャラヤ郡の集落分布	413
地図 17-6	マンデ郡の集落分布	416
地図 17-7	ガンダソリ郡・チヌサ郡の集落分布	418

図表

表 3-1	プリアンガン地方の村数（第3章註8）	46
表 4-1	バタビア地区に対する引渡量調整政策	56
グラフ 4-1	バタビア地区におけるコーヒー引渡量の推移	57
表 5-1	レヘントの交代（1705年〜1811年）	74
表 5-2	バンドンのレヘントの収入と支出（1812年）	80
表 6-1	1810-20年代の下級首長達	97
表 6-2	郡部の下級首長の出自称号一覧	105
表 6-3	下級首長の報酬（1812年, バンドン）	109
表 6-4	下級首長のコーヒー歩合	109
表 7-1	ファン＝モトマンの執務記録（1819年1月-20年2月）	131
表 7-2	ファン＝デル＝カペレンの執務記録（1820年3月-12月）	131
表 7-3	ファン＝デル＝カペレンの執務記録（1821年1月-12月）	131
表 9-1	バタビア地区のコーヒー引渡量割当	176
表 11-1	1821〜24年のプリアンガン理事州一般報告書に地名の見える灌漑工事	237
表 13-1	チアンジュール-レヘント統治地域の主要17郡とバンドン-レヘント統治地域ティンバンガンテン郡の性格（第13章註1）	292
表 14-1	チアンジュール-レヘント統治地域に属す郡の性格	305
表 14-2	バンドン-レヘント統治地域に属す郡の性格	312
表 15-1	チアンジュールおよびチプートリ盆地11郡における貢納者中の水田耕作者の比率	329
表 15-2	水田開拓にかかわる集落名	331
表 16-1	グデ山南麓4郡の性格	365
表 16-2	オランダ植民地権力の掌握人口	366

項目・人名索引

1．原則として音による五十音順とした．
2．ただし適宜階層付けした項目がある．
3．用語そのものではなく，文脈によってとった箇所もある．

[ア 行]
藍 38, 69, 81, 82, 152, 171, 288, 342, 346
アラビア語 99, 393
アラビア人 136, 141, 358
インガベイ 96, 97, 99, 104, 105, 107, 113-115, 208-210
インドラマユ 46, 154, 167, 172, 188, 204, 205, 302, 314, 316, 323
ウィルデ（A. de Wilde） 96, 98, 100-103, 106, 109, 113-116, 168, 207, 218, 257-262, 264-271, 273-275, 284, 287-289, 307, 338, 361-364, 366, 370-374, 376, 377, 379, 380, 382, 385-390, 393-395, 401
牛 131, 134, 159, 160, 171, 173, 213, 214, 216-219, 223, 225, 258, 293, 321, 422
ウジュンブロンカロン（郡，集落） 304, 312, 313, 317, 325
ウジュンブロンキドゥル（郡，集落） 304, 312, 313, 315, 317
ウパチャラ 97, 99
馬 89, 109, 131, 132, 134, 140, 154, 156, 160, 162, 167, 203, 213, 214, 216, 217, 219, 222, 225, 293, 294, 321, 336, 353, 377, 400, 405, 407, 410, 423
オランダ政庁
　　——のコーヒー栽培政策 53-70, 244-247, 258-264, 301-325, 347-352
　　——のコーヒー独占 43, 50, 53, 54, 66, 83, 135-139, 142, 174, 180, 182, 184, 187, 191, 195, 196, 224, 226, 227, 256, 290, 291, 295, 431, 434-437, 444
　　——のコーヒー輸送政策 → コーヒー輸送
　　——の水田開発政策 177, 236-239, 241, 243, 253, 327, 331, 342-343, 347-348, 352, 353, 355-357, 379, 397, 402, 408-409, 419-420, 423, 425, 429
　　——の内陸商業の独占 135-139, 185, 187, 189, 193, 195, 295, 360, 361, 436
　　——のレヘントへの前貸 3, 4, 38, 40, 76-79, 81, 84, 85, 177, 179, 180, 184-186, 189, 196, 197, 199-201, 205, 226, 227, 233, 249, 256, 395, 433, 443, 445
オランダ東インド会社 → VOC
オリフィール（Olivier, J. Jz.） 96, 99, 101, 113-116, 265, 267-271, 273, 283, 284, 286, 287
女・子供 261, 263, 266, 267, 268, 271, 274, 277, 282-284, 287, 290, 291

[カ 行]
開拓（水田） ix, 11, 24, 43, 44, 47, 231-236, 238, 241-243, 247, 249, 251, 253, 279, 284, 298, 301, 308, 311, 314, 319, 320, 324, 327-332, 334-336, 338-342, 344-348, 350-353, 355, 356, 359, 360, 362-364, 366, 368-374, 376-382, 384-388, 390-397, 400-403, 405-407, 409-411, 414, 415, 417, 419-430, 432, 442
下位のジャクサ 97, 101, 103, 105, 106, 116
帰り荷（コーヒー輸送の） 185, 190-192, 196, 200, 207, 227, 290, 435
家屋 278-280, 282, 289, 292-294, 302, 313, 321, 332, 333, 337, 339, 343, 345, 347, 354-357, 365-367, 375, 383, 390-397, 400, 404, 408, 413, 415, 416, 418, 424-427
下級首長 ix, 17, 36, 37, 39, 40, 43, 50, 85, 87, 88, 92-98, 100, 101, 103-114, 117, 121, 142, 143, 146, 171, 182, 183, 185, 186, 190, 192-194, 196, 197, 201-203, 207-224, 226, 227, 286, 290, 293, 298, 331, 370, 377, 381, 407, 433, 434, 436, 443, 449
カペレン（R. L. J. Van der Capellen） 125, 131, 133-135, 136-137, 389
カラワン 123, 127, 140, 152, 154, 156, 160,

項目・人名索引 467

165, 172, 192, 198
カランサンブン　32, 35, 155, 172, 173,
　　188-191, 193, 196, 199, 200, 203-206, 215,
　　218, 220-222, 226, 232, 239, 262, 373, 434
カリアスタナ（郡，集落）　292, 303-306, 323,
　　328, 329, 331-335, 340, 342, 344, 349, 355,
　　357, 369
灌漑工事　137, 231, 235-241, 251, 253-255,
　　308, 314, 320, 324, 329, 330, 334-336, 345,
　　347-350, 352, 353, 355, 357, 364, 368, 369,
　　371-374, 376-379, 382, 384-387, 391,
　　396, 401, 402, 405-407, 410-412, 415, 417,
　　419-421, 423, 424, 429, 433, 434
灌漑施設　4, 7, 44, 99, 224, 227, 230, 233,
　　235-237, 240, 241, 248, 249, 251, 253, 254,
　　256, 266, 270, 271, 275, 284, 295, 298, 306,
　　308, 315, 322-325, 327, 330, 332, 335, 336,
　　341, 348, 349, 351, 357, 359, 376, 390, 396,
　　402, 409, 410, 417, 420, 421, 425, 426, 435,
　　439
灌漑田 → 水田
ガンダソリ（郡，集落）　304, 305, 309, 310,
　　318, 325, 371, 387, 397-399, 412, 417-421,
　　423, 424, 428
カンドルアン　96, 104, 113, 115, 184
カンプンバル（レヘント居住集落）　35, 45,
　　61, 152-156, 160, 166, 168, 171, 390
カンプンバル-レヘント統治地域　34, 36, 46,
　　60, 62, 63, 65, 67, 69, 72-74, 77, 78, 165,
　　170, 175-177, 180, 182, 183, 184, 185, 197,
　　198, 233, 248, 252, 388
ギントゥン　172, 173, 178, 186, 187
グヌンパラン（郡，集落）　v, 211, 292,
　　303-310, 314, 328, 350, 360, 364-368, 374,
　　376, 378, 387, 390-393, 396
クティブ　97, 99, 101, 103, 114-116
グラングラン　97, 99
郡（チュタック）　44, 64, 65, 70, 83, 89-94, 97,
　　98, 100, 101, 103-110, 112, 114-117, 185,
　　189, 193, 194, 196, 199, 206, 207, 209-213,
　　217, 220, 221, 224, 226, 227, 234, 235, 238,
　　239, 244, 245, 279, 282, 290-293, 298, 301,
　　303-325, 327-330, 332, 334, 336, 344,
　　349, 350, 352, 354-357, 359, 360, 362, 363,
　　365, 366, 368, 370, 376, 379, 382, 389, 391,
　　395-399, 412-414, 421, 423, 424, 429, 430,
　　433, 434

郡長（チュタック長）　vii, 64, 66, 74, 78,
　　82-84, 88-93, 95, 97, 98, 100-105,
　　107-116, 130, 134, 143, 190, 191, 194, 196,
　　207, 209, 210, 219-221, 223, 225-227, 238,
　　243-245, 255, 256, 271, 308, 321, 330, 331,
　　359, 362, 377, 399, 406, 433-435
軍用道路　193, 200, 203, 204, 221, 237, 313,
　　317, 318, 338, 339, 342, 355, 401, 402, 405,
　　425
現地行政委員　34, 56, 58, 61, 69, 75-79, 83,
　　120-122, 141, 142, 151, 177, 180, 182, 185
コーヒー委員　64-66, 89, 91, 93, 95, 97, 102,
　　103, 107, 109, 113, 433
コーヒー委員長　93, 97, 100, 104, 107
コーヒー園　viii, 4, 7, 11, 50, 60, 61, 63-66, 69,
　　70, 82-84, 89-93, 101, 102, 107, 111, 116,
　　117, 135, 137, 142, 166, 181, 188, 192, 193,
　　198, 204, 209-219, 221, 224, 246, 252, 254,
　　255, 257-261, 263, 264, 271, 273, 283, 285,
　　286, 288, 294, 305, 306, 308, 309, 313, 317,
　　318, 322, 323, 336, 338, 342, 358, 401, 429,
　　433, 434
コーヒー価格　23, 41, 43, 50, 53-56, 58, 60,
　　61, 68, 69, 77, 110, 151, 173, 174, 178, 179,
　　181, 201, 242, 249, 252, 431-433, 440, 443,
　　444
コーヒー監督官　62-66, 75, 77-79, 82-84, 89,
　　93, 95, 102, 116, 121, 125, 128, 129, 137,
　　142, 151, 183, 184, 186, 190, 194, 197, 199,
　　202, 204, 209, 225, 252, 261, 321-323, 389,
　　432, 433
コーヒー栽培　ix, 3, 4, 11, 14, 15, 23, 25-27,
　　40-45, 50, 53-69, 71, 72, 75, 76, 80, 82-86,
　　88, 89, 91-95, 103, 104, 106, 108, 110-113,
　　120, 121, 125, 131, 132, 135, 138, 139,
　　141-143, 146, 149, 165, 169, 170, 174, 175,
　　177, 181, 182, 185, 187, 196, 200-202, 204,
　　208-213, 216-222, 224, 226, 227, 230, 231,
　　235, 236, 246-260, 262-268, 270-273,
　　277-280, 282, 287, 290-292, 295, 296, 298,
　　305-330, 328, 332, 343-346, 349-353, 357,
　　359, 360, 364, 365, 378, 387, 388, 392,
　　394-397, 399, 412, 417, 423, 429, 431-444
コーヒー栽培夫役 → 夫役
コーヒー代金　25, 38, 54, 63, 64, 68, 69,
　　75-81, 84, 85, 91, 92, 100, 121, 129, 142,
　　146, 151, 153, 174, 177-180, 182-186,

468　項目・人名索引

188-191, 194-196, 198, 199, 204, 206-209, 221-223, 226, 227, 233, 256, 262, 291, 322, 390, 432-434, 436
コーヒー引渡量　43, 45, 54-63, 65-69, 75-77, 84-86, 89, 110, 129, 142, 170, 171, 174-176, 178, 179, 181, 187, 189, 190, 194, 199, 202, 205, 211, 224, 252, 261, 303, 307, 323, 324, 349, 350, 352, 357, 364, 365, 412, 429
コーヒー引渡割当量　45, 55-58, 61, 68, 69, 211
コーヒー輸送　27, 43, 72, 76, 77, 79, 80, 84, 89-93, 95, 98, 100, 103, 106, 111, 115, 116, 124, 129-132, 134, 137-139, 142, 143, 146, 147, 149, 150, 152, 159, 160, 164, 165, 166, 169-227, 230, 231, 244, 248, 254, 256, 257, 260-264, 272, 274, 277, 283, 285, 286, 290, 291, 293, 295, 296, 298, 307, 309, 310, 313, 314, 315, 318-320, 323-325, 327, 341, 350, 352, 353-355, 357, 359, 370, 374, 378, 382, 386, 391, 394-396, 403, 409, 412, 413, 415, 416-429, 432-437, 439, 440, 442-444
コーヒー歩合　13, 78-80, 84, 89, 90, 93, 95, 107-110, 112, 113, 142, 209, 290, 322, 433, 434
コーヒー・マンドール　37, 64-66, 93, 95, 97, 101, 103, 106-110, 116, 117, 209, 210, 220, 224, 286
胡椒　24, 32, 33, 36, 38, 40, 46, 47, 69, 76, 150, 152, 170, 195, 226, 263, 264, 274, 288, 320, 361, 364, 371, 432, 440
コッポ（郡，集落）　304, 311, 312, 317, 324

［サ　行］
ザカート　80, 92, 99, 101, 109, 110, 115, 245, 247
砂糖（サトウキビ）　8, 9, 10, 25, 62, 192, 197, 288, 290, 440
砂糖（椰子）　185, 191, 192, 288, 290, 363-364, 380, 382, 385, 387, 388, 389, 396, 419, 430
サンタナ　97-99, 114
塩　44, 128, 131, 134, 137, 140, 141, 153, 185, 189-192, 200, 222, 251, 287, 288, 290, 295, 360, 435, 443
市場（パサール）　viii, x, 4, 5, 7, 8, 19, 21, 23-25, 29, 41, 43, 54, 119, 121, 146, 185, 187, 192, 195, 196, 226, 360, 394, 400, 424, 432, 436, 440, 443-445
シデカー　100, 101, 245, 247, 288
ジャワ語　37, 98, 115, 160, 165, 203, 330, 331, 335, 380, 384, 388, 393, 402, 410, 412, 416, 417
ジャワ人　13, 69, 71, 162, 163, 165, 171, 201, 248, 259, 273, 358, 379, 388, 389, 429
ジャワ島西部　vii, viii, 5, 6, 14, 19, 20, 22, 23, 28, 31, 32, 34, 47, 53, 54, 67, 113, 127, 158, 159, 172, 230, 268, 294, 373, 388
ジャワ島中部　27, 33, 36, 60-62, 66, 69, 150, 200, 209, 233, 281, 285, 349, 358, 432
ジャクサ　94, 97, 98, 104, 105, 108, 109, 113, 321
宿駅　124, 127, 130, 131, 134, 137, 166, 197, 203, 425
書記　80, 97, 100, 101, 103, 109, 115, 116, 141, 182, 189, 222, 243
職田　243, 255, 256, 330, 331, 344, 355, 356, 377, 402, 425
私領地　34, 54, 56, 59, 62, 66, 69, 126, 129, 136, 140, 141, 176, 194, 197, 201, 202, 205, 271, 288, 359, 361-364, 388, 389
水牛　43, 79, 110, 153, 156, 159, 168, 170, 171, 173, 174, 176-179, 183, 184, 186, 190, 194, 197-199, 205-208, 213, 214, 216, 217, 219, 220, 223, 224, 233, 258, 262, 266, 271, 274, 281, 282, 284, 289, 291, 293, 294, 321, 322, 362, 363, 389, 409, 423
水田
　灌漑田　4, 14, 43, 44, 46, 230, 231, 233, 234, 239, 240, 251, 253, 254, 256, 257, 264, 265, 268, 271, 272, 274, 279, 290, 295, 296, 308, 314, 315, 323-325, 338, 349, 350, 352, 362, 435, 436
　天水田　235, 268, 270, 271, 325
水路　43, 44, 62, 154, 157, 159-161, 166, 170, 171, 173, 176, 179, 197, 216, 233-236, 238-241, 250, 254-256, 259, 325, 331, 336, 338, 340-342, 344, 346, 351, 355-357, 360-362, 368-371, 373, 376, 377, 379-381, 384, 385, 389, 392-395, 401, 402, 405-408, 410, 411, 412, 414, 417, 421, 422, 425, 426, 427
犂　245, 246, 250, 266, 269, 282, 284, 289, 291, 294, 322, 441
スグー　92, 103, 117, 245, 288

項目・人名索引　469

スメダン（レヘント居住集落）　35, 36, 89, 154, 155, 157-162, 167, 172, 193, 203, 214, 232, 304
スメダン-レヘント統治地域　33, 34, 37, 55-58, 65, 68-70, 72-74, 77-79, 85, 89, 90, 105-107, 115, 125, 126, 129, 130, 137, 141, 150, 165, 166, 173, 177, 178, 179, 180, 186, 188-190, 192, 199, 201, 210, 225, 227, 233, 232, 235-237, 240, 243, 247, 250, 254, 260, 262, 302, 321, 353, 389
スンダ語　32, 33, 100, 113, 115, 160, 165, 167, 168, 203, 222, 273, 294, 330, 331, 338, 354, 358, 361, 384-386, 391, 393-395, 401, 402, 407, 410, 412, 425
スンダ人　165, 275, 358, 388
青壮年女子　285-287
青壮年男子　27, 260, 262, 263, 267, 268, 270-272, 274, 277, 280, 282-287, 290, 291, 295, 436
西部地域　34-37, 58, 59, 61, 62, 63, 69, 72, 73, 77, 78, 120, 150-153, 156, 159, 163, 165-167, 170, 171, 173-180, 182-185, 187, 191, 193, 194, 197, 198, 204, 206, 236
堰　233-236, 238, 240, 255, 306, 330, 331, 334-336, 338, 341, 342, 346, 348, 351, 353, 355-357, 366, 369, 371, 373, 386, 401, 402, 409, 419, 424, 428
世帯（huisgezin）　4, 37, 44-47, 56, 63-66, 101, 106, 107, 110, 165, 199, 207, 210, 212, 215, 217, 218, 224, 244, 246, 247, 250, 255, 267, 278-280, 282, 285, 287-290, 293, 294, 307, 322, 325, 355, 356, 358, 361-363, 388, 389, 435, 441
総督 → 東インド総督

[タ 行]

ダーンデルス（H. W. Daendels）　35, 73, 92, 93, 95, 112, 120-122, 138-141, 194, 195, 200, 203-205, 221, 222, 235, 285, 313, 317, 318, 338, 363, 389, 402, 425
大カバヤン　97, 98
タバコ　9, 25, 191, 192, 222, 288, 290, 361, 364, 389
溜池　254, 330, 331, 336, 355, 366, 391, 409, 410, 426
チアンジュール（レヘント居住集落）　35, 63, 89, 91, 141, 154-156, 159, 172, 182-185,
193, 197, 203, 208, 210-211, 214, 220, 232, 265, 316, 332, 335, 336, 338, 342, 346, 348, 352-357, 360, 369, 382, 390, 395, 398-401, 403, 411, 419, 420, 422, 424, 426, 429
チアンジュール-レヘント統治地域　33-34, 44, 46, 64, 69, 70, 73-81, 85, 89, 90, 96, 102, 105-107, 110, 115, 117, 121, 125, 126, 128, 129, 137, 163, 171, 173-174, 177, 180, 182-185, 187, 194, 196, 198-199, 204-205, 207, 217, 225, 232, 234, 236, 237, 238-239, 240, 243, 245, 250, 252, 254-256, 277-279, 281, 292, 293, 296, 298, 301-305, 310, 311, 319, 320, 322, 323, 327-329, 331, 334, 344, 348, 351, 354, 357-359, 364, 366, 367, 373, 374, 379, 382, 388, 390, 391, 397-401, 412, 415, 419, 421, 423, 427-429
チカオ（郡，集落）　32, 35, 91, 129, 154, 157, 166, 172, 173, 178, 186-193, 196, 199, 200, 203-206, 210, 223, 226, 262, 302, 304, 310, 312-314, 316-318, 323, 398, 415, 417, 419-422, 434
チカロン（レヘント居住集落，郡の中心集落）　154-157, 171, 172, 193, 304, 305, 417
チカロン（郡）　112, 117, 308, 310, 311, 404, 405, 412, 416, 423, 348, 397-399, 405-407, 414
チカロン-レヘント統治地域　33-35, 63, 69, 70, 73, 74, 77, 78, 81, 166, 180, 184, 186, 198, 199, 292, 344, 415, 411
チクンブラン（郡，集落）　304, 312, 315, 317-319
チケトク（郡，集落）　292, 304, 305, 307, 328-331, 344, 345, 349, 350, 356, 392, 409, 427
チコンダン（郡，集落）　292, 304, 305, 308, 328, 329, 331, 336, 344, 348, 357, 397-399, 407, 408, 412, 423
チソンダリ（郡，集落）　313, 317, 319, 324, 325
チチャレンカ（郡，集落）　304, 312, 314, 316-318, 324
チチュルク（郡，集落）　200, 292, 304, 305, 309-311, 360, 361, 364-366, 379, 381-383, 385-390, 392, 395, 396
チヌサ（郡，集落）　304, 305, 309, 310, 318, 325, 397, 398, 412, 418, 419, 421
チプートリ（郡，集落）　220, 232, 236, 239,

470　項目・人名索引

292, 304-306, 310, 311, 328, 329, 331, 342-344, 349-350, 354, 414-417, 427
チプジェー（郡，集落）　304, 312, 314, 317, 325
チブラゴン（レヘント居住集落，郡の中心集落）　35, 154-157, 172, 193, 198, 232, 304, 305, 425
チブラゴン（郡）　112, 117, 308, 310, 328, 329, 331, 346, 348, 356, 357, 397-403, 411, 412, 420, 423
チブラゴン-レヘント統治地域　33-34, 64, 70, 77, 78, 171, 184, 199, 234, 292, 344
チフラン（郡，集落）　172, 194, 232, 292, 304-307, 360, 361, 364-366, 374, 375, 378, 380-382, 385, 387, 390, 392, 395, 396
チブルム（郡，集落）　232, 234, 292, 303-306, 323, 328, 329, 338-340, 349, 424
チヘア（郡，集落）　304, 312, 316, 317, 325
チマヒ（郡，集落）　292, 304-307, 309, 310, 360, 361, 364-366, 373-376, 378-382, 387, 390-394, 396
チャチャ　46, 280-284, 290, 293, 294
チャマット　97, 101, 103, 105-109, 116, 210, 220, 321
中央集権　vii, ix, 18, 19, 21, 28, 41, 42, 143, 146, 230, 440, 444, 445, 449
中国人　5, 13, 24-26, 30, 38, 44, 54, 59-62, 66, 69, 124, 134-136, 141, 150, 181, 183, 185, 186, 192, 195, 196, 201, 202, 205, 207, 208, 223, 226, 227, 290, 291, 295, 341, 358, 360, 363, 371, 376, 389, 392, 393, 431, 432, 435, 436, 439, 440, 443, 449
チュケ　92, 108-110, 117, 245, 256
チュタック → 郡
チュタック長 → 郡長
チルボン　11, 14, 15, 31-36, 38, 39, 45, 54, 60, 82, 86, 120, 127, 135, 139, 149-155, 158-160, 163-167, 170, 172-174, 177-180, 192, 193, 196-199, 203, 209, 214, 226, 232, 233, 242, 263, 283, 295, 302, 344, 434
チルボン地区　34, 68, 139
チルボン駐在員（Regident van Cheribon）管轄地域　34, 36, 81, 86, 120
チルボン理事州　108, 112, 358
チロコトット（郡，集落）　304, 312, 313, 317, 324
ティンバンガンテン（郡）　202, 211, 212, 214, 217, 219, 220, 223, 225, 232, 234, 278, 279, 283, 292, 293, 304, 312-317, 323, 324, 389
鉄・鉄製品　24, 44, 185, 191, 289, 290, 295
デマン　96, 104
天水田 → 水田
東部地域　34-37, 57, 58, 62, 68, 69, 72, 73, 78, 79, 81, 85, 86, 120, 139, 150, 156-159, 161, 165, 167, 170, 173-176, 178, 179, 185, 187, 188, 190, 191, 193-195, 197, 199, 204, 206-208, 232, 236, 285
トウモロコシ　24, 269, 284, 287, 288, 294
トムンゴン　97, 100, 104, 107, 115, 130, 150, 220, 222
トループ　65, 91, 106, 110, 116, 212-218, 220, 224
トループ長　95, 97, 100-103, 106-110, 115-117, 209, 210, 220, 224

[ナ　行]
内陸港　79, 141, 166, 207, 264, 317
内陸集荷基地（コーヒー）　186-190, 193, 195, 196, 204, 206-208, 210, 215, 218, 220, 223, 224, 262, 290, 295, 310, 313, 318, 323, 434, 436
荷車（コーヒー用）　153, 156, 159, 170, 171, 174, 176-179, 183-185, 187, 190, 194, 197-200, 205-208, 227, 262, 290
ヌグリ＝チアンジュール（郡）　292, 304, 305, 308, 310, 311, 328, 329, 340, 342, 346, 348, 355, 356, 397-399, 403, 406, 411, 416, 419, 423
ヌグリ＝バンドン（郡）　304, 312, 313, 315-317

[ハ　行]
ハーン（F. de Haan）　10, 14, 41, 45, 50, 67-70, 72, 81, 85, 88, 112, 114, 147, 156, 166, 167, 169, 198-200, 248, 324, 363
バイテンゾルフ（町，理事州）　32, 35, 45, 61, 65, 77, 78, 91, 92, 108, 110, 112, 122, 127, 136, 175, 177-179, 182-185, 187, 191-200, 203-206, 226, 227, 232, 233, 235, 262, 302, 304, 307, 310, 318, 323, 358-360, 365, 369, 380, 382, 384, 386, 389, 394-396, 432, 434, 436
パサール → 市場
パサングラハン　163, 221, 222

項目・人名索引 | 471

パダカッティ（郡，集落） 304-306, 323, 328,
　329, 333, 334, 336, 342, 344, 345, 349, 350,
　353-355
畑　233, 235, 245, 246, 265, 268-270, 316, 324,
　325, 329, 340, 368, 420
バタビア　4, 5, 10, 14, 23, 24, 32-36, 38, 40,
　45, 47, 54, 58, 61, 62, 67, 68, 72, 75, 76, 78,
　79, 90-92, 120, 121, 123, 124, 126, 127,
　138, 140-142, 149-162, 164-168, 170-188,
　190-198, 200, 201, 203-206, 214, 223, 226,
　227, 232, 233, 248, 262, 263, 272, 274, 288,
　295, 296, 302, 309, 316, 318, 320, 323, 328,
　335, 336, 338, 342, 350, 357, 358, 360, 388,
　394, 398, 415, 426, 431-438, 440, 443
バタビア周辺地域　34, 35, 53, 54, 56, 59, 61,
　68, 121, 140, 151, 175, 183, 187, 193
バタビア地区　34, 54-59, 61, 62, 68, 139, 176,
　178
パティ　36, 38, 39, 73, 74, 81-83, 86, 98, 100,
　101, 104, 109, 110, 112-116, 129, 130, 240,
　243, 254, 432
パティンギ　101, 103, 107, 109, 114, 116, 117,
　209-211, 283
バヤバン（チアンジュール-レヘント統治地
　域）（郡，集落）　303-305, 323, 328, 329,
　339-341, 349, 350, 355, 357, 417, 428
バヤバン（バンドン-レヘント統治地域）（郡，
　集落）152, 154, 156, 157, 163, 172, 304,
　312, 316, 325
パラカンムンチャン（レヘント居住集落，郡
　の中心集落）　35, 63, 77, 78, 79, 89, 121,
　154, 155, 157-159, 167, 172, 173, 232
パラカンムンチャン-レヘント統治地域
　33-34, 37, 45, 46, 56-58, 68, 69, 73, 74, 85,
　89, 90, 121, 178, 186, 188-190, 199, 252,
　271, 317
バンガラン　97, 98, 100, 104, 114, 115
パンゲラン＝アリア＝チルボン　151, 158,
　167, 168, 197
バンジャラン（郡，集落）　232, 234, 254, 304,
　312-314, 317, 324
バンドン（レヘント居住集落，郡の中心集
　落）　35, 63, 89-91, 96-99, 121, 140, 154,
　157-159, 172, 193, 203, 208, 214, 219, 220,
　221, 232-237, 244, 302, 328, 398, 401, 417,
　422
バンドン-レヘント統治地域　33-34, 37, 44,

　45, 46, 61, 64, 65, 74, 75, 77-82, 89-91,
　96-99, 109, 110, 117, 125, 126, 129, 130,
　165, 166, 173, 178, 186, 189, 190, 192, 199,
　200, 210, 211, 224, 225, 232-237, 240, 254,
　256, 262, 278, 280, 283, 298, 301-304,
　310-312, 313-321, 323-325, 353, 357, 360,
　389, 412, 419, 420, 422
パンラク　97, 99, 101, 115, 222, 286
東インド総督（総督）　34, 35, 60, 61, 63, 73,
　92, 94, 120-124, 126, 135, 136, 140, 152,
　161-163, 175, 177, 194, 235, 280, 338, 360,
　389, 439
ピトラー　80, 109, 110, 245
VOC　viii, 5, 8, 14, 23-26, 31, 33-36, 38-40,
　45, 47, 50, 53, 54, 58, 67, 68, 71, 73, 74, 79,
　121, 150-153, 158, 160, 163-165, 167, 168,
　170, 171, 173-175, 179, 181, 182, 184, 185,
　187, 198, 226, 263, 264, 268, 309, 320, 324,
　389, 425, 431, 432, 438, 439
VOC職員　34, 37, 56, 60, 61, 63, 68, 71, 76-78,
　81-83, 85, 89, 116, 119, 139, 146, 149,
　152-154, 156-164, 167, 182-184, 186, 196,
　199, 234, 245, 248-251, 360, 424
副パティ　97, 98, 104, 109, 110, 113
ブジャン　60, 69, 242
夫役　viii-x, 4, 15, 21, 37, 39, 42, 44, 45, 59,
　60, 62, 63, 66, 69, 80, 84, 85, 88, 92, 93, 95,
　97-101, 111-115, 117, 142, 143, 146, 181,
　207, 212, 213, 215-219, 221, 222, 224, 230,
　231, 233, 238-240, 243-256, 264, 271, 272,
　278, 280, 282-287, 290, 291, 294, 295, 298,
　302, 303, 308, 321-323, 325, 327, 330, 332,
　335, 349, 351-353, 357-359, 388, 390-393,
　396, 398, 409, 425, 427, 429, 433-436,
　441-444, 448
　コーヒー栽培──　88, 92, 101, 117, 227,
　　248, 250, 359, 424
　コーヒー輸送──　43, 188, 190, 206, 207,
　　248
　首長層への──　38, 80, 92, 98, 146, 238,
　　288
　政庁への──「政庁への」　72, 73, 76, 84,
　　132, 134, 142, 175, 236, 237
夫役可能女子　292, 293, 302, 305, 313, 316,
　324, 325, 332, 333, 337, 339, 343, 345, 347,
　353-355, 357, 365, 367, 375, 383, 390, 392,
　394, 395, 400, 404, 408, 413, 415, 416, 418,

420, 424, 426-428, 354-356, 391, 393, 424-428
夫役可能男子　279, 292, 293, 302, 305-308, 311-318, 323-325, 332, 333, 337, 339, 342, 343, 345, 347, 349, 350, 352-357, 364-367, 375, 383, 390-395, 396, 397, 400, 404, 408, 413, 415, 416, 418, 420, 422-428
プリアンガン地方　viii-x, 3-5, 10, 11, 12, 15, 17, 22, 23, 25-28, 30-40, 42-48, 50, 53, 62-67, 71, 72, 75, 76, 78, 81, 84, 85, 87, 88, 92-96, 103, 107, 108, 110, 111, 113, 119-122, 125, 133, 135, 137-142, 146, 149-153, 156-159, 162-165, 167-169, 174-176, 181, 182, 189, 195, 196, 199, 204, 205, 208-212, 214, 220, 223, 224, 226, 227, 230-236, 241-245, 248-251, 253-259, 261, 263-265, 268, 270, 273, 274, 277-285, 287, 290, 291, 294-296, 299, 317, 320, 321, 325, 330, 331, 351-354, 359-361, 363, 364, 368, 387-389, 394, 395, 402, 424, 427, 429-444, 446
プリアンガン理事州　31, 45, 96, 106, 108, 109, 112, 119, 122, 123, 125-127, 136, 137, 140-142, 201, 202, 208, 223, 232, 236-238, 240, 256, 273, 278, 281, 284, 291, 296, 301, 302, 320, 321, 325, 328, 329, 349-353, 357, 358, 389, 398, 3997
プリヤイ　97-100, 109, 114
ブンフル長　97-99, 101, 104, 109, 224
米穀・米　11, 37, 39, 44, 46, 62, 78, 80, 85, 92, 99, 100, 108-110, 117, 127, 137, 175, 191, 197, 198, 211, 222, 233, 234, 238, 245, 247, 250-252, 254, 256, 257, 267, 274, 277, 278, 280, 281, 284-290, 292, 293, 301, 305-319, 321-325, 330, 331, 347, 353, 357, 361, 362, 364, 365, 378, 385, 386, 389, 390, 396-400, 412, 413, 417, 419, 420, 423, 429, 433
兵士　97, 99, 162, 163, 203, 358
ペセール（郡, 集落）　292, 304-310, 328, 329, 331, 332, 334, 335, 337, 348-350, 355, 369, 399
ホードレー（M. C. Hoadley）　viii, 11, 12, 14, 15, 230, 231, 243, 254, 255, 295, 298, 353, 388, 424, 429, 438

［マ 行］
マジャラヤ（チアンジュール-レヘント統治地域）（郡, 集落）292, 304, 305, 309, 310, 397, 398, 412, 414
マジャラヤ（バンドン-レヘント統治地域）（郡, 集落）　304, 312, 314, 317, 318, 324, 405
マス　96, 104-106
マタラム　33, 34, 38, 39, 45, 47, 60, 150, 151, 163-165, 167, 175, 201, 358
マレー語　113-115, 122, 200, 203, 222, 292, 293, 331, 335, 370, 373, 385, 388, 394, 395, 402
マレー人　47, 358
マレベル（郡, 集落）　292, 293, 304, 305, 307, 328-331, 346, 347, 349-351, 356, 357, 392, 403, 406
マンデ（郡, 集落）　292, 304, 305, 309, 310, 397, 398, 412, 415-417, 424, 428
綿　24, 38, 69, 151, 152, 171, 191, 251, 285, 288-290, 361, 421
モディン　97, 99, 101, 103, 109, 114-116
モトマン（P. W. Van Motman）　122, 125, 130-132, 139

［ヤ 行］
焼畑　ix, 11, 14, 27, 32, 37, 42-44, 46, 71, 87, 212, 224, 230, 231, 233-235, 245, 246, 248-250, 253, 255, 265, 268-271, 282, 287, 289, 290, 295, 298, 301, 305, 307, 309, 313-316, 321-325, 329, 351, 352, 359-363, 366, 372, 381, 382, 390, 395, 411, 419, 421, 427, 429, 431, 434, 435, 441, 446
ヨーロッパ人官吏　50, 84, 90, 93, 95, 99, 109, 112, 123, 125, 126, 128-130, 138, 141, 142, 188-191, 194, 195, 200, 203-205, 208, 211, 213, 222-224, 227, 239, 242, 243, 250, 256, 261, 281, 322, 323, 332, 338

［ラ 行］
ラジャマンダラ（郡, 集落）　304, 312, 316, 317, 325
ラッフルズ（T. A. Raffles）　42, 93, 94, 98, 112-114, 121-123, 138, 198, 201, 222, 242, 243, 258-262, 264, 267-271, 273-275, 279, 284, 363, 389, 425, 437
ラデン　96-99, 104-106, 114, 208-210, 220, 286, 377, 419
ラベラベ　97, 101, 107-110, 224

項目・人名索引 | 473

ランガ　96, 104
理事官・理事州長官　93, 94, 99, 100, 102,
　　112-115, 119, 122-130, 135-142, 192,
　　202-204, 208, 211-213, 215, 217, 218, 221,
　　224, 236, 238, 239, 249, 262, 273, 305, 306,
　　323, 353, 356, 389, 398, 419, 435
理事州　45, 94, 96, 110, 122-128, 130-133,
　　137-142, 203, 223, 227, 241, 295, 319, 349,
　　353, 360, 390, 430, 436
リンバンガン　125, 126, 129, 155, 158, 167,
　　215, 218, 219, 232, 233, 236, 237, 302, 304,
　　312, 316-318, 321, 325, 353
ルラー　37, 101, 106, 109, 115, 116, 220, 221
レヘント
　　──居住集落　36, 37, 47, 63, 66, 69, 81, 82,
　　90, 93, 97-106, 108-110, 112-117, 121,
　　153, 155, 163, 165, 171, 183, 186, 189,
　　192-194, 196-198, 203, 208-211, 214,
　　220, 224, 226, 232-235, 244, 245, 252,
　　279, 283, 308, 310, 311, 317, 319, 324,
　　398-401, 403, 406, 420, 424, 432-434
　　──統治地域　10, 34-36, 44-46, 54,
　　55, 58, 60-65, 67-70, 75, 82, 83, 85,
　　86, 89-91, 93, 94, 109, 110, 112-114,
　　117, 121, 125, 129, 130, 137, 175, 177,
　　180, 185, 187-189, 191, 194-199, 203,
　　209-211, 214, 217, 223-226, 232-237,
　　245, 246, 252, 254, 255, 277-281, 283,
　　292, 293, 296, 298, 301-312, 315-325,
　　327-329, 331, 334, 348, 351, 353, 354,
　　357-360, 362-364, 366, 367, 373, 374,
　　379, 388-391, 397-399, 411-413, 415,
　　419-421, 423, 426-430, 432
　　カンプンバルの──　36, 72, 73, 74, 156,
　　　170, 174
　　スメダンの──　85, 130, 177, 188
　　チアンジュールの──　33, 73, 74, 75, 80,
　　　81, 115, 155, 156, 171, 174, 177, 182,
　　　185, 198, 279, 344, 359, 400, 403/279,
　　　359
　　チカロンの──　33, 81, 73, 198, 344
　　チブラゴンの──　33, 81, 198, 344, 403
　　バイテンゾルフの──　183, 205
　　パラカンムンチャンの──　73, 186, 188
　　バンドンの──　75, 80, 81, 112, 174, 177,
　　　250, 256, 317, 344
財政　5, 13, 23, 43, 72, 73, 76-81, 83-85, 112,
　　122, 141, 142, 177, 181, 183, 185, 186, 195,
　　201, 433, 440
負債・借金　9, 14, 38, 72, 73, 77, 79, 81, 85,
　　177, 182, 225, 352, 442
レンセル　97, 100, 102, 115, 116
ロンガ（郡，集落）　304, 312, 314, 317, 319

著者略歴

大橋　厚子（おおはし　あつこ）
名古屋大学大学院国際開発研究科 教授
1956 年 横浜市生まれ
1980 年 東京大学文学部東洋史学専修課程卒業
1983 年 同大学院人文科学研究科東洋史専門課程修士課程修了
2006 年 同大学院人文社会系研究科より博士（文学）取得
名古屋大学大学院国際開発研究科助教授（1998 年より）を経て，2005 年より現職

主要論文

「東インド会社のジャワ島支配」．『東南アジア近世国家群の展開』．桜井由躬雄編（岩波講座東南アジア史 4）．岩波書店．2001 年．
"A History of West Java during the Age of 'Incorporation': Retold from the Perspective of Ordinary Housewives," *ACTA ASIATICA*（東方学会），No. 92. 2007, pp. 69-87.
「ジャワ島における土地稀少化とインボリューション論」．『土地稀少化と勤勉革命の比較史 ― 経済史上の近世』．大島真理夫編．ミネルヴァ書房．2009 年．

世界システムと地域社会 ── 西ジャワが得たもの失ったもの 1700-1830
（地域研究叢書 21）　　　　　　　　　　　© Atsuko OHASHI 2010

平成 22（2010）年 7 月 10 日　初版第一刷発行

著者　　大橋厚子
発行人　　檜山爲次郎

発行所　　**京都大学学術出版会**
京都市左京区吉田河原町 15-9
京大会館内（〒606-8305）
電話（075）761-6182
FAX（075）761-6190
Home page http://www.kyoto-up.or.jp
振替 01000-8-64677

ISBN 978-4-87698-942-3
Printed in Japan

印刷・製本　㈱クイックス
定価はカバーに表示してあります